高等数学
基础理论与实验分析

主　编　李向荣　王　辉　金天坤
副主编　李会艳　孙贵玲　王爱苹　闫剑昆

内 容 提 要

全书主要内容包括函数与极限、导数与微分、中值定理与导数的应用、不定积分、定积分及其应用、多元函数微分学、常微分方程、无穷级数、重积分及其应用、曲线积分与曲面积分等。本书结构严谨、逻辑清晰，注重应用，实用性强，可供相关工程技术人员参考。

图书在版编目（CIP）数据

高等数学基础理论与实验分析 / 李向荣，王辉，金天坤主编. -- 北京 : 中国水利水电出版社，2015.6（2022.10重印）
ISBN 978-7-5170-3258-8

Ⅰ. ①高… Ⅱ. ①李… ②王… ③金… Ⅲ. ①高等数学一研究 Ⅳ. ①O13

中国版本图书馆CIP数据核字(2015)第130692号

策划编辑：杨庆川　责任编辑：陈　洁　封面设计：崔　蕾

书　　名	高等数学基础理论与实验分析
作　　者	主　编　李向荣　王　辉　金天坤 副主编　李会艳　孙贵玲　王爱苹　闫剑昆
出版发行	中国水利水电出版社 （北京市海淀区玉渊潭南路1号D座 100038） 网址：www.waterpub.com.cn E-mail：mchannel@263.net（万水） sales@mwr.gov.cn 电话：(010)68545888（营销中心）、82562819（万水）
经　　售	北京科水图书销售有限公司 电话：(010)63202643、68545874 全国各地新华书店和相关出版物销售网点
排　　版	北京厚诚则铭印刷科技有限公司
印　　刷	三河市人民印务有限公司
规　　格	184mm×260mm　16开本　25印张　640千字
版　　次	2015年9月第1版　2022年10月第2次印刷
印　　数	2001-3001册
定　　价	86.00元

前　言

数学是研究客观世界数量关系和空间形式的科学，它既具有高度的抽象性，又具有广泛的应用性。作为数学的一门重要分支，高等数学的基本内容就是微积分学。微积分是继欧几里得几何之后人类智慧在数学领域的一个最伟大的创造，大约在300多年前，受天文学和力学等科学问题的推动和启发，牛顿和莱布尼茨分别独立地创立了微积分。伴随着人类科学研究的不断深入，微积分学不断地得到了创新和发展，日益枝繁叶茂、欣欣向荣，已经成为一门理论严密、体系完备的成熟学科，显示着强大的生命力。

本书全面、系统地分析和讨论了高等数学的基本理论与基本方法，全书共10章，主要内容包括函数与极限、导数与微分、中值定理与导数的应用、不定积分、定积分及其应用、多元函数微分学、常微分方程、无穷级数、重积分及其应用、曲线积分与曲面积分等。与此同时，本书针对每一章都引入了必要的数学实验。这样把高等数学的基础理论与实验巧妙地结合，可以使读者有效地掌握利用计算机完成通常情况下人类难以完成或是不可能完成的数学运算，从而更加深刻地理解高等数学的基本概念、基本理论和基本方法，对读者研究与应用数学理论意义十分重大。

本书在编写上突出由浅入深、循序渐进的特点；整本书语言通俗易懂，概念阐述尽量简明精确，对重要概念、定理、推论均给出了详细的证明过程；注重专业理论素养和实际动手能力的协调；注重应用特色，重要的内容大多配以应用实例，从而加深读者对相应部分内容的理解和掌握；数学实验部分图文并茂，而且与相应的基础理论融为一体。总而言之，全书条理分明、结构完整，重点突出、难点分散。

全书由李向荣、王辉、金天坤担任主编，李会艳、孙贵玲、王爱苹、闫剑昆担任副主编，并由李向荣、王辉、金天坤负责统稿，具体分工如下：

第1章、第2章：李向荣（广西大学）；

第6章、第7章：王辉（商洛学院）；

第3章、第4章：金天坤（大庆师范学院）；

第5章：李会艳（大庆市第二十三中学）；

第8章：孙贵玲（黄河科技学院）；

第9章：王爱苹（黄河科技学院）；

第10章：闫剑昆（集宁师范学院）。

本书是编者在多年参与高等数学教学与研究的基础上，参考大量文献编写而成的。在编写本书的过程中得到了许多同行业专家学者的大力支持，在此特向所参考文献的作者和给予帮助的专家学者表示真挚的感谢。限于编者水平，加之时间仓促，书中难免会有不完善的地方，欢迎专家学者和广大读者朋友批评指正。

编者

2015年3月

目　录

第1章　函数与极限

1.1　函数的概念与性质

由于实践和各门科学自身发展的需要，到了16世纪，对物体运动的研究成为自然科学的中心问题．与之相适应，数学在经历了两千多年的发展之后进入了一个新的时代，即变量数学的时代．作为在运动中变化的量（变量）及它们之间的依赖关系的反映，数学中产生了变量和函数的概念．要完全了解函数的基本思想，就必须从集合的概念开始入手．

1.1.1　集合及其运算

1. 集合的基本概念

集合简称集，是数学的一个基本概念，在现代数学中起着非常重要的作用．

定义 1.1.1　当研究范围明确时，集合通常理解为具有某种性质的事物的全体，用大写拉丁字母 $A,B,C,S,\cdots$ 表示．集合中的每一个事物都被称为该集合的一个元素，用小写拉丁字母 $a,b,c,s,\cdots$ 表示．

某事物 a 与集合 E 具有下列两种关系：

(1) a 是 E 的元素，称为 a 属于 E，记作 $a\in E$.

(2) a 不是 E 的元素，称为 a 不属于 E，记作 $a\notin E$.

由有限个元素组成的集合，可将它的元素一一列举出来．这种表示法称为枚举法．例如，由元素 $a_1,a_2,a_3,\cdots,a_n$ 组成的集合 A，记作 $A=\{a_1,a_2,a_3,\cdots,a_n\}$.

对于一般的集合，通常采用性质描述法表示：设 E 是具有性质 P 的元素 x 的全体所组成的集合，就记作

$$E=\{x\,|\,x\text{ 具有性质 }P\}\text{或}E=\{x\,|\,P(x)\}.$$

数学中，常用 $\mathbf{N}$ 表示由全体自然数组成的集合，即

$$\mathbf{N}=\{0,1,2,3,\cdots,n,\cdots\};$$

由全体整数组成的集合用 $\mathbf{Z}$ 表示，即

$$\mathbf{Z}=\{0,\pm 1,\pm 2,\pm 3,\cdots,\pm n,\cdots\};$$

而全体正整数的集合则用 $\mathbf{Z}^+$ 表示，即

$$\mathbf{Z}^+=\{1,2,3,\cdots,n,\cdots\};$$

由全体有理数所组成的集合用 $\mathbf{Q}$ 表示，即

$$\mathbf{Q}=\left\{\frac{p}{q}\,\middle|\,p\in\mathbf{Z},q\in\mathbf{Z}^+,\text{且 }p,q\text{ 互素}\right\};$$

由全体实数组成的集合记作 $\mathbf{R}$，由于数轴上的点与实数一一对应，$\mathbf{R}$ 也可看成数轴，如图1-1-1所示．在以后，常常将实数看成数轴上的点，或用点表示一个实数．

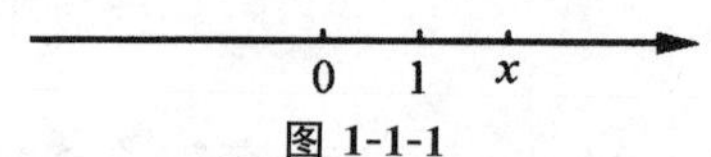

图 1-1-1

如果集合 A 的元素都是集合 B 的元素，即若 $x \in A$，则必有 $x \in B$，就称 A 是 B 的子集，记作 $A \subseteq B$ 或 $B \supseteq A$.

如果 $A \subseteq B$ 与 $B \subseteq A$ 同时成立，则称 A 与 B 相等，记作 $A = B$.

例如，设有集合 $A = \{-1, -2\}$，$B = \{x \mid x^2 + 3x + 2 = 0\}$，则 $A = B$.

若 $A \subseteq B$ 且 $A \neq B$，则称 A 是 B 的真子集，记作 $A \subset B$.

例如 $\mathbf{Q} \subset \mathbf{R}$.

不含任何元素的集合称为空集，记作 $\varnothing$.

例如集合 $\{x \mid x \in \mathbf{R}, x^2 + 1 = 0\} = \varnothing$.

我们规定空集是任意集 A 的子集，即 $\varnothing \subseteq A$.

2. 集合的基本运算

集合的基本运算包括并、交、差，详述如下：

设 A 和 B 是两个集合，由 A 和 B 的所有元素构成的集合，称为 A 与 B 的并，记为 $A \cup B$，即

$$A \cup B = \{x \mid x \in A \text{ 或 } x \in B\}.$$

由 A 和 B 的所有公共元素构成的集合，称为 A 与 B 的交，记为 $A \cap B$，即

$$A \cap B = \{x \mid x \in A \text{ 且 } x \in B\}.$$

由属于 A 而不属于 B 的所有元素构成的集合，称为 A 与 B 的差，记为 $A \backslash B$，即

$$A \backslash B = \{x \mid x \in A \text{ 且 } x \notin B\}.$$

如果在某个过程中，我们所研究的对象同属于某一个集合 S，那么这个集合称为全集或基础集．在本书中我们一般用实数集 $\mathbf{R}$ 当全集．

一般地，设集合 A 是全集 S 的子集，那么 S 中不属于 A 的元素全体组成的集合称为 A 的余集，记为 $\overline{A}$，即

$$\overline{A} = S \backslash A$$

3. 邻域、开集、闭集、区间

对于实数 a 及正数 δ，数集 $\{x \mid |x - a| < \delta\}$ 称为 a 的（以点 a 为中心、以 δ 为半径的）δ 邻域，记作 $U(a, \delta)$，即 $U(a, \delta) = \{x \mid |x - a| < \delta\}$；而 $\{x \mid a - \delta < x \leqslant a\}$ 和 $\{x \mid a \leqslant x \leqslant a + \delta\}$ 分别称为 a 的左 δ 邻域和右 δ 邻域，如图 1-1-2 所示．

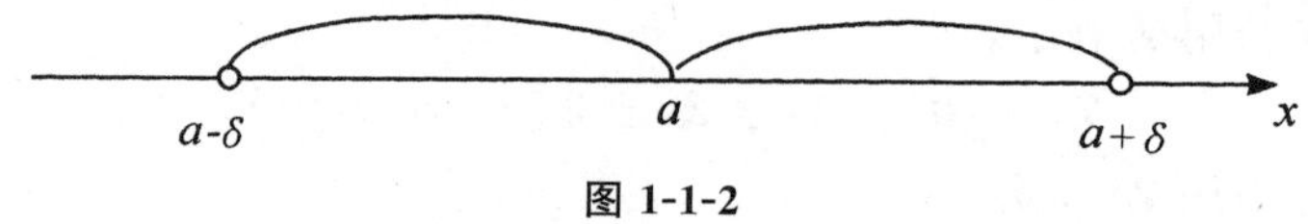

图 1-1-2

数集 $\{x \mid 0 < |x - a| < \delta\}$ 称为点 a 的去心 δ 邻域，记为 $\mathring{U}(a, \delta)$．当不强调 δ 的大小时，a 的 δ 邻域和 δ 去心邻域分别简称为 a 的邻域和去心邻域，并分别记作 $U(a)$ 和 $\mathring{U}(a)$．左、右 δ 邻域也有类似的简称．

设 a 与 b 是两个不同的实数，且 $a < b$，数集 $\{x \mid a < x < b\}$ 称为开区间，记作 (a, b)，即

$$(a, b) = \{x \mid a < x < b\},$$

其中 a 与 b 称为开区间 (a, b) 的端点．

通过开区间的定义可知，邻域是一个以 a 为中心的开区间，即

$$U(a,\delta)=(a-\delta,a+\delta).$$

数集 $\{x|a\leqslant x\leqslant b\}$ 称为闭区间，记作 $[a,b]$，即

$$[a,b]=\{x|a\leqslant x\leqslant b\},$$

其中 a 与 b 称为闭区间 $[a,b]$ 的端点．

同时，数集 $[a,b)=\{x|a\leqslant x<b\}$ 和 $(a,b]=\{x|a<x\leqslant b\}$ 均称为半开区间，a 与 b 称为它们的端点．

以上这四种区间都称为有限区间，数 $b-a$ 称为这些区间的长度．类似地，我们可以定义五类无限区间：

$$(a,+\infty)=\{x|x>a\},$$
$$(-\infty,b)=\{x|x<b\},$$
$$(-\infty,+\infty)=\{x|-\infty<x<+\infty\}=\mathbf{R},$$
$$[a,+\infty)=\{x|x\geqslant a\},$$
$$(-\infty,b]=\{x|x\leqslant b\}.$$

其中部分区间在数轴上的表示如图 1-1-3 所示．

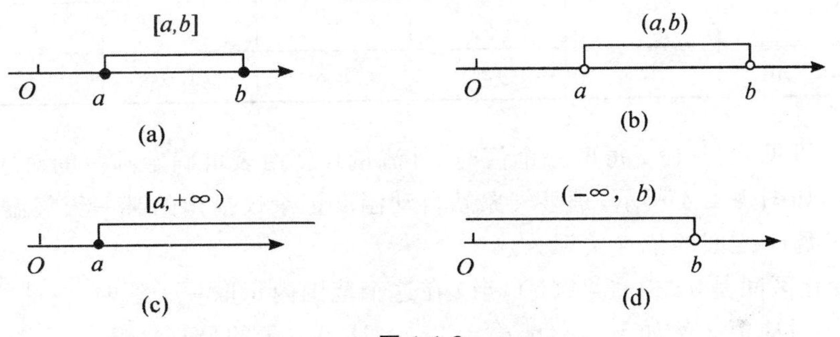

图 1-1-3

对 (a,b)，$(-\infty,b)$，$(a,+\infty)$ 和 $(-\infty,+\infty)$ 这四类区间做进一步的分析发现，它们中的任何一点 x_0 都至少存在一个邻域 $U(x_0)$，使得 $U(x_0)$ 整个被包含于 x_0 所在的区间．一般地，设 E 是 $\mathbf{R}$ 的一个子集，若对任意 $x_0\in E$ 都存在 $U(x_0)\subset E$，则称 E 是一个开集．因此，这四种区间都是开集，而且开区间和邻域 $U(a)$ 都是开集．

又，设 F 是 $\mathbf{R}$ 的一个子集，若存在开集 E 使得 $F=\mathbf{R}\backslash E$，则称 F 是一个闭集．这就是说，闭集是开集的余集；反之，开集也是闭集的余集．于是，闭区间 $[a,b]$，$(-\infty,b]$ 和 $[a,+\infty)$ 都是闭集．

1.1.2　函数的基本概念

1. 函数的基本定义

为了引进函数概念，我们先来看如下几个实例：

例 1.1.1(自由落体运动)　设 $t=0$ 开始，一物体从某一高度自由下落，经过 t(s)后落下的距离为 5(m)．如果不计空气的阻力，则 s 与 t 之间的关系为

$$s=\frac{1}{2}gt^2,$$

式中 $g = 9.8\text{m}\cdot\text{s}^{-2}$.

设物体从开始到着地所需时间为 $T(\text{s})$，则变量 t 的变化范围为 $0 \leqslant t \leqslant T$. 当 t 在这个范围内每取一个值时，都可以从依存关系确定 s 的一个唯一确定的对应值．例如 $t = 1\text{s}$ 时，

$$s = \frac{1}{2}g \times 1^2 = 4.9(\text{m});$$

当 $t = 2s$ 时，

$$s = \frac{1}{2}g \times 2^2 = 19.6(\text{m}).$$

在该例中，变量之间的依存关系由一个确定的公式给出．应当指出，变量之间的依存关系并不一定由公式给出，下面两例则说明依存关系也可以由表格和图像给出．

例 1.1.2 如表 1-1-1 所示，记录了某河流在 40 年内的平均月流量 $q(10^8\text{m}^3)$ 和时间 t(月)之间的依存关系．

表 1-1-1

t/ 月	1	2	3	4	5	6
平均月流量 $q/10^8\text{m}^3$	0.39	0.30	0.75	0.44	0.35	0.72
t/ 月	7	8	9	10	11	12
平均月流量 $q/10^8\text{m}^3$	4.3	4.4	1.8	1.0	0.72	0.50

由表 1-1-1 可见，当月份 t 每取一个值时，月流量 q 就由表可确定唯一的对应值．

例 1.1.3 如图 1-1-4 所示，是某气象站自动温度记录仪描出的某一天气温变化曲线，它给出了时间 t 和气温 t_1 之间的依存关系．

时间 t 的变化区间是 $0 \leqslant t \leqslant 24(\text{h})$，当 t 在这个范围内每取一个值时，由曲线可唯一确定温度 t_1(℃)的一个对应值．例如 $t = 14\text{h}, t_1 = 25$℃，这是一天的最高气温．

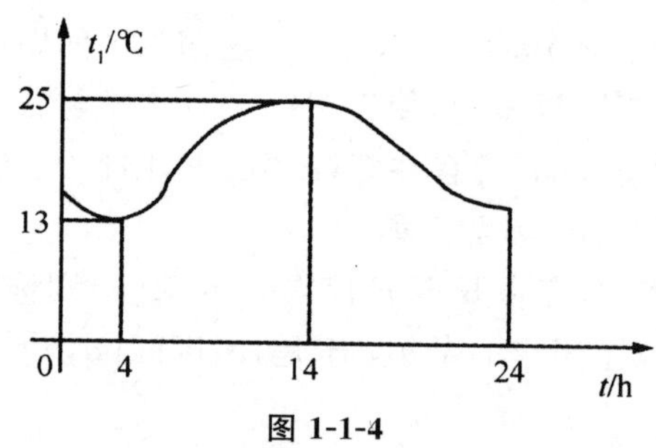

图 1-1-4

由以上各例可以看到，虽然它们所描述的问题中所考虑的量实际意义不同，但它们都表达了两个变量之间存在着依存关系，这种依存关系给出了一种确定的对应法则，依着这个法则，当一个变量在其变化范围内任取一个值时，另一个变量就按对应法则有一个确定值与之对应，两个变量之间的这种对应关系就是函数关系的实质．下面给出函数概念的定义．

定义 1.1.2 设数集 $D \subset \mathbf{R}, D \neq \varnothing$，如有 D 到 $\mathbf{R}$ 的一个映射(对应规则)f，使得对于每个 $x \in D$，通过 f 可以确定唯一的数 $y \in \mathbf{R}$ 与之对应，如图 1-1-5 所示，则称 f 为定义在 D 上的一个函数，y 称为 f 在 x 点处的函数值，记作 $y = f(x)$.

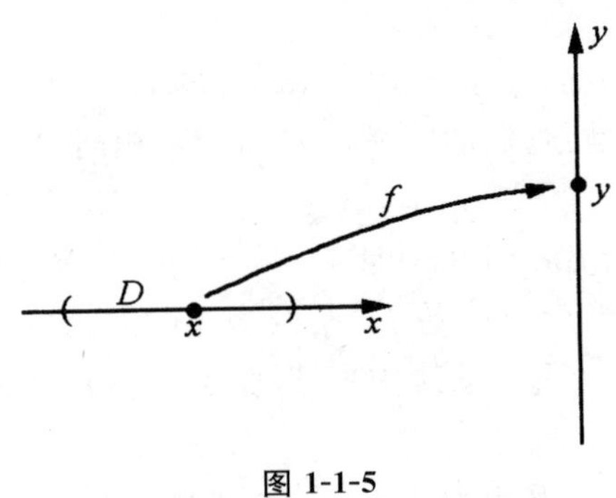

图 1-1-5

函数 f 可以表示为

$$f: D \to \mathbf{R}, x \mapsto y,$$

通常简单地表示为

$$y = f(x), x \in D,$$

x 称为自变量，y 称为因变量．y 与 x 的这种关系称为函数关系．D 称为函数 f 的定义域，记作 $D(f)$ 或 D_f．函数值的全体称为 f 的值域，记作 $R(f)$ 或 R_f，也可记作 $f(D)$，有时还用 Z 表示，所以

$$R(f) = f(D) = \{f(x) \mid x \in D\}.$$

关于函数的定义域，我们需要说明的是，函数的定义域是函数概念的一部分，给定了函数，自然就给定它的定义域．但有两种情况需作补充说明．第一种情况是，在实际问题中，有关的函数的定义域由其自变量的实际允许变化范围确定；另一种情况是，在数学中常常不考虑函数的实际意义，而抽象地研究用某个具体算式表示的函数，这时认为它的定义域就是由所有使得算式有意义的实数组成的集合，它称为该函数的自然定义域．例如，函数 $y = \frac{1}{x^2 - 1}$ 的自然定义域是 $\mathbf{R} - \{-1, 1\}$，$y = \log_a(2 - x)$ $(a > 0$ 且 $a \neq 1)$ 的自然定义域是 $(-\infty, 2)$．在给定了一个函数 f 的表达式后，如未说明其定义域 $D(f)$，则 $D(f)$ 就是 f 的自然定义域．

需要指出，严格地说，f 和 $f(x)$ 的含义是不同的，f 表示从自变量 x 到因变量 y 的映射或对应规则，而 $f(x)$ 则表示与自变量 x 对应的函数值，只是为了叙述的方便，常常用 $f(x)$ $(x \in D)$ 来表示函数．为了减少记号，也常用 $y = y(x)$ $(x \in D)$ 表示函数，这时右边的 y 表示对应规则，左边的 y 表示与 x 对应的函数值．

在数学中，通常用小写或大写的拉丁字母 $f, g, h, \cdots, F, G, H, \cdots$ 和小写或大写的希腊字母 $\varphi, \psi, \cdots \Phi, \Psi, \cdots$ 作为表示函数的记号．

读者还须注意的是，在函数的定义中，对于每个 $x \in D(f)$，对应的函数值 $y = f(x)$ 是唯一的(因此，也称为单值函数)，而对于每个 $y \in \mathbf{R}(f)$，以之作为函数值的自变量 x 不一定唯一．例如，$y = x^2$ 是定义在 $\mathbf{R}$ 上的一个函数，对于每个 $x \in \mathbf{R}$，对应的函数值是 x^2，它的值域是

$$Z = \{y \mid y = x^2, x \in \mathbf{R}\} = \{y \mid y \geqslant 0\},$$

对于每个函数值 $y \in \mathbf{Z}, y \neq 0$，对应的自变量有两个，即 $x = \sqrt{y}$ 和 $x = -\sqrt{y}$.

从定义可以看到，确定一个函数有两个要素：定义域和对应规则(即映射)．如果有两个函数 f 和 g，即

$$y = f(x), x \in D_1$$

和

$$y = g(x), x \in D_2,$$

则 f 和 g 相同的充分必要条件是：它们的定义域 D_1 和 D_2 相同，且对应于同一自变量 x 的函数值 $f(x)$ 和 $g(x)$ 相等；即

$$f = g \Leftrightarrow D(f) = D(g) \text{ 且 } f(x) = g(x), \forall x \in D(f).$$

所以，$y = f(x)(x \in D)$ 和 $s = f(t)(t \in D)$ 是两个相同的函数．

又如，$f(x) = 2\lg x, g(x) = \lg x^2$，其中"lg"表示以 10 为底的常用对数"$\lg_{10}$"，$D(f) = (0, +\infty)$，而

$$D(g) = \mathbf{R} - \{0\} = (-\infty, 0) \cup (0, +\infty).$$

故 $f \neq g$. 如仅限于在 $(0, +\infty)$ 上讨论，则 $2\lg = \lg x^2$，即在 $(0, +\infty)$ 上 $f(x) = g(x)$.

有时由于变量之间的函数关系较为复杂，需用几个式子来表示，这时不能把它们理解为几个函数，而应理解为由几个式子表示的一个函数，这样的函数称为分段函数．例如，1g 冰由 -10℃ 上升到 10℃，它所吸收的热量 Q 与温度 t 之间存在着函数关系．由于冰的比热容为 0.5×4.18J/(g·K)，水的比热容为 1×4.18J/(g·K)，1g 0℃ 的冰变成 0℃ 的水的溶解热为 80×4.18J，所以 Q 与 t 的函数关系为

$$Q = \begin{cases} 0.5 \times 4.18(t + 10), -10 \leqslant t \leqslant 0 \\ 1 \times 4.18(t + 85), 0 < t \leqslant 10 \end{cases},$$

这一函数就是一个分段函数．

在坐标平面上，函数可以用一个图形表示．

设有函数 $y = f(x), x \in [a, b]$，对于每个 $x \in [a, b]$，可以确定 y 的一个值 $f(x)$，从而确定 xy 平面上的一个点 $P(x, f(x))$，当 x 遍历 $[a, b]$ 中所有的值时，点 P 的轨迹

$$C = \{P(x, f(x)) \mid x \in [a, b]\}$$

称为函数 $y = f(x), x \in [a, b]$ 的图形，如图 1-1-6 所示．

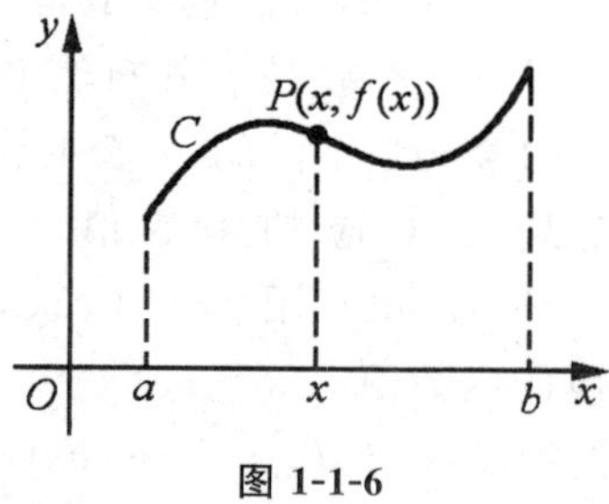

图 1-1-6

对于一般的函数 $y = f(x)(x \in D, D$ 不一定是一个区间)，其图形为

$$C = \{P(x, f(x)) \mid x \in D\}.$$

一般地说，一个函数确定一个图形，反之，如果图形上不同的点的横坐标也不同(即任意两点的连线不平行于 y 轴) 则这个图形也就确定一个函数．

例 1.1.4　求函数 $y = \sqrt{x^2 - x - 6} + \arcsin \frac{2x - 1}{7}$ 的定义域．

解：这一问题其实是求两个函数之和的定义域，首先分别求出每个函数的定义域，再求出其公共部分即可．要使 $\sqrt{x^2 - x - 6}$ 有意义，只需 $x^2 - x - 6 \geqslant 0$，即 $(x-3)(x+2) \geqslant 0$，解得 $x \geqslant 3$ 或者 $x \leqslant -2$.

而要使 $\arcsin\dfrac{2x-1}{7}$ 有意义，只需 $\left|\dfrac{2x-1}{7}\right|\leqslant 1$，解得 $-3\leqslant x\leqslant 4$.

这两个函数的定义域的公共部分为 $-3\leqslant x\leqslant -2$ 与 $3\leqslant x\leqslant 4$，所以，所求函数的定义域为 $[-3,-2]\cup[3,4]$.

例 1.1.5　判断函数 $f(x)=|\cos x|$ 与 $g(x)=\sqrt{1-\sin^2 x}$ 是否表示同一函数并说明理由．

解：由于 $f(x)=|\cos x|$ 和 $g(x)=\sqrt{1-\sin^2 x}$ 的定义域都是 $(-\infty,+\infty)$，且对应法则相同，所以 $f(x)=|\cos x|$ 与 $g(x)=\sqrt{1-\sin^2 x}$ 表示同一函数．

2. 函数的表示法

一般地，函数有如下三种表示法：

(1) 解析法．函数的对应法则用一个公式或解析式子表示．如例 1.1.1 中的 $s=\dfrac{1}{2}gt^2$，解析法的优点是便于作理论研究与数值计算，但不直观．

(2) 表格法．如例 1.1.2 中的依存关系表．表格法的优点是便于直观查找，但不便于作理论研究，也不直观．

(3) 图示法．如例 1.1.3 中的图 1-1-4. 图示法的优点是直观，但不便于作理论研究．

在实际应用中，往往是三种方法配合使用，对于用解析法表示的函数，我们常作出它的图形．

例 1.1.6　制作一个容积为定数 V 的圆柱形无盖水箱，其底面单位面积造价为 a，侧面单位面积造价为底面单位面积造价的 2 倍，试用解析法将总造价表示成底半径 r 的函数．

解：设圆桶用料的总造价为 P，则

$$P=a\pi r^2+2a\cdot 2\pi rh.$$

因为圆桶体积 $\pi r^2 h=V$ 是定数，由 $\pi r^2 h=V$ 解出 $h=\dfrac{V}{\pi r^2}$，则

$$P=a\pi r^2+2a\cdot 2\pi rh=a\pi r^2+4a\pi r\frac{V}{\pi r^2}=\pi a r^2+\frac{4aV}{r},$$

其中，$r>0$.

例 1.1.7　函数 $y=\operatorname{sgn}x=\begin{cases}1, x>0\\ 0, x=0\\ -1, x<0\end{cases}$ 称为符号函数，该函数的定义域为 $(-\infty,+\infty)$，值域为 $\{-1,0,1\}$，函数图形如图 1-1-7 所示．

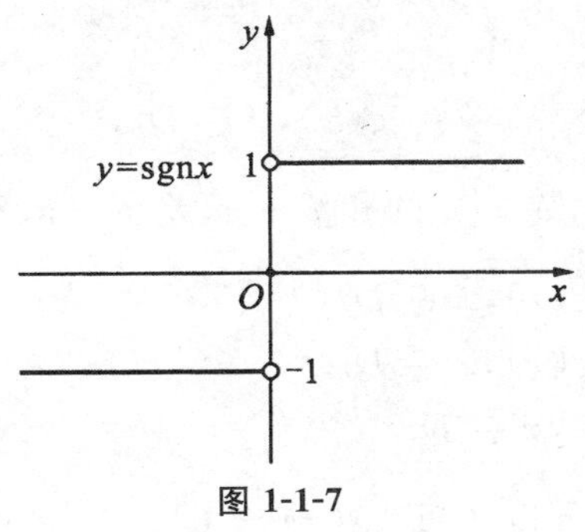

图 1-1-7

例 1.1.8 确定分段函数

$$f(x)=\begin{cases}x^2,-1\leqslant x\leqslant 1\\2x,1<x\leqslant 3\end{cases}$$

的定义域并作出函数图像.

解:易知函数的定义域为$[-1,3]$,其图像如图 1-1-8 所示.

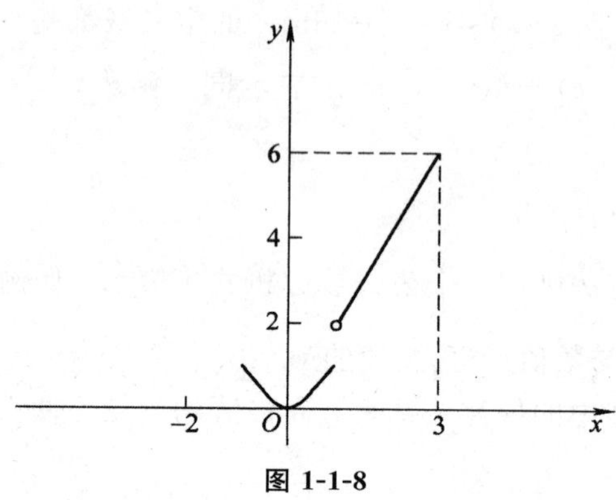

图 1-1-8

例 1.1.9 函数 $y=[x]$称为取整函数,其定义域为$(-\infty,+\infty)$,$[x]$表示不超过 x 的最大整数,值域为$\{0,\pm 1,\pm 2,\cdots\}$. 该函数的图形如图 1-1-9 所示,为阶梯曲线,在 x 为整数值处,图形发生跳跃,跃度为 1.

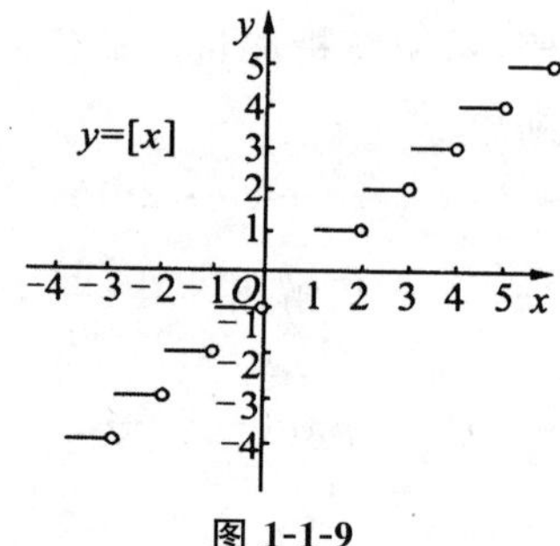

图 1-1-9

3. 函数的运算

函数可以作四则运算,详述如下:

设有函数

$$y=f(x),x\in D_1$$

和

$$y=g(x),x\in D_2,$$

且 $D=D_1\cap D_2\neq\varnothing$,则定义函数 f,g 的和 $f+g$、差 $f-g$、积 fg、商$\dfrac{f}{g}$为如下的函数:

(1) $(f+g)(x)=f(x)+g(x),x\in D.$

(2) $(f-g)(x)=f(x)-g(x),x\in D.$

(3) $(fg)(x)=f(x)\cdot g(x),x\in D.$

(4) $\left(\dfrac{f}{g}\right)(x)=\dfrac{f(x)}{g(x)},x\in\{x\,|\,x\in D,g(x)\neq 0\}.$

在实际应用中，常常不用抽象的函数记号，而直接依次表示为

(1) $y=f(x)+g(x),x\in D$.

(2) $y=f(x)-g(x),x\in D$.

(3) $y=f(x)\cdot g(x),x\in D$.

(4) $y=\dfrac{f(x)}{g(x)},x\in\{x\,|\,x\in D,g(x)\neq 0\}$.

1.1.3　函数的基本性质

1. 函数的有界性

设函数 $y=f(x)$ 在某一实数集 D_1 上有定义（即 D_1 是 $f(x)$ 的定义域 D 的子集），若存在常数 M（或 m）使得不等式

$$f(x)\leqslant M(\text{或 } f(x)\geqslant m)$$

对所有 $x\in D_1$ 都成立，则称函数 $y=f(x)$ 在 D_1 上有上界（或有下界），同时称 M 为 $f(x)$ 在 D_1 上的一个上界（或 m 为 $f(x)$ 在 D_1 上的一个下界）. 若 $f(x)$ 在 D_1 既有上界又有下界，则称 $f(x)$ 在 D_1 上有界，或 $f(x)$ 在 D_1 上是有界函数，否则，则称函数 $f(x)$ 在 D_1 上无界，或称在 D_1 上函数 $f(x)$ 是无界函数．

如三角函数 $y=\sin x,y=\cos x$ 在 $(-\infty,+\infty)$ 上是有界的，因为对所有实数 x，有 $|\sin x|\leqslant 1$，$|\cos x|\leqslant 1$. 函数 $y=x^2$ 在区间 $(-\infty,+\infty)$ 无界（没有上界），在区间 $[-1,1]$ 上有界．函数 $y=-\dfrac{1}{x}$ 在开区间 $(0,1)$ 上无界（没有下界），但在区间 $(1,3)$ 有界．

由上述讨论可知，函数 $f(x)$ 在 D_1 上有界当且仅当存在一个常数 $K>0$，使得

$$|f(x)|\leqslant K,x\in D_1.$$

例 1.1.10　证明函数 $y=\dfrac{x}{x^2+1}$ 在 $(-\infty,+\infty)$ 上是有界的．

证明：因为 $(1-|x|)^2\geqslant 0$，展开可得

$$|1+x^2|\geqslant 2|x|,$$

即

$$\frac{|x|}{|x^2+1|}\leqslant\frac{1}{2},$$

又对于一切 x 都有

$$|f(x)|=\left|\frac{x}{x^2+1}\right|=\frac{|x|}{|x^2+1|}\leqslant\frac{1}{2},$$

所以函数 $y=\dfrac{x}{x^2+1}$ 在 $(-\infty,+\infty)$ 上是有界的．

2. 函数的单调性

设函数 $f(x)$ 的定义域为 D_f，区间 $I\subset D_f$，对于区间 I 上任意两点 x_1,x_2，如果当 $x_1<x_2$ 时，不等式

$$f(x_1)<f(x_2)$$

恒成立，则称函数 $f(x)$ 在区间 I 上是单调递增函数，区间 I 称为 $f(x)$ 的单调递增区间，如图 1-1-10 所示，单调递增函数的图形是随着自变量 x 的增大，对应的函数值增大，是沿 x 轴正向上

升的;如果当 $x_1 < x_2$ 时,不等式

$$f(x_1) > f(x_2)$$

恒成立,则称函数 $f(x)$ 在区间 I 上是单调递减函数,区间 I 称为 $f(x)$ 的单调减区间,如图 1-1-11 所示,单调递减函数的图形是随着自变量 x 的增大,对应的函数值减小,是沿 x 轴正向下降的.

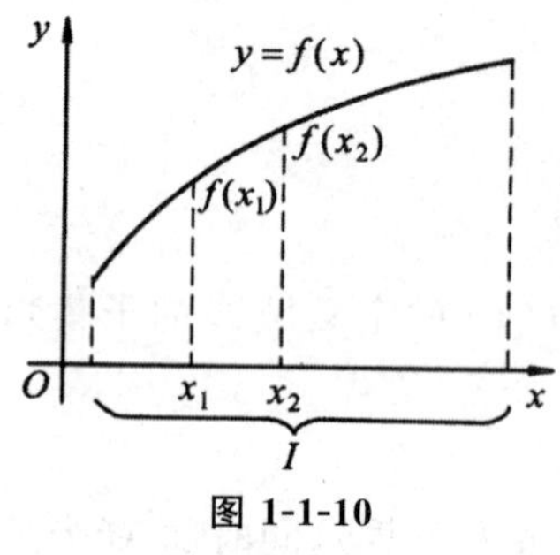

图 1-1-10

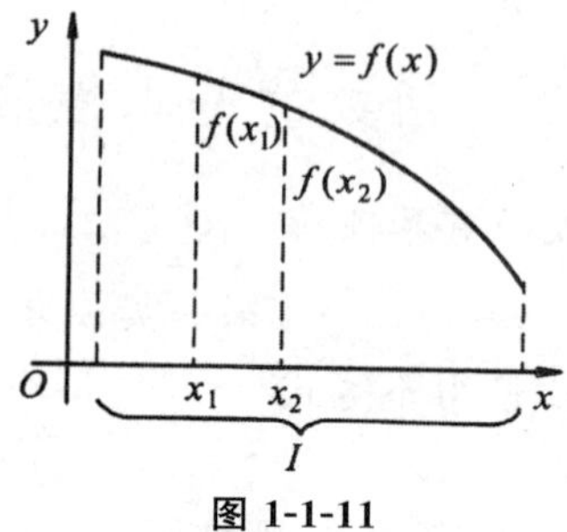

图 1-1-11

单调增函数和单调减函数统称为单调函数,单调递增区间和单调减区间统称为单调区间.函数的这种性质就是单调性.

例 1.1.11 确定下列函数的单调性.

(1) $y = x^3$.

(2) $y = x^2$.

解:(1) 容易验证 $y = x^3$ 在 $(-\infty, +\infty)$ 上是单调增加的. 因为,对于任取 $x_1, x_2 \in (-\infty, +\infty)$,当 $x_1 < x_2$ 时,恒有 $x_1^3 < x_2^3$,如图 1-1-12 所示.

(2) $y = x^2$ 在 $(-\infty, 0]$ 上是单调减少的,在 $[0, +\infty)$ 上是单调增加的,而在 $(-\infty, +\infty)$ 上不是单调函数,如图 1-1-13 所示.

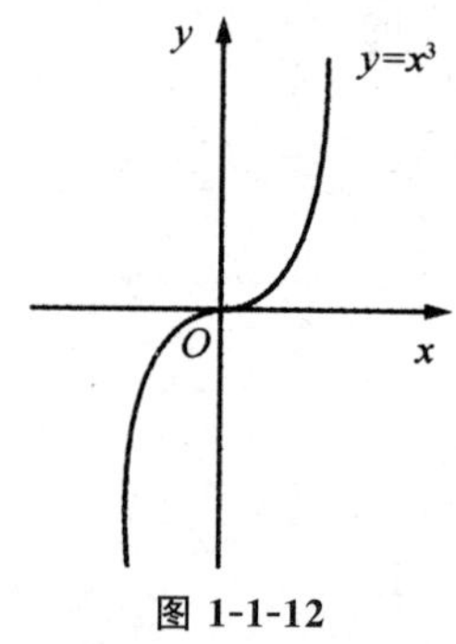

图 1-1-12

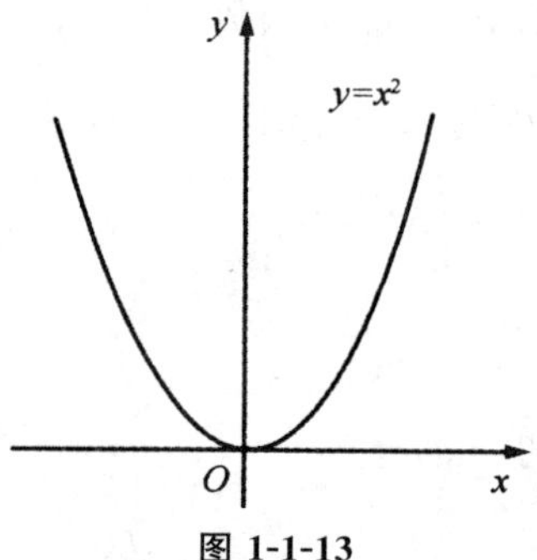

图 1-1-13

例 1.1.12 证明函数 $y = \dfrac{x}{x+1}$ 在 $(-1, +\infty)$ 上是单调递增的.

证明:令 x_1, x_2 为 $(-1, +\infty)$ 上任意两点,且 $x_1 < x_2$. 那么

$$f(x_1) - f(x_2) = \frac{x}{x_1 + 1} - \frac{x}{x_2 + 1} = \frac{x_1 - x_2}{(x_1 + 1)(x_2 + 1)},$$

由于 x_1, x_2 为 $(-1, +\infty)$ 上任意两点,所以 $x_1 + 1 > 0, x_2 + 1 > 0$,且 $x_1 < x_2$,所以

$$f(x_1) - f(x_2) = \frac{x_1 - x_2}{(x_1 + 1)(x_2 + 1)} < 0,$$

即

$$f(x_1) < f(x_2),$$

所以函数 $y = \dfrac{x}{x+1}$ 在 $(-1, +\infty)$ 上是单调递增的．

3．函数的奇偶性

设函数 $f(x)$ 的定义域 D 对原点 O 对称（即若 $x \in D$，则 $-x \in D$）．如果

$$f(-x) = f(x), \forall x \in D,$$

则称 $f(x)$ 为偶函数；如

$$f(-x) = -f(x), \forall x \in D,$$

则称 $f(x)$ 为奇函数．

容易证明，两个奇（偶）函数之和仍是奇（偶）函数，之积是偶函数，一个奇函数与一个偶函数之积是奇函数．

奇函数和偶函数的图形有某种对称性．在坐标平面上，如图 1-1-14 所示，点 $P(x,y)$ 与点 $Q_1(-x,y)$ 对 y 轴对称，点 $P(x,y)$ 与点 $Q_2(-x,-y)$ 对原点 Q 对称．由此可知，偶函数的图形关于 y 轴对称，如图 1-1-15(a) 所示，奇函数的图形关于原点 O 对称，如图 1-1-15(b) 所示．

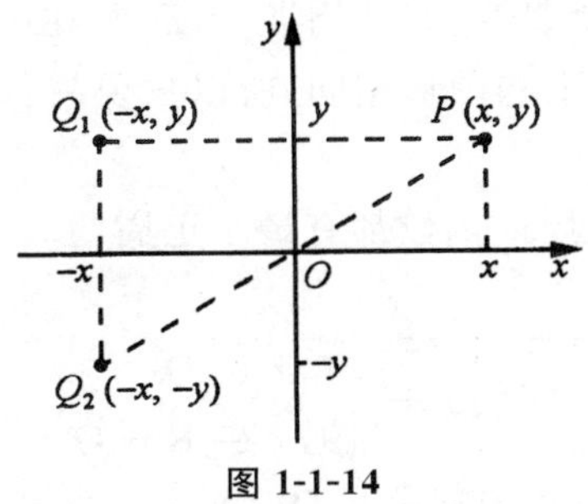

图 1-1-14

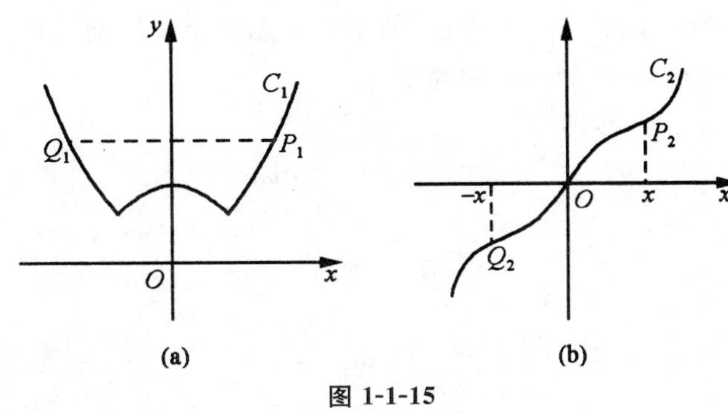

图 1-1-15

例 1.1.13　判断 $y = \ln(x + \sqrt{x^2+1})$ 的奇偶性．

解：首先，函数 $y = \ln(x + \sqrt{x^2+1})$ 的定义域为 $(-\infty, +\infty)$，是关于原点对称的，又因为

$$\begin{aligned} f(-x) &= \ln(-x + \sqrt{(-x)^2+1}) = \ln(\sqrt{x^2+1} - x) \\ &= \ln\frac{(\sqrt{x^2+1}-x)(\sqrt{x^2+1}+x)}{\sqrt{x^2+1}+x} = \ln\frac{1}{\sqrt{x^2+1}+x} \\ &= -\ln(x + \sqrt{x^2+1}) = -f(x), \end{aligned}$$

所以 $y=\ln(x+\sqrt{x^2+1})$是奇函数．

4．函数的周期性

设 $f(x)$ 是定义在 $\mathbf{R}$ 上的函数，如果 $\exists t>0$，使得

$$f(x+t)=f(x),\forall x\in\mathbf{R},$$

则称 $f(x)$ 为周期函数，t 是它的周期．通常所说周期函数的周期是指它的最小正周期 T，即

$$T=\min\{t\,|\,f(x+t)=f(x),\forall x\in\mathbf{R},t>0\}$$

且

$$T>0.$$

例如 $\sin x,\cos x$ 都是周期为 2π 的周期函数，$|\sin x|$ 的周期为 π，因为

$$|\sin(x+\pi)|=|-\sin x|=|\sin x|.$$

函数 $\cos(3x+5)$的周期是$\dfrac{2\pi}{3}$，因为如 $t>0$，使得

$$\cos[3(x+t)+5]=\cos(3x+5+3t)=\cos(3x+5),\forall x\in\mathbf{R}$$

则最小的 t 应有 $3t=2\pi$，即 $t=\dfrac{2\pi}{3}$.

周期函数 $f(x)$ 的图形具有周期性，如其周期为 T，则在区间$[a,a+T)$上的图形应与区间$[a+kT,a+(k+1)T)(k\in\mathbf{Z})$上的图形相同，所以只要将$[a,a+T)$上的图形向左右无限复制，即可得到 $f(x)$ 的整个图形．

需要特别注意的是，并非任意周期函数都有最小正周期．

例 1.1.14　狄利克雷函数

$$D(x)=\begin{cases}1,x\in\mathbf{Q}\\0,x\in\mathbf{R}-\mathbf{Q}\end{cases},$$

即当 x 为有理数时 $D(x)=1$，当 x 是无理数时 $D(x)=0$，这是一个周期函数，任何正有理数 r 都是它的周期，但 $\min\{r\,|\,r\in\mathbf{Q},r>0\}$不存在，故 $D(x)$ 无最小正周期．

例 1.1.15　求函数 $f(x)=\sin\omega x$ 的周期 T.

解：因为 $f(x+T)=f(x)$，即

$$\sin\omega(x+T)=\sin\omega x,$$

所以

$$\omega T=2\pi,$$

即

$$T=\frac{2\pi}{\omega}.$$

1.2　反函数、复合函数与初等函数

1.2.1　反函数

自变量与因变量的关系往往是相对的，我们不仅需要研究变量 y 随变量 x 变化而变化的情况，有时也要研究变量 x 随变量 y 变化而变化的状况．例如，自由落体下落的距离 s 与时间 t 的关

系是

$$s = \frac{1}{2}gt^2, t \in [0, T], \tag{1.2.1}$$

这时 s 是 t 的函数．但是，如果反过来，要由物体下落的距离 s 来确定所需的时间 t，可由式(1.2.1) 解出 t，把它表示为 s 的函数

$$t = \sqrt{\frac{2s}{g}}, s \in [0, H], \tag{1.2.2}$$

其中 H 是物体在开始下落时与地面的距离．由式(1.2.1) 和式(1.2.2) 这对函数启发人们引入反函数的概念．

定义 1.2.1　设已知函数 $y = f(x), x \in D$ 的值域为 $f(D)$．若对于 $f(D)$ 中每一个值 y，D 中有唯一确定的值 x 使得 $f(x) = y$，就在 $f(D)$ 上定义了一个函数，并称其为函数 $y = f(x)$ 的反函数，记为

$$x = -f^{-1}(y), y \in f(D).$$

$y = f(x)$ 与 $x = -f^{-1}(y)$ 互为反函数，习惯上把自变量记为 x，因变量记为 y，所以反函数 $x = -f^{-1}(y)$ 也可写作 $y = -f^{-1}(x)$．相对于反函数 $y = -f^{-1}(x)$ 而言，原来的函数 $y = f(x)$ 称为直接函数．容易看出，在同一坐标平面上，反函数 $y = -f^{-1}(x)$ 与直接函数 $y = f(x)$ 的图像关于直线 $y = x$ 对称，如图 1-2-1 所示．

$y = f(x)$ 要满足什么条件才能保证其反函数一定存在呢？根据定义可推出如下的反函数存在定理：

定理 1.2.1　单调函数必有反函数，单调增加的函数的反函数必单调增加，单调减少的函数的反函数必单调减少．

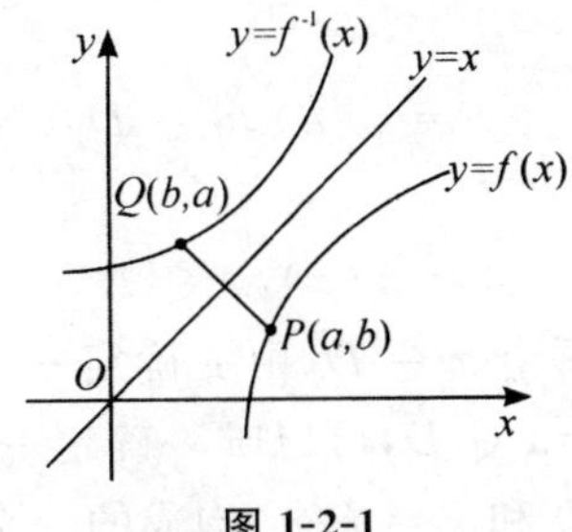

图 1-2-1

例 1.2.1　设有函数 $y = 2x - 3$，求它的反函数并画出图形．

解：从函数 $y = 2x - 3$ 中直接解出 x 可得

$$x = \frac{1}{2}(y + 3),$$

它的图形与原函数的图形是同一条直线，交换变量记号可得反函数为

$$y = \frac{1}{2}(x + 3),$$

原函数 $y = 2x - 3$ 和反函数 $y = \frac{1}{2}(x + 3)$ 的图形是关于直线 $y = x$ 对称的，其图形如图 1-2-2 所示．

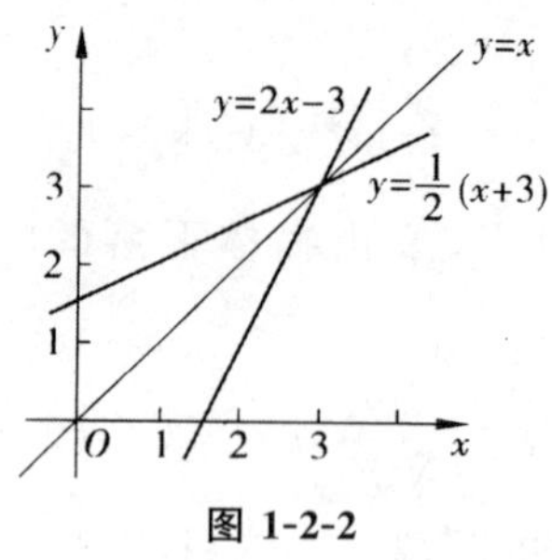

图 1-2-2

1.2.2 复合函数

在某一研究过程中，有时两个变量之间的函数关系不是直接给出，而是通过某一中间变量把它们联系起来．例如，以初速 v_0 上抛质量为 m 的物体，物体的动能 E 是时间 t 的函数．由物理学知，E 是速度 v 的函数

$$E = \frac{1}{2}mv^2 = f(v),$$

而速度 v 又是时间 t 的函数

$$v = v_0 - gt = \varphi(t),$$

则 E 是 t 的函数，即

$$E = \frac{1}{2}m(v_0 - gt)^2 = F(t).$$

我们说 $E = F(t)$ 是由 $E = f(v)$ 和 $v = \varphi(t)$ 复合而成的复合函数，其中 v 叫中间变量．函数的复合是从已知函数产生新函数的一种方法．

定义 1.2.2 设有两个函数

$$y = f(u), u \in D_1$$

和

$$u = g(x), x \in D,$$

如果 g 的值域 $R(g) \subset D_1$，则对于每个 $x \in D$，由 g 确定一个 $u \in R(g) \subset D_1$，从而这个 u 经过 f 又唯一地确定一个 y，这样，对每个 $x \in D$，可以唯一确定一个 y（如图 1-2-3 所示），从而确定一个新函数，这个函数称为由 $u = g(x)$ 和 $y = f(u)$ 构成的一个复合函数，其函数记号通常用 $f \circ g$ 表示，所以

$$(f \circ g)(x) = f[g(x)], x \in D,$$

也可以不用抽象的复合函数记号 $f \circ g$，而直接将这个复合函数表示为

$$y = f[g(x)], x \in D.$$

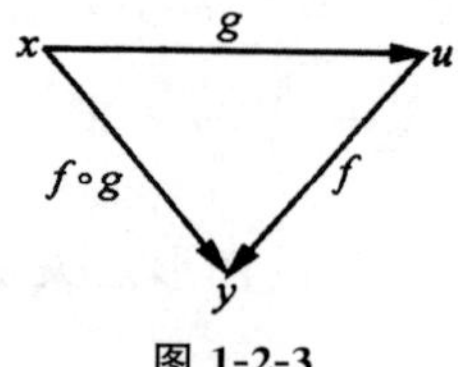

图 1-2-3

在这个复合函数中，变量 u 有双重身份，既是函数 g 的函数值，又是函数 f 的自变量，它在 x

和 y 之间起着桥梁的作用，通常称为中间变量.

一般地说，由两个函数

$$y=\varphi(u), u \in D_1$$

和

$$u=\psi(x), x \in D_2$$

可以构成复合函数 $y=\varphi[\psi(x)]$ 的条件是：ψ 的值域 $R(\psi)$ 与 φ 的定义域 D_1 的交集 $R(\psi) \cap D_1$ 不是空集，即

$$D=\{x \mid x \in D_2, \psi(x) \in D_1\} \neq \varnothing,$$

这时，D 就是复合函数 $y=\varphi[\psi(x)]$ 的定义域.

例 1.2.2　有函数 $y=\ln(b+u)$ 和 $u=\arcsin x$，试判别当 b 分别为 $2,-2,\frac{\pi}{4}$ 时，两个函数是否能生成复合函数，如果能，给出复合函数的定义域.

解：由题意可得

$$\begin{cases} b+\arcsin x>0, \\ -1 \leqslant x \leqslant 1 \end{cases}$$

因为 $-1 \leqslant x \leqslant 1$，所以 $-\frac{x}{2} \leqslant \arcsin x \leqslant \frac{x}{2}$.

当 $b=2$ 时，总有 $2+\arcsin x>0$，所以能够成复合函数，其定义域为 $[-1,1]$.

当 $b=-2$ 时，$\arcsin x-2<0$，所以不能够成复合函数.

当 $b=\frac{\pi}{4}$ 时，由 $\frac{\pi}{4}+\arcsin x>0$ 得 $x>\sin\left(-\frac{\pi}{4}\right)=-\frac{\sqrt{2}}{2}$，又 $-1 \leqslant x \leqslant 1$，其交集非空，所以能够成复合函数，其定义域为 $\left[-\frac{\sqrt{2}}{2}, 1\right]$.

例 1.2.3　设 $f\left(\frac{1}{x}-1\right)=\sin x$，求 $f(x)$.

解：引入中间变量 $t=\frac{1}{x}-1$，则 $x=\frac{1}{t+1}$. 函数 $f\left(\frac{1}{x}-1\right)$ 可看成两个函数 $f(t)$ 和 $t=\frac{1}{x}-1$ 的复合. 将 $x=\frac{1}{t+1}$ 代入 $\sin x$，则可得

$$f(t)=f\left(\frac{1}{x}-1\right)=\sin x=\sin \frac{1}{t+1}.$$

再将代表自变量的文字 t 改写成 x，即可得

$$f(x)=\sin \frac{1}{x+1}.$$

1.2.3　初等函数

1. 基本初等函数

在高等数学中，常见的函数都是由基本初等函数构成的，基本初等函数包括以下六种函数：

① 常数函数 $y=C$(常数)，$x \in \mathbf{R}$.

② 幂函数 $y=x^\mu$(μ 为实数).

③ 指数函数 $y = a^x (a > 0$ 且 $a \neq 1)$.

④ 对数函数 $y = \log_a x (a > 0$ 且 $a \neq 1)$.

⑤ 三角函数 $y = \sin x, y = \cos x, y = \tan x, y = \cot x, y = \sec x, y = \csc x$.

⑥ 反三角函数 $y = \arcsin x, y = \arccos x, y = \arctan x, y = \text{arccot} x$.

下面，我们对这些基本初等函数的性质进行简单的讨论．

(1) 常数函数 $y = C$(常数)，$x \in \mathbf{R}$.

常数函数的定义域为$(-\infty, +\infty)$，它的图像过点$(0,C)$且平行于x轴，如图 1-2-4 所示．

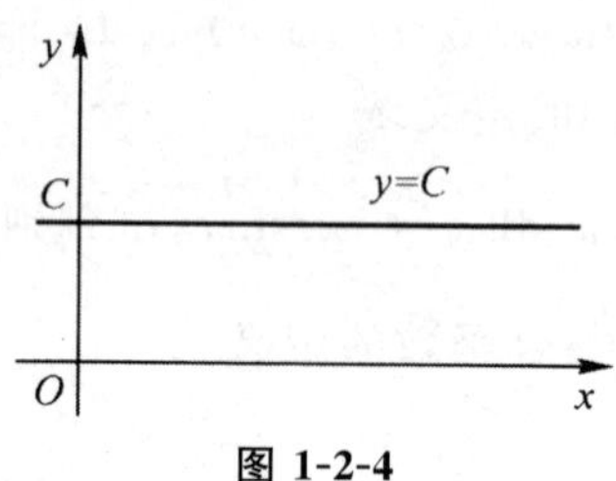

图 1-2-4

常数函数是有界函数、偶函数，当 $C = 0$ 时，也是奇函数．

(2) 幂函数 $y = x^\mu$(μ 为实数).

幂函数 $y = x^\mu$ 的定义域视μ的不同而定．但无论μ为何数，幂函数 $y = x^\mu$ 都在$(0, +\infty)$内有定义，且 $y = x^\mu$ 的图像都经过点$(1,1)$．当$\mu > 0$时，函数经过两定点$(0,0)$和$(1,1)$，图像在第Ⅰ象限内单调增加且无界，如图 1-2-5 所示，是 $\mu = \frac{1}{2}$，1，2，3 时，$y = x^\mu$ 的图像；当$\mu < 0$时，函数经过定点$(1,1)$，图像在第Ⅰ象限内单调减少且无界，如图 1-2-6 所示，是 $\mu = -1, -2$ 时，$y = x^\mu$ 的图像．

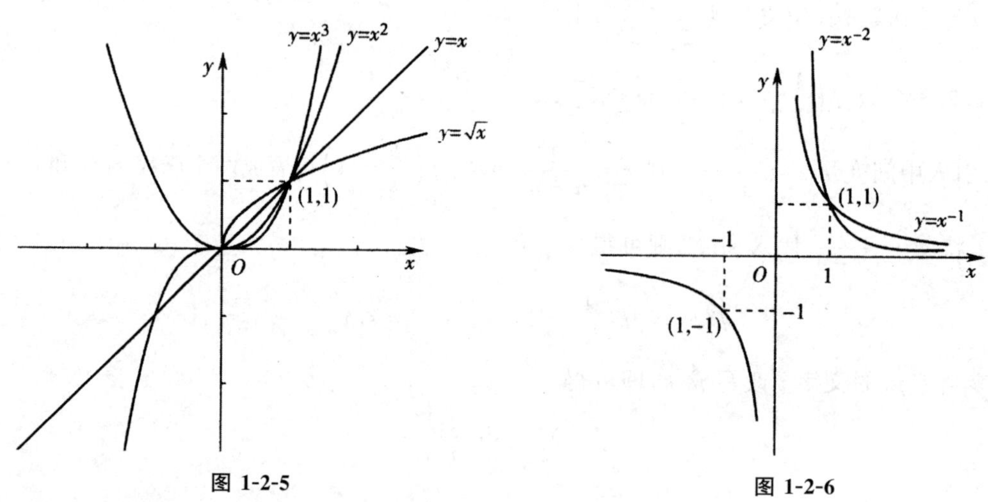

图 1-2-5　　图 1-2-6

读者可以自行研究，对应用不同的μ，幂函数 $y = x^\mu$ 的奇偶性．

(3) 指数函数 $y = a^x (a > 0$ 且 $a \neq 1)$.

指数函数 $y = a^x$ 的定义域是$(-\infty, +\infty)$，值域是$(0, +\infty)$．当 $a > 1$ 时，函数单调递增；当 $a < 1$ 时，函数单调递减．图像过点$(0,1)$，$y = a^x$ 和 $y = a^{-x}$ 的图形关于y轴对称，如图 1-2-7 所示．在科学记数中，最常用的是以 e(e 为无理数，e = 2.71828…) 为底的指数函数 $y = e^x$.

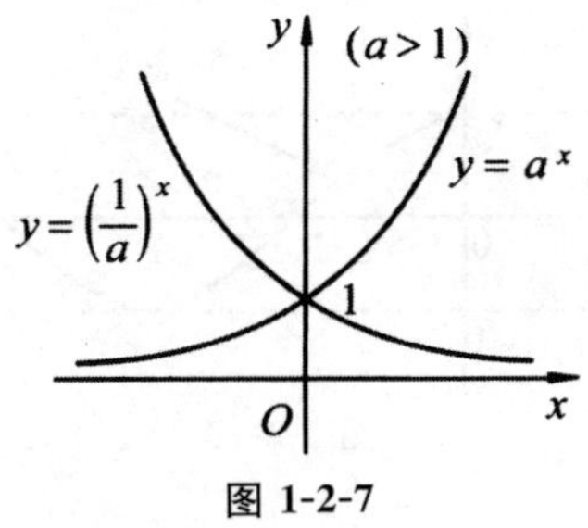

图 1-2-7

(4) 对数函数 $y=\log_a x$($a>0$ 且 $a\neq 1$).

对数函数的定义域是$(0,+\infty)$,它是指数函数 $y=a^x$ 的反函数.对数函数的图形位于 y 轴的右方,且通过$(1,0)$点.

对数函数在定义域上是单调函数.当 $a>1$ 时,对数函数在定义域上单调增加,在$(1,+\infty)$内函数值为正,在$(0,1)$内函数值为负,图形向左逐渐接近 y 轴且以 y 轴为渐近线;当 $0<a<1$ 时,对数函数在定义域上单调减少,在$(0,1)$内函数值为正,在$(1,+\infty)$内函数值为负,图形向左逐渐接近 y 轴且以 y 轴为渐近线.在实际中经常用到以 e 为底的对数,称为自然对数,记作 $y=\ln x$. 如图 1-2-8 所示,画出了函数 $y=\ln x$ 和 $y=\log_{\frac{1}{e}}x$ 的图形.

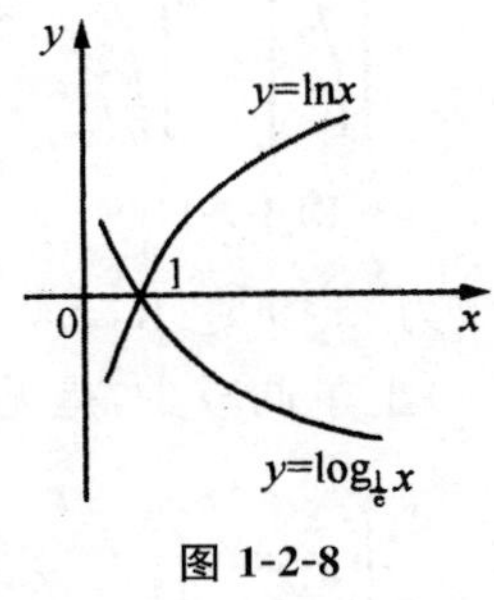

图 1-2-8

(5) 三角函数.

常用的三角函数有以下几类:

① 正弦函数 $y=\sin x$. 它的定义域为$(-\infty,+\infty)$,值域为$[-1,1]$. 正弦函数是奇函数,它的周期为 2π,在$\left[-\frac{\pi}{2},\frac{\pi}{2}\right]$上单调增加,在$\left[\frac{\pi}{2},\frac{3\pi}{2}\right]$上单调减少,是有界函数,其图像如图 1-2-9 所示.

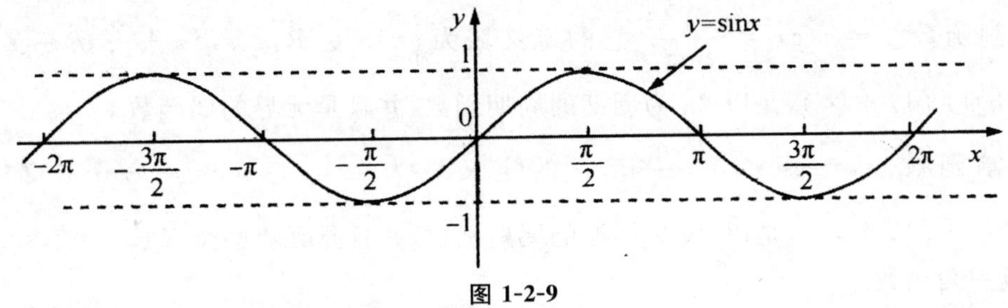

图 1-2-9

② 余弦函数 $y=\cos x$. 它的定义域为$(-\infty,+\infty)$,值域为$[-1,1]$. 余弦函数是偶函数,它的周期为 2π,在$[-\pi,0]$上单调增加,在$[0,\pi]$上单调减少,是有界函数,其图像如图 1-2-10 所示.

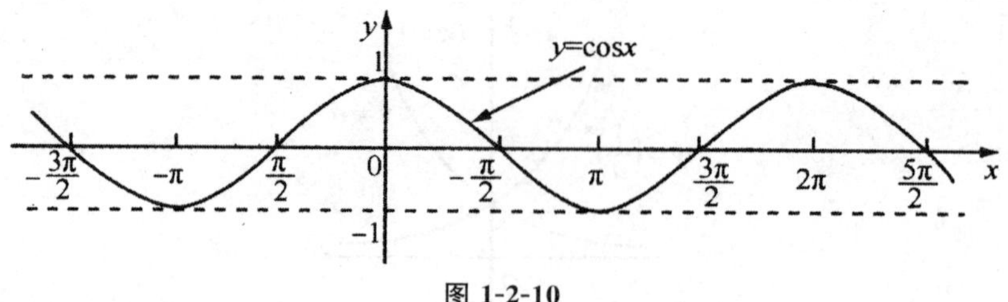

图 1-2-10

③ 正切函数 $y = \tan x$. 它的定义域为 $\left\{x \mid x \in \mathbf{R}, x \neq k\pi + \frac{\pi}{2}, k \in \mathbf{Z}\right\}$，值域为 $(-\infty, +\infty)$. 正切函数是奇函数，它的周期为 π，在 $\left(-\frac{\pi}{2}, \frac{\pi}{2}\right)$ 上单调增加，是无界函数，其图像如图 1-2-11 所示．

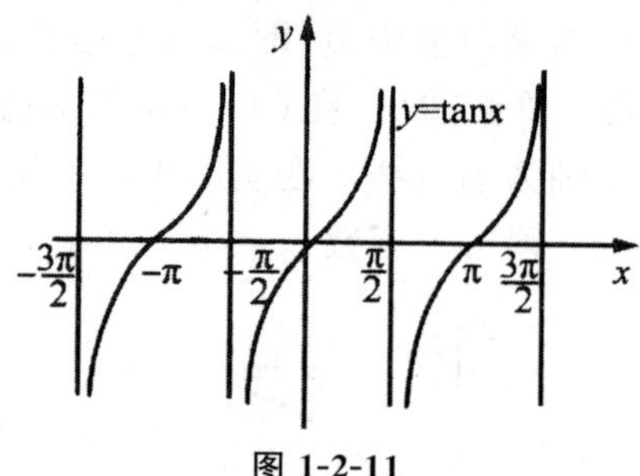

图 1-2-11

④ 余切函数 $y = \cot x$. 它的定义域为 $\{x \mid x \in \mathbf{R}, x \neq k\pi, k \in \mathbf{Z}\}$，值域为 $(-\infty, +\infty)$. 余切函数是奇函数，它的周期为 π，在 $(0, \pi)$ 上单调减少，是无界函数，其图像如图 1-2-12 所示．

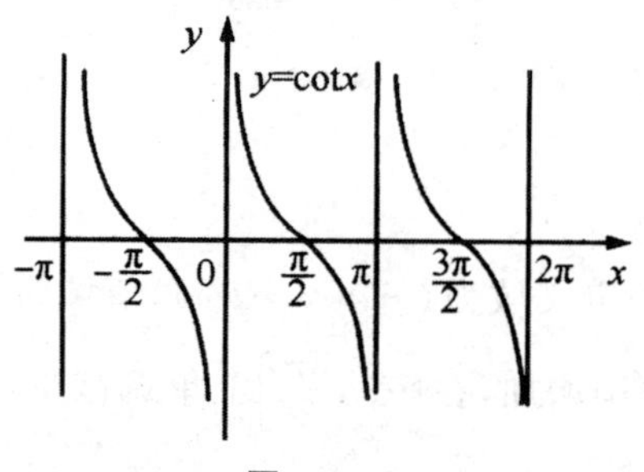

图 1-2-12

⑤ 正割函数 $y = \sec x = \frac{1}{\cos x}$. 它的定义域为 $\left\{x \mid x \in \mathbf{R}, x \neq k\pi + \frac{\pi}{2}, k \in \mathbf{Z}\right\}$，值域为 $(-\infty, -1] \cup [1, +\infty)$，是以 2π 为周期的周期函数，并且是无界的偶函数．

⑥ 余割函数 $y = \csc x = \frac{1}{\sin x}$. 它的定义域为 $\{x \mid x \in \mathbf{R}, x \neq k\pi, k \in \mathbf{Z}\}$，值域为 $(-\infty, -1] \cup [1, +\infty)$，是以 2π 为周期的周期函数，并且是无界的奇函数．

(6) 反三角函数.

反三角函数即为三角函数的反函数．因为三角函数 $y = \sin x, y = \cos x, y = \tan x, y = \cot x$ 都不是单调的，为了得到其反函数，对这些函数限定在某个单调区间内来讨论．

① 反正弦函数 $y = \arcsin x$. 函数 $y = \sin x$ 在定义域 $(-\infty, +\infty)$ 内不是单调函数，在该区

间内不存在反函数，但在区间$\left[-\frac{\pi}{2},\frac{\pi}{2}\right]$上单调递增，所以在该区间上存在反函数，所以反正弦函数 $y=\arcsin x$ 的定义域是$[-1,1]$，值域是$\left[-\frac{\pi}{2},\frac{\pi}{2}\right]$，其图像如图 1-2-13 所示．

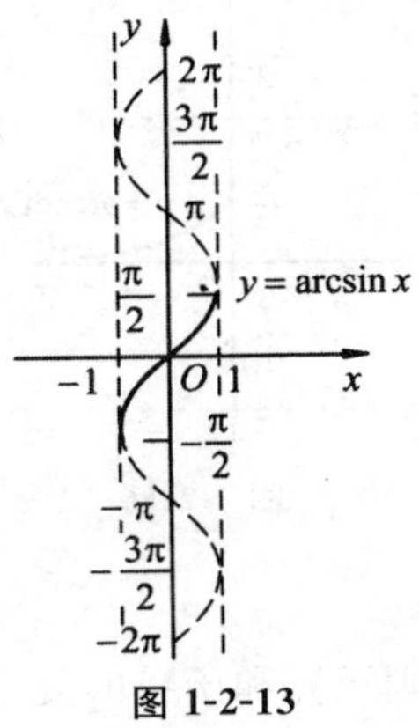

图 1-2-13

② 反余弦函数 $y=\arccos x$．函数 $y=\cos x$ 在区间$[0,\pi]$上单调减少，存在反函数．所以反余弦函数 $y=\arccos x$ 的定义域是$[-1,1]$，值域是$[0,\pi]$，其图像如图 1-2-14 所示．

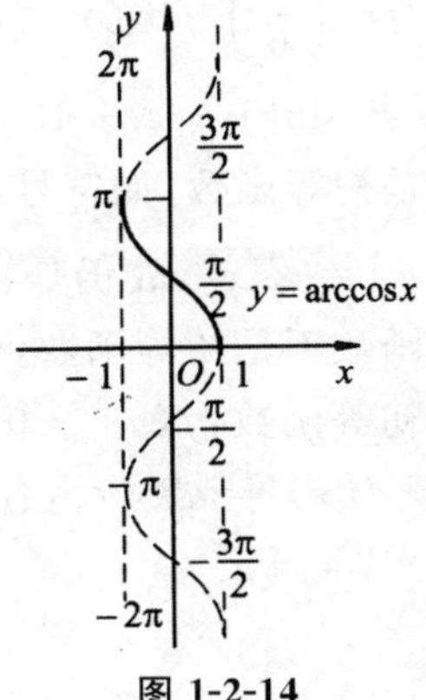

图 1-2-14

③ 反正切函数 $y=\arctan x$．函数 $y=\tan x$ 在开区间$\left(-\frac{\pi}{2},\frac{\pi}{2}\right)$上单调递增，存在反函数．所以反正切函数 $y=\arctan x$ 的定义域是$(-\infty,+\infty)$，值域是$\left(-\frac{\pi}{2},\frac{\pi}{2}\right)$，其图像如图 1-2-15 所示．

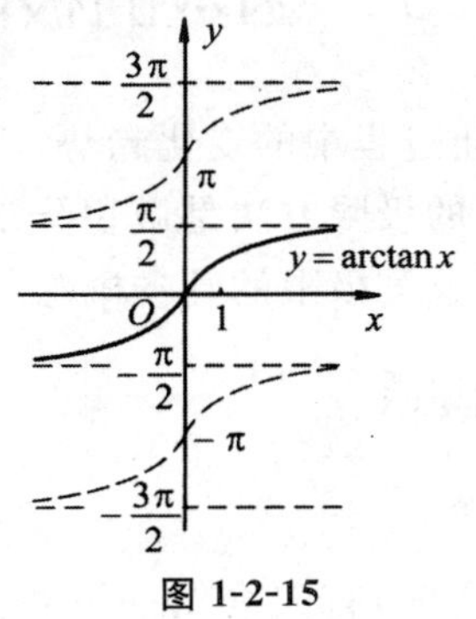

图 1-2-15

④ 反余切函数 $y = \operatorname{arccot}x$. 反余切函数 $y = \operatorname{arccot}x$ 的定义域是 $(-\infty, +\infty)$，值域是 $(0,\pi)$，其图像如图 1-2-16 所示.

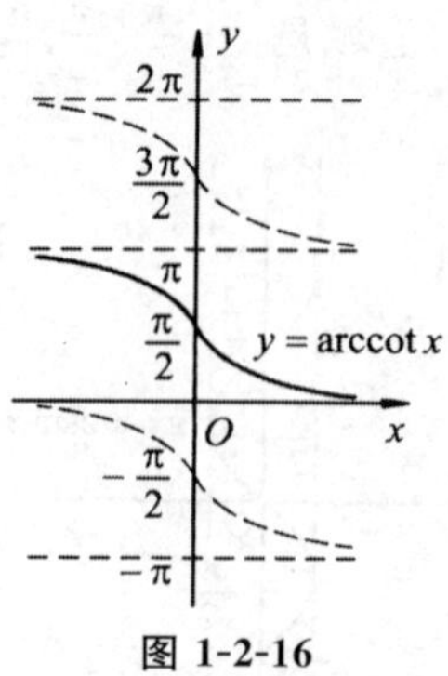

图 1-2-16

2. 初等函数

由基本初等函数经过有限多次四则运算和函数的复合运算所得到的函数统称初等函数.

初等函数均可用一个解析式表示，如

$$y = \sqrt{5x^2 + 15x + 8},$$

$$y = \tan^2\left(\frac{x^2}{6}\right) + \ln(x^2 + 11),$$

$$y = \sin[\ln(x^2 + 15)]$$

等都是初等函数. 而分段函数一般不是初等函数，如符号函数 $y = \operatorname{sgn}x$ 不是初等函数. 绝对值函数 $y = |x|$ 虽可分段表示，但由于 $|x| = \sqrt{x^2}$，故仍是初等函数. 在以后的讨论中我们可知，微积分中尽管所讨论的函数中有许多函数不是初等函数，但大多数都是初等函数.

例 1.2.4 设 $f(x), g(x)$ 是两个初等函数，$f(x) > 0$，则函数 $y = [f(x)]^{g(x)}$ 也是一个初等函数. 因如设 $a \neq 1$ 是任一正数，由于 $f(x) = a^{\log_a f(x)}$，有

$$y = [f(x)]^{g(x)} = [a^{\log_a f(x)}]^{g(x)} = a^{g(x)\log_a f(x)}.$$

上式可以看成四个初等函数

$$y = a^u, u = g(x)v, v = \log_a w, w = f(x)$$

的复合，其中 a^u 是指数函数，$\log_a w$ 是对数函数，$g(x)v$ 是两个初等函数的乘积，它们都是初等函数，故 $y = [f(x)]^{g(x)}$ 也是初等函数，它通常称为幂指函数.

1.3 函数的极限

为了精确地描述变量在某个变化过程中的变化趋势，人们引进了极限的概念. 极限是微积分学中的一个基本概念，而由此产生的极限方法是微积分学的最基本的方法. 在讨论函数的极限之前，我们先来简单介绍一下数列及其极限的基本概念.

1.3.1 数列及数列的极限

1. 数列及数列的极限的基本概念

在讨论数列及数列极限的概念之前，首先介绍一下我国古代著名数学家刘徽的“割圆术”.

设有一半径为 1 的圆，在只知道直边形的面积计算方法的情况下，要计算其面积．为此，刘徽先作圆的内接正六边形，其面积记作 S_1，再作内接正十二边形，其面积记作 S_2，内接二十四边形的面积记作 S_3，如此逐次将边数加倍．他说："割之弥细，所失弥少，割之又割，以至于不可割，则与圆周合体而无所失矣"．用现在的话说，即当 n 无限增大时，S_n 无限接近于圆面积 S，他计算到 $3072=6\times 2^9$ 边形．利用不等式(如图 1-3-1 所示)

$$S_{n+1}<S<S_n+2(S_{n+1}-S_n),n=1,2,\cdots$$

得到 $\pi\approx\dfrac{3927}{1250}=3.1416$．可惜刘徽的工作仅停留在计算高精度的 S_n(古希腊数学家阿基米德也是如此)，未做进一步深入．

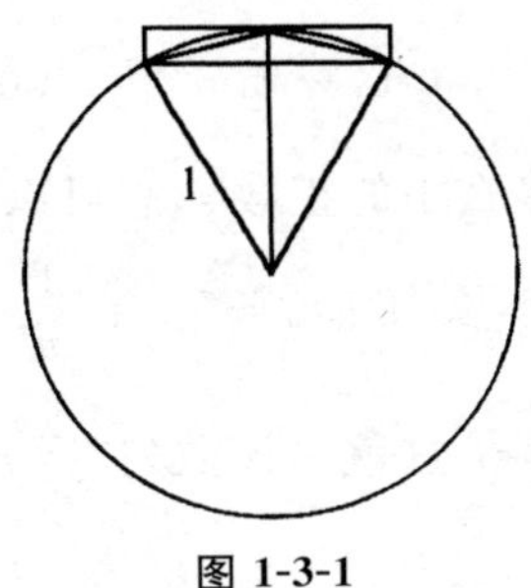

图 1-3-1

上述得到的一串数

$$S_1,S_2,S_3,\cdots,S_n,\cdots$$

就称为一个数列．

人们在深入研究上述例子和许多同类问题的基础上归纳出极限的一般概念．

大体上说，数列是按次序排列的一列数

$$x_1,x_2,\cdots,x_n,\cdots,$$

简记作 $\{x_n\}$．准确地说，数列是定义在正整数集 $\mathbf{N}$ 上的函数

$$x_n=f(n),n\in\mathbf{N},$$

其中每一个 n 表示项数，x_n 表示第 n 项；因为项数 n 是一个变量，故 x_n 常称为数列的通项或一般项．根据函数关系知，通项 x_n 实质上就代表了数列 $\{x_n\}$．

对于数列，我们往往更关心它的变化趋势，即对于一个给定的数列 $\{x_n\}$，当项数 n 无限增大时，通项 x_n 的变化趋势是什么？

我们容易通过举例分析得知，对于不同的数列，n 无限增大时 x_n 的变化趋势各不相同，可归纳为如下两种情形：

(1)x_n 随着 n 的无限增大而(无限)趋于某一个固定的常数 a，这时称 $\{x_n\}$ 为收敛数列，常数 a 为该数列的极限．

(2)x_n 随着 n 的无限增大而不趋于任何确定的常数．这时称 $\{x_n\}$ 为不收敛数列．

接下来，我们通过对数列

$$0,\frac{3}{2},\frac{2}{3},\frac{5}{4},\cdots,\frac{n+(-1)^n}{n},\cdots$$

的考察，从三个层次来逐步理解"x_n 随着 n 的无限增大而(无限)趋于某一个固定的常数 a"这一句话的含义：

(1) 如图 1-3-2 所示，随着 n 的增大，x_n 愈来愈接近于 1. 实际上，由于 $|x_n - 1| = \frac{1}{n}$，x_n 与 1 的距离 $|x_n - 1|$ 随着 n 的增大愈来愈小.

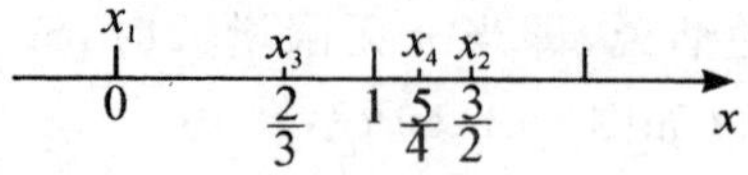

图 1-3-2

(2) 当 $n \to \infty$ 时，$\{x_n\}$ 无限趋于 1 意味着 $|x_n - 1|$ 无限地变小，也就是说，只需 n 充分大，绝对值 $|x_n - 1|$ 可以小于任意给定的正数. 例如，要使 $|x_n - 1| < 0.01$，即 $\frac{1}{n} < 0.01$，只要 $n > 100$ 即可；要使 $|x_n - 1| < 0.001$，即 $\frac{1}{n} < 0.001$，只要 $n > 1000$ 即可；如此等等.

(3) 一般地，任意给定一个无论多么小的正数 ε，总可以确定某一项数 N，使得从第 $N+1$ 项起，$\{x_n\}$ 均满足 $|x_n - 1| < \varepsilon$. 事实上，要使 $|x_n - 1| = \frac{1}{n} < \varepsilon$，只要 $n > \frac{1}{\varepsilon}$. 于是，若取 $N = \left[\frac{1}{\varepsilon}\right]$，则当 $n > N$ 时就有 $|x_n - 1| < \varepsilon$. 这就是该数列“当 n 无限增大时趋于某一个固定的常数 1”的本质.

通过上述讨论，我们就可以得到数列极限的精确定义：

定义 1.3.1 设 $\{x_n\}$ 是一个数列，a 是一个常数，如果对任给的 $\varepsilon > 0$，总存在一个正整数 N，使得当 $n > N$ 时总有 $|x_n - a| < \varepsilon$ 成立，则称数列 $\{x_n\}$ 收敛于 a，称 a 为 $\{x_n\}$ 的极限，并记作

$$\lim_{n \to \infty} x_n = a \text{ 或 } x_n \to a, n \to \infty.$$

若数列 $\{x_n\}$ 没有极限，即满足上述条件的常数 a 不存在，则称 $\{x_n\}$ 不收敛，或称 $\{x_n\}$ 发散.

需要指出的是，定义 1.3.1 通常称为数列极限的“$\varepsilon - N$”定义. 该定义还可以用逻辑符号表达，即“$\forall \varepsilon > 0, \exists N > 0$，当 $n > N$ 时，有 $|a_n - a| < \varepsilon$”. 其中符号“$\forall$”表示“任意的”、“一切”、“所有的”，符号“$\exists$”表示“存在一个”、“至少有一个”.

例 1.3.1 证明 $\lim_{n \to \infty} \frac{1}{n} = 0$.

证明：若取 $\varepsilon = 0.1$，则可取 $N = 11$，当 $n \geqslant N$ 时，有

$$\left|\frac{1}{n} - 0\right| < 0.1;$$

若 $\varepsilon = 0.01$，则可取 $N = 101$，当 $n \geqslant N$ 时，有

$$\left|\frac{1}{n} - 0\right| < 0.01.$$

一般地，对每个 $\varepsilon > 0$，可取 $N = \left[\frac{1}{\varepsilon}\right] + 1$，当 $n \geqslant N$ 时，有

$$\left|\frac{1}{n} - 0\right| \leqslant \frac{1}{N} < \varepsilon,$$

故而根据数列极限的定义可得 $\lim_{n \to \infty} \frac{1}{n} = 0$.

例 1.3.2 试证 $\lim_{n \to \infty} \frac{3n^2 - 2}{n^2} = 3$.

证明：对 $\forall\varepsilon>0$，由于

$$\left|\frac{3n^2-2}{n^2}-3\right|=\frac{2}{n^2},$$

故要使 $\left|\frac{3n^2-2}{n^2}-3\right|<\varepsilon$，只要 $\frac{2}{n^2}<\varepsilon$，即 $n>\sqrt{\frac{2}{\varepsilon}}$，于是取 $N=\left[\frac{2}{\varepsilon}\right]$，则当 $n>N$ 时，就有 $n>\sqrt{\frac{2}{\varepsilon}}$，从而有

$$\left|\frac{3n^2-2}{n^2}-3\right|<\varepsilon,$$

所以

$$\lim_{n\to\infty}\frac{3n^2-2}{n^2}=3.$$

2. 收敛数列的性质

收敛数列主要具有如下三个性质：

定理 1.3.1（数列极限的唯一性）　设 $\{x_n\}$ 是一收敛数列，则数列 $\{x_n\}$ 有界且有唯一极限．

证明：设 $\lim\limits_{n\to\infty}x_n=A$，对于 $\varepsilon=1$，存在 N，$\forall n\geqslant N$ 有 $|x_n-A|<1$，则有

$$|x_n|=|(x_n-A)+A|\leqslant|x_n-A|+|A|<1+|A|$$

取 $M=\max\{|x_1|,|x_2|,\cdots,|x_N|,1+|A|\}$，对于 $\forall n>1$ 有 $|x_n|\leqslant M$，这表明数列 $\{x_n\}$ 有界．

再证唯一性，即假设 A、B 都是 $\{x_n\}$ 的极限，则 $A=B$. 不妨设 $A>B$. 取 $\varepsilon=\frac{A-B}{2}$，由 $\lim\limits_{n\to\infty}x_n=A$ 可知，$\exists N_1\in\mathbf{N}^+$，当 $n\geqslant N_1$ 时，$|x_n-A|<\varepsilon$，则有

$$x_n>A-\varepsilon=\frac{A+B}{2}.$$

由 $\lim\limits_{n\to\infty}x_n=B$ 可知，$\exists N_2\in\mathbf{N}^+$，当 $n\geqslant N_2$ 时，$|x_n-B|<\varepsilon$，则有

$$x_n<B+\varepsilon=\frac{A+B}{2}.$$

故取 $N=\max\{N_1,N_2\}$，当 $n>N$ 时有 $x_n>\frac{A+B}{2}$ 且 $x_n<\frac{A+B}{2}$，很显然这是矛盾的，所以假设不成立，可见 $\{x_n\}$ 的极限是唯一的．

定理 1.3.2（收敛数列的有界性）　若数列 $\{x_n\}$ 收敛，则 $\{x_n\}$ 为有界数列．

证明：设 $\lim\limits_{n\to\infty}x_n=a$，由数列极限的定义可知，对于给定的一个正数 ε_0，存在正整数 N，使当 $n>N$ 时，不等式

$$|a_n-a|<\varepsilon_0$$

恒成立．于是，当 $n>N$ 时

$$|x_n|=|x_n-a+a|\leqslant|x_n-a|+|a|<\varepsilon_0+|a|,$$

令 $M=\max\{|x_1|,|x_2|,\cdots,|x_N|,\varepsilon_0+|a|\}$，则对一切自然数 n，有

$$|a_n|\leqslant M,$$

即 $\{a_n\}$ 为有界数列．

定理 1.3.3　改动数列的有限项，其收敛性不变，且在收敛时极限值不变．

证明：设改动数列$\{x_n\}$的有限项得到数列$\{y_n\}$，且数列$\{x_n\}$改动项中的最后一项为x_{N_1}，则当$n \geqslant N_1$时，$y_n = x_n$.

若$\lim\limits_{n\to\infty} x_n = A$，$\forall \varepsilon > 0$，$\exists N_2$，当$n > N_2$时有

$$|x_n - A| < \varepsilon,$$

取$N = \max\{N_1, N_2\}$，当$n > N$时有

$$|y_n - A| = |x_n - A| < \varepsilon,$$

从而

$$\lim_{n\to\infty} y_n = A.$$

同理可证，若$\lim\limits_{n\to\infty} y_n = A$，则$\lim\limits_{n\to\infty} x_n = A$.

推论 1.3.1 增加(减少)数列的有限项，其收敛性不变.

定理 1.3.4(收敛数列的保号性) 设$\lim\limits_{n\to\infty} x_n = a$且$a > 0$(或$a < 0$)，则存在正整数$N$，当$n > N$时，都有$x_n > 0$(或$x_n < 0$).

证明：以$a > 0$的情形为例.

由数列的定义，对$\varepsilon = \dfrac{a}{2}$，存在正整数$N$，当$n > N$时，都有

$$|x_n - a| < \frac{a}{2},$$

从而

$$x_n > a - \frac{a}{2} = \frac{a}{2} > 0.$$

推论 1.3.2 若对数列$\{x_n\}$，存在正整数N，当$n > N$时，有$x_n \geqslant 0$(或$x_n \leqslant 0$)，且$\lim\limits_{n\to\infty} x_n = a$，则有$a > 0$(或$a < 0$).

定理 1.3.5(收敛数列的保序性) 若$\lim\limits_{n\to\infty} x_n = a$，$\lim\limits_{n\to\infty} y_n = b$，且$a > b$，则存在正整数$N$，当$n > N$时，有$x_n > y_n$.

证明：由于$\lim\limits_{n\to\infty} x_n = a$，取$\varepsilon = \dfrac{a-b}{2}$，存在正整数$N_1$，当$n > N_1$时，有

$$|x_n - a| < \varepsilon,$$

从而得到

$$x_n > a - \varepsilon = \frac{a+b}{2}.$$

又因为$\lim\limits_{n\to\infty} y_n = b$，存在正整数$N_2$，当$n > N_2$时，有

$$|y_n - b| < \varepsilon,$$

从而得到

$$y_n < b + \varepsilon = \frac{a+b}{2}.$$

取$N = \max\{N_1, N_2\}$，则当$n > N$时，

$$x_n > \frac{a+b}{2} > y_n.$$

1.3.2　函数的极限

从函数的观点看，数列是整标函数 $x_n = f(n)$，它有极限 a，也可以叙述成“如果在自变量无限增大($n \to \infty$) 的过程中，相应的函数值 $f(n)$ 无限接近某个确定的常数 a，则称当 $n \to \infty$ 时，函数 $x_n = f(n)$ 有极限 a. 这种定义数列极限的思想也适合于一般的函数 $f(x)$，这一节我们就来讨论函数的极限.

设有函数 $y = f(x)$，自变量 x 的变化过程可以有如下六种形式：

(1)x 从定点 x_0 的左右两侧趋向于 x_0，记作 $x \to x_0$.

(2)x 从定点 x_0 的左侧趋向于 x_0，记作 $x \to x_0^-$.

(3)x 从定点 x_0 的右侧趋向于 x_0，记作 $x \to x_0^+$.

(4)x 趋向于无穷大，记作 $x \to \infty$.

(5)x 趋向于负无穷大，记作 $x \to -\infty$.

(6)x 趋向于正无穷大，记作 $x \to +\infty$.

我们常用“$x \to \square$”表示上述6种变化趋势中的一种；用记号“$f(x) \to A$”表示函数 $y = f(x)$ 的值与常数 A 无限逼近.

1. 函数在有限点处的极限

考虑自变量 x 任意地接近于点 x_0 或者说趋于有限值 x_0 时，对应的函数值 $f(x)$ 的变化情形，只需考虑 $f(x)$ 在 x_0 的去心邻域中的变化状况. 观察函数 $f(x) = x^2$，$g(x) = \dfrac{x^2-1}{x-1}$，$h(x) = x+1$ 当自变量 x 任意地接近于点 $x_0 = 1$ 时，对应的函数值的变化趋势，可发现 $f(x)$、$g(x)$ 和 $h(x)$ 分别趋近于 1、2 和 2.

一般地，$x \to x_0$ 时函数 $f(x)$ 的极限定义如下：

定义 1.3.2　设函数 $f(x)$ 在 x_0 的某个去心邻域内有定义，而 A 是常数. 如果对任给的正数 ε，总有某一正数 δ，使得当 $0 < |x - x_0| < \delta$ 时，$f(x)$ 都满足不等式

$$|f(x) - A| < \varepsilon,$$

则称当 $x \to x_0$ 时，$f(x)$ 有极限(收敛) 且 A 为 $f(x)$ 的极限，记作

$$\lim_{x \to x_0} f(x) = A \text{ 或 } f(x) \to A, x \to x_0.$$

如果满足上述条件的常数 A 不存在，则称当 $x \to x_0$ 时，$f(x)$ 的极限不存在(不收敛).

关于定义 1.3.2，需说明如下两点：

(1) $\lim\limits_{x \to x_0} f(x) = A$ 着重描述 $x \to x_0$ 时 $f(x)$ 的变化趋势，与 $f(x)$ 在点 x_0 是否有定义并无关系.

(2) $\lim\limits_{x \to x_0} f(x) = A$ 有明显的几何意义，对任给的 $\varepsilon > 0$，作平行于 x 轴的两条直线 $y = A - \varepsilon$ 与 $y = A + \varepsilon$，总可找到点 x_0 的一个 δ 邻域，使得当 $x \in (x_0 - \delta, x_0 + \delta)$ 且 $x \neq x_0$ 时，对应的函数值满足

$$A - \varepsilon < f(x) < A + \varepsilon,$$

即函数图像上的点 $(x, f(x))$ 落在直线 $y = A - \varepsilon$ 与 $y = A + \varepsilon$ 之间的带形区域内，如图 1-3-3 所示.

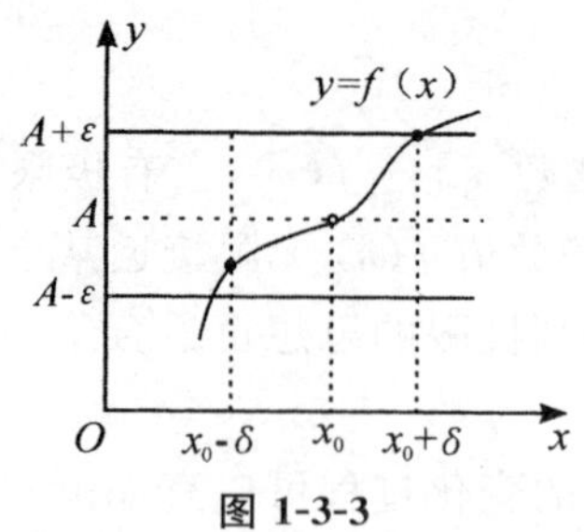

图 1-3-3

在上述讨论中，自变量 x 是从 x_0 的左、右两侧趋近 x_0 的．对于有些问题，我们仅需要或只能知道 x 从 x_0 的左侧 $(x_0-\alpha,x_0)$ 或右侧 $(x_0,x_0+\alpha)$ $(\alpha>0)$ 趋于 x_0 时 $f(x)$ 的变化趋势．如分段函数

$$f(x)=\begin{cases}x,x<0\\1,x\geqslant 0\end{cases},$$

在 $x=0$ 的左、右两侧表达式不同．因此，要考察 $f(x)$ 当 $x\to 0$ 时的极限，必须分别考察 $x<0$ 且 $x\to 0$ 和 $x>0$ 且 $x\to 0$ 这两种情形下函数的变化趋势．由此引出了左、右极限的概念．

定义 1.3.3 设函数 $f(x)$ 在点 x_0 的左侧 $(x_0-\alpha,x_0)$ 有定义，A 是常数，如果对任给的正数 ε，总存在正数 $\delta(\delta<\alpha)$，使得当 $x_0-\delta<x<x_0$ 时，$f(x)$ 都满足不等式

$$|f(x)-A|<\varepsilon,$$

则称当 x 趋于 x_0 时，$f(x)$ 有左极限且 A 为 $f(x)$ 的左极限，记作

$$\lim_{x\to x_0^-}f(x)=A;f(x)\to A,x\to x_0^- \text{ 或 } f(x_0-0)=A.$$

类似地可给出，当 x 趋于 x_0 时 A 为 $f(x)$ 的右极限的定义，记作

$$\lim_{x\to x_0^+}f(x)=A;f(x)\to A,x\to x_0^+ \text{ 或 } f(x_0+0)=A.$$

函数 $f(x)$ 在点 x_0 处的左、右极限统称为函数 $f(x)$ 在点 x_0 处的单侧极限，由左、右极限的定义可得如下结论：

定理 1.3.6 当 $x\to x_0$ 时，函数 $f(x)$ 极限存在的充要条件是：当 $x\to x_0$ 时，函数 $f(x)$ 的左、右极限都存在且相等，即

$$\lim_{x\to x_0}f(x)=A\Leftrightarrow \lim_{x\to x_0^-}f(x)=\lim_{x\to x_0^+}f(x)=A,$$

这里 A 是一个确定的数．

定理 1.3.6 提供了一个判断函数极限的存在性的有效办法．

例 1.3.3 证明 $\lim\limits_{x\to a}(kx+c)=ka+c$，这里 $k\neq 0$，c 为常数．

证明：对于 $\forall\varepsilon>0$，要想使

$$|(kx+c)-(ka+c)|=|k||x-a|<\varepsilon,$$

只要 $|x-a|<\dfrac{\varepsilon}{|k|}$，故取 $\delta=\dfrac{\varepsilon}{|k|}$，当 $0<|x-a|<\delta=\dfrac{\varepsilon}{|k|}$ 时，有

$$|(kx+c)-(ka+c)|<\varepsilon,$$

即

$$\lim_{x\to a}(kx+c)=ka+c.$$

例 1.3.4 证明对任何 $x_0\in\mathbf{R}$，有 $\lim\limits_{x\to x_0}\sin x=\sin x_0$

证明：由于

$$\begin{aligned}|\sin x-\sin x_0| &= \left|2\sin\frac{x-x_0}{2}\cos\frac{x+x_0}{2}\right| \\ &\leqslant 2\left|\sin\frac{x-x_0}{2}\right| \\ &= 2\cdot\frac{|x-x_0|}{2} \\ &= |x-x_0|,\end{aligned}$$

对 $\forall \varepsilon>0$，取 $\delta=\varepsilon$，则当 $0<|x-x_0|<\delta$ 时，必有

$$|\sin x-\sin x_0|<\varepsilon,$$

即

$$\lim_{x\to x_0}\sin x=\sin x_0.$$

例 1.3.5　设有函数 $f(x)=\begin{cases}1-x(x<0)\\x^2+1(x\geqslant 0)\end{cases}$，试研究当 $x\to 0$ 时，$f(x)$ 的极限是否存在？

解：原函数的图形如图 1-3-4 所示，其在 $x=0$ 处的单侧极限为

$$f(0+0)=\lim_{x\to 0^+}f(x)=\lim_{x\to 0^+}(1-x)=1,$$

$$f(0-0)=\lim_{x\to 0^-}f(x)=\lim_{x\to 0^-}(x^2+1)=1.$$

因为

$$f(0+0)=f(0-0)=1,$$

所以当 $x\to 0$ 时，$f(x)$ 的极限存在，且

$$\lim_{x\to 0}f(x)=1.$$

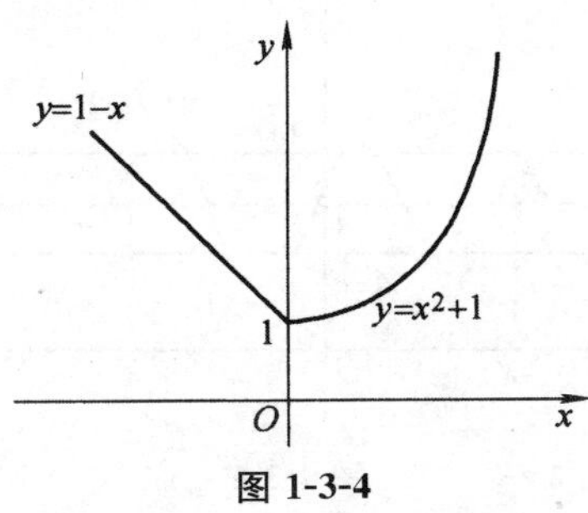

图 1-3-4

例 1.3.6　设有符号函数 $\operatorname{sgn}x=\begin{cases}-1,x<0\\0,x=0\\1,x>1\end{cases}$，试画图讨论 $\lim\limits_{x\to 0^-}\operatorname{sgn}x$，$\lim\limits_{x\to 0^+}\operatorname{sgn}x$，$\lim\limits_{x\to 0}\operatorname{sgn}x$ 是否存在．

解：函数图像如图 1-3-5 所示．

由该图不难看出

$$\lim_{x\to 0^-}\operatorname{sgn}x=\lim_{x\to 0^-}(-1)=-1,$$

$$\lim_{x\to 0^+}\operatorname{sgn}x=\lim_{x\to 0^+}1=1,$$

所以 $\lim\limits_{x\to 0}\operatorname{sgn}x$ 不存在．

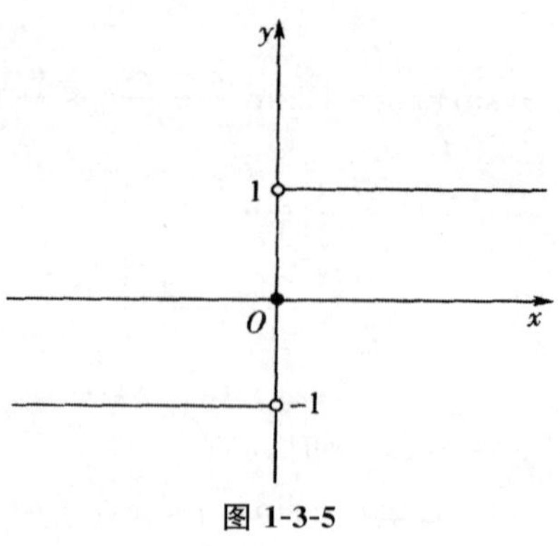

图 1-3-5

2. 自变量趋于无穷大时函数的极限

考虑自变量 x 的绝对值 $|x|$ 以任意方式无限增大即趋于无穷大时，对应的函数值 $f(x)$ 的变化情形，我们可以给出如下定义：

定义 1.3.4 设函数 $f(x)$ 当 $|x|$ 大于某一正数时有定义，A 是常数，如果对于任给的正数 ε，总有某一个正数 X，使得当 $|x|>X$ 时，$f(x)$ 都满足不等式

$$|f(x)-A|<\varepsilon,$$

则称当 $x\to\infty$ 时，$f(x)$ 有极限（收敛）且 A 为 $f(x)$ 的极限，记作

$$\lim_{x\to\infty}f(x)=A \text{ 或 } f(x)\to A, x\to\infty.$$

如果满足上述条件的常数 A 不存在，则称当 $x\to\infty$ 时，$f(x)$ 的极限不存在（不收敛）.

$\lim\limits_{x\to\infty}f(x)=A$ 的几何意义是作直线 $y=A-\varepsilon$ 和 $y=A+\varepsilon$，则总有一个正数 X 存在，使得当 $x<-X$ 或 $x>X$ 时，函数 $y=f(x)$ 的图像位于这两条直线之间，如图 1-3-6 所示 .

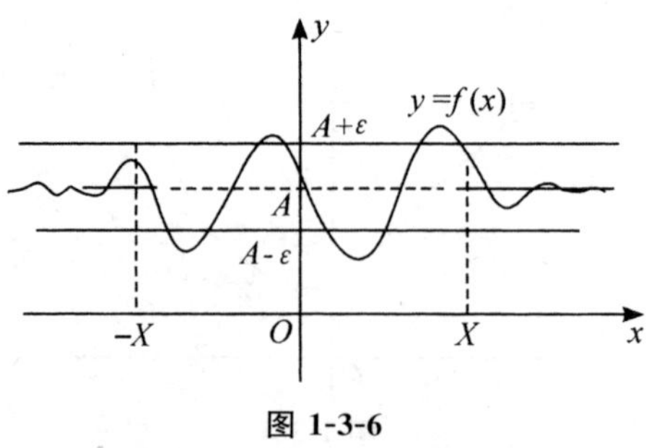

图 1-3-6

与函数 $f(x)$ 在点 x_0 处的左、右极限（单侧极限）的定义相平行，我们也可给出相应于定义 1.3.4 的单侧极限的定义 .

定义 1.3.5 设函数 $f(x)$ 当 x 大于某一正数（或小于某一负数）时有定义，A 是常数，如果对于任给的正数 ε，总有某一个正数 X，使得对于当 $x>X$（或相应地 $x<-X$）时，$f(x)$ 都满足不等式

$$|f(x)-A|<\varepsilon,$$

则称常数 A 为函数 $f(x)$ 当 $x\to+\infty$（或相应地 $x\to-\infty$）时的极限，记作

$$\lim_{x\to+\infty}f(x)=A \text{ 或 } f(x)\to A, x\to+\infty$$

$$\left(\text{或相应地}, \lim_{x\to-\infty}f(x)=A \text{ 或 } f(x)\to A, x\to-\infty\right).$$

类似于定理 1.3.6,也有如下结论:

定理 1.3.7　设函数 $f(x)$ 当 $|x|$ 大于某一正数时有定义,那么当 $x\to\infty$ 时,函数 $f(x)$ 极限存在的充要条件是当 $x\to+\infty$ 时和当 $x\to-\infty$ 时函数 $f(x)$ 的极限都存在且相等,即

$$\lim_{x\to\infty}f(x)=A\Leftrightarrow\lim_{x\to+\infty}f(x)=\lim_{x\to-\infty}f(x)=A.$$

例 1.3.7　证明 $\lim\limits_{x\to\infty}\dfrac{\sin x}{x}=0$.

证明:由于

$$\left|\frac{\sin x}{x}-0\right|=\left|\frac{\sin x}{x}\right|\leqslant\frac{1}{|x|},$$

所以,对任意给定的正数 ε,要使

$$\left|\frac{\sin x}{x}-0\right|<\varepsilon$$

成立,只要 $\dfrac{1}{|x|}<\varepsilon$ 成立,即

$$|x|>\frac{1}{\varepsilon}$$

成立.因此,对于任意给定的 $\varepsilon>0$,取 $X=\dfrac{1}{\varepsilon}$,当 $|x|>X$ 时,恒有

$$\left|\frac{\sin x}{x}-0\right|<\varepsilon$$

成立.这就证明了

$$\lim_{x\to\infty}\frac{\sin x}{x}=0.$$

例 1.3.8　证明 $\lim\limits_{x\to\infty}\arctan x$ 不存在.

证明:$\forall\varepsilon>0$(不妨设 $\varepsilon<\dfrac{\pi}{2}$)当 $x>0$ 时,有

$$\left|\arctan x-\frac{\pi}{2}\right|=\frac{\pi}{2}-\arctan x<\varepsilon,$$

解得 $X=\cot\varepsilon>0$,则当 $x>X$ 时,有 $\left|\arctan x-\dfrac{\pi}{2}\right|<\varepsilon$,即

$$\lim_{x\to+\infty}\arctan x=\frac{\pi}{2}.$$

同理可证 $\lim\limits_{x\to-\infty}\arctan x=-\dfrac{\pi}{2}$,故 $\lim\limits_{x\to\infty}\arctan x$ 不存在.

例 1.3.9　证明 $\lim\limits_{x\to+\infty}\dfrac{x^2-1}{x^2+1}=1$.

证明:因为

$$\left|\frac{x^2-1}{x^2+1}-1\right|=\frac{2}{x^2+1}<\frac{2}{x^2},$$

对任意给定的 $\varepsilon>0$,要使

$$\left|\frac{x^2-1}{x^2+1}-1\right|<\varepsilon,$$

只要$\frac{2}{x^2}<\varepsilon$,即$x>\sqrt{\frac{2}{\varepsilon}}$,所以取$X=\sqrt{\frac{2}{\varepsilon}}$,则当$x>X$时,

$$\left|\frac{x^2-1}{x^2+1}-1\right|<\frac{2}{x^2}<\varepsilon$$

恒成立,所以$\lim\limits_{x\to+\infty}\frac{x^2-1}{x^2+1}=1$.

总之,上面介绍了在自变量的六种变化过程中,函数$f(x)$的极限或单侧极限的定义,指出了极限与单侧极限之间的关系.读者只要注意分析比较,就不难发现六种变化过程的共性与差异,理解和掌握这些基本概念和性质.

3. 函数极限的性质

下面,我们以$x\to x_0$为例,给出函数极限的一些主要性质.

定理 1.3.8(函数极限的唯一性) 若$\lim\limits_{x\to x_0}f(x)=A$,$\lim\limits_{x\to x_0}f(x)=B$,则$A=B$.即如果当$x\to x_0$时函数$f(x)$的极限存在,那么极限必然是唯一的.

证明:$\forall\varepsilon>0$,因为$\lim\limits_{x\to x_0}f(x)=A$,由极限定义知,$\exists\delta_1>0$,当$0<|x-x_0|<\delta_1$时,有

$$|f(x)-A|<\frac{\varepsilon}{2}.$$

同理,因为$\lim\limits_{x\to x_0}f(x)=B$,由极限定义知,$\exists\delta_2>0$,当$0<|x-x_0|<\delta_2$时,有

$$|f(x)-B|<\frac{\varepsilon}{2}.$$

取$\delta=\min\{\delta_1,\delta_2\}$,则当$0<|x-x_0|<\delta$时,有

$$\begin{aligned}|A-B|&=|(A-f(x))+(f(x)-B)|\\&\leqslant|f(x)-A|+|(f(x)-B)|\\&<\frac{\varepsilon}{2}+\frac{\varepsilon}{2}\\&=\varepsilon,\end{aligned}$$

由ε的任意性,得$A=B$.

定理 1.3.9(函数极限的局部有界性) 如果$\lim\limits_{x\to x_0}f(x)=A$,则$f(x)$在$x_0$附近有界,即存在$\delta>0$和$M>0$,使得$f(x)$在$(x_0,\delta)$上有

$$|f(x)|\leqslant M.$$

证明:因为$\lim\limits_{x\to x_0}f(x)=A$,则对$\varepsilon=1$,存在$\delta>0$,当$0<|x-x_0|<\delta$时,有$|f(x)-A|<\varepsilon=1$,所以

$$|f(x)|<|A|+1,$$

即$f(x)$在(x_0,δ)上有界.

这里需要注意两点:

(1) $\lim\limits_{x\to x_0}f(x)=A$不能推出$f(x)$在它的整个定义域上有界,只能推出$f(x)$在$x_0$的某个去心邻域$\mathring{U}(x_0,\delta)$上有界.

(2) 去心邻域$\mathring{U}(x_0,\delta)$有多大,通常不能确定,所以我们称$f(x)$是局部有界的.

定理 1.3.10(函数极限的局部保号性) 若$\lim\limits_{x\to x_0}f(x)=A$,且$A>0$(或$A<0$),则$\exists\delta>0$,

使得当 $0<|x-x_0|<\delta$ 时,有 $f(x)>\frac{A}{2}>0$(或 $f(x)<\frac{A}{2}<0$).

证明:这里我们只证明 $A>0$ 的情况 . $A<0$ 的情况证明过程相类同 .

因为 $\lim\limits_{x\to x_0}f(x)=A$,取 $\varepsilon=\frac{A}{2}$,则 $\exists\delta>0$,使得当 $0<|x-x_0|<\delta$ 时,有

$$|f(x)-A|<\varepsilon=\frac{A}{2},$$

从而有

$$f(x)>A-\frac{A}{2}=\frac{A}{2}>0.$$

定理 1.3.11(函数极限的局部保号性)　若 $\lim\limits_{x\to x_0}f(x)=A$, $\lim\limits_{x\to x_0}g(x)=B$,且 $A>B$. 则 $\exists\delta>0$,当 $x\in\mathring{U}(x_0,\delta)$ 时,有

$$f(x)>g(x).$$

证明:取 $\varepsilon=\frac{A-B}{2}$,由 $\lim\limits_{x\to x_0}f(x)=A$ 可知 $\exists\delta_1>0$,当 $0<|x-x_0|<\delta_1$ 时,有

$$|f(x)-A|<\varepsilon,$$

故而

$$f(x)>A-\varepsilon=\frac{A+B}{2}.$$

又由 $\lim\limits_{x\to x_0}g(x)=B$ 可知,可知 $\exists\delta_2>0$,当 $0<|x-x_0|<\delta_2$ 时,有

$$|g(x)-B|<\varepsilon,$$

故而

$$g(x)<B+\varepsilon=\frac{A+B}{2}.$$

因此取 $\delta=\max\{\delta_1,\delta_2\}$,当 $0<|x-x_0|<\delta$ 时,有

$$f(x)>\frac{A+B}{2}>g(x).$$

由定理 1.3.11 可以推出如下结论:

推论 1.3.3　若 $\lim\limits_{x\to x_0}f(x)=A$, $\lim\limits_{x\to x_0}g(x)=B$,且 $\exists\delta>0$,使得当 $0<|x-x_0|<\delta$ 时,有 $f(x)>g(x)$,则 $A>B$.

1.4　极限的运算

极限是一种新的运算,我们自然会关心这种新的运算和以往的其他运算之间存在什么关系 . 这一节我们来讨论极限的四则运算法则,事实上,极限与算术的四则运算可以互相交换,条件就是所考虑的数列或函数在指定过程收敛;若出现除式,分母的极限应不为 0.

1. 收敛数列极限的四则运算准则

收敛数列极限的四则运算准则可以归结为下述定理 .

定理 1.4.1　设数列 $\{x_n\}$、$\{y_n\}$ 的极限 $\lim\limits_{n\to\infty}x_n$、$\lim\limits_{n\to\infty}y_n$ 都存在,k 为一常数,则

(1) $\lim\limits_{n\to\infty}(x_n \pm y_n)$存在，且有$\lim\limits_{n\to\infty}(x_n \pm y_n)=\lim\limits_{n\to\infty}x_n \pm \lim\limits_{n\to\infty}y_n$.

(2) $\lim\limits_{n\to\infty}kx_n$ 存在，且有$\lim\limits_{n\to\infty}kx_n = k\lim\limits_{n\to\infty}x_n$.

(3) $\lim\limits_{n\to\infty}(x_n \cdot y_n)$存在，且有$\lim\limits_{n\to\infty}(x_n \cdot y_n)=\lim\limits_{n\to\infty}x_n \cdot \lim\limits_{n\to\infty}y_n$.

(4) 若$\lim\limits_{n\to\infty}y_n \neq 0$ 则，$\lim\limits_{n\to\infty}\dfrac{x_n}{y_n}$ 存在，且有$\lim\limits_{n\to\infty}\dfrac{x_n}{y_n}=\dfrac{\lim\limits_{n\to\infty}x}{\lim\limits_{n\to\infty}y_n}$.

证明：根据数列极限的定义，(1) 和(2) 的结论是显而易见的，在这里，我们仅对(3) 和(4) 进行证明．在证明之前，我们不妨设不妨设$\lim\limits_{n\to\infty}x_n = A$，$\lim\limits_{n\to\infty}y_n = B$.

(3) 由收敛数列的有界性可知，若$\lim\limits_{n\to\infty}x_n = A$，则$\{x_n\}$有界，即 $\exists M>0$，$\forall n\geqslant 1$ 有

$$|x_n|\leqslant M.$$

又由于$\lim\limits_{n\to\infty}x_n = A$，$\lim\limits_{n\to\infty}y_n = B$，则 $\forall \varepsilon>0$，$\exists N\in \mathbf{N}_+$，当 $n>N$ 时，有

$$|x_n - A|<\frac{\varepsilon}{2(1+|B|)},\ |y_n - B|<\frac{\varepsilon}{2M},$$

从而有

$$|x_n y_n - AB| = |x_n(y_n - B)+B(x_n - A)|\leqslant |x_n||y_n - B|+|B||x_n - A|$$

$$=|A|\cdot\frac{\varepsilon}{2M}+|B|\cdot\frac{\varepsilon}{2(1+|B|)}<\frac{\varepsilon}{2}+\frac{\varepsilon}{2}=\varepsilon.$$

故而，$\lim\limits_{n\to\infty}(x_n\cdot y_n)$存在，且有

$$\lim_{n\to\infty}(x_n\cdot y_n)=\lim_{n\to\infty}x_n\cdot\lim_{n\to\infty}y_n.$$

(4) 由于，若$\lim\limits_{n\to\infty}x_n = A$，$\lim\limits_{n\to\infty}y_n = B$，则$\lim\limits_{n\to\infty}(x_n\cdot y_n)$存在，且有

$$\lim_{n\to\infty}(x_n\cdot y_n)=\lim_{n\to\infty}x_n\cdot\lim_{n\to\infty}y_n.$$

故而欲证明“若$\lim\limits_{n\to\infty}x_n = A$，$\lim\limits_{n\to\infty}y_n = B\neq 0$，则$\lim\limits_{n\to\infty}\dfrac{x_n}{y_n}$ 存在，且有$\lim\limits_{n\to\infty}\dfrac{x_n}{y_n}=\dfrac{\lim\limits_{n\to\infty}x}{\lim\limits_{n\to\infty}y_n}$”，只需证明$\lim\limits_{n\to\infty}\dfrac{1}{y_n}=\dfrac{1}{B}$ 即可．

由于$\lim\limits_{n\to\infty}y_n = B\neq 0$，则 $\forall\varepsilon>0$，$\exists N_1\in\mathbf{N}_+$，当$n>N_1$ 时，有$|y_n - B|<\varepsilon$. 不妨设$\varepsilon<\dfrac{|B|}{2}$，于是有

$$|y_n| = |(y_n - B)+B|\geqslant |B|-|y_n - B|>|B|-\varepsilon>|B|-\frac{|B|}{2}=\frac{|B|}{2}.$$

对于$\dfrac{B^2\varepsilon}{2}>0$，$\exists N_2\in\mathbf{N}_+$，当 $n>N_2$ 时，有

$$|y_n - B|<\frac{B^2\varepsilon}{2}.$$

因此取 $N=\max\{N_1,N_2\}$，当 $n>N$ 时

$$\left|\frac{1}{y_n}-\frac{1}{B}\right| = \left|\frac{1}{y_n B}\right||y_n - B|<\frac{2}{B^2}\,\frac{B^2\varepsilon}{2}=\varepsilon.$$

故而，$\lim\limits_{n\to\infty}\dfrac{1}{y_n}=\dfrac{1}{B}$，即，若$\lim\limits_{n\to\infty}y_n\neq 0$ 则，$\lim\limits_{n\to\infty}\dfrac{x_n}{y_n}$ 存在，且有

$$\lim_{n\to\infty}\frac{x_n}{y_n}=\frac{\lim\limits_{n\to\infty}x_n}{\lim\limits_{n\to\infty}y_n}.$$

例 1.4.1　求极限$\lim\limits_{n\to\infty}\dfrac{2n^2-2n+1}{n^2+6n+5}$.

解：将原式的分子分母同除以 n^2，得

$$\lim_{n\to\infty}\frac{2n^2-2n+1}{n^2+6n+5}=\lim_{n\to\infty}\frac{2-\frac{2}{n}+\frac{1}{n^2}}{1+\frac{6}{n}+\frac{5}{n^2}}=\frac{\lim\limits_{n\to\infty}\left(2-\frac{2}{n}+\frac{1}{n^2}\right)}{\lim\limits_{n\to\infty}\left(1+\frac{6}{n}+\frac{5}{n^2}\right)}$$

$$=\frac{\lim\limits_{n\to\infty}2-\lim\limits_{n\to\infty}\frac{2}{n}+\lim\limits_{n\to\infty}\frac{1}{n^2}}{\lim\limits_{n\to\infty}1+\lim\limits_{n\to\infty}\frac{6}{n}+\lim\limits_{n\to\infty}\frac{5}{n^2}}$$

$$=\frac{2-0+0}{1+0+0}=2.$$

2. 函数极限的四则运算准则

与收敛数列极限的四则运算准则相类似，下面，我们以 $x\to x_0$ 的情况为例，给出函数极限的四则运算准则 .

定理 1.4.2　设极限$\lim\limits_{x\to x_0}f(x)$，$\lim\limits_{x\to x_0}g(x)$ 都存在，k 为一常数，则

(1) $\lim\limits_{x\to x_0}[f(x)\pm g(x)]$存在，且有$\lim\limits_{x\to x_0}[f(x)\pm g(x)]=\lim\limits_{x\to x_0}f(x)\pm\lim\limits_{x\to x_0}g(x)$.

(2) $\lim\limits_{x\to x_0}kf(x)$ 存在，且有$\lim\limits_{x\to x_0}kf(x)=k\lim\limits_{x\to x_0}f(x)$.

(3) $\lim\limits_{x\to x_0}[f(x)\cdot g(x)]$存在，且有$\lim\limits_{x\to x_0}[f(x)\cdot g(x)]=\lim\limits_{x\to x_0}f(x)\cdot\lim\limits_{x\to x_0}g(x)$.

(4) 若$\lim\limits_{x\to x_0}g(x)\neq 0$ 则，$\lim\limits_{x\to x_0}\dfrac{f(x)}{g(x)}$ 存在，且有$\lim\limits_{x\to x_0}\dfrac{f(x)}{g(x)}=\dfrac{\lim\limits_{x\to x_0}f(x)}{\lim\limits_{x\to x_0}g(x)}$.

该定理可以根据函数极限的定义直接证明，其证明过程与收敛数列极限的四则运算准则的证明过程相类似 . 读者可以自行证明 .

当 $x\to\infty$，$x\to x_0^+$，$x\to x_0^-$，$x\to-\infty$，$x\to+\infty$ 时，函数的极限的四则运算法则与当 $x\to x_0$ 时，函数的极限的四则运算法则相同 .

定理 1.4.2 有如下重要推论：

推论 1.4.1　若$\lim\limits_{x\to x_0}f(x)=A$，$n$ 为正整数，则

$$\lim_{x\to x_0}[f(x)]^n=[\lim_{x\to x_0}f(x)]^n=A^n.$$

例 1.4.2　求极限$\lim\limits_{x\to 2}(2x^2+x-5)$.

解：根据函数极限的四则运算法则可得

$$\begin{aligned}\lim_{x\to 2}(2x^2+x-5)&=\lim_{x\to 2}2x^2+\lim_{x\to 2}x-\lim_{x\to 2}5\\&=2\times 2^2+2-5\\&=5.\end{aligned}$$

例 1.4.3　求极限$\lim\limits_{x\to 1}\left(\dfrac{1}{1-x}-\dfrac{3}{1-x^3}\right)$.

解:因 $x \to 1$ 时 $\frac{1}{1-x}$ 及 $\frac{3}{1-x^3}$ 的极限均不存在,应当先合并,化简后再求极限,则有

$$\begin{aligned}\lim_{x\to 1}\left(\frac{1}{1-x}-\frac{3}{1-x^3}\right)&=\lim_{x\to 1}\frac{1+x+x^2-3}{1-x^3}\\&=\lim_{x\to 1}\frac{(x-1)(x+2)}{(1-x)(1+x+x^2)}\\&=-\lim_{x\to 1}\frac{x+2}{1+x+x^2}\\&=-\frac{3}{3}\\&=-1.\end{aligned}$$

例 1.4.4 求极限 $\lim\limits_{x\to\infty}\frac{3x^2-2x-1}{2x^3-x^2+5}$.

解:先用 x^3 除分子和分母,然后求极限,得

$$\begin{aligned}\lim_{x\to\infty}\frac{3x^2-2x-1}{2x^3-x^2+5}&=\lim_{x\to\infty}\frac{\frac{3}{x}-\frac{2}{x^2}-\frac{1}{x^3}}{2-\frac{1}{x}+\frac{5}{x^3}}\\&=\frac{\lim\limits_{x\to\infty}\left(\frac{3}{x}-\frac{2}{x^2}-\frac{1}{x^3}\right)}{\lim\limits_{x\to\infty}\left(2-\frac{1}{x}+\frac{5}{x^3}\right)}\\&=\frac{\lim\limits_{x\to\infty}\frac{3}{x}-\lim\limits_{x\to\infty}\frac{2}{x^2}-\lim\limits_{x\to\infty}\frac{1}{x^3}}{\lim\limits_{x\to\infty}2-\lim\limits_{x\to\infty}\frac{1}{x}+\lim\limits_{x\to\infty}\frac{5}{x^3}}\\&=\frac{0}{2}\\&=0.\end{aligned}$$

一般地,当 $a_0\neq 0, b_0\neq 0, m$ 和 n 为非负整数时有

$$\lim_{x\to\infty}\frac{a_0x^m+a_1x^{m-1}+\cdots+a_m}{b_0x^n+b_1x^{n-1}+\cdots+b_n}=\begin{cases}\frac{a_0}{b_0}, n=m\\0, n>m\\\infty, n<m\end{cases}.$$

3. 复合函数的极限的运算准则

复合函数的极限的运算准则可以归结为如下定理.

定理 1.4.3 设函数 $y=f[\varphi(x)]$ 是由 $y=f(u), u=\varphi(x)$ 复合而成的,如果 $\lim\limits_{u\to u_0}f(u)=A$, $\lim\limits_{x\to x_0}\varphi(x)=u_0$,且 $\exists\delta_1>0$,使得当 $0<|x-x_0|<\delta_1$ 时,$\varphi(x)\neq u_0$,则复合函数 $y=f[\varphi(x)]$ 在点 x_0 处的极限存在,且有

$$\lim_{x\to x_0}f[\varphi(x)]=\lim_{u\to u_0}f(u)=A.$$

特别地,若 $\lim\limits_{u\to u_0}f(u)=f(u_0)$,则有

$$\lim_{x\to x_0} f[\varphi(x)] = f[\lim_{x\to x_0}(x)] = f(u_0).$$

证明：由题设知，$\exists\delta_1>0$，使得当 $0<|x-x_0|<\delta_1$ 时，$\varphi(x)\neq u_0$，所以，当 $0<|x-x_0|<\delta_1$ 时，

$$|\varphi(x)-u_0|>0.$$

因为 $\lim\limits_{u\to u_0} f(u)=A$，所以，$\forall\varepsilon>0$，$\exists\delta_2>0$，当 $0<|u-u_0|<\delta_2$ 时，有

$$|f(u)-A|<\varepsilon$$

成立．又因为

$$\lim_{x\to x_0}\varphi(x)=u_0,$$

所以，$\forall\delta_2>0$，$\exists\delta_3>0$，当 $0<|x-x_0|<\delta_3$ 时，有

$$|\varphi(x)-u_0|<\delta_2$$

成立，即

$$|u-u_0|<\delta_2.$$

取 $\delta=\min\{\delta_1,\delta_3\}$，$\forall\varepsilon>0$，$\exists\delta>0$，当 $0<|x-x_0|<\delta$ 时，有

$$0<|u-u_0|<\delta_2,$$

从而有

$$|f(u)-A|<\varepsilon$$

成立，即

$$|f[\varphi(x)]-A|<\varepsilon$$

成立．所以

$$\lim_{x\to x_0} f[\varphi(x)]=A.$$

对于复合函数的极限的运算准则，需要注意以下几点：

(1) 如果 $f(u)$，$\varphi(x)$ 满足定理条件，则 $\lim\limits_{x\to x_0} f[\varphi(x)]=\lim\limits_{u\to u_0} f(u)$，这就是变量替换法．

(2) 如果 $\lim\limits_{u\to u_0} f(u)=f(u_0)$，则对于复合函数的极限 $\lim\limits_{x\to x_0} f[\varphi(x)]$，可将函数符号与极限符号交换次序，即

$$\lim_{x\to x_0} f[\varphi(x)]=f[\lim_{x\to x_0}\varphi(x)].$$

(3) 在定理中，若把 $\lim\limits_{u\to u_0} f(u)=A$ 换成 $\lim\limits_{u\to\infty} f(u)=A$，$\lim\limits_{x\to x_0}\varphi(x)=u_0$ 换成 $\lim\limits_{x\to x_0}\varphi(x)=\infty$，可得类似结论．

例 1.4.5　试证极限 $\lim\limits_{x\to x_0} x^\mu = x_0^\mu$.

证明：当 $x_0>0$ 时，易知 $\lim\limits_{x\to x_0} x^\mu = x_0^\mu$. 当 $x_0<0$ 时，若 x^μ 在 x_0 的某去心邻域内有定义，令 $t=-x$，则 $x\to x_0$ 时，$t=-x_0$，所以

$$\lim_{x\to x_0} x^\mu = \lim_{t\to -x_0}(-1)^\mu t^\mu = (-1)^\mu(-x_0)^\mu = x_0^\mu.$$

例 1.4.6　求极限 $\lim\limits_{x\to 0}\dfrac{\sqrt[n]{1+x}-1}{x}$.

解：当 $n=1$ 是可以直接看出极限为 1. 设 $n\geqslant 2$，作代换 $y=\sqrt[n]{1+x}$，则

$$x=y^n-1.$$

又因为 $x \to 0$,所以 $y > 0$. 由于

$$|y-1| = \left|\frac{y^n - 1}{y^{n-1} + y^{n-2} + \cdots + 1}\right| \leqslant |x|,$$

所以,$x \to 0$ 时,$y \to 1$. 于是由复合函数的运算法则可得

$$\lim_{x\to 0}\frac{\sqrt[n]{1+x}-1}{x} = \lim_{y\to 1}\frac{y-1}{y^n-1} = \lim_{y\to 1}\frac{1}{y^{n-1}+y^{n-2}+\cdots+1} = \frac{1}{n}.$$

1.5 极限存在准则、两个重要极限

通常情况下,我们不能满足于用极限的定义来逐个判别极限的存在性,需要就一般的情形研究极限存在的条件.本节我们来讨论极限存在的两个准则,以这两个极限存在准则为基础可以证明重要极限 $\lim\limits_{x\to 0}\frac{\sin x}{x}$ 和 $\lim\limits_{n\to\infty}\left(1+\frac{1}{n}\right)^n$ 存在,并能求出其值.这两个极限是微积分中一些基本的微分公式和积分公式的基础,故称之为重要极限.

1.5.1 夹逼准则和重要极限 $\lim\limits_{x\to 0}\frac{\sin x}{x}$

定理 1.5.1(数列极限存在的夹逼准则) 设数列 $\{x_n\}$、$\{y_n\}$、$\{z_n\}$ 满足对任意正整数 n,$y_n \leqslant x_n \leqslant z_n$,且 $\lim\limits_{n\to\infty} y_n = \lim\limits_{n\to\infty} z_n = a$,则 $\lim\limits_{n\to\infty} x_n = a$.

证明:因为 $\lim\limits_{n\to\infty} y_n = a$,$\lim\limits_{n\to\infty} z_n = a$,所以对于任意给定的 $\varepsilon > 0$,存在正整数 N_1、N_2,使得当 $n > N_1$ 时,有 $|y_n - a| < \varepsilon$;当 $n > N_2$ 时,有 $|z_n - a| < \varepsilon$.

取 $N = \max\{N_1, N_2\}$,则当 $n > N$ 时,有 $|y_n - a| < \varepsilon$,有 $|z_n - a| < \varepsilon$,即

$$a - \varepsilon < y_n < a + \varepsilon, a - \varepsilon < z_n < a + \varepsilon,$$

从而当 $n > N$ 时,有

$$a - \varepsilon < y_n \leqslant x_n \leqslant z_n < a + \varepsilon,$$

即

$$a - \varepsilon < x_n < a + \varepsilon,$$

则

$$|x_n - a| < \varepsilon,$$

所以 $\lim\limits_{n\to\infty} x_n = a$.

上述数列极限存在的夹逼准则可以推广到函数的极限,有如下定理.

定理 1.5.2(函数极限存在的夹逼准则) 如果在 x_0 的某个去心邻域,对于函数 $f(x)$,$g(x)$,$h(x)$ 有 $g(x) \leqslant f(x) \leqslant h(x)$,并且

$$\lim_{x\to x_0} g(x) = \lim_{x\to x_0} h(x) = A,$$

则

$$\lim_{x\to x_0} f(x) = A.$$

从极限概念的定义,这个准则不难理解和严格证明.利用这个准则,可以证明下列重要极限

$$\lim_{x\to 0}\frac{\sin x}{x} = 1.$$

事实上，如图 1-5-1 所示，其中圆的半径为 1，圆心角 $\angle AOB = x$（以弧度为单位），$0 < x < \frac{\pi}{2}$，$AD \perp OA$，$BC \perp OA$，则显然有

$$S_{\triangle AOB} < S_{扇形AOB} < S_{\triangle AOD},$$

而 $BC = \sin x$，$AD = \tan x$，所以

$$S_{\triangle AOB} = \frac{1}{2}OA \cdot BC = \frac{1}{2}\sin x,$$

$$S_{扇形AOB} = \frac{1}{2}OA^2 \cdot x = \frac{1}{2}x,$$

$$S_{\triangle AOD} = \frac{1}{2}OA \cdot AD = \frac{1}{2}\tan x.$$

从而有

$$\frac{1}{2}\sin x < \frac{1}{2}x < \frac{1}{2}\tan x, 0 < x < \frac{\pi}{2},$$

即

$$\sin x < x < \tan x = \frac{\sin x}{\cos x}, 0 < x < \frac{\pi}{2}.$$

由此可得

$$\cos x < \frac{\sin x}{x} < 1.$$

因为 $\frac{\sin x}{x}$ 和 $\cos x$ 都是偶函数，故上式当 $-\frac{\pi}{2} < x < 0$ 时也成立．

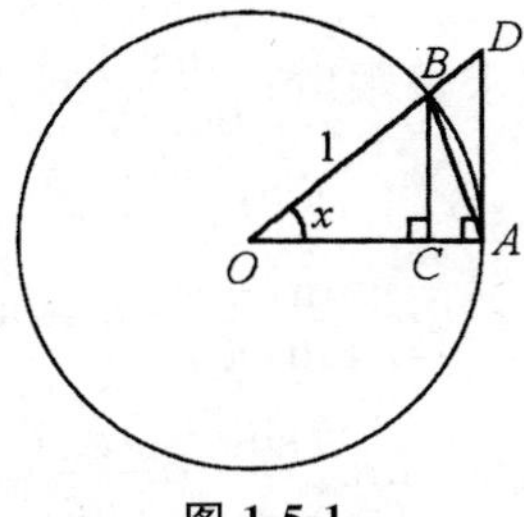

图 1-5-1

利用上面得到的不等式

$$|\sin x| < |x|, 0 < |x| < \frac{\pi}{2},$$

有

$$0 < |\cos x - 1| = 1 - \cos x = 2\sin^2\frac{x}{2} < 2\left(\frac{x}{2}\right)^2 = \frac{x^2}{2},$$

故当 $x \to 0$ 时 $\cos x - 1 \to 0$，即 $\cos x \to 1$，而 $\frac{\sin x}{x}$ 介于 $\cos x$ 和 1 之间，由夹逼准则，必然有 $\frac{\sin x}{x} \to 1$，由此得到重要极限

$$\lim_{x \to 0}\frac{\sin x}{x} = 1.$$

需要注意的是，由于在极限 $\lim\limits_{x \to 0}\frac{\sin x}{x} = 1$ 的证明过程中用到了 x 以弧度为单位，而 $\lim\limits_{x \to 0}\frac{\sin x}{x} = 1$

又在关于三角函数的导数和积分中占有基础的地位，故在微积分中涉及角度时总以弧度为单位．

例 1.5.1 利用第一个重要极限求极限$\lim\limits_{x\to 0}\dfrac{\tan x}{x}$.

解：易得

$$\begin{aligned}\lim_{x\to 0}\frac{\tan x}{x}&=\lim_{x\to 0}\left(\frac{\sin x}{x}\cdot\frac{1}{\cos x}\right)\\&=\lim_{x\to 0}\frac{\sin x}{x}\cdot\lim_{x\to 0}\frac{1}{\cos x}\\&=1.\end{aligned}$$

例 1.5.2 利用第一个重要极限求极限$\lim\limits_{x\to 0}\dfrac{1-\cos x}{x^2}$

解：易得

$$\begin{aligned}\lim_{x\to 0}\frac{1-\cos x}{x^2}&=\lim_{x\to 0}\frac{2\sin^2\frac{x}{2}}{x^2}=\frac{1}{2}\lim_{x\to 0}\frac{\sin^2\frac{x}{2}}{\left(\frac{x}{2}\right)^2}\\&=\lim_{x\to 0}\left(\frac{\sin\frac{x}{2}}{\frac{x}{2}}\right)^2=\frac{1}{2}\times 1^2\\&=\frac{1}{2}.\end{aligned}$$

例 1.5.3 利用第一个重要极限求极限$\lim\limits_{x\to \pi}\dfrac{\sin x}{\tan x}$.

解：令 $t=x-\pi$，当 $x\to\pi$ 时 $t\to 0$，于是

$$\begin{aligned}\lim_{x\to\pi}\frac{\sin x}{\tan x}&=\lim_{t\to 0}\frac{\sin(\pi+t)}{\tan(\pi+t)}=\lim_{t\to 0}\frac{-\sin t}{\tan t}\\&=-\lim_{t\to 0}\left(\frac{\sin t}{t}\cdot\frac{t}{\tan t}\right)=-1.\end{aligned}$$

1.5.2 单调有界准则和重要极限$\lim\limits_{n\to\infty}\left(1+\dfrac{1}{n}\right)^n$

定义 1.5.1 如果数列$\{x_n\}$满足$x_1\leqslant x_2\leqslant\cdots\leqslant x_n\leqslant\cdots$，就称之为单调增加数列；若满足$x_1\geqslant x_2\geqslant\cdots\geqslant x_n\geqslant\cdots$，就称之为单调减少数列．他们通称为单调数列．如果存在常数$M>0$，使得$|x_n|<M(\forall n)$则称数列$\{x_n\}$有界．

定理 1.5.3(单调有界收敛准则) 如数列$\{x_n\}$单调且有界，则$\{x_n\}$必收敛，即$\lim\limits_{x\to\infty}x_n$必存在．

该定理的证明需要涉及较多的数学理论，这里不再证明，读者将其当成结论应用即可．

下面讨论另一个重要极限

$$\lim_{n\to\infty}\left(1+\frac{1}{n}\right)^n=e.$$

设 $x_n=\left(1+\frac{1}{n}\right)^n, n=1,2,\cdots$，可以证明数列 $\{x_n\}$ 是单调增加且有界的，即可证明

$$x_n < x_{n+1}, n=1,2,\cdots \text{ 且 } 0 < x_n < 3, \forall n.$$

事实上，$x_1=2, x_2=\left(\frac{3}{2}\right)^2 > x_1$，当 $n>2$ 时，由牛顿二项公式，有

$$\begin{aligned}
x_n &= \left(1+\frac{1}{n}\right)^n \\
&= 1+\frac{n}{1!}\cdot\frac{1}{n}+\frac{n(n-1)}{2!}\left(\frac{1}{n}\right)^2+\frac{n(n-1)(n-2)}{3!}\left(\frac{1}{n}\right)^3 \\
&\quad +\cdots+\frac{n(n-1)\cdots[n-(n-1)]}{n!}\left(\frac{1}{n}\right)^n \\
&= 1+1+\frac{1}{2!}\left(1-\frac{1}{n}\right)+\frac{1}{3!}\left(1-\frac{1}{n}\right)\left(1-\frac{2}{n}\right) \\
&\quad +\cdots+\frac{1}{n!}\left(1-\frac{1}{n}\right)\left(1-\frac{2}{n}\right)\cdots\left(1-\frac{n-1}{n}\right).
\end{aligned}$$

同样

$$\begin{aligned}
x_{n+1} &= \left(1+\frac{1}{n+1}\right)^n \\
&= 1+1+\frac{1}{2!}\left(1-\frac{1}{n+1}\right)+\frac{1}{3!}\left(1-\frac{1}{n+1}\right)\left(1-\frac{2}{n+1}\right) \\
&\quad +\cdots+\frac{1}{n!}\left(1-\frac{1}{n+1}\right)\left(1-\frac{2}{n+1}\right)\cdots\left(1-\frac{n-1}{n+1}\right) \\
&\quad +\frac{1}{(n+1)!}\left(1-\frac{1}{n+1}\right)\left(1-\frac{2}{n+1}\right)\cdots\left(1-\frac{n}{n+1}\right).
\end{aligned}$$

将 x_n 与 x_{n+1} 作比较，等式右边的前两项相同，x_n 从第三项起的每一项都比 x_{n+1} 的对应项小，x_{n+1} 还比 x_n 多了最后一项，故

$$x_n < x_{n+1}, n=1,2,3,\cdots.$$

其次，由 x_n 的上述展开式显然有

$$\begin{aligned}
x_n &< 1+1+\frac{1}{2!}+\frac{1}{3!}+\cdots+\frac{1}{n!} < 1+1+\frac{1}{2}+\frac{1}{2^2}+\cdots+\frac{1}{2^n} \\
&= 1+\frac{1-\left(\frac{1}{2}\right)^n}{1-\frac{1}{2}} = 1+2\left[1-\left(\frac{1}{2}\right)^n\right] \\
&= 3-\left(\frac{1}{2}\right)^{n-1} < 3.
\end{aligned}$$

所以数列 $\{x_n\}$ 是单调递增且有界的，按单调有界收敛准则，可知数列 $\{x_n\}$ 必定收敛，即存在极限，设此极限为 e，经过计算，

$$\mathrm{e}=2.718281828459045\cdots,$$

所以

$$\lim_{n\to\infty}\left(1+\frac{1}{n}\right)^n=\mathrm{e}.$$

数列 $\{x_n\}$ 的图形如图 1-5-2 所示．

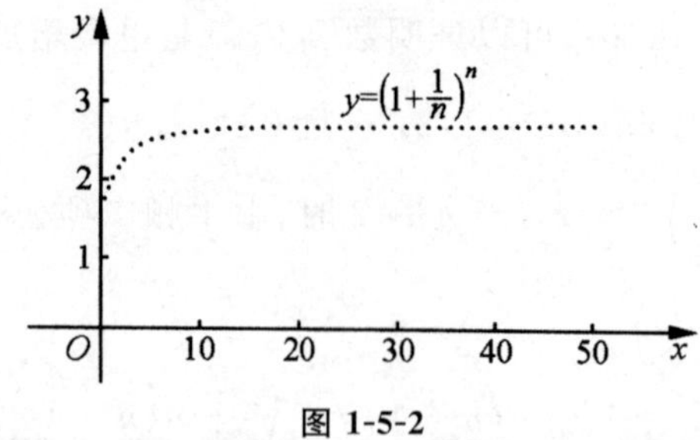

图 1-5-2

e 称为自然对数的底，这是数学中继圆周率 π 之后的另一个重要常数．已经证明，π 和 e 都不是有理数．

以 e 为底的对数称为自然对数，$\log_e x$ 记作 $\ln x$，称为自然对数函数，它与 $y=e^x$ 互为反函数．$y=\ln x$ 的图形与 $y=\log_a x\ (a>0)$ 的图形类似．

可以证明，相应的函数极限有

$$\lim_{x\to\infty}\left(1+\frac{1}{x}\right)^x=e$$

和

$$\lim_{t\to 0}(1+t)^{\frac{1}{t}}=e$$

事实上，若以 $[x]$ 表示 x 的整数部分（即不大于 x 的最大整数），记 $[x]=n$，则 $n\leqslant x<n+1$，当 $x\to+\infty$ 时 $n\to+\infty$，且有

$$\left(1+\frac{1}{n+1}\right)^n<\left(1+\frac{1}{x}\right)^x<\left(1+\frac{1}{n}\right)^{n+1}.$$

而

$$\begin{aligned}\lim_{n\to\infty}\left(1+\frac{1}{n+1}\right)^n&=\lim_{n\to\infty}\left[\frac{\left(1+\frac{1}{n+1}\right)^{n+1}}{1+\frac{1}{n+1}}\right]\\&=\frac{\lim\limits_{n\to\infty}\left(1+\frac{1}{n+1}\right)^{n+1}}{\lim\limits_{n\to\infty}\left(1+\frac{1}{n+1}\right)}\\&=\frac{e}{1}\\&=e,\end{aligned}$$

$$\begin{aligned}\lim_{n\to\infty}\left(1+\frac{1}{n}\right)^{n+1}&=\lim_{n\to\infty}\left[\left(1+\frac{1}{n}\right)^n\cdot\left(1+\frac{1}{n}\right)\right]\\&=\lim_{n\to\infty}\left(1+\frac{1}{n}\right)^n\cdot\lim_{n\to\infty}\left(1+\frac{1}{n}\right)\\&=e\cdot 1\\&=e,\end{aligned}$$

由夹逼准则，即得

$$\lim_{x\to+\infty}\left(1+\frac{1}{x}\right)^x=e.$$

当 $x\to-\infty$ 时,令 $x=-(u+1)$,则当 $x\to-\infty$ 时 $u\to+\infty$,从而

$$\begin{aligned}\lim_{x\to-\infty}\left(1+\frac{1}{x}\right)^{x}&=\lim_{u\to+\infty}\left(1-\frac{1}{u+1}\right)^{-(u+1)}\\&=\lim_{u\to+\infty}\left(\frac{u}{u+1}\right)^{-(u+1)}\\&=\lim_{u\to+\infty}\left(1+\frac{1}{u}\right)^{u+1}=\mathrm{e}.\end{aligned}$$

于是 $\lim\limits_{x\to\infty}\left(1+\frac{1}{x}\right)^{x}=\mathrm{e}$ 得证,作变换 $x=\frac{1}{t}$,立即可得 $\lim\limits_{t\to0}(1+t)^{\frac{1}{t}}=\mathrm{e}$.

函数 $y=\left(1+\frac{1}{x}\right)^{x}$ 在区间 $(0,+\infty)$ 上的图形如图 1-5-3 所示,如图 1-5-4 所示,显示当 $x\to0$ 时函数 $y=(1+x)^{\frac{1}{x}}$ 的变化趋势(非常近似于直线).

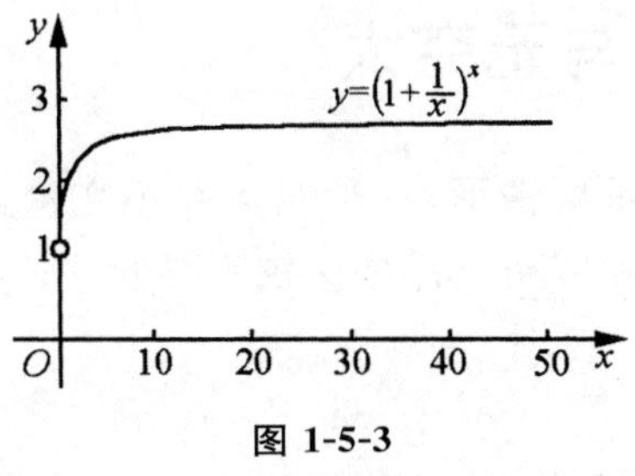

图 1-5-3

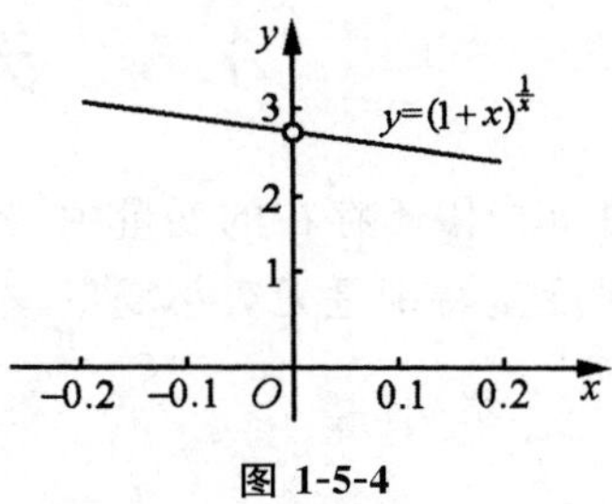

图 1-5-4

例 1.5.4　求极限 $\lim\limits_{x\to\infty}\left(1+\frac{k}{x}\right)^{x}(k\neq0)$.

解:令 $y=\frac{k}{x}$,则 $x=\frac{k}{y}$,$x\to\infty$ 等价于 $y\to0$,故

$$\begin{aligned}\lim_{x\to\infty}\left(1+\frac{k}{x}\right)^{x}&=\lim_{y\to0}(1+y)^{\frac{k}{y}}\\&=\lim_{y\to0}[(1+y)^{\frac{1}{y}}]^{k}\\&=[\lim_{y\to0}(1+y)^{\frac{1}{y}}]^{k}\\&=\mathrm{e}^{k}.\end{aligned}$$

例 1.5.5　求极限 $\lim\limits_{x\to\infty}(\frac{2-x}{3-x})^{x}$.

解:易得

$$\begin{aligned}\lim_{x\to\infty}\left(\frac{2-x}{3-x}\right)^{x}&=\lim_{x\to\infty}\left(1-\frac{1}{3-x}\right)^{x}\\&=\lim_{x\to\infty}\left[\left(1-\frac{1}{3-x}\right)^{-(3-x)}\left(1-\frac{1}{3-x}\right)^{3}\right]\\&=\lim_{x\to\infty}\left(1-\frac{1}{3-x}\right)^{-(3-x)}\lim_{x\to\infty}\left(1-\frac{1}{3-x}\right)^{3}\\&=\mathrm{e}.\end{aligned}$$

例 1.5.6　求极限 $\lim\limits_{x\to0}(1+3x^{2})^{\frac{1}{x^{2}}}$.

解:易得

$$\lim_{x \to 0}(1+3x^2)^{\frac{1}{x^2}} = \lim_{x \to 0}[(1+3x^2)^{\frac{1}{3x^2}}]^3 = [\lim_{x \to 0}(1+3x^2)^{\frac{1}{3x^2}}]^3 = e^3.$$

例 1.5.7 求极限$\lim\limits_{x \to 0} \dfrac{\ln(1+x)}{x}$.

解:易得

$$\lim_{x \to 0} \frac{\ln(1+x)}{x} = \lim_{x \to 0}\ln(1+x)^{\frac{1}{x}} = \ln(\lim_{x \to 0}(1+x)^{\frac{1}{x}}) = \ln e = 1.$$

1.6 无穷小与无穷大

在极限存在和极限不存在的变量中,各有一种重要情形,一种叫无穷小变量,另一种叫无穷大变量.这两种变量特别是无穷小变量,在理论上和应用上都是比较重要的.

1.6.1 无穷小量

定义 1.6.1 如果$\lim\limits_{x \to \square} f(x) = 0$,则称函数 $f(x)$ 为 $x \to ?$时的无穷小量,简称无穷小.

例如,$\lim\limits_{x \to 0} x^2 = 0$,则 x^2 是 $x \to 0$ 时的无穷小;$\lim\limits_{x \to 2}(x-2)^2 = 0$,则$(x-2)^2$ 是 $x \to 2$ 的无穷小;$\lim\limits_{x \to 0}\sin x = 0$,所以函数 $\sin x$ 是当 $x \to 0$ 时的无穷小;$\lim\limits_{x \to \infty} \dfrac{1}{x} = 0$,所以$\dfrac{1}{x}$ 是 $x \to \infty$ 时的无穷小.

读者需要注意的是,不要把无穷小量与很小的量混为一谈,例如 10^{-100} 是一个很小很小的数,但这是一个非 0 的常数,它的极限仍是它自己,故不是无穷小量.能够作为无穷小量的常数只有 0,不恒等于 0 的无穷小量必然是一个无限趋于 0 的变量.

无穷小量与函数极限的密切关系表现在下述定理中:

定理 1.6.1 $\lim\limits_{x \to x_0} f(x) = A$ 的充分必要条件是 $f(x) = \alpha(x) + A$,其中,$\alpha(x)$ 是 $x \to x_0$ 时的无穷小量.

证明:必要性,由于$\lim\limits_{x \to x_0} f(x) = A$,令 $\alpha(x) = f(x) - A$,则

$$\lim_{x \to x_0}\alpha(x) = \lim_{x \to x_0}[f(x) - A] = A - A = 0,$$

即证 $\alpha(x)$ 是 $x \to x_0$ 时的无穷小量.

充分性,设 $f(x) = \alpha(x) + A$ 且$\lim\limits_{x \to x_0}\alpha(x) = 0$,则

$$\lim_{x \to x_0} f(x) = \lim_{x \to x_0}[A + \alpha(x)] = A + 0 = A.$$

定理1.6.1是以 $x \to x_0$ 为例说明了无穷小量与函数极限的密切关系,对于 $x \to \square$ 的情形,同样有类似的结论.该定理表明极限概念可以用无穷小量概念来描述.

由于无穷小量在建立微积分时具有基础性的地位,所以早期的微积分常称为无穷小分析.

在 17 世纪下半叶微积分创立以后，特别是在 18 世纪，微积分在解决过去无法解决的许多实际问题中显示出了巨大的威力，但由于当时还没有建立起严密的理论，在实际应用中常常将无穷小量时而变成 0，时而又说不是 0，显得很“神秘”，难以捉摸，甚至连微积分的主要创立者牛顿，也难以摆脱由无穷小引起的概念上的混乱．马克思在评论 17～18 世纪的微积分时，对于那些数学家曾指出：“他们自己就相信了新发现的算法的神秘性．这种算法就是通过数学上肯定不正确的途径而得出了正确的（而且在几何应用上简直是惊人的）结果．这样一来，他们自己就把自己神秘化了．”唯心主义哲学家贝克莱主教在 1734 年为了维护当时神学的一些反科学的教义，猛烈攻击微积分的“神秘性”，把微积分中的推导演算说成是“分明的诡辩”，嘲笑无穷小是“逝去的鬼魂”．为了微积分学的健康发展，也为了摆脱这种困境，以及克服由于没有严格的理论而导致的一些混乱，在 1800 年前后，许多数学家在为微积分建立严密的理论基础方面作了很多工作．上述关于无穷小量的定义就是这种努力的一个成果．它是数学家柯西在 1821 年给出的．

无穷小量的主要性质可以总结为如下定理：

定理 1.6.2　无穷小量具有如下性质：

(1) 有限个无穷小的代数和是无穷小．

(2) 有界变量与无穷小的乘积是无穷小．

(3) 有限个无穷小的乘积是无穷小．

证明：根据极限性质及四则运算法则，很容易证明无穷小量的性质(1)和(3)．接下来，我们以 $x \to x_0$ 的极限过程为例证明性质(2)．设在 x_0 的某个去心邻域 $\mathring{U} = \{x \mid 0 < |x - x_0| < \delta_1\}$，$g(x)$ 为无穷小，$f(x)$ 为有界函数．那么存在常数 $M > 0$，使得 $|f(x)| \leqslant M$ 在 $\mathring{U}$ 上成立；同时，对任意 $\varepsilon > 0$，存在 $\delta_2 > 0$ 使得当 $0 < |x - x_0| < \delta_2$ 时都有

$$|g(x)| < \frac{\varepsilon}{M},$$

取 $\delta = \min\{\delta_1, \delta_2\}$，那么当 $0 < |x - x_0| < \delta$ 时有

$$|f(x) \cdot g(x)| = |f(x)| \cdot |g(x)| < M \cdot \frac{\varepsilon}{M} = \varepsilon.$$

这就证明了当 $x \to x_0$ 时，$f(x) \cdot g(x)$ 为无穷小．

例 1.6.1　求极限 $\lim\limits_{x\to\infty} \frac{\sin x}{x}$.

解：易知

$$\lim_{x\to\infty} \frac{\sin x}{x} = \lim_{x\to\infty} \frac{1}{x}\sin x,$$

当 $x \to x_0$ 时，$\frac{1}{x}$ 是无穷小；又

$$|\sin x| \leqslant 1,$$

$\sin x$ 是有界量，所以

$$\lim_{x\to\infty} \frac{\sin x}{x} = \lim_{x\to\infty} \frac{1}{x}\sin x = 0.$$

例 1.6.2　证明 $\lim\limits_{x\to 0} x\sin\frac{1}{x} = 0$.

证明：由于

$$\lim_{x\to 0}x = 0,$$

即 x 是 $x\to 0$ 时的无穷小．又 $\left|\sin\frac{1}{x}\right|\leqslant 1$，即 $\sin\frac{1}{x}$ 是有界函数．根据定理 1.6.2 可得，$x\sin\frac{1}{x}$ 是 $x\to 0$ 时的无穷小，即

$$\lim_{x\to 0}x\sin\frac{1}{x} = 0.$$

1.6.2 无穷大量

在自变量的一定趋向之下（如 $x\to x_0$ 或 $x\to\infty$）如果对应的函数值的绝对值无限增大，这是极限不存在的情形，这样的变量称为无穷大量，确切定义如下：

定义 1.6.2 如果对于任意给定的正数 M（不论它多么大），总有正数 δ（或 X）存在，使当 $0<|x-x_0|<\delta$（或 $|x|>X$）时，恒有 $|f(x)|>M$ 成立，则称当 $x\to x_0$（或 $x\to\infty$）时，$f(x)$ 是无穷大量，简称无穷大，记作

$$\lim_{x\to x_0}f(x) = \infty（或\lim_{x\to\infty}f(x) = \infty）.$$

如果在上述定义中，将不等式 $|f(x)|>M$ 改为 $f(x)>M$ 或 $f(x)<-M$，则称当 $x\to x_0$（或 $x\to\infty$）时，$f(x)$ 为正无穷大或负无穷大，记为

$$\lim_{\substack{x\to x_0\\(x\to\infty)}}f(x) = +\infty \text{ 或 } \lim_{\substack{x\to x_0\\(x\to\infty)}}f(x) = -\infty.$$

关于无穷大，有以下几点需要注意：

(1) $\lim\limits_{x\to x_0}f(x)=\infty$．等价于 $\lim\limits_{x\to x_0^-}f(x)=\lim\limits_{x\to x_0^+}f(x)=\infty$；$\lim\limits_{x\to\infty}f(x)=\infty$ 等价于 $\lim\limits_{x\to-\infty}f(x)=\lim\limits_{x\to+\infty}f(x)=\infty$.

(2) 无穷大是极限不存在的一种情况，$\lim\limits_{x\to x_0}f(x)=\infty$，$\lim\limits_{x\to x_0}f(x)=+\infty$，$\lim\limits_{x\to x_0}f(x)=-\infty$ 只是一个记号，并不表示极限显存在．

(3) 无穷大不是一个数，是一个绝对值无限大的变量，任何绝对值很大的常数都不是无穷大．

(4) 不要把无穷大和无界相混淆，无穷大必无界，但反之不一定真．例如，$f(x)=x\cos x$，当 $x\to\infty$ 时是无界的，但不是无穷大；数列 $1,0,2,0,\cdots,n,\cdots$ 是无界的，但不是 $n\to\infty$ 时的无穷大.

在自变量的一定变化趋向之下，无穷小量和无穷大量互为倒数关系．例如，当 $x\to 1$ 时，$x-1$ 是无穷小量，而 $\frac{1}{x-1}$ 是无穷大量．当 $x\to\infty$ 时，x^2 是无穷大量，而 $\frac{1}{x^2}$ 是无穷小量．一般地，我们有如下定理：

定理 1.6.3 在自变量的同一变化过程中，若函数 $f(x)$ 为无穷小，且 $f(x)\neq 0$，则 $\frac{1}{f(x)}$ 为无穷大；反之，若函数 $f(x)$ 为无穷大，则 $\frac{1}{f(x)}$ 为无穷小．

证明：我们以 $x\to x_0$ 为例来证明．设 $\lim\limits_{x\to x_0}f(x)=0$，且 $f(x)\neq 0$. $\forall M>0$，由无穷小的定义，对于任意 $\varepsilon=\frac{1}{M}$，$\exists\delta>0$，当 $0<|x-x_0|<\delta$ 时，有

$$|f(x)|<\varepsilon=\frac{1}{M},$$

由于 $f(x) \neq 0$，从而

$$\left|\frac{1}{f(x)}\right| > M.$$

即$\frac{1}{f(x)}$当 $x \to x_0$ 时为无穷大．

同理可证定理的第二部分．

类似地，也可证 $x \to \infty$（或其他极限过程）时的情形．

无穷大的运算性质可以总结为如下定理：

定理 1.6.4　无穷大量满足如下计算性质：

(1) 两个无穷大的积是无穷大．

(2) 有界函数与无穷大的和是无穷大．

(3) 在自变量的同一变化过程（如 $x \to x_0$ 或 $x \to \infty$）中，若函数 $f(x)$ 为无穷大，且函数 $g(x)$ 满足

$$\lim_{\substack{x \to x_0 \\ (x \to \infty)}} g(x) = L \neq 0,$$

则 $f(x)g(x)$ 为无穷大．

例 1.6.3　求极限$\lim\limits_{x \to \infty}(x^2 - 3x— + 2)$.

解：因为

$$\lim_{x \to \infty} \frac{1}{x^2 - 3x + 2} = 0,$$

由无穷小量与无穷大量的关系可得

$$\lim_{x \to \infty}(x^2 - 3x— + 2) = \infty.$$

例 1.6.4　求极限$\lim\limits_{x \to \infty} \frac{x^4}{x^3 + 5}$.

解：由于

$$\frac{x^4}{x^3 + 5} = \frac{1}{\frac{x^3 + 5}{x^4}},$$

又

$$\lim_{x \to \infty} \frac{x^3 + 5}{x^4} = \lim_{x \to \infty}\left(\frac{1}{x} + \frac{5}{x^4}\right) = 0,$$

根据无穷小与无穷大的关系可得

$$\lim_{x \to \infty} \frac{x^4}{x^3 + 5} = \infty.$$

例 1.6.5　求极限$\lim\limits_{x \to \infty} \frac{8x^2 + 6x - 3}{2x^2 - 4x + 7}$.

解：由于 ∞ 不是数，不能对它进行运算，求原极限时不能运用极限的运算法则，但如将无穷大量变成无穷小量，即可求出原极限．为此，将原式分子分母同除以 x^2，即得

$$\lim_{x \to \infty} \frac{8x^2 + 6x - 3}{2x^2 - 4x + 7} = \lim_{x \to \infty} \frac{8 + \frac{6}{x} - \frac{3}{x^2}}{2 - \frac{4}{x} + \frac{7}{x^2}} = \frac{8 + 0 - 0}{2 - 0 + 0} = 4.$$

一般地说，当 $a_0b_0 \neq 0$ 时，用同样方法可得

$$\lim_{x\to\infty}\frac{a_0x^n+a_1x^{n-1}+\cdots+a_n}{b_0x^m+b_1x^{m-1}+\cdots+a_m}=\begin{cases}0,m>n\\ \dfrac{a_0}{b_0},m=n.\\ \infty,m<n\end{cases}$$

例 1.6.6 求极限 $\lim\limits_{n\to\infty}(\sqrt{n+1}-\sqrt{n})$.

解：易知

$$\begin{aligned}\lim_{n\to\infty}(\sqrt{n+1}-\sqrt{n})&=\lim_{n\to\infty}\frac{(\sqrt{n+1}-\sqrt{n})(\sqrt{n+1}+\sqrt{n})}{\sqrt{n+1}+\sqrt{n}}\\&=\lim_{n\to\infty}\frac{(n+1)-n}{\sqrt{n+1}+\sqrt{n}}\\&=\lim_{n\to\infty}\frac{1}{\sqrt{n+1}+\sqrt{n}},\end{aligned}$$

由于

$$\lim_{n\to\infty}(\sqrt{n+1}+\sqrt{n})=+\infty,$$

故

$$\lim_{n\to\infty}\frac{1}{\sqrt{n+1}+\sqrt{n}}=0.$$

所以，当 $n\to\infty$ 时 $\sqrt{n+1}-\sqrt{n}$ 是无穷小量．

1.6.3 无穷小量阶的比较

在 $x\to 0$ 时，$x,2x,x^2,x^4$ 均为无穷小，但是它们趋于 0 的速度是不同的，有的快，有的慢，由此引出了无穷小量阶的比较的概念．下面，我们以 $x\to x_0$ 为例给出定义．

定义 1.6.3 设 $f(x)$ 和 $g(x)$ 均为 $x\to x_0$ 时的无穷小，且 $g(x)\neq 0$，则有：

(1) 如果 $\lim\limits_{x\to x_0}\dfrac{f(x)}{g(x)}=0$，则称 $f(x)$ 是比 $g(x)$ 高阶的无穷小，记为 $f(x)=o(g(x))$.

(2) 如果 $\lim\limits_{x\to x_0}\dfrac{f(x)}{g(x)}=1$，则称 $f(x)$ 和 $g(x)$ 是等阶无穷小，记为 $f(x)\sim g(x)$.

(3) 如果 $\lim\limits_{x\to x_0}\dfrac{f(x)}{g(x)}=\infty$，则称 $f(x)$ 是比 $g(x)$ 低阶的无穷小．

(4) 如果 $\lim\limits_{x\to x_0}\dfrac{f(x)}{g(x)}=b\neq 0$，则称 $f(x)$ 与 $g(x)$ 是同阶无穷小．

(5) 如果 $\lim\limits_{x\to x_0}\dfrac{f(x)}{[g(x)]^k}=b\neq 0,k>0$，则称 $f(x)$ 是关于 $g(x)$ 的 k 阶无穷小．

同样，我们也可以在 $x\to\infty$ 或其他单侧极限变化趋势下给出无穷小量阶的比较的定义．结论与上述定义完全相同，只需将 $\lim\limits_{x\to x_0}$ 相应地改成 $\lim\limits_{x\to\infty}$，$\lim\limits_{x\to-\infty}$，$\lim\limits_{x\to+\infty}$，$\lim\limits_{x\to x_0^-}$，$\lim\limits_{x\to x_0^+}$ 即可．

这里需要注意的是，不是任意的两个无穷小都可以比较．比如，当 $x\to 0$ 时，x 和 $x\sin x$ 均为无穷小，但是 $\lim\limits_{x\to x_0}\dfrac{x\sin x}{x}$ 不存在．

关于等价无穷小量，有下面两个定理：

定理 1.6.5　$f(x)$ 与 $g(x)$ 是等价无穷小的充分必要条件为

$$f(x)=g(x)+o[g(x)].$$

证明:我们以 $x\to x_0$ 为例进行证明.

必要性,设 $g(x)\sim f(x)$,则

$$\lim_{x\to x_0}\frac{f(x)-g(x)}{g(x)}=\lim_{x\to x_0}\left(\frac{f(x)}{g(x)}-1\right)=\lim_{x\to x_0}\frac{f(x)}{g(x)}-1=0,$$

因此

$$f(x)-g(x)=o[g(x)],$$

即

$$f(x)=g(x)+o[g(x)].$$

充分性,设 $f(x)=g(x)+o[g(x)]$,则

$$\lim_{x\to x_0}\frac{f(x)}{g(x)}=\lim_{x\to x_0}\frac{g(x)+o[g(x)]}{g(x)}=\lim_{x\to x_0}\left\{1+\frac{o[g(x)]}{g(x)}\right\}=1,$$

故而,$g(x)\sim f(x)$.

定理 1.6.6　设 $g(x)\sim f(x)$,$v(x)\sim u(x)$,且 $\lim\limits_{x\to\square}\frac{f(x)}{u(x)}$ 存在,则

$$\lim_{x\to\square}\frac{g(x)}{v(x)}=\lim_{x\to\square}\frac{f(x)}{u(x)}.$$

这里的 $\lim\limits_{x\to\square}$ 代表 $\lim\limits_{x\to x_0}$, $\lim\limits_{x\to\infty}$, $\lim\limits_{x\to-\infty}$, $\lim\limits_{x\to+\infty}$, $\lim\limits_{x\to x_0^-}$, $\lim\limits_{x\to x_0^+}$ 中的任意一个.

证明:通过变形可得

$$\begin{aligned}\lim_{x\to\square}\frac{g(x)}{v(x)}&=\lim_{x\to\square}\left(\frac{g(x)}{u(x)}\cdot\frac{u(x)}{f(x)}\cdot\frac{f(x)}{v(x)}\right)\\&=\lim_{x\to\square}\frac{g(x)}{u(x)}\cdot\lim_{x\to\square}\frac{u(x)}{f(x)}\cdot\lim_{x\to\square}\frac{f(x)}{v(x)}\\&=\lim_{x\to\square}\frac{f(x)}{u(x)}.\end{aligned}$$

定理 1.6.6 表明,求两个无穷小量之比的极限时,分子及分母都可用等价无穷小量来代替.因此,如果用来代替的无穷小量选得适当的话,可以使计算简化.

例 1.6.7　已知 $\lim\limits_{x\to\infty}\left(\frac{x^2}{x+1}-ax+b\right)=0$,求 a,b.

解:由于 $\lim\limits_{x\to\infty}\left(\frac{x^2}{x+1}-ax+b\right)=\lim\limits_{x\to\infty}x\left(\frac{x}{x+1}-a+\frac{b}{x}\right)=0$,则有

$$\lim_{x\to\infty}x\left(\frac{x}{x+1}-a+\frac{b}{x}\right)=0.$$

于是

$$a=\lim_{x\to\infty}\left(\frac{x}{x+1}-\frac{b}{x}\right)=1,$$

故有

$$\lim_{x\to\infty}\left(\frac{x^2}{x+1}-x+b\right)=0,$$

因此

$$b=\lim_{x\to\infty}\left(\frac{x^2}{x+1}-x\right)=\lim_{x\to\infty}\frac{-x}{x+1}=-1.$$

例 1.6.8 求极限$\lim\limits_{x\to 0}\dfrac{\tan x-\sin x}{x^3}$.

解:当 $x\to 0$ 时,$\sin x\sim x,1-\cos x\sim\dfrac{1}{2}x^2$,所以有

$$\lim_{x\to 0}\frac{\tan x-\sin x}{x^3}=\lim_{x\to 0}\frac{\sin x(1-\cos x)}{x^3\cos x}$$
$$=\lim_{x\to 0}\frac{x\cdot\frac{1}{2}x^2}{x^3\cos x}=\frac{1}{2}.$$

例 1.6.9 求极限$\lim\limits_{x\to 0}\dfrac{\tan x-\sin x}{x(\sin x)^2}$.

解:因为 $x\to 0$ 时,$\sin x\sim x$,因此

$$\lim_{x\to 0}\frac{\tan x-\sin x}{x(\sin x)^2}=\frac{1-\cos x}{x\sin x}\cdot\frac{1}{\cos x}=\frac{1-\cos x}{x^2}\cdot\frac{1}{\cos x}\cdot\frac{x}{\sin x},$$

于是

$$\lim_{x\to 0}\frac{\tan x-\sin x}{x(\sin x)^2}=\lim_{x\to 0}\frac{1-\cos x}{x^2}\cdot\lim_{x\to 0}\frac{1}{\cos x}\cdot\lim_{x\to 0}\frac{x}{\sin x}=\frac{1}{2}.$$

例 1.6.10 求极限 $\lim\limits_{x\to+\infty}\left[\ln(1+2^x)\ln\left(1+\dfrac{3}{x}\right)\right]$.

解:当 $x\to+\infty$ 时,$\ln\left(1+\dfrac{3}{x}\right)\sim\dfrac{3}{x}$,所以有

$$\lim_{x\to+\infty}\left[\ln(1+2^x)\ln\left(1+\frac{3}{x}\right)\right]=\lim_{x\to+\infty}\frac{3\ln(1+2^x)}{x}$$
$$=3\lim_{x\to+\infty}\frac{\ln 2^x(1+2^{-x})}{x}$$
$$=3\lim_{x\to+\infty}\left[\ln 2+\frac{\ln(1+2^{-x})}{x}\right]$$
$$=3\ln 2.$$

1.7 函数的连续性

1.7.1 函数的连续性的概念

在日常生活中,我们常常会遇到一些连续变化的变量. 例如,我们常说物体运动的路程 s 的变化是连续的,实际上是指把路程 s 看成是运动时间 t 的函数,当时间 t(自变量)改变很微小时,路程 s(函数值)的改变也很微小. 类似地,当人们说金属的热胀冷缩是连续的,指的是若把金属的体积 V 看成温度 T 的函数,那么当温度 T(自变量)改变很微小时,金属的体积 V(函数值)的改变也很微小. 在几何上,这类函数在坐标平面上的图像都是一条连绵不断的曲线. 对这类问题的观察与分析导出了函数连续性的概念.

假定函数 $y=f(x)$ 在点 x_0 的某邻域内有定义,当自变量从 x_0 变化到 x 时,对应的函数值从

$f(x_0)$变化到 $f(x)$. 称 $\Delta x = x - x_0$ 为自变量 x(在点 x_0) 的改变量或增量. 相应地,把 $\Delta y = f(x) - f(x_0)$,即 $\Delta y = f(x_0 + \Delta x) - f(x_0)$称为函数 y(在点 x_0) 的改变量或增量. 应注意,自变量的增量 Δx 和函数的增量 Δy 可以是正数也可以是负数或0.

定义 1.7.1 设函数 $y = f(x)$ 在点 x_0 的某一邻域内有定义,如果

$$\lim_{\Delta x \to 0} = \lim_{\Delta x \to 0}[f(x_0 + \Delta x) - f(x_0)] = 0,$$

那么就称函数 $y = f(x)$ 在点 x_0 连续.

由于 $\Delta x \to 0$ 等价于 $x \to x_0$,而 $\Delta y \to 0$ 等价于 $f(x) \to f(x_0)$,因此,函数 $y = f(x)$ 在点 x_0 连续等价于

$$\lim_{x \to x_0} f(x) = f(x_0).$$

所以,函数 $y = f(x)$ 在点 x_0 连续的定义又可叙述为:对任意的 $\varepsilon > 0$,总存在 $\delta > 0$,使得当 $|x - x_0| < \delta$ 时,有 $|f(x) - f(x_0)| < \varepsilon$.

相应于 $f(x)$ 在点 x_0 的左、右极限的概念,我们给出左、右连续的定义如下:

定义 1.7.2 若函数 $y = f(x)$ 在点 x_0 的某右(左) 邻域内有定义且

$$\lim_{x \to x_0^+} f(x) = f(x_0)\,(\lim_{x \to x_0^-} f(x) = f(x_0)),$$

那么就称函数 $f(x)$ 在点 x_0 右(左) 连续.

由定义 1.7.1 和定义 1.7.2,我们有如下结论:

定理 1.7.1 函数 $y = f(x)$ 在点 x_0 连续的充要条件是:$y = f(x)$ 在 $x = x_0$ 既是右连续的,又是左连续的.

定义 1.7.3 如果函数 $y = f(x)$ 在区间 (a,b)内每一点连续,则称 $y = f(x)$ 在区间 (a,b)内连续. 如果函数 $y = f(x)$ 在区间 (a,b)内连续,且在 a 点右连续、在 b 点左连续,则称 $f(x)$ 在区间$[a,b]$上连续.

例 1.7.1 讨论函数 $f(x) = |x| = \begin{cases} x, x \geqslant 0 \\ -x, x < 0 \end{cases}$ 在点 $x = 0$ 处是否连续.

解:由于

$$\lim_{x \to 0^-} f(x) = \lim_{x \to 0^-}(-x) = 0 = f(0),$$

则函数在 $x = 0$ 处左连续. 又

$$\lim_{x \to 0^+} f(x) = \lim_{x \to 0^+} x = 0 = f(0),$$

则函数在 $x = 0$ 处右连续,所以函数在点 $x = 0$ 处连续.

例 1.7.2 证明函数 $f(x) = \sqrt{x}$ 在区间$[0, +\infty)$上连续.

证明:任取 $x_0 \in [0, +\infty)$,若 $x_0 = 0$,对于 $\forall \varepsilon > 0$,要使

$$|\sqrt{x} - 0| = \sqrt{x} < \varepsilon,$$

只需 $x < \varepsilon^2$. 故取 $\delta = \varepsilon^2$,当 $0 \leqslant x < \delta$ 时,有

$$|\sqrt{x} - 0| = \sqrt{x} < \varepsilon.$$

故而 $f(x) = \sqrt{x}$ 在 $x_0 = 0$ 处右连续.

若 $x_0 \neq 0$,对于 $\forall \varepsilon > 0$,要使

$$|\sqrt{x} - \sqrt{x_0}| = \left|\frac{x - x_0}{\sqrt{x} + \sqrt{x_0}}\right| \leqslant \frac{1}{\sqrt{x_0}}|x - x_0| < \varepsilon,$$

只需 $|x-x_0|<x_0\varepsilon$，故取 $\delta=\sqrt{x_0}\cdot\varepsilon$，当 $|x-x_0|<\varepsilon$ 时，有

$$\left|\sqrt{x}-\sqrt{x_0}\right|\leqslant\frac{1}{\sqrt{x_0}}|x-x_0|<\varepsilon,$$

故而，故而 $f(x)=\sqrt{x}$ 在 $x_0\neq0$ 处连续．

综上所述，函数 $f(x)=\sqrt{x}$ 在区间 $[0,+\infty)$ 上连续．

例 1.7.3 讨论函数

$$f(x)=\begin{cases}\dfrac{\sin x}{x},x>0\\ \mathrm{e}^x,x\leqslant1\end{cases}$$

在 $x=0$ 处的连续性．

解：因为

$$f(0+0)=\lim_{x\to0^+}\frac{\sin x}{x}=1,$$

$$f(0-0)=\lim_{x\to0^-}\mathrm{e}^x=1,$$

而

$$f(0)=1,$$

因此，

$$\lim_{x\to0^+}f(x)=\lim_{x\to0^-}f(x)=f(0),$$

所以 $f(x)$ 在 $x=0$ 处连续．

1.7.2 函数的间断点及其分类

假定 $f(x)$ 在 x_0 的某个去心邻域有定义．那么，根据函数连续性的定义知，函数 $f(x)$ 在 x_0 处连续必须且只须同时满足下面三个条件：

(1) $f(x)$ 在 x_0 处有定义．

(2) $\lim\limits_{x\to x_0}f(x)$ 存在，即 $f(x_0-0)$ 与 $f(x_0+0)$ 存在且相等．

(3) $\lim\limits_{x\to x_0}f(x)=f(x_0)$．

如果这三个条件中有一个不满足，也就是说，如果 $f(x)$ 在 x_0 无定义，或者 $f(x)$ 在 x_0 虽有定义但在 x_0 的极限不存在，或者 $f(x)$ 在 x_0 有定义，极限也存在，但极限值不等于 $f(x_0)$，则 $f(x)$ 在 x_0 处不连续．若函数 $f(x)$ 在点 x_0 不连续，则称 x_0 为 $f(x)$ 的间断点．

从几何图形上看，连续体现了函数曲线连绵不断的特点，如图 1-7-1 所示的分段函数 $y=f(x)$ 的图形有助于读者从几何上理解连续，左、右连续及不连续的概念．从图 1-7-1 中可以看出，a 点只能是右连续点；c 为连续点；b 为左连续点；d 为右连续点；h 为既非左连续点，又非右连续点；且 b,d,h 都是间断点．

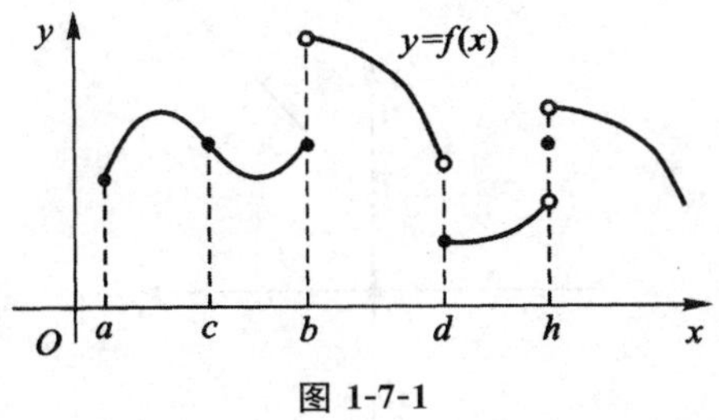

图 1-7-1

通常将函数的间断点分为两类，一类是左右极限都存在的间断点，称为第一类间断点；不是第一类的间断点，都称为第二类间断点．下面，我们通过几个具体实例来分析间断点的分类．

例 1.7.4　考察函数 $f(x)=\dfrac{x^2-1}{x-1}$ 的间断点．

由于它在 $x=1$ 处无定义，所以 $x=1$ 是间断点．又因为

$$\begin{aligned}\lim_{x\to 1}f(x)&=\lim_{x\to 1}\frac{x^2-1}{x-1}\\&=\lim_{x\to 1}(x+1)=2,\end{aligned}$$

所以 $x=1$ 是第一类间断点．同时我们发现，只要补充定义 $f(1)=2$，所给函数在 $x=1$ 处就连续了，如图 1-7-2 所示．

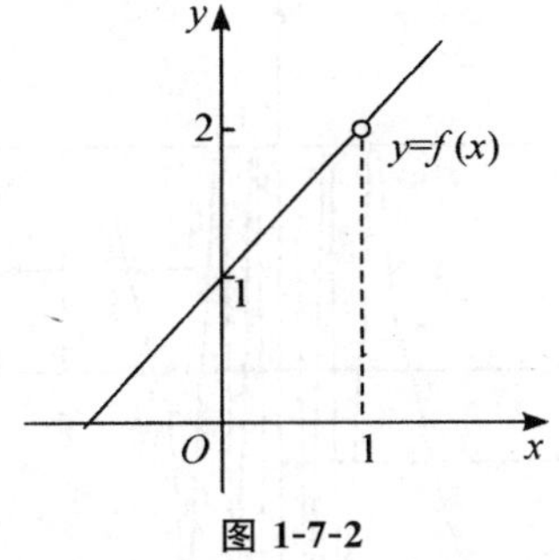

图 1-7-2

一般地，若 x_0 是函数 $f(x)$ 的间断点，且 $\lim\limits_{x\to x_0}f(x)$ 存在，则称 x_0 为函数 $f(x)$ 的可去间断点．对于 $f(x)$ 的可去间断点 x_0，可用 $f(x)$ 在 x_0 的极限值来补充或修改 $f(x)$ 在 x_0 处的定义，得到在 x_0 处连续的函数．这就是“可去”二字的含义．例如，在例 1.7.4 中，$x=1$ 就是 $f(x)=\dfrac{x^2-1}{x-1}$ 的可去间断点．

例 1.7.5　考察函数 $f(x)=\begin{cases}x-1,x<0\\0,x=0\\x+1,x>0\end{cases}$ 的间断点．

由于 $\lim\limits_{x\to 0^-}f(x)=\lim\limits_{x\to 0^-}(x-1)=-1$，$\lim\limits_{x\to 0^+}f(x)=\lim\limits_{x\to 0^+}(x+1)=1$，即函数在 $x=0$ 处的左右极限存在，但不相等，故极限 $\lim\limits_{x\to 0}f(x)$ 不存在，所以点 $x=0$ 是函数 $f(x)$ 的第一类间断点，但不是可去的，如图 1-7-3 所示．

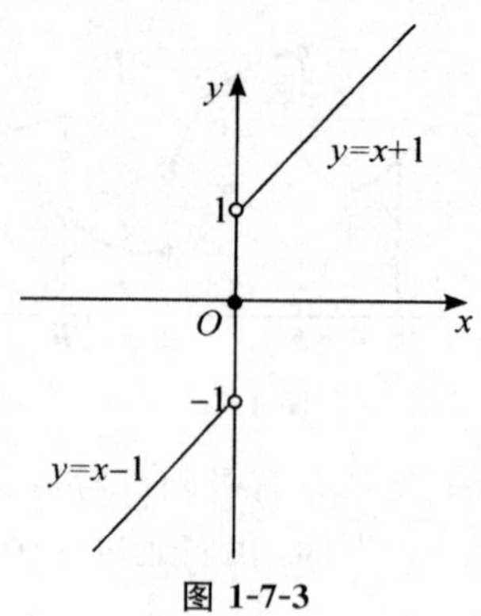

图 1-7-3

一般地，这种左右极限都存在但不相等的间断点又称为跳跃间断点．

例 1.7.6　考察函数 $y=\sin\frac{1}{x}$ 的间断点．

该函数在 $x=0$ 没定义，点 $x=0$ 是它的间断点．由于当 $x\to 0$ 时，$y=\sin\frac{1}{x}$ 的左右极限都不存在，所以点 $x=0$ 是函数的第二类间断点．实际上，当 $x\to 0$ 时，函数值在 $+1$ 与 -1 之间变动无限多次，如图 1-7-4 所示．

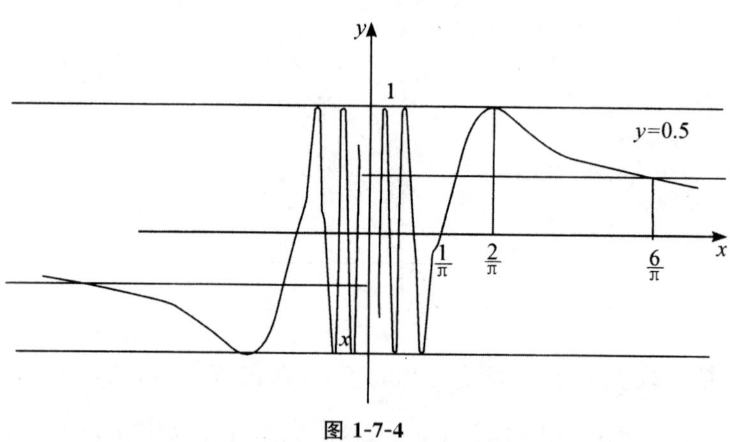

图 1-7-4

一般地，如例 1.7.6 中的这种间断点称为函数的振荡间断点．

例 1.7.7　考察正切函数 $y=\tan x$ 在 $(0,\pi)$ 的间断点．

因为 $\lim\limits_{x\to\frac{\pi}{2}}\tan x=+\infty$，所以点 $x=\frac{\pi}{2}$ 是函数 $y=\tan x$ 的第二类间断点．同时，根据它的极限状态，我们又称 $x=\frac{\pi}{2}$ 是函数 $y=\tan x$ 的无穷间断点．

根据定义知，可去间断点和跳跃间断点都是第一类间断点，振荡间断点和无穷间断点都是第二类间断点．

例 1.7.8　求函数

$$f(x)=\frac{x^2-2x-3}{x^2-1}$$

的间断点，并判别其类型．

解:因为

$$f(x)=\frac{x^2-2x-3}{x^2-1}=\frac{(x+1)(x-3)}{(x+1)(x-1)},$$

可知间断点为 $x=-1,1$,因为

$$\lim_{x\to 1}f(x)=\lim_{x\to 1}\frac{x-3}{x-1}=\infty,$$

所以,$x=1$ 是 $f(x)=\dfrac{x^2-2x-3}{x^2-1}$ 的无穷间断点,属于第二类间断点. 而

$$\lim_{x\to -1}f(x)=\lim_{x\to -1}\frac{x-3}{x-1}=2,$$

但 $f(x)$ 在 $x=-1$ 处没有定义,所以 $x=-1$ 是 $f(x)=\dfrac{x^2-2x-3}{x^2-1}$ 的一个可去间断点,属于第一类间断点.

1.7.3　连续函数的运算性质

1. 连续函数的四则运算法则

由函数在某点连续的定义和极限的四则运算法则,可得出下列定理.

定理 1.7.2　有限个在同一个点连续的函数的和是一个在该点连续的函数.

证明:考虑两个在点 x_0 连续的函数 $f(x)$ 和 $g(x)$ 的和

$$F(x)=f(x)+g(x),$$

由极限运算法则及函数在点 x_0 连续的定义,有

$$\begin{aligned}\lim_{x\to x_0}F(x)&=\lim_{x\to x_0}[f(x)+g(x)]=\lim_{x\to x_0}f(x)+\lim_{x\to x_0}g(x)\\&=f(x_0)+g(x_0)=F(x_0).\end{aligned}$$

这就证明了两个在点 x_0 连续的函数之和也在点 x_0 连续. 这个结论可类似地推广到有限个函数之和的情形.

定理 1.7.3　有限个在同一个点连续的函数的乘积是一个在该点连续的函数.

定理 1.7.4　两个在同一个点连续的函数的商是一个在该点连续的函数,只要分母在该点不为零.

2. 反函数的连续性

关于反函数的连续性,我们可以总结出如下定理:

定理 1.7.5　设函数 $y=f(x)$ 在区间 $[a,b]$ 是单调增加或单调减小的,且是连续的,那么它的反函数 $x=f^{-1}(y)$ 存在,且在对应区间 $[\alpha,\beta]$ 或 $[\beta,\alpha]$ 上也是单调增加或单调减小的,且是连续的,其中,$f(a)=\alpha$,$f(b)=\beta$.

证明:由于单调递增与单调递减从广义上说是对称的,所以证明了在单调递增的情况下反函数连续的定理成立,也就说明了,在单调递减的情况下反函数连续的定理成立,故而我们在这里仅针对函数 $y=f(x)$ 在区间 $[a,b]$ 是单调增加的情况进行证明.

如图 1-7-5 所示,由于函数 $y=f(x)$ 在区间 $[a,b]$ 是单调增加的,故而函数 $y=f(x)$ 的值域是 $[f(a),f(b)]$,所以函数 $y=f(x)$ 存在反函数 $x=f^{-1}(y)$,且 $x=f^{-1}(y)$ 在区间 $[f(a),f(b)]$ 上也是单调增加的. 接下来,只需证明函数 $x=f^{-1}(y)$ 在区间 $[f(a),f(b)]$ 上连

续即可．

对于 $\forall y_0 \in (f(a), f(b))$，则 $\exists x_0 \in (a, b)$，使得

$$x_0 = f^{-1}(y_0).$$

因此，对于 $\forall \varepsilon > 0$，取 $x_1 \in (a, x_0)$，$x_2 \in (x_0, b)$，使得

$$0 < x_0 - x_1 = x_2 - x_0 < \varepsilon.$$

记 $y_1 = f(x_1)$，$y_2 = f(x_2)$，由于 $y = f(x)$ 是单调增函数，所以 $y_1 < y_0 < y_2$.

取 $0 < \delta \in \{y_0 - y_1, y_2 - y_0\}$，当 $|y - y_0| < \delta$ 时，对应的 $x = f^{-1}(y)$ 落在区间 (x_1, x_2) 内，则有

$$|x - x_0| < \varepsilon,$$

即

$$|f^{-1}(y) - f^{-1}(y_0)| < \varepsilon.$$

这就说明，函数 $x = f^{-1}(y)$ 在点 y_0 处连续．由于 x_1, x_2 是任取的，所以 $x = f^{-1}(y)$ 在区间 $[f(a), f(b)]$ 上连续．

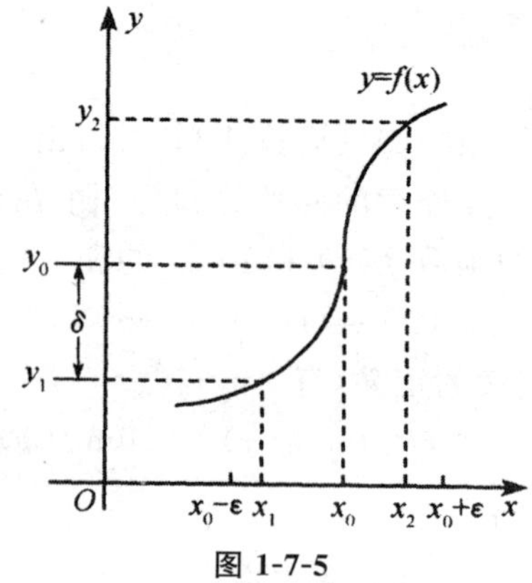

图 1-7-5

3．复合函数的连续性

关于复合函数的连续性，可以总结成如下定理：

定理 1.7.6 设函数 $u = \varphi(x)$ 在点 x_0 处连续，$y = f(u)$ 在点 u_0 处连续，且 $u_0 = \varphi(x_0)$，则函数 $y = f[\varphi(x)]$ 在点 x_0 处连续．

该定理可以由复合函数的极限来证明．

1.7.4 初等函数的连续性

考查函数 $y = \arcsin x$ 在区间 $[-1, 1]$ 上的单调性与连续性．由于 $y = \sin x$ 在区间 $\left[-\frac{\pi}{2}, \frac{\pi}{2}\right]$ 上单调增加且连续，值域为 $[-1, 1]$，所以根据反函数的连续性可知 $y = \arcsin x$ 在区间 $[-1, 1]$ 上也单调增加且连续．同样，应用反函数的连续性定理可以证明反三角函数 $\arccos x$，$\arctan x$，$\text{arccot} x$ 在它们的定义域内都是连续的．这就说明了三角函数及反三角函数在它们的定义域内是连续的．

进一步，可以证明，指数函数 $f(x) = a^x (a > 1, a \neq 1)$ 在它的定义区间 $(-\infty, +\infty)$ 内是单调且连续的，它的值域为 $(0, +\infty)$.

由指数函数的单调性和连续性，运用反函数的连续性定理可知，对数函数 $f(x)=\log_a x\,(a>0,a\neq 1)$ 在区间 $(0,+\infty)$ 内单调且连续.

幂函数 $y=x^\mu$(μ 为实数) 的定义域随 μ 的值而异，但无论 μ 为何值，在区间 $(0,+\infty)$ 内幂函数总是有定义的. 由于

$$y=x^\mu=e^{\mu\ln x},$$

它是由函数 $y=e^u$，$u=\mu\ln x$ 复合而成的，故由指数函数与对数函数的连续性以及复合函数的连续性，推得幂函数 $y=x^\mu$ 在区间 $(0,+\infty)$ 内连续. 如果对于 μ 取各种不同值加以分别讨论，可以证明这些幂函数在它们的定义域内都是连续的.

综合上述讨论，可以得到如下定理：

定理 1.7.7　基本初等函数在它们的定义域内都是连续的.

根据初等函数的定义、基本初等函数的连续性以及本节讨论过的一些定理，注意到初等函数的定义域都是区间或一列区间的并集，可得如下重要结论：

定理 1.7.8　所有初等函数在其定义区间(组成定义域的区间) 上都是连续的.

上述关于初等函数连续性的结论提供了求极限的一个方法，这就是：如果 $f(x)$ 是初等函数，且 x_0 是 $f(x)$ 的定义区间上的点，则

$$\lim_{x\to x_0} f(x)=f(x_0),$$

当 x_0 是定义区间的左、右端点时，上式仅考虑左、右极限.

例 1.7.9　求极限 $\lim\limits_{x\to 0}\dfrac{\log_a(1+x)}{x}$.

解：易知

$$\lim_{x\to 0}\frac{\log_a(1+x)}{x}=\lim_{x\to 0}\log_a(1+x)^{\frac{1}{x}}=\log_a\left[\lim_{x\to 0}(1+x)^{\frac{1}{x}}\right]$$
$$=\log_a e=\frac{1}{\ln a}.$$

特别地

$$\lim_{x\to 0}\frac{\ln(1+x)}{x}=1.$$

例 1.7.10　求极限 $\lim\limits_{x\to 0}\sqrt{\dfrac{\lg(100+x)}{a^x+\arcsin x}}$.

解：由于 $\sqrt{\dfrac{\lg(100+x)}{a^x+\arcsin x}}$ 是一个初等函数，在其定义域内连续，而 $x=0$ 属于它的定义域，所以

$$\lim_{x\to 0}\sqrt{\frac{\lg(100+x)}{a^x+\arcsin x}}=\sqrt{\frac{\lg(100+0)}{a^0+\arcsin 0}}=\sqrt{\frac{2}{1+0}}=\sqrt{2}.$$

1.7.5　闭区间上的连续函数

闭区间上的连续函数有一些良好的性质，它表现在下列定理中，定理的证明要用到较深的数学知识，故从略.

定理 1.7.9(闭区间上连续函数的有界性定理)　闭区间上的连续函数必有界. 即如果函数 $f(x)$ 在 $[a,b]$ 上连续，则必有常数 $M>0$ 使得

$$|f(x)|<M, \forall x \in [a,b].$$

定理 1.7.10(最大值与最小值定理) 闭区间上的连续函数必有最大值和最小值．即如函数 $f(x)$ 是$[a,b]$上的连续函数，则必有点 $x_1, x_2 \in [a,b]$使得

$$f(x_1) \leqslant f(x) \leqslant f(x_2), \forall x \in [a,b],$$

$f(x_1)$称为 $f(x)$ 在$[a,b]$上的最小值，$f(x_2)$称为最大值．

最大值与最小值定理也可表述为：闭区间上的连续函数必能在区间上取（或达）到它的最大值和最小值．即若 $f(x)$ 是$[a,b]$上的连续函数，则必 $\exists x_1, x_2 \in [a,b]$使得

$$f(x_1) = \min\{f(x) \mid x \in [a,b]\} = \min_{x\in[a,b]} \{f(x)\},$$

$$f(x_2) = \max\{f(x) \mid x \in [a,b]\} = \max_{x\in[a,b]} \{f(x)\}.$$

最大值与最小值定理中的条件“区间是闭的”和“函数连续”是重要的．如果这两个条件不满足，函数在区间上可能没有（或取不到）最大值或最小值．另一方面，这两个条件只是有最值的充分而非必要条件．

例如，函数 $f(x) = \dfrac{1}{x}$ 在区间$(0,1)$上连续，但无界，既无最大值，也无最小值，因为 $x=1$ 不属于$(0,1)$．又如函数 $g(x) = \begin{cases} \dfrac{1}{x}, 0 < x \leqslant 1 \\ 0, x = 0 \end{cases}$，由于 $g(0^+)$不存在，$g(x)$ 在$[0,1]$上不连续，它无最大值，有最小值 $g(0)=0$.

定理 1.7.11(零点定理) 设 $f(x)$ 是$[a,b]$上的连续函数，且 $f(a)$与 $f(b)$异号，则函数 $f(x)$ 在(a,b)中至少有一个零点．

零点定理也可表述为：如 $f(x)$ 是$[a,b]$上的连续函数，且 $f(a)f(b)<0$，则 $\exists \xi \in (a,b)$使得

$$f(\xi) = 0.$$

这个定理从几何上看是显然的，如图 1-7-6 所示，由于 $f(a)f(b)<0$，点 $A(a,f(a))$和 $B(b,f(b))$位于 x 轴的两侧，因此连接点 A 和 B 的连续曲线

$$C: y = f(x), x \in [a,b]$$

必与 x 轴相交，设交点为 $x=\xi$，则 $f(\xi)=0$.

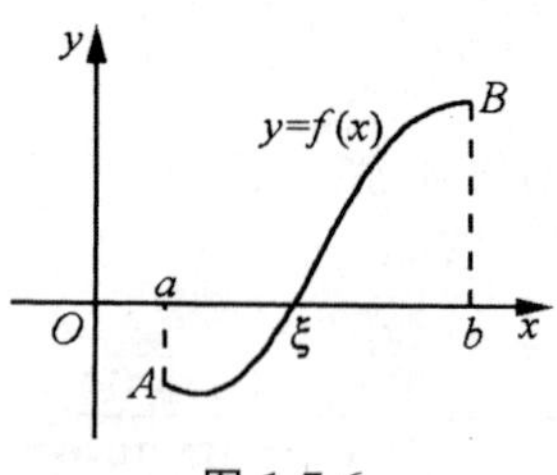

图 1-7-6

零点定理虽然只是说明函数的零点的存在性，而没有给出寻求零点的方法，但它仍然有重要的理论价值，在许多实际问题中常常会遇到方程（包括代数方程）的求根问题，如果能预先判定方程在某区间中必有根，就可以用计算机算出根的近似值，否则即使计算很长时间也可能得不到有意义的结果，因为在该计算所设定的区间中可能没有根．

定理 1.7.12(介值定理) 闭区间上连续函数必能取得它在区间上的最大值和最小值之间

的任何值．

证明：设 $f(x)$ 是$[a,b]$上的连续函数，由最大值与最小值定理可知，在$[a,b]$上必有最大值和最小值，即有 $x_1,x_2 \in [a,b]$使得

$$f(x_1)=\min\{f(x)\mid x\in[a,b]\}=\min_{x\in[a,b]}\{f(x)\}=m,$$
$$f(x_2)=\max\{f(x)\mid x\in[a,b]\}=\max_{x\in[a,b]}\{f(x)\}=M.$$

如果 $m=M$，则定理显然成立．

如果 $m<M$，定理是要证明：对任一实数 C，$m<C<M$，必 $\exists\xi\in(a,b)$，使得

$$f(\xi)=C.$$

为此，作辅助函数 $g(x)=f(x)-C$，易知，$g(x)$ 在$[x_1,x_2]$（或$[x_2,x_1]$）上符合零点定理的条件，所以在(x_1,x_2)（或(x_2,x_1)）中至少有一点 ξ，使得

$$g(\xi)=f(\xi)-C=0,$$

即

$$f(\xi)=C,$$

由于 $x_1,x_2\in[a,b]$，故 $\xi\in(a,b)$．

总之，对于任意的 $C\in[m,M]$，必有 $\xi\in[a,b]$，使 $f(\xi)=C$.

介值定理的几何意义是：如图 1-7-7 所示，只要 $m\leqslant C\leqslant M$，接连点 $(a,f(a))$ 和 $(b,f(b))$的连续曲线

$$\Gamma:y=f(x),x\in[a,b]$$

必与水平直线 $y=C$ 相交．

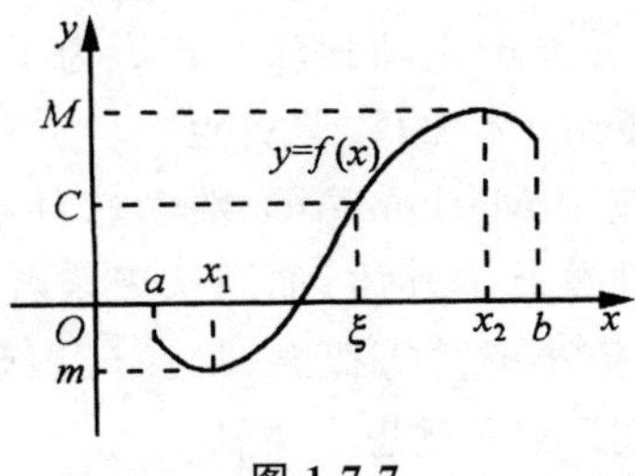

图 1-7-7

由介值定理可得下述推论：

推论 1.7.1　如 $f(x)$ 是$[a,b]$上的连续函数，且不是常数，则 $f(x)$ 的值域也是一个闭区间.

介值定理在研究函数的性质和一元函数的微积分理论中有重要作用．

例 1.7.11　设函数 $f(x)$ 的定义域为$[0,+\infty)$，$f(0)=0$，$\lim\limits_{x\to+\infty}f(x)=0$，且 $f(x)$ 不恒等于 0，求证 $f(x)$ 在$(0,+\infty)$有正的最大值或者负的最小值．

证明：如果至少存在一点 x_0 满足 $f(x_0)>0$，下面证明 $f(x)$ 在$(0,+\infty)$有正的最大值，即存在 $\xi>0$，使得

$$f(\xi)=\max\{f(x)\mid x\geqslant 0\}>0.$$

因为 $\lim\limits_{x\to+\infty}f(x)=0$，所以存在 $N>0$，不妨设 $N>x_0$ 使得当 $x>N$ 时恒有

$$f(x)<f(x_0).$$

在区间$[0,N]$上，对连续函数 $f(x)$ 应用最值定理可得存在 $\xi\in[0,N]$，使得

$$f(\xi)=\max\{f(x)\mid 0\leqslant x\leqslant N\},$$

由式 $f(x) < f(x_0)$ 可得，当 $x > N$ 时，

$$f(x) < f(x_0) < f(\xi),$$

由于 $f(\xi) > 0$，所以 $f(\xi)$ 是 $f(x)$ 在 $(0, +\infty)$ 上的正的最大值．

同理，如果至少存在一点 x_0 满足 $f(x_0) < 0$，用同样的方法可证 $f(x)$ 在 $(0, +\infty)$ 上有负的最小值．

例 1.7.12 证明方程 $2x^3 - 1 = 0$ 在 $(0,1)$ 内至少有一个根．

证明：记 $f(x) = 2x^3 - 1$，显然 $f(x)$ 在 $[0,1]$ 上连续．因为

$$f(0) = -1 < 0,$$

$$f(1) = 2 \times 1^3 - 1 = 1 > 0,$$

由界值性定理知，在 $(0,1)$ 内至少存在一点 ξ，使 $f(\xi) = 0$，即

$$2\xi^3 - 1 = 0,$$

故 ξ 是方程 $2x^3 - 1 = 0$ 的一个实根．

1.8 数学实验

随着计算机科学的飞速发展，信息时代的迅速到来，处理数学问题也有了全新的辅助工具和研究手段，数学实验由此也应运而生．目前国际上最流行的三大数学软件是 Matlab、Maple 和 Mathematica. Mathematica 是一种集文本编辑、符号运算、数值计算、逻辑分析、图形、动画、声音于一体的数学软件．在 Mathematica 中可以进行各种符号和数值运算，包括微积分、线性代数、概率论和数理统计等数学各个分支中公式的推演、数值求解非线性方程、最优化问题等，可以绘制各种复杂的二维图形和三维图形，并能产生动画和声音．为了使读者更加深刻地认识高等数学，本书在每一章都引入了基于 Mathematica 的数学实验．

本章涉及的数学实验主要是应用 Mathematica 数学软件绘制函数的图像，直观地了解函数的有界性、奇偶性、单调性和周期性等基本性质；加深认识函数的变化趋势等性态；加深理解函数极限、函数趋于无穷大的速度和无穷小的阶等概念；加深认识函数的连续性与间断的特性；学会“观察 → 猜测 → 验证 → 理论证明”的问题思考方法．

1.8.1 描绘一元函数的图形

初等数学与高等数学的主要区别在于高等数学的研究对象是变量．函数就是一个变量，是高等数学的主要研究对象．可以说高等数学的主要内容就是研究各类函数的各种性质和形态．首先我们先简单介绍一些描绘一元函数图形的基本 Mathematica 语句．

(1) 定义函数的基本 Mathematica 语句如下：

函数名[自变量名 _] = 表达式

(2) 对于分段函数，可用如下基本语句定义：

函数名[自变量名 _] = Which[条件 1，表达式 1，条件 2，表达式 2，…]

(3) 绘制一元函数图形的基本 Mathematica 语句如下：

①Plot[f[x]，{x，xmin，xmax}，选项]

画出函数 $f[x]$ 从 xmin 到 xmax 间的图形

②Plot[{f1[x]，f2[x]，…}，{x，xmin，xmax}，选项]

在同一坐标系下画出函数 $f_1, f_2, \cdots$ 的图形

③Show[P1,P2]

将 Pl 及 P2 两个函数图形重叠在一起,将两个函数图形一起显示

(4) 常用三维图形的修饰命令如下:

①BoxRatios -> {1,1,1}

图形高宽比{x、y、z}

②Axes -> True

包括坐标轴

③AxesLabel -> None

轴中不加标志{xLabel,yLabel}

④Boxed -> True

在曲面周围加立方体

⑤Mesh -> True

在表面画出 x、y 网格

⑥Shading -> True

表面是阴影

⑦ViewPoint -> {1.3, -2.4,2}

视点坐标

例 1.8.1　绘制并观察函数 $y = \ln(x + \sqrt{1 + x^2})$ 的性态.

解:可使用如下 Mathematica 命令:

```
f[x_] = Log[x + Sqrt[1 + x^2]]
Plot[f[x], { x, - 10,10 } ]
Plot[f[x], { x, - 1000,1000 } ]
```

可得到函数的近景图,如图 1-8-1 所示,同时可得到远景图,如图 1-8-2 所示.

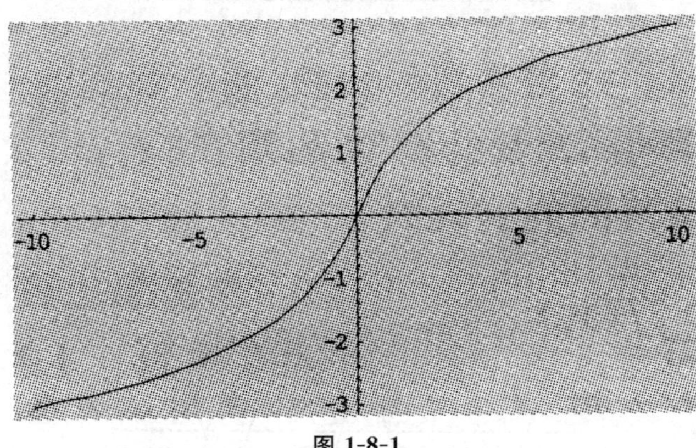

图 1-8-1

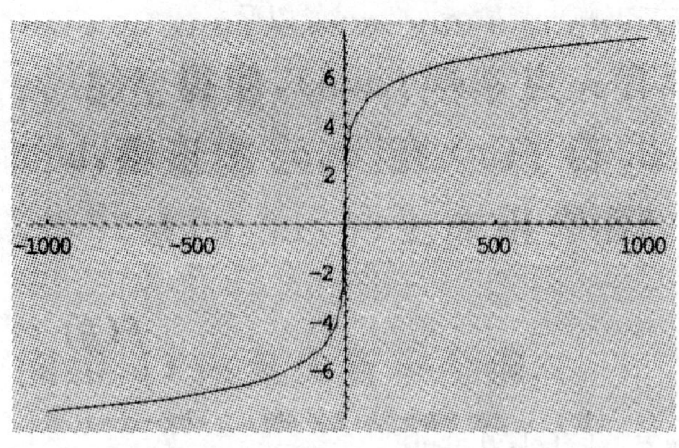

图 1-8-2

从函数的图像中,我们可观察到函数的单调、奇偶和是否有界等性态.

例 1.8.2 画出以下一元函数的图形,并观察其性态.

(1) $y = e^x$,其中 $x \in [-2,3]$.

(2) $y_1 = \sin x, y_2 = \cos\left(x + \frac{\pi}{6}\right)$,其中 $x \in [-4,6]$.

解:(1) Mathematica 语句为

```
Plot[Exp[x],{x,-2,3}]
```

运行结果如图 1-8-3 所示.

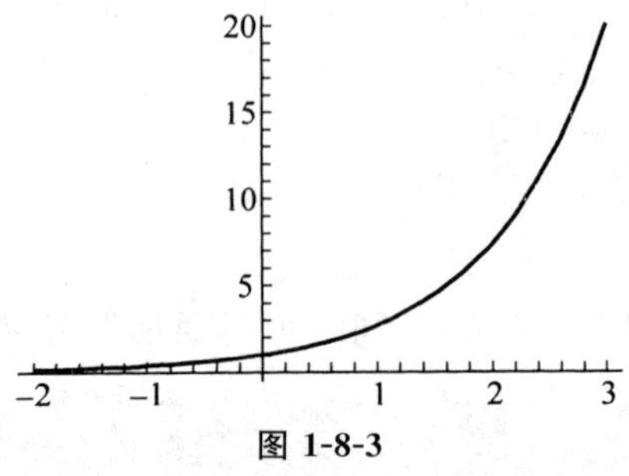

图 1-8-3

从函数的图像中,我们可观察到函数的单调、奇偶和是否有界等性态.

(2) Mathematica 语句为

```
Plot[{Sin[x],Cos[x+Pi/6]},{x,-4,6}]
```

运行结果如图 1-8-4 所示.

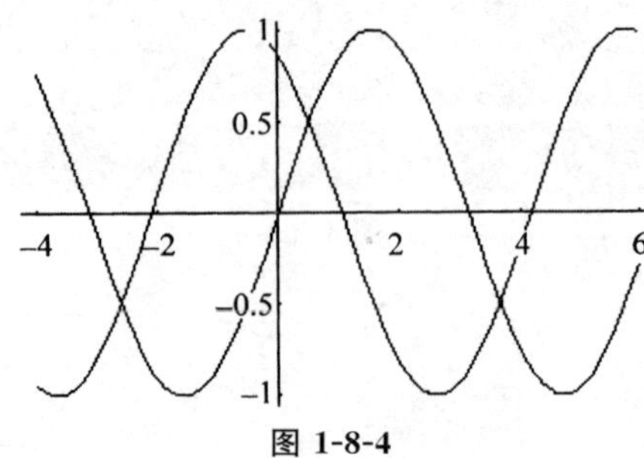

图 1-8-4

从函数的图像中,我们可观察到函数的单调、奇偶和是否有界等性态.

例 1.8.3　绘制函数 $y=\sin\dfrac{1}{x}$ 的图像，并观察它的性态．

解：使用命令

```
Plot[sin[1/x], { x, -1,1 }]
```

和

```
Plot[sin{[1/x],1/x }, { x, -10,10 }]
```

可得如图 1-8-5 所示函数的图形和如图 1-8-6 所示的函数图形．从函数的局部图像中(图 1-8-5)，我们可观察到函数 $y=\sin\dfrac{1}{x}$ 在 $x=0$ 邻近的振荡情形．从整体上看(图 1-8-6)，若忽略 $x=0$ 点的邻域不计，函数 $y=\sin\dfrac{1}{x}$ 就像函数 $y=\dfrac{1}{x}$，两个函数的远景图几乎重合．

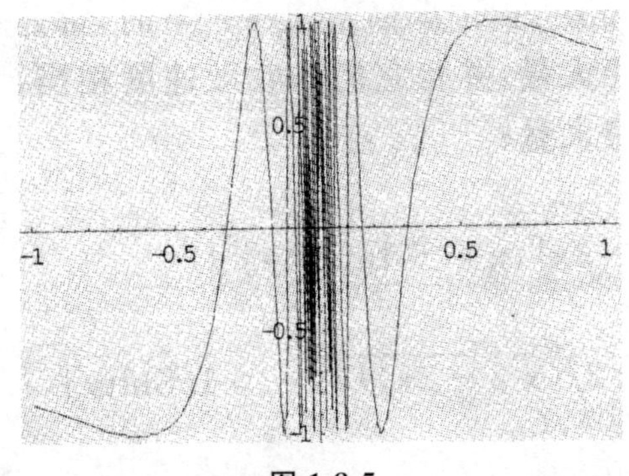

图 1-8-5

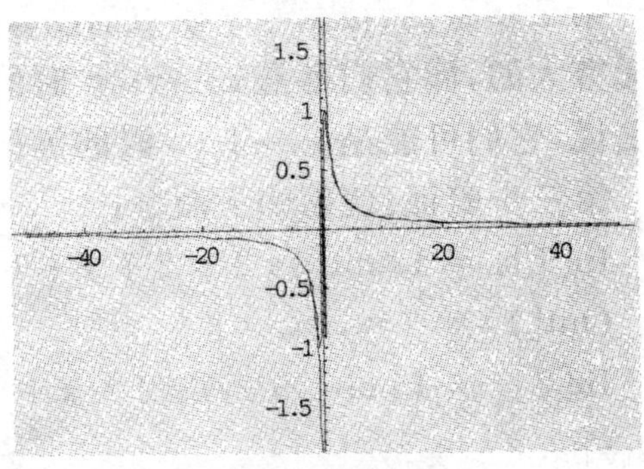

图 1-8-6

例 1.8.4　分别作出取整函数 $y=[x]$ 和函数 $y=x-[x]$ 的图形．

解：输入命令

Plot[*Floor*[x],{x, -4,4}]

可以观察到取整函数 $y=[x]$ 的图形是一条阶梯形曲线，如图 1-8-7 所示．

输入命令

Plot[$x-$*Floor*[x],{x, -4,4}]

得到函数 $y=x-[x]$ 的图形，这是锯齿形曲线，如图 1-8-8 所示．需要注意的是，它是周期为 1 的周期函数．

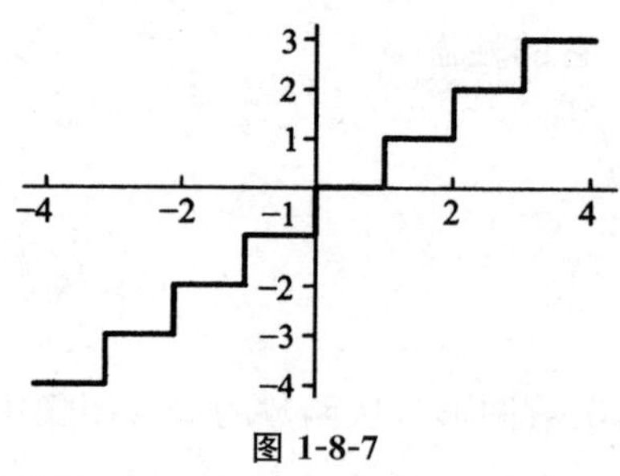

图 1-8-7

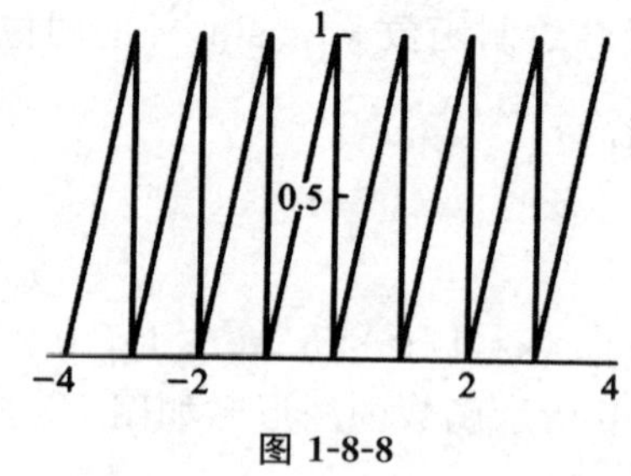

图 1-8-8

例 1.8.5 作出符号函数 $y = \text{sgn}x$ 的图形.

解:输入命令

Plot[*Sign*[*x*],{*x*, −2,2}]

就得到符号函数的图形. 点 $x = 0$ 是它的跳跃间断点,如图 1-8-9 所示.

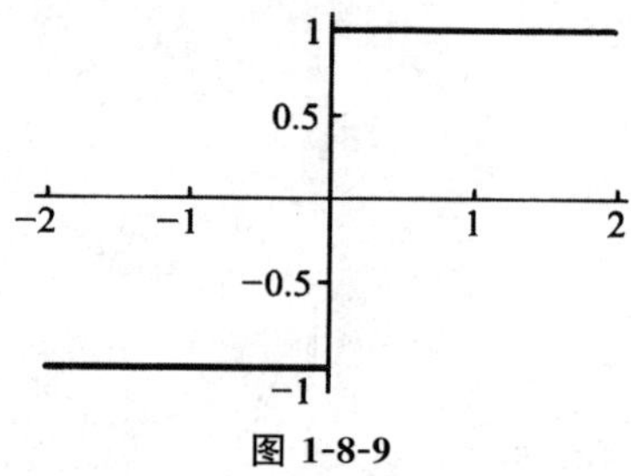

图 1-8-9

1.8.2 计算函数极限

在 Mathematica 中,计算函数极限基本语句如下:

①Limit[f[x],x → x0]

求函数 $f(x)$ 在 x_0 处的极限

②Limit[f[x],x → x0,Direction −>+ 1]

求函数 $f(x)$ 在 x_0 处的左极限

③Limit[f[x],x → x0,Direction −>− 1];

求函数 $f(x)$ 在 x_0 处的右极限

④Limit[f[x],x → Infinity]

求函数 $f(x)$ 在 $x -> \infty$ 时的极限

⑤Limit[f[x],x →− Infinity]

求函数 $f(x)$ 在 $x \to -\infty$ 时的极限

极限是函数的一种重要性质,是初等数学向高等数学飞跃的阶梯. 极限的思想贯穿高等数学的始终,在微积分中,几乎所有的概念都是通过极限定义的,因此,熟练掌握极限的计算方法是学好高等数学的基础.

例 1.8.6 求极限 $\lim\limits_{x\to(\frac{\pi}{2})^-}\tan x$, $\lim\limits_{x\to(\frac{\pi}{2})^+}\tan x$, $\lim\limits_{x\to\frac{\pi}{2}}\tan x$, $\lim\limits_{x\to0^-}\frac{\sin x}{x}$, $\lim\limits_{x\to0^+}\frac{\sin x}{x}$, $\lim\limits_{x\to0}\frac{\sin x}{x}$.

解:Mathematica 语句为

Clear[x]

```
Limit[Tan[x],x-> Pi/2,Direction -> 1]
Limit[Tan[x],x-> Pi/2,Direction ->- 1]
Limit[Tan[x],x-> Pi/2]
Limit[Sin[x]/x,x-> 0,Direction -> 1]
Limit[Sin[x]/x,x-> 0,Direction ->- 1]
Limit[Sin[x]/x,x-> 0]
```

运行结果为

Infinity　-Infinity　Infinity　1　1　1

例 1.8.7　求极限 $\lim\limits_{x\to0^-}\dfrac{2+e^{\frac{1}{x}}}{1+e^{\frac{4}{x}}}$ 和 $\lim\limits_{x\to0^+}\dfrac{2+e^{\frac{1}{x}}}{1+e^{\frac{4}{x}}}$.

解:Mathematica 语句为

```
Clear[x]
Limit[(2 + Exp[1/x])/(1 + Exp[4/x]),x-> 0,Direction -> 1]
Limit[(2 + Exp[1/x])/(1 + Exp[4/x]),x-> 0,Direction ->- 1]
```

运行结果为

2　0

在 Mathematica 中,求函数极限的操作较为简单,下面,我们通过一个实例来考察并验证函数趋于无穷大的速度.

例 1.8.8　求 $x\to0$ 时,无穷小 $\tan x-\sin x$ 关于 x 的阶和等价无穷小.

解:我们知道,当 $x\to0$ 时 $\tan x$ 和 $\sin x$ 都是关于 x 的 1 阶无穷小. 若设

$$f(x)=\tan x-\sin x$$

显然 $f(x)$ 也是 $x\to0$ 时的无穷小,那么如何求 $f(x)$ 关于 x 的阶呢?我们来试试.

(1) 观察:在同一坐标系下,作 $x=0$ 点的邻域[-0.6,0.6]上函数 $f(x)$ 与幂函数 $g(x)=x^\alpha$,$\alpha=1,2,3,4$ 的图像,如图 1-8-10 所示,粗线表示 $f(x)$ 的图像,命令为

```
Plot[{Tan[x] - Sin[x],x,x^2,x^3,x^4},{x,-0.6,0.6},PlotStyle -> {{Thickness[0.01]},{}}].
```

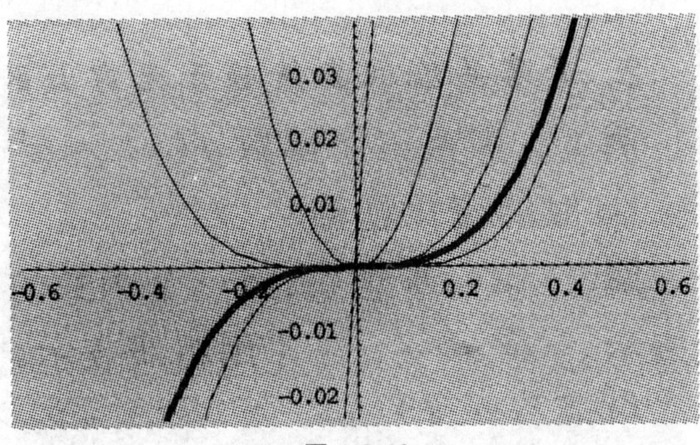

图 1-8-10

(2) 猜测:从函数的图像看到,函数 $f(x)$ 和 x^3 在 $x=0$ 附近的图形很相似. 由此推测:当 $x\to0$ 时,$f(x)$ 是关于 x 的 3 阶无穷小. 再进一步分析 $f(x)$ 与 x^3 在 $x\to0$ 附近的取值情况,使用命令

Table[{x,Tan[x]-Sin[x],x^3},{x,-0.2,0.2,0.05}]//TableForm

可得如表 1-8-1 所示的数据表.

表 1-8-1

x	Tan[x] - Sin[x]	x^3
-0.2	-0.0040407	0.008
-0.15	-0.00169709	0.003375
-0.1	-0.000501255	0.001
-0.05	-0.0000625391	0.000125
0.	0.	0.
0.05	0.0000625391	0.000125
0.1	0.000501255	0.001
0.15	0.00169709	0.003375
0.2	0.0040407	0.008

从表 1-8-1 中可知 $\tan x-\sin x$ 和 x^3 的值近似相差一半. 所以我们可以进一步进行猜测,函数 $\tan x-\sin x$ 和$\frac{x^3}{2}$是等价无穷小.

(3) 验证:可以采用如下两种方法进行验证.

① 图形比较方法. 使用绘图命令

Plot[{Tan[x]-Sin[x],x^3/2>,{x,-0.3,0.3},PlotStyle->{{Thickness[0.01]},{}}]

可得如图 1-8-11 所示的图形,两条曲线几乎重合.

② 按等价无穷小定义. 求比的极限

In[1]:= Limit[(Tan[x]-Sin[x])/(x^3/2),x->0]

Out[1]= 1

有鉴于此,验证了猜测的正确性.

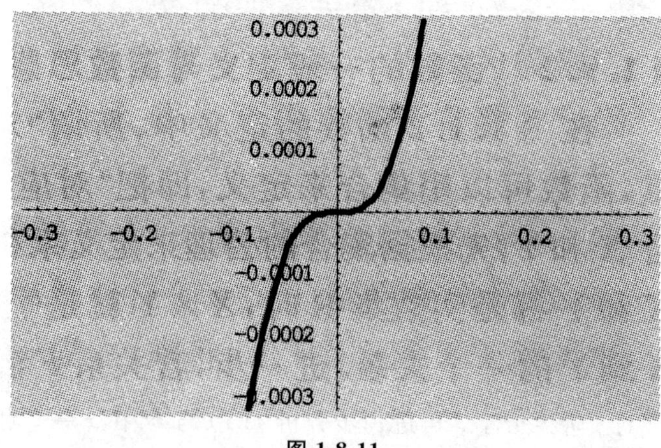

图 1-8-11

1.8.3 观察连续与间断

利用 Mathematica 软件,可以十分直观地观察函数的连续性和间断点,并且可以非常清楚地观察到不同类型间断点的区别.

例 1.8.9 观察可去间断点. 分别输入

```
Plot[Tan[x]/x,{x,-1,1}]
Plot[(Sin[x]-x)/x^2,{x,-Pi,Pi}]
```

输出图形如图 1-8-12 和图 1-8-13 所示.

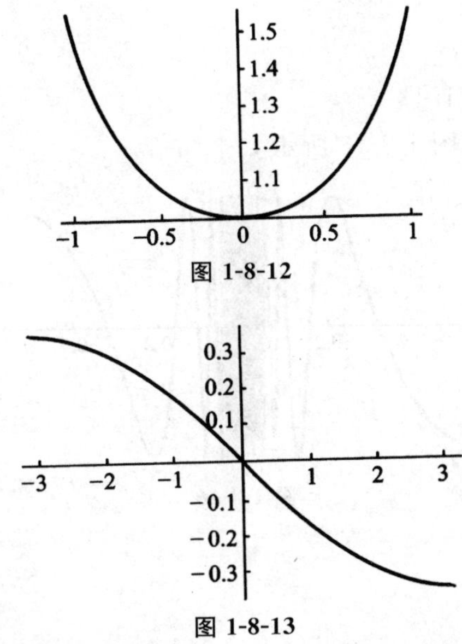

图 1-8-12

图 1-8-13

例 1.8.10 观察跳跃间断. 分别输入

```
Plot[Sign[x],{x,-2,2}]
Plot[(E^(1/x)-1)/ (E^(1/x)+1),{x,-2,2}]
```

这里只给出了第二个函数的图形,如图 1-8-14 所示.

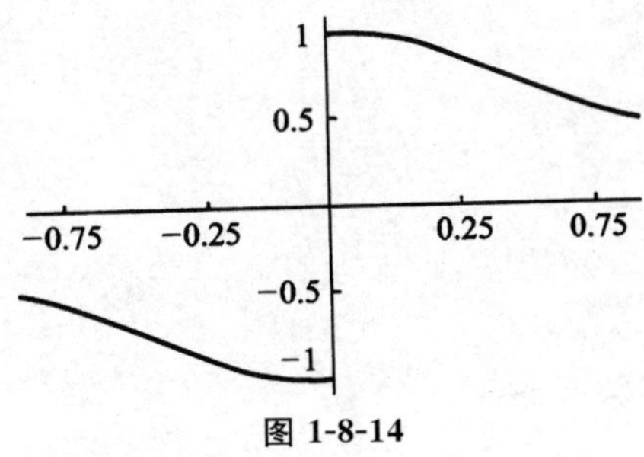

图 1-8-14

例 1.8.11 观察无穷间断. 分别输入

```
Plot[Tan[x],{x,-2Pi,2Pi}]
Plot[1/(1-x^2),{x,-3,3}]
```

这里也只给出了第二个图形,如图 1-8-15 所示.

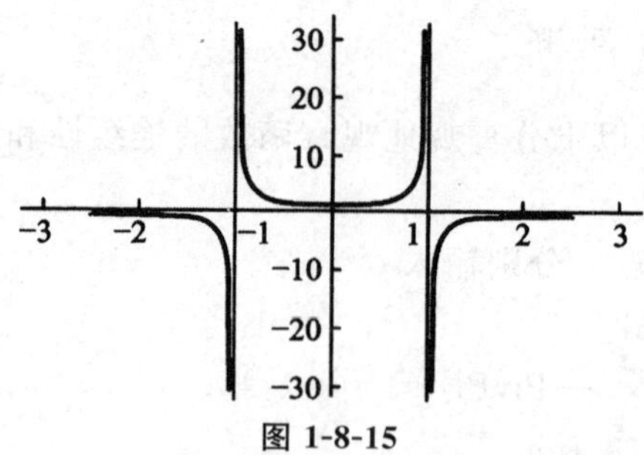

图 1-8-15

例 1.8.12 观察振荡间断．分别输入

Plot[Sin[1/x],{x,－Pi,Pi}]

Plot[Cos[1/x],{x,－Pi,Pi}]

这里只给出第一个函数图形，如图 1-8-16 所示．

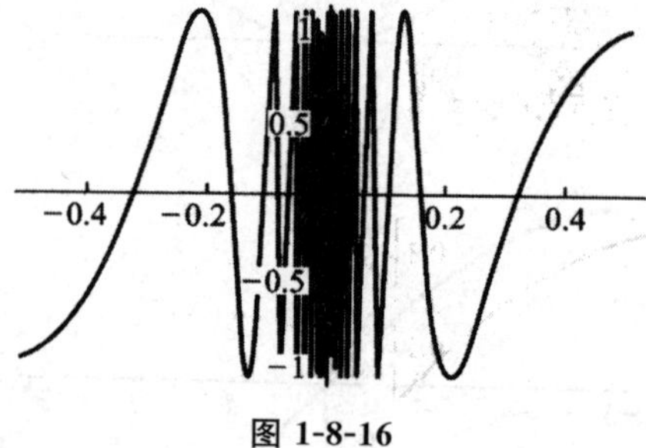

图 1-8-16

第 2 章　导数与微分

2.1　导数的基本概念

微积分学大致产生于 17 世纪下半叶，在整个数学发展史上，它是自欧几里得几何学（约建立于公元前三世纪）之后的一个最大的创造．虽然它的思想萌芽可追溯到古希腊时期，但它的创立，首先是为了解决 17 世纪所面临的许多科学问题．一元函数微积分可分成一元函数微分学和一元函数积分学两部分，微分学是积分学的基础．导数（或微商）和微分是一元函数微分学中两个密切相关的基本概念．引发导数概念的问题主要有：

(1) 已知直线运动的路程函数 $s(t)$ 求物体运动的速度 v.

(2) 求曲线的切线．

(3) 求函数的最大、最小值．

这些问题最终可归结为求一个函数的因变量相对于自变量变化的快慢，即“变化率”，这就是函数的导数概念．从局部来看，微分是函数的线性近似，它在一元函数积分学中起着重要作用．导数可以看成是函数的微分与自变量的微分之比，故又称微商．

2.1.1　引入导数的实例

1. 变速直线运动的瞬时速度

例 2.1.1　设物体沿直线做变速运动，其运动规律为 $s = f(t)$，其中 s 表示路程，t 表示时间，且 $f(t)$ 为连续函数，试求物体在某一时刻 $t = t_0$ 运动的瞬时速度 $v(t_0)$.

解：当时间 t_0 改变为 $t_0 + \Delta t$ 时，那么物体在 Δt 这段时间内，所经过的距离为

$$\Delta s = f(t_0 + \Delta t) - f(t_0).$$

如果物体做匀速运动，那么它的速度不随时间变化，即

$$\frac{\Delta s}{\Delta t} = \frac{f(t_0 + \Delta t) - f(t_0)}{\Delta t}$$

为一个常量，此时物体的速度为该物体在 t_0 时刻的速度，也是物体在任意时刻的速度．

如果物体做变速运动时，此时物体的速度随时间而变化，那么此时 $\frac{\Delta s}{\Delta t}$ 表示从时刻 t_0 到 $t_0 + \Delta t$ 该段时间内的平均速度 $\bar{v}$，即

$$\bar{v} = \frac{\Delta s}{\Delta t} = \frac{f(t_0 + \Delta t) - f(t_0)}{\Delta t}.$$

当 Δt 很小时，我们可以用 $\bar{v}$ 近似地表示物体在时刻 t_0 的速度，那么 Δt 越小，其近似程度越高. 当 Δt 无限趋近于零时，此时平均速度将无限趋近于瞬时速度．

当 $\Delta t \to 0$ 时，如果极限 $\lim\limits_{\Delta t \to 0} \frac{\Delta s}{\Delta t}$ 存在，称此极限为物体在 t_0 时刻的瞬时速度，即

$$v(t_0)=\lim_{\Delta t\to 0}\frac{\Delta s}{\Delta t}=\lim_{\Delta t\to 0}\frac{f(t_0+\Delta t)-f(t_0)}{\Delta t}.$$

2. 求曲线的切线

例 2.1.2 设有一平面曲线 c，其方程是 $y=f(x)$，$M_0(x_0,y_0)$ 是曲线 c 上的一定点，在曲线上另取一点 $M(x_0+\Delta x,y_0+\Delta y)$，过 M_0，M 的直线称为曲线 c 的割线．当点 M 沿曲线 c 趋向于点 M_0 时，如果割线 M_0M 有极限位置 M_0T，则称直线 M_0T 为曲线 c 在点 M_0 处的切线，如图 2-1-1 所示．

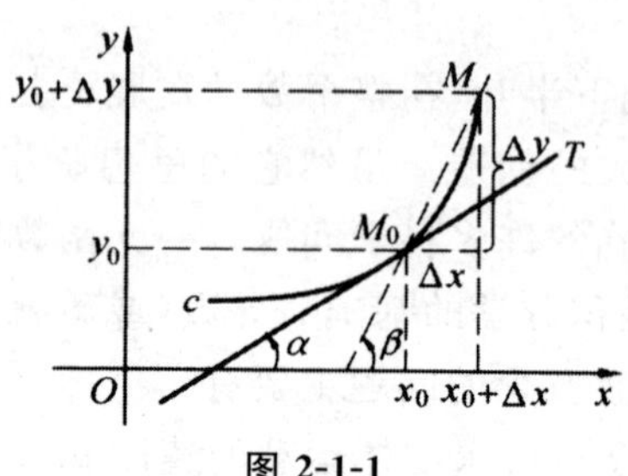

图 2-1-1

割线 M_0M 的斜率为

$$\tan\beta=\frac{\Delta y}{\Delta x}=\frac{f(x_0+\Delta x)-f(x_0)}{\Delta x},$$

其中，β 为割线 M_0M 的倾角．

当点 M 沿曲线 c 趋向于点 M_0 时，即 $\Delta x\to 0$ 时，$\beta\to\alpha$，于是切线 M_0T 的斜率为

$$k=\tan\alpha=\lim_{\Delta x\to 0}\frac{\Delta y}{\Delta x}=\lim_{\Delta x\to 0}\frac{f(x_0+\Delta x)-f(x_0)}{\Delta x}.$$

3. 物体的比热容问题

例 2.1.3 设 q 表示 1g 物质温度由 0℃ 升到 x℃ 时所需要的热量，显然 q 是 x 的函数，即 $q=q(x)$．我们来研究当温度变化时，物质所需要的热量的变化快慢问题，如果温度由 x_0 变到 $x_0+\Delta x$ 所需要的热量为 Δq，即 $\Delta q=q(x_0+\Delta x)-q(x_0)$．如果 q 是均匀变化的，物体的比热容为 $c=\dfrac{\Delta q}{\Delta x}$，是一个常数，如果 q 不是均匀变化的，那么 c 不是常数，称其为从 x_0 到 $x_0+\Delta x$ 之间的平均比热容．现在我们来研究当温度为 x_0 时物体的比热容．因为 $\dfrac{\Delta q}{\Delta x}$ 是与 x_0 和 $x_0+\Delta x$ 有关的，当 x_0 确定之后，$|\Delta x|$ 越小，$\dfrac{\Delta q}{\Delta x}$ 越接近 x_0 时的比热容．因此，我们用 $x_0\to 0$ 时，$\dfrac{\Delta q}{\Delta x}$ 的极限值来描述 x_0 时的比热容，即有

$$c(x_0)=\lim_{\Delta x\to 0}\frac{\Delta q}{\Delta x}=\lim_{\Delta x\to 0}\frac{q(x_0+\Delta x)-q(x_0)}{\Delta x}.$$

以上三个问题一样，都是研究在非均匀变化过程中，因变量相对于自变量的变化速度问题，称其为变化率问题，这样的问题在物理上是很多的．

2.1.2 导数的概念

1. 导数的基本定义

上面所研究的变化率问题，虽然它们的物理意义不向，但从数学角度来看，却是研究相同的

问题，即研究函数增量与自变量增量之比的极限问题(在自变量增量趋近于零的的条件下). 为此，我们引入了导数的定义.

定义 2.1.1　设函数 $y=f(x)$ 在点 x_0 的某个邻域内有定义，当自变量 x 在 x_0 处取得增量 Δx(点 $x_0+\Delta x$ 仍在该邻域)时，相应地函数 y 取得增量 $\Delta y=f(x_0+\Delta x)-f(x_0)$，如果当 $\Delta x\to 0$ 时，极限

$$\lim_{\Delta x\to 0}\frac{\Delta y}{\Delta x}=\lim_{\Delta x\to 0}\frac{f(x_0+\Delta x)-f(x_0)}{\Delta x}$$

存在，则称此极限值为函数 $y=f(x)$ 在点 x_0 处的导数，并称函数 $y=f(x)$ 在点 x_0 处可导，记为 $f'(x_0)$，$y'|_{x=x_0}$，$\frac{dy}{dx}|_{x=x_0}$ 或 $\frac{df(x)}{dx}|_{x=x_0}$，即有

$$f'(x_0)=\lim_{\Delta x\to 0}\frac{f(x_0+\Delta x)-f(x_0)}{\Delta x}=\lim_{\Delta x\to 0}\frac{\Delta y}{\Delta x}.$$

如果极限式 $\lim\limits_{\Delta x\to 0}\frac{\Delta y}{\Delta x}$ 不存在，则称 $y=f(x)$ 在点 x_0 处不可导，称 x_0 为 $y=f(x)$ 的不可导点. 特别地，如果 $\lim\limits_{\Delta x\to 0}\frac{\Delta y}{\Delta x}=\infty$，函数 $y=f(x)$ 在 x_0 处不可导，但是为了方便起见，常说导数无穷大.

有时为了方便讨论，导数的定义也可以写成不同的形式，常见的有

$$f'(x_0)=\lim_{h\to 0}\frac{\Delta y}{h}=\lim_{h\to 0}\frac{f(x_0+h)-f(x_0)}{h},h=\Delta x$$

和

$$f'(x_0)=\lim_{x\to x_0}\frac{\Delta y}{h}=\lim_{x\to x_0}\frac{f(x)-f(x_0)}{x-x_0},x=x_0+h.$$

从导数的定义可以看出，导数从数学方面刻画了变化率问题的实质，$\frac{\Delta y}{\Delta x}$ 表示自变量在区间 $[x_0,x_0+\Delta x]$ 上变化时函数的平均变化率；$f'(x_0)$ 表示函数在 x_0 处的瞬时变化率. 结合例 2.1.2，我们可以知道，导数的几何意义是：函数 $y=f(x)$ 在 x_0 的导数 $f'(x_0)$ 等于曲线 $y=f(x)$ 在点 $M(x_0,y_0)$ 处的切线的斜率. 相应地，曲线 $y=f(x)$ 在点 $M(x_0,y_0)$ 处的切线定义为过点 $M(x_0,y_0)$ 并且斜率为 $f'(x_0)$ 的直线，其方程为 $y-y_0=f'(x_0)(x-x_0)$. 如果 $f'(x_0)=\infty$，那么切线垂直与 x 轴，对应切线方程就是 x 轴的垂线 $x=x_0$；如果 $f'(x_0)\neq 0$，那么过点 $M(x_0,y_0)$ 的法线方程是 $y-y_0=-\frac{1}{f'(x_0)}(x-x_0)$；如果 $f'(x_0)=0$，那么过点 $M(x_0,y_0)$ 的法线方程是 $x=x_0$.

定义 2.1.2　如果函数 $y=f(x)$ 在区间 (a,b) 内的每一点都可导，则称函数 $y=f(x)$ 在区间 (a,b) 内可导. 函数 $y=f(x)$ 在区间 (a,b) 内的点 x 处的导数称作函数 $y=f(x)$ 的导函数，记作 $f'(x)$、y'、$\frac{dy}{dx}$ 或 $\frac{df(x)}{dx}$，即

$$f'(x)=\lim_{\Delta x\to 0}\frac{\Delta y}{\Delta x}=\lim_{\Delta x\to 0}\frac{f(x+\Delta x)-f(x)}{\Delta x}.$$

这时，$f'(x_0)$ 是 $y=f(x)$ 的导函数在 x_0 处的函数值，即

$$f'(x_0)=f'(x)|_{x=x_0}.$$

通过定义 2.1.2 我们可以知道，求函数 $y=f(x)$ 在点 x_0 处的导数，通常先求出导函数 $f'(x)$，再将 $x=x_0$ 代入.

例 2.1.1 求函数 $f(x)=\frac{1}{x}$ 的导函数 $f'(x)$，并求 $f'(2)$，$f'(a)(a\neq 0)$.

解：设 $x(x\neq 0)$有增量 Δx，则相应的函数增量为

$$\Delta y=\frac{1}{x+\Delta x}-\frac{1}{x}=\frac{-\Delta x}{x(x+\Delta x)},$$

所以

$$\frac{\Delta y}{\Delta x}=-\frac{1}{x(x+\Delta x)},$$

所以

$$\lim_{\Delta x\to 0}\frac{\Delta y}{\Delta x}=-\lim_{\Delta x\to 0}\frac{1}{x(x+\Delta x)}=-\frac{1}{x^2},$$

故而

$$f'(x)=-\frac{1}{x^2}(x\neq 0).$$

根据 $f'(x_0)=f'(x)\big|_{x=x_0}$ 有

$$f'(2)=-\frac{1}{2^2}=-\frac{1}{4},$$

$$f'(a)=-\frac{1}{a^2}(a\neq 0).$$

例 2.1.5 求函数 $y=\sin x$ 的导函数．

解：因为有

$$\Delta y=f(x+\Delta x)-f(x)=\sin(x+\Delta x)-\sin x,$$

应用三角函数中的和差化积公式有

$$\begin{aligned}\Delta y&=2\cos\frac{(x+\Delta x)+x}{2}\sin\frac{(x+\Delta x)-x}{2}\\&=2\cos\left(x+\frac{\Delta x}{2}\right)\sin\frac{\Delta x}{2},\end{aligned}$$

则有

$$\frac{\Delta y}{\Delta x}=\frac{2\cos\left(x+\frac{\Delta x}{2}\right)\sin\frac{\Delta x}{2}}{\Delta x}=\cos\left(x+\frac{\Delta x}{2}\right)\frac{\sin\frac{\Delta x}{2}}{\frac{\Delta x}{2}}.$$

根据 $\cos x$ 的连续性及重要极限$\lim\limits_{x\to 0}\frac{\sin x}{x}=1$，可得

$$\begin{aligned}\frac{\mathrm{d}y}{\mathrm{d}x}&=\lim_{\Delta x\to 0}\frac{\Delta y}{\Delta x}=\lim_{\Delta x\to 0}\cos\left(x+\frac{\Delta x}{2}\right)\frac{\sin\frac{\Delta x}{2}}{\frac{\Delta x}{2}}\\&=\lim_{\Delta x\to 0}\cos\left(x+\frac{\Delta x}{2}\right)\lim_{\Delta x\to 0}\frac{\sin\frac{\Delta x}{2}}{\frac{\Delta x}{2}}\\&=\cos x,\end{aligned}$$

即有

$$(\sin x)' = \cos x.$$

例 2.1.6　曲线 $y=\sqrt[3]{x}$ 在点(0,0)处是否有切线?在点 $x=0$ 处是否可导?

解:画出曲线 $y=\sqrt[3]{x}$ 的图形,如图 2-1-2 所示,可见曲线 $y=\sqrt[3]{x}$ 在点(0,0)处有垂直于 x 轴的切线. 根据导数的定义有

$$\lim_{\Delta x \to 0} \frac{\Delta y}{\Delta x} = \lim_{\Delta x \to 0} \frac{\sqrt[3]{\Delta x} - \sqrt[3]{0}}{\Delta x} = \lim_{\Delta x \to 0} \frac{1}{\sqrt[3]{(\Delta x)^2}} = \infty,$$

故而,可以说函数 $y=\sqrt[3]{x}$ 在点 $x=0$ 处不可导,也可以说函数 $y=\sqrt[3]{x}$ 在点 $x=0$ 处的导数为 $f'(0)=\infty$.

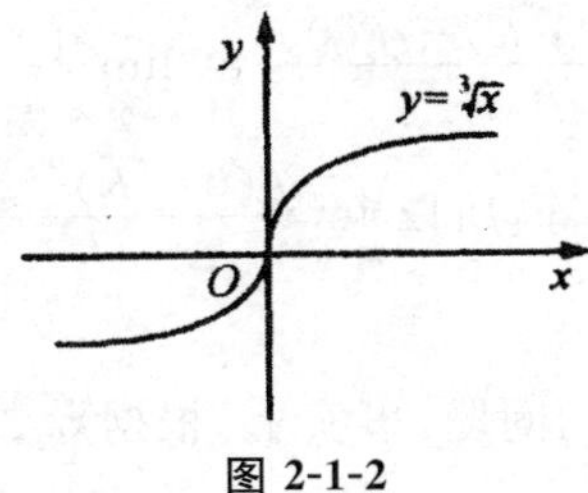

图 2-1-2

例 2.1.7　求等边曲线 $y=\frac{1}{x}$ 在点 $\left(\frac{1}{2},2\right)$ 处的切线斜率,试写出在此点处的切线方程和法线方程.

解:根据导数的几何意义可知等边曲线 $y=\frac{1}{x}$ 在点 $\left(\frac{1}{2},2\right)$ 处的切线斜率为

$$k_1 = y'\big|_{x=\frac{1}{2}},$$

因为 $y'=\left(\frac{1}{x}\right)'=-\frac{1}{x^2}$,所以可得

$$k_1 = -\frac{1}{x^2}\bigg|_{x=\frac{1}{2}} = -4,$$

那么可知所求切线方程为

$$y-2=-4\left(x-\frac{1}{2}\right),$$

即

$$4x+y-4=0.$$

等边曲线 $y=\frac{1}{x}$ 在点 $\left(\frac{1}{2},2\right)$ 处的法线斜率为

$$k_2=-\frac{1}{k_1}=\frac{1}{4},$$

从而可得法线方程为

$$y-2=\frac{1}{4}\left(x-\frac{1}{2}\right),$$

即

$$2x-8y+15=0.$$

2. 单侧导数

我们先来看一个例子.

例 2.1.8 考察函数 $f(x)=|x|$ 在 $x=0$ 处的导数.

解:先作差商

$$\frac{f(0+h)-f(0)}{h}=\frac{|h|-0}{h}=\frac{|h|}{h}.$$

那么,当 $h<0$ 时,$\frac{|h|}{h}=-1$;当 $h>0$ 时,$\frac{|h|}{h}=1$. 于是

$$\lim_{h\to 0^-}\frac{f(0+h)-f(0)}{h}=\lim_{h\to 0^-}\frac{|h|}{h}=-1,$$

$$\lim_{h\to 0^+}\frac{f(0+h)-f(0)}{h}=\lim_{h\to 0^+}\frac{|h|}{h}=+1.$$

因为差商在 $x=0$ 处的左、右极限不等,所以 $\lim\limits_{h\to 0}\frac{f(0+h)-f(0)}{h}$ 不存在,即函数 $f(x)=|x|$ 在 $x=0$ 处不可导.

这个例子启发我们考虑更一般的问题,事实上,根据导数的定义,函数 $y=f(x)$ 在点 x_0 处的导数

$$f'(x_0)=\lim_{h\to 0}\frac{f(x_0+h)-f(x_0)}{h}$$

是一个极限,而极限存在的充要条件是左、右极限都存在且相等,因此就有函数左右导数的概念.

定义 2.1.3 设函数 $y=f(x)$ 在点 x_0 的某个邻域内有定义,如果左极限 $\lim\limits_{\Delta x\to 0^-}\frac{f(x_0+\Delta x)-f(x_0)}{\Delta x}$ 存在,则称此极限值为函数 $y=f(x)$ 在点 x_0 的左导数,记为

$$f'_-(x_0)=\lim_{\Delta x\to 0^-}\frac{f(x_0+\Delta x)-f(x_0)}{\Delta x};$$

如果右极限 $\lim\limits_{\Delta x\to 0^+}\frac{f(x_0+\Delta x)-f(x_0)}{\Delta x}$ 存在,则称此极限值为函数 $y=f(x)$ 在点 x_0 的右导数,记为

$$f'_+(x_0)=\lim_{\Delta x\to 0^+}\frac{f(x_0+\Delta x)-f(x_0)}{\Delta x}.$$

函数在某一点处的左导数和右导数统称为单侧倒数.

结合函数 $y=f(x)$ 在点 x_0 处存在极限的充要条件是函数 $y=f(x)$ 在点 x_0 处的左右极限存在且相等,我们可以得出如下定理:

定理 2.1.1 函数 $y=f(x)$ 在点 x_0 可导的充分必要条件是点 x_0 的左右导数存在并且相等,即

$$f'_-(x_0)=f'_+(x_0).$$

如果函数 $y=f(x)$ 在开区间 (a,b) 内可导,且 $f'_+(a)$ 及 $f'_-(b)$ 都存在,就说函数 $y=f(x)$ 在闭区间 $[a,b]$ 上可导.

例 2.1.9 设有函数

$$f(x)=\begin{cases}x^2+1, x<1\\ 2x, x\geqslant 1\end{cases},$$

试求其导函数 $f'(x)$.

解:当 $x<1$ 时,$f(x)=x^2+1$,设 $x+\Delta x<1$,则

$$f'(x)=\lim_{\Delta x\to 0}\frac{[(x+\Delta x)^2+1]-(x^2+1)}{\Delta x}=\lim_{\Delta x\to 0}\frac{2x\Delta x+(\Delta x)^2}{\Delta x}=2x.$$

当 $x>1$ 时,$f(x)=2x$,设 $x+\Delta x>1$,则

$$f'(x)=\lim_{\Delta x\to 0}\frac{2(x+\Delta x)+2x}{\Delta x}=2.$$

当 $x=1$ 时,$f(1)=2$,则

$$\begin{aligned}f'_-(1)&=\lim_{\Delta x\to 0^-}\frac{f(1+\Delta x)+f(1)}{\Delta x}\\&=\lim_{\Delta x\to 0^-}\frac{[(1+\Delta x)^2+1]-2}{\Delta x}\\&=\lim_{\Delta x\to 0^-}\frac{2\Delta x+(\Delta x)^2}{\Delta x}\\&=2,\\ f'_+(1)&=\lim_{\Delta x\to 0^+}\frac{f(1+\Delta x)-f(1)}{\Delta x}\\&=\lim_{\Delta x\to 0^+}\frac{2(1+\Delta x)-2}{\Delta x}\\&=2.\end{aligned}$$

所以有

$$f'_-(1)=f'_+(1),$$

故而

$$f'(1)=2.$$

综上所述,有

$$f'(x)=\begin{cases}2x, x<1\\ 2, x\geqslant 1\end{cases}$$

或

$$f'(x)=\begin{cases}2x, x\leqslant 1\\ 2, x>1\end{cases}.$$

例 2.1.10　求函数 $f(x)=\begin{cases}\sin x, x<0\\ x, x\geqslant 0\end{cases}$ 在 $x=0$ 处的导数.

解:因为

$$f'_-(0)=\lim_{\Delta x\to 0^-}\frac{\Delta y}{\Delta x}=\lim_{\Delta x\to 0^-}\frac{\sin\Delta x}{\Delta x}=1,$$

$$f'_+(x_0)=\lim_{\Delta x\to 0^+}\frac{\Delta y}{\Delta x}=\lim_{x\to 0^+}\frac{\Delta x}{\Delta x}=1,$$

由 $f'_-(x_0)=f'_+(x_0)=1$ 可得

$$f'(0)=\lim_{\Delta x\to 0}\frac{\Delta y}{\Delta x}=1.$$

3. 函数可导性和连续性的关系

函数在某一点的可导性与连续性反映了函数在该点的局部性质，二者有着密切的连续．

根据导数 $f'(x_0)$ 的定义可知，若导数 $f'(x_0)$ 存在，则当 $\Delta x \to 0$ 时一定有

$$\Delta y = f(x_0 + \Delta x) - f(x_0) \to 0,$$

即函数 $y = f(x)$ 在点 x_0 处连续．从而可得如下定理：

定理 2.1.2 设函数 $y = f(x)$ 在点 x_0 处可导，则此函数在点 x_0 处连续．

证明：设函数 $y = f(x)$ 在点 x_0 可导，从而有

$$\lim_{\Delta x \to 0} \frac{\Delta y}{\Delta x} = f'(x_0),$$

根据极限与无穷小的关系可得

$$\frac{\Delta y}{\Delta x} = f'(x_0) + \alpha(x),$$

其中，$\lim\limits_{\Delta x \to 0} \alpha(x) = 0$，所以

$$\Delta y = f'(x_0)\Delta x + \alpha(x)\Delta x,$$

$$\lim_{\Delta x \to 0} \Delta y = \lim_{\Delta x \to 0} [f'(x_0)\Delta x + \alpha(x)\Delta x] = 0,$$

根据连续性的定义可知，函数 $y = f(x)$ 在点 x_0 处连续．

在这里需要注意的是，通过定理 2.1.2 可以说明，如果函数在某一点可导，那么这个函数一定在这一点连续，但是，函数在某一点连续却不足以说明函数在一点可导．甚至，理论上存在处处连续但是处处不可导的函数．

例 2.1.11 讨论函数

$$y = f(x) = \begin{cases} x\sin \dfrac{1}{x}, x \neq 0 \\ 0, x = 0 \end{cases}$$

在 $x = 0$ 点的连续性与可导性．

解：因为

$$\lim_{x \to 0} f(x) = \lim_{x \to 0} x\sin \frac{1}{x} = 0 = f(0),$$

所以，$f(x)$ 在 $x = 0$ 点连续．而

$$\lim_{x \to 0} \frac{f(x) - f(0)}{x - 0} = \lim_{x \to 0} \sin \frac{1}{x}$$

不存在．故 $f'(0)$ 不存在．

例 2.1.12 设 $f(x) = \begin{cases} x^2, x \leqslant 1 \\ ax + b, x > 1 \end{cases}$ 于 $x = 1$ 处可导，求 a 和 b 的值．

解：因 $f(x)$ 于 $x = 1$ 处可导，所以于 $x = 1$ 处连续，$f(x)$ 应满足

$$\begin{cases} \lim\limits_{x \to 1^+} f(x) = \lim\limits_{x \to 1^-} f(x) = f(1) \\ f'_+(1) = f'_-(1) \end{cases},$$

即

$$\begin{cases} \lim\limits_{x \to 1^-} x^2 = \lim\limits_{x \to 1^+} (ax + b) \\ \lim\limits_{x \to 1^+} \dfrac{ax + b - 1}{x - 1} = \lim\limits_{x \to 1^-} \dfrac{x^2 - 1}{x - 1} \end{cases},$$

亦即

$$\begin{cases} a+b=1 \\ a=2 \end{cases},$$

故 $a=2,b=-1$ 时，$f(x)$ 于 $x=1$ 处可导．

2.2　求导法则

由导数的定义可知，求函数 $y=f(x)$ 的导数的步骤可分为如下三步：

(1) 求增量 $\Delta y=f(x+\Delta x)-f(x)$.

(2) 算比值 $\dfrac{\Delta y}{\Delta x}=\dfrac{f(x+\Delta x)-f(x)}{\Delta x}$.

(3) 取极限 $f'(x)=\lim\limits_{\Delta x\to 0}\dfrac{\Delta y}{\Delta x}$.

利用导数的定义求函数的导数较为困难和繁琐，通常，我们利用基本初等函数的导数和导数运算法则来求复杂函数的导数．

1. 基本初等函数的导数公式

利用导数的定义，我们可以很容易地求出基本初等函数的导数．

(1) 常数函数 $f(x)=c$ 的导数为

$$(c)'=0.$$

(2) 正弦函数 $f(x)=\sin x$ 的导数为

$$f'(x)=\cos x.$$

(3) 余弦函数 $f(x)=\cos x$ 的导数为

$$f'(x)=-\sin x.$$

(4) 指数函数 $f(x)=a^x\,(a>0,a\neq 1)$ 的导数为

$$f'(x)=a^x\ln a.$$

特别地有

$$(\mathrm{e}^x)'==\mathrm{e}^x.$$

(5) 幂函数 $f(x)=x^n,(n\in\mathbf{N}^+)$ 在 $x=a$ 处的导数为

$$f'(x)=nx^{n-1}.$$

(6) 幂函数 $f(x)=x^\mu,(\mu$ 为实数) 的导数为

$$f'(x)=\mu x^{\mu-1}.$$

(7) 对数函数 $f(x)=\log_a x\,(a>0,a\neq 1)$ 的导数为

$$f'(x)=\frac{1}{x}\log_a \mathrm{e}.$$

特别地有

$$(\ln x)'=\frac{1}{x}.$$

限于本书篇幅，这里没有给出具体的推导过程，有兴趣的读者可以自行推导．

2. 导数的四则运算法则

定理 2.2.1　设函数 $u=u(x)$ 与 $v=v(x)$ 在点 x 处可导，则函数 $u(x)\pm v(x),u(x)v(x)$，

$\frac{u(x)}{v(x)}(v(x)\neq 0)$ 在点 x 处均可导，且满足以下法则：

(1) $[u(x)\pm v(x)]' = u'(x)\pm v'(x)$.

(2) $[u(x)v(x)]' = u'(x)v(x)+u(x)v'(x)$.

(3) $\left[\frac{u(x)}{v(x)}\right]' = \frac{u'(x)v(x)-u(x)v'(x)}{v^2(x)}, v(x)\neq 0$.

证明：(1) 先证明

$$[u(x)+v(x)]' = u'(x)+v'(x).$$

令 $y=u(x)+v(x)$，则

$$\begin{aligned}\Delta y &= [u(x+\Delta x)+v(x+\Delta x)]-[u(x)+v(x)]\\ &= [u(x+\Delta x)-u(x)]+[v(x+\Delta x)-v(x)]\\ &= \Delta u+\Delta v,\end{aligned}$$

从而

$$\frac{\Delta y}{\Delta x}=\frac{\Delta u}{\Delta x}+\frac{\Delta v}{\Delta x},$$

$$\begin{aligned}\lim_{\Delta x\to 0}\frac{\Delta y}{\Delta x} &= \lim_{\Delta x\to 0}\left(\frac{\Delta u}{\Delta x}+\frac{\Delta v}{\Delta x}\right)=\lim_{\Delta x\to 0}\frac{\Delta u}{\Delta x}+\lim_{\Delta x\to 0}\frac{\Delta v}{\Delta x}\\ &= u'(x)+v'(x),\end{aligned}$$

所以

$$[u(x)+v(x)]' = u'(x)+v'(x).$$

同理可证

$$[u(x)-v(x)]' = u'(x)-v'(x).$$

(2) 设 $y=u(x)v(x)$，当 x 有增量 Δx 时，u 有增量 Δu，v 有增量 Δv，y 有增量 Δy，且有

$$\begin{aligned}\Delta y &= [u(x+\Delta x)v(x+\Delta x)]-u(x)v(x)\\ &= [(u(x)+\Delta u)(v(x)+\Delta v)]-u(x)v(x)\\ &= v(x)\Delta u+u(x)\Delta v+\Delta u\Delta v,\end{aligned}$$

则有

$$\begin{aligned}\frac{\Delta y}{\Delta x} &= \frac{v(x)\Delta u+u(x)\Delta v+\Delta u\Delta v}{\Delta x}\\ &= \frac{\Delta u}{\Delta x}\cdot v(x)+\frac{\Delta v}{\Delta x}\cdot u(x)+\frac{\Delta u}{\Delta x}\cdot\frac{\Delta v}{\Delta x}\cdot\Delta x,\end{aligned}$$

从而

$$\begin{aligned}y' &= \lim_{\Delta x\to 0}\frac{\Delta y}{\Delta x}=\lim_{\Delta x\to 0}\left[\frac{\Delta u}{\Delta x}\cdot v(x)+\frac{\Delta v}{\Delta x}\cdot u(x)+\frac{\Delta u}{\Delta x}\cdot\frac{\Delta v}{\Delta x}\cdot\Delta x\right]\\ &= \lim_{\Delta x\to 0}\frac{\Delta u}{\Delta x}\cdot v(x)+\lim_{\Delta x\to 0}\frac{\Delta v}{\Delta x}\cdot u(x)+\lim_{\Delta x\to 0}\frac{\Delta u}{\Delta x}\cdot\lim_{\Delta x\to 0}\frac{\Delta v}{\Delta x}\cdot\lim_{\Delta x\to 0}\Delta x\\ &= u'(x)v(x)+u(x)v'(x)+0\\ &= u'(x)v(x)+u(x)v'(x),\end{aligned}$$

所以

$$[u(x)v(x)]' = u'(x)v(x)+u(x)v'(x).$$

(3) 设 $f(x)=\frac{u(x)}{v(x)}, v(x)\neq 0$,由导数的定义可得

$$\begin{aligned}
f'(x) &= \lim_{\Delta x\to 0}\frac{f(x+\Delta x)-f(x)}{\Delta x}\\
&= \lim_{\Delta x\to 0}\frac{\frac{u(x+\Delta x)}{v(x+\Delta x)}-\frac{u(x)}{v(x)}}{\Delta x}\\
&= \lim_{\Delta x\to 0}\frac{u(x+\Delta x)v(x)-u(x)v(x+\Delta x)}{v(x+\Delta x)v(x)\Delta x}\\
&= \lim_{\Delta x\to 0}\frac{[u(x+\Delta x)-u(x)]v(x)-u(x)[v(x+\Delta x)-v(x)]}{v(x+\Delta x)v(x)\Delta x}\\
&= \lim_{\Delta x\to 0}\frac{\frac{u(x+\Delta x)-u(x)}{\Delta x}v(x)-u(x)\frac{v(x+\Delta x)-v(x)}{\Delta x}}{v(x+\Delta x)v(x)}\\
&= \frac{u'(x)v(v)-u(x)v'(x)}{[v(v)]^2},
\end{aligned}$$

其中,因为 $u(x)$、$v(x)$ 在点 x 处可导,所以

$$\lim_{\Delta x\to 0}\frac{u(x+\Delta x)-u(x)}{\Delta x}=u'(x),$$

$$\lim_{\Delta x\to 0}\frac{v(x+\Delta x)-v(x)}{\Delta x}=v'(x),$$

又由于“可导必连续”,所以

$$\lim_{\Delta x\to 0}v(x+\Delta x)=v(x).$$

这样就证明了

$$\left[\frac{u(x)}{v(x)}\right]'=\frac{u'(x)v(x)-u(x)v'(x)}{v^2(x)}, v(x)\neq 0.$$

定理 2.2.1 的(1)、(2) 还可以推广至多个函数的情形

$$\left[\sum_{i=1}^{n}f_i(x)\right]'=\sum_{i=1}^{n}f'_i(x),$$

$$\begin{aligned}
\left[\prod_{i=1}^{n}f_i(x)\right]' &= f'_1(x)f_2(x)\cdots f_n(x)+f_1(x)f'_2(x)\cdots f_n(x)+\cdots+f_1(x)f_2(x)\cdots f'_n(x)\\
&= \sum_{i=1}^{n}\prod_{\substack{k=1\\k\neq i}}^{n}f'_i(x)f_k(x).
\end{aligned}$$

由(2) 还能得到如下推论

$$[cu(x)]'=cu'(x), (c \text{ 为常数}).$$

例 2.2.1　求函数 $y=x^3+3\mathrm{e}^x-\frac{7}{2}\sin x+\cos\frac{\pi}{3}$ 的导数 .

解:由定理 2.2.1 可知

$$\begin{aligned}
y' &= \left(x^3+3\mathrm{e}^x-\frac{7}{2}\sin x+\cos\frac{\pi}{3}\right)'\\
&= (x^3)'+(3\mathrm{e}^x)'-\left(\frac{7}{2}\sin x\right)'+\left(\cos\frac{\pi}{3}\right)'\\
&= 3x^2+3\mathrm{e}^x-\frac{7}{2}\cos x+0\\
&= 3x^2+3\mathrm{e}^x-\frac{7}{2}\cos x.
\end{aligned}$$

例 2.2.2 求函数 $y = 2\sqrt{x}\sin x + \cos x\ln x$ 的导数．

解：由定理 2.2.1 可知

$$\begin{aligned}
y' &= (2\sqrt{x}\sin x)' + (\cos x\ln x)' \\
&= (2\sqrt{x})'\sin x + 2\sqrt{x}(\sin x)' + (\cos x)'\ln x + \cos x(\ln x)' \\
&= \frac{2}{2\sqrt{x}} \cdot \sin x + 2\sqrt{x}\cos x - \sin x \cdot \ln x + \frac{1}{x}\cos x \\
&= \left(\frac{1}{\sqrt{x}} - \ln x\right)\sin x + \left(2\sqrt{x} + \frac{1}{x}\right)\cos x.
\end{aligned}$$

例 2.2.3 求函数 $y = \tan x$ 的导数．

解：由定理 2.2.1 可知

$$\begin{aligned}
y' &= (\tan x)' = \left(\frac{\sin x}{\cos x}\right)' \\
&= \frac{(\sin x)'\cos x - \sin x(\cos x)'}{\cos^2 x} \\
&= \frac{\cos^2 x + \sin^2 x}{\cos^2 x} \\
&= \frac{1}{\cos^2 x} \\
&= \sec^2 x,
\end{aligned}$$

即

$$y' = (\tan x)' = \sec^2 x.$$

2.3 复合函数与反函数求导法则

2.3.1 复合函数的求导法则

通过上一节的讨论我们知道，可以应用导数的四则运算法则和基本初等函数的导数公式，求出一些初等函数的导数．然而，除四则运算外，复合运算也能产生初等函数．因此，复合函数求导法则也是导数运算的最为关键的法则．

首先，让我们分析一个简单的例子．比如求 $\sin 2x$ 的导数，利用公式 $(\sin x)' = \cos x$ 求出 $(\sin 2x)' = \cos 2x$ 是否正确呢?这样做显然是不对的，因为 $\sin 2x = 2\sin x\cos x$，所以

$$\begin{aligned}
(\sin 2x)' &= (2\sin x\cos x)' = 2[(\sin x)'\cos x + \sin x(\cos x)'] \\
&= 2[\cos^2 x - \sin^2 x] \\
&= 2\cos 2x.
\end{aligned}$$

产生上述错误的原因是 $y = \sin 2x$ 是由 $y = \sin u$ 和 $u = 2x$ 复合而成的复合函数，不能直接利用基本初等函数求导公式．下面，我们给出复合函数的求导法则．

定理 2.3.1(复合函数的求导法则) 设函数 $y = f(u)$，$u = \varphi(x)$，那么 $y = f[\varphi(x)]$．若 $u = \varphi(x)$ 在点 x 处可导，函数 $y = f(u)$ 在对应点 u 处可导，那么函数 $y = f[\varphi(x)]$ 在点 x 处可

导，并且有

$$y' = (f[\varphi(x)])' = f'(u)\varphi'(x),$$

或简记为

$$\frac{\mathrm{d}y}{\mathrm{d}x} = \frac{\mathrm{d}y}{\mathrm{d}u}\frac{\mathrm{d}u}{\mathrm{d}x}.$$

证明：当 x 有增量 Δx 时，u 有增量 Δu，那么 y 有增量 Δy. 当 $\Delta u \neq 0$ 时，则有

$$\frac{\Delta y}{\Delta x} = \frac{\Delta y}{\Delta u}\frac{\Delta u}{\Delta x}.$$

根据已知条件可得

$$\lim_{\Delta x \to 0}\Delta u = 0, \lim_{\Delta x \to 0}\frac{\Delta u}{\Delta x} = \varphi'(x), \lim_{\Delta u \to 0}\frac{\Delta y}{\Delta u} = f'(u),$$

因此

$$\begin{aligned}\lim_{\Delta x \to 0}\frac{\Delta y}{\Delta x} &= \lim_{\Delta x \to 0}\frac{\Delta y}{\Delta u}\frac{\Delta u}{\Delta x} \\ &= \lim_{\Delta u \to 0}\frac{\Delta y}{\Delta u}\lim_{\Delta x \to 0}\frac{\Delta u}{\Delta x} = f'(u)\varphi'(x),\end{aligned}$$

即有

$$y' = (f[\varphi(x)])' = f'(u)\varphi'(x).$$

复合函数的求导法则又称链式法则，该求导法则可以推广到多层复合函数的情况．如果函数 $y = f(u), u = u(v) \cdots w = w(x)$ 都可导，且 $y = l(x)$ 是由函数 $u, \cdots, w$ 依次为中间变量而构成的复合函数，则复合函数 $y = l(x)$ 可导，且有

$$\frac{\mathrm{d}y}{\mathrm{d}x} = \frac{\mathrm{d}y}{\mathrm{d}u}\cdot\frac{\mathrm{d}u}{\mathrm{d}v}\cdots\frac{\mathrm{d}w}{\mathrm{d}x}.$$

用链式法则求复合函数的导数时，首先要分清函数的复合层次，然后从外向里，逐层推进求导．在求导的过程中，要明确所求的导数是哪个函数对哪个变量（是自变量或是中间变量）的导数．当对复合函数的分解比较熟练后，中间变量可以省略不写．

例 2.3.1　求函数 $y = \left(\frac{x-1}{x+1}\right)^{\frac{3}{2}}$ 的导数．

解：令 $y = f(u) = u^{\frac{3}{2}}, u = g(x) = \frac{x-1}{x+1}$，则 $y = f[g(x)]$，由复合函数的求导法则可得

$$\begin{aligned}\frac{\mathrm{d}y}{\mathrm{d}x} &= \frac{\mathrm{d}y}{\mathrm{d}u}\cdot\frac{\mathrm{d}u}{\mathrm{d}x} \\ &= \frac{3}{2}u^{\frac{1}{2}}\frac{(x-1)'(x+1)-(x+1)'(x-1)}{(x+1)^2} \\ &= \frac{3}{2}\left(\frac{x-1}{x+1}\right)^{\frac{1}{2}}\frac{2}{(x+1)^2} \\ &= \frac{3(x-1)^{\frac{1}{2}}}{(x+1)^{\frac{5}{2}}}.\end{aligned}$$

例 2.3.2　求函数 $y = \sin^2\left(2x - \frac{\pi}{4}\right)$ 的导数．

(2) 设 $y = u^2, u = \sin v, v = 2x - \frac{\pi}{4}$，由复合函数的求导法则可得

$$
\begin{aligned}
y' &= \left[\sin^2\left(2x-\frac{\pi}{4}\right)\right]' \\
&= \frac{\mathrm{d}y}{\mathrm{d}x} = \frac{\mathrm{d}y}{\mathrm{d}u}\cdot\frac{\mathrm{d}u}{\mathrm{d}v}\cdot\frac{\mathrm{d}v}{\mathrm{d}x} \\
&= 2\sin\left(2x-\frac{\pi}{4}\right)\cdot\cos\left(2x-\frac{\pi}{4}\right)\cdot\left(2x-\frac{\pi}{4}\right)' \\
&= 2\sin\left(4x-\frac{\pi}{2}\right) = -2\sin\left(\frac{\pi}{2}-4x\right) \\
&= -2\cos 4x.
\end{aligned}
$$

例 2.3.3 求函数 $y=(x-1)\sqrt{x^2-1}$ 的导数$\frac{\mathrm{d}y}{\mathrm{d}x}$.

解:由复合函数的求导法则可得

$$
\begin{aligned}
\frac{\mathrm{d}y}{\mathrm{d}x} &= (x-1)'\sqrt{x^2-1}+(x-1)(\sqrt{x^2-1})' \\
&= \sqrt{x^2-1}+(x-1)\cdot\frac{1}{2\sqrt{x^2-1}}(x^2-1)' \\
&= \sqrt{x^2-1}+(x-1)\cdot\frac{2x}{2\sqrt{x^2-1}} \\
&= \frac{2x^2-x-1}{\sqrt{x^2-1}}.
\end{aligned}
$$

例 2.3.4 设 $y=\left(\sin\frac{1}{x}\right)\ln\tan x$,求 y'.

解:由复合函数的求导法则可得

$$
\begin{aligned}
y' &= \left[\left(\sin\frac{1}{x}\right)\ln\tan x\right]' \\
&= \left(\sin\frac{1}{x}\right)'\ln\tan x+\left(\sin\frac{1}{x}\right)(\ln\tan x)' \\
&= \ln\tan x\,\frac{\mathrm{d}}{\mathrm{d}\left(\frac{1}{x}\right)}\left(\sin\frac{1}{x}\right)\frac{\mathrm{d}}{\mathrm{d}x}\left(\frac{1}{x}\right)+\sin\frac{1}{x}\,\frac{\mathrm{d}}{\mathrm{d}(\tan x)}(\ln\tan x)\frac{\mathrm{d}}{\mathrm{d}x}(\tan x) \\
&= \ln\tan x\cos\frac{1}{x}\left(-\frac{1}{x^2}\right)+\sin\frac{1}{x}\times\frac{1}{\tan x}\times\sec^2 x \\
&= -\frac{1}{x^2}\ln\tan x\cos\frac{1}{x}+\sin\frac{1}{x}\sec^2 x\cot x.
\end{aligned}
$$

例 2.3.5 求函数 $y=\frac{\mathrm{e}^{2x}\sin^4 x}{\sqrt[3]{2x-1}(4x+3)^2}$ 的导数 .

解:将等式两边取绝对值,然后取对数,可得

$$
\ln|y| = 2x+4\ln|\sin x|-\frac{1}{3}\ln|2x-1|-2\ln|4x+3|,
$$

求导可得

$$
\frac{y'}{y} = 2+\frac{4\cos x}{\sin x}-\frac{1}{3}\cdot\frac{2}{2x-1}-2\cdot\frac{4}{4x+3},
$$

所以

$$y' = \frac{e^{2x}\sin^4 x}{\sqrt[3]{2x-1}(4x+3)^2}\left(2+4\cot x-\frac{2}{3(2x-1)}-\frac{8}{4x+3}\right).$$

2.3.2　反函数的求导法则

设函数 $x=\varphi(y)$ 在区间 I_y 内严格单调且可导，那么由前面的讨论可知，在区间 $I_x=\{x|x=\varphi(y),y\in I_y\}$ 内存在反函数 $y=f(x)$. 那么，反函数 $y=f(x)$ 是否可导?在什么条件下可导?如果 $y=f(x)$ 可导，导数 $y=f'(x)$ 与 $\varphi'(y)$ 又有什么关系呢?下面的反函数求导法则回答了这些问题.

定理 2.3.2(反函数求导法则)　如果单调连续函数 $x=\varphi(y)$ 在某一区间内可导，且 $x'=\varphi'(y)\neq 0$，那么它的反函数 $y=f(x)$ 在其对应区间内也可导，且有

$$y'=f'(x)=\frac{1}{\varphi'(y)}.$$

证明：由于函数 $x=\varphi(y)$ 在区间 I_y 上单调、连续且可导，故而其反函数 $y=f(x)$ 存在，其在区间 I_x 上单调、连续. 任取 $x\in I_x$，设 x 在其领域内有非零增量 Δx，由函数 $y=f(x)$ 的单调性可知

$$\Delta y=f(x+\Delta x)-f(x)\neq 0,$$

则有

$$\frac{\Delta y}{\Delta x}=\frac{1}{\frac{\Delta x}{\Delta y}},$$

由于函数 $y=f(x)$ 连续，所以

$$\lim_{\Delta x\to 0}\Delta y=0,$$

从而

$$\lim_{\Delta x\to 0}\frac{\Delta y}{\Delta x}=\lim_{\Delta x\to 0}\frac{1}{\frac{\Delta x}{\Delta y}}=\frac{1}{\varphi'(y)}.$$

又由于函数 $x=\varphi(y)$ 在区间 I_y 内可导，且 $x'=\varphi'(y)\neq 0$，故而，函数 $y=f(x)$ 在区间 I_x 可导，且

$$y'=f'(x)=\frac{1}{\varphi'(y)}.$$

例 2.3.6　求 $y=\arcsin x$ 的导数.

解：因为 $y=\arcsin x, x\in(-1,1)$ 是 $x=\sin y, y\in\left(-\frac{\pi}{2},\frac{\pi}{2}\right)$ 的反函数，所以由反函数求导法则得

$$y'=(\arcsin x)'=\frac{1}{(\sin y)'}=\frac{1}{\cos y}=\frac{1}{\sqrt{1-x^2}}.$$

因为当 $y\in\left(-\frac{\pi}{2},\frac{\pi}{2}\right)$ 时，$\cos y>0$，所以根号前只取正号. 从而得到反正弦函数的导数公式为

$$(\arcsin x)'=\frac{1}{\sqrt{1-x^2}}.$$

用类似的方法可得反余弦函数的导数公式

$$(\arccos x)' = -\frac{1}{\sqrt{1-x^2}}.$$

例 2.3.7 求函数 $y = \arctan x$ 的导数.

解:因为 $y = \arctan x, x \in (-\infty, +\infty)$ 是 $x = \tan y, y \in \left(-\frac{\pi}{2}, \frac{\pi}{2}\right)$ 的反函数,所以由反函数求导法则得

$$y' = (\arctan x)' = \frac{1}{(\tan y)'} = \frac{1}{\sec^2 y} = \frac{1}{1+\tan^2 y} = \frac{1}{1+x^2}.$$

用类似的方法可得反余切函数的导数公式为

$$(\operatorname{arccot} x)' = -\frac{1}{1+x^2}.$$

例 2.3.8 求函数 $y = \log_a x$ 的导数.

解:因为 $y = \log_a x, x \in (0, +\infty)$ 是 $x = a^y (a > 0, a \neq 1), y \in (-\infty, +\infty)$ 的反函数,所以由反函数求导法则得

$$y' = (\log_a x)' = \frac{1}{(a^y)'} = \frac{1}{a^y \ln a} = \frac{1}{x \ln a}.$$

特别地,当 $a = \mathrm{e}$ 时得

$$(\ln x)' = \frac{1}{x}.$$

2.4 高阶导数

我们看变速直线运动的加速度,设位置函数为 $s = s(t)$,则瞬时速度为 $v(t) = s'(t)$. 因为加速度 a 是速度 v 对时间的变化率,所以

$$a(t) = v'(t) = [s'(t)]'.$$

这里涉及对导数再求导导数的过程. 我们称 $a(t)$ 为 $s(t)$ 的二阶导数. 下面,我们给出高阶导数的概念.

定义 2.4.1 如果函数 $y = f(x)$ 的导数 $f'(x)$ 在点 x 处可导,即

$$[f'(x)]' = \lim_{\Delta x \to 0} \frac{f'(x+\Delta x) - f'(x)}{\Delta x}$$

存在,则称 $[f'(x)]'$ 为函数 $y = f(x)$ 在点 x 处的二阶导数. 记作 $f''(x), y'', \frac{\mathrm{d}^2 y}{\mathrm{d}x^2}$ 或 $\frac{\mathrm{d}^2 f(x)}{\mathrm{d}x^2}$. 类似地,可以定义函数 $y = f(x)$ 的三阶导数 $y = f'''(x)$,四阶导数 $y^{(4)} = f^{(4)}(x), \cdots, n$ 阶导数 $y^{(n)} = f^{(n)}(x)$. 二阶及二阶以上的导数称为高阶导数. 相应地,$f(x)$ 称为零阶导数,$f'(x)$ 称为一阶导数.

根据高阶导数的定义,可以逐步求高阶导数,这是求高阶导数的基本方法,也是最常用的方法.

定理 2.4.1 如果函数 $u = u(x), v = v(x)$ 都在点 x 处有 n 阶导数,那么函数 $w = u(x) +$

$v(x)$ 及函数 $s = u(x) - v(x)$ 也在点 x 处有 n 阶导数，且有

$$[u(x) \pm v(x)]^{(n)} = u^{(n)}(x) \pm v^{(n)}(x).$$

证明略．

定理 2.4.2　如果函数 $u = u(x)$，$v = v(x)$ 都在点 x 处有 n 阶导数，那么函数

$$\begin{aligned}[u(x)v(x)]^{(n)} &= u^{(n)}(x)v(x) + nu^{(n-1)}(x)v'(x) + \frac{n(n-1)}{2!}u^{(n-2)}(x)v''(x) \\ &\quad + \cdots + \frac{n(n-1)\cdots(n-k+1)}{k!}u^{(n-k)}(x)v^{(k)}(x) + \cdots + u(x)v^{(n)}(x) \\ &= \sum_{k=0}^{n} C_n^k u^{(n-k)}(x)v^{(k)}(x). \end{aligned} \tag{2.4.1}$$

证明：设，$y = u(x)v(x)$，求 $y^{(n)}$．由导数的运算法则可得

$$\begin{aligned} y' &= u'(x)v(x) + u(x)v'(x), \\ y'' &= u''(x)v(x) + u'(x)v'(x) + u'(x)v'(x) + u(x)v''(x) \\ &= u''(x)v(x) + 2u'(x)v'(x) + u(x)v''(x), \\ y''' &= u'''(x)v(x) + 3u''(x)v'(x) + 3u'(x)v''(x) + u(x)v'''(x). \end{aligned}$$

可见，y'，y''，y''' 的各项系数正好是 $u(x) + v(x)$，$[u(x) + v(x)]^2$，$[u(x) + v(x)]^3$ 的展开式中各项的系数，利用数学归纳法即可证明，对于任意的正整数 n，式子(2.4.1)成立．

公式(2.4.1)又称为莱布尼茨公式．

例 2.4.1　证明函数 $y = \sqrt{2x - x^2}$ 满足关系式 $y^3 y'' + 1 = 0$.

证明：将函数 $y = \sqrt{2x - x^2}$ 求导可得

$$\begin{aligned} y' &= (\sqrt{2x - x^2})' = \frac{2 - 2x}{2\sqrt{2x - x^2}} \\ &= \frac{1 - x}{\sqrt{2x - x^2}}, \end{aligned}$$

将 y' 再求导可得

$$\begin{aligned} y'' &= \left(\frac{1 - x}{\sqrt{2x - x^2}}\right)' \\ &= \frac{-2x + x^2 - (1 - x)\dfrac{2 - 2x}{2\sqrt{2x - x^2}}}{2x - x^2} \\ &= \frac{-2x + x^2 - (1 - x)^2}{(2x - x^2)\sqrt{2x - x^2}} \\ &= -\frac{1}{(2x - x^2)^{\frac{3}{2}}} \\ &= -\frac{1}{y^3}, \end{aligned}$$

故而

$$y^3 y'' + 1 = y^3\left(-\frac{1}{y^3}\right) = -1 + 1 = 0.$$

例 2.4.2　设 $y = \arctan x$，求 $f''(0)$，$f'''(0)$.

解:因为

$$y' = \frac{1}{1+x^2},$$

$$y'' = \left(\frac{1}{1+x^2}\right)' = \frac{-2x}{(1+x^2)^2},$$

$$y''' = \left[\frac{-2x}{(1+x^2)^2}\right]' = \frac{2(3x^2-1)}{(1+x^2)^3},$$

所以

$$f''(0) = \left.\frac{-2x}{(1+x^2)^2}\right|_{x=0} = 0,$$

$$f'''(0) = \left.\frac{2(3x^2-1)}{(1+x^2)^3}\right|_{x=0} = -2.$$

例 2.4.3 设 $y = x^a (x \in \mathbf{R})$,求 $y^{(n)}$.

解:易知

$$y' = ax^{a-1},$$

$$y'' = (ax^{a-1})' = a(a-1)x^{a-2},$$

$$y''' = [a(a-1)x^{a-2}]' = a(a-1)(a-2)x^{a-3},$$

$$\cdots$$

$$y^{(n)} = a(a-1)(a-2)\cdots(a-n+1)x^{a-n}, n \geqslant 1.$$

若 a 为自然数 n,则

$$y^{(n)} = (x^n)^{(n)} = n!, y^{(n+1)} = (n!)' = 0.$$

在这里,需要向大家特别指出的是,求 n 阶导数时,求出 $1 \sim 3$ 阶导数或 4 阶导数后,不要急于合并,先分析结果的规律,再写出 n 阶导数.

例 2.4.4 求函数 $y = x^2(1+\ln x)$的二阶导数.

解:依次求函数 $y = x^2(1+\ln x)$的一二阶导数可得

$$\begin{aligned} y' &= [x^2(1+\ln x)]' \\ &= (x^2)'(1+\ln x) + x^2(1+\ln x)' \\ &= 2x(1+\ln x) + x^2 \cdot \frac{1}{x} \\ &= 3x + 2x\ln x, \end{aligned}$$

$$y'' = (3x+2x\ln x)' = 3 + 2\ln x + 2x \cdot \frac{1}{x} = 5 + 2\ln x.$$

例 2.4.5 求函数 $y = x^2 e^{2x}$ 的 n 阶导数.

解:设 $u = e^{2x}, v = x^2$,那么有

$$u^{(k)} = 2^k e^{2x}, k = 1,2,3,\cdots 20,$$

$$v' = 2x, v'' = 2, v^{(k)} = 0, k = 3,4,5,\cdots 20,$$

代入莱布尼茨公式(2.4.1)可得

$$\begin{aligned} y^{(20)} &= (x^2 e^{2x})^{(20)} \\ &= 2^{20} e^{2x} \cdot x^2 + 20 \cdot 2^{19} e^{2x} \cdot 2x + \frac{20 \cdot 19}{2!} 2^8 e^{2x} \cdot 2 \\ &= 2^{20} e^{2x}(x^2 + 20x + 95). \end{aligned}$$

例 2.4.6　设 $y = e^{ax}\sin bx$（a,b 为常数），求 $y^{(n)}$.

解：根据高阶导数的定义，逐阶求导可得

$$y' = ae^{ax}\sin bx + be^{ax}\cos bx$$
$$= e^{ax}(a\sin bx + b\cos bx)$$
$$= e^{ax} \cdot \sqrt{a^2+b^2}\sin(bx+\varphi),\varphi = \arctan\frac{b}{a},$$

$$y'' = \sqrt{a^2+b^2} \cdot [ae^{ax}\sin(bx+\varphi) + be^{ax}\cos(bx+\varphi)]$$
$$= \sqrt{a^2+b^2} \cdot e^{ax} \cdot \sqrt{a^2+b^2}\sin(bx+2\varphi),$$
$$\cdots$$
$$y^{(n)} = (a^2+b^2)^{\frac{\pi}{2}} \cdot e^{ax}\sin(bx+n\varphi).$$

2.5　隐函数与由参数方程所确定的函数的导数

2.5.1　隐函数的导数

函数的解析表达方式有两种，一种用 $y = f(x)$ 的形式来表示，例如 $y = 2 + x\sin x, y = \ln\sqrt{1-x^2}$ 等，它们都是用变量 x 的表达式 $f(x)$ 来表示因变量 y，这样的函数叫作显函数. 但有些函数的表达式却不是这样. 例如，方程

$$x^2 - x + y^3 = 1$$

和

$$y = x + \sin(xy) = 0$$

分别确定了一个函数，即对自变量 x 在某个区间 I 上的任一取值，都有 y 的一个确定的值与之对应，使得 x,y 满足所考虑的方程. 这种由方程 $F(x,y) = 0$ 的形式表示的因变量 y 与自变量 x 的（或因变量 x 与自变量 y 的）函数关系，称为隐函数.

有的隐函数可以化成显函数，例如从 $x^2 - x + y^3 = 1$ 可解出 $y = \sqrt[3]{1+x-x^2}$. 这种过程称为隐函数的显化. 但是，多数隐函数无法显化或者只能局部显化，例如 $y = x + \sin(xy) = 0$ 所确定的隐函数就不能显化. 而方程 $x^2 + y^2 = a^2 (a > 0)$ 确定的隐函数，当限制 $|x| \leqslant a, 0 \leqslant y \leqslant a$ 时可显化为 $y = \sqrt{a^2-x^2}$，当限制 $|x| \leqslant a, -a \leqslant y \leqslant 0$ 时可显化为 $y = -\sqrt{a^2-x^2}$.

由于前面介绍的求导方法都是针对显函数的，因此，我们面临的问题是：隐函数（不显化）是否能求导？如果能，应如何求导？问题的答案是：对于隐函数，在一定条件下，可以直接从确定隐函数的方程中对含有自变量的各项求导来求函数的导数，而不需要先把它表为显函数再求导.

事实上，$y = y(x)$ 是由方程 $F(x,y) = 0$ 确定的隐函数，将 $y = y(x)$ 代入方程中，得到恒等式

$$F[x,y(x)] = 0.$$

利用复合函数的求导法则，在恒等式两边对自变量 x 求导数（这时，视 y 为中间变量），就可以求得一个含有 $\frac{dy}{dx}$ 的方程，只要能从中解出 $\frac{dy}{dx}$（视 $\frac{dy}{dx}$ 为未知量）即可.

在有些情况下，即使是显函数，通过取对数化为隐函数求导反而更方便，尤其是对于幂指函

数和乘积形式的函数的求导.

幂指数函数的一般形式可以表示为

$$y = [u(x)]^{v(x)}\ (u > 0),$$

对幂指数函数求导,常采用的方法是,先对幂指数函数的两边取对数,即

$$\ln y = v(x)\ln u(x),$$

将两边对 x 求导可得

$$\frac{1}{y}y' = v'(x)\ln u(x) + \frac{v(x)}{u(x)}u'(x),$$

于是有

$$y' = [u(x)]^{v(x)}\left[v'(x)\ln u(x) + \frac{v(x)}{u(x)}u'(x)\right].$$

这种求导方法叫作取对数求导法.

例 2.5.1 求由方程 $e^y + xy = 0$ 所确定函数 $y = y(x)$ 的一阶导数和二阶导数.

解:方程两边对 x 求导,可得

$$e^y y' + y + xy' = 0,$$

求解 y' 可得

$$y' = -\frac{y}{x + e^y},$$

对 y' 继续求导可得

$$y'' = \frac{-y'(x + e^y) + y(1 + e^y y')}{(x + e^y)}$$

$$= \frac{2xy + ye^y(2 - y)}{(x + e^y)^3}.$$

例 2.5.2 求曲线 $xy + \ln y = 1$ 在点 $M(1,1)$ 处的切线方程.

解:先求由 $xy + \ln y = 1$ 确定的隐函数的导数. 在方程两边同时对 x 求导可得

$$y + xy' + \frac{1}{y}y' = 0,$$

解得

$$y' = \frac{-y}{x + \frac{1}{y}} = -\frac{y^2}{xy + 1}.$$

在点 $M(1,1)$ 处有

$$k = y'\big|_{\substack{x=1\\ y=1}} = -\frac{1}{2},$$

那么在点 $M(1,1)$ 处的切线方程是

$$y - 1 = -\frac{1}{2}(x - 1),$$

即

$$x + 2y - 3 = 0.$$

例 2.5.3 求函数 $y = \sqrt[3]{\dfrac{(x+1)^2}{(x-1)(x+2)}}$ 的导数.

解：在等式两边取对数可得

$$\ln y=\frac{1}{3}[2\ln(x+1)-\ln(x-1)-\ln(x+2)],$$

在上式两边对 x 求导可得

$$\frac{1}{y}y'=\frac{1}{3}\left[\frac{2(x+1)'}{x+1}-\frac{(x-1)'}{x-1}-\frac{(x+2)'}{x+2}\right]=\frac{1}{3}\left(\frac{2}{x+1}-\frac{1}{x-1}-\frac{1}{x+2}\right),$$

解得

$$y'=\frac{1}{3}\sqrt[3]{\frac{(x+1)^2}{(x-1)(x+1)}}\left(\frac{2}{x+1}-\frac{1}{x-1}-\frac{1}{x+2}\right).$$

2.5.2　由参数方程所确定的函数的导数

若由参数方程

$$\begin{cases}x=\varphi(t)\\ y=\psi(t)\end{cases}\tag{2.5.1}$$

可确定 y 与 x 之间的函数关系，则称此函数为由参数方程(2.5.1)所确定的函数．下面我们来求这类函数的导数．

设 $x=\varphi(t)$ 的反函数为 $t=\varphi^{-1}(x)$，并设它满足反函数求导的条件，于是视 y 为复合函数

$$y=\psi(t)=\psi[\varphi^{-1}(x)].$$

利用反函数和复合函数求导法则，得

$$\frac{\mathrm{d}y}{\mathrm{d}x}=\frac{\mathrm{d}y}{\mathrm{d}t}\frac{\mathrm{d}t}{\mathrm{d}x}=\frac{\frac{\mathrm{d}y}{\mathrm{d}t}}{\frac{\mathrm{d}x}{\mathrm{d}t}}=\frac{\psi'(t)}{\varphi'(t)}.$$

于是得到由参数方程(2.5.1)所确定的函数的求导公式为

$$\frac{\mathrm{d}y}{\mathrm{d}x}=\frac{\psi'(t)}{\varphi'(t)}.$$

如果 $\varphi''(t)$，$\psi''(t)$ 存在，则按照复合函数求导法则和商的求导方法可得 y 对 x 的二阶导数

$$y''=\frac{\mathrm{d}y'}{\mathrm{d}x}=\frac{\mathrm{d}y'}{\mathrm{d}t}\frac{\mathrm{d}t}{\mathrm{d}x}=\frac{\mathrm{d}}{\mathrm{d}t}\left(\frac{\psi'(t)}{\varphi'(t)}\right)\cdot\frac{1}{\varphi'(t)}=\frac{\psi''(t)\varphi'(t)-\psi'(t)\varphi''(t)}{[\varphi'(t)]^2}.$$

最后这个式子比较复杂，不便记忆和使用．在实际计算中，当 $y'=\dfrac{\psi'(t)}{\varphi'(t)}$ 已经求得且形式较简单时，常用最后第二式，即 $y''=\dfrac{\mathrm{d}}{\mathrm{d}t}\left(\dfrac{\psi'(t)}{\varphi'(t)}\right)\cdot\dfrac{1}{\varphi'(t)}$ 来求 y''.

例 2.5.4　设 $\begin{cases}x=\sqrt{1+t}\\ y=\sqrt{1-t}\end{cases}$，试证明

$$\frac{\mathrm{d}y}{\mathrm{d}x}=-\frac{x}{y},\frac{\mathrm{d}^2y}{\mathrm{d}x^2}=-\frac{2}{y^3}.$$

证明：由于

$$\frac{\mathrm{d}y}{\mathrm{d}x}=\frac{\mathrm{d}y}{\mathrm{d}t}\frac{\mathrm{d}t}{\mathrm{d}x}=\frac{(\sqrt{1-t})'}{(\sqrt{1+t})'}$$

$$=\frac{\frac{-1}{2\sqrt{1-t}}}{\frac{1}{2\sqrt{1+t}}}=-\frac{\sqrt{1+t}}{\sqrt{1-t}}=-\frac{x}{y}.$$

可得

$$\frac{\mathrm{d}y}{\mathrm{d}x}=-\frac{x}{y}.$$

由于

$$\frac{\mathrm{d}^2y}{\mathrm{d}x^2}=\frac{\mathrm{d}}{\mathrm{d}x}\left(-\frac{x}{y}\right)=-\frac{(x)'y-xy'}{y^2}=-\frac{y-xy'}{y^2}$$

$$=-\frac{y+\frac{x^2}{y}}{y^2}=-\frac{y^2+x^2}{y^3}=-\frac{1-t+1+t}{y^3}$$

$$=-\frac{2}{y^3}.$$

所以

$$\frac{\mathrm{d}^2y}{\mathrm{d}x^2}=-\frac{2}{y^3}.$$

例 2.5.5 求由参数方程$\begin{cases}x=a(t-\sin t)\\y=a(1-\cos t)\end{cases}$所确定的函数 $y=y(x)$ 的二阶导数.

解:由题意知

$$\frac{\mathrm{d}y}{\mathrm{d}x}=\frac{\mathrm{d}y}{\mathrm{d}t}\frac{\mathrm{d}t}{\mathrm{d}x}=\frac{\frac{\mathrm{d}y}{\mathrm{d}t}}{\frac{\mathrm{d}x}{\mathrm{d}t}}=\frac{a\sin t}{a(1-\cos t)}$$

$$=\frac{\sin t}{1-\cos t}=\cos\frac{t}{2},t\neq 2n\pi,n\in\mathbf{Z},$$

$$\frac{\mathrm{d}^2y}{\mathrm{d}x^2}=\frac{\mathrm{d}}{\mathrm{d}t}\left(\cos\frac{t}{2}\right)\cdot\frac{1}{\frac{\mathrm{d}x}{\mathrm{d}t}}$$

$$=\frac{1}{2\sin^2\frac{t}{2}}\cdot\frac{1}{a(1-\cos t)}=\frac{1}{a(1-\cos t)^2},t\neq 2n\pi,n\in\mathbf{Z}.$$

2.6 函数的微分及其应用

2.6.1 微分的概念与几何意义

函数的微分是一元函数微分学最主要的基本概念之一,它与函数的导数概念密切相关,并且在一元函数积分学中有着重要应用.我们先看如下两个实例.

例 2.6.1 考虑边长为 x 的正方形,其面积为 y,则

$$y=x^2.$$

设 x 在 x_0 点有一个增量 Δx,这时面积的相应的增量为

$$\Delta y = (x_0 + \Delta x)^2 - x_0^2 = 2x_0\Delta x + (\Delta x)^2,$$

等式右边两项的几何意义如图 2-6-1 所示．当 $|\Delta x|$ 很小时，$2x_0\Delta x$ 是 Δy 的主要部分，$(\Delta x)^2$ 要比 Δx 小很多，而 $2x_0\Delta x$ 是 Δx 的 $2x_0$ 倍，即是 Δx 的线性函数(把 x_0 看成常数)，所以称它为 Δy 的线性主部．当 $\Delta x \to 0$ 时，$(\Delta x)^2 = o(\Delta x)$，即与 Δx 相比是高阶无穷小．所以在计算 Δy 时可以把 $(\Delta x)^2$ 忽略不计，即有

$$\Delta y \approx 2x_0\Delta x.$$

我们注意到 $2x_0$ 刚好是函数 x^2 在 x_0 点的导数．

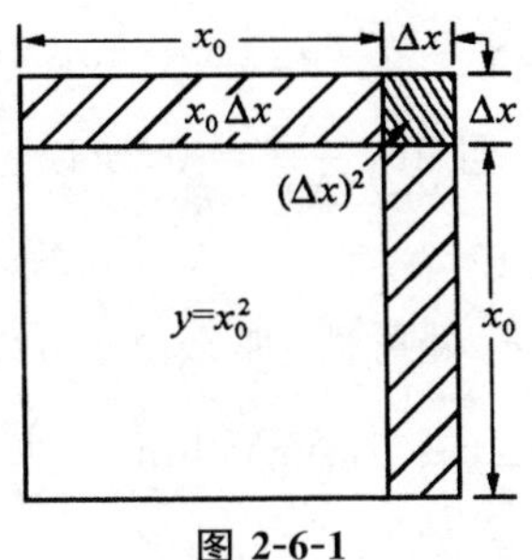

图 2-6-1

例 2.6.2　自由落体运动的路程 s 与时间 t 的关系是

$$s = \frac{1}{2}gt^2.$$

当时间从 t 变到 $t + \Delta t$ 时，路程 s 有相应的改变量

$$\Delta s = \frac{1}{2}g(t + \Delta t)^2 - \frac{1}{2}gt^2 = gt \cdot \Delta t + \frac{1}{2}g(\Delta t)^2.$$

上式右边第一项是 Δt 的线性函数，第二项是一个高阶无穷小量(当 $\Delta t \to 0$ 时)．因此，当 Δt 很小时，我们可以把第二项忽略掉，而得到路程的改变量 Δs 的近似值

$$\Delta s \approx gt \cdot \Delta t.$$

值得注意的是，这里 gt 刚好是函数 $\frac{1}{2}gt^2$ 的导数．

上面两例虽然具体意义不同，但它们有一个明显的共同点，即函数改变量的近似值可表示为函数的导数与自变量改变量的乘积，而产生的误差是一个比自变量的改变量高阶的无穷小量．这就引出了函数微分的概念．

定义 2.6.1　设函数 $y = f(x)$ 在点 x_0 的某个邻域 $U(x_0)$ 中有定义，$\Delta x(\Delta x \neq 0)$ 是 x 在点 x_0 处的微小增量，并且 $x + \Delta x \in U(x_0)$，如果函数相应的增量

$$\Delta y = \Delta f = f(x_0 + \Delta x) - f(x_0)$$

在 $\Delta x \to 0$ 时可以表示为

$$\Delta y = A\Delta x + o(\Delta x),$$

其中，A 是仅依赖于 x_0 而且与 Δx 无关的常数，$o(\Delta x)$ 是比 Δx 阶数高的无穷小量，则称函数 $y = f(x)$ 在点 x_0 处可微，并且称 Δx 的线性函数 $A\Delta x$ 是函数 $y = f(x)$ 在点 x_0 处相应于变量 Δx 的微分，记作 $\mathrm{d}y|_{x=x_0}$ 或 $\mathrm{d}f|_{x=x_0}$，即

$$\mathrm{d}y|_{x=x_0} = A\Delta x.$$

下面讨论函数 $y = f(x)$ 在点 x_0 可微的条件．我们有下面的定理．

定理 2.6.1　函数 $y = f(x)$ 在点 x_0 处可微的充分必要条件是函数它在点 x_0 处可导．此时

$A = f'(x_0)$，且

$$\mathrm{d}y\big|_{x=x_0} = f'(x_0)\Delta x.$$

证明：充分性，对应于点 x_0 处的改变量 Δx，有改变量 Δy. 如果函数 $y = f(x)$ 在点 x_0 处可导，那么有 $\lim\limits_{\Delta x \to 0} \dfrac{\Delta y}{\Delta x} = f'(x_0)$，根据极限与无穷小的关系可得

$$\frac{\Delta y}{\Delta x} = f'(x_0) + \alpha, \lim_{\Delta x \to 0} \alpha = 0,$$

则有

$$\Delta y = f'(x_0)\Delta x + \alpha\Delta x,$$

上式中，$f'(x_0)\Delta x$ 是 Δx 的线性函数，且 $\lim\limits_{\Delta x \to 0} \dfrac{\alpha\Delta x}{\Delta x} = 0$，所以 $\alpha\Delta x$ 是 Δx 的高阶无穷小，由微分定义可知，函数 $y = f(x)$ 在点 x_0 处可微.

必要性，若函数 $y = f(x)$ 在点 x_0 处可微，那么 Δy 可以表示成为

$$\Delta y = A\Delta x + o(\Delta x), \lim_{\Delta x \to 0} \frac{o(\Delta x)}{\Delta x} = 0,$$

则

$$\frac{\Delta y}{\Delta x} = A + \frac{o(\Delta x)}{\Delta x},$$

即

$$\lim_{\Delta x \to 0} \frac{\Delta y}{\Delta x} = \lim_{\Delta x \to 0} \left(A + \frac{o(\Delta x)}{\Delta x}\right) = A,$$

所以函数 $y = f(x)$ 在点 x_0 处可导.

定理 2.6.1 说明，函数 $y = f(x)$ 的可微性与可导性是等价的，故求导法又叫微分法. 于是，函数 $f(x)$ 在 x_0 的微分为

$$\mathrm{d}y = f'(x_0)\Delta x.$$

一般地，函数 $f(x)$ 在 x 的微分记为 $\mathrm{d}y$；把自变量 x 的增量 Δx 称为自变量的微分，记作 $\mathrm{d}x$，即 $\mathrm{d}x = \Delta x$. 于是函数 $y = f(x)$ 在 x 的微分又可记作

$$\mathrm{d}y = f'(x)\mathrm{d}x.$$

从而有 $\dfrac{\mathrm{d}y}{\mathrm{d}x} = f'(x)$. 这就是说函数的微分 $\mathrm{d}y$ 与自变量的微分 $\mathrm{d}x$ 之商等于该函数的导数. 因此，导数也叫作微商. 这也是 $f(x)$ 在 x 的导数可同时用 $f'(x)$ 和 $\dfrac{\mathrm{d}y}{\mathrm{d}x}$ 这两种记号来表示的原因.

由微分的定义及定理 2.6.1 可知

$$\Delta y - \mathrm{d}y = o(\Delta x).$$

所以当 $|\Delta x|$ 很小时，有近似等式

$$\Delta y \approx \mathrm{d}y,$$

该式提供了利用微分来作近似计算的理论根据和实际办法.

接下来，简要说明一下微分的几何意义. 如图 2-6-2 所示，在曲线 $y = f(x)$ 上取相邻两点 M、N，过点 M 作曲线的切线 MT 使之与过点 N 且平行于 y 轴的直线交于 T，设 MT 的倾角为 α，则在 x 处 $\tan\alpha = f'(x)$，而

$$QT = \tan\alpha \cdot \Delta x = f'(x) \cdot \Delta x = \mathrm{d}y,$$

因此，当 Δy 是曲线的纵坐标增量时，微分 $\mathrm{d}y$ 就是切线纵坐标对应的增量．由于当 $|\Delta x|$ 很小时，$|\Delta y-\mathrm{d}y|$ 比 $|\Delta x|$ 要小得多，因此在点 M 的邻近处，我们可以用 $QT=\mathrm{d}y$ 近似地代替 $QN=\Delta y$.

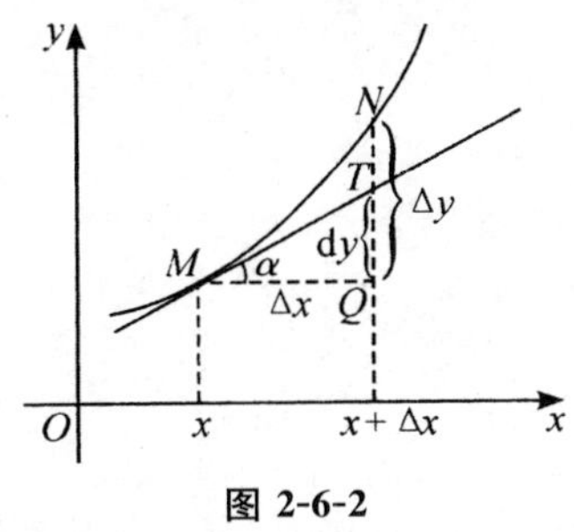

图 2-6-2

例 2.6.3　求函数 $y=x^2$ 在 $x=1$ 和 $x=3$ 处的微分．

解：函数 $y=x^2$ 在 $x=1$ 处的微分为

$$\mathrm{d}y=(x^2)'|_{x=1}\Delta x=2\Delta x.$$

函数在 $x=3$ 处的微分为

$$\mathrm{d}y=(x^2)'|_{x=3}\Delta x=6\Delta x.$$

例 2.6.4　求函数 $y=\sin x$ 在 $x=0$ 和 $x=\frac{\pi}{2}$ 处的微分．

解：先求函数 $y=\sin x$ 对任意一点的微分，即有

$$\mathrm{d}y=(\sin x)'\mathrm{d}x=\cos x\mathrm{d}x.$$

所以

$$\mathrm{d}y|_{x=0}=\cos 0\mathrm{d}x=\mathrm{d}x,$$

$$\mathrm{d}y|_{x=\frac{\pi}{2}}=\cos\frac{\pi}{2}\mathrm{d}x=0.$$

2.6.2　基本微分公式与微分运算法则

1. 基本微分公式

根据函数的微分表达式 $\mathrm{d}y=f'(x)\mathrm{d}x$ 可知，要计算函数的微分，只需计算函数的导数，再乘以自变量的微分．在这里，我们将常用的微分基本公式总结如下：

(1) $\mathrm{d}(C)=0$，C 为常数．

(2) $\mathrm{d}(\mathrm{e}^x)=\mathrm{e}^x\mathrm{d}x$.

(3) $\mathrm{d}(x^\alpha)=\alpha x^{\alpha-1}\mathrm{d}x$.

(4) $\mathrm{d}(a^x)=a^x\ln a\mathrm{d}x$.

(5) $\mathrm{d}(\log_a x)=\dfrac{1}{x\ln a}\mathrm{d}x$.

(6) $\mathrm{d}(\ln x)=\dfrac{1}{x}\mathrm{d}x$.

(7) $\mathrm{d}(\sin x)=\cos x\mathrm{d}x$.

(8) $\mathrm{d}(\cos x)=-\sin x\mathrm{d}x$.

(9) $\mathrm{d}(\tan x)=\sec^2 x\mathrm{d}x$.

(10) $\mathrm{d}(\cot x)=-\csc^2 x\mathrm{d}x$.

(11)$\mathrm{d}(\sec x)=\sec x\tan x\mathrm{d}x$.

(12)$\mathrm{d}(\csc x)=-\csc x\cot x\mathrm{d}x$.

(13)$\mathrm{d}(\arcsin x)=\dfrac{1}{\sqrt{1-x^2}}\mathrm{d}x$.

(14)$\mathrm{d}(\arccos x)=-\dfrac{1}{\sqrt{1-x^2}}\mathrm{d}x$.

(15)$\mathrm{d}(\arctan x)=\dfrac{1}{1+x^2}\mathrm{d}x$.

(16)$\mathrm{d}(\mathrm{arccot}x)=-\dfrac{1}{1+x^2}\mathrm{d}x$.

2. 微分的四则运算法则

根据导数的四则运算法则，我们可以推出函数微分的四则运算法则 .

定理 2.6.2 如果函数 $u=u(x)$，$v=v(x)$ 可微，则有

(1)$\mathrm{d}(u(x)\pm v(x))=\mathrm{d}u(x)\pm \mathrm{d}v(x)$.

(2)$\mathrm{d}(cu(x))=c\mathrm{d}u(x)$.

(3)$\mathrm{d}(u(x)v(x))=v(x)\mathrm{d}u(x)+u(x)\mathrm{d}v(x)$.

(4)$\mathrm{d}\left(\dfrac{u(x)}{v(x)}\right)=\dfrac{v(x)\mathrm{d}u(x)-u(x)\mathrm{d}v(x)}{[v(x)]^2}(v(x)\neq 0)$.

有兴趣的读者可以自行证明 .

3. 复合函数的微分法则

由复合函数的求导法则可推导出复合函数的微分法则 .

定理 2.6.3 设 $y=f(u)$ 及 $u=g(x)$ 都可导，则复合函数 $y=f[g(x)]$的微分为

$$\mathrm{d}y=\frac{\mathrm{d}y}{\mathrm{d}x}\mathrm{d}x=f'(u)g'(x)\mathrm{d}x.$$

证明略 .

因为 $g'(x)\mathrm{d}x=\mathrm{d}u$，所以复合函数 $y=f[g(x)]$的微分也可以表示成

$$\mathrm{d}y=f'(u)\mathrm{d}u$$

或

$$\mathrm{d}y=\frac{\mathrm{d}y}{\mathrm{d}u}\mathrm{d}u.$$

由此可见，无论是自变量还是中间变量，微分形式 $\mathrm{d}y=f'(u)\mathrm{d}u$ 保持不变，这个性质称为微分形式不变性 . 这个性质表明，当变换自变量时，微分形式 $\mathrm{d}y=f'(u)\mathrm{d}u$ 并不改变 .

例 2.6.5 设 $y=(2x^2-1)^3$，求 $\mathrm{d}y$.

解：设 $u=2x^2-1$，则 $y=u^3$，$\mathrm{d}u=4x$. 进而有

$$\begin{aligned}\mathrm{d}y&=\mathrm{d}u^3=3u^2\mathrm{d}u=3u^2 4x\mathrm{d}x\\&=12x(2x^2-1)^2\mathrm{d}x.\end{aligned}$$

例 2.6.6 求函数 $\arctan\sqrt{x}$ 的微分 .

解：设 $y=\arctan\sqrt{x}$，$u=\sqrt{x}$，则 $y=\arctan u$，因此

$$dy = d(\arctan u) = \frac{1}{1+u^2}du = \frac{1}{1+x}d\sqrt{x}$$

$$= \frac{1}{1+x} \cdot \frac{1}{2\sqrt{x}}dx$$

$$= \frac{1}{2(1+x)\sqrt{x}}dx.$$

例 2.6.7　求函数 $y = \dfrac{\tan x}{1+e^x}$ 的微分 .

解:解法 1,根据微分与导数的关系 $dy = y'dx$,可先求导,有

$$y' = \left(\frac{\tan x}{1+e^x}\right)' = \frac{(1+e^x)(\tan x)' - \tan x(1+e^x)'}{(1+e^x)^2}$$

$$= \frac{(1+e^x)\sec^2 x - e^x \tan x}{(1+e^x)^2},$$

从而可得

$$dy = \frac{(1+e^x)\sec^2 x - e^x \tan x}{(1+e^x)^2}dx.$$

解法 2,根据微分的性质有

$$dy = d\left(\frac{\tan x}{1+e^x}\right) = \frac{(1+e^x)d\tan x - \tan x d(1+e^x)}{(1+e^x)^2}$$

$$= \frac{(1+e^x) \cdot \sec^2 x dx - e^x \tan x \cdot dx}{(1+e^x)^2}$$

$$= \frac{(1+e^x)\sec^2 x - e^x \tan x}{(1+e^x)^2}dx.$$

例 2.6.8　求函数 $y = \ln(1+e^{x^2})$的微分 .

解:根据微分形式不变性可得

$$dy = d(\ln(1+e^{x^2})) = \frac{1}{1+e^{x^2}}d(1+e^{x^2})$$

$$= \frac{1}{1+e^{x^2}} \cdot e^{x^2}d(x^2)$$

$$= \frac{e^{x^2}}{1+e^{x^2}} \cdot 2xdx = \frac{2xe^{x^2}}{1+e^{x^2}}dx.$$

2.6.3　微分在近似计算中的应用

现在,我们在微分基本概念的基础上进一步讨论微分在近似计算中的应用 .

1. 函数值的近似计算

根据前面的讨论可知,如果 $y = f(x)$ 在点 x_0 处导数 $f'(x_0) \neq 0$ 且 $|\Delta x|$ 很小时有

$$\Delta y \approx dy = f'(x_0)\Delta x,$$

即

$$f(x_0 + \Delta x) - f(x_0) \approx f'(x_0)\Delta x,$$

从而

$$f(x_0 + \Delta x) \approx f(x_0) + f'(x_0)\Delta x.$$

在上式中,令 $x = x_0 + \Delta x$,即 $\Delta x = x - x_0$,得

$$f(x) \approx f(x_0) + f'(x_0)\Delta x.$$

利用上述公式可近似地求出 x_0 附近的点 x 的函数值 $f(x)$.

例 2.6.9 计算 $\sqrt{8.9}$ 的近似值.

解:先选取函数 $f(x)=\sqrt{x}$,即要计算

$$f(8.9)=\sqrt{8.9}, x=8.9,$$

再选取 x_0,使 $f(x_0)$ 与 $f'(x_0)$ 容易计算,且满足 $|x-x_0|$ 很小. 显然,取 $x_0=9$ 较为合适. 易得

$$f(9)=\sqrt{9}=3,$$

$$f'(9)=\left.\frac{1}{2\sqrt{x}}\right|_{x=9}=\frac{1}{6}.$$

最后,利用微分近似公式可得

$$\begin{aligned}\sqrt{8.9} &\approx f(9)+f'(9)(8.9-9)\\ &=3+\frac{1}{6}\times(-0.1)\\ &\approx 2.98.\end{aligned}$$

例 2.6.10 求 $\sin 46^\circ$ 的近似值.

解:设 $f(x)=\sin x, f'(x)=\cos x$,取 $x_0=\frac{\pi}{4}, \Delta x=\frac{\pi}{180}$. 根据公式

$$f(x_0+\Delta x) \approx f(x_0)+f'(x_0)\Delta x$$

可得

$$\begin{aligned}\sin 46^\circ &= \sin(45^\circ+1^\circ)\\ &=\sin\left(\frac{\pi}{4}+\frac{\pi}{180}\right)\\ &\approx \sin\frac{\pi}{4}+\left(\cos\frac{\pi}{4}\right)\cdot\frac{\pi}{180}\\ &=\frac{\sqrt{2}}{2}+\frac{\sqrt{2}}{2}\frac{\pi}{180}\\ &\approx 0.7194.\end{aligned}$$

2. 函数值的误差估计

设 y 是 x 的函数,即 $y=f(x)$,如果测得 x 的值为 x_0,且测量发生的误差为 Δx,那么计算 y 时将产生误差

$$\Delta y = f(x_0+\Delta x)-f(x_0).$$

我们把 $|\Delta x|$ 和 $|\Delta y|$ 分别称为 x 和 y 的绝对误差;而把 $\left|\frac{\Delta x}{x}\right|$ 和 $\left|\frac{\Delta y}{y}\right|$ 分别称为 x 和 y 的相对误差. 下面利用微分来研究 x 的误差 Δx 与 y 的误差 Δy 之间的关系.

当 $|\Delta x|$ 很小时,由近似公式

$$\Delta y \approx \mathrm{d}y = f'(x_0)\Delta x$$

得

$$|\Delta y| = |f'(x_0)||\Delta x|.$$

利用 $|\Delta y|=|f'(x_0)||\Delta x|$,我们可以解决应用中经常出现的一些误差估计问题,其中包括:

(1) 已知测量 x 所产生的误差，估计由 x 的误差所引起的 y 的误差．

(2) 根据 y 所允许的误差，近似地确定测量 x 所允许的误差(即误差限)．

例 2.6.11　设测得圆钢截面的直径 $D = 60.03\text{mm}$，测量 D 的绝对误差限制在 $\delta_D = 0.05\text{mm}$．利用公式 $A = \frac{\pi}{4}D^2$ 计算圆钢截面的面积时会产生误差，估算计算面积的误差．

解：我们把测量 D 的绝对误差当作自变量 D 的增量 ΔD，那么，利用公式 $A = \frac{\pi}{4}D^2$ 来计算 A 时产生的误差就是函数 A 对应的增量 ΔA，当 $|\Delta D|$ 很小时，可利用微分 $\mathrm{d}A$ 近似地代替 ΔA，即

$$\Delta A \approx \mathrm{d}A = A' \cdot \Delta D = \frac{\pi}{2}D \cdot \Delta D.$$

由于，测量 D 的绝对误差限制在 $\delta_D = 0.05\text{mm}$，所以

$$|\Delta D| \leqslant \delta_D = 0.05,$$

而

$$\Delta A \approx \mathrm{d}A = A' \cdot \Delta D = \frac{\pi}{2}D \cdot \Delta D \leqslant \frac{\pi}{2}D \cdot \delta_D,$$

因此，得出 A 的绝对误差限制在

$$\delta_A = \frac{\pi}{2}D \cdot \delta_D = \frac{\pi}{2} \times 60.03 \times 0.05 \approx 4.715(\text{mm}^3);$$

A 的相对误差约为

$$\frac{\delta_A}{A} = \frac{\frac{\pi}{2}D \cdot \delta_D}{\frac{\pi}{4}D^2} = 2\frac{\delta_D}{D} = 2 \times \frac{0.05}{60.03} \approx 17\%.$$

例 2.6.12　测量球的半径 r，它的准确度应如何才能使由此计算的体积的相对误差不超过 1%．

解：球的体积为

$$V = \frac{4}{3}\pi r^3,$$

体积的相对误差是

$$\left|\frac{\Delta V}{V}\right| \approx \left|\frac{\mathrm{d}V}{V}\right| = \left|\frac{\frac{4\pi r^2 \Delta r}{3}}{4\pi r^3}\right| = \frac{3|\Delta r|}{r},$$

要使

$$\left|\frac{\Delta V}{V}\right| \leqslant 1\%,$$

就应该有

$$\frac{3|\Delta r|}{r} \leqslant 1\%,$$

即

$$\frac{|\Delta r|}{r} \leqslant 3\% \approx 0.33\%.$$

所以测量球的半径 r 的相对误差控制在 0.33% 以内，才能使由此计算的体积的相对误差不

超过 1%.

2.7 数学实验

本节实验的主要目的是，利用 Mathematica 软件使读者深入理解导数和微分的概念、导数的几何意义；掌握用 Mathematica 求函数的导数与高阶导数的方法；深入理解和掌握求隐函数的导数以及由参数方程确定的函数的导数的方法.

2.7.1 用 Mathematica 帮助理解导数的概念与几何意义

利用 Mathematica 可以帮助我们理解导数的概念与几何意义，来看如下两个具体实例.

例 2.7.1 用定义求 $g(x)=x^3-3x^2+x+1$ 的导数.

解：输入

```
Clear[g]
g[x_] = x^3 - 3x^2 + x + 1
quog = Simplify[(g[x + h] - g[x])/h]
```

执行以后得到函数的增量与自变量的增量的比

$1+h^2+3h(-1+x)-6x+3x^2$

再输入

```
dg = Limit[guog, h -> 0]
Plot[{g[x], dg}, {x, -1.5, 3}, PlotStyle -> {GrayLevel[0], Dashing[{0.01}]}, PlotRange ->
{-3, 2}]
```

执行后便得到函数 $g(x)$ 的导数

$1-6x+3x^2$

并把函数 $g(x)$ 和它的导数的图形作在同一个坐标系内，如图 2-7-1 所示.

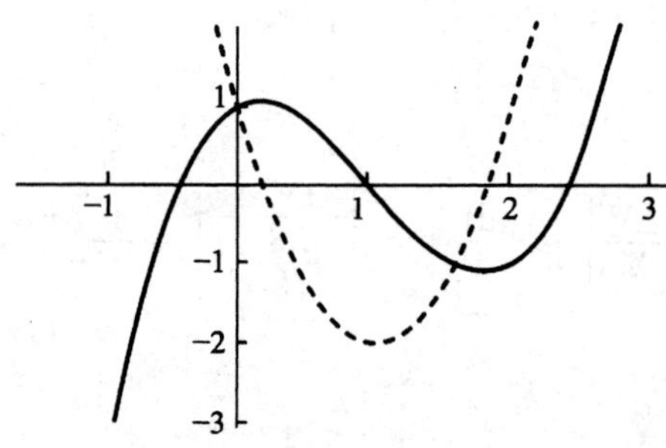

图 2-7-1

例 2.7.2 光滑曲线 $y=f(x)$ 在 $(x_0,f(x_0))$ 点处的切线是过该点的一系列割线的极限位置，即割线斜率的极限是切线的斜率，也就是 $(f(x_0+h)-f(x_0))/h\to f'(x_0),h\to 0$. 我们可用如下的命令来观察曲线 $y=2x^3-1$ 在点(1,1)的这种现象.

```
f[x_]: = 2x^3 - 1; g[x_]: = D[f[x], x]; x0 = 1; h[d_]: = (f[x0 + d] - f[x0])/d
Plot[{f[x], h[1](x - x0) + f[x0], h[0.75](x - x0) + f[x0], h[0.5](x - x0) + f[x0],
h[0.25](x - x0) + f[x0], g[x0](x - x0) + f[x0]}, {x, O, 2.5}, PlotStyle -> {{}, {},
```

{ }, { }, { }, { Thickness[0.01] } }]

可得如图 2-7-2 所示的图形，图中的粗线表示曲线 $y = 2x^3 - 1$ 在点(1,1)切线．

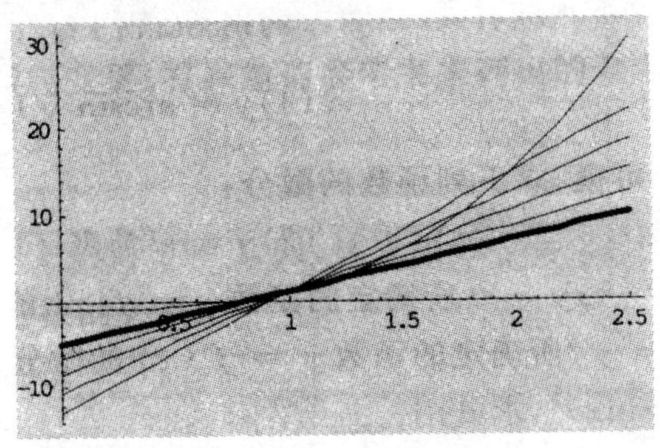

图 2-7-2

2.7.2　求导数和微分

在 Mathematica 中，求函数导数和微分的基本语句有求导数命令 D、求微分命令 Dt 和解方程（方程组）命令 Solve 等．

(1) 求导数命令 D 与求微分命令 Dt：

①D[f[x],x]

求 $f(x)$ 对 x 的一阶导数

②Dt[f[x],x]

求 $f(x)$ 的微分

③D[f[x],{x,n}]

求 $f(x)$ 对 x 的 n 阶导数

(2) 解方程与方程组的命令 Solve：

①equ = D[F[x] == 0,x]

方程两边对 x 求导，得到含有 y' 的方程

②Solve[equ,y'[x]]

解出 y'

③Solve[f[x] == 0,x]

解方程 $f(x) = 0$

(3) 循环语句 Do：

①Do[表达式，循环变量的范围]

表达式中一般有循环变量，有多种方法说明循环变量的取值范围

②Do[表达式，{循环变量名，最小值，最大值，增量}]

Do 最完整的形式．当省略增量时，默认增量为 1；省略最小值时，默认最小值为 1.

例 2.7.3　已知 $y = x^5 + 3x^4 + x^2 + 1$，求函数一阶到五阶导数．

解：Mathematica 语句为

D[x^5 + 3 * x^4 + x^2 + 1, x]

D[x^5 + 3 * x^4 + x^2 + 1, {x,2}]

```
D[x^5 + 3 * x^4 + x^2 + 1,{x,3}]
D[x^5 + 3 * x^4 + x^2 + 1,{x,4}]
D[x^5 + 3 * x^4 + x^2 + 1,{x,5}]
```

运行结果为

$2x + 12x^3 + 5x^4$

$2 + 36x^2 + 20x^3$

$72^x + 60x^2$

$72 + 120x$

120

例 2.7.4 求由方程 $2x^2 - 2xy + y^2 + x + 2y + 1 = 0$ 确定的隐函数的导数．

解：输入

```
deq1 = D[2x^2 - 2x * y[x] + y[x]^2 + x + 2y[x] + 1 == 0,x]
```

这里输入 y[x] 以表示 y 是 x 的函数．输出为对原方程两边求导数后的方程

```
deq1 = 1 + 4x - 2y[x] + 2y'[x] - 2xy'[x] + 2y[x]y'[x] == 0
```

再解方程，输入

```
Soleve[deq1,y'[x]]
```

可以得到结果

$$\left\{\left\{y'[x] -> -\frac{-1-4+2y[x]}{2(-1+x-y[x])}\right\}\right\}$$

另一个方法是使用微分命令．输入

```
deq2 = Dt[2x^2 - 2x * y + y^2 + x + 2y + 1 == 0,x]
```

得到导数满足的方程

```
deq2 = 1 + 4x - 2y + 2Dt[y,x] - 2xDt[y,x] + 2yDt[y,x] == 0
```

再解方程，输入

```
Soleve[deq1,Dt[y,x]]
```

输出为

$$\left\{\left\{Dt[y,x] -> -\frac{-1-4+2y}{2(-1+x-y)}\right\}\right\}$$

需要注意的是，前者用 $y'[x]$，而后者用 $Dt[y,x]$ 表示导数．

如果求二阶导数，再输入

```
deq3 = D[deq1,x]
Soleve[{deq1,deq3},{y'[x],y''[x]}]//Simplify
```

即得结果（$y''[x]$ 中的两撇应输入两个单撇）

$$\left\{\left\{y''[x] -> \frac{13+4x+8x^2-8(-1+x)y[x]+4y[x]^2}{4(-1+x-y[x])^3}, y'[x] -> -\frac{-1-4+2y[x]}{2(-1+x-y[x])}\right\}\right\}$$

例 2.7.5 已知函数 $f(x) = \begin{cases} \cos x, x < 0 \\ x^2 + 1, x \geqslant 0 \end{cases}$，求 $f'(0)$ 并绘制 $f'(x)$ 图形．

解：Mathematica 语句为

```
Clear
f1[x_]: = Cos[x]
```

```
f1[x]
F1 = Sireplify[(f1[h] - fl[0])/h]
F1 = Lirait[F1,h ->+ 0]
f2[x_]: = x^2 + 1
f2[x]
F2 = Simplify[(f2[h] - f2[0])/h]
F2 = Lirait[F2,h ->- 0]
P1 = Plot[{f1[x]},{x, - 5,0}]
P2 = Plot[{f2[x]},{x,0,5}]
Show[P1,P2]
```

运行结果为

```
Cos[x]
0
1 + x^2
0
```

$f'(x)$ 的图形如图 2-7-3 所示．

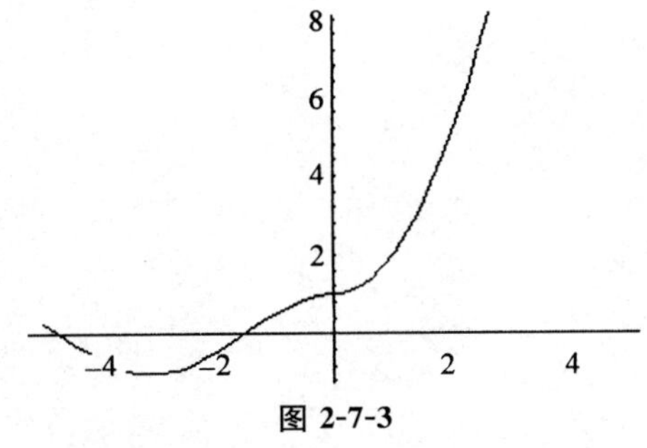

图 2-7-3

2.7.3　逼近导函数的演示

对 $f(x) = \sin x$，我们来观察$\dfrac{f(x+h)-f(x)}{h}$随着 $h \to 0$ 逼近 $f'(x)$ 的情形．

```
f[x_]: = Sin[2x]
h = 0.5;P1 = Plot[{f,[x],(f[x + h] - f[x])/h},{x,0,2Pi},PlotStyle → {{Thickness [0.015]},{}},PlotLabel → h" = h"]
```

将 h = 0.5 分别改为 h = 0.2、0.05、0.02，可分别得图形 P2、P3 和 P4. 为了方便观察，我们再将四个图形放在一起，命令为

```
Show[Graphics Array[{{P1,P2},{P3,P4}}]]
```

得到了如图 2-7-4 所示的图像，其中粗线表示 $y = f'(x)$ 曲线的图形．

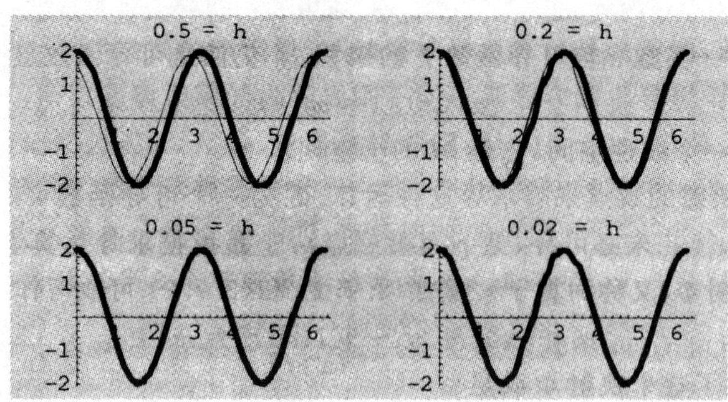

图 2-7-4

观察和分析图形可以发现，函数$\frac{f(x+h)-f(x)}{h}$和 $f'(x)$ 表示的曲线有相同的走向，当 h 越来越小时，它们的图形越来越接近；$h \leqslant 0.05$ 时，两个函数的图形几乎重合．于是我们验证了结论

$$\lim_{x \to \infty} \frac{f(x+h)-f(x)}{h} = f'(x).$$

第3章　中值定理与导数的应用

3.1　中值定理

微分中值定理是罗尔定理、拉格朗日中值定理和柯西中值定理的统称．这些定理的共同点是：建立函数在一个区间上的增量与区间内某一个点处的导数之间的联系，它是沟通函数局部性态和整体性态的桥梁，也是应用导数解决实际问题的理论基础．

3.1.1　罗尔定理

罗尔中值定理是最基本的微分中值定理，利用它可以证明另外两个重要的中值定理．

设函数 $y=f(x)$ 的图形如图 3-1-1 所示，它在点 x_2,x_4 处取"顶峰"，在点 x_1,x_3 处取"谷底"．通过观察图形可知，函数 $y=f(x)$ 在点 x_0 处取得的"顶峰"或"谷底"只是函数在该点的某个邻域内的最大值或最小值，因而函数"顶峰"或"谷底"具有局部的性质．函数在一个区间上可能有多个"顶峰"或"谷底"，而其中的"顶峰"对应的函数值不一定大于"谷底"对应的函数值，例如图 3-1-1 中的函数 $y=f(x)$，"顶峰"对应的函数值 $f(x_4)$ 小于"谷底"对应的函数值 $f(x_1)$．从图 3-1-1 还可以直观地看出，曲线在"顶峰"或"谷底"处的切线平行于 x 轴．这启发人们引入了费马引理．

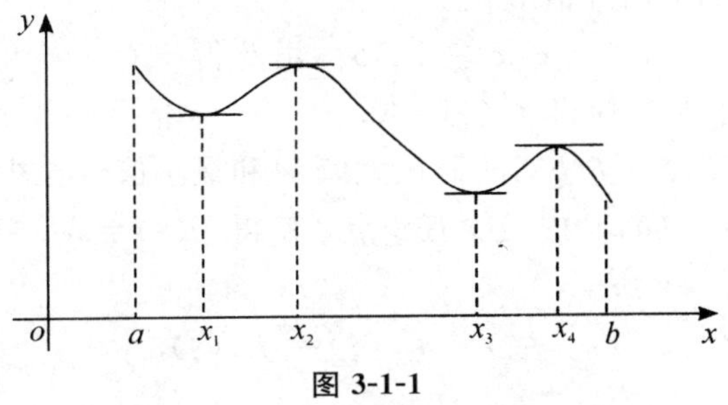

图 3-1-1

定理 3.1.1(费马引理)　设函数 $y=f(x)$ 在点 x_0 的一个邻域 $U(x_0)$ 上有定义，并在 x_0 点可导．如果 $\forall x\in U(x_0)$ 有

$$f(x)\geqslant f(x_0)$$

或

$$f(x)\leqslant f(x_0),$$

则

$$f'(x_0)=0.$$

证明：先对于 $f(x)\geqslant f(x_0)$，$\forall x\in U(x_0)$ 的情形进行证明．

设自变量 x 在点 x_0 有改变量 Δx，$x_0+\Delta x\in U(x_0)$，由假设

$$f(x_0+\Delta x)\geqslant f(x_0),$$

从而函数 $y=f(x)$ 相应的增量

$$\Delta y=f(x_0+\Delta x)-f(x_0)\geqslant 0,$$

所以,当 $\Delta x>0$ 时$\frac{\Delta y}{\Delta x}\geqslant 0$,当 $\Delta x<0$ 时$\frac{\Delta y}{\Delta x}\leqslant 0$. 由极限的保号性质,有

$$f'_+(x_0)=\lim_{\Delta x\to 0^+}\frac{\Delta y}{\Delta x}\geqslant 0,f'_-(x_0)=\lim_{\Delta x\to 0^-}\frac{\Delta y}{\Delta x}\leqslant 0.$$

因为 $y=f(x)$ 在点 x_0 可导,故在点 x_0 的导数

$$f'_+(x_0)=f'_-(x_0)=f'(x_0),$$

所以必有

$$f'(x_0)=0.$$

对于 $f(x)\leqslant f(x_0)$, $\forall x\in U(x_0)$的情形,可以同样证明.

定义 3.1.1 我们通常称导数 $f'(x)$ 等于零的点为函数 $y=f(x)$ 的驻点(或稳定点、临界点).

易知,费马引理中的点 x_0 是函数 $y=f(x)$ 的驻点.

定理 3.1.2(罗尔定理) 如果函数 $y=f(x)$ 满足:

(1) 在闭区间$[a,b]$上连续.

(2) 在开区间(a,b)上可导.

(3) 在区间端点处函数值相等,即 $f(a)=f(b)$.

那么,在开区间(a,b)上至少存在存在一点ξ,使得

$$f'(\xi)=0.$$

证明:若函数 $y=f(x)$ 在闭区间$[a,b]$上连续,则函数 $y=f(x)$ 在闭区间$[a,b]$上必然取得最大值 M 和最小值 m,有如下两种情形:

(1) 若 $M=m$,则 $y=f(x)=c,x\in(a,b)$,由此得 $f'(x)=0,x\in(a,b)$. 那么开区间(a,b)内的任一点都可以作为ξ,使得 $f'(\xi)=0$.

(2) 若$M>m$,由于 $f(a)=f(b)$,故而最大值M和最小值m 至少有一个不等于$f(a)$,不妨设 $M\neq f(a)$,那么在开区间(a,b)内至少有一点ξ 使得 $f(\xi)=M$. 接下来证明 $f'(\xi)=0$.

因为 $f'(\xi)$存在,所以

$$f'(\xi)=f'_+(\xi)=f'_-(\xi).$$

又因为当 $\Delta x>0$ 时

$$\frac{f(\xi+\Delta x)-f(\xi)}{\Delta x}\leqslant 0,$$

当 $\Delta x<0$ 时

$$\frac{f(\xi+\Delta x)-f(\xi)}{\Delta x}\geqslant 0,$$

所以

$$f'_+(\xi)=\lim_{\Delta x\to 0^+}\frac{f(\xi+\Delta x)-f(\xi)}{\Delta x}\leqslant 0,$$

$$f'_-(\xi)=\lim_{\Delta x\to 0^-}\frac{f(\xi+\Delta x)-f(\xi)}{\Delta x}\geqslant 0.$$

故而

$$f'(\xi)=0.$$

罗尔定理的几何意义是：闭区间$[a,b]$上的连续曲线 $y=f(x)$ 若在两端点等值且在(a,b)内处处存在不垂直于 x 轴的切线，则在(a,b)内至少存在一点 ξ 使得在该点的切线平行于 x 轴，如图 3-1-2 所示．

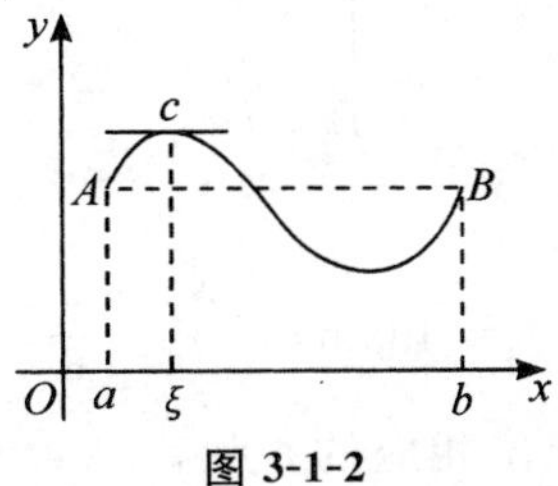

图 3-1-2

读者需要注意的是，罗尔定理的三个条件是驻点存在的充分条件．这就是说，这三个条件都成立，则(a,b)内必有驻点；若这三个条件中有一个不成立，则(a,b)内可能有驻点，也可能没驻点．

例如，下列三个函数在指定的区间内都不存在驻点：

(1) $f_1(x)=\begin{cases}1, x=0\\ x, 0<x\leqslant 1\end{cases}$.

(2) $f_2(x)=|x|, x\in[-1,1]$.

(3) $f_3(x)=x, x\in[0,1]$.

事实上，函数 $f_1(x)$ 在$(0,1)$内可导，且 $f(0)=f(1)=1$，但它在 $x=0$ 间断，不满足在闭区间$[0,1]$连续的条件．该函数显然没有水平切线，如图 3-1-3 所示．

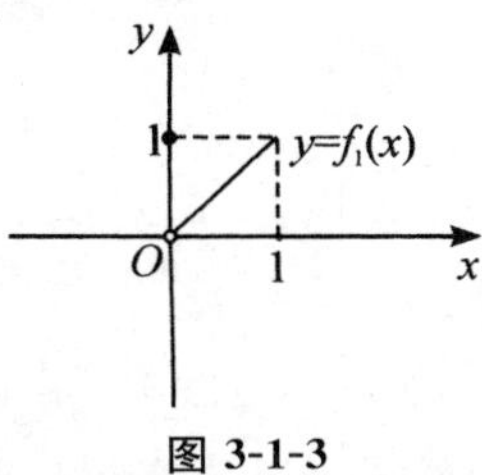

图 3-1-3

函数 $f_2(x)$ 在$[-1,1]$上连续且 $f(-1)=f(1)=1$，但它在 $x=0$ 不可导，不满足在开区间$(-1,1)$可导的条件．该函数显然没有水平切线，如图 3-1-4 所示．

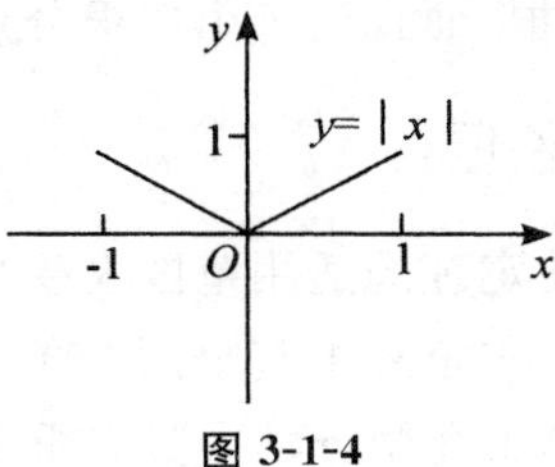

图 3-1-4

函数 $f_3(x)$ 在$[0,1]$上连续，在$(0,1)$内可导，但 $f(0)=0\neq 1=f(1)$．该函数同样也没有水平切线，如图 3-1-5 所示．

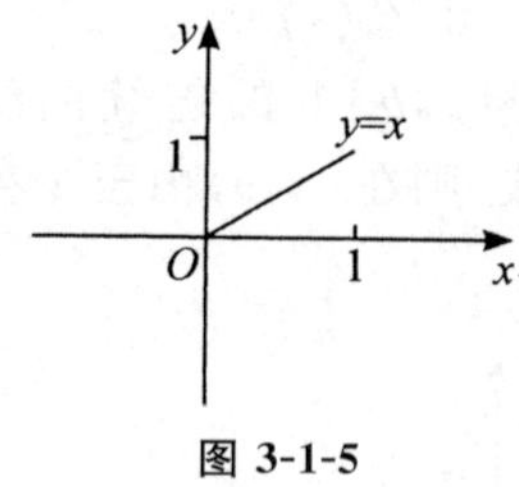

图 3-1-5

例 3.1.1 验证函数

$$f(x)=\ln\sin x, x\in\left[\frac{\pi}{6},\frac{5\pi}{6}\right]$$

是否满足罗尔定理的条件,若满足,求出相应的 ξ 点.

解:在区间 $\left[\frac{\pi}{6},\frac{5\pi}{6}\right]$ 上 $\sin x>0$,因此函数 $f(x)=\ln\sin x$ 在区间 $\left[\frac{\pi}{6},\frac{5\pi}{6}\right]$ 上有意义,该函数为一个初等函数,因此是连续函数,且在区间 $\left(\frac{\pi}{6},\frac{5\pi}{6}\right)$ 上可导,其导数为

$$f'(x)=(\ln\sin x)'=\frac{1}{\sin x}\cos x=\cot x.$$

又因为

$$f\left(\frac{5\pi}{6}\right)=\ln\sin\frac{5\pi}{6}=\ln\sin\left(\pi-\frac{\pi}{6}\right)=\ln\sin\frac{\pi}{6}=f\left(\frac{\pi}{6}\right),$$

因此函数 $f(x)=\ln\sin x$ 满足罗尔定理的条件,根据方程

$$f'(\xi)=\cot\xi=0,\xi\in\left(\frac{\pi}{6},\frac{5\pi}{6}\right)$$

从而解得 $\xi=\frac{\pi}{2}$.

例 3.1.2 不用求出函数 $f(x)=(x-1)(x-2)(x-3)(x-4)$ 的导数,说明方程 $f'(x)=0$ 有几个实根,并指出这些根所在的区间.

解:由于函数 $f(x)=(x-1)(x-2)(x-3)(x-4)$ 是一个四次多项式,所以它的导数是一个三次多项式,因此方程 $f'(x)=0$ 至多有三个实根.又由于

$$f(1)=f(2)=f(3)=f(4)=0,$$

根据罗尔定理可知,方程 $f'(x)=0$ 在区间 $(1,2)$,$(2,3)$,$(3,4)$ 上各至少存在一个实根.

综上,方程 $f'(x)=0$ 有三个实根,而且这三个实根分别位于区间 $(1,2)$,$(2,3)$,$(3,4)$ 内.

3.1.2 拉格朗日中值定理

罗尔定理的条件 $f(a)=f(b)$ 使定理的适用范围大受局限.为此,著名数学家拉格朗日在取消 $f(a)=f(b)$ 这个限制而保留罗尔定理中其余两个条件的情形下进行推广(这种推广方法在数学思想方法中称为弱抽象),得到了在微分学中具有重要作用的拉格朗日中值定理.

定理 3.1.3(拉格朗日中值定理) 若函数 $y=f(x)$ 满足:

(1) 在闭区间 $[a,b]$ 上连续.

(2) 在开区间 (a,b) 内可导.

则在区间 (a,b) 内至少存在一点 ξ,使得等式

$$f'(\xi)=\frac{f(b)-f(a)}{b-a} \tag{3.1.1}$$

成立．

证明：引入辅助函数

$$\varphi(x)=f(x)-f(a)-\frac{f(b)-f(a)}{b-a}(x-a).$$

易知，函数 $\varphi(x)$ 在区间 $[a,b]$ 上连续，在区间 (a,b) 内可导，且 $\varphi(a)=\varphi(b)=0$，根据罗尔定理可知，在区间 (a,b) 内至少存在一点 ξ，使得 $\varphi'(\xi)=0$，即有

$$f'(\xi)=\frac{f(b)-f(a)}{b-a},$$

从而证明了拉格朗日中值定理．

如图 3-1-6 所示，是曲线 $y=f(x)(x\in[a,b])$ 的图形，其端点为 $A(a,f(a))$ 和 $B(b,f(b))$．从图 3-1-6 看出，过点 $A(a,f(a))$ 和 $B(b,f(b))$ 的直线 l 的方程为

$$y=l(x)=f(a)+\frac{f(b)-f(a)}{b-a}(x-a),$$

那么 $\frac{f(b)-f(a)}{b-a}$ 就是直线 l 的斜率．因此，拉格朗日中值定理的几何意义是：在满足定理条件的曲线 $y=f(x)$ 上至少存在一点 $P(\xi,f(\xi))(\xi\in(a,b))$，使得曲线在该点的切线平行于弦 AB．特别地，当 $f(a)=f(b)$ 时，(3.1.1) 式就变成 $f'(\xi)=0$，因此，拉格朗日中值定理是罗尔定理的推广，罗尔定理是拉格朗日中值定理的特例．数学思想方法启发我们，在一定条件下，可以把一般的问题转化为特殊问题去处理．

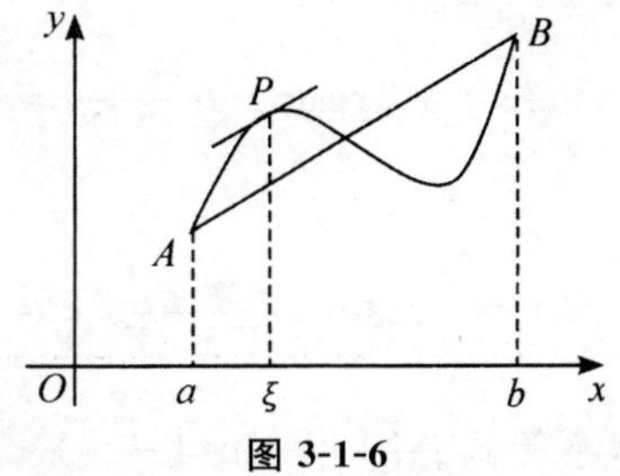

图 3-1-6

式(3.1.1) 称为拉格朗日中值公式，它还有下面几种等价形式：

(1) $f(b)-f(a)=f'(\xi)(b-a),a<\xi<b$.

(2) $f(b)-f(a)=f'[a+\theta(b-a)](b-a),0<\theta<1$.

(3) $f(a+h)-f(a)=f'(a+\theta h)h,0<\theta<1$.

值得注意的是，拉格朗日中值公式无论对于 $a<b$ 还是 $a>b$ 都成立，其中 ξ 是介于 a 与 b 之间的某一确定的数．

下面给出拉格朗日中值定理的两个重要推论．

推论 3.1.1　设函数 $y=f(x)$ 在闭区间 $[a,b]$ 上连续，在开区间 (a,b) 内可导且 $f'(x)\equiv 0$，则 $y=f(x)$ 在 $[a,b]$ 上为常数．

证明：设 x_1,x_2 为 $[a,b]$ 上任意两点且 $x_1<x_2$，由拉格朗日中值定理得

$$f(x_2)-f(x_1)=f'(\xi)(x_2-x_1),\xi\in(x_1,x_2).$$

因 $f'(\xi)=0$，故得 $f(x_2)=f(x_1)$，即 $y=f(x)$ 在 $[a,b]$ 上任意两点处的函数值相等，所以 $y=$

$f(x)$ 为常数 .

推论 3.1.2 设函数 $f(x)$ 和 $g(x)$ 在闭区间 $[a,b]$ 上连续,在开区间 (a,b) 内可导且 $f'(x) \equiv g'(x)$,则在 $[a,b]$ 上有 $f(x) = g(x) + c$,其中 c 是常数 .

令 $\varphi(x) = f(x) - g(x)$,对函数 $\varphi(x)$ 利用推论 3.1.1 即可证得推论 3.1.2.

例 3.1.3 证明 $\arctan x = \arcsin \dfrac{x}{\sqrt{1+x^2}}, x \in \mathbf{R}$.

解:分别对等号两边关于 x 求导可得

$$(\arctan x)' = \frac{1}{1+x^2},$$

$$\left(\arcsin \frac{x}{\sqrt{1+x^2}}\right)' = \frac{1}{\sqrt{1-\dfrac{x^2}{1+x^2}}}\left(\frac{x}{\sqrt{1+x^2}}\right)'$$

$$= \frac{1}{\sqrt{\dfrac{1}{1+x^2}}} \frac{\sqrt{1+x^2} - x \cdot \dfrac{x}{\sqrt{1+x^2}}}{1+x^2}$$

$$= \frac{1}{1+x^2}.$$

所以,对于任意的 $x \in \mathbf{R}$,有

$$\arctan x = \arcsin \frac{x}{\sqrt{1+x^2}} + c.$$

当 $x = 0$ 时有

$$\arctan x = 0, \arcsin \frac{x}{\sqrt{1+x^2}} = 0,$$

从而,$c = 0$. 故

$$\arctan x = \arcsin \frac{x}{\sqrt{1+x^2}}, x \in \mathbf{R}.$$

例 3.1.4 证明当 $x > 0$ 时,不等式 $\dfrac{x}{1+x} < \ln(1+x) < x$ 成立 .

证明:令 $f(t) = \ln(1+t)$,易知函数 $f(t)$ 在区间 $[0,x]$ 上满足拉格朗日中值定理的条件,从而根据拉格朗日中值定理,可得

$$f(x) - f(0) = f'(\xi)(x-0), 0 < \xi < x.$$

因为 $f(0) = 0, f'(t) = \dfrac{1}{1+t}$,所以上式即为

$$\ln(1+x) = \frac{x}{1+\xi}.$$

又因为 $0 < \xi < x$,则有

$$\frac{x}{1+x} < \frac{x}{1+\xi} < x,$$

即

$$\frac{x}{1+x} < \ln(1+x) < x, x > 0.$$

3.1.3　柯西中值定理

根据拉格朗日中值定理可知，一段处处具有不垂直于 x 轴的切线的曲线弧，在其上一定有平行于连接两端点的弦的切线．如图 3-1-7 所示，如果曲线由参数方程$\begin{cases} x = f(t) \\ y = g(t) \end{cases}$，$t \in (a,b)$表示，端点的坐标分别为 $A(f(a),g(a))$，$B(f(b),g(b))$，若令 $f(a) \neq f(b)$，则弦 AB 的斜率为

$$k = \frac{g(a) - g(b)}{f(a) - f(b)},$$

曲线在点 C(对应于 $t = \xi$) 处的切线斜率为

$$\left.\frac{\mathrm{d}y}{\mathrm{d}x}\right|_{t=\xi} = \frac{g'(\xi)}{f'(\xi)}, \xi \in (a,b),$$

于是应有

$$\frac{g(a) - g(b)}{f(a) - f(b)} = \frac{g'(\xi)}{f'(\xi)}, f'(\xi) \neq 0.$$

我们可以把这一事实总结为另一个定理，即柯西中值定理．

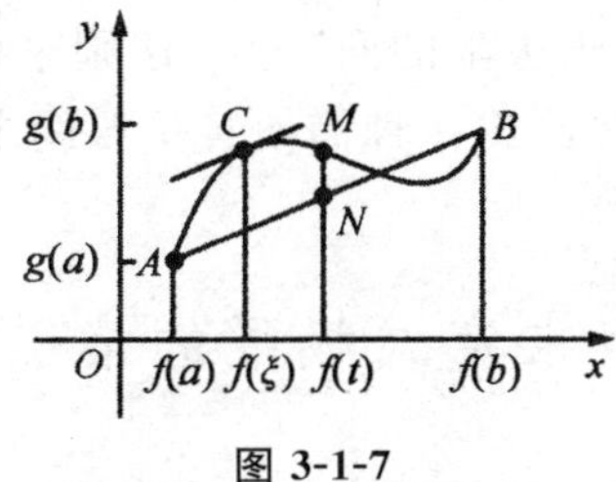

图 3-1-7

定理 3.1.4(柯西中值定理)　设函数 $f(x)$ 与 $g(x)$ 满足

(1) 在闭区间$[a,b]$上连续．

(2) 在开区间(a,b)中可导，且 $g'(x) \neq 0$.

则存在 $\xi \in (a,b)$，使得

$$\frac{f(a) - f(b)}{g(a) - g(b)} = \frac{f'(\xi)}{g'(\xi)}. \tag{3.1.2}$$

式(3.1.2) 称为柯西中值公式．

证明：注意到当(3.1.2) 式中的 $g(x) = x$ 时，它就变成了拉格朗日中值公式．因此，柯西中值定理是拉格朗日中值定理的推广，从而也是罗尔定理的推广．参照拉格朗日中值定理的证明，我们从分析结论着手，把(3.1.2) 适当变形，参照定理 3.1.3 的证明思路，再次构造相应的辅助函数来证明结论．

由假设 $g'(x) \neq 0, x \in (a,b)$，利用罗尔中值定理，容易推得 $g(a) \neq g(b)$. 把要证明的(3.1.2) 式改写为

$$f'(\xi) = \frac{f(b) - f(a)}{g(b) - g(a)} g'(\xi)$$

或

$$f'(\xi) - \frac{f(b) - f(a)}{g(b) - g(a)} g'(\xi) = 0.$$

引入辅助函数

$$\varphi(x)=f(x)-\frac{f(b)-f(a)}{g(b)-g(a)}[g(x)-g(a)],x\in[a,b],$$

容易验证 $\varphi(x)$ 在$[a,b]$上满足罗尔中值定理的条件，故在(a,b)内至少存在一点ξ，使得

$$\varphi'(\xi)=f'(\xi)-\frac{f(b)-f(a)}{g(b)-g(a)}g'(\xi)=0.$$

整理后即得要证明的(3.1.2)式.

3.2 洛必达法则

在求极限时，有时会遇到两个无穷小量之比的极限或者两个无穷大量之比的极限，这类极限有的存在，有的不存在．例如极限$\lim\limits_{x\to0}\frac{\sin x}{x}=1$而极限$\lim\limits_{x\to0}\frac{x\sin\frac{1}{x}}{x}=\lim\limits_{x\to0}\sin\frac{1}{x}$不存在．通常情况下，如果当$x\to x_0$(或$x\to\infty,x\to x_0^+,x\to x_0^-,x\to+\infty,x\to-\infty$)时，两个函数$f(x)$与$g(x)$都趋于零或都趋于无穷大，那么它们的商$\frac{f(x)}{g(x)}$分别称为$\frac{0}{0}$型未定式或$\frac{\infty}{\infty}$型未定式．求这两类未定式的极限时，不能用“商的极限等于极限的商”这一法则来计算．下面我们将根据柯西中值定理来论证这两类极限存在的条件，并给出一种简便且重要的求极限方法，这个方法称为洛必达法则．

3.2.1 求$\frac{0}{0}$型或$\frac{\infty}{\infty}$型未定式极限的洛必达法则

在这里，我们以$x\to x_0$的极限过程为例来讨论求$\frac{0}{0}$型或$\frac{\infty}{\infty}$型未定式极限的洛必达法则．

定理 3.2.1(洛必达法则) 假设函数$f(x)$和$g(x)$满足下列条件：

(1) $f(x),g(x)$都在x_0点的某去心邻域$\mathring{U}(x_0)$中可导，且$g'(x)\neq0(\forall x\in\mathring{U}(x_0))$.

(2) 当$x\to x_0$时，$f(x)$和$g(x)$的极限均为0或均为∞.

(3) $\lim\limits_{x\to x_0}\frac{f'(x)}{g'(x)}$存在(也可以是$\infty$).

则有

$$\lim_{x\to x_0}\frac{f(x)}{g(x)}=\lim_{x\to x_0}\frac{f'(x)}{g'(x)}.$$

证明：我们在“当$x\to x_0$时，$f(x)$和$g(x)$的极限均为0”的情况下证明．

由于$\lim\limits_{x\to x_0}\frac{f(x)}{g(x)}$与$f(x),g(x)$在$x_0$点的值无关，不妨可设$f(x_0)=0,g(x_0)=0$，则$f(x)$，$g(x)$在$x_0$的某一邻域内连续．设$x\in\mathring{U}(x_0)$，由定理的条件(1)，$f(x)$和$g(x)$在$[x_0,x]$(或$[x,x_0]$)上满足柯西中值定理条件，从而存在$\xi\in(x_0,x)$(或$(x,x_0)$)，使得

$$\frac{f(x)}{g(x)}=\frac{f(x)-f(x_0)}{g(x)-g(x_0)}=\frac{f'(x)}{g'(x)}.$$

当$x\to x_0$时$\xi\to x_0$，所以

$$\lim_{x\to x_0}\frac{f(x)}{g(x)}=\lim_{\xi\to x_0}\frac{f'(\xi)}{g'(\xi)}=\lim_{x\to x_0}\frac{f'(x)}{g'(x)}=A.$$

对于 $x\to x_0$ 时 $f(x)$ 和 $g(x)$ 的极限均为 ∞ 的情形，由于证明比较复杂，在此从略．

这个定理说明：在条件(1) 和(2) 下，只要 $\lim\limits_{x\to x_0}\dfrac{f'(x)}{g'(x)}=A$（或 ∞），则 $\lim\limits_{x\to x_0}\dfrac{f(x)}{g(x)}$ 必等于 A（或 ∞）．所以为了确定未定式 $\lim\limits_{x\to x_0}\dfrac{f(x)}{g(x)}$ 的值，只要把分子分母分别求导再取极限，在这个极限存在（或是 ∞）的情况下，就可确定原来未定式的值（或是 ∞）．这种确定未定式的值的方法称为洛必达法则．

应用洛必达法则求未定式极限时必须注意如下几点：

(1) $\lim\limits_{x\to x_0}\dfrac{f(x)}{g(x)}$ 必须是 $\dfrac{0}{0}$ 型或 $\dfrac{\infty}{\infty}$ 型的未定式．

(2) 在定理中的条件满足的情况下，洛必达法则可以多次应用．

(3) $\lim\limits_{x\to x_0}\dfrac{f'(x)}{g'(x)}$ 存在（或是 ∞）只是 $\lim\limits_{x\to x_0}\dfrac{f(x)}{g(x)}$ 存在的充分条件而不是必要条件．即如果 $\lim\limits_{x\to x_0}\dfrac{f'(x)}{g'(x)}$ 不存在，不能立即断定 $\lim\limits_{x\to x_0}\dfrac{f(x)}{g(x)}$ 不存在，这时还得用其他方法来判别这个极限是否存在．例如求极限 $\lim\limits_{x\to+\infty}\dfrac{\sqrt{1+x^2}}{x}$，两次使用洛必达法则后，有还原为原来的形式．因此，洛必达法则对该极限失效．但是

$$\lim_{x\to+\infty}\frac{\sqrt{1+x^2}}{x}=\lim_{x\to+\infty}\sqrt{\frac{1}{x^2}+1}=1,$$

其极限是存在的．

在洛必达法则中，$x\to x_0$ 可以改成 $x\to\infty$，$x\to x_0^+$，$x\to x_0^-$，$x\to+\infty$，$x\to-\infty$，这时只要把定理中 x_0 的邻域 $\mathring{U}(x_0)$ 作相应的改动即可．

例 3.2.1　求 $\dfrac{0}{0}$ 型未定式 $\lim\limits_{x\to 1}\dfrac{x^2+2x-3}{x^2-1}$ 的极限．

解：应用洛密达法则可以直接求得

$$\lim_{x\to 1}\frac{x^2+2x-3}{x^2-1}=\lim_{x\to 1}\frac{(x-1)(x+3)}{(x-1)(x+1)}=\lim_{x\to 1}\frac{x+3}{x+1}=2.$$

例 3.2.2　求极限 $\lim\limits_{x\to 0}\dfrac{xe^{2x}+xe^x-2e^{2x}+2e^x}{(e^x-1)^3}$.

解：分析可知，原式为 $\dfrac{0}{0}$ 型不定式，则

$$\lim_{x\to 0}\frac{xe^{2x}+xe^{x}-2e^{2x}+2e^{x}}{(e^{x}-1)^{3}}=\lim_{x\to 0}\frac{e^{2x}+2xe^{2x}+e^{x}+xe^{x}-4e^{2x}+2e^{x}}{3(e^{x}-1)^{2}e^{x}}$$

$$=\lim_{x\to 0}\frac{2xe^{x}-3e^{x}+x+3}{3(e^{x}-1)^{2}e^{x}}$$

$$=\lim_{x\to 0}\frac{2xe^{x}-3e^{x}+x+3}{3x^{2}}$$

$$=\lim_{x\to 0}\frac{2e^{x}+2xe^{x}-3e^{x}+1}{6x}$$

$$=\lim_{x\to 0}\frac{2xe^{x}-(e^{x}-1)}{6x}$$

$$=\lim_{x\to 0}\left[\frac{1}{3}e^{x}-\frac{1}{6}\cdot\frac{e^{x}-1}{x}\right]$$

$$=\frac{1}{3}-\frac{1}{6}$$

$$=\frac{1}{6}.$$

例 3.2.3 求极限$\lim\limits_{x\to 0^{+}}\dfrac{\ln\cot x}{\ln x}$.

解:所求极限为$\dfrac{\infty}{\infty}$型未定式,则由洛必达法则,可得

$$\lim_{x\to 0^{+}}\frac{\ln\cot x}{\ln x}=\lim_{x\to 0^{+}}\frac{\frac{1}{\cot x}(-\csc^{2}x)}{\frac{1}{x}}$$

$$=\lim_{x\to 0^{+}}\frac{-x}{\sin x\cos x}$$

$$=-\lim_{x\to 0^{+}}\frac{1}{\cos x}\lim_{x\to 0^{+}}\frac{x}{\sin x}$$

$$=-1.$$

例 3.2.4 求极限$\lim\limits_{x\to +\infty}\dfrac{2x+\sin x}{3x+\cos x}$.

解:所求极限是一个$\dfrac{\infty}{\infty}$型未定式,使用洛必达法则可得

$$\lim_{x\to +\infty}\frac{2x+\sin x}{3x+\cos x}=\lim_{x\to +\infty}\frac{2+\cos x}{3-\sin x}.$$

上式右端极限不存在,此时不能用洛必达法则求极限.事实上,

$$\lim_{x\to +\infty}\frac{2x+\sin x}{3x+\cos x}==\lim_{x\to +\infty}\frac{2+\frac{\sin x}{x}}{3+\frac{\cos x}{x}}=\frac{2}{3}.$$

例 3.2.5 求极限$\lim\limits_{x\to \infty}\dfrac{x^{n}}{e^{\lambda x}}(\lambda>0)$,分 n 为正整数和正实数两种情况讨论.

解:当 n 为正整数时,这是一个$\dfrac{\infty}{\infty}$型未定式,根据洛必达法则可得

$$\begin{aligned}\lim_{x\to+\infty}\frac{x^n}{e^{\lambda x}} &= \lim_{x\to+\infty}\frac{nx^{n-1}}{\lambda e^{\lambda x}}\\ &= \lim_{x\to+\infty}\frac{n(n-1)x^{n-2}}{\lambda^2 e^{\lambda x}}\\ &= \lim_{x\to+\infty}\frac{n(n-1)(n-2)x^{n-2}}{\lambda^3 e^{\lambda x}}\\ &= \cdots = \lim_{x\to+\infty}\frac{n!}{\lambda^n e^{\lambda x}}\\ &= 0.\end{aligned}$$

当 n 为正实数时，这仍然是一个$\frac{\infty}{\infty}$型未定式，对于任意的 n 都有$[n]\leqslant n<[n]+1$，其中，$[n]$为 n 的整数部分，显然有$[n]\geqslant 0$，由于

$$\frac{x^{[n]}}{e^{\lambda x}}\leqslant\frac{x^n}{e^{\lambda x}}<\frac{x^{n+1}}{e^{\lambda x}},$$

所以，根据极限的存在准则可求得极限，因为

$$\lim_{x\to\infty}\frac{x^{[n]}}{e^{\lambda x}}=\lim_{x\to\infty}\frac{x^{[n]+1}}{e^{\lambda x}}=0,$$

所以

$$\lim_{x\to\infty}\frac{x^n}{e^{\lambda x}}=0.$$

3.2.2　其他类型的未定式极限

除了$\frac{0}{0}$和$\frac{\infty}{\infty}$型两种未定式之外，还有 $0\cdot\infty$，$\infty-\infty$，0^0，1^∞，∞^0 五种类型的未定式，它们都可以经过变形转化为$\frac{0}{0}$或$\frac{\infty}{\infty}$型的未定式，具体的转化步骤分别如下：

(1)$0\cdot\infty=\frac{0}{\frac{1}{\infty}}=\frac{0}{0}$ 或 $0\cdot\infty=\frac{\infty}{\frac{1}{0}}=\frac{\infty}{\infty}$.

(2)$\infty-\infty=\frac{1}{\frac{1}{\infty}}-\frac{1}{\frac{1}{\infty}}=\frac{\frac{1}{\infty}-\frac{1}{\infty}}{\frac{1}{\infty\infty}}=\frac{0}{0}$，这两个无穷大正负号相同．

(3)$1^\infty=e^{\infty\ln 1}=e^{\infty\times 0}$.

(4)$0^0=e^{0\ln 0}=e^{0\times\infty}$.

(5)$\infty^0=e^{0\ln\infty}=e^{0\times\infty}$.

最后三种情形的 $0\cdot\infty$ 可按照第一种情形化为$\frac{0}{0}$或$\frac{\infty}{\infty}$型的未定式．

例 3.2.6　求极限 $\lim\limits_{x\to+\infty}x^2e^{-x}$.

解：这是一个 $0\cdot\infty$ 型未定式，通过函数形式的转换可以将其变为$\frac{\infty}{\infty}$型未定式，进而利用洛必达法则进行求解．即

$$\lim_{x\to+\infty}x^2e^{-x}=\lim_{x\to+\infty}\frac{x^2}{e^x}=\lim_{x\to+\infty}\frac{2x}{e^x}=\lim_{x\to+\infty}\frac{2}{e^x}=0.$$

例 3.2.7 求极限$\lim\limits_{x\to\frac{\pi}{2}}(\sec x-\tan x)$.

解:此极限为 $\infty-\infty$ 型未定式,由于

$$\sec x-\tan x=\frac{1-\sin x}{\cos x},$$

当 $x\to\frac{\pi}{2}$ 时,上式右侧为$\frac{0}{0}$ 型未定式,使用洛必达法则可得

$$\begin{aligned}\lim_{x\to\frac{\pi}{2}}(\sec x-\tan x)&=\lim_{x\to\frac{\pi}{2}}\frac{1-\sin x}{\cos x}\\&=\lim_{x\to\frac{\pi}{2}}\frac{-\cos x}{-\sin x}\\&=0.\end{aligned}$$

例 3.2.8 求极限$\lim\limits_{x\to0^+}x^x$.

解:首先确定极限是 0^0 型未定式,对其进行转化,令 $y=x^x$,取对数可得

$$\ln y=x\ln x,$$

因为

$$\begin{aligned}\lim_{x\to0^+}\ln y&=\lim_{x\to0^+}x\ln x\\&=\lim_{x\to0^+}\frac{\ln x}{\frac{1}{x}}\\&=\lim_{x\to0^+}\frac{\frac{1}{x}}{-\frac{1}{x^2}}\\&=\lim_{x\to0^+}(-x)\\&=0,\end{aligned}$$

所以

$$\lim_{x\to0^+}e^{\ln y}=e^0=1.$$

例 3.2.9 求极限$\lim\limits_{x\to0}\left(\frac{a_1^x+a_2^x+\cdots+a_n^x}{n}\right)^{\frac{1}{x}}$.

解:这是一个 1^∞ 型未定式,我们可以通过函数形式转换将其变为

$$\begin{aligned}\lim_{x\to0}\left(\frac{a_1^x+a_2^x+\cdots+a_n^x}{n}\right)^{\frac{1}{x}}&=\lim_{x\to0}e^{\frac{1}{x}\ln\left(\frac{a_1^x+a_2^x+\cdots+a_n^x}{n}\right)}\\&=\lim_{x\to0}e^{\frac{\ln\left(\frac{a_1^x+a_2^x+\cdots+a_n^x}{n}\right)}{x}}.\end{aligned}$$

现在,我们只需要计算极限$\lim\limits_{x\to0}\frac{\ln\left(\frac{a_1^x+a_2^x+\cdots+a_n^x}{n}\right)}{x}$即可,这是一个$\frac{0}{0}$ 型未定式,根据洛必达法则可得

$$\lim_{x\to 0}\frac{\ln\left(\frac{a_1^x+a_2^x+\cdots+a_n^x}{n}\right)}{x}=\lim_{x\to 0}\frac{1}{\frac{a_1^x+a_2^x+\cdots+a_n^x}{n}}\cdot\frac{a_1^x\ln a_1+a_2^x\ln a_2+\cdots+a_n^x\ln a_n}{n}$$

$$=\frac{\ln a_1+\ln a_2+\cdots+\ln a_n}{n}$$

$$=\frac{\ln(a_1a_2\cdots a_n)}{n}$$

$$=\ln\sqrt[n]{a_1a_2\cdots a_n}.$$

所以

$$\lim_{x\to 0}\left(\frac{a_1^x+a_2^x+\cdots+a_n^x}{n}\right)^{\frac{1}{x}}=\lim_{x\to 0}e^{\frac{1}{x}\ln\sqrt[n]{a_1a_2\cdots a_n}}$$

$$=\sqrt[n]{a_1a_2\cdots a_n}.$$

例 3.2.10　求极限 $\lim\limits_{x\to 0^+}(\cot x)^{\frac{1}{\ln x}}$.

解：这是一个 ∞^0 型未定式，通过函数形式的转换变为

$$\lim_{x\to 0^+}(\cot x)^{\frac{1}{\ln x}}==\lim_{x\to 0^+}e^{\frac{\ln\cot x}{\ln x}}=e^{\lim\limits_{x\to 0^+}\frac{\ln\cot x}{\ln x}},$$

而 $\lim\limits_{x\to 0^+}\dfrac{\ln\cot x}{\ln x}$ 是一个$\dfrac{\infty}{\infty}$ 型未定式，由洛必达法则得

$$\lim_{x\to 0^+}(\cot x)^{\frac{1}{\ln x}}=e^{\lim\limits_{x\to 0^+}\frac{\ln\cot x}{\ln x}}=e^{\lim\limits_{x\to 0^+}\frac{\frac{1}{\cot x}(-\csc^2 x)}{\frac{1}{x}}}$$

$$=e^{-\lim\limits_{x\to 0^+}\frac{x}{\sin x\cos x}}=e^{-1}.$$

3.3　泰勒公式

对于一些比较复杂的函数，为了便于研究，往往希望用一些简单的函数来近似表达．多项式函数是最为简单的一类函数，因此多项式经常被用于近似地表达某个函数．数学家泰勒研究发现，具有直到 $n+1$ 阶导数的函数在一个点的邻域内的值可以用函数在该点的函数值及各阶导数值组成的 n 次多项式近似表达，进而总结出了著名的泰勒公式．下面，我们就对泰勒公式展开讨论．

由前面的讨论可知，如果函数 $f(x)$ 在点 x_0 可导，则有

$$f(x)=f(x_0)+f'(x_0)(x-x_0)+o(x-x_0),$$

即在点 x_0 附近，用一次多项式 $f(x_0)+f'(x_0)(x-x_0)$近似表示 $f(x)$ 时，其误差为$(x-x_0)$的高阶无穷小．然而，用这个一次多项式来近似计算 $f(x)$ 时，其精确度往往还不能够满足实际需要，而且用 $f(x_0)+f'(x_0)(x-x_0)$来作近似计算也不能具体估算误差的大小．因此，我们希望能够找出一个关于$(x-x_0)$的 n 次多项式

$$P_n(x)=a_0+a_1(x-x_0)+a_2(x-x_0)^2+\cdots+a_n(x-x_0)^n \tag{3.3.1}$$

来近似表示函数 $f(x)$，并且满足如下条件：

(1) 当 $x\to x_0$ 时，$f(x)-P_n(x)$ 是比$(x-x_0)^n$ 高阶的无穷小．

(2) 能够写出误差$|f(x)-P_n(x)|$的具体表达式．

下面我们来讨论这个问题．假设 $P_n(x)$ 和 $f(x)$ 在点 x_0 处满足

$$P_n(x_0)=f(x_0),$$

$$P'_n(x_0)=f'(x_0),$$

$$P''_n(x_0)=f''(x_0),$$
$$\cdots$$
$$P_n^{(n)}(x_0)=f^{(n)}(x_0).$$

我们将用这些等式来确定多项式(3.3.1)的系数 $a_0,a_1,a_2,\cdots,a_n$. 为此,对(3.3.1)式求各阶导数,然后分别代入以上等式,得

$$a_0=f(x_0),1\cdot a_1=f'(x_0),2!\cdot a_2=f''(x_0),\cdots,n!\cdot a_n=f^{(n)}(x_0).$$

于是

$$a_0=f(x_0),a_1=f'(x_0),a_2=\frac{f''(x_0)}{2!},\cdots,a_n=\frac{f^{(n)}(x_0)}{n!}.$$

把求得的系数 $a_0,a_1,a_2,\cdots,a_n$ 代入(3.3.1)式,就得到

$$P_n(x)=f(x_0)+f'(x_0)(x-x_0)+\frac{f''(x_0)}{2!}(x-x_0)^2+\cdots+\frac{f^{(n)}(x_0)}{n!}(x-x_0)^n. \tag{3.3.2}$$

下面的定理表明,多项式(3.3.2)的确是我们要找的 n 次多项式.

定理 3.3.1(泰勒中值定理) 如果函数 $f(x)$ 在含有 x_0 的某个开区间 (a,b) 内具有直到 $(n+1)$ 阶的导数,则对任一 $x\in(a,b)$,有

$$f(x)=f(x_0)+f'(x_0)(x-x_0)+\frac{f''(x_0)}{2!}(x-x_0)^2+\cdots+\frac{f^{(n)}(x_0)}{n!}(x-x_0)^n+R_n(x), \tag{3.3.3}$$

其中

$$R_n(x)=\frac{f^{(n+1)}(\xi)}{(n+1)!}(x-x_0)^{n+1}, \tag{3.3.4}$$

这里 ξ 是 x_0 与 x 之间的某个值.

证明:令 $R_n(x)=f(x)-P_n(x)$,这里 $P_n(x)$ 由(3.3.2)表示,因此,只需证明(3.3.4)式即可.

由假设可知,$R_n(x)$ 在 (a,b) 内具有直到 $(n+1)$ 阶的导数,且

$$R_n(x_0)=R'_n(x_0)=R''_n(x_0)=\cdots=R_n^{(n)}(x_0)=0.$$

在以 x_0 及 x 为端点的区间上对函数 $R_n(x)$ 及 $(x-x_0)^{n+1}$ 应用柯西中值定理(显然,这两个函数满足柯西中值定理的条件),得

$$\frac{R_n(x)}{(x-x_0)^{n+1}}=\frac{R_n(x)-R_n(x_0)}{(x-x_0)^{n+1}-0}=\frac{R'_n(\xi_1)}{(n+1)(\xi_1-x_0)^n},$$

其中 ξ_1 在 x 与 x_0 之间. 再在以 x_0 和 ξ_1 为端点的区间上对函数 $R'_n(x)$ 与 $(n+1)(x-x_0)^n$ 应用柯西中值定理,得

$$\frac{R'_n(\xi_1)}{(n+1)(\xi_1-x_0)^n}=\frac{R'_n(\xi_1)-R'_n(x_0)}{(n+1)(\xi_1-x_0)^n-0}=\frac{R''_n(\xi_2)}{n(n+1)(\xi_2-x_0)^{n-1}},$$

其中 ξ_2 在 x_0 与 ξ_1 之间. 照此方法继续做下去,经过 $(n+1)$ 次后,得

$$\frac{R_n(x)}{(x-x_0)^{n+1}}=\frac{R_n^{(n+1)}(\xi)}{(n+1)!}, \tag{3.3.5}$$

其中 ξ 在 x_0 与 ξ_n 之间,从而也在 x_0 与 x 之间. 因为

$$P_n^{(n+1)}(x)=0,$$

所以

$$R_n^{(n+1)}(x)=f^{(n+1)}(x),$$

由此及(3.3.5)式推出(3.3.4)式.

多项式(3.3.2)称为函数 $f(x)$ 按 $(x-x_0)$ 的幂展开的 n 次近似多项式,$R_n(x)$ 的表达式(3.3.4)称为拉格朗日型余项,而公式(3.3.3)称为 $f(x)$ 按 $(x-x_0)$ 的幂展开的带有拉格朗日型余项的 n 阶泰勒公式.

当 $n=0$ 时,泰勒公式变成拉格朗日中值公式

$$f(x)=f(x_0)+f'(\xi)(x-x_0),$$

其中 ξ 在 x_0 与 x 之间.因此,泰勒中值定理是拉格朗日中值定理的推广.

由泰勒中值定理可知,在用多项式 $P_n(x)$ 近似表达函数 $f(x)$ 时,其误差为 $|R_n(x)|$.如果对于某个固定的 n,当 $x\in(a,b)$ 时,$|f^{(n+1)}(x)|\leqslant M$,则有估计式

$$|R_n(x)|=\left|\frac{f^{(n+1)}(\xi)}{(n+1)!}(x-x_0)^{n+1}\right|\leqslant\frac{M}{(n+1)!}|x-x_0|^{n+1}\tag{3.3.6}$$

及

$$\lim_{x\to x_0}\frac{R_n(x)}{(x-x_0)^n}=0.$$

由此可见,当 $x\to x_0$ 时,误差 $|R_n(x)|$ 是比 $(x-x_0)^n$ 高阶的无穷小,即

$$R_n(x)=o[(x-x_0)^n].\tag{3.3.7}$$

这样,就可以根据(3.3.6)来确定 n,使得(3.3.2)定义的 $P_n(x)$ 满足所需要的精确度.

在不需要写出余项的精确表达式时,n 阶泰勒公式也可表示成

$$f(x)=f(x_0)+f'(x_0)(x-x_0)+\frac{f''(x_0)}{2!}(x-x_0)^2+\cdots$$

$$+\frac{f^{(n)}(x_0)}{n!}(x-x_0)^n+o[(x-x_0)^n].\tag{3.3.8}$$

$R_n(x)$ 的表达式(3.3.7)称为佩亚诺型余项,公式(3.3.8)称为 $f(x)$ 按 $(x-x_0)$ 的幂展开的带有佩亚诺型余项的 n 阶泰勒公式.

在泰勒公式(3.3.3)中,如果取 $x_0=0$,则 ξ 在 0 与 x 之间.因此可令 $\xi=\theta x\ (0<\theta<1)$,从而泰勒公式变成较简单的形式,即所谓带有拉格朗日型余项的麦克劳林公式

$$f(x)=f(0)+f'(0)x+\frac{f''(0)}{2!}x^2+\cdots+\frac{f^{(n)}(0)}{n!}x^n+\frac{f^{(n+1)}(\theta x)}{(n+1)!}x^{n+1},0<\theta<1.\tag{3.3.9}$$

例 3.3.1　写出函数 $f(x)=x^3\ln x$ 在 $x_0=1$ 处的四阶泰勒公式.

解:函数 $f(x)=x^3\ln x$ 的各阶导数为

$$f(x)=x^3\ln x,$$

$$f'(x)=3x^2\ln x+x^2,$$

$$f''(x)=6x\ln x+5x,$$

$$f'''(x)=6\ln x+11,$$

$$f^{(4)}(x)=\frac{6}{x},$$

$$f^{(5)}(x)=-\frac{6}{x^2},$$

将 $x_0=1$ 代入可得

$$f(1)=0,f'(1)=1,f''(1)=5,f'''(1)=11,f^{(4)}(1)=6,$$

将 $x=\xi$ 代入 $f^{(5)}(x)=-\frac{6}{x^2}$ 中可得

$$f^{(5)}(\xi)=-\frac{6}{\xi^2},$$

所以 $f(x)=x^3\ln x$ 在 $x_0=1$ 处的四阶泰勒公式为

$$f(x)=x^3\ln x=(x-1)+\frac{5}{2!}(x-1)^2+\frac{11}{3!}(x-1)^3+\frac{6}{4!}(x-1)^4-\frac{6}{5!\xi^2}(x-1)^5,$$

其中 ξ 介于1与 x 之间．

例 3.3.2 写出函数 $f(x)=\mathrm{e}^x$ 的带有拉格朗日型余项的麦克劳林公式．

解:因为

$$f(x)=f'(x)=f''(x)=\cdots=f^{(n)}(x)=f^{(n+1)}(x)=\mathrm{e}^x,$$

所以

$$f(0)=f'(0)=f''(0)=\cdots=f^{(n)}(0)=1,f^{(n+1)}(\theta x)=\mathrm{e}^{\theta x}.$$

把它们代入公式(3.3.9)得到

$$\mathrm{e}^x=1+x+\frac{x^2}{2!}+\cdots+\frac{x^n}{n!}+\frac{\mathrm{e}^{\theta x}}{(n+1)!}x^{n+1},0<\theta<1,x\in(-\infty,+\infty).$$

例 3.3.3 利用泰勒公式求 $\sin10^\circ$ 的近似值．

解:将 10° 换算成弧度,即

$$x=10^\circ=\frac{\pi}{18}\approx0.174533<0.2.$$

若用一阶泰勒公式来求 $\sin10^\circ$ 的近似值,即

$$\sin x=\sin10^\circ=\sin(0.174533)\approx x=0.174533,$$

误差估计为

$$|R_1(x)|=\left|\frac{1}{2}\sin\left(\xi+\frac{2\pi}{2}\right)\cdot(0.174533)^2\right|<\frac{1}{2}(0.2)^2=0.02.$$

若用三阶泰勒公式计算 $\sin10^\circ$ 的近似值,则有

$$\begin{aligned}\sin x=\sin10^\circ=\sin(0.174533)&\approx x-\frac{x^3}{3!}\\&=0.174533-\frac{1}{6}(0.174533)^3\approx0.18.\end{aligned}$$

误差估计为

$$\begin{aligned}|R_3(x)|&=\frac{1}{4!}\left|\sin\left(\xi+\frac{4\pi}{2}\right)\right|(0.174533)^4\\&<\frac{1}{24}\times(0.2)^4<10^{-5}.\end{aligned}$$

若题目要求其误差不能超过 10^{-6},则应当先估计余项 $R_n(x)$ 的上界

$$|R_n(x)|=\frac{1}{(n+1)!}\left|\sin\left(x+\frac{n+1}{2}\pi\right)\cdot x^{n+1}\right|,$$

取 n 为何值时,能使误差 $|R_n(x)|<10^{-6}$?解不等式

$$|R_n(0.174533)| \leqslant \frac{1}{(n+1)!}(0.174533)^{n+1} < 10^{-6},$$

由于一般情况解上述不等式比较麻烦，因此不如我们取适当的 n 值验证一下，例如取 $n=5$，则有

$$|R_n(0.174533)| \leqslant \frac{1}{(5+1)!}(0.174533)^{5+1} \approx 4 \times 10^{-8},$$

上述精度已经超出了要求的，所以得到一个关于 $\sin 10°$ 的误差小于 10^{-6} 的近似值为

$$\begin{aligned} \sin 10° &= \sin(0.174533) \\ &\approx 0.174533 - \frac{1}{6} \times (0.174533)^3 + \frac{1}{120} \times (0.174533)^5 \\ &\approx 0.173647. \end{aligned}$$

3.4　函数的单调性与极值的判定

3.4.1　函数单调性的判定

前面我们简单讨论了函数在区间上的单调性的概念，对于给定的函数或曲线，常常首先关注的是函数的增减性或曲线的升降走向，这是函数或曲线的一种基本的性质．如果按定义来判别函数在给定区间上的单调性，一般比较麻烦，但如果用导数和微分中值定理来处理就会容易得多．

设函数 $y=f(x)$ 是 $[a,b]$ 上单调增加（或减少）的连续函数，并且在 (a,b) 内可导，则如图 3-4-1(a)（或(b)）所示，曲线 $C: y=f(x), x \in (a,b)$ 在每一点的切线的倾角都是锐角（钝角），从而 $f'(x) \geqslant 0$（或 $\leqslant 0$）．事实上，由函数 $f(x)$ 单调增加的定义，对任意一点 $x \in (a,b)$ 和自变量在 x 的增量 Δx，$x+\Delta x \in (a,b)$，对应的函数的增量为 $\Delta y = f(x+\Delta x) - f(x)$，当 $\Delta x > 0$ 时 $\Delta y > 0$，当 $\Delta x < 0$ 时 $\Delta y < 0$，故不论 Δx 是正是负，总有 $\frac{\Delta y}{\Delta x} > 0$，由极限的保号性，当然有

$$f'(x) = \lim_{\Delta x \to 0} \frac{\Delta y}{\Delta x} \geqslant 0.$$

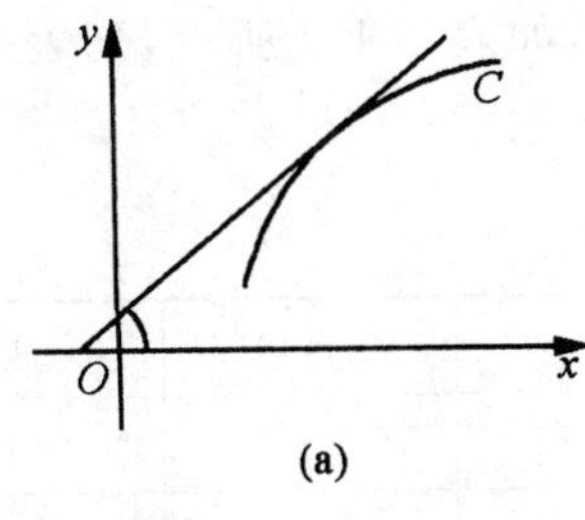

(a)

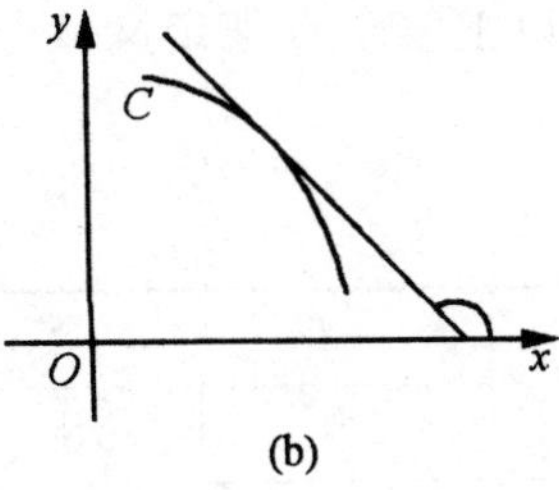

(b)

图 3-4-1

在 $f(x)$ 单调减少的情况下同样可证 $f'(x) \leqslant 0$．所以由可导函数 $f(x)$ 在 $[a,b]$ 上单调增加（减少）可以推出 $\forall x \in (a,b)$，$f'(x) \geqslant 0(\leqslant 0)$．

反之，如果 $f'(x) > 0$，$\forall x \in (a,b)$，则由拉格朗日中值定理，对任意的 $x_1, x_2 \in [a,b]$，$x_1 < x_2$，有

$$f(x_2) - f(x_1) = f(\xi)(x_2 - x_1), \xi \in (x_1, x_2).$$

由假设 $f'(\xi) > 0$，故 $f(x_2) - f(x_1) > 0$，即 $f(x_2) > f(x_1)$，所以 $f(x)$ 是单调增加的．

同理，如 $f'(x)<0, \forall x \in (a,b)$，则 $f(x)$ 在 $[a,b]$ 上单调减少，这就得到如下定理：

定理 3.4.1（判别函数单调性的条件） 设函数 $f(x)$ 在闭区间 $[a,b]$ 上连续，在开区间 (a,b) 内可导，则有：

(1) 若在区间 (a,b) 内导数 $f'(x)<0$，则函数 $f(x)$ 在区间 $[a,b]$ 上单调减少．

(2) 若在区间 (a,b) 内导数 $f'(x)>0$，则函数 $f(x)$ 在区间 $[a,b]$ 上单调增加．

在这里，需要注意如下两点：

(1) 定理中的闭区间 $[a,b]$ 如果换成其他类型区间时，其结论仍成立．

(2) 定理中的导数符号条件 $f'(x)<0$（或者 $f'(x)>0$）如果改成 $f'(x)\leqslant 0$（或者 $f'(x)\geqslant 0$），但等号只在有限个 x 点成立，定理中的结论仍然成立．

定义 3.4.1 若函数在其定义域的某个区间内是单调的，则该区间称为函数的单调区间．

下面将给出求解函数的单调区间的步骤：

(1) 找出函数单调区间可能的分界点：导数等于零的点和不可导点．

(2) 用可能的分界点将原区间划分为若干个小的区间．

(3) 对每一个小区间依次利用函数的导数的符号判断函数的单调性，进而确定函数的单调区间．

例 3.4.1 判断函数 $f(x)=xe^x$ 的单调性．

解：函数 $f(x)$ 的定义域为 $(-\infty,+\infty)$，函数的导数为

$$f'(x)=(x+1)e^x,$$

当 $x\in(-\infty,-1)$ 时，$f'(x)<0$，则函数在区间 $(-\infty,-1)$ 上是单调递减的；当 $x\in(-1,+\infty)$ 时，$f'(x)>0$，则函数在区间 $(-1,+\infty)$ 上是单调递增的．

例 3.4.2 确定函数 $y=\frac{3}{8}x^{\frac{8}{3}}-\frac{3}{2}x^{\frac{2}{3}}$ 的单调区间．

解：这个函数的定义域为 $(-\infty,+\infty)$，求导得

$$y'=x^{\frac{5}{3}}-x^{-\frac{1}{3}}=\frac{(x+1)(x-1)}{\sqrt[3]{x}}.$$

令 $y'=0$，得 $x=-1, x=1$. 当 $x=0$ 时，y' 不存在．

我们可以利用以上三个点把定义域分成小区间，如表 3-4-1 所示，列表考察各区间内 y' 的符号．

表 3-4-1

x	$(-\infty,1)$	-1	$(-1,0)$	0	$(0,1)$	1	$(1,+\infty)$
y'	$-$	0	$+$	不存在	$-$	0	$+$
y	↘		↗		↘		↗

所以，该函数的单调增加区间分别为 $(-1,0)$ 和 $(1,+\infty)$，单调减少区间分别为 $(-\infty,1)$ 和 $(0,1)$.

3.4.2 函数的极值及其判定

先从几何上看一看，由图 3-4-2 可见，函数单调增加到单调减小的转折点处的函数值较附近

其他点的函数值大,称其为极大值;同样,函数单调减少到单调增加的转折点处的函数值比附近其他点的函数值小,称其为极小值.极大值和极小值是函数的局部性质,就函数的全局来看,极大值不一定是函数在整个定义域上的最大值,极小值也不一定是最小值.在图3-4-2中,$f(x_2)$、$f(x_4)$是极大值,$f(x_1)$、$f(x_3)$、$f(x_5)$是极小值.

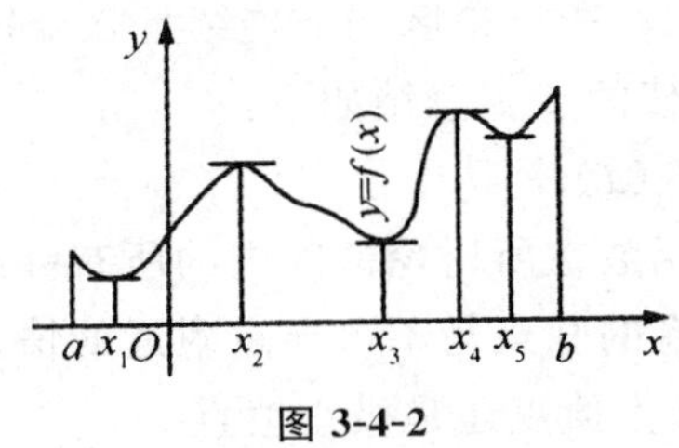

图 3-4-2

定义 3.4.2　设 $f(x)$ 在 x_0 的某一邻域 $(x_0-\delta,x_0+\delta)$ 内有定义,如果对任意 $x\in(x_0-\delta,x_0+\delta)$,恒有

$$f(x)<f(x_0)(\text{或 } f(x)>f(x_0))$$

成立,则称 $f(x_0)$ 为函数 $f(x)$ 的一个极大值(或极小值),x_0 称为函数 $f(x)$ 的极大值点(或极小值点.极大值和极小值统称为极值,极大值点和极小值点统称为极值点.

由图3-4-2可见,对于可导函数而言,在极值点处的切线是水平的.于是有如下定理:

定理 3.4.2(极值的必要条件)　若 $f(x)$ 在点 x_0 处取得极值,且在 x_0 处可导,则有 $f'(x_0)=0$.

该定理的证明与费马引理的证明相类似.

在这里,大家需要注意以下几点:

(1) 定理3.4.2所指出的是,对于可导函数,函数在一点取得极值的必要条件是函数在该点的导数为零,但条件不是充分的.例如 $y=x^3$ 在 $x=0$ 点的导数为零,但 $x=0$ 不是极值点.

(2) 我们称方程 $f'(x)=0$ 的实根为函数 $f(x)$ 的驻点.因此,可导函数的极值点一定是驻点,驻点不一定是极值点.

(3) 导数不存在的点也可能成为极值点.如 $y=|x|$ 在 $x=0$ 点不可导,但 $y=|x|$ 在 $x=0$ 点取得极小值.

综上所述,极值点一定是驻点或导数不存在的点,但驻点或导数不存在的点不一定是极值点.称驻点和导数不存在点为临界点.

接下来,我们来讨论如何确定函数在某点处是否取得极值,有如下三个重要定理:

定理 3.4.3(极值第一判别法)　设函数 $f(x)$ 在点 x_0 的某个领域 $U(x_0)$ 上连续,且在去心邻域 $\mathring{U}(x_0)$ 可导,则

(1) 如果在点 x_0 左侧 $f'(x)<0$,在点 x_0 右侧 $f'(x)>0$,则点 x_0 是 $f(x)$ 的极小值点.

(2) 如果在点 x_0 左侧 $f'(x)>0$,在点 x_0 右侧 $f'(x)<0$,则点 x_0 是 $f(x)$ 的极大值点.

(3) 如果在点 x_0 两侧 $f'(x)$ 同号,则点 x_0 不是 $f(x)$ 的极值点.

定理 3.4.4(极值第二判别法)　设函数 $f(x)$ 在点 x_0 处具有二阶导数,且 $f'(x_0)=0$,则

(1) 当 $f''(x_0)<0$ 时,$f(x)$ 在点 x_0 取得极大值.

(2) 当 $f''(x_0)>0$ 时,$f(x)$ 在点 x_0 取得极小值.

(3) 当 $f''(x_0)=0$ 时,则无法判定 $f(x)$ 是否在点 x_0 取得极值.

定理 3.4.5(极值第三判别法)　设函数 $f(x)$ 在点 x_0 的某个领域有 n 阶导数,且

$$f'(x_0)=f''(x_0)=\cdots=f^{(n-1)}(x_0)=0,f^{(n)}(x_0)\neq 0,$$

则当 n 是奇数时，x_0 不是极值点；当 n 是偶数时，x_0 是极值点，极大值或极小值判别如下：

(1) 当 $f^{(n)}(x_0)>0$ 时，$f(x)$ 在点 x_0 取得极小值．

(2) 当 $f^{(n)}(x_0)<0$ 时，$f(x)$ 在点 x_0 取得极大值．

通过上述讨论，我们可以将求在所讨论区间上连续且除个别点外处处可导的函数 $f(x)$ 在所讨论区间内的极值点和相应的极值的步骤总结如下：

(1) 求出函数 $f(x)$ 的导数 $f'(x)$.

(2) 由方程 $f'(x)=0$ 求出函数在所讨论区间内的所有驻点，且标出所有不可导的点．

(3) 考察 $f'(x)$ 的符号在所有的驻点与不可导点附近的情形，确定该点是否为极值点，如果是极值点，那么进一步确定其是极大值点还是极小值点．

(4) 求出极值．

例 3.4.3 求函数 $y=f(x)=x^4-2x^3$ 的极值．

解：所给函数的定义域为 $(-\infty,+\infty)$，对函数求导，可得

$$\begin{aligned}y'&=(x^4-2x^3)'\\&=4x^3-6x^2\\&=2x^2(2x-3),\end{aligned}$$

令 $y'=0$，可得驻点 $x_1=0,x_2=\frac{3}{2}$. 从而将函数的定义域分成如下三个部分区间：

(1) 在区间 $(-\infty,0)$ 内，$y'=2x^2(2x-3)<0$.

(2) 在区间 $\left(0,\frac{3}{2}\right)$ 内，$y'=2x^2(2x-3)<0$.

(3) 在区间 $\left(\frac{3}{2},+\infty\right)$ 内，$y'=2x^2(2x-3)>0$.

列表如表 3-4-2 所示．

表 3-4-2

x	$(-\infty,0)$	0	$\left(0,\frac{3}{2}\right)$	$\frac{3}{2}$	$\left(\frac{3}{2},+\infty\right)$
y'	$-$	0	$-$	0	$+$
y	↘		↘	极小值	↗

由上表可知，函数 $f(x)$ 的极小值为 $f\left(\frac{3}{2}\right)=\left(\frac{3}{2}\right)^3\left(\frac{3}{2}-2\right)=-\frac{27}{16}$，驻点 $x=0$ 不是极值点.

例 3.4.4 求函数 $f(x)=x^2+1-\ln x,(x>0)$ 的极值．

解：原函数在区间 $(0,+\infty)$ 上可导，其导数为

$$f'(x)=2x-\frac{1}{x}=\frac{2x^2-1}{x}$$

$$=2\,\frac{\left(x-\frac{\sqrt{2}}{2}\right)\left(x+\frac{\sqrt{2}}{2}\right)}{x}.$$

令 $f'(x)=0$,可解得 $x=\pm\frac{\sqrt{2}}{2}$,其中,$x=-\frac{\sqrt{2}}{2}$ 不在在区间 $(0,+\infty)$ 上,故而原函数的驻点为 $x_0=\frac{\sqrt{2}}{2}$. 在 $x_0=\frac{\sqrt{2}}{2}$ 的左侧有 $f'(x)<0$;在 $x_0=\frac{\sqrt{2}}{2}$ 的右侧有 $f'(x)>0$. 所以 $x_0=\frac{\sqrt{2}}{2}$ 是原函数的极小值点. 极小值为

$$
\begin{aligned}
f(x_0) &= x_0^2+1-\ln x_0 \\
&= \left(\frac{\sqrt{2}}{2}\right)^2+1-\ln\frac{\sqrt{2}}{2} \\
&= \frac{1}{2}+1-\ln\frac{\sqrt{2}}{2} \\
&= \frac{3}{2}-\ln\frac{\sqrt{2}}{2} \\
&= \frac{3}{2}-\ln\sqrt{2}+\ln 2 \\
&= \frac{3}{2}+\frac{\ln 2}{2}.
\end{aligned}
$$

3.5　函数最值及其应用

设函数 $f(x)$ 在区间 $[a,b]$ 上连续且在 (a,b) 内至多除有限个点外可导. 因为函数 $f(x)$ 在区间 $[a,b]$ 上连续,所以 $f(x)$ 在 $[a,b]$ 上一定有最大值与最小值(统称为最值). 若最值点 x_0 在区间 (a,b) 内,则 x_0 必定是 $f(x)$ 的局部最值点. 若 $f(x)$ 在 (a,b) 的任何子区间上不是常数,则最值点 x_0 必定是极值点. 而极值点必定是驻点或不可导点. 此外,最值点也可能在区间 $[a,b]$ 的端点上取得. 据此,我们将求连续函数 $f(x)$ 在区间 $[a,b]$ 上的最大值与最小值的方法总结如下:

(1) 求出 $f(x)$ 在 (a,b) 内的所有驻点及不可导点.

(2) 计算出 $f(x)$ 在所有驻点、不可导点、区间端点 a 与 b 的函数值.

(3) 比较(2) 中各值的大小,其中最大者就是最大值,最小者就是最小值.

在生产实践和科学实验中,常会遇到在一定条件下如何使得“产量最多”、“用料最省”、“成本最低”等问题,这类问题在数学上往往归结为求某一函数(通常称为目标函数)的最大值或最小值问题. 这类问题也称为最优化问题. 这些问题的目标函数 $f(x)$ 通常存在唯一的最值且具有下述特点:

$f(x)$ 在由实际问题确定的定义域(一个有限或无限的开或闭区间)内可导且只有一个驻点 x_0,并且这个驻点 x_0 是函数 $f(x)$ 的极值点,那么,当 $f(x_0)$ 是极大值时,$f(x_0)$ 就是 $f(x)$ 在该区间上的最大值;当 $f(x_0)$ 是极小值时,$f(x_0)$ 就是 $f(x)$ 在该区间上的最小值.

例 3.5.1　把边长为 $a$cm 的正方形纸板的四个角剪去四个相等的小正方形,如图 3-5-1(a) 所示,折成一个无盖盒子,如图 3-5-1(b) 所示,试问怎样做才能使盒子的容积最大?

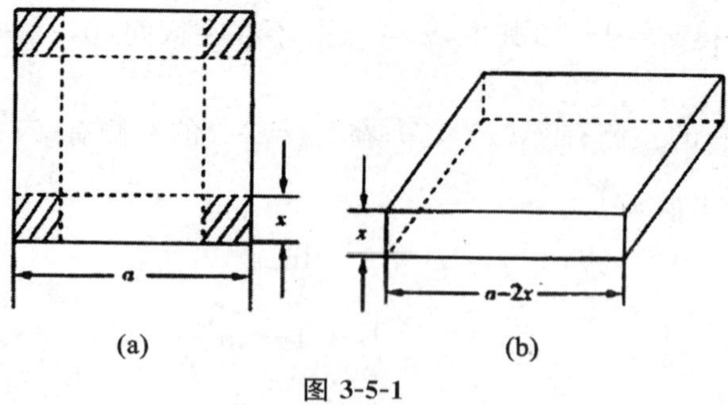

(a) (b)

图 3-5-1

解：设剪去的小正方形的边长为 x，则盒子的容积为

$$V = x(a-2x)^2, 0 < x < \frac{a}{2},$$

首先对 x 求导，可得

$$\begin{aligned} V' &= (x(a-2x)^2)' \\ &= (a-2x)^2 - 4x(a-2x) \\ &= (a-2x)(a-6x). \end{aligned}$$

令 $V' = 0$，求得定义域内的驻点为 $x = \frac{a}{6}, x = \frac{a}{2}$. 由于定义域为 $\left(0, \frac{a}{2}\right)$，所以在区间内只有一个驻点 $x = \frac{a}{6}$，即当四个角剪去边长为 $\frac{a}{6}$cm 的小正方形时，做成的纸盒的容积最大.

例 3.5.2 从半径为 R 的圆上剪下一个中心角为 α 的扇形，并把这个扇形卷成一个圆锥面，设圆锥的体积为 V，确定 α 的取值使 V 最大，并求出 V 的最大值.

解：如图 3-5-2 所示，设圆锥的底半径为 r，高为 h，则

$$V = \frac{\pi}{3} r^3 h.$$

由扇形和圆锥面的关系可得

$$r^2 + h^2 = R^2.$$

扇形的弧长 $\widehat{AB} = R\alpha$ 应等于圆锥底面圆的周长，故而

$$R\alpha = 2\pi r,$$

即

$$r = \frac{R\alpha}{2\pi}.$$

从而有

$$\begin{aligned} h &= \sqrt{R^2 - r^2} \\ &= \sqrt{R^2 - \frac{R^2\alpha^2}{4\pi^2}} \\ &= \frac{R}{2\pi}\sqrt{4\pi^2 - \alpha^2}. \end{aligned}$$

由此可得

$$V=V(\alpha)=\frac{\pi}{3}r^3h$$
$$=\frac{\pi}{3}\cdot\left(\frac{R\alpha}{2\pi}\right)^3\cdot\frac{R}{2\pi}\sqrt{4\pi^2-\alpha^2}$$
$$=\frac{R^3\alpha^2}{24\pi^2}\sqrt{4\pi^2-\alpha^2}.$$

分析可知,函数 $V(\alpha)$是定义在开区间$(0,2\pi)$上的可导函数,其导数为

$$V'(\alpha)=\frac{R^3}{24\pi^2}\left[2\alpha\sqrt{4\pi^2-\alpha^2}+\alpha^2\frac{1}{2\sqrt{4\pi^2-\alpha^2}}(-2\alpha)\right]$$
$$=\frac{R^3}{24\pi^2}\left(2\alpha\sqrt{4\pi^2-\alpha^2}-\frac{\alpha^3}{\sqrt{4\pi^2-\alpha^2}}\right)$$
$$=\frac{R^3}{24\pi^2}\cdot\frac{8\pi^2-3\alpha^2}{\sqrt{4\pi^2-\alpha^2}}.$$

由于函数 $V(\alpha)$在区间$(0,2\pi)$上没有不可导点,由

$$V'(\alpha)=\frac{R^3}{24\pi^2}\cdot\frac{8\pi^2-3\alpha^2}{\sqrt{4\pi^2-\alpha^2}}=0$$

可得其唯一的驻点为 $\alpha_0=\sqrt{\frac{8\pi^2}{3}}=\frac{2\sqrt{6}}{3}\pi$. 不难判定 $V(\alpha_0)$是函数 $V(\alpha)$在区间$(0,2\pi)$上的最大值.

将 $\alpha_0=\sqrt{\frac{8\pi^2}{3}}=\frac{2\sqrt{6}}{3}\pi$ 代入 $V(\alpha)$可求得圆锥体的最大体积

$$V(\alpha_0)=\frac{R^3\alpha_0^2}{24\pi^2}\sqrt{4\pi^2-\alpha_0^2}$$
$$=\frac{R^3}{24\pi^2}\cdot\frac{8\pi^2}{3}\sqrt{4\pi^2-\frac{8}{3}\pi^2}$$
$$=\frac{R^3}{9}\sqrt{\frac{4}{3}}\pi$$
$$=\frac{2\sqrt{3}}{27}\pi R^3.$$

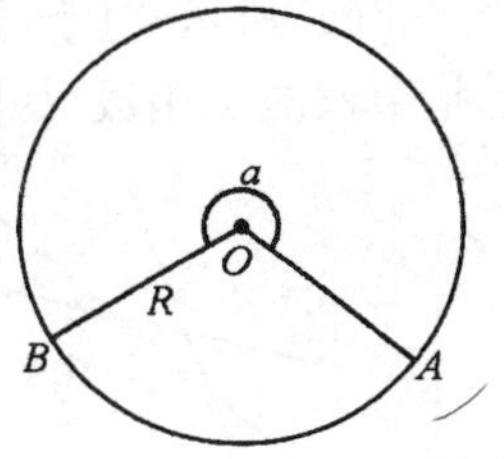

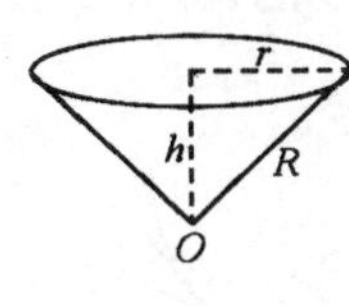

图 3-5-2

3.6 曲线的凹凸性与函数图形的描绘

3.6.1 曲线的凹凸性与拐点

1. 曲线的凹凸性

函数的单调性反映在图形上，就是曲线的上升或下降，但是如何上升，如何下降呢？如图 3-6-1 中的两条曲线弧，虽然都是单调上升的，但是却有明显不同．图 3-6-1(a) 中的图形上任意弧段位于所张弦的下方，曲线是向上凹的；而图 3-6-1(b) 中的图形上任意弧段位于所张弦的上方，曲线则是向上凸的．下面我们就来讨论函数所对应图形的凹凸性．

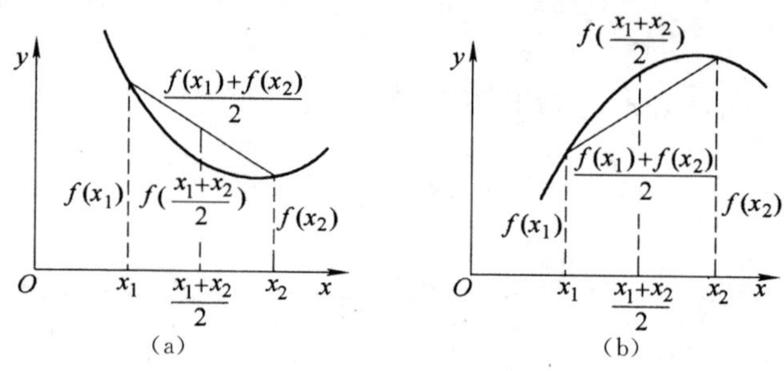

图 3-6-1

首先，我们给出凹凸性的定义．

定义 3.6.1 设函数 $f(x)$ 在区间 (a,b) 内连续，如果对 (a,b) 上任意两点 x_1,x_2，恒有

$$f\left(\frac{x_1+x_2}{2}\right)<\frac{f(x_1)+f(x_2)}{2},$$

则称函数 $f(x)$ 在区间 (a,b) 上的图形是凹的；如果对 (a,b) 上任意两点 x_1,x_2，恒有

$$f\left(\frac{x_1+x_2}{2}\right)>\frac{f(x_1)+f(x_2)}{2},$$

则称函数 $f(x)$ 在区间 (a,b) 上的图形是凸的．

曲线的凹凸具有明显的几何意义，对于凹曲线，当 x 逐渐增加时，其上每一点切线的斜率是逐渐增加的，即导函数 $f'(x)$ 是单调增加函数，如图 3-6-2(a) 所示；对于凸曲线，当 x 逐渐增加时，其上每一点切线的斜率是逐渐减少的，即导函数 $f'(x)$ 是单调减少函数，如图 3-6-2(b) 所示．

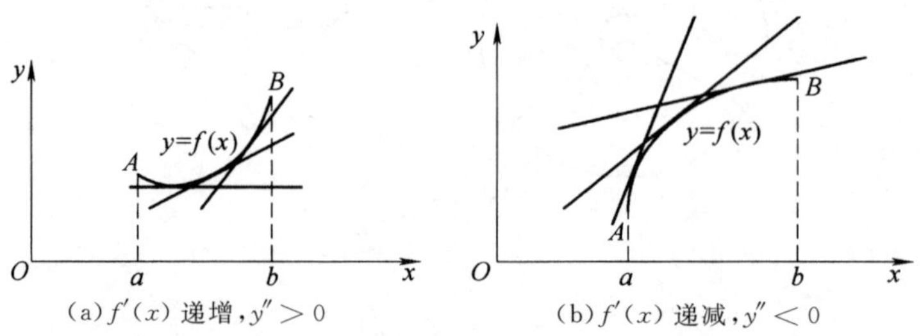

图 3-6-2

综上所述，通常我们可以用函数的二阶导数的符号来判定函数曲线的凹凸性．

定理 3.6.1 设函数 $y=f(x)$ 在区间 $[a,b]$ 上连续，在区间 (a,b) 内二阶可导，则

(1) 如果在区间 (a,b) 内 $f''(x)>0$，则曲线 $y=f(x)$ 在区间 $[a,b]$ 上是凹的．

(2) 如果在区间 (a,b) 内 $f''(x)<0$，则曲线 $y=f(x)$ 在区间 $[a,b]$ 上是凸的．

证明：下面我们只针对(1)进行证明，(2)类似的可以证明．

设 x_1, x_2 为区间 (a,b) 内任意两点，不妨设 $x_1<x_2$，记

$$x_0=\frac{x_1+x_2}{2},$$

同时记

$$x_2-x_0=x_0-x_1=h,$$

根据拉格朗日定理可得

$$f(x_2)-f(x_0)=f'(\xi_2)h, \xi_2 \in (x_0, x_2),$$
$$f(x_0)-f(x_1)=f'(\xi_1)h, \xi_1 \in (x_1, x_0).$$

两式相减可得

$$f(x_2)+f(x_1)-2f(x_0)=[f'(\xi_2)-f'(\xi_1)]h. \tag{3.6.1}$$

在区间 (ξ_1, ξ_2) 上对 $f'(x)$ 使用拉格朗日中值定理，可得

$$f'(\xi_2)-f'(\xi_1)=f''(\xi)(\xi_2-\xi_1). \tag{3.6.2}$$

将式(3.6.2)代入(3.6.1)中可得

$$f(x_2)+f(x_1)-2f(x_0)=f''(\xi)(\xi_2-\xi_1)h.$$

由于

$$f''(\xi)>0,$$

且

$$\xi_2>\xi_1,$$

因此

$$f(x_2)+f(x_1)-2f(x_0)>0,$$

即

$$f\left(\frac{x_1+x_2}{2}\right)<\frac{f(x_1)+f(x_2)}{2}.$$

所以曲线 $y=f(x)$ 在区间 $[a,b]$ 上是凹的．

例 3.6.1　求曲线弧 $y=\sqrt[3]{x}$ 的凹凸区间．

解：有分析可知，函数 $y=\sqrt[3]{x}$ 在区间 $(-\infty,+\infty)$ 上连续且可导．而

$$y'=\frac{1}{3}x^{-\frac{2}{3}}.$$

当 $x=0$ 时，y'' 不存在，当 $x\neq 0$ 时

$$y''=-\frac{2}{9}x^{-\frac{5}{3}}=-\frac{2}{9\sqrt[3]{x^5}}.$$

综上所述，$x=0$ 将函数 $y=\sqrt[3]{x}$ 的定义域分为 $(-\infty,0)$，$(0,+\infty)$．通过分析可知，在 $(-\infty,0)$ 上，$y''>0$；在 $(0,+\infty)$ 上，$y''<0$．所以，曲线弧 $y=\sqrt[3]{x}$ 的凹区间为 $(-\infty,0)$，凸区间为 $(0,+\infty)$．

2．曲线的拐点

定义 3.6.2　一条处处具有切线的连续曲线 $y=f(x)$ 的向上凹或者向上凸的分界点

$(x_0, f(x_0))$称为曲线的拐点．

我们通常利用以下定理来判定拐点：

定理 3.6.2 (1) 设函数 $y=f(x)$ 在点 x_0 处存在二阶导数，则$(x_0, f(x_0))$是曲线 $y=f(x)$ 的拐点的必要条件是 $f''(x_0)=0$.

(2) 设函数 $y=f(x)$ 在点 x_0 处存在二阶导数，同时，$f''(x_0)=0$ 且 $f''(x)$ 在点 x_0 的两侧变号，则$(x_0, f(x_0))$是曲线 $y=f(x)$ 的拐点．

证明：(1) 这里只证二阶导数连续的情形．用反证法，假设 $f''(x_0)\neq 0$，为了明确起见，不妨设 $f''(x_0)>0$. 由 $f''(x)$ 的连续性，在 x_0 的某邻域内，将有 $f''(x)>0$. 这样由定理 3.6.1 知，在该邻域内曲线向上凹，这与点$(x_0, f(x_0))$是曲线的拐点相矛盾．所以必须有 $f''(x_0)=0$.

(2) 由拐点的定义和凹凸性的判别法，不难推得(2) 的正确性．

通常，定理 3.6.2 的(1) 称为拐点的必要条件；(2) 称作拐点的充分条件．

函数的拐点与函数的凹凸性是密切相关的，只要求出了曲线凹凸区间就可以确定曲线的拐点．在这里，我们将确定函数 $y=f(x)$ 的凹凸区间与拐点的步骤总结如下：

(1) 确定函数 $y=f(x)$ 的定义域，求出 $f'(x), f''(x)$.

(2) 求出函数 $y=f(x)$ 的定义域内方程 $f''(x)=0$ 的实根以及 $f''(x)$ 不存在的点，并将其按从小到大的顺序排列为 $x_1, x_2, \cdots x_n$，进而将函数 $y=f(x)$ 的定义域分成若干区间．

(3) 对应每个分区间，确定 $f''(x)$ 的符号，若 $f''(x)>0$，则该区间对应的曲线弧是凹弧；若 $f''(x)<0$，则该区间对应的曲线弧是凸弧．

(4) 若计 x_i 为上述各点，若在 x_i 的两侧 $f''(x)$ 异号，则$(x_i, f(x_i))$为对应曲线弧的拐点；若在 x_i 的两侧 $f''(x)$ 同号，则$(x_i, f(x_i))$不是对应曲线弧的拐点．

例 3.6.2 求曲线 $y=3x^4-4x^3+1$ 的拐点及凹凸区间．

解：函数定义域为$(-\infty, +\infty)$，易得

$$y'=12x^3-12x^2,$$

$$y'=36x\left(x-\frac{2}{3}\right).$$

令 $y''=0$，得 $x_1=0, x_2=\frac{2}{3}$. 如表 3-6-1 所示，列表讨论．

表 3-6-1

x	$(-\infty,0)$	0	$\left(0,\frac{2}{3}\right)$	$\frac{2}{3}$	$\left(\frac{2}{3},+\infty\right)$
$f''(x)$	$+$	0	$-$	0	$+$
$f(x)$	凹	拐点$(0,1)$	凸	拐点$\left(\frac{2}{3},\frac{11}{27}\right)$	凹

由表 3-6-1 可以看出，曲线的凹区间为$(-\infty,0)$、$\left(\frac{2}{3},+\infty\right)$，凸区间为$\left(0,\frac{2}{3}\right)$，拐点为$(0,1)$和$\left(\frac{2}{3},\frac{11}{27}\right)$.

3.6.2　曲线的渐近线

为了进一步描述曲线在接近无穷远处的形态，现引入渐近线的概念.

定义 3.6.3　若曲线 C 上的点 P 沿着曲线无限地远离原点 O 时，点 P 与某一定直线 L 的距离趋于零，则称直线 L 为曲线 C 的渐近线.

通常根据图形的倾斜程度，把曲线 $C: y = f(x)$ 的渐近线分为如下三类：

(1) 若 $\lim\limits_{x \to x_0^-} f(x) = \infty$ 或 $\lim\limits_{x \to x_0^+} f(x) = \infty$，则称直线 $x = x_0$ 为曲线 $C: y = f(x)$ 的铅直渐近线.

(2) 若 $\lim\limits_{x \to -\infty} f(x) = b$ 或 $\lim\limits_{x \to +\infty} f(x) = b$，则称直线 $y = b$ 为曲线 $C: y = f(x)$ 的水平渐近线.

(3) 若 $\lim\limits_{x \to -\infty} [f(x) - (ax + b)] = 0$ 或 $\lim\limits_{x \to +\infty} [f(x) - (ax + b)] = 0$，其中 $a(a \neq 0)$ 和 b 是常数，则称直线 $y = ax + b$ 是曲线 $C: y = f(x)$ 的斜渐近线，如图 3-6-3 所示.

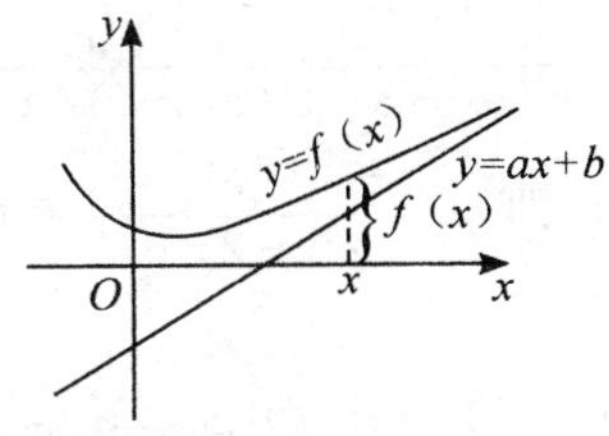

图 3-6-3

需要注意的是，若(1) 中的极限过程改为 $x \to x_0$，(2) 或(3) 中的极限过程改为 $x \to \infty$ 时仍存在同样的极限，则原来条件显然都成立，因此仍分别得到该类的渐近线.

从定义可知，$x = x_0$ 为曲线的铅直渐近线的充分必要条件是 $f(x)$ 为 $x \to x_0$、x_0^+ 或 x_0^- 时的无穷大量；直线 $y = b$ 为曲线的水平渐近线的充分必要条件是 $f(x)$ 当 $x \to \infty$、$-\infty$ 或 $+\infty$ 时以 b 为极限. 因此，铅直渐近线和水平渐近线分别为无穷大量和上述以 b 为极限的函数提供了几何解释.

下面，我们来讨论怎样来判断曲线 $C: y = f(x)$ 是否有斜渐近线，并且讨论在有斜渐近线 $y = ax + b(a \neq 0)$ 的情况下，又怎样来确定常数 a 和 b.

若 $y = ax + b(a \neq 0)$ 为曲线 $C: y = f(x)$ 的渐近线，不妨假定

$$\lim_{x \to \infty} [f(x) - (ax + b)] = 0. \tag{3.6.3}$$

由于下面推导过程与结论对于 $x \to \infty$、$x \to -\infty$ 或 $x \to +\infty$ 三种情形完全类似，所以不妨设 $x \to \infty$，于是

$$\lim_{x \to \infty} [f(x) - ax] = b.$$

因为 x 为无穷大量，所以有

$$\lim_{x \to \infty} \left[\frac{f(x)}{x} - a\right] = \lim_{x \to \infty} \frac{1}{x} [f(x) - ax] = \lim_{x \to \infty} \frac{b}{x} = 0,$$

即

$$a = \lim_{x \to \infty} \frac{f(x)}{x}. \tag{3.6.4}$$

由(3.6.4) 求出以后，将它代入(3.6.3) 即可确定 b，即

$$b = \lim_{x \to \infty} [f(x) - ax]. \tag{3.6.5}$$

反过来,如果我们能从(3.6.4)和(3.6.5)求出 a 和 b,则 $y=ax+b$ 就是曲线 $C:y=f(x)$ 的渐近线.

例 3.6.3 求函数 $f(x)=\dfrac{\sin x}{x}$ 的水平渐近线.

解:由于

$$\lim_{x\to\infty}\frac{\sin x}{x}=0,$$

那么 $y=0$ 是函数 $f(x)=\dfrac{\sin x}{x}$ 的水平渐近线.

例 3.6.4 求 $y=\dfrac{x^3}{x^2+2x-3}$ 的铅直渐近线.

解:因为

$$y=\frac{x^3}{x^2+2x-3}=\frac{x^3}{(x+3)(x-1)},$$

所以,当 $x\to-3$ 和 $x\to1$ 时,$y\to\infty$,即 $y=\dfrac{x^3}{x^2+2x-3}$ 有两条铅直渐近线,分别是 $x=-3$ 和 $x=1$.

例 3.6.5 求函数 $f(x)=\dfrac{2(x-2)(x+3)}{x-1}$ 的渐近线.

解:函数的定义域为 $(-\infty,1)\cup(1,+\infty)$,因为

$$\lim_{x\to1^+}f(x)=-\infty,$$
$$\lim_{x\to1^-}f(x)=+\infty.$$

所以,$x=1$ 是 $f(x)=\dfrac{2(x-2)(x+3)}{x-1}$ 的铅垂渐近线.

又因为

$$\lim_{x\to\infty}\frac{f(x)}{x}=\lim_{x\to\infty}\frac{2(x-2)(x+3)}{x(x-1)}=2,$$

且

$$\lim_{x\to\infty}\left[\frac{2(x-2)(x+3)}{x-1}-2x\right]=\lim_{x\to\infty}\frac{2(x-2)(x+3)-2x(x-1)}{x-1}=4.$$

所以直线 $y=2x+4$ 是曲线 $f(x)=\dfrac{2(x-2)(x+3)}{x-1}$ 的一条斜渐近线,如图 3-6-4 所示.

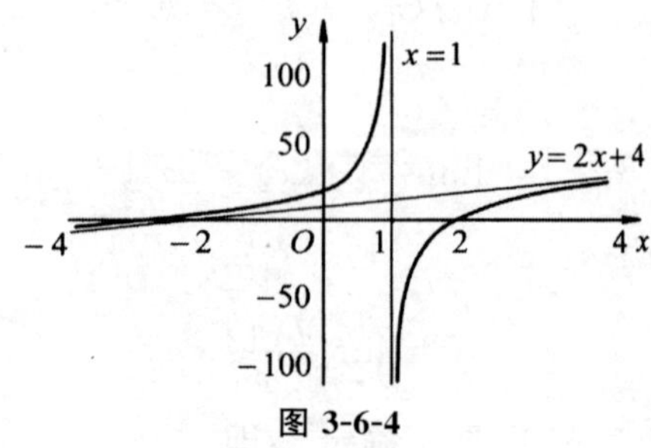

图 3-6-4

3.6.3　函数图形的描绘

知道了函数的单调性、凹凸性与极值点、拐点以及曲线的延伸情况等信息就可以描绘函数的图形．接下来，我们就来讨论如何描绘函数图形的问题．

作函数图形的一般步骤如下：

(1) 确定函数 $y=f(x)$ 的定义域、奇偶性、周期性和有界性等．

(2) 求出一阶导数 $f'(x)$ 和二阶导数 $f''(x)$ 在定义域内的全部零点及一阶导数与二阶导数不存在的点，用这些点把定义域划分成几个子区间，同时算出 $f(x)$ 在这些点的值．

(3) 确定在这些子区间内 $f'(x)$ 和 $f''(x)$ 的符号，并由此确定函数图形的升降与凹凸性，极值点与拐点．

(4) 确定函数图形的渐近线．

(5) 根据以上讨论在平面坐标系上描出相应点(极限点、拐点等)，作出函数的图形．为了把函数图形作得更准确些，必要时还要补充一些点，如图形与坐标轴的交点．

(6) 用平滑曲线连接上述各点．

例 3.6.6　作出函数 $y=\frac{1}{\sqrt{2\pi}}\mathrm{e}^{-\frac{x^2}{2}}$ 的图形．

解：(1) 所给函数 $y=f(x)=\frac{1}{\sqrt{2\pi}}\mathrm{e}^{-\frac{x^2}{2}}$ 的定义域为 $(-\infty,+\infty)$．由于

$$f(-x)=\frac{1}{\sqrt{2\pi}}\mathrm{e}^{-\frac{x^2}{2}}=\frac{1}{\sqrt{2\pi}}\mathrm{e}^{-\frac{x^2}{2}}=f(x),$$

所以 $f(x)$ 为一个偶函数，它的图形关于 y 轴对称，故而只需讨论该函数在区间 $[0,+\infty)$ 上的图形，求导可得

$$\begin{aligned}y'=f'(x)&=\left(\frac{1}{\sqrt{2\pi}}\mathrm{e}^{-\frac{x^2}{2}}\right)'\\&=\frac{1}{\sqrt{2\pi}}\mathrm{e}^{-\frac{x^2}{2}}\cdot(-x)\\&=-\frac{1}{\sqrt{2\pi}}x\mathrm{e}^{-\frac{x^2}{2}},\end{aligned}$$

$$\begin{aligned}y''&=\left(-\frac{1}{\sqrt{2\pi}}x\mathrm{e}^{-\frac{x^2}{2}}\right)'\\&=-\frac{1}{\sqrt{2\pi}}\left[\mathrm{e}^{-\frac{x^2}{2}}+x\mathrm{e}^{-\frac{x^2}{2}}\cdot(-x)\right]\\&=\frac{1}{\sqrt{2\pi}}\mathrm{e}^{-\frac{x^2}{2}}(x^2-1).\end{aligned}$$

(2) 在 $[0,+\infty)$ 上 $f'(x)$ 的零点为 $x=0$；$f''(x)$ 的零点为 $x=1$．用 $x=1$ 将区间 $[0,+\infty)$ 划分成两个子区间 $[0,1]$ 和 $[1,+\infty)$．

(3) 在区间 $(0,1)$ 内，$f'(x)<0$，$f''(x)<0$，所以在区间 $[0,1]$ 上的曲线弧是下降而且上凸的．结合 $f'(0)=0$ 以及图形关于 y 轴对称可知，点 $x=0$ 处的函数值 $f(0)$ 是函数 $f(x)$ 的一个极大值．

在区间 $(1,+\infty)$ 内，$f'(x)<0$，$f''(x)>0$，所以在区间 $[1,+\infty)$ 上的曲线弧是下降而且下

凸的．

上述讨论结果可以列成如表 3-6-2 所示的函数形态表．

表 3-6-2

x	0	(0,1)	1	(1,+∞)
y'	0	负值	负值	负值
y''	负值	负值	0	正值
$y=f(x)$ 的图形	极大值	单调减 上凸	拐点	单调减 下凸

(4) 由于

$$\lim_{x\to+\infty} y = \lim_{x\to+\infty} f(x) = \lim_{x\to+\infty} \frac{1}{\sqrt{2\pi}} e^{-\frac{x^2}{2}} = 0,$$

所以，直线 $y=0$ 是原函数图形的一条水平渐近线．

(5) 计算 $f(0)=-\frac{1}{\sqrt{2\pi}}$，$f(1)=\frac{1}{\sqrt{2\pi e}}$，从而得到函数 $f(x)=\frac{1}{\sqrt{2\pi}}e^{-\frac{x^2}{2}}$ 的图形上的两点 $M_1\left(0,-\frac{1}{\sqrt{2\pi}}\right)$ 和 $M_2\left(1,\frac{1}{\sqrt{2\pi e}}\right)$．

再补充一点，由 $f(2)=\frac{1}{\sqrt{2\pi}\,e^2}$ 可得 $M_3\left(2,\frac{1}{\sqrt{2\pi}\,e^2}\right)$ 也是原函数的图形上的一点．

(6) 根据以上讨论进行描点连线，画出函数 $y=\frac{1}{\sqrt{2\pi}}e^{-\frac{x^2}{2}}$ 在 $[0,+\infty)$ 上的图形后，利用图形关于 y 轴对称的性质，作出函数在 $(-\infty,0]$ 上的图形．如图 3-6-5 所示．

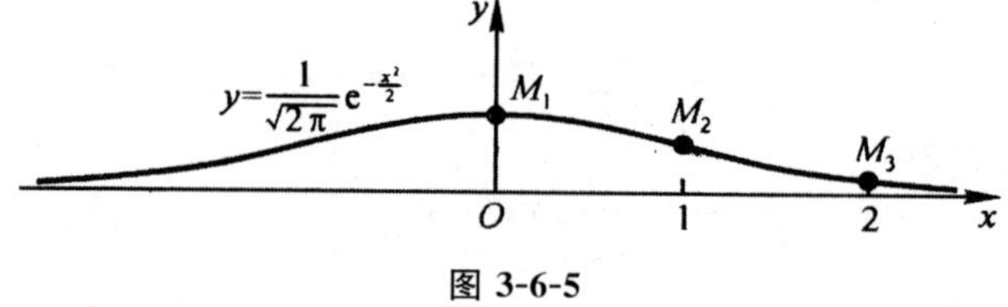

图 3-6-5

3.7 曲率

我们知道，梁在外力（载荷）的作用下要产生弯曲变形，弯曲程度超过梁的承载能力就会发生断裂．在线材加工和模具制作时，也经常需要研究曲线的弯曲程度．为此，就需要定义曲率这个量来刻画曲线的弯曲程度．观察一族同心圆可以发现，当所对的圆心角相同时，圆弧段的弯曲程度越大，它的长度越短；另一方面，当弧长相同时，圆弧段的弯曲程度越大，它所对的圆心角越大．而圆弧对应的圆心角等于弧的一端切线到另一端切线所转过的角度．由此可见，曲线的弯曲程度与曲线的弧长有关，也与弧端切线转过的角度有关．下面，我们将引进曲线弧长的概念，再导出弧微分（弧长函数的微分）公式，然后借助弧微分公式得到曲率公式．

3.7.1　弧微分

设函数 $y=f(x)$ 在区间 (a,b) 上具有连续导数．在曲线 $y=f(x)$ 上取定点 $M(x_0,f(x_0))$ 作为计算弧长的起点，如图 3-7-1 所示，对于曲线上任一点 $P(x,f(x))$，弧 $\overset{\frown}{MP}$ 的长度为 x 的函数 $s=s(x)$．我们规定，当 P 在点 M 的右侧 $(x>x_0)$ 时，$s=s(x)$ 为正；当 P 在点 M 的左侧 $(x<x_0)$ 时，$s=s(x)$ 为负．所以弧长函数 $s=s(x)$ 为 x 的单调增加函数．

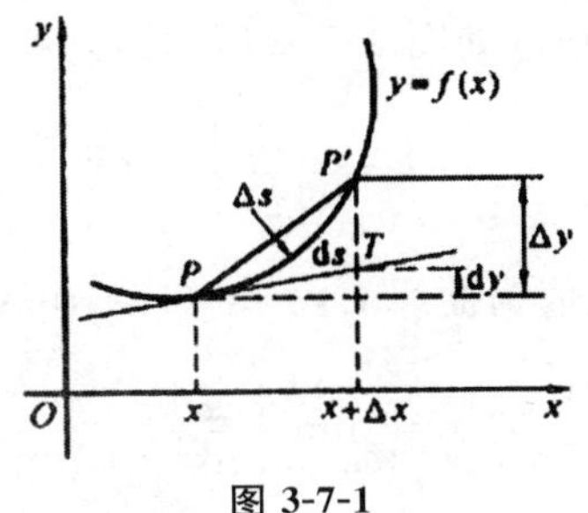

图 3-7-1

设 $x,x+\Delta x$ 为区间 (a,b) 上两个邻近的点，它们在曲线 $y=f(x)$ 上的对应点为 P,P'，并且设对应 x 的增量 Δx，弧 s 的增量为 Δs，则

$$\Delta s=s(x+\Delta x)-s(x).$$

当 P 与 P' 充分接近时，弧 $\overset{\frown}{PP'}$ 的长度 Δs 则可近似地用弧 $\overset{\frown}{PP'}$ 所对应的弦 PP' 的长度 $|PP'|$ 来代替，并且

$$\lim_{P'\to P}\frac{\Delta s}{|PP'|}=1.$$

由于

$$|PP'|^2=(\Delta x)^2+(\Delta y)^2,$$

$$\left(\frac{\Delta s}{\Delta x}\right)^2=\left(\frac{\Delta s}{|PP'|}\right)^2\left(\frac{|PP'|}{\Delta x}\right)^2=\left(\frac{\Delta s}{|PP'|}\right)^2\left[1+\left(\frac{\Delta y}{\Delta x}\right)^2\right].$$

当 $\Delta x\to 0$ 时，$P'\to P$，因此上式两端令 $\Delta x\to 0$ 取极限可得

$$\left(\frac{\mathrm{d}s}{\mathrm{d}x}\right)^2=1+(y')^2.$$

从而得到弧长微分公式

$$\mathrm{d}s=\sqrt{1+(y')^2}\,\mathrm{d}x.$$

由于 $s(x)$ 为 x 的单调增加函数，$\mathrm{d}s$ 与 $\mathrm{d}x$ 同号，所以上式根号前取正号．上式可以写成微分三角关系

$$\mathrm{d}s^2=\mathrm{d}x^2+\mathrm{d}y^2.$$

不难验证，当曲线为参数方程 $\begin{cases}x=\varphi(t)\\y=\psi(t)\end{cases}$，$\alpha\leqslant t\leqslant\beta$ 时，弧微分公式为

$$\mathrm{d}s=\sqrt{[\varphi'(t)]^2+[\psi'(t)]^2}\,\mathrm{d}t,$$

当曲线为极坐标方程 $r=r(\theta)\,(\alpha\leqslant\theta\leqslant\beta)$ 时，弧微分公式为

$$\mathrm{d}s=\sqrt{[r(\theta)]^2+[r'(\theta)]^2}\,\mathrm{d}\theta.$$

3.7.2 曲率及其计算

我们知道，对圆而言，在圆心角相同时，圆弧段的弯曲程度随着弧段的长度增加而减弱，在弧长相同时，圆弧段的弯曲程度随着端点处切线的转角增加而增强．事实上，这一结论对一般曲线也成立．下面，我们给出曲率的定义．

定义 3.7.1 若曲线 $C:y=f(x)$ 上由点 M 到点 M' 的弧长为 Δs，曲线在点 M 处的切线到点 M' 处的切线所转过的角度为 $|\Delta\alpha|$（如图 3-7-2 所示），则称 $\left|\frac{\Delta\alpha}{\Delta s}\right|$ 为弧 $\widehat{MM'}$ 的平均曲率．记作

$$\bar{k}=\left|\frac{\Delta\alpha}{\Delta s}\right|.$$

当极限 $\lim\limits_{\Delta s\to 0}\left|\frac{\Delta\alpha}{\Delta s}\right|$ 存在时，称此极限值为曲线 $C:y=f(x)$ 在 M 点的曲率，记作 $k(M)$ 或 k，即

$$k=\lim_{\Delta s\to 0}\left|\frac{\Delta\alpha}{\Delta s}\right|.$$

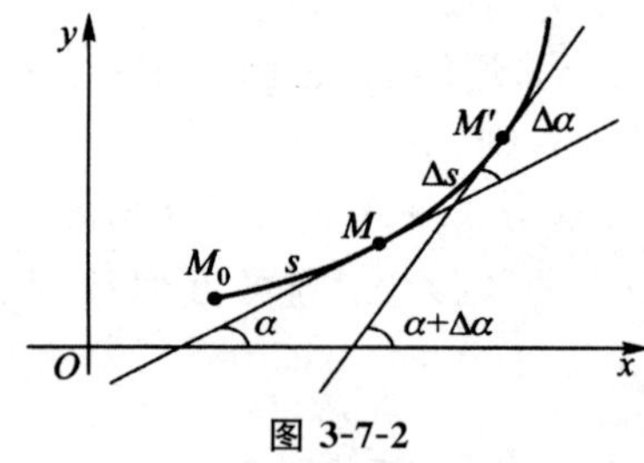

图 3-7-2

根据上面的定义，当 $C:y=f(x)$ 是直线时，其上任一点的切线就是直线自身，于是点 M 处切线到点 M' 处的切线所转过的角度 $|\Delta\alpha|=0$，从而其曲率 $k=0$；而当 $C:y=f(x)$ 是半径为 R 的圆时，若从点 M 处的切线到点 M' 处的切线所转过的角度为 $|\Delta\alpha|$，那么由 M 到 M' 的圆弧 $|\Delta s|=|R\Delta\alpha|$，于是圆弧的曲率

$$k=\lim_{\Delta s\to 0}\left|\frac{\Delta\alpha}{\Delta s}\right|=\frac{1}{R},$$

是一个是常值．这正好和我们的直觉相符合，即直线是不弯曲的，而圆在每一点的弯曲程度都一样，且当半径越小时，弯曲程度就越大．

对一般的曲线 $C:y=f(x), x\in(a,b)$，若它在 M 点处切线的倾角为 α，那么相应的切线所转过的角度为 $|\Delta\alpha|$，从而当 $\lim\limits_{\Delta s\to 0}\frac{\Delta\alpha}{\Delta s}$ 存在时，就有

$$k=\left|\lim_{\Delta s\to 0}\frac{\Delta\alpha}{\Delta s}\right|=\left|\frac{\mathrm{d}\alpha}{\mathrm{d}s}\right|.$$

当 $y=f(x)$ 在 (a,b) 内有二阶导数时，由于 $\alpha=\arctan y'$，故

$$\mathrm{d}\alpha=\frac{y''}{1+(y')}\mathrm{d}x,$$

于是就得到曲率公式

$$k=\left|\frac{\mathrm{d}\alpha}{\mathrm{d}s}\right|=\left|\frac{y''}{(1+(y')^2)^{\frac{3}{2}}}\right|.$$

不难验证，当曲线方程由参数方程 $\begin{cases}x=\varphi(t)\\ y=\psi(t)\end{cases}$，$\alpha\leqslant t\leqslant\beta$ 给出时，曲率 k 的计算公式为

$$k=\frac{|\varphi'(t)\psi''(t)-\varphi''(t)\psi'(t)|}{(\sqrt{\varphi'(t)^2+\psi'(t)^2})^3}.$$

当曲线由极坐标方程 $r=r(\theta),\alpha\leqslant\theta\leqslant\beta$ 给出时,曲率 k 的计算公式为

$$k=\frac{|r(\theta)^2+2r'(\theta)^2-r''(\theta)r(\theta)|}{(\sqrt{r(\theta)^2+r'(\theta)^2})^3}.$$

例 3.7.1　计算双曲线 $xy=1$ 在点 $M(1,1)$ 处的曲率 .

解:如图 3-7-3 所示,将曲线方程表示为 $y=\dfrac{1}{x}$,则

$$y'=\left(\frac{1}{x}\right)'=-\frac{1}{x^2},$$

$$y''=\left(-\frac{1}{x^2}\right)'=\frac{2}{x^3},$$

将坐标代入计算可得,在点 $M(1,1)$ 处 $y'=-1,y''=2$. 代入直角坐标系下曲率的计算公式可得,曲线 $xy=1$ 在点 $M(1,1)$ 处的曲率为

$$k=\frac{|y''|}{(\sqrt{1+y'^2})^3}=\frac{\sqrt{2}}{2}.$$

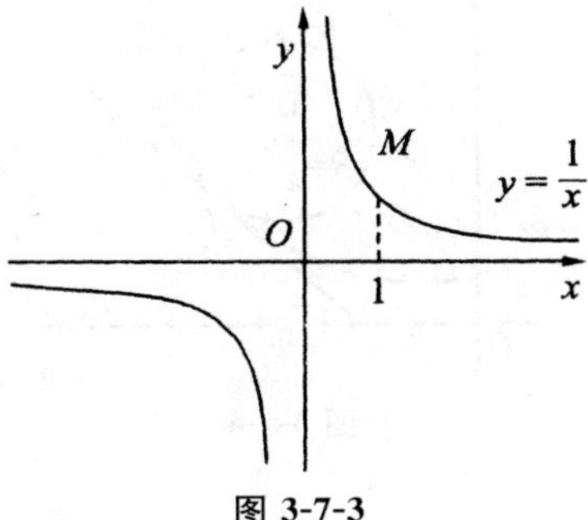

图 3-7-3

例 3.7.2　求旋轮线

$$\begin{cases}x=a(t-\sin t)\\y=a(1-\cos t)\end{cases},a>0$$

在顶点 $(\pi a,2a)$ 处的曲率 .

解:在顶点处,对应 $t=\pi$,根据参数式函数求导法,则有

$$\frac{\mathrm{d}y}{\mathrm{d}x}=\cot\frac{t}{2},$$

$$\frac{\mathrm{d}^2y}{\mathrm{d}x^2}=-\frac{1}{4a}\cdot\frac{1}{\sin^4\dfrac{t}{2}},$$

而

$$[1+(y')^2]^{\frac{3}{2}}=\left(\csc^2\frac{t}{2}\right)^{\frac{3}{2}}=\frac{1}{\left|\sin^3\dfrac{t}{2}\right|},$$

将之代入曲率计算公式可得

$$k=\frac{1}{4a}\cdot\frac{1}{\left|\sin\frac{t}{2}\right|}.$$

因此在顶点处

$$k\big|_{t=\pi}=\frac{1}{4a}.$$

3.7.3 曲率圆、曲率半径与曲率中心

定义 3.7.2 设曲线C的方程为$y=f(x)$,曲线上任一点$P(x,y)$处的曲率为$k\,(k\neq 0)$. 那么,半径为R的圆上任一点的曲率为半径的倒数,于是有$R=\frac{1}{k}$,其中,R称为曲线C在点$P(x,y)$的曲率半径. 如图3-7-4所示,过$P(x,y)$作曲线的切线与法线,在曲线凹向一侧的法线上取点M,以M为中心,R为半径作圆Q,则称圆Q为曲线C在点$P(x,y)$处的曲率圆,M称为曲率中心. 于是有

$$R=\frac{[1+(y')^2]^{\frac{3}{2}}}{|y''|}.$$

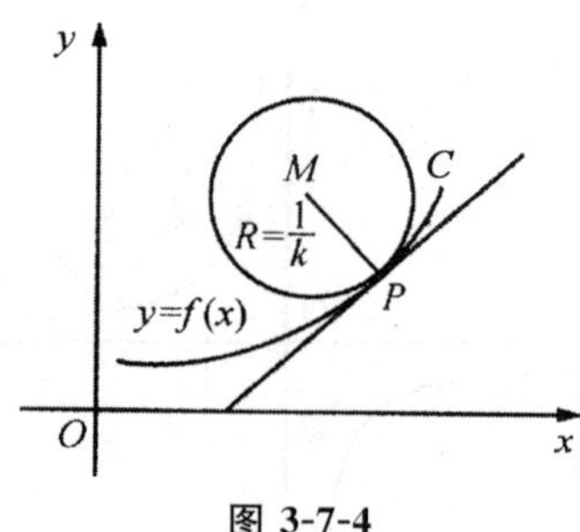

图 3-7-4

曲率圆具有如下性质:

(1) 曲线C和圆Q在点$P(x,y)$处具有公共切线.

(2) 曲线C和圆Q在点$P(x,y)$处具有相同凹向.

(3) 曲线C和圆Q在点$P(x,y)$处具有相同曲率.

正由于这些性质,我们经常用点$P(x,y)$处的曲率圆代替点$P(x,y)$处的曲线弧.

定理 3.7.1 设$y=f(x)$的二阶导数y''在点x处不为0,则曲线C在点$P(x,y)$处的曲率中心$M(\xi,\eta)$的坐标为

$$\begin{cases}\xi=x-\dfrac{y'[1+(y')^2]}{y''}\\ \eta=y+\dfrac{1+(y')^2}{y''}\end{cases}.$$

证明:由曲率中心的定义知

$$(\xi-x)^2+(\eta-y)^2=R^2$$

且

$$R^2=\frac{[1+(y')^2]^3}{(y'')^2}.$$

因为MP垂直于曲线在P点的切线,所以

$$y' = -\frac{x-\xi}{y-\eta},$$

于是,得

$$x-\xi = -y'(y-\eta),$$

代入

$$(\xi-x)^2+(\eta-y)^2 = R^2 = \frac{[1+(y')^2]^3}{(y'')^2}$$

中,有

$$(y-\eta)^2 = \frac{[1+(y')^2]^3}{(y'')^2}.$$

因为当 $y''>0$ 时,曲线向上凹,$y-\eta<0$;当 $y''<0$ 时,曲线向上凸,$y-\eta>0$. 综上所述,y'' 与 $y-\eta$ 异号,所以上式开平方,得

$$y-\eta = -\frac{1+(y')^2}{y''}.$$

又

$$x-\xi = \frac{y'[1+(y')^2]}{y''},$$

从而,有

$$\begin{cases}\xi = x-\dfrac{y'[1+(y')^2]}{y''}\\ \eta = y+\dfrac{1+(y')^2}{y''}\end{cases}.$$

例 3.7.3　求椭圆

$$\frac{x^2}{a^2}+\frac{y^2}{b^2}=1$$

上点 $P\left(\frac{a}{\sqrt{2}},\frac{b}{\sqrt{2}}\right)$处的曲率和曲率圆 .

解:利用隐函数求导法可得

$$\frac{2x}{a^2}+\frac{2yy'}{b^2}=0,$$

从而

$$y' = -\frac{b^2x}{a^2y},$$

$$y'' = -\frac{b^2}{a^2}\cdot\frac{y-xy'}{y^2}.$$

在点 $P\left(\frac{a}{\sqrt{2}},\frac{b}{\sqrt{2}}\right)$处,有

$$y' = -\frac{b}{a}, y'' = -\frac{2\sqrt{2}b}{a^2}.$$

故椭圆在点 P 的曲率 k 和曲率半径 R 为

$$k = \left|\frac{y''}{[1+(y')^2]^{\frac{3}{2}}}\right| = \left|\frac{2\sqrt{2}ab}{(a^2+b^2)^{\frac{3}{2}}}\right|,$$

$$R=\left|\frac{(a^2+b^2)^{\frac{3}{2}}}{2\sqrt{2}\,ab}\right|,$$

而相应的曲率中心(ξ,η)为

$$\begin{cases}\xi=\dfrac{a}{\sqrt{2}}-\left(-\dfrac{b}{a}\right)\dfrac{a^2+b^2}{a^2}\cdot\left(-\dfrac{a^2}{2\sqrt{2}\,b}\right)=\dfrac{a}{\sqrt{2}}-\dfrac{a^2+b^2}{2\sqrt{2}\,a}\\ \eta=\dfrac{b}{\sqrt{2}}+\dfrac{a^2+b^2}{a^2}\cdot\left(-\dfrac{a^2}{2\sqrt{2}\,b}\right)=\dfrac{b}{\sqrt{2}}-\dfrac{a^2+b^2}{2\sqrt{2}\,b}\end{cases},$$

故曲率圆为

$$\left(x-\frac{a}{\sqrt{2}}+\frac{a^2+b^2}{2\sqrt{2}\,a}\right)^2+\left(y-\frac{b}{\sqrt{2}}+\frac{a^2+b^2}{2\sqrt{2}\,b}\right)^2=\frac{(a^2+b^2)^3}{8a^2b^2}.$$

当 $a=b$ 时此曲线为圆，曲率为$\dfrac{1}{a}$，曲率圆就是曲线本身．

3.8 数学实验

3.8.1 利用导数研究函数的单调性与凹凸性

1. 观察函数的单调性、凹凸性与其导函数的关系

在 Mathematica 中，我们不仅可以描绘函数 $f(x)$ 及其导函数的图形，还可以将这些图形合并在一起，从而直观地观察函数的单调性、凹凸性与其导函数的关系．描绘可导函数 $f(x)$ 的导函数的图形的基本语句为

```
Plot[Evaluate[D[f(x),x],{x,a,b}]
```

画出 $f(x)$ 的导数 $f'(x)$ 在区间$[a,b]$上的图形

下面，我们来看一个具体实例．

例 3.8.1 研究函数 $f(x)=x^3+3x^2-1$ 的单调性和凹凸性．

解：我们先作函数 $f(x)$ 与其导函数的图形，基本语句为

```
f[x_] = x^3 + 3x^2 - 1;g[x_] = D[f[x],x]
Plot[{f[x],g[x]},{x,-3,2},PlotStyle→{{},{Dashing[{0.005,0.02}]}}]
```

输出图形如图 3-8-1 所示，其中，用实线表示的是函数 $f(x)$ 的图形．

再作函数 $f(x)$ 与其二阶导函数的图形，基本语句为

```
f[x_] = x^3 + 3x^2 - 1;h[x_] = D[f[x],{x,2}]
Plot[{f[x],h[x]},{x,-3,2},PlotStyle→{{},{Dashing[{0.005,0.02}]}}]
```

输出图形如图 3-8-2 所示，其中，用实线表示的是函数 $f(x)$ 的图形．

仔细观察图 3-8-1 可知，在 $f'(x)>0$ 的区间上，$f(x)$ 是单调增加的；在 $f'(x)<0$ 的区间上，$f(x)$ 是单调减少的．再观察图 3-8-2 可知，在 $f''(x)>0$ 的区间上，$f(x)$ 是凹函数；在 $f''(x)<0$ 的区间上，$f(x)$ 是凸函数．这就验证了前面所讨论的的判别函数单调性和凹凸性的有关结论的正确性．

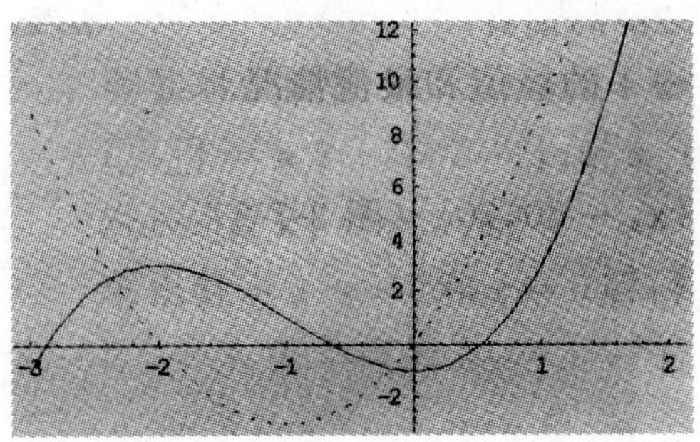

图 3-8-1

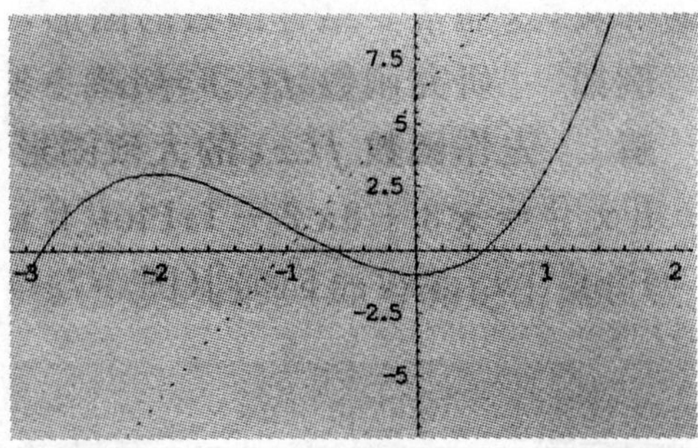

图 3-8-2

2. 确定单调和凹凸区间

因为函数 $f(x)$ 的单调性和凹凸性分别与 $f'(x)$ 和 $f''(x)$ 的符号有关，所以确定 $f'(x)$ 和 $f''(x)$ 的零点尤其重要．我们可以利用方程求根命令，确定它们的零点，然后根据零点分割所讨论的区间，再分别观察各区间上 $f'(x)$ 和 $f''(x)$ 的符号，就可确定函数的单调和凹凸区间了．

例如对于函数 $f(x)=x^3+3x^2-1$ 来说，可用如下命令：

```
In[ ]: = Solve[g[x] == 0,x]
Out[ ] = {{ x->-2 },{ x-> 0 }}
In[ ]: = Solve[h[x] == 0,x]
Out[ ] = {{ x->-1 }}
```

结合图 3-8-1 和图 3-8-2，可判断各区间上 $f'(x)$ 和 $f''(x)$ 的符号，从而可知：函数 $f(x)$ 在 $(-\infty,-2)$ 或 $(0,+\infty)$ 内单调增加，在 $(-2,0)$ 内单调减少；在 $(-\infty,-1)$ 上是凸函数，在 $(-1,+\infty)$ 上是凹函数．

例 3.8.2　求函数 $y=\dfrac{1}{1+2x^2}$ 的凹凸区间和拐点．

解：输入

```
f[x_]: = 1/(1 + 2x^2)
Plot[{f[x],f''[x]},{x, - 3,3},PlotRange -> {- 5,2},PlotStyle -> {GrayLeve [0.01],
Dashing[{0.01}]}]
```

输出图形如图 3-8-3 所示，其中虚线是函数的二阶导数．观察二阶导数的正负与函数的凹凸之间的关系．

再输入

```
gen = Solve[f''[x] == 0,x]
```

输出为

$$\left\{\left\{x->-\frac{1}{\sqrt{6}}\right\},\left\{x->\frac{1}{\sqrt{6}}\right\}\right\}$$

即得到二阶导数等于0的点是$\pm\frac{1}{\sqrt{6}}$,易知在$\left(-\infty,-\frac{1}{\sqrt{6}}\right)$和$\left(\frac{1}{\sqrt{6}},+\infty\right)$上二阶导数大于零,曲线弧向上凹.在$\left(-\frac{1}{\sqrt{6}},\frac{1}{\sqrt{6}}\right)$上二阶导数小于零,曲线弧向上凸.

再输入

```
f[x]/. gen
```

得到输出

```
{3/4,3/4}
```

这说明函数在$-\frac{1}{\sqrt{6}}$和$\frac{1}{\sqrt{6}}$的值都是3/4. 因此两个拐点分别是$\left(-\frac{1}{\sqrt{6}},\frac{3}{4}\right)$和$\left(\frac{1}{\sqrt{6}},\frac{3}{4}\right)$.

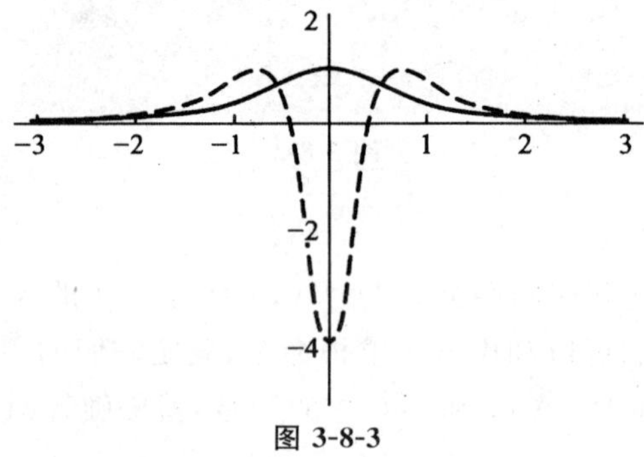

图 3-8-3

3.8.2 求函数的极值与最值

1. 直接法

直接法就是直接应用Mathematica中的相关命令求函数的极值与最值的方法,求函数极值与最值的基本语句如下:

①Maximize[f[x],x] 或 Minimize[f[x],x]

求 $f(x)$ 的最大或最小值

②Maximize [{ f[x],约束条件 } ,x] 或 Minimize [{ f[x],约束条件 } ,x]

求 $f(x)$ 在约束条件下的最(极) 大或最(极) 小值

③FindMinimum[f[x], { x,x_0 }] 或 FindMinimum[f[x], { x,x_0,a,b }]

以 x_0 为初始点,数值求解 $f(x)$(或在$[a,b]$内) 的局部极小值

④FindMinimum[− f[x], { x,x_0 }] 或 FindMinimum[− f[x], { x,x_0,a,b }]

以 x_0 为初始点,数值求解 $f(x)$(或在$[a,b]$内) 的局部极小值

需要注意的是,求函数的极值时需确定好极值点所在的邻域,这通常要结合函数的图形,作初步的估计.

例 3.8.3 研究函数 $f(x)=x^3+3x^2-1$ 的极值和最值的情况.

解:运行 Mathematica 命令

```
f [x_] = x^3 + 3x^2 - 1
Plot[f[[x], { x, - 20,20 } ]
Plot[f[[x], { x, - 5,5 } ]
```

分别先作函数函数 $f(x)$ 的远景图和近景图,分别如图 3-8-4 和图 3-8-5 所示.

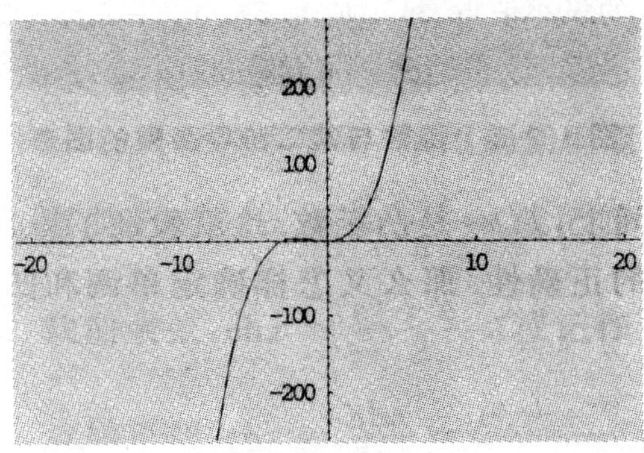

图 3-8-4

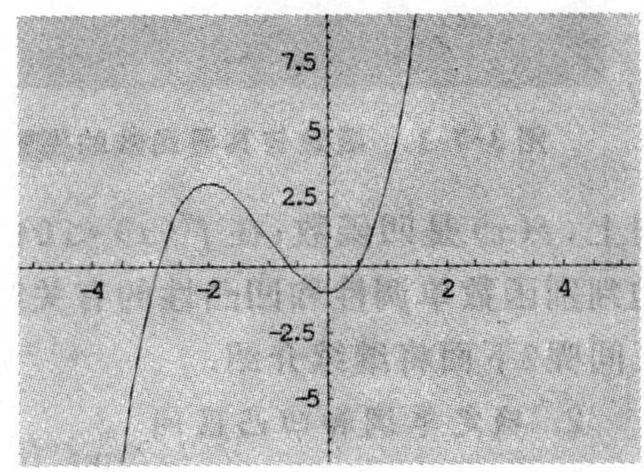

图 3-8-5

再利用求极值和最值的相应命令:

```
In[ ]: = Maximize[f[x],x]
Out[ ] = { ∞, { x-> ∞ } }
In[ ]: = Minimize[f[x],x]
Out[ ] = { -∞, { x->-∞ } }
In[ ]: = Maximize[ { f[x],x >=-3&&x <= 2 } ,x]
Out[ ] = { 19, { x-> 2 } }
In[ ]: = Minimize[ { f[x],x >=-3&&x <= 2 } ,x]
Out[ ] = { -1, { x->-3 } }
In[ ]: = Maximize[ { f[x],x >=-3&&x <= 0 } ,x]
Out[ ] = { 3, { x->-2 } }
In[ ]: = Minimize[ { f[x],x >=-3&&x <= 1 } ,x]
Out[ ] = { -1, { x-> 0 } }
In[ ]: = FindMinimum[f[x], { x,0.5 } ]
```

Out[ ] = { -1, { x->0 } }

In[ ]: = FindMinimum[-f[x], { x, -0.5 }]

Out[ ] = { 3, { x->-2 } }

通过对上面输出结果的分析可知，函数 $f(x)$ 在 $(-\infty,+\infty)$ 内无最大、最小值，若限定在 $[-3,2]$ 上，则 $f(x)$ 的最大值是 19，最小值是 -1；$x=2$ 是 $f(x)$ 的极大值点，极大值为 $f(-2)=3$，$x=0$ 是 $f(x)$ 的极小值点，极小值为 $f(0)=-1$.

例 3.8.4 求函数 $y=x\sin 4x$ 在区间 $[1,3.5]$ 的极小值与极大值，并根据图形对照其正确性.

解：Mathematica 语句为

```
FindMinimum[x * Sin[4x],{x,1}]
FindMinimum[x * Sin[4x],{x,3}]
FindMinimum[- x * Sin[4x],{x,1.5}]
Plot[x * Sin[4x],{x,1,3.5}]
```

运行结果为

```
{-1.20362,{x-> 1.2283}}
{-2.76018,{x-> 2.77138}}
{-1.97918,{x-> 1.99467}}
```

函数图形如图 3-8-6 所示 .

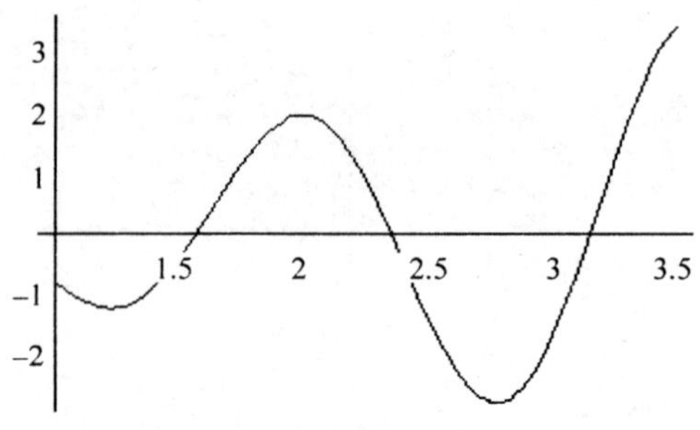

图 3-8-6

需要向大家说明的是，上面所述的是在 Mathematica 中直接使用命令求函数的极值与最值的方法 . 因为函数的极值只能在驻点或不可导点上取得，所以我们只要先求出驻点和不可导点，再根据函数的图形，即可确定出函数的极值点和极值 . 同时还可以运用数值观察法来求函数 $f(x)$ 在某一区间 $[a,b]$ 上的最值 .

2. 间接法

因为函数的极值只能在驻点或不可导点上取得，所以我们只要先求出驻点和不可导点，再根据函数的图形，即可确定出函数的极值点和极值 .

例如对于函数 $f(x)=x^3+3x^2-1$ 来说，可用命令

```
f[x_] = x^3 + 3 x^2 - 1;g[x_] = D[f[x],x]
Solye[g[x] == 0,x]
```

求出驻点 $x=-2$ 和 $x=0$ 后，再根据函数的图形，即可确定出函数极大值为 $f(-2)=3$，极小值为 $f(0)=-1$.

3. 数值观察法

要确定函数 $f(x)$ 在某一区间 $[a,b]$ 上的最值，可将 $[a,b]$ 等分（如十等分），列出分点处的各函数值，然后观察最值可能在的某一小区间 $[a_1,b_1]$. 再对 $[a_1,b_1]$ 等分，列出分点处的各函数值，观察最值可能在的某一小区间 $[a_2,b_2]$，… 依此法继续下去，最后可得到具有一定精度的最值点和最值，即反复使用如下命令：

```
Do[Print[{x,f[x]//N},{x,a,b,(b-a)/10}]
```

a,b 根据观察的情况越取越小

需要注意的是，数值观察法一般适用于函数的图形或导函数复杂的情形 .

第 4 章　不定积分

4.1　不定积分概述

4.1.1　原函数

求函数的导数或者微分，是微分学的基本问题，然而在实践中经常会遇到的是这类问题的反问题．我们先来看如下实例．

例 4.1.1　已知某曲线上任意一点 $M(x,y)$ 处，其切线的斜率为 $k=f(x)=2x$，又知这曲线经过原点，求这曲线的方程．

解：设所求的曲线方程为 $y=F(x)$．根据题意可得

$$y'=F'(x)=2x.$$

经过观察可知

$$(x^2+C)'=2x,$$

所以

$$y=F(x)=x^2+C.$$

又已知 $x=0$ 时，$y=0$，所以 $C=0$．即所求曲线的方程为

$$y=x^2.$$

上面的问题可以归结为：已知某函数的导数，求该函数，即已知 $F'(x)=f(x)$ 求 $F(x)$．这就引出了原函数的定义．

定义 4.1.1　如果在区间 I 上，可导函数 $F(x)$ 的导函数为 $f(x)$，即对于任意的 $x\in I$，都有 $F'(x)=f(x)$ 或 $\mathrm{d}F(x)=f(x)\mathrm{d}x$．那么，我们称函数 $F(x)$ 是函数 $f(x)$ 在区间 I 上的一个原函数．

通过原函数的定义可以直接说明一个函数的原函数一定可导，但是不能直接说明函数的原函数是不是唯一的．事实上，通过导函数的概念，我们不难发现，一个函数的原函数是不唯一的，而是有无穷多个．

定理 4.1.1　如果函数 $f(x)$ 在区间 I 上存在原函数，那么，它就有无穷多个原函数，且其中任意两个原函数只差一个常数项．

证明：先证明 $f(x)$ 的原函数有无穷多个．

设 $f(x)$ 的一个原函数为 $F(x)$，即 $F'(x)=f(x)$，设 C 为任意常数．由于

$$[F(x)+C]'=F'(x)=f(x),$$

所以 $F(x)+C$ 也是 $f(x)$ 的原函数．故 $f(x)$ 的原函数有无穷多个．

再证 $f(x)$ 的任意两个原函数之差为常数．

设 $F(x)$ 和 $G(x)$ 都是 $f(x)$ 的原函数，即

$$F'(x)=f(x),G'(x)=f(x),$$

令

$$H(x) = F(x) - G(x),$$
$$H'(x) = [F(x) - G(x)]' = f(x) - f(x) = 0.$$

根据拉格朗日中值定理的推论,可得

$$H(x) = C,$$

即

$$F(x) - G(x) = C.$$

根据定理 4.1.1,容易得出如下推论.

推论 4.4.1　如果 $F(x)$ 是 $f(x)$ 的一个原函数,那么,$F(x)+C$ 就是 $f(x)$ 的全部原函数,其中 C 为任意常数.

原函数的定义也不能说明一个函数是不是一定会有原函数,那么一个函数在什么条件下才存在原函数呢?我们有如下定理:

定理 4.1.2(原函数存在定理)　如果函数 $f(x)$ 在区间 I 上连续,则函数 $f(x)$ 必有原函数.

简单地说,原函数存在定理就是说"连续函数一定有原函数".至于原函数存在定理的证明,我们只能在定积分中才能给出.

4.1.2　不定积分的基本定义与几何意义

综合上述讨论,我们可以给出不定积分的概念.

定义 4.1.2　设函数 $F(x)$ 是函数 $f(x)$ 在区间 I 上的一个原函数.则称 $F(x)+C$(其中 C 为任意常数)为 $f(x)$ 在区间 I 上的不定积分,记作 $\int f(x)\mathrm{d}x$,即

$$\int f(x)\mathrm{d}x = F(x) + C. \tag{4.1.1}$$

在这里,我们将(4.1.1)式中的"$\int$ "称作积分符号;$f(x)$ 称作被积函数;x 称作积分变量;$f(x)\mathrm{d}x$ 称作被积式;C 称作积分常数.

通过不定积分的定义我们可以十分清楚地意识到,不定积分是微分(求导)的逆运算.值得注意的是,由于不定积分指的不是一个原函数,而是全体原函数,它的表示形式 $\int f(x)\mathrm{d}x$ 应是 $f(x)$ 的任意一个原函数,因此在求不定积分时,不能忘记加积分常数.为了叙述方便,今后讨论不定积分时,在不至于混淆的情况下,不再指明有关区间,并且我们总是假定不定积分是在被积函数的连续区间上来考虑的.

通常我们把 $f(x)$ 的一个原函数 $F(x)$ 的图形叫作 $f(x)$ 的一条积分曲线,它的方程是 $y = F(x)$.于是,在几何上,不定积分 $\int f(x)\mathrm{d}x$ 就是 $f(x)$ 的积分曲线的一般表达式,它的方程是 $y = F(x) + C$,当其中常数 C 取遍所有实数时,就得到 $f(x)$ 的积分曲线全体(所构成的曲线族).由

$$y' = [F(x) + C]' = f(x)$$

可知,经过其中任意积分曲线上横坐标相同的点的切线互相平行.容易看出,$f(x)$ 的任何一条积分曲线 $y = F(x) + C$ 都可以由曲线 $y = F(x)$ 沿 y 轴方向上下平移得到(如图 4-1-1 所示).

如果给定一个条件(称为初始条件)指明所求的积分曲线上的一个点,就可以确定一个 C 的值,从而确定这条积分曲线.

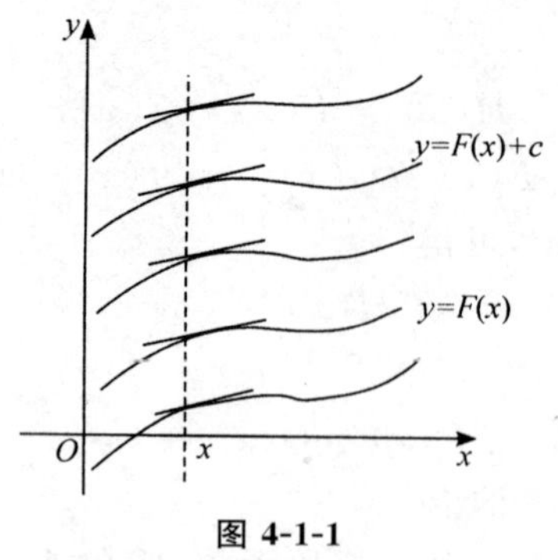

图 4-1-1

例 4.1.2 以初速度为 v_0 沿直线上抛一物体，不计空气阻力，求该物体的运动规律．

解：所谓运动规律，即指物体的位置关于时间的函数关系，如图 4-1-2 所示，取定坐标系，设物体在 t 时刻的位置为 s，物体的速度为 $v(t)$，加速度为 $a(t)$，要求的是位移随时间变化的函数 $s=s(t)$．由导数的物理意义知

$$\frac{\mathrm{d}s}{\mathrm{d}t}=v(t),$$

$$\frac{\mathrm{d}^2 s}{\mathrm{d}t^2}=\frac{\mathrm{d}v}{\mathrm{d}t}=a(t).$$

由物理常识可知

$$\frac{\mathrm{d}v}{\mathrm{d}t}=a(t)=-g,$$

其中 g 是重力加速度，为一常数．所以，$v(t)$ 是 $-g$ 的一个原函数，则

$$v(t)=\int(-g)\ \mathrm{d}t=-gt+C_1.$$

由 $\frac{\mathrm{d}x}{\mathrm{d}t}=v(t)$ 可得

$$s=s(t)=\int(-gt+C_1)\mathrm{d}t$$

$$=-\frac{1}{2}gt^2+C_1t+C_2.$$

利用已知条件 $v(0)=v_0$ 可得 $C_1=v_0$，$s(0)=s_0$ 可得 $C_2=s_0$，于是

$$v(t)=-gt+v_0,$$

$$s=-\frac{1}{2}gt^2+v_0t+s_0.$$

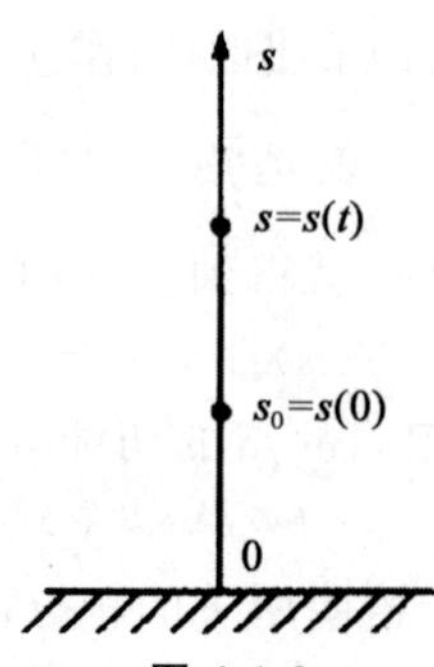

图 4-1-2

例 4.1.3　用微分法验证不等式

$$\int (x^3+\cos x+\mathrm{e}^{2x})\mathrm{d}x=\frac{1}{4}x^4+\sin x+\frac{1}{2}\mathrm{e}^{2x}+C.$$

证明：由于

$$\left(\frac{1}{4}x^4+\sin x+\frac{1}{2}\mathrm{e}^{2x}\right)'=x^3+\cos x+\mathrm{e}^{2x},$$

所以

$$\int (x^3+\cos x+\mathrm{e}^{2x})\mathrm{d}x=\frac{1}{4}x^4+\sin x+\frac{1}{2}\mathrm{e}^{2x}+C.$$

4.1.3　不定积分的性质

根据不定积分的定义，我们不难总结出函数的不定积分具有如下性质：

性质 4.1.1　如果$\int f(x)\mathrm{d}x=F(x)+C$，则$(F(x)+C)'=f(x)$，或者可以表示为

$$\mathrm{d}(F(x)+C)=f(x)\mathrm{d}x.$$

性质 4.1.2　对于任意的可导且可积的函数 $f(x)$ 有$\int f'(x)\mathrm{d}x=f(x)+C$，同时也可以表示为$\int \mathrm{d}f(x)=f(x)+C$.

性质 4.1.1 和性质 4.1.2 被称作是积分与微分的互逆性，虽然日常应用并不多见，但是理论地位十分重要.

性质 4.1.3　设函数 $f(x)$ 与 $g(x)$ 存在原函数，那么

$$\int [f(x)\pm g(x)]\,\mathrm{d}x=\int f(x)\,\mathrm{d}x\pm\int g(x)\,\mathrm{d}x.$$

证明：因为

$$\begin{aligned}\left(\int f(x)\,\mathrm{d}x\pm\int g(x)\,\mathrm{d}x\right)'&=\left(\int f(x)\,\mathrm{d}x\right)'\pm\left(\int g(x)\,\mathrm{d}x\right)'\\&=f(x)\pm g(x),\end{aligned}$$

所以

$$\int [f(x)\pm g(x)]\,\mathrm{d}x=\int f(x)\,\mathrm{d}x\pm\int g(x)\,\mathrm{d}x.$$

性质 4.1.4　设函数 $f(x)$ 存在原函数，k 为不为零的任意常数，那么

$$\int kf(x)\,\mathrm{d}x=k\int f(x)\,\mathrm{d}x.$$

证明：因为

$$\left(k\int f(x)\,\mathrm{d}x\right)'=k\left(\int f(x)\,\mathrm{d}x\right)'=kf(x),$$

所以

$$\int kf(x)\,\mathrm{d}x=k\int f(x)\,\mathrm{d}x.$$

性质 4.1.3 和性质 4.1.4 称作不定积分的线性，广泛应用与求不定积分的运算中.

4.2 基本积分公式与直接积分法

由于不定积分是求导的逆运算，所以根基求导公式很容易得到求不定积分的基本公式，在这里，我们将常用的基本积分公式列举如下，这些积分公式在以后经常用到，建议读者熟练记忆．

(1) $\int k\mathrm{d}x = kx + C$ ，k 是常数．

(2) $\int x^a\mathrm{d}x = \frac{1}{a+1}x^{a+1} + C, a \neq -1, x > 0.$

(3) $\int \frac{1}{x}\mathrm{d}x = \ln|x| + C.$

(4) $\int a^x\mathrm{d}x = \frac{a^x}{\ln a} + C, a \neq -1.$

(5) $\int \mathrm{e}^x\mathrm{d}x = \mathrm{e}^x + C.$

(6) $\int \cos x\mathrm{d}x = \sin x + C.$

(7) $\int \sin x\mathrm{d}x = -\cos x + C.$

(8) $\int \sec^2 x\mathrm{d}x = \int \frac{1}{\cos^2 x}\mathrm{d}x = \tan x + C.$

(9) $\int \csc^2 x\mathrm{d}x = \int \frac{1}{\sin^2 x}\mathrm{d}x = -\cot x + C.$

(10) $\int \sec x\tan x\mathrm{d}x = \sec x + C.$

(11) $\int \csc x\cot x\mathrm{d}x = -\csc x + C.$

(12) $\int \sinh x\mathrm{d}x = -\cosh x + C.$

(13) $\int \cosh x\mathrm{d}x = \sinh x + C.$

(14) $\int \frac{1}{1+x^2}\mathrm{d}x = \arctan x + C.$

(15) $\int \frac{1}{1-x^2}\mathrm{d}x = \arcsin x + C.$

在这里，我们对公式(3)作一些说明．因为 $\ln x$ 当 $x > 0$ 时才有意义，故公式

$$\int \frac{1}{x}\mathrm{d}x = \ln x + C$$

只有当 $x > 0$ 时才有意义．当 $x < 0$ 时，由于

$$[\ln(-x)]' = \frac{1}{-x} \times (-1) = \frac{1}{x},$$

故当 $x < 0$ 时，有

$$\int \frac{1}{x}\mathrm{d}x = \ln(-x) + C.$$

合并以上两种情形，有公式

$$\int \frac{1}{x}\mathrm{d}x = \ln|x| + C.$$

直接利用积分基本公式，或者只需将被积函数作简单的恒等变形，再用不定积分的性质和基本公式求得积分的方法，叫作直接积分法．直接积分法是求不定积分最基本的方法．

例 4.2.1　求不定积分$\int (3x^5 - 4x + 1)\mathrm{d}x$.

解：由性质 4.1.3 可得

$$\begin{aligned}\int (3x^5 - 4x + 1)\mathrm{d}x &= \int 3x^5\mathrm{d}x - \int 4x\,\mathrm{d}x + \int 1\,\mathrm{d}x \\ &= 3\int x^5\mathrm{d}x - 4\int x\,\mathrm{d}x + \int 1\,\mathrm{d}x \\ &= 3\cdot\frac{x^6}{6} - 4\cdot\frac{x^2}{2} + x + C \\ &= \frac{x^6}{2} - 2x^2 + x + C.\end{aligned}$$

例 4.2.2　求不定积分$\int (5x^4 - \frac{2}{x})\mathrm{d}x$.

解：根据性质 4.1.3 分项可得

$$\begin{aligned}\int\left(5x^4 - \frac{2}{x}\right)\mathrm{d}x &= 5\int x^4\mathrm{d}x - 2\int \frac{1}{x}\mathrm{d}x \\ &= 5\times\frac{1}{5}x^5 - 2\ln|x| + C \\ &= x^5 - 2\ln|x| + C.\end{aligned}$$

例 4.2.3　求不定积分$\int \frac{x^2}{1+x^2}\mathrm{d}x$.

解：易得

$$\begin{aligned}\int \frac{x^2}{1+x^2}\mathrm{d}x &= \int\left(1 - \frac{1}{1+x^2}\right)\mathrm{d}x \\ &= x - \arctan x + C.\end{aligned}$$

例 4.2.4　求不定积分$\int \sqrt{x}(x^2 - 5)\mathrm{d}x$.

解：根据性质 4.1.3 分项可得

$$\begin{aligned}\int \sqrt{x}(x^2 - 5)\mathrm{d}x &= \int (x^{\frac{5}{2}} - 5x^{\frac{1}{2}})\mathrm{d}x \\ &= \int x^{\frac{5}{2}}\mathrm{d}x - \int 5x^{\frac{1}{2}}\mathrm{d}x \\ &= \int x^{\frac{5}{2}}\mathrm{d}x - 5\int x^{\frac{1}{2}}\mathrm{d}x \\ &= \frac{2}{7}x^{\frac{7}{2}} - 5\times\frac{2}{3}x^{\frac{3}{2}} + C \\ &= \frac{2}{7}x^3\sqrt{x} - \frac{10}{3}x\sqrt{x} + C.\end{aligned}$$

例 4.2.5 求不定积分$\int \frac{x^3-2x+2\sqrt{x}-4}{x^2}\,\mathrm{d}x$.

解:易得

$$\begin{aligned}\int \frac{x^3-2x+2\sqrt{x}-4}{x^2}\,\mathrm{d}x &= \int \left(x-\frac{2}{x}+2x^{-\frac{3}{2}}-4x^{-2}\right)\mathrm{d}x \\ &= \int x\,\mathrm{d}x-\int \frac{2}{x}\,\mathrm{d}x+\int 2x^{-\frac{3}{2}}\,\mathrm{d}x-\int 4x^{-2}\,\mathrm{d}x \\ &= \frac{1}{2}x^2-2\ln|x|-\frac{4}{\sqrt{x}}+\frac{4}{x}+C.\end{aligned}$$

例 4.2.6 求不定积分$\int \frac{1}{\sin^2 x\cos^2 x}\mathrm{d}x$.

解:易得

$$\begin{aligned}\int \frac{1}{\sin^2 x\cos^2 x}\mathrm{d}x &= \int \frac{\sin^2 x+\cos^2 x}{\sin^2 x\cos^2 x}\mathrm{d}x \\ &= \int \frac{1}{\cos^2 x}\mathrm{d}x+\int \frac{1}{\sin^2 x}\mathrm{d}x \\ &= \tan x-\cot x+C.\end{aligned}$$

例 4.2.7 已知$\int xf(x)\mathrm{d}x=\ln(x)+C, x\neq 0$,求$\int \frac{1}{f(x)}\mathrm{d}x$.

解:在$\int xf(x)\mathrm{d}x=\ln(x)+C$ 两边求导可得

$$xf(x)=\frac{2x}{1+x^2},$$

即

$$f(x)=\frac{2}{1+x^2}$$

或

$$\frac{1}{f(x)}=\frac{1}{2}+\frac{x^2}{2},$$

所以

$$\begin{aligned}\int \frac{1}{f(x)}\mathrm{d}x &= \int \left(\frac{1}{2}+\frac{x^2}{2}\right)\mathrm{d}x \\ &= \frac{x}{2}+\frac{x^3}{6}+C.\end{aligned}$$

4.3 换元积分法

有的被积函数利用直接积分法是无法求出其不定积分的,为了求出一些更复杂的函数的不定积分,我们就必须用到与复合函数求导法相对应的换元积分法. 换元积分法就是要通过积分变量的更换,寻找到可利用积分性质或基本积分公式来求出不定积分的方法. 换元积分法分为两种,即第一类换元积分法和第二类换元积分法.

4.3.1　第一类换元积分法

考察不定积分$\int \cos 3x \mathrm{d}x$. 显然 $\cos 3x$ 的原函数不能由基本积分公式直接求出，但是 $\cos 3x$ 是基本初等函数 $f(u)=\cos u$ 与 $u=3x$ 的复合函数，而对于 $\cos u$，可以由基本积分公式求出 $\int \cos u \mathrm{d}u=\sin u+C$. 这时，若把 $u=3x$ 代入 $\sin u$，就得到 $\sin 3x$，而 $(\sin 3x)'=3\cos 3x$，于是 $\frac{1}{3}\sin 3x$ 就是 $\cos 3x$ 的一个原函数．可见 $\cos 3x$ 的原函数与 $\cos u$ 的原函数关系密切，前者可以通过后者求得．实际上，如果把 $\cos 3x \mathrm{d}x$ 改写成$\frac{1}{3}\cos 3x(3x)'\mathrm{d}x=\frac{1}{3}\cos u \mathrm{d}u$(因为 $u=3x$，$\mathrm{d}u=(3x)'\mathrm{d}x$)，代入被积表达式，就得到

$$\begin{aligned}\int \cos 3x \mathrm{d}x &= \int \frac{1}{3}\cos 3x(3x)'\mathrm{d}x=\frac{1}{3}\int \cos u \mathrm{d}u \\ &= \frac{1}{3}\sin u+C \\ &= \frac{1}{3}\sin 3x+C.\end{aligned}$$

这个例子通过设置中间变量 u，使欲求的复合函数 $f[\varphi(x)]$的积分转化为 $f(u)$的积分，后者是基本积分公式中已有的形式或其线性组合．求出 $f(u)$的原函数后，再代回原来的变量，就得到了 $f[\varphi(x)]$的不定积分．下面的定理对上述推导过程从理论上进行了严格论证，由此进一步归纳成求不定积分的一个十分重要的方法 —— 第一类换元积分法．

定理 4.3.1　若已知$\int f(u)\mathrm{d}u=F(u)+C$，$u=\varphi(x)$ 可微，则有

$$\int f[\varphi(x)]\varphi'(x)\mathrm{d}x=F(u)+C. \tag{4.3.1}$$

证明：如果$\int f(u)\mathrm{d}u=F(u)+C$，$u=\varphi(x)$ 可微，则

$$\begin{aligned}\frac{\mathrm{d}F[\varphi(x)]}{\mathrm{d}x} &= F'(u)\varphi'(x)=f(u)\varphi'(x) \\ &= f[\varphi(x)]\varphi'(x),\end{aligned}$$

所以，根据不定积分的定义可得

$$\int f[\varphi(x)]\varphi'(x)\mathrm{d}x=F(u)+C.$$

如何应用公式(4.3.1) 来求不定积分呢?假定不定积分$\int g(x)\mathrm{d}x$ 不易直接求出，如果函数 $g(x)$ 可以化为 $g(x)=f[\varphi(x)]\varphi'(x)$ 的形式，那么，令 $u=\varphi(x)$，就得到

$$\int g(x)\mathrm{d}x=\int f[\varphi(x)]\varphi'(x)\mathrm{d}x=\int f(u)\mathrm{d}u.$$

这样，求函数 $g(x)$ 的不定积分即转化为求函数 $f(u)$的不定积分．如果能较容易地求得 $f(u)$的原函数，那么也就得到了 $g(x)$ 的原函数．因此，问题归结为适当选取中间变量 u(即做适当的变量替换 $u=\varphi(x)$) 把 $g(x)\mathrm{d}x$ 化为 $f[\varphi(x)]\varphi'(x)\mathrm{d}x=f(u)\mathrm{d}u$(根据微分形式不变性)，使得$\int f(u)\mathrm{d}u$ 易于求得．这里，由于中间变量 u 的适当选取凑出了 $\mathrm{d}u=\varphi'(x)\mathrm{d}x$ 和 $\mathrm{d}F=$

$f(u)\mathrm{d}u$ 这两个微分式，因此，这种方法又称为“凑微分法”.

在实际计算中，常先从 $g(x)$ 中分解出能凑成微分 $\varphi'(x)\mathrm{d}x=\mathrm{d}\varphi(x)$ 的因子 $\varphi'(x)$ 来，再令 $u=\varphi(x)$. 为了较快地选好中间变量 u，读者应当熟悉便于凑成微分的各种常见形式，并记住较多的易于积分的函数．常用的凑微分有以下几种形式：

(1) $\mathrm{d}x=\frac{1}{a}\mathrm{d}(ax+b)$.

(2) $\frac{1}{x}\mathrm{d}x=\mathrm{d}\ln x, x>0$.

(3) $a^x\mathrm{d}x=\frac{1}{\ln a}\mathrm{d}a^x$.

(4) $x^{n-1}\mathrm{d}x=\frac{1}{n}\mathrm{d}x^n$.

(5) $\mathrm{e}^x\mathrm{d}x=\mathrm{d}\mathrm{e}^x$.

(6) $\sin x\mathrm{d}x=-\mathrm{d}\cos x$.

(7) $\cos x\mathrm{d}x=\mathrm{d}\sin x$.

(8) $\frac{1}{\sin^2 x}\mathrm{d}x=\csc^2 x=-\mathrm{d}(\cot x)$.

(9) $\frac{1}{\cos^2 x}\mathrm{d}x=\sec^2\mathrm{d}x=\mathrm{d}(\tan x)$.

(10) $\frac{1}{x^2}\mathrm{d}x=-\mathrm{d}\left(\frac{1}{x}\right)$.

(11) $\frac{1}{\sqrt{x}}\mathrm{d}x=2\mathrm{d}(\sqrt{x})$.

(12) $\frac{1}{1+x^2}\mathrm{d}x=-\mathrm{d}\arctan x$.

(13) $\frac{1}{\sqrt{1-x^2}}\mathrm{d}x=\mathrm{d}\arcsin x$.

例 4.3.1　求不定积分 $\int\frac{x^2}{(x+2)^3}\mathrm{d}x$.

解：令 $u=x+2$，则 $x=u-2, \mathrm{d}x=\mathrm{d}u$. 从而有

$$\begin{aligned}\int\frac{x^2}{(x+2)^3}\mathrm{d}x&=\int\frac{(u-2)^2}{u^3}\mathrm{d}u\\&=\int(u^2-4u+4)u^{-3}\mathrm{d}u\\&=\int(u^{-1}-4u^{-2}+4u^{-3})\mathrm{d}u\\&=\ln|u|+4u^{-1}-2u^{-2}+C\\&=\ln|x+2|+\frac{4}{x+2}-\frac{2}{(x+2)^2}+C.\end{aligned}$$

例 4.3.2　求不定积分 $\int\cos^2 x\sin x\mathrm{d}x$.

解：由于 $\int\cos^2 x\sin x\mathrm{d}x=-\int\cos^2 x\mathrm{d}\cos x$，则设 $u=\cos x$，所以有

$$\begin{aligned}\int \cos^2 x\sin x\mathrm{d}x &= -\int \cos^2 x(\cos x)'\mathrm{d}x \\ &= -\int u^2\mathrm{d}u \\ &= -\frac{1}{3}u^3 + C \\ &= -\frac{1}{3}\cos^3 x + C.\end{aligned}$$

例 4.3.3　求不定积分$\int \frac{x^2 - x + 1}{x^2 + x + 1}\mathrm{d}x$

解:由第一类换元积分法可得

$$\begin{aligned}\int \frac{x^2 - x + 1}{x^2 + x + 1}\mathrm{d}x &= \int \frac{x^2 + x + 1 - 2x}{x^2 + x + 1}\mathrm{d}x \\ &= \int \left(1 - \frac{2x}{x^2 + x + 1}\right)\mathrm{d}x \\ &= x - \int \frac{2x + 1 - 1}{x^2 + x + 1}\mathrm{d}x \\ &= x - \int \frac{2x + 1}{x^2 + x + 1}\mathrm{d}x + \int \frac{1}{x^2 + x + 1}\mathrm{d}x \\ &= x - \int \frac{\mathrm{d}(x^2 + x + 1)}{x^2 + x + 1} + \int \frac{\mathrm{d}\left(x + \frac{1}{2}\right)}{\left(x + \frac{1}{2}\right)^2 + \frac{3}{4}} \\ &= x - \ln(x^2 + x + 1) + \frac{2}{\sqrt{3}}\arctan\frac{x + \frac{1}{2}}{\frac{\sqrt{3}}{2}} + C \\ &= x - \ln(x^2 + x + 1) + \frac{2}{\sqrt{3}}\arctan\frac{2x + 1}{\sqrt{3}} + C.\end{aligned}$$

例 4.3.4　求不定积分$\int (\sin x + \cos x)^3\mathrm{d}x$.

解:易得

$$\begin{aligned}\int (\sin x + \cos x)^3\mathrm{d}x &= \int (\sin^3 x + 3\sin^2 x\cos x + 3\sin x\cos^2 x + \cos^3 x)\mathrm{d}x \\ &= -\int \sin^2 x\mathrm{d}\cos x + 3\int \sin^2 x\mathrm{d}\sin x - \int \cos^2 x\mathrm{d}\cos x + 3\int \cos^2 x\mathrm{d}\sin x \\ &= -\int (1 - \cos^2 x)\mathrm{d}\cos x + \sin^3 x - \cos^3 x + \int (1 - \sin^2 x)\mathrm{d}\sin x \\ &= -\cos x + \frac{1}{3}\cos^3 x + \sin^3 x - \cos^3 x + \sin x - \frac{1}{3}\sin^3 x + C \\ &= \frac{2}{3}\sin^3 x - \frac{2}{3}\cos^3 x + \sin x - \cos x + C.\end{aligned}$$

例 4.3.5　求不定积分$\int \frac{\mathrm{d}x}{\sin^2 x\cos x}$.

解:易得

$$\begin{aligned}\int \frac{\mathrm{d}x}{\sin^2 x\cos x} &= \int \frac{\sin^2 x+\cos^2 x}{\sin^2 x\cos x}\,\mathrm{d}x \\ &= \int \frac{\mathrm{d}x}{\cos x}+\int \frac{\cos x}{\sin^2 x}\mathrm{d}x = \int \frac{\mathrm{d}x}{\cos x}+\int \frac{\mathrm{d}\sin x}{\sin^2 x} \\ &= -\frac{1}{\sin x}+\int \frac{\mathrm{d}x}{\cos x} = -\csc x+\int \frac{\mathrm{d}x}{\cos x},\end{aligned}$$

由于

$$\int \frac{\mathrm{d}x}{\cos x} = \int \frac{\mathrm{d}x}{\cos^2 \dfrac{x}{2}-\sin \dfrac{x}{2}} = \int \frac{1}{1-\tan^2 \dfrac{x}{2}}\,\mathrm{d}\tan x.$$

若令 $u=\tan \dfrac{x}{2}$,则

$$\begin{aligned}\int \frac{\mathrm{d}x}{\cos x} &= \int \frac{1}{1-\tan^2 \dfrac{x}{2}}\,\mathrm{d}\tan x = 2\int \frac{\mathrm{d}u}{1-u^2} = \ln\left|\frac{1+u}{1-u}\right|+C \\ &= \ln\left|\frac{1+\tan \dfrac{x}{2}}{1-\tan \dfrac{x}{2}}\right|+C \\ &= \ln\left|\frac{1+\sin x}{\cos x}\right|+C \\ &= \ln|\sec x+\tan x|+C.\end{aligned}$$

所以

$$\int \frac{\mathrm{d}x}{\sin^2 x\cos x} = -\csc x+\ln|\sec x+\tan x|+C.$$

例 4.3.6 求不定积分$\int \dfrac{1}{x^2-a^2}\,\mathrm{d}x$.

解:易得

$$\begin{aligned}\int \frac{1}{x^2-a^2}\,\mathrm{d}x &= \int \frac{1}{2a}\left(\frac{1}{x-a}-\frac{1}{x+a}\right)\mathrm{d}x \\ &= \frac{1}{2a}\int \left(\frac{1}{x-a}-\frac{1}{x+a}\right)\mathrm{d}x \\ &= \frac{1}{2a}\left(\int \frac{1}{x-a}\,\mathrm{d}x-\int \frac{1}{x+a}\mathrm{d}x\right) \\ &= \frac{1}{2a}\left[\left(\int \frac{1}{x-a}\,d(x-a)-\int \frac{1}{x+a}\mathrm{d}(x+a)\right)\right] \\ &= \frac{1}{2a}(\ln|x-a|-\ln|x+a|)+C \\ &= \frac{1}{2a}\ln\left|\frac{x-a}{x+a}\right|+C.\end{aligned}$$

例 4.3.7 求不定积分$\int \dfrac{x}{\sqrt{1+x^2}}\mathrm{e}^{-\sqrt{1+x^2}}\,\mathrm{d}x$.

解:易得

$$\int \frac{x}{\sqrt{1+x^2}} \mathrm{e}^{-\sqrt{1+x^2}} \mathrm{d}x = \int \mathrm{e}^{-\sqrt{1+x^2}} \frac{1}{2\sqrt{1+x^2}} \mathrm{d}(1+x^2)$$

$$= \int \mathrm{e}^{-\sqrt{1+x^2}} \mathrm{d}\sqrt{1+x^2}$$

$$= -\mathrm{e}^{-\sqrt{1+x^2}} + C.$$

4.3.2　第二类换元积分法

一般地说，若积分 $\int f(x)\mathrm{d}x$ 不易计算，而作适当变换 $x=\psi(t)$，把原积分化为 $\int f[\psi(t)]\psi'(t)\mathrm{d}t$ 的形式后容易积分，并且在求出原函数后容易将 $t=\psi^{-1}(x)$ 代回还原，则可以使用这种方法进行求解不定积分．这就是第二类换元积分法计算不定积分的基本思想．我们先来给出如下基本定理：

定理 4.3.2　设 $x=\psi(t)$ 是单调的、可导的函数，并且 $\psi'(t)\neq 0$，又设函数 $f[\psi(t)]\psi'(t)$ 具有原函数，则有换元公式

$$\int f(x)\mathrm{d}x = \int f[\psi(t)]\psi'(t)\mathrm{d}t,$$

其中，$t=\psi^{-1}(x)$ 是 $x=\psi(t)$ 的反函数．

证明：设函数 $f[\psi(t)]\psi'(t)$ 的原函数为 $G(t)$，记 $G[\psi^{-1}(x)]=F(x)$，利用复合函数及反函数的求导法则可得

$$F'(x) = \frac{\mathrm{d}G}{\mathrm{d}t} \cdot \frac{\mathrm{d}t}{\mathrm{d}x} = f[\psi(t)]\psi'(t) \cdot \frac{1}{\psi'(t)}$$

$$= f[\psi(t)] = f(x),$$

即 $F(x)$ 是 $f(x)$ 的原函数．故而有

$$\int f(x)\mathrm{d}x = F(x) + C$$

$$= G[\psi^{-1}(x)] + C$$

$$= \int f[\psi(t)]\psi'(t)\mathrm{d}t,$$

其中，$t=\psi^{-1}(x)$ 是 $x=\psi(t)$ 的反函数．

下面几个积分在以后会经常用到，所以我们通常也将其当作公式使用：

(1) $\int \tan x \mathrm{d}x = -\ln|\cos x| + C.$

(2) $\int \cot x \mathrm{d}x = \ln|\sin x| + C.$

(3) $\int \sec x \mathrm{d}x = \ln|\sec x + \tan x| + C.$

(4) $\int \csc x \mathrm{d}x = \ln|\csc x - \cot x| + C.$

(5) $\int \frac{1}{a^2+x^2}\mathrm{d}x = \frac{1}{a}\arctan\frac{x}{a} + C.$

(6) $\int \frac{1}{x^2-a^2}\mathrm{d}x = \frac{1}{2a}\ln\left|\frac{x-a}{x+a}\right| + C.$

(7) $\int \frac{1}{\sqrt{a^2-x^2}}\mathrm{d}x = \arcsin\frac{x}{a}+C.$

(8) $\int \frac{1}{\sqrt{a^2+x^2}}\mathrm{d}x = \ln(x+\sqrt{a^2+x^2})+C.$

(9) $\int \frac{1}{\sqrt{x^2-a^2}}\mathrm{d}x = \ln|x+\sqrt{a^2+x^2}|+C.$

第二类换元积分法中最常用的换元方法有三种，分别是根式代换法、倒代换法及三角代换法. 我们在下面的例题中会做相对的说明.

例 4.3.8 求不定积分$\int \frac{x}{1-\sqrt{x+1}}\mathrm{d}x.$

解：去掉被积函数中的根式，令 $x+1=u^2$，即 $x=u^2-1$. 为保证函数的单调性，可以限制 $u\geqslant 0$，即 $u=\sqrt{x+1}$. 于是有 $\mathrm{d}x=2u\mathrm{d}u$，将其代入原式，则有

$$\begin{aligned}\int \frac{x}{1-\sqrt{x+1}}\mathrm{d}x &= \int \frac{u^2-1}{1-u}2u\mathrm{d}u \\ &= \int(-2u^2-2u)\mathrm{d}u \\ &= -\frac{2}{3}u^3-u^2+C' \\ &= -\frac{2}{3}(x+1)\sqrt{x+1}-x+C,\end{aligned}$$

在这里，常数 $C=C'-1$.

例 4.3.9 求不定积分$\int \frac{1}{1+\sqrt[3]{x+1}}\mathrm{d}x.$

解：令 $t=\sqrt[3]{x+1}$，则 $x=t^3-1$，$\mathrm{d}x=3t^2\mathrm{d}t$，将其代入原式则有

$$\begin{aligned}\int \frac{1}{1+\sqrt[3]{x+1}}\mathrm{d}x &= \int \frac{3t^2}{t+1}\mathrm{d}t = 3\int \frac{t^2-1+1}{t+1}\mathrm{d}t \\ &= 3\int\left(t-1+\frac{1}{t+1}\right)\mathrm{d}t = 3\left[\frac{1}{2}t^2-t+\ln|t+1|\right]+C \\ &= \frac{3}{2}(\sqrt[3]{x+1})^2-3\sqrt[3]{x+1}+3\ln\left|1+\sqrt[3]{x+1}\right|+C.\end{aligned}$$

以上两例是通过换元将被积函数中所含根式 $\sqrt[n]{ax+b}$ 有理化，采用的是 $\sqrt[n]{ax+b}=t$，即用变换 $x=\frac{t^n-b}{a}$（若非单调函数，要指明单调区间）的形式，这种代换方法称作根式代换法. 如果被积函数中含有根指数不同的几个根式，例如对积分$\int \frac{1}{\sqrt{x}(1+\sqrt[3]{x})}\mathrm{d}x$，应设$\sqrt[6]{x}=t$，即 $x=t^6\ (t>0)$将被积函数有理化.

下面几个例子介绍被积函数中含有典型的二次根式 $\sqrt{a^2-x^2}$、$\sqrt{a^2+x^2}$ 和 $\sqrt{x^2-a^2}$ 时，如何将其有理化. 这几例所采用的变换统称为三角代换法.

例 4.3.10 求不定积分$\int \frac{1}{\sqrt{a^2+x^2}}\mathrm{d}x$，$a>0$.

解：为了消去根式，我们可以设 $x = a\tan t, t \in \left(-\frac{\pi}{2}, \frac{\pi}{2}\right)$，如图 4-3-1 所示，那么，$\mathrm{d}x = a\sec^2 t\mathrm{d}t, \sqrt{x^2 - a^2} = a\tan t$. 于是

$$\begin{aligned}\int \frac{1}{\sqrt{a^2+x^2}}\mathrm{d}x &= \int \frac{a\sec^2 t\mathrm{d}t}{a\sec t} = \int \sec t\mathrm{d}t \\ &= \ln|\sec t + \tan t| + C \\ &= \ln\left|\frac{\sqrt{a^2+x^2}}{a} + \frac{x}{a}\right| + C \\ &= \ln(x + \sqrt{a^2+x^2}) - \ln a + C.\end{aligned}$$

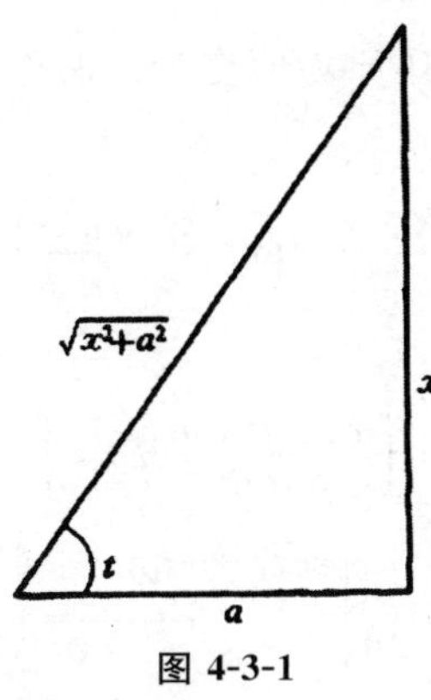

图 4-3-1

例 4.2.11　求不定积分$\int \sqrt{a^2 - x^2}\mathrm{d}x$.

解：令 $x = a\sin t$，$|t| < \frac{\pi}{2}$，从而有

$$\sqrt{a^2 - x^2} = \sqrt{a^2 - a^2\sin^2 t} = a\cos t,$$

$$\mathrm{d}x = \mathrm{d}a\sin t = a\cos t\mathrm{d}t,$$

所以有

$$\begin{aligned}\int \sqrt{a^2 - x^2}\mathrm{d}x &= \int a\cos t \cdot a\cos t\ \mathrm{d}t \\ &= a^2\int \cos^2 t\ \mathrm{d}t \\ &= \frac{a^2}{2}\left(t + \frac{1}{2}\sin 2t\right) + C \\ &= \frac{a^2}{2}(t + \sin t \cdot \cos t) + C.\end{aligned}$$

因为

$$t = \arcsin\frac{x}{a}, a\sin t = x,$$

$$a\cos t = a\sqrt{1 - \sin^2 t} = \sqrt{a^2 - x^2},$$

所以

$$\int \sqrt{a^2 - x^2}\mathrm{d}x = \frac{a^2}{2}\arcsin\frac{x}{a} + \frac{1}{2}x\sqrt{a^2 - x^2} + C.$$

例 4.3.12 求不定积分$\int \frac{1}{\sqrt{x^2-a^2}}\mathrm{d}x, a>0$.

解:为了消去根式,我们可以设 $x=a\sec t, t\in\left(0,\frac{\pi}{2}\right)$(这里假定了 $x>a$,如果 $x<a$,可设 $x=-a\sec t, t\in\left(0,\frac{\pi}{2}\right)$),那么

$$\mathrm{d}x=a\sec t\tan t\mathrm{d}t, \sqrt{a^2+x^2}=a\tan t.$$

于是

$$\int\frac{1}{\sqrt{x^2-a^2}}\mathrm{d}x=\int\frac{a\sec t\tan t}{a\tan t}\mathrm{d}t=\int\sec t\ \mathrm{d}t=\ln|\sec t+\tan t|+C.$$

如图 4-3-2 所示,是为了将变量 t 还原为原变量 x 所作出的辅助三角形,这样,我们就可以得到

$$\sec t=\frac{x}{a}, \tan t=\frac{\sqrt{a^2-x^2}}{a},$$

于是

$$\begin{aligned}\int\frac{1}{\sqrt{x^2-a^2}}\mathrm{d}x&=\int\frac{a\sec t\tan t}{a\tan t}\mathrm{d}t=\int\sec t\ \mathrm{d}t\\&=\ln|\sec t+\tan t|+C\\&=\ln\left|x+\sqrt{x^2-a^2}\right|-\ln a+C.\end{aligned}$$

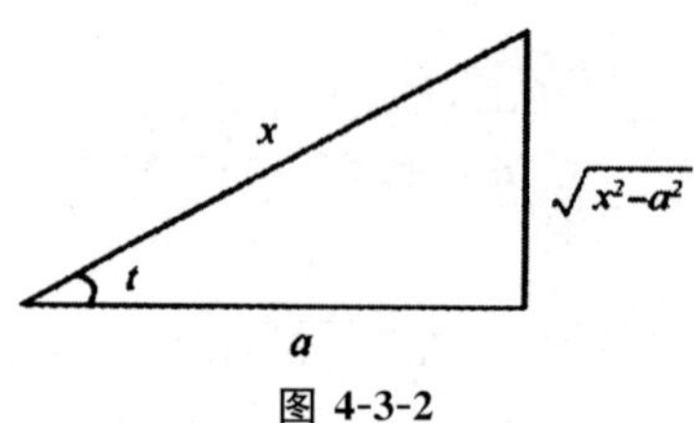

图 4-3-2

一般地,当被积函数为分式,而分子的积分变元的幂次低于分母的积分变元幂次减 1 时,可采用倒代换法.

例 4.2.13 求不定积分$\int\frac{\sqrt{a^2-x^2}}{x^4}\mathrm{d}x$.

解:令 $x=\frac{1}{t}$,从而有 $\mathrm{d}x=-\frac{\mathrm{d}t}{t^2}$,所以有

$$\begin{aligned}\int\frac{\sqrt{a^2-x^2}}{x^4}\mathrm{d}x&=\int\frac{\sqrt{a^2-\frac{1}{t^2}}\cdot\left(-\frac{\mathrm{d}t}{t^2}\right)}{\frac{1}{t^4}}\\&=-\int(a^2t^2-1)^{\frac{1}{2}}|t|\mathrm{d}t,\end{aligned}$$

当 $x>0$ 时,则有

$$\int \frac{\sqrt{a^2-x^2}}{x^4}\,dx = -\frac{1}{2a^2}\int (a^2t^2-1)^{\frac{1}{2}}\,d(a^2t^2-1)$$
$$= -\frac{(a^2t^2-1)^{\frac{3}{2}}}{3a^2}+C$$
$$= -\frac{(a^2-x^2)^{\frac{3}{2}}}{3a^2x^3}+C.$$

当 $x<0$ 时,有相同的结果.

例 4.3.14　求不定积分$\int \frac{1}{x^2\sqrt{1+x^2}}\,dx$.

解:令 $x=\frac{1}{t}$,则 $dx=-\frac{1}{t^2}dt$,则有

$$\int \frac{1}{x^2\sqrt{1+x^2}}\,dx = \int t^2\frac{1}{\sqrt{1+\left(\frac{1}{t}\right)^2}}\left(-\frac{1}{t^2}\right)dt$$
$$= -\int \frac{t}{\sqrt{t^2+1}}dt$$
$$= -\frac{1}{2}\int \frac{1}{\sqrt{t^2+1}}d(t^2+1)$$
$$= -\sqrt{t^2+1}+C$$
$$= -\frac{\sqrt{1+x^2}}{x}+C.$$

事实上,计算不定积分的方法是十分灵活的,我们来看下面的例子.

例 4.3.15　求不定积分$\int \frac{1}{\sqrt{1+e^x}}\,dx$.

解:令 $t=\sqrt{1+e^x}$,即 $e^x=t^2-1,x=\ln(t^2-1),dx=\frac{2t\,dt}{t^2-1}$,则有

$$\int \frac{1}{\sqrt{1+e^x}}\,dx = \int \frac{2}{t^2-1}\,dt = \int\left(\frac{1}{t-1}-\frac{1}{t+1}\right)dt = \ln\left|\frac{t-1}{t+1}\right|+C$$
$$= \ln\left|\frac{\sqrt{1+e^x}-1}{\sqrt{1+e^x}+1}\right|+C = \ln\frac{(\sqrt{1+e^x}-1)^2}{e^x}+C$$
$$= 2(\ln\sqrt{1+e^x}-1)-\ln e^x+C$$
$$= 2\ln(\sqrt{1+e^x}-1)-x+C.$$

4.4　分部积分法

尽管用直接积分法和换元积分法可以处理很多不定积分问题,但是对于一些积分,利用这两种方法还是很难甚至不可求解的.这时,我们可以考虑使用求解不定积分的另一种重要方法——分部积分法.分部积分法是由微分学中的导数乘法法则和不定积分的基本定义推导而出的.我们来看如下定理:

定理 4.4.1　设函数 $u=u(x),v=v(x)$ 是某区间上的连续导函数,则有积分公式

$$\int u(x)\ v'(x)\mathrm{d}x = u(x)v(x) - \int v(x)u'(x)\mathrm{d}x$$

或

$$\int u(x)\ \mathrm{d}v(x) = u(x)v(x) - \int v(x)\mathrm{d}u(x)$$

或

$$\int u(x)\ v'(x)\mathrm{d}x = u(x)v(x) - \int v(x)\mathrm{d}u(x).$$

证明:由导数的乘法可得

$$[u(x)v(x)]' = u'(x)v(x) + u(x)v'(x),$$

进一步,对该等式的两边进行不定积分有

$$\int [u(x)v(x)]'\mathrm{d}x = \int u'(x)v(x)\mathrm{d}x + \int u(x)v'(x)\ \mathrm{d}x,$$

即

$$\begin{aligned} u(x)v(x) &= \int u'(x)v(x)\mathrm{d}x + \int u(x)v'(x)\ \mathrm{d}x \\ &= \int v(x)\mathrm{d}u(x) + \int u(x)\ \mathrm{d}v(x). \end{aligned}$$

移项可得

$$\int u(x)\ v'(x)\mathrm{d}x = u(x)v(x) - \int v(x)u'(x)\mathrm{d}x$$

或

$$\int u(x)\ \mathrm{d}v(x) = u(x)v(x) - \int v(x)\mathrm{d}u(x)$$

或

$$\int u(x)\ v'(x)\mathrm{d}x = u(x)v(x) - \int v(x)\mathrm{d}u(x).$$

定理4.1.1中的三个积分公式称为分部积分公式,分部积分实际上是导函数乘法的逆运算.分部积分法的步骤一般如下:

(1) 把被积函数分解成 $u(x)v'(x)$.

(2) 凑成 $\int u(x)v'(x)\ \mathrm{d}x = \int u(x)\mathrm{d}v(x)$.

(3) 利用公式 $\int u(x)\mathrm{d}v(x) = u(x)v(x) - \int v(x)\ \mathrm{d}u(x)$ 求解.

需要明确指出的是,实际计算中,由于 $u = u(x)$, $v = v(x)$ 的选取方式不同,会导致计算积分的过程的难易程度千差万别,读者在实际计算中要把握.一般选择 $u = u(x)$ 与 $v = v(x)$ 有个经验公式:"反、对、幂、指、三",指的是按反三角函数、对数函数、幂函数、指数函数、三角函数的顺序,被积函数若为其中某两个函数乘积时,排在前面的函数作为 $u = u(x)$,排在后面的函数作为 $v = v(x)$,凑入微分,成为 $\mathrm{d}v(x)$.

例 4.4.1 求不定积分 $\int x\mathrm{e}^x\ \mathrm{d}x$.

解:令 $u(x) = x$, $\mathrm{e}^x\mathrm{d}x = \mathrm{d}v(x)$,从而有

$$\mathrm{d}u(x) = \mathrm{d}x, v = \mathrm{e}^x,$$

所以有

$$\int xe^x\,dx = xe^x - \int e^x\,dx = xe^x - e^x + C.$$

若令 $u(v) = e^x, xdx = dv(x)$，则有

$$du(x) = e^x dx, v(x) = \frac{x^2}{2},$$

所以有

$$\int xe^x\,dx = \frac{1}{2}x^2 e^x - \frac{1}{2}\int x^2 e^x\,dx.$$

显然，右侧的积分比原来的积分还要复杂，因此，$u(x)$ 和 $dv(x)$ 的选择不合适 .

例 4.4.2　求不定积分$\int x\arctan x\,dx$.

解：令 $u(x) = \arctan x, xdx = dv(x)$，从而有

$$du(x) = \frac{1}{1+x^2}dx, v(v) = \frac{1}{2}x^2,$$

所以有

$$\begin{aligned}\int x\arctan x\,dx &= \frac{1}{2}x^2\arctan x - \int \frac{x^2}{2}\frac{1}{1+x^2}\,dx \\ &= \frac{1}{2}x^2\arctan x - \frac{1}{2}\int \left[1 - \frac{1}{1+x^2}\right]dx \\ &= \frac{1}{2}x^2\arctan x - \frac{1}{2}[x - \arctan x] + C \\ &= \frac{1}{2}(x^2+1)\arctan x - \frac{1}{2}x + C.\end{aligned}$$

例 4.4.3　求不定积分$\int \frac{\ln(1+x) - \ln x}{x(x+1)}dx$.

解：易得

$$\begin{aligned}\int \frac{\ln(1+x)-\ln x}{x(x+1)}dx &= \int \frac{\ln(1+x)}{x(x+1)}dx - \int \frac{\ln x}{x(x+1)}dx \\ &= \int \left(\frac{\ln(1+x)}{x} - \frac{\ln(1+x)}{x+1}\right)dx - \int \left(\frac{\ln x}{x} - \frac{\ln x}{x+1}\right)dx \\ &= \int \ln(1+x)\,d\ln x - \frac{1}{2}\ln^2(1+x) - \frac{1}{2}\ln^2 x + \int \frac{\ln x}{x+1}dx \\ &= \int \ln(1+x)\,d\ln x - \int \ln x\,d\ln(1+x) - \frac{1}{2}\ln^2(1+x) - \frac{1}{2}\ln^2 x + \int \frac{\ln x}{x+1}dx \\ &= \ln(1+x)\ln x - \int \frac{\ln x}{x+1}dx - \frac{1}{2}\ln^2(1+x) - \frac{1}{2}\ln^2 x + \int \frac{\ln x}{x+1}dx \\ &= \ln(1+x)\ln x - \frac{1}{2}\ln^2(1+x) - \frac{1}{2}\ln^2 x + C \\ &= -\frac{1}{2}\left[\ln^2(1+x) + \frac{1}{2}\ln^2 x + 2\ln(1+x)\ln x\right] + C \\ &= -\frac{1}{2}\left[\ln(1+x) + \frac{1}{2}\ln x\right]^2 + C = -\frac{1}{2}\ln^2\left(1+\frac{1}{x}\right) + C.\end{aligned}$$

例 4.4.4 求不定积分$\int e^x \cos x\,dx$.

解:易得

$$\begin{aligned}\int e^x\cos x\,dx &= \int \cos x\,de^x \\ &= e^x\cos x - \int e^x\,d\cos x \\ &= e^x\cos x + \int e^x \sin x\,dx \\ &= e^x\cos x + \int \sin x\,de^x \\ &= e^x\cos x + e^x\sin x - \int e^x\,d\sin x \\ &= (\cos x + \sin x)e^x - \int e^x\cos x\,dx,\end{aligned}$$

所以可得

$$\int e^x\cos x\,dx = \frac{1}{2}(\cos x + \sin x)e^x + C.$$

例 4.4.5 求不定积分$\int \frac{(1-x)\arcsin(1-x)}{\sqrt{2x-x^2}}\,dx$.

解:对原被积函数的分母进行配方,即

$$\sqrt{2x-x^2} = \sqrt{1-(1-x)^2},$$

则

$$\int \frac{(1-x)\arcsin(1-x)}{\sqrt{2x-x^2}}\,dx = \int \frac{(1-x)\arcsin(1-x)}{\sqrt{1-(1-x)^2}}\,d(1-x).$$

令 $t = 1-x$,则

$$\begin{aligned}\int \frac{(1-x)\arcsin(1-x)}{\sqrt{2x-x^2}}\,dx &= -\int \frac{t\arcsin t}{\sqrt{1-t^2}}dt \\ &= \int \arcsin t\,d\sqrt{1-t^2} \\ &= \sqrt{1-t^2}\arcsin t - \int \sqrt{1-t^2}\,d\arcsin t \\ &= \sqrt{1-t^2}\arcsin t - \int \frac{\sqrt{1-t^2}}{\sqrt{1-t^2}}\,dt \\ &= \sqrt{1-t^2}\arcsin t - t + C_1 \\ &= \sqrt{2x-x^2}\arcsin(1-x) - (1-x) + C_1 \\ &= \sqrt{2x-x^2}\arcsin(1-x) + x + C,\end{aligned}$$

在这里,$C = C_1 - 1$.

例 4.4.6 求 $I_n = \int \frac{dx}{(x^2+a^2)^n}$,$a > 0$,其中 n 为正整数.

解:易得

$$I_{n-1}=\int\frac{\mathrm{d}x}{(x^2+a^2)^{n-1}}=\frac{x}{(x^2+a^2)^{n-1}}-2(1-n)\int\frac{\mathrm{d}x}{(x^2+a^2)^n}$$

$$=\frac{x}{(x^2+a^2)^{n-1}}+2(1-n)\int\frac{\mathrm{d}x}{(x^2+a^2)^{n-1}}-2(1-n)a^2\int\frac{\mathrm{d}x}{(x^2+a^2)^n},$$

即

$$I_{n-1}=\frac{x}{(x^2+a^2)^{n-1}}+2(1-n)I_{n-1}-2(1-n)a^2I_n.$$

于是，得到该积分的递推公式

$$I_n=\frac{x}{2a^2(1-n)(x^2+a^2)^{n-1}}+\frac{2n-3}{2a^2(1-n)}I_{n-1},n\geqslant 2,$$

其中

$$I_1=\int\frac{1}{x^2+a^2}\,\mathrm{d}x$$

$$=\frac{1}{a}\arctan\frac{x}{a}+C.$$

4.5　有理函数的不定积分

4.5.1　有理函数的积分

有理函数是指有理式所表示的函数，它包括有理整式和有理分式两类，其中，有理整式函数的一般形式是

$$f(x)=a_0x^n+a_1x^{n-1}+\cdots+a_{n-1}x+a_n.$$

有理分式函数的一般形式是

$$R(x)=\frac{P(x)}{Q(x)}=\frac{a_0x^n+a_1x^{n-1}+\cdots+a_{n-1}x+a_n}{b_0x^m+b_1x^{m-1}+\cdots+b_{m-1}x+b_m}.\tag{4.5.1}$$

其中，m,n 都为非负整数；$a_0,a_1,\cdots,a_n$ 和 $b_0,b_1,\cdots,b_n$ 均为实数，并且 $a_0\neq 0,b_0\neq 0$. 在有理分式中，当 $n<m$ 时，称之为真分式；当 $n\geqslant m$ 时，称之为假分式．我们利用多项式除法，可将任意一个假分式化为一个有理整式和一个真分式之和．例如

$$\frac{2x^4+x^2+3}{x^2+1}=2x^2-1+\frac{4}{x^2+1},$$

$$\frac{x^4+x^3-x-3}{x^2+2x-1}=x^2-x+3-\frac{8x}{x^2+2x-1}.$$

根据代数学的结论，任何实系数多项式 $Q(x)$ 在实数范围内总可以唯一地分解成一次因式和二次质因式的乘积，即

$$Q(x)=b_0(x-a)^{\alpha}\cdots(x-b)^{\beta}(x^2+px+q)^{\lambda}\cdots(x^2+rx+s)^{\mu},\tag{4.5.2}$$

其中 $\alpha,\cdots,\beta,\lambda,\cdots,\mu$ 均为正整数，

$$\alpha+\cdots+\beta+2(\lambda+\cdots+\mu)=m,$$

$$p^2-4q<0,\cdots,r^2-4s<0.$$

如果 $Q(x)$ 已化成(4.5.2)式，那么真分式$\dfrac{P(x)}{Q(x)}$可以唯一地分解为如下部分分式(简单分式)之和：

$$\begin{aligned}\frac{P(x)}{Q(x)} &= \frac{A_1}{x-a} + \frac{A_2}{(x-a)^2} + \cdots + \frac{A_\alpha}{(x-a)^\alpha} + \cdots + \frac{B_1}{x-b} \\ &+ \frac{B_2}{(x-b)^2} + \cdots + \frac{B_\beta}{(x-b)^\beta} + \frac{M_1 x + N_1}{x^2+px+q} + \frac{M_2 x + N_2}{(x^2+px+q)^2} + \cdots \\ &+ \frac{M_\lambda x + N_\lambda}{(x^2+px+q)^\lambda} + \cdots + \frac{R_1 x + S_1}{x^2+rx+s} \\ &+ \frac{R_2 x + S_2}{(x^2+rx+s)^2} + \cdots + \frac{R_\mu x + S_\mu}{(x^2+rx+s)^\mu},\end{aligned} \tag{4.5.3}$$

其中 $A_i(i=1,2,\cdots,\alpha),B_j(j=1,2,\cdots,\beta),M_k,N_k(k=1,2,\cdots,\lambda),R_l,S_l(l=1,2,\cdots,\mu)$ 均为常数，可用待定系数法求出.

对于(4.5.3)式应注意下列两点：

(1) 当分母 $Q(x)$ 有因子 $(x-a)^k$ 时，分解后就有下列 k 个简单分式之和：

$$\frac{A_1}{x-a} + \frac{A_2}{(x-a)^2} + \cdots + \frac{A_k}{(x-a)^k}.$$

(2) 当 $Q(x)$ 有因子 $(x^2+px+q)^k$，其中 $p^2-4q<0$ 时，分解后就有下列 k 个简单分式之和：

$$\frac{M_1 x + N_1}{x^2+px+q} + \frac{M_2 x + N_2}{(x^2+px+q)^2} + \cdots + \frac{M_k x + N_k}{(x^2+px+q)^k}.$$

通过上面的讨论可知，当有理函数分解为多项式及部分分式之和时，只出现多项式及下列四种简单分式：

(1) $\dfrac{A}{x-a}$.

(2) $\dfrac{A}{(x-a)^n}, n>1$.

(3) $\dfrac{Ax+B}{x^2+px+q}, p^2-4q<0$.

(4) $\dfrac{Ax+B}{(x^2+px+q)^n}, p^2-4q<0, n>1$.

对(1),(2) 两类函数的积分，通过第一类换元法即可求得，即

$$\int \frac{A}{x-a}\,\mathrm{d}x = A\ln|x-a| + C,$$

$$\int \frac{A}{(x-a)^n}\mathrm{d}x = \frac{A}{(1-n)(x-a)^{n-1}} + C.$$

类型(3) 的积分可计算如下：

$$\begin{aligned}\int \frac{Ax+B}{x^2+px+q}\,\mathrm{d}x &= \int \frac{\frac{A}{2}(2x+p)+B-\frac{Ap}{2}}{x^2+px+q}\,\mathrm{d}x \\ &= \frac{A}{2}\int \frac{\mathrm{d}(x^2+px+q)}{x^2+px+q} + \int \frac{B-\frac{Ap}{2}}{\left(x+\frac{p}{2}\right)^2+q-\frac{p^2}{4}}\,\mathrm{d}x \\ &= \frac{A}{2}\ln(x^2+px+q) + \left(B-\frac{Ap}{2}\right)\frac{1}{\sqrt{q-\frac{p^2}{4}}}\arctan\frac{x+\frac{p}{2}}{\sqrt{q-\frac{p^2}{4}}} + C.\end{aligned}$$

对类型(4) 积分计算如下：

把分母的二次质因式配方得

$$x^2+px+q=\left(x+\frac{p}{2}\right)^2+q-\frac{p^2}{4},$$

故令 $x+\frac{p}{2}=t$,并记 $x^2+px+q=t^2+a^2$,$Ax+B=At+b$,其中 $a^2=q-\frac{p}{4}$,$b=B-\frac{Ap}{2}$.

于是,

$$\begin{aligned}\int\frac{Ax+B}{(x^2+px+q)^n}\,\mathrm{d}x&=\int\frac{At}{(t^2+a^2)^n}\,\mathrm{d}t+\int\frac{b}{(t^2+a^2)^n}\,\mathrm{d}t\\&=-\frac{A}{2(n-1)(t^2+a^2)^{n-1}}+b\int\frac{b}{(t^2+a^2)^n}\,\mathrm{d}t,\end{aligned}$$

上式后一个积分可用例 4.4.6 的递推公式求得 .

这样,有理真分式分解为简单分式之后,再分别求它们的原函数 . 这些原函数都是初等函数 . 因此,有理函数的原函数都是初等函数 . 在计算有理函数的积分时,应先根据被积函数的特点,采用适当的变换,然后再进行积分计算 .

例 4.5.1　用待定系数法将 $\frac{4}{x^3+4x}$ 化为最简真分式之和 .

解:将分母作因式分解有

$$\frac{4}{x^3+4x}=\frac{4}{x(x^2+4)},$$

假设原分式可以分解为

$$\frac{4}{x^3+4x}=\frac{A}{x}+\frac{Bx+C}{x^2+4},$$

将右边通分并去分母可得

$$4=A(x^2+4)+Bx^2+Cx,$$

令 $x=0$ 可得 $A=1$,再令 $x=1$,可得

$$B+C=-1,$$

再令 $x=-1$,可得

$$B-C=-1,$$

于是得方程组

$$\begin{cases}B+C=-1\\B-C=-1\end{cases},$$

解得,$B=-1$,$C=0$,于是原分式可化为

$$\frac{4}{x^3+4x}=\frac{1}{x}-\frac{x}{x^2+4}.$$

例 4.5.2　求不定积分 $\int\frac{x+3}{x^2-5x+6}\,\mathrm{d}x$.

解:因为

$$x^2-5x+6=(x-2)(x-3),$$

所以有

$$\frac{x+3}{x^2-5x+6}=\frac{A}{x-2}+\frac{B}{x-3},$$

其中 A,B 为待定常数,两端消去分母可得

$$x+3=A(x-3)+B(x-2)=(A+B)x-(3A+2B),$$

即有

$$\begin{cases}A+B=1\\-(3A+2B)=3\end{cases},$$

从而解得 $A=-5,B=6$,则有

$$\frac{x+3}{x^2-5x+6}=\frac{-5}{x-2}+\frac{6}{x-3},$$

所以

$$\begin{aligned}\int\frac{x+3}{x^2-5x+6}\,\mathrm{d}x&=\int\frac{-5}{x-2}+\frac{6}{x-3}\,\mathrm{d}x\\&=-5\ln|x-2|+6\ln|x-3|+C.\end{aligned}$$

例 4.5.3 计算不定积分$\int\frac{x-2}{x^2+2x+3}\,\mathrm{d}x$.

解:由于被积函数的分母已经是二次质因式,且

$$\mathrm{d}(x^2+2x+3)=(2x+2)\mathrm{d}x,$$

被积函数的分母可以写为

$$x-2=\frac{1}{2}(2x+2)-3,$$

所以

$$\begin{aligned}\int\frac{x-2}{x^2+2x+3}\,\mathrm{d}x&=\int\frac{\frac{1}{2}(2x+2)-3}{x^2+2x+3}\,\mathrm{d}x=\frac{1}{2}\int\frac{2x+2}{x^2+2x+3}\,\mathrm{d}x-3\int\frac{1}{x^2+2x+3}\,\mathrm{d}x\\&=\frac{1}{2}\int\frac{\mathrm{d}(x^2+2x+3)}{x^2+2x+3}-3\int\frac{1}{(x+1)^2+(\sqrt{2})^2}\,\mathrm{d}(x+1)\\&=\frac{1}{2}\ln(x^2+2x+3)-\frac{2}{\sqrt{2}}\arctan\frac{x+1}{\sqrt{2}}+C.\end{aligned}$$

例 4.5.4 求不定积分$\int\frac{x-1}{x(1+x)(1+x+x^2)}\,\mathrm{d}x$.

解:因为

$$\frac{x-1}{x(1+x)(1+x+x^2)}=\frac{1}{(1+x)(1+x+x^2)}-\frac{1}{x(1+x)(1+x+x^2)},$$

又因为

$$\begin{aligned}\frac{1}{(1+x)(1+x+x^2)}&=\frac{(1+x+x^2)-x-x^2}{(1+x)(1+x+x^2)}\\&=\frac{1}{1+x}-\frac{x}{1+x+x^2},\end{aligned}$$

$$\begin{aligned}\frac{1}{x(1+x)(1+x+x^2)}&=\frac{(1+x+x^2)-x(1+x)}{x(1+x)(1+x+x^2)}\\&=\frac{1}{x(1+x)}-\frac{1}{1+x+x^2}\\&=\frac{1}{x}-\frac{1}{1+x}-\frac{1}{1+x+x^2}.\end{aligned}$$

所以有

$$\begin{aligned}\frac{x-1}{x(1+x)(1+x+x^2)}&=\frac{1}{1+x}-\frac{x}{1+x+x^2}-\frac{1}{x}+\frac{1}{1+x}+\frac{1}{1+x+x^2}\\&=\frac{2}{1+x}-\frac{1}{x}+\frac{1}{1+x+x^2}-\frac{x}{1+x+x^2}\\&=\frac{2}{1+x}-\frac{1}{x}-\frac{x-1}{1+x+x^2}.\end{aligned}$$

故而

$$\begin{aligned}\int\frac{x-1}{x(1+x)(1+x+x^2)}\,\mathrm{d}x&=\int\left[\frac{2}{1+x}-\frac{1}{x}-\frac{x-1}{1+x+x^2}\right]\mathrm{d}x\\&=\int\frac{2}{1+x}\mathrm{d}x-\int\frac{1}{x}\,\mathrm{d}x-\int\frac{x-1}{1+x+x^2}\,\mathrm{d}x\\&=2\ln|1+x|-\ln|x|-\frac{1}{2}\int\frac{\mathrm{d}(1+x+x^2)-3\mathrm{d}x}{1+x+x^2}\\&=2\ln|1+x|-\ln|x|-\frac{1}{2}\ln(1+x+x^2)+\frac{3}{2}\int\frac{\mathrm{d}x}{1+x+x^2}\\&=\ln\frac{(1+x)^2}{|x|\sqrt{1+x+x^2}}+\sqrt{3}\arctan\frac{2x+1}{\sqrt{3}}+C.\end{aligned}$$

4.5.2　可化为有理函数的积分的类型

在有理函数积分的基础上，我们再来讨论一些可化为有理函数积分的积分问题 .

1. 三角函数有理式的积分

由 $\sin x$、$\cos x$ 和常数经过有限次四则运算构成的函数称为三角有理函数，记作 $R(\sin x,\cos x)$. 根据三角函数理论可知，$\sin x$ 和 $\cos x$ 均可以用 $\tan\frac{x}{2}$ 的有理式来表示，即

$$\sin x=2\sin\frac{x}{2}\cos\frac{x}{2}=\frac{2\tan\frac{x}{2}}{\sec^2\frac{x}{2}}=\frac{2\tan\frac{x}{2}}{1+\tan^2\frac{x}{2}},$$

$$\cos x=\cos^2\frac{x}{2}-\sin^2\frac{x}{2}=\frac{1-\tan^2\frac{x}{2}}{\sec^2\frac{x}{2}}=\frac{1-\tan^2\frac{x}{2}}{1+\tan^2\frac{x}{2}},$$

所以，若设 $u=\tan\frac{x}{2}$，则有 $x=2\arctan u$，那么有

$$\sin x=\frac{2u}{1+u^2},\cos x=\frac{1-u^2}{1+u^2},\mathrm{d}x=\frac{2\mathrm{d}u}{1+u^2}.$$

所以，通过变换 $u=\tan\frac{x}{2}$，三角函数有理式的积分总是可以化为有理函数的积分，即

$$\int R(\sin x,\cos x)\,\mathrm{d}x=\int R\left(\frac{2u}{1+u^2},\frac{1-u^2}{1+u^2}\right)\frac{2}{1+u^2}\,\mathrm{d}u,$$

因此该变换公式又称为万能置换公式 .

例 4.5.5　求不定积分 $\int\frac{\mathrm{d}x}{5+3\cos x}$.

解：令 $u=\tan\frac{x}{2}$，则

$$x=2\arctan u, \mathrm{d}x=\frac{2\mathrm{d}u}{1+u^2},$$

则有

$$\begin{aligned}\int\frac{\mathrm{d}x}{5+3\cos x}&=\int\frac{1}{5+\frac{3(1-u^2)}{1+u^2}}\frac{2\mathrm{d}u}{1+u^2}=\int\frac{\mathrm{d}u}{u^2+4}\\&=\frac{1}{2}\arctan\frac{u}{2}+C\\&=\frac{1}{2}\arctan\left(\frac{1}{2}tan\ \frac{x}{2}\right)+C.\end{aligned}$$

例 4.5.6 计算不定积分 $\int\sin mx\sin nx\,\mathrm{d}x$.

解：易得

$$\begin{aligned}\int\sin mx\sin nx\,\mathrm{d}x&=-\frac{1}{2}\int[\cos(m+n)x-\cos(m-n)x]\,\mathrm{d}x\\&=-\frac{1}{2}\left[\frac{1}{m+n}\sin(m+n)x-\frac{1}{m-n}\sin(m-n)x\right]+C\\&=\frac{1}{2}\left[\frac{1}{m-n}\sin(m-n)x+\frac{1}{m+n}\sin(m+n)x\right]+C.\end{aligned}$$

例 4.5.7 求不定积分 $\int\frac{\sin x}{1+\sin x+\cos x}\,\mathrm{d}x$.

解：令 $u=\tan\frac{x}{2}(-\pi<x<\pi)$，则有 $x=2\arctan u$，所以

$$\mathrm{d}x=\frac{2}{1+u^2}\mathrm{d}u.$$

从而有

$$\begin{aligned}\int\frac{\sin x}{1+\sin x+\cos x}\,\mathrm{d}x&=\int\frac{\frac{2u}{1+u^2}\cdot\frac{2}{1+u^2}}{1+\frac{2u}{1+u^2}+\frac{1-u^2}{1+u^2}}\,\mathrm{d}u\\&=\int\frac{2u}{(1+u)(1+u^2)}\,\mathrm{d}u\\&=\int\frac{2u+1+u^2\text{-}1\text{-}u^2}{(1+u)(1+u^2)}\,\mathrm{d}u\\&=\int\frac{(1+u)^2-(1+u^2)}{(1+u)(1+u^2)}\,\mathrm{d}u\\&=\int\frac{1+u}{1+u^2}\,\mathrm{d}u-\int\frac{1}{1+u}\,\mathrm{d}u\\&=\arctan u+\frac{1}{2}\ln(1+u^2)-\ln|1+u|+C\\&=\frac{x}{2}+\ln\left|\sec\frac{x}{2}\right|-\ln\left|1+\tan\frac{x}{2}\right|+C.\end{aligned}$$

2. 简单无理函数的积分

当被积函数含有根式 $\sqrt[n]{ax+b}$ 或 $\sqrt[n]{\frac{ax+b}{cx+d}}$，$ad-bc\neq 0$ 等简单无理式时，我们可以采用第二类换元积分法去掉根号，从而计算有理函数的积分.

用 $R(u,v)$ 表示由 u,v 和常数进行有限次四则运算得到的表达式，下面我们讨论形如 $\int R(x,\sqrt[n]{ax+b})\,\mathrm{d}x$ 或 $\int R\left(x,\sqrt[n]{\frac{ax+b}{cx+d}}\right)\mathrm{d}x$ 的简单无理函数的积分.

对于形如 $\int R(x,\sqrt[n]{ax+b})\,\mathrm{d}x$ 的积分，令 $u=\sqrt[n]{ax+b}$，则

$$x=\frac{u^n+b}{a},\mathrm{d}x=\frac{n}{a}u^{n-1}\mathrm{d}u,$$

则

$$\int R(x,\sqrt[n]{ax+b})\,\mathrm{d}x=\int R\left(\frac{u^n+b}{a},u\right)\frac{u}{a}u^{n-1}\mathrm{d}u,$$

就化成了关于 u 的有理函数的积分.

对于形如 $\int R\left(x,\sqrt[n]{\frac{ax+b}{cx+d}}\right)\mathrm{d}x$ 的积分，令 $u=\sqrt[n]{\frac{ax+b}{cx+d}}$，则

$$x=\frac{\mathrm{d}u^n-b}{a-cu^n},\mathrm{d}x=\frac{n(ad-bc)}{(a-cu^n)^2}u^{n-1}\mathrm{d}u,$$

则

$$\int R\left(x,\sqrt[n]{\frac{ax+b}{cx+d}}\right)\mathrm{d}x=\int R\left(\frac{\mathrm{d}u^n-b}{a-cu^n},u\right)\frac{n(ad-bc)}{(a-cu^n)^2}u^{n-1}\mathrm{d}u,$$

同样化成了关于 u 的有理函数的积分.

例 4.5.8　求不定积分 $\int\frac{1}{1+\sqrt{x^2+2x+2}}\,\mathrm{d}x$.

解：令 $x+1=\tan t$，$-\frac{\pi}{2}<t<\frac{\pi}{2}$，所以

$$\begin{aligned}\int\frac{1}{1+\sqrt{x^2+2x+2}}\,\mathrm{d}x&=\int\frac{1}{1+\sqrt{(x+1)^2+1}}\,\mathrm{d}x\\&=\int\frac{\sec^2 t}{1+\sec t}\,\mathrm{d}t=\int\frac{1}{\cos t(1+\cos t)}\,\mathrm{d}t\\&=\int\left[\frac{1}{\cos t}-\frac{1}{1+\cos t}\right]\mathrm{d}t\\&=\ln|\sec t+\tan t|-\tan\frac{t}{2}+C\\&=\ln|x+1+\sqrt{x^2+2x+2}|-\frac{\sqrt{x^2+2x+2}-1}{x+1}+C.\end{aligned}$$

例 4.5.9　求不定积分 $\int\frac{1}{x}\sqrt{\frac{x+1}{x}}\,\mathrm{d}x$.

解：令 $u=\sqrt{\frac{x+1}{x}}$，则有 $x=\frac{1}{u^2-1}$，$\mathrm{d}x=\frac{-2u\mathrm{d}u}{(u^2-1)^2}$，所以

$$\int \frac{1}{x}\sqrt{\frac{x+1}{x}}\,\mathrm{d}x = \int (u^2-1)u\,\frac{-2u\mathrm{d}u}{(u^2-1)^2}$$

$$= -2\int \frac{u^2\mathrm{d}u}{u^2-1} = -2\int \left(1+\frac{1}{u^2-1}\right)\mathrm{d}u$$

$$= -2u - \ln\left|\frac{u-1}{u+1}\right| + C$$

$$= -2\sqrt{\frac{x+1}{x}} - \ln\left|x\left(\sqrt{\frac{x+1}{x}}-1\right)^2\right| + C.$$

例 4.5.10 求$\int \frac{x}{\sqrt[3]{3x+1}}\,\mathrm{d}x$.

解:令 $t=\sqrt[3]{3x+1}$,则 $x=\frac{t^3-1}{3}$,$\mathrm{d}x=t^2\mathrm{d}t$,所以

$$\int \frac{x}{\sqrt[3]{3x+1}}\,\mathrm{d}x = \int \frac{t^3-1}{3t}\,t^2\mathrm{d}t = \frac{1}{3}\int (t^4-t)\,\mathrm{d}t$$

$$= \frac{1}{3}\left(\frac{t^5}{5}-\frac{t^2}{2}\right)+C$$

$$= \frac{1}{15}(3x+1)^{\frac{5}{3}} - \frac{1}{6}(3x+1)^{\frac{2}{3}} + C.$$

4.6 数学实验

在 Mathematica 软件中,不仅可以进行不定积分的运算,同时可以通过作图和观察,深入理解不定积分的概念和意义.计算原函数的基本语句为

Integrate[f[x],x]

计算函数 $f(x)$ 的一个原函数.

另外,在 Mathematica 中计算不定积分,也可利用基本计算面板(菜单项“File → Palettes → 4BasicInput”)进行.

需要说明如下几点:

① 用 Mathematica 计算不定积分,结果只给出一个原函数(不带任意常数).

② 对于有理函数的积分,若它的分母多项式的根 Mathematica 不能直接给出它的计算公式,则不能得出积分的直接结果.

③ 若被积函数的原函数不能用初等函数来表示,此时积分的结果是一些特定的符号.

例 4.6.1 观察函数 $y=x$ 的原函数的连续性.

解:Mathematica 语句为

```
a = x;f = Integrate[a,x] + 1
b =- Sin[x];g = Integrate[b,x]
c = Plot[{a,f},{x,-6,0},PlotStyle -> {{RGBColor[0,0,1],Thickness[0.01]},{RGBColor[1,0,1],Thickness[0.02]}},DisplayFunct - ion -> Identity]
d = Plot[{b,g},{x,0,6},PlotStyle -> {{RGBColor[0,0,1],Thickness[0.01]},{RGBColor[1,0,0],Thickness[0.02]}},DisplayFunction -> Identity]
```

```
Show[{c,d},DisplayFunction -> MYMDisplayFunction]
```

运行结果为

```
x^2/2 + 1
Cos[x]
```

函数图形如图 4-6-1 所示．

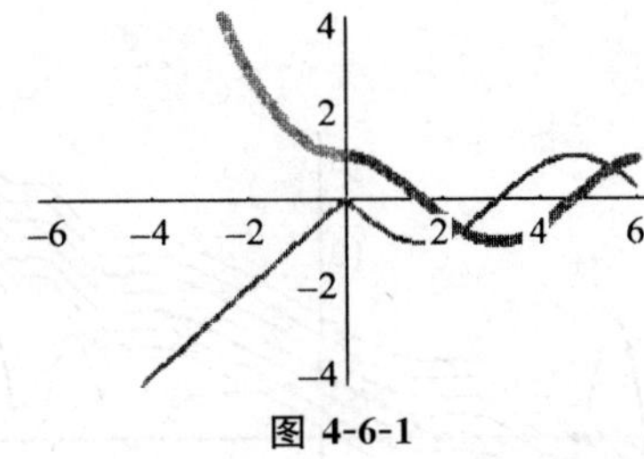

图 4-6-1

例 4.6.2　计算不定积分$\int x^2(1-x^3)^5\,dx$.

解：输入

```
Integrate[x^2 * (1 - x^3)^5,x]
```

则得到输出

$$\frac{x^3}{3}-\frac{5x^6}{6}+\frac{10x^9}{9}-\frac{5x^{12}}{6}+\frac{x^{15}}{3}-\frac{x^{18}}{18}$$

例 4.6.3　求不定积分$\int e^{-2x}\sin 3x\,dx$.

解：输入

```
Integrate[Exp[- 2x] * Sin[3x],x]
```

则得到输出

$$-\frac{1}{13}e^{-2x}(3\mathrm{Cos}[3x]+2\mathrm{Sin}[3x])$$

例 4.6.4　计算不定积分$\int x^2\arctan x\,dx$.

解：输入

```
Integrate[x^2 * ArcTan[x],x]
```

则得到输出

$$-\frac{x^2}{6}+\frac{1}{3}x^3\mathrm{ArcTan}[x]+\frac{1}{6}\mathrm{Log}[1+x^2]$$

例 4.6.5　观察原函数族．

解：Mathematica 命令为

```
Clear[jf,f,x,a,b]
jf[f_,x_,a_,b_]: = Module[{j,P},j = Integrate[f,x];Print["∫ "f,"dx =",j,"+ c"]
Pf = Plot[f,{x,a,b},PlotStyle -> RGBColor[0,0,1],DisplayFunction -> Identity]
Pj = Table[Plot[{j + i},{x,a,b},PlotStyle -> RGBColor[1,0,0],DisplayFunction ->
Identity],{I,7}]
```

```
Show[{Pf,Pj},DisplayFunction -> MYMDisplayFunction]
Clear[f,x,a,b]
jf[Cos[2x] + xSin[x^2] + 2,x, - 4,4]
```

运行结果为

$$\int (\cos(2x)+x\sin(x^2)+2)\,dx = \frac{1}{2}(4x+\sin(2x))-\frac{\cos(x^2)}{2}+c$$

函数图形如图 4-6-2 所示 .

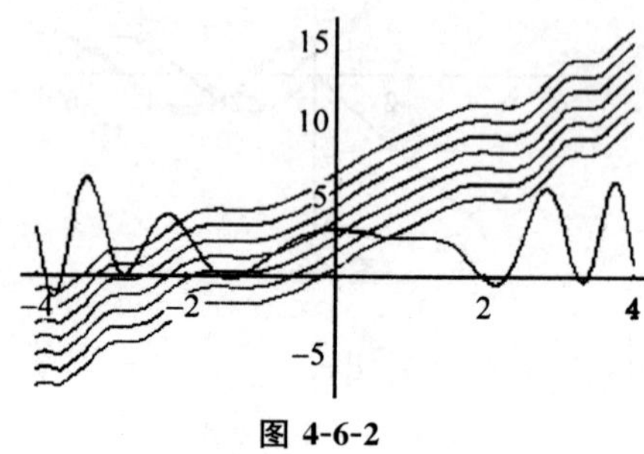

图 4-6-2

第 5 章　定积分及其应用

5.1　定积分概述

5.1.1　定积分的实际背景

在上一章中，我们讨论了积分学中的不定积分问题，接下来我们讨论积分学中另一个重要的问题——定积分．首先来看两个引出定积分基本概念的实际问题．

1. 曲边梯形的面积

设函数 $y=f(x)$ 在区间 $[a,b]$ 上非负且连续，由曲线 $y=f(x)$ 和三条直线 $x=a$，$x=b$，$y=0$ 所围成的图形 $aMNba$ 称为曲边梯形，如图 5-1-1 所示，我们来尝试计算曲边梯形 $aMNba$ 的面积.

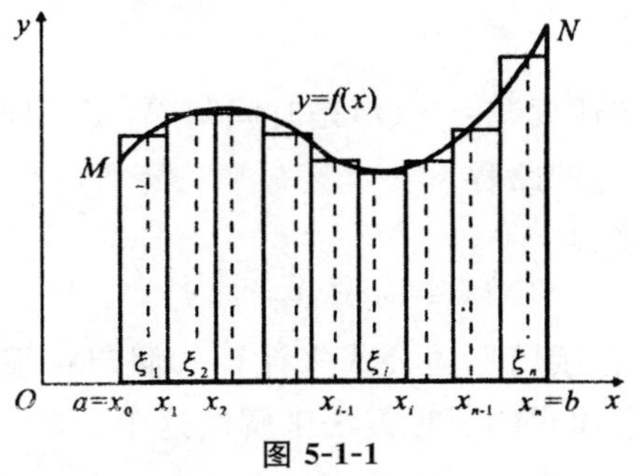

图 5-1-1

首先，不难看出，该曲边梯形的面积取决于区间 $[a,b]$ 及定义在这个区间上的函数 $f(x)$. 如果 $f(x)$ 在 $[a,b]$ 上为常数 h，此时曲边梯形为矩形，则其面积等于 $h(b-a)$. 现在的问题是 $f(x)$ 在 $[a,b]$ 上不是常数，而是变化着的，因此它的面积就不能简单地用求矩形的面积公式计算．但是由于 $f(x)$ 在 $[a,b]$ 上连续，当 x 变化不大时，$f(x)$ 变化也不大，因此，如果将区间 $[a,b]$ 分割成许多小区间，相应地将曲边梯形分割成许多小曲边梯形，每个区间上对应的小曲边梯形可以近似地看成小矩形，所有的小矩形面积的和就是整个曲边梯形面积的近似值．显然，分割得愈细，近似的程度愈好．因此，将区间 $[a,b]$ 无限地细分，并使每个小曲边梯形的底边都趋向于零，则小矩形面积之和的极限就可定义为所要求的曲边梯形的面积．

根据上述分析，曲边梯形面积的计算可按下面步骤得到：

(1) 分割．在区间 $[a,b]$ 内插入 $n-1$ 个分点

$$a=x_0<x_1<x_2<\cdots<x_{i-1}<x_i<\cdots<x_{n-1}<x_n<b,$$

把区间 $[a,b]$ 分成 n 个小区间

$$[x_0,x_1],[x_1,x_2],\cdots,[x_{i-1},x_i],\cdots,[x_{n-1},x_n].$$

相应地将曲边梯形分割成 n 个小曲边梯形，记小区间 $[x_{i-1},x_i]$ 的长度为

$$\Delta x_i = x_i - x_{i-1}, i = 1,2,\cdots,n.$$

将区间$[x_{i-1},x_i]$上的小曲边梯形的面积记作

$$\Delta A_i, i = 1,2,\cdots,n.$$

(2) 近似代替．在每一个小区间$[x_{i-1},x_i]$上任取一点ξ_i，以Δx_i为底边，以$f(\xi_i)$为高作小矩形，其面积为

$$f(\xi_i)\Delta x_i, i = 1,2,\cdots,n.$$

以此作为相应的小曲边梯形面积ΔA_i的近似值，即

$$\Delta A_i \approx f(\xi_i)\Delta x_i, i = 1,2,\cdots,n.$$

(3) 求和．把n个小矩形的面积相加，就得到曲边梯形面积A的近似值．即

$$A = \sum_{i=1}^{n} \Delta A_i \approx \sum_{i=1}^{n} f(\xi_i) \cdot \Delta x_i.$$

(4) 取极限．区间分得愈细，近似值的精确度就俞高，我们要求小区间长度中最大的长度λ趋向于零，即$\lambda = \max\{\Delta x_1, \Delta x_2, \cdots, \Delta x_i, \cdots, \Delta x_n\} \to 0$，这时分点将无限增多(即$n \to \infty$)．若极限$\lim\limits_{\lambda \to 0} \sum\limits_{i=1}^{n} f(\xi_i) \cdot \Delta x_i$存在，则以此极限值为曲边梯形的面积，即

$$A = \lim_{\lambda \to 0} \sum_{i=1}^{n} f(\xi_i) \cdot \Delta x_i.$$

2．变速直线运动的位移

设某物体做直线运动，已知速度$v = v(t)$是时间间隔$[T_1, T_2]$上的连续函数，且$v(t) \geq 0$，要计算在这段时间内物体所经过的路程s.

如果物体做匀速运动，则路程

$$s = v(T_2 - T_1).$$

当$v(t)$是变量时，路程就不能直接用上述公式来计算．假定在很小的时间间隔中，速度变化不大，那么我们仍可用求曲边梯形面积的思想方法来解决这个问题．其步骤如下：

(1) 分割．任取分点$T_1 = t_0 < t_1 < t_2 < \cdots < t_{i-1} < t_i < \cdots < t_{n-1} < t_n < T_2$，把$[T_1, T_2]$分成$n$个小段，每小段为

$$\Delta t_i = t_i - t_{i-1}, i = 1,2,\cdots,n.$$

(2) 近似代替．把每小段$[t_{i-1},t_i]$上的运动视为匀速，任取时刻$\xi_i \in [t_{i-1},t_i]$，作乘积$v(\xi_i)\Delta t_i$，那么，在这小段时间所走路程Δs_i可近似表示为

$$\Delta s_i \approx v(\xi_i)\Delta t_i, i = 1,2,\cdots,n.$$

(3) 求和．把n个小段时间上的路程相加，就得到总路程s的近似值，即

$$s = \sum_{i=1}^{n} \Delta s_i \approx \sum_{i=1}^{n} v(\xi_i)\Delta t_i.$$

(4) 取极限．设$\lambda = \max\limits_{1 \leq i \leq n}\{\Delta t_i\}$，当$\lambda \to 0$时，取上述和式的极限，就得到变速直线运动的路程

$$s = \lim_{\lambda \to 0} \sum_{i=1}^{n} v(\xi_i)\Delta t_i.$$

5.1.2 定积分的基本定义与几何意义

曲边梯形面积与变速直线运动的路程这两个问题实际意义虽然不同，但处理这两类问题所

遇到的矛盾性质、解决问题的思想方法却完全相同，如果抽去其实际意义，其结果都归结为同一种数学结构的和式极限，对这种特定和式极限的研究就引出了定积分的概念．

定义 5.1.1　设函数 $f(x)$ 在区间$[a,b]$上有界，任取分点

$$a = x_0 < x_1 < x_2 < \dots < x_{n-1} < x_n = b,$$

把$[a,b]$分成 n 个小区间

$$[x_0, x_1], [x_1, x_2], \dots, [x_{n-1}, x_n],$$

各小区间的长度依次为

$$\Delta x_1 = x_1 - x_0, \Delta x_2 = x_2 - x_1, \cdots, \Delta x_n = x_n - x_{n-1}.$$

在每个区间任取一点 $\xi_i (i = 1,2,\cdots,n)$，作函数值 $f(\xi_i)$ 与小区间长度 Δx_i 的乘积 $f(\xi_i)\Delta x_i$，并作和 $S = \sum\limits_{i=1}^{n} f(\xi_i)\Delta x_i$，若无论上述 x_i 与 ξ_i 如何选取，只要 $\lambda = \max\{\Delta x_1, \Delta x_2, \cdots, \Delta x_n\} \to 0$，和 S 总趋于确定的极限 I，则称函数 $f(x)$ 在$[a,b]$上可积，这个极限 I 称为 $f(x)$ 在$[a,b]$上的定积分，简称积分，记作$\int_a^b f(x)\mathrm{d}x$，即

$$\int_a^b f(x)\mathrm{d}x = \lim_{\lambda \to 0} \sum_{i=1}^{n} f(\xi_i)\Delta x_i.$$

其中，$f(x)$ 称为被积函数，$f(x)\mathrm{d}x$ 称为被积表达式，x 称为积分变量，$[a,b]$称为积分区间，a 称为积分下限，b 称为积分上限．

关于定积分的定义，作如下几点说明：

(1) 定积分是一个数，它取决于被积函数和积分区间，与积分变量采用什么字母表示无关，即$\int_a^b f(x)\mathrm{d}x = \int_a^b f(t)\mathrm{d}t = \int_a^b f(u)\mathrm{d}u$，这一点为我们求解或证明某些题目提供了很大的方便．

(2) 在上述定义中，实际上限定了上限大于下限，即$a<b$，然而在实际应用及理论分析中，也会用到上限小于或者等于下限的情形．因此，我们把定积分的定义扩充：当 $a > b$ 时，规定$\int_a^b f(x)\mathrm{d}x = -\int_b^a f(x)\mathrm{d}x$；当 $a = b$ 时，规定$\int_a^b f(x)\mathrm{d}x = 0$.

(3) 若定积分$\int_a^b f(x)\mathrm{d}x$ 存在，则称函数 $f(x)$ 在区间$[a,b]$上可积．

在给给出定积分的定义之后，我们最关心的问题当然是函数 $f(x)$ 在区间$[a,b]$上可积的条件，有如下定理：

定理 5.1.1　设函数 $f(x)$ 在区间$[a,b]$上连续，则 $f(x)$ 在$[a,b]$上可积．

定理 5.1.2　设函数 $f(x)$ 在区间$[a,b]$上有界，且只有有限个间断点，则 $f(x)$ 在$[a,b]$上可积．

定理 5.1.3　若函数 $f(x)$ 在区间$[a,b]$上可积，则 $f(x)$ 在在$[a,b]$上有界．

接下来，我们从概念出发，分如下三点来说明定积分的几何意义：

(1) 在区间$[a,b]$上 $f(x) \geqslant 0$ 时定积分在几何上表示以函数的图形为曲边的一个曲边梯形的面积，如图 5-1-2 所示．

$$\int_a^b f(x)\mathrm{d}x = \lim_{\lambda \to 0} \sum_{i=1}^{n} f(\xi_i) \cdot \Delta x_i = A$$

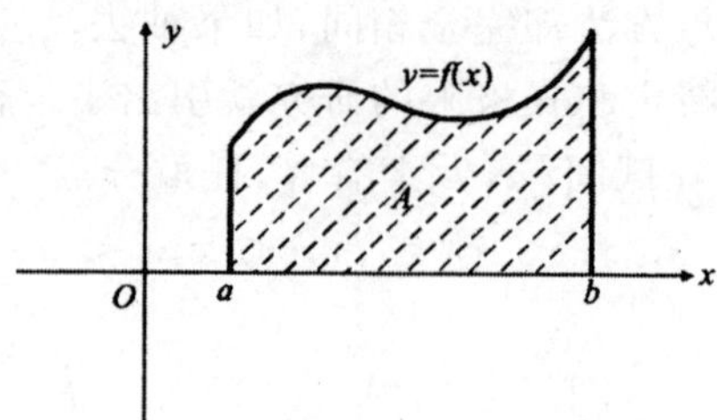

图 5-1-2

(2) 如图 5-1-3 所示，在区间$[a,b]$上 $f(x)\leqslant 0$ 时，$f(x)$ 在区间$[a,b]$上的定积分为

$$\int_a^b f(x)\mathrm{d}x=\lim_{\lambda\to 0}\sum_{i=1}^{n}f(\xi_i)\cdot\Delta x_i,$$

因为 $\Delta x_i>0$ 而 $f(\xi_i)\leqslant 0$ 所以 $f(\xi_i)\cdot\Delta x_i\leqslant 0$. 因此

$$\int_a^b f(x)\mathrm{d}x=-\lim_{\lambda\to 0}\sum_{i=1}^{n}(-f(\xi_i))\Delta x_i=-A.$$

即$\int_a^b f(x)\mathrm{d}x$ 的值为曲边梯形的面积的相反数 .

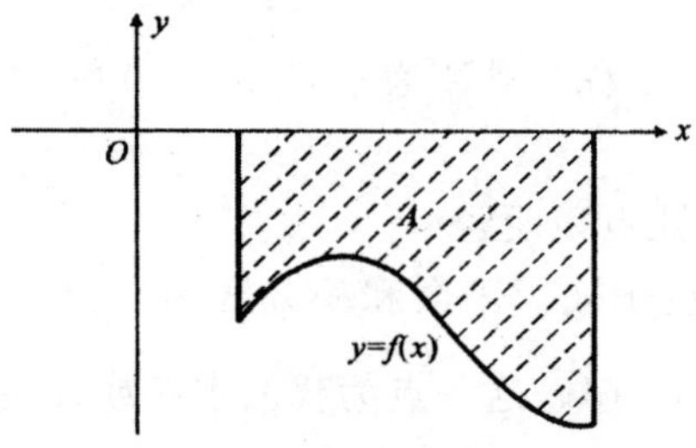

图 5-1-3

(3) 如图 5-1-4 所示，若函数 $f(x)$ 在区间$[a,b]$上即可取正值也可取负值，那么定积分$\int_a^b f(x)\mathrm{d}x$ 在几何上表示介于曲线 $y=f(x)$ 和直线 $x=a,x=b,y=0$ 之间的各个部分面积的代数和，即

$$\int_a^b f(x)\mathrm{d}x=A_1-A_2+A_3-A_4.$$

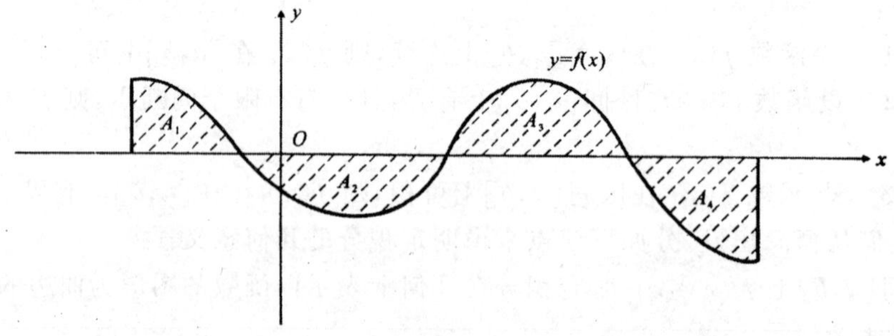

图 5-1-4

例 5.1.1 利用定积分的几何意义计算$\int_0^1\sqrt{1-x^2}\,\mathrm{d}x$.

解：由于被积函数

$$f(x)=\sqrt{1-x^2}\geqslant 0,$$

故而根据定积分的几何意义知$\int_0^1\sqrt{1-x^2}\,\mathrm{d}x$在几何上表示上半圆周$y=\sqrt{1-x^2}$与$x$轴、$y$轴所围成的图形(在第一象限)的面积,显然,该图形为四分之一单位圆盘,从而有

$$\int_0^1\sqrt{1-x^2}\,\mathrm{d}x=\frac{\pi}{4}.$$

5.2　定积分的性质

通过上一节的讨论可知,定积分是特殊和式的极限,所以由极限的性质可以推出定积分的一些性质. 在下述讨论中,我们假设有关函数均为连续的.

性质 5.2.1　函数的和(差)的定积分等于它们的定积分的和(差),即

$$\int_a^b[f(x)\pm g(x)]\mathrm{d}x=\int_a^b f(x)\mathrm{d}x\pm\int_a^b g(x)\mathrm{d}x.$$

证明 :由定积分的定义可知

$$\begin{aligned}\int_a^b[f(x)\pm g(x)]\mathrm{d}x&=\lim_{\lambda\to 0}\sum_{i=1}^n[f(\xi_i)\pm g(\xi_i)]\Delta x_i\\&=\lim_{\lambda\to 0}\sum_{i=1}^n f(\xi_i)\Delta x_i\pm\lim_{\lambda\to 0}\sum_{i=1}^n g(\xi_i)\Delta x_i\\&=\int_a^b f(x)\mathrm{d}x\pm\int_a^b g(x)\mathrm{d}x.\end{aligned}$$

在这里需要特别指出的是,此性质可以推广到有限个可积函数的和的形式.

性质 5.2.2　被积函数的常数因子可以提到积分符号外面,即

$$\int_a^b kf(x)\mathrm{d}x=k\int_a^b f(x)\mathrm{d}x,k\text{ 为常数}.$$

证明:由定积分的定义可知

$$\begin{aligned}\int_a^b kf(x)\mathrm{d}x&=\lim_{\lambda\to 0}\sum_{i=1}^n kf(\xi_i)\Delta x_i\\&=k\lim_{\lambda\to 0}\sum_{i=1}^n f(\xi_i)\Delta x_i\\&=k\int_a^b f(x)\mathrm{d}x.\end{aligned}$$

性质 5.2.3　有限个函数$f_i(x)(i=1,2,\cdots n)$的线性组合的定积分等于各个函数的定积分的线性组合,即

$$\int_a^b\sum_{i=1}^n k_i f_i(x)\mathrm{d}x=\sum_{i=1}^n k_i\int_a^b f_i(x)\mathrm{d}x.$$

可由性质 5.2.1 和性质 5.2.2 组合证明.

性质 5.2.4　若在区间$[a,b]$上$f(x)\equiv 1$,则

$$\int_a^b f(x)\mathrm{d}x=\int_a^b 1\cdot\mathrm{d}x=b-a.$$

性质 5.2.5(定积分的区间可加性)　定积分对积分区间具有可加性,即

$$\int_a^b f(x)\mathrm{d}x = \int_a^c f(x)\mathrm{d}x + \int_c^b f(x)\mathrm{d}x.$$

证明：首先讨论 $c \in (a,b)$ 的情形，在积分存在的条件下，积分和式的极限与对区间的分法无关．所以在对区间 $[a,b]$ 进行分割时，以 c 始终作为分点 x_{n_1}，从而可得 $f(x)$ 在区间 $[a,b]$ 上的积分和为

$$S_n = \sum_{i=1}^{n} f(\xi_i)\Delta x_i = \sum_{i=1}^{n_1} f(\xi_i)\Delta x_i + \sum_{i=n_1}^{n} f(\xi_i)\Delta x_i.$$

上式后两项分别为 $f(x)$ 在 $[a,c]$ 和 $[c,b]$ 上的积分和，当 $\lambda \to 0$ 时，可得

$$\int_a^b f(x)\mathrm{d}x = \int_a^c f(x)\mathrm{d}x + \int_c^b f(x)\mathrm{d}x.$$

当 c 不在区间 $[a,b]$ 上时，不妨设 $a < b < c$，根据上面已证明的结论可知

$$\begin{aligned}\int_a^c f(x)\mathrm{d}x &= \int_a^b f(x)\mathrm{d}x + \int_b^c f(x)\mathrm{d}x \\ &= \int_a^b f(x)\mathrm{d}x - \int_c^b f(x)\mathrm{d}x,\end{aligned}$$

所以有

$$\int_a^b f(x)\mathrm{d}x = \int_a^c f(x)\mathrm{d}x + \int_c^b f(x)\mathrm{d}x.$$

性质 5.2.6　若 $f(x)$，$g(x)$ 在区间 $[a,b]$ 上可积，且有 $f(x) \leqslant g(x)$，则

$$\int_a^b f(x)\mathrm{d}x \leqslant \int_a^b g(x)\mathrm{d}x.$$

证明：根据 $f(x) \leqslant g(x)$ 可得

$$g(x) - f(x) \geqslant 0,$$

故有

$$\int_a^b [g(x) - f(x)]\mathrm{d}x \geqslant 0,$$

根据性质 5.2.1 可得

$$\int_a^b g(x)\mathrm{d}x \geqslant \int_a^b f(x)\mathrm{d}x,$$

即

$$\int_a^b f(x)\mathrm{d}x \leqslant \int_a^b g(x)\mathrm{d}x.$$

性质 5.2.7　若 $f(x)$ 在区间 $[a,b]$ 上可积，M 和 m 分别是 $f(x)$ 在区间 $[a,b]$ 上的最大值和最小值，则有

$$m(b-a) \leqslant \int_a^b f(x)\mathrm{d}x \leqslant M(b-a).$$

证明：易知 $m \leqslant f(x) \leqslant M$，由性质 5.2.6 可知

$$\int_a^b m\,\mathrm{d}x \leqslant \int_a^b f(x)\mathrm{d}x \leqslant \int_a^b M\mathrm{d}x.$$

又因为

$$\int_a^b m\,\mathrm{d}x = m(a-b),$$

$$\int_a^b M\mathrm{d}x = M(a-b),$$

所以

$$m(b-a) \leqslant \int_a^b f(x)\mathrm{d}x \leqslant M(b-a).$$

性质 5.2.8(积分中值定理)　设 $f(x)$ 在闭区间 $[a,b]$ 上连续，则在 (a,b) 内至少存在一点 ξ，使得等式

$$\int_a^b f(x)\mathrm{d}x = f(\xi)(b-a)$$

成立．

证明：根据闭区间上连续函数的性质得知，$f(x)$ 在 $[a,b]$ 上存在最大值 M 与最小值 m．利用性质 5.2.7 可得

$$m \leqslant \frac{1}{b-a}\int_a^b f(x)\mathrm{d}x \leqslant M,$$

再由连续函数的介值定理知，在 (a,b) 内至少有一点 ξ，使得

$$f(\xi) = \frac{1}{b-a}\int_a^b f(x)\mathrm{d}x.$$

因此有

$$\int_a^b f(x)\mathrm{d}x = f(\xi)(b-a).$$

积分中值定理有着明显的几何意义，如图 5-2-1 所示，容易看出，定积分 $\int_a^b f(x)\mathrm{d}x$ 表示曲边梯形 $AabB$ 的面积，而 $f(\xi)(b-a)$ 则是以 $b-a$ 为底，$f(\xi)$ 为高的矩形 $DabE$ 的面积．积分中值定理的结论表明：在 (a,b) 内必存在一点 ξ，使得以 $f(\xi)$ 为高，$[a,b]$ 为底边的矩形和以 $y=f(x)$ 为曲边、$[a,b]$ 为底边的曲边梯形具有相同的面积．因此，

$$f(\xi) = \frac{1}{b-a}\int_a^b f(x)\mathrm{d}x$$

可看成是曲边梯形的"平均高度"，并称它为 $f(x)$ 在 $[a,b]$ 上的积分平均值．

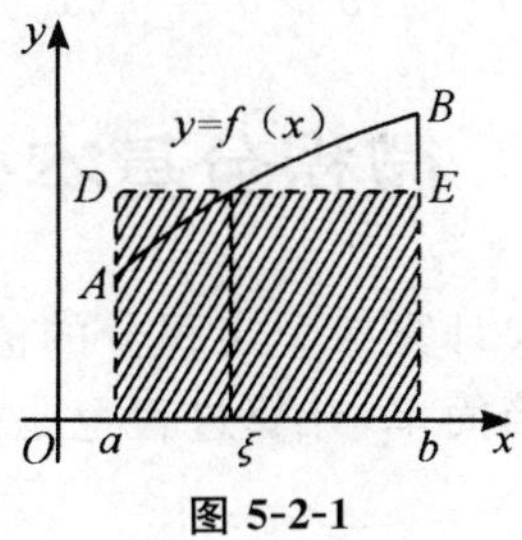

图 5-2-1

例 5.2.1　试估计定积分 $\int_{\frac{1}{\sqrt{3}}}^{\sqrt{3}} x\arctan x\mathrm{d}x$ 的值．

解：先求出被积函数的最大值 M 和最小值 m．因为在 $\left[\frac{1}{\sqrt{3}},\sqrt{3}\right]$ 上函数 $f(x) = x\arctan x$ 的导数

$$f'(x) = \arctan x + \frac{x}{1+x^2} > 0.$$

所以 $f(x)$ 在 $\left[\frac{1}{\sqrt{3}},\sqrt{3}\right]$ 上单调递增，那么最大值

$$M=f(\sqrt{3})=\sqrt{3}\arctan\sqrt{3}=\sqrt{3}\ \frac{\pi}{3}=\frac{\sqrt{3}\pi}{3},$$

最小值

$$m=f\left(\frac{1}{\sqrt{3}}\right)=\frac{1}{\sqrt{3}}\arctan\frac{1}{\sqrt{3}}=\frac{1}{\sqrt{3}}\ \frac{\pi}{6}=\frac{\sqrt{3}\pi}{18}.$$

根据性质 5.2.7 可得

$$\frac{\sqrt{3}\pi}{18}\left(\frac{1}{\sqrt{3}}-\sqrt{3}\right)\leqslant\int_{\frac{1}{\sqrt{3}}}^{\sqrt{3}}x\arctan x\mathrm{d}x\leqslant\frac{\sqrt{3}\pi}{3}\left(\frac{1}{\sqrt{3}}-\sqrt{3}\right),$$

即

$$\frac{\pi}{9}\leqslant\int_{\frac{1}{\sqrt{3}}}^{\sqrt{3}}x\arctan x\mathrm{d}x\leqslant\frac{2\pi}{3}.$$

例 5.2.2 设 $f(x)$ 是区间 $[a,b]$ 上非负连续函数，而且有一点 $x_0\in(a,b)$，使 $f(x_0)>0$，则 $\int_a^b f(x)\mathrm{d}x>0$.

证明：因为

$$f(x_0)=\lim_{x\to x_0}f(x)>\frac{f(x_0)}{2},$$

由极限的保号性，存在 x_0 的某邻域 $(x_0-\delta,x_0+\delta)\subset(a,b)$，使 $f(x)$ 在其上均有 $f(x)\geqslant\frac{f(x_0)}{2}$. 于是

$$\int_{x_0-\delta}^{x_0+\delta}f(x)\mathrm{d}x\geqslant\int_{x_0-\delta}^{x_0+\delta}\frac{f(x_0)}{2}\mathrm{d}x=\frac{f(x_0)}{2}\cdot 2\delta=f(x_0)\delta,$$

所以

$$\begin{aligned}\int_a^b f(x)\mathrm{d}x&=\int_a^{x_0-\delta}f(x)\mathrm{d}x+\int_{x_0-\delta}^{x_0+\delta}f(x)\mathrm{d}x+\int_{x_0+\delta}^{b}f(x)\mathrm{d}x\\&\geqslant 0+f(x_0)\delta+0=f(x_0)\delta>0.\end{aligned}$$

5.3 微积分基本公式

通过前面的讨论我们可以知道，要计算一个定积分的值，若按照定义所规定的步骤来做，一般说来是很困难的，即使被积函数相当简单，计算过程也是十分繁琐的．因而必须另辟途径，寻求定积分的计算方法．

5.3.1 积分上限函数

例 5.3.1 若质点做变速直线运动，其速度 $v(t)$ 为连续函数，则由定积分的定义可知，质点从时刻 a 到时刻 $b(a<b)$ 所通过的路程为

$$s=\int_a^b v(t)\mathrm{d}t.$$

若同时得知质点的位置函数为 $s=s(t)$，则质点从时刻 a 到时刻 b 所通过的路程为

$$s = s(b) - s(a),$$

由此得到

$$\int_a^b v(t)\mathrm{d}t = s(b) - s(a).$$

另一方面，我们已知速度函数 $v(t)$ 是位置函数 $s(t)$ 的导数，即 $s(t)$ 是 $v(t)$ 的一个原函数．因此，由上式可知，$v(t)$ 在 $[a,b]$ 上的定积分等于 $v(t)$ 的一个原函数 $s(t)$ 在 $[a,b]$ 上的增量 $s(b)-s(a)$.

在后面我们将证明，对于一般的连续函数 $f(x)$ 也有同样的结论，即 $f(x)$ 在 $[a,b]$ 上的定积分等于它的一个原函数 $F(x)$ 在 $[a,b]$ 上的增量 $F(b)-F(a)$. 为此，我们先来考察一类新型的函数 —— 积分上限的函数．

定义 5.3.1　设函数 $f(x)$ 在区间 $[a,b]$ 上连续，则 $f(x)$ 在 $[a,b]$ 上可积，对任意的 $x \in [a,b]$，则有 $\int_a^x f(t)\mathrm{d}t$ 存在．此积分为上限 x 的函数，因为积分与积分变量的记法无关，该积分也常记作 $\int_a^x f(x)\mathrm{d}x$. 将函数记作 $\Phi(x)$，即有

$$\Phi(x) = \int_a^x f(x)\mathrm{d}x,$$

称 $\Phi(x)$ 为积分上限的函数或者变上限积分．

如图 5-3-1 所示，$\Phi(x)$ 的几何意义为右侧直线可移动的曲边梯形的面积．曲边梯形的面积 $\Phi(x)$ 随 x 位置的变动而改变，当 x 给定后，面积 $\Phi(x)$ 就随之而定．下面的定理给出了积分上限的函数 $\Phi(x)$ 的一个重要性质：

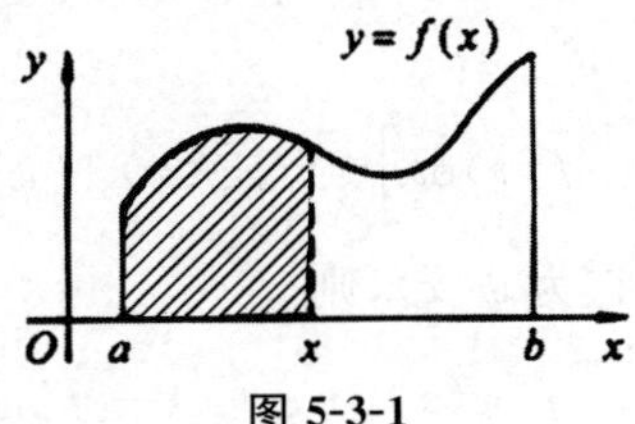

图 5-3-1

定理 5.3.1　若函数 $f(x)$ 在区间 $[a,b]$ 上连续，则积分上限的函数

$$\Phi(x) = \int_a^x f(x)\mathrm{d}x$$

在区间 $[a,b]$ 上可导，并且有

$$\Phi'(x) = \frac{\mathrm{d}}{\mathrm{d}x}\int_a^x f(t)\mathrm{d}t = f(x), x \in [a,b].$$

证明：设 $x \in [a,b]$，$\Delta x \neq 0$，且 $x + \Delta x \in [a,b]$，需要注意当 $x = a$，则有 $\Delta x > 0$；当 $x = b$，则有 $\Delta x < 0$. 因此有

$$\begin{aligned}
\Delta\Phi &= \Phi(x+\Delta x) - \Phi(x) \\
&= \int_a^{x+\Delta x} f(t)\mathrm{d}t - \int_a^x f(t)\mathrm{d}t \\
&= \int_a^x f(t)\mathrm{d}t + \int_x^{x+\Delta x} f(t)\mathrm{d}t - \int_a^x f(t)\mathrm{d}t \\
&= \int_x^{x+\Delta x} f(t)\mathrm{d}t,
\end{aligned}$$

根据积分中值定理可得

$$\Delta\Phi = f(\xi)\Delta x,$$

其中 ξ 在 x 与 $x+\Delta x$ 之间．因为 $f(x)$ 在点 x 处连续，且 $\Delta x \to 0$ 时，$\xi \to x$，因此

$$\Phi'(x) = \lim_{\Delta x \to 0} \frac{\Delta\Phi}{\Delta x} = \lim_{\xi \to x} f(\xi) = f(x),$$

即有

$$\Phi'(x) = \frac{\mathrm{d}}{\mathrm{d}x}\int_a^x f(t)\,\mathrm{d}t = f(x), x \in [a,b].$$

由定理5.3.1可知：如果 $f(x)$ 在 $[a,b]$ 上连续，则积分上限的函数 $\Phi(x) = \int_a^x f(t)\,\mathrm{d}t$ 是 $f(x)$ 在 $[a,b]$ 上的一个原函数．这不仅证明连续函数的原函数必然存在，而且揭示了定积分与原函数之间的内在联系，提供了通过原函数来计算定积分的途径．

由式

$$\Phi'(x) = \frac{\mathrm{d}}{\mathrm{d}x}\int_a^x f(t)\,\mathrm{d}t = f(x), x \in [a,b]$$

可得

$$\frac{\mathrm{d}}{\mathrm{d}x}\left[\int_x^b f(t)\,\mathrm{d}t\right] = -f(x).$$

当上限是可导函数 $u = \varphi(x)$ 时，由复合函数求导法则得

$$\begin{aligned}\frac{\mathrm{d}}{\mathrm{d}x}\left[\int_a^{\varphi(x)} f(t)\,\mathrm{d}t\right] &= \frac{\mathrm{d}}{\mathrm{d}u}\left[\int_a^u f(t)\,\mathrm{d}t\right]\frac{\mathrm{d}u}{\mathrm{d}x} \\ &= f(u)\cdot\varphi'(x) = f[\varphi(x)]\cdot\varphi'(x).\end{aligned}$$

即

$$\frac{\mathrm{d}}{\mathrm{d}x}\left[\int_a^{\varphi(x)} f(t)\,\mathrm{d}t\right] = f[\varphi(x)]\cdot\varphi'(x).$$

进一步，若下限也是可导函数时，设它为 $\psi(x)$，则

$$\frac{\mathrm{d}}{\mathrm{d}x}\int_{\psi(x)}^{\varphi(x)} f(t)\,\mathrm{d}t = f[\varphi(x)]\cdot\varphi'(x) - f[\psi(x)]\cdot\psi'(x).$$

例 5.3.2 设 $y = \int_0^x \cos^2 t\,\mathrm{d}t$，求 $y'\left(\frac{\pi}{4}\right)$.

解：因为

$$y' = \frac{\mathrm{d}}{\mathrm{d}x}\int_0^x \cos^2 t\,\mathrm{d}t = \cos^2 x,$$

所以有

$$y'\left(\frac{\pi}{4}\right) = \cos^2\left(\frac{\pi}{4}\right) = \frac{1}{2}.$$

例 5.3.3 求 $\frac{\mathrm{d}}{\mathrm{d}x}\int_x^{x^2} \sin t^2\,\mathrm{d}t$.

解：因为

$$\begin{aligned}\int_x^{x^2} \sin t^2\,\mathrm{d}t &= \int_x^0 \sin t^2\,\mathrm{d}t + \int_0^{x^2} \sin t^2\,\mathrm{d}t \\ &= -\int_0^x \sin t^2\,\mathrm{d}t + \int_0^{x^2} \sin t^2\,\mathrm{d}t,\end{aligned}$$

所以

$$\frac{\mathrm{d}}{\mathrm{d}x}\int_{x}^{x^2}\sin t^2\,\mathrm{d}t = -\frac{\mathrm{d}}{\mathrm{d}x}\int_{0}^{x}\sin t^2\,\mathrm{d}t + \frac{\mathrm{d}}{\mathrm{d}x}\int_{0}^{x^2}\sin t^2\,\mathrm{d}t$$
$$= -\sin x^2 + 2x\sin x^4.$$

例 5.3.4　设函数 $f(t)$ 在 $[a,b]$ 上连续，在 (a,b) 内可导，且 $f'(t)\geqslant 0, t\in(a,b)$，并记 $F(x)=\dfrac{1}{x-a}\int_{0}^{x}f(t)\,\mathrm{d}t$. 证明：对任意的 $x\in(a,b)$，有 $F'(x)\geqslant 0$.

证明：由求导法则和定理 5.3.1 可得

$$F'(x)=\frac{f(x)(x-a)-\int_{a}^{x}f(t)\,\mathrm{d}t}{(x-a)^2}.$$

根据积分中值定理，存在 $\xi\in[a,x]$，使得

$$\int_{a}^{x}f(t)\,\mathrm{d}t=f(\xi)(x-a).$$

所以有

$$F'(x)=\frac{f(x)(x-a)-f(\xi)(x-a)}{(x-a)^2}=\frac{f(x)-f(\xi)}{(x-a)}.$$

因为 $f'(t)\geqslant 0$，所以 f 在区间 $[a,b]$ 上单调增加，从而 $f(x)\geqslant f(\xi)$，且 $x>a$，可得

$$F'(x)\geqslant 0.$$

5.3.2　牛顿-莱布尼茨公式

定理 5.3.2　若函数 $F(x)$ 为连续函数 $f(x)$ 在区间 $[a,b]$ 上的一个原函数，则有

$$\int_{a}^{b}f(x)\,\mathrm{d}x=F(b)-F(a),$$

该公式称为牛顿-莱布尼茨公式.

证明：已知函数 $F(x)$ 为连续函数 $f(x)$ 的一个原函数，根据定理 5.3.1 可知，积分上限的函数 $\Phi(x)=\int_{a}^{x}f(t)\,\mathrm{d}t$ 也是连续函数 $f(x)$ 的一个原函数，因此

$$F(x)-\Phi(x)=C, x\in[a,b].$$

在上式中令 $x=a$，可得

$$F(a)-\Phi(a)=C.$$

而

$$\Phi(a)=\int_{a}^{a}f(t)\,\mathrm{d}t=0,$$

所以

$$F(a)=C,$$

因此有

$$\int_{a}^{x}f(t)\,\mathrm{d}t=F(x)-F(a).$$

在上式中再令 $x=b$，则可得

$$\int_{a}^{b}f(x)\,\mathrm{d}x=F(b)-F(a),$$

此公式也常记作

$$\int_a^b f(x)\mathrm{d}x = F(x)\Big|_a^b = F(b) - F(a).$$

牛顿 - 莱布尼茨公式进一步揭示了定积分与被积函数的原函数或者不定积分之间的联系．它表明了一个连续函数在区间$[a,b]$上的定积分等于它的任一个原函数在区间$[a,b]$上的增量．从而给定积分提供了一个有效而简便的计算方法．

例 5.3.5　求$\int_0^1 x^2\mathrm{d}x$.

解：由于$\frac{1}{3}x^3$ 是 x^2 的一个原函数，所以

$$\int_0^1 x^2\mathrm{d}x = \frac{1}{3}x^3\Big|_0^1 = \frac{1}{3}.$$

例 5.3.6　求定积分$\int_0^2 |x^2-3x+2|\mathrm{d}x$.

解：因为

$$|x^2-3x+2| = \begin{cases} x^2-3x+2, x\in[0,1] \\ -(x^2-3x+2), x\in[1,2] \end{cases},$$

所以

$$\begin{aligned}\int_0^2 |x^2-3x+2|\mathrm{d}x &= \int_0^1 (x^2-3x+2)\mathrm{d}x + \int_1^2 [-(x^2-3x+2)]\mathrm{d}x \\ &= \left(\frac{1}{3}x^3 - \frac{3}{2}x^2 + 2x\right)\Big|_0^1 - \left(\frac{1}{3}x^3 - \frac{3}{2}x^2 + 2x\right)\Big|_1^2 \\ &= 1.\end{aligned}$$

例 5.3.7　求定积分$\int_{\frac{1}{4}}^{\frac{3}{4}} \frac{1}{\sqrt{x(1-x)}}\mathrm{d}x$.

解：易得

$$\begin{aligned}\int_{\frac{1}{4}}^{\frac{3}{4}} \frac{1}{\sqrt{x(1-x)}}\mathrm{d}x &= \int_{\frac{1}{4}}^{\frac{3}{4}} \frac{1}{\sqrt{1-x}}\frac{1}{\sqrt{x}}\mathrm{d}x \\ &= 2\int_{\frac{1}{4}}^{\frac{3}{4}} \frac{1}{\sqrt{1-(\sqrt{x})^2}}\mathrm{d}(\sqrt{x}) \\ &= 2\arcsin\sqrt{x}\Big|_{\frac{1}{4}}^{\frac{3}{4}} \\ &= 2\left(\arcsin\frac{\sqrt{3}}{2} - \arcsin\frac{1}{2}\right) \\ &= \frac{\pi}{3}.\end{aligned}$$

例 5.3.8　求$\lim\limits_{x\to 0}\frac{\int_0^x \arctan t\mathrm{d}t}{x^2}$.

解：此题属于“$\frac{0}{0}$”型的极限问题，根据洛必达法则，有

$$\lim_{x\to 0}\frac{\int_0^x \arctan t\mathrm{d}t}{x^2}=\lim_{x\to 0}\frac{\left[\int_0^x \arctan t\mathrm{d}t\right]'}{(x^2)'}$$
$$=\lim_{x\to 0}\frac{\arctan x}{2x}=\lim_{x\to 0}\frac{\frac{1}{1+x^2}}{2}$$
$$=\frac{1}{2}.$$

例 5.3.9　设函数 $f(x)$ 在区间 $[0,+\infty)$ 内连续且 $f(x)>0$，试证明函数 $F(x)=\frac{\int_0^x tf(t)\mathrm{d}t}{\int_0^x f(t)\mathrm{d}t}$ 在区间 $(0,+\infty)$ 内为单调增加函数．

证明：易得

$$\frac{\mathrm{d}}{\mathrm{d}x}\int_0^x tf(t)\mathrm{d}t=xf(x),$$
$$\frac{\mathrm{d}}{\mathrm{d}x}\int_0^x f(t)\mathrm{d}t=f(x).$$

所以

$$F'(x)=\frac{xf(x)\int_0^x f(t)\mathrm{d}t-f(x)\int_0^x tf(t)\mathrm{d}t}{\left(\int_0^x f(t)\mathrm{d}t\right)^2}$$
$$=\frac{f(x)\int_0^x (x-t)f(t)\mathrm{d}t}{\left(\int_0^x f(t)\mathrm{d}t\right)}.$$

假设，当 $0<t<x$ 时，$f(t)>0$，$(x-t)f(t)>0$，根据中值定理可得

$$\int_0^x f(t)\mathrm{d}t>0,\int_0^x (x-t)f(t)\mathrm{d}t>0,$$

所以 $F'(x)>0$，$x>0$，故函数 $F(x)$ 在区间 $(0,+\infty)$ 内为单调增加函数．

5.4　定积分的换元法

运用微积分基本公式来计算定积分时，需要先求出被积函数的原函数．而求这些原函数时，虽然可以直接按照求不定积分的办法去做，但是，若能注意结合定积分的特点，则计算更简捷方便．我们知道，求不定积分已有现成的换元积分法和分部积分法，对于定积分，由于涉及求出的原函数要代上、下限的值的问题，也有相应的定积分的换元积分法和分部积分法．这一节我们就来讨论定积分的换元积分法，下一节我们讨论定积分的分部积分法．

5.4.1　第一类换元积分法

根据不定积分的第一类换元法，我们可以直接得出如下定理：

定理 5.4.1　设 $u=\varphi(x)$ 在 $[a,b]$ 上有连续导数，$y=f(u)$ 在相应的区间上连续，且 $F'(u)=f(u)$，则有

$$\int_a^b f[\varphi(x)]\varphi'(x)\mathrm{d}x = \int_a^b f[\varphi(x)]\mathrm{d}\varphi(x) = F[\varphi(x)]\Big|_a^b$$
$$= F[\varphi(b)] - F[\varphi(a)].$$

例 5.4.1 求$\int_0^\pi \frac{\sin x}{1+\cos^2 x}\mathrm{d}x$.

解:易知

$$\int_0^\pi \frac{\sin x}{1+\cos^2 x}\mathrm{d}x = \int_0^\pi \frac{-1}{1+\cos^2 x}\mathrm{d}\cos x = -\arctan(\cos x)\Big|_0^\pi$$
$$=- \arctan(\cos\pi) +- \arctan(\cos 0)$$
$$=-\left(-\frac{\pi}{4}\right)+\frac{\pi}{4}$$
$$=\frac{\pi}{2}.$$

例 5.4.2 求$\int_0^e \frac{\sqrt{1+\ln x}}{x}\mathrm{d}x$.

解:令 $u=1+\ln x$,那么 $\mathrm{d}u=\frac{1}{x}\mathrm{d}x$. 当 $x=1$ 时 $u=1$,当 $x=e$ 时 $u=2$. 于是

$$\int_0^e \frac{\sqrt{1+\ln x}}{x}\mathrm{d}x = \int_0^2 \sqrt{u}\,\mathrm{d}u$$
$$=\frac{2}{3}u^{\frac{3}{2}}\Big|_1^2 = \frac{2}{3}(2\sqrt{2}-1).$$

在上述解答过程中,做了 $u=1+\ln x$ 这一变量替换后,必须按照定积分换元必换限的原则,对上下限做相应改变. 本例也可以采用凑微分法求原函数,不必写出中间变量况,从而也不必换限,即

$$\int_0^e \frac{\sqrt{1+\ln x}}{x}\mathrm{d}x = \int_0^e \sqrt{1+\ln x}\,\mathrm{d}(1+\ln x)$$
$$=\frac{2}{3}(1+\ln x)^{\frac{3}{2}}\Big|_1^e$$
$$=\frac{2}{3}(2\sqrt{2}-1).$$

例 5.4.3 求$\int_0^\pi \sqrt{\sin^3 x-\sin^5 x}\,\mathrm{d}x$.

解:易得

$$\int_0^\pi \sqrt{\sin^3 x-\sin^5 x}\,\mathrm{d}x = \int_0^\pi \sin^{\frac{3}{2}} x\,|\cos x|\,\mathrm{d}x$$
$$=\int_0^{\frac{\pi}{2}} \sin^{\frac{3}{2}} x\cos x\mathrm{d}x - \int_{\frac{\pi}{2}}^\pi \sin^{\frac{3}{2}} x\cos x\mathrm{d}x$$
$$=\int_0^{\frac{\pi}{2}} \sin^{\frac{3}{2}} x\mathrm{d}\sin x - \int_{\frac{\pi}{2}}^\pi \sin^{\frac{3}{2}} x\mathrm{d}\sin x$$
$$=\frac{2}{5}\sin^{\frac{5}{2}} x\Big|_0^{\frac{\pi}{2}} - \frac{2}{5}\sin^{\frac{5}{2}} x\Big|_{\frac{\pi}{2}}^\pi$$
$$=\frac{2}{5}(1-0)-\frac{2}{5}(0-1)=\frac{4}{5}.$$

5.4.2　第二类换元积分法

定理 5.4.2　若函数 $f(x)$ 在区间 $[a,b]$ 上连续，函数 $x=\varphi(t)$ 满足以下条件：

(1) $\varphi(\alpha)=a,\varphi(\beta)=b$.

(2) $\varphi(t)$ 在区间 $[\alpha,\beta]$（或者 $[\beta,\alpha]$）上具有连续导数，且 $a\leqslant\varphi(t)\leqslant b$.

则有定积分换元公式

$$\int_a^b f(x)\mathrm{d}x=\int_\alpha^\beta f[\varphi(t)]\varphi'(t)\mathrm{d}t.$$

证明：由假设可知，上式两边的被积函数都是连续的，所以不仅上式两边的定积分存在，且由前面的讨论可知，被积函数的原函数也都存在．所以上述换元公式两边均可以使用牛顿－莱布尼茨公式．

假设 $F(x)$ 为 $f(x)$ 的一个原函数，则有

$$\int_a^b f(x)\mathrm{d}x=F(b)-F(a).$$

记 $\Phi(t)=F[\varphi(t)]$，它是由 $F(x)$ 和 $x=\varphi(t)$ 复合而成的函数．根据复合函数求导法则，可得

$$\Phi'(t)=\frac{\mathrm{d}F}{\mathrm{d}x}\frac{\mathrm{d}x}{\mathrm{d}t}=f(x)\varphi'(t)=f[\varphi(t)]\varphi'(t).$$

从而表明 $\Phi(t)$ 为 $f[\varphi(t)]\varphi'(t)$ 的一个原函数．所以有

$$\int_\alpha^\beta f[\varphi(t)]\varphi'(t)\mathrm{d}x=\Phi(\beta)-\Phi(\alpha).$$

又因为

$$\Phi(t)=F[\varphi(t)],\varphi(\alpha)=a,\varphi(\beta)=b,$$

可得

$$\begin{aligned}\Phi(\beta)-\Phi(\alpha)&=F[\varphi(\beta)]-F[\varphi(\alpha)]\\&=F(b)-F(a).\end{aligned}$$

所以

$$\begin{aligned}\int_a^b f(x)\mathrm{d}x&=F(b)-F(a)\\&=\Phi(\beta)-\Phi(\alpha)\\&=\int_\alpha^\beta f[\varphi(t)]\varphi'(t)\mathrm{d}t.\end{aligned}$$

这就证明了换元公式．

利用公式 $\int_a^b f(x)\mathrm{d}x=\int_\alpha^\beta f[\varphi(t)]\varphi'(t)\mathrm{d}t$ 计算定积分时要注意，积分限应随积分变量改变而改变，并且下限 a 对应的参数值 α 仍应写在下限，上限 b 对应的参数值 β 仍应写在上限，不论 $\alpha>\beta$ 或 $\alpha<\beta$ 都如此．直接利用定积分的换元积分法，要比用不定积分的换元法简便，因为定积分换元的同时也改变了积分限，而省略了还原的过程．

例 5.4.4　计算 $\int_0^a\sqrt{a^2-x^2}\,\mathrm{d}x,a>0$.

解：令 $x=a\sin t$，则 $\mathrm{d}x=a\cos t\mathrm{d}t$，且当 $x=0$ 时，$t=0$；当 $x=a$ 时，$t=\frac{\pi}{2}$. 所以

$$\int_0^a \sqrt{a^2-x^2}\,\mathrm{d}x = a^2\int_0^{\frac{\pi}{2}} \cos^2 t\,\mathrm{d}t$$
$$= \frac{a^2}{2}\int_0^{\frac{\pi}{2}} (1+\cos 2t)\,\mathrm{d}t$$
$$= \frac{a^2}{2}\left(t+\frac{1}{2}\sin 2t\right)\Big|_0^{\frac{\pi}{2}} = \frac{\pi a^2}{4}.$$

例 5.4.5 计算$\int_0^1 x\sqrt{x+1}\,\mathrm{d}x$.

解:令 $x=t-1$,则 $\mathrm{d}x=\mathrm{d}t$,且当 $x=0$ 时,$t=1$;当 $x=1$ 时,$t=2$. 所以

$$\int_0^1 x\sqrt{x+1}\,\mathrm{d}x = \int_1^2 (t-1)\sqrt{t}\,\mathrm{d}t$$
$$= \int_1^2 (t^{\frac{3}{2}}-t^{\frac{1}{2}})\,\mathrm{d}t$$
$$= (t^{\frac{3}{2}}-t^{\frac{1}{2}})\Big|_1^2$$
$$= \frac{4}{15}(\sqrt{2}+1).$$

例 5.4.6 如果 $f(x)$ 在区间$[0,1]$上连续,试证明:

(1)$\int_0^{\frac{\pi}{2}} f(\sin x)\,\mathrm{d}x = \int_0^{\frac{\pi}{2}} f(\cos x)\,\mathrm{d}x$.

(2)$\int_0^{\pi} xf(\sin x)\,\mathrm{d}x = \frac{\pi}{2}\int_0^{\pi} f(\sin x)\,\mathrm{d}x$.

证明:(1) 令 $x=\frac{\pi}{2}-t$,则 $\mathrm{d}x=-\mathrm{d}t$,且当 $x=0$ 时,$t=\frac{\pi}{2}$;当 $x=\frac{\pi}{2}$ 时,$t=0$. 所以

$$\int_0^{\frac{\pi}{2}} f(\sin x)\,\mathrm{d}x = -\int_{\frac{\pi}{2}}^0 f\left[\sin\left(\frac{\pi}{2}-t\right)\right]\mathrm{d}t$$
$$= \int_0^{\frac{\pi}{2}} f(\cos t)\,\mathrm{d}t$$
$$= \int_0^{\frac{\pi}{2}} f(\cos x)\,\mathrm{d}x.$$

(2) 令 $x=\pi-t$,则 $\mathrm{d}x=-\mathrm{d}t$,且当 $x=0$ 时,$t=\pi$;当 $x=\pi$ 时,$t=0$. 所以

$$\int_0^{\pi} xf(\sin x)\,\mathrm{d}x = -\int_{\pi}^0 (\pi-t)f[\sin(\pi-t)]\,\mathrm{d}t$$
$$= \int_0^{\pi} (\pi-t)f(\sin t)\,\mathrm{d}t$$
$$= \pi\int_0^{\pi} f(\sin t)\,\mathrm{d}t - \int_0^{\pi} tf(\sin t)\,\mathrm{d}t$$
$$= \pi\int_0^{\pi} f(\sin x)\,\mathrm{d}x - \int_0^{\pi} xf(\sin x)\,\mathrm{d}x,$$

因此有

$$\int_0^{\pi} xf(\sin x)\,\mathrm{d}x = \frac{\pi}{2}\int_0^{\pi} f(\sin x)\,\mathrm{d}x.$$

5.5 定积分的分部积分法

定理 5.5.1 设函数 $u=u(x), v=v(x)$ 在区间 $[a,b]$ 的导数 $u'(x), v'(x)$ 连续，则

$$\int_a^b u(x)v'(x)\mathrm{d}x = u(x)v(x)\Big|_a^b - \int_a^b u'(x)v(x)\mathrm{d}x,$$

上式称为定积分的分部积分公式．

证明：根据求导法则有

$$[u(x)v(x)]' = [u(x)]'v(x) + u(x)[v(x)]'.$$

可知上式两端的定积分均存在，根据牛顿－莱布尼茨公式，可得

$$\begin{aligned}\int_a^b [u(x)]'v(x)\mathrm{d}x + \int_a^b u(x)[v(x)]'\mathrm{d}x &= \int_a^b [u(x)v(x)]'\mathrm{d}x \\ &= u(x)v(x)\Big|_a^b,\end{aligned}$$

移项即得分部积分公式

$$\int_a^b u(x)v'(x)\mathrm{d}x = u(x)v(x)\Big|_a^b - \int_a^b u'(x)v(x)\mathrm{d}x.$$

定积分的分部积分公式在形式上也可写作

$$\int_a^b u\mathrm{d}v = uv\Big|_a^b - \int_a^b v\mathrm{d}u.$$

应用定积分的分部积分公式的关键是适当地选择 u 与 v，选择办法与求不定积分时的情形类似．在应用定积分的分部积分公式时，对已经积出的部分 uv，可以先用上、下限代入，不必等求 $\int v\,\mathrm{d}u$ 后再一起代入上、下限．

例 5.5.1 求 $\int_0^{\frac{\pi}{2}} \mathrm{e}^x \sin x \mathrm{d}x$.

解：令 $u=\sin x, v=\mathrm{e}^x$，则

$$\begin{aligned}\int_0^{\frac{\pi}{2}} \mathrm{e}^x \sin x\mathrm{d}x &= \int_0^{\frac{\pi}{2}} \sin x\mathrm{d}(\mathrm{e}^x) \\ &= \mathrm{e}^x\sin x\Big|_0^{\frac{\pi}{2}} - \int_0^{\frac{\pi}{2}} \mathrm{e}^x\mathrm{d}(\sin x) \\ &= \mathrm{e}^{\frac{\pi}{2}} - \int_0^{\frac{\pi}{2}} \mathrm{e}^x\cos x\mathrm{d}x \\ &= \mathrm{e}^{\frac{\pi}{2}} - \mathrm{e}^x\cos x\Big|_0^{\frac{\pi}{2}} + \int_0^{\frac{\pi}{2}} \mathrm{e}^x\mathrm{d}(\cos x) \\ &= \mathrm{e}^{\frac{\pi}{2}} + 1 - \int_0^{\frac{\pi}{2}} \mathrm{e}^x\sin x\mathrm{d}x.\end{aligned}$$

所以

$$\int_0^{\frac{\pi}{2}} \mathrm{e}^x\sin x\mathrm{d}x = \frac{1}{2}(\mathrm{e}^{\frac{\pi}{2}} + 1).$$

例 5.5.2 计算 $\int_0^1 \mathrm{e}^{\sqrt{x}}\mathrm{d}x$.

解：首先使用换元法．令$\sqrt{x}=t$，则$x=t^2$，$\mathrm{d}x=2t\mathrm{d}t$且当$x=0$时，$t=0$；当$x=1$时，$t=1$．所以

$$\begin{aligned}\int_0^1 \mathrm{e}^{\sqrt{x}}\mathrm{d}x &= 2\int_0^1 t\mathrm{e}^t\mathrm{d}t = 2\int_0^1 t\mathrm{d}(\mathrm{e}^t)\\ &= 2\left((t\mathrm{e}^t)\Big|_0^1 - \int_0^1 \mathrm{e}^t\mathrm{d}t\right)\\ &= 2\left(\mathrm{e}-(\mathrm{e}^t)\Big|_0^1\right)\\ &= 2[\mathrm{e}-(\mathrm{e}-1)]\\ &= 2.\end{aligned}$$

例 5.5.3　导出$I_n=\int_0^{\frac{\pi}{2}}\sin^n x\,\mathrm{d}x$的递推公式，并计算$\int_0^{\frac{\pi}{2}}\sin^n x\,\mathrm{d}x$和$\int_0^{\frac{\pi}{2}}\cos^n x\,\mathrm{d}x$，其中$n$为非负整数．

解：易知

$$I_0=\int_0^{\frac{\pi}{2}}\mathrm{d}x=\frac{\pi}{2}, I_1=\int_0^{\frac{\pi}{2}}\sin x\mathrm{d}x=1.$$

当$n\geqslant 2$时，使用分部积分，设

$$u=\sin^{n-1}x, \mathrm{d}v=\sin x\mathrm{d}x,$$

则有

$$\mathrm{d}u=(n-1)\sin^{n-2}x\cos x\mathrm{d}x,$$

$$v=-\cos x,$$

因此

$$\begin{aligned}I_n &= (-\sin^{n-1}x\cos x)\Big|_0^{\frac{\pi}{2}}+(n-1)\int_0^{\frac{\pi}{2}}\sin^{n-2}x\cos^2 x\mathrm{d}x\\ &= (n-1)\int_0^{\frac{\pi}{2}}\sin^{n-2}x\mathrm{d}x-(n-1)\int_0^{\frac{\pi}{2}}\sin^n x\,\mathrm{d}x\\ &= (n-1)I_{n-2}-(n-1)I_n,\end{aligned}$$

从而

$$I_n=\frac{n-1}{n}I_{n-2}.$$

当n为偶数时，设$n=2m$，从而有

$$\begin{aligned}I_{2m} &= \frac{2m-1}{2m}\cdot\frac{2m-3}{2m-2}\cdot\frac{2m-5}{2m-4}\cdot\cdots\cdot\frac{5}{6}\cdot\frac{3}{4}\cdot\frac{1}{2}\cdot I_0\\ &= \frac{2m-1}{2m}\cdot\frac{2m-3}{2m-2}\cdot\frac{2m-5}{2m-4}\cdot\cdots\cdot\frac{5}{6}\cdot\frac{3}{4}\cdot\frac{1}{2}\cdot\frac{\pi}{2}.\end{aligned}$$

当n为奇数时，设$n=2m+1$，从而有

$$\begin{aligned}I_{2m+1} &= \frac{2m}{2m+1}\cdot\frac{2m-2}{2m-1}\cdot\frac{2m-4}{2m-3}\cdot\cdots\cdot\frac{6}{7}\cdot\frac{4}{5}\cdot\frac{2}{3}\cdot I_1\\ &= \frac{2m}{2m+1}\cdot\frac{2m-2}{2m-1}\cdot\frac{2m-4}{2m-3}\cdot\cdots\cdot\frac{4}{5}\cdot\frac{2}{3}.\end{aligned}$$

又因为

$$\int_0^{\frac{\pi}{2}}f(\sin x)\mathrm{d}x=\int_0^{\frac{\pi}{2}}f(\cos x)\mathrm{d}x,$$

可得

$$\int_0^{\frac{\pi}{2}} \sin^n x\,\mathrm{d}x = \int_0^{\frac{\pi}{2}} \cos^n x\,\mathrm{d}x,$$

综上可得

$$I_n = \int_0^{\frac{\pi}{2}} \sin^n x\,\mathrm{d}x = \int_0^{\frac{\pi}{2}} \cos^n x\,\mathrm{d}x = \begin{cases} \dfrac{n-1}{n}\cdot\dfrac{n-3}{n-2}\cdot\cdots\cdot\dfrac{3}{4}\cdot\dfrac{1}{2}\cdot\dfrac{\pi}{2}, n \text{ 为正偶数} \\ \dfrac{n-1}{n}\cdot\dfrac{n-3}{n-2}\cdot\cdots\cdot\dfrac{4}{5}\cdot\dfrac{2}{3}, n \text{ 为大于 1 的奇数} \end{cases}.$$

5.6 反常积分

前面讨论的定积分的积分区间都是有限的，被积函数都是有界的．但在实际应用和理论研究中，还会遇到一些在无限区间上定义的函数或有限区间上的无界函数，对它们也需要考虑类似于定积分的问题．因此，有必要对定积分的概念加以推广，使之能适用于上述两类函数．接下来我们来讨论这种推广的积分．由于它异于通常的定积分，故称之为广义积分，也称之为反常积分．

5.6.1 无穷区间上的反常积分

在引入反常积分的概念之前，我们先来看两个实例．

例 5.6.1 如图 5-6-1 所示，求曲线 $y=\dfrac{1}{x^2}$，$x=1$ 及 x 轴右边所围成的“开口曲边梯形”的面积．

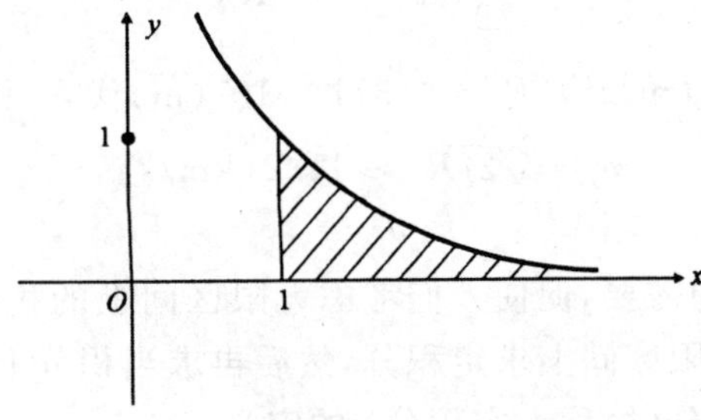

图 5-6-1

解：任意取一个数 $b>1$，那么在区间$[1,b]$上由曲线 $y=\dfrac{1}{x^2}$ 所围成的曲边梯形的面积为

$$\int_1^b \frac{1}{x^2}\mathrm{d}x = -\frac{1}{x}\Big|_1^b = 1-\frac{1}{b},$$

这是常义积分．很明显，当 b 改变时，曲边梯形的面积也随之改变．所以“开口曲边梯形”的面积为

$$\lim_{b\to+\infty}\int_1^b \frac{1}{x^2}\mathrm{d}x = \lim_{b\to+\infty}\left(1-\frac{1}{b}\right)=1.$$

我们把这个极限值理解为函数 $y=\dfrac{1}{x^2}$ 在区间$[1,+\infty)$上的反常积分（广义积分），记为

$\int_1^{+\infty}\frac{1}{x^2}\mathrm{d}x$. 也就是说：函数 $y=\frac{1}{x^2}$ 在区间 $[1,+\infty)$ 上的反常积分，就是函数 $y=\frac{1}{x^2}$ 在区间 $[1,b]$ 上的定积分，当 $b\to+\infty$ 时的极限 .

例 5.6.2 在地球表面垂直发射火箭，要使火箭克服地球引力远离地球，试问其发射速度 v 至少要有多大？

解：设地球半径为 R，质量为 M，火箭质量为 m，地球表面处的重力加速度为 g，按万有引力定律，与地心距离为 $x(x\geqslant R)$ 处火箭所受到的引力为

$$F(x)=\frac{GMm}{x^2},$$

其中 G 为引力常数 . 由于当火箭在地球表面 $(x=R)$ 时，地球对火箭的引力就是火箭的重力，即

$$\frac{GMm}{R^2}=mg,$$

因此，函数 $F(x)$ 可写成

$$F(x)=\frac{mgR^2}{x^2}.$$

从而，火箭从地面上升到距离地心为 $r(r>R)$ 处时，克服地球引力所需做的功为

$$\int_R^r\frac{mgR^2}{x^2}\mathrm{d}x=mgR^2\left(\frac{1}{R}-\frac{1}{r}\right).$$

令 $r\to+\infty$，其极限值就是火箭摆脱地球引力所需做的功，即

$$W=\lim_{r\to+\infty}\int_R^r\frac{mgR^2}{x^2}\mathrm{d}x=mgR.$$

因此，要使火箭脱离地球引力，发射时的速度 v 至少需满足

$$\frac{1}{2}mv^2=mgR,$$

即 $v=\sqrt{2gR}$. 若用 $g=9.8(\mathrm{m/s^2})$、$R=6.371\times10^6(\mathrm{m})$ 代入，则

$$v=\sqrt{2gR}\approx11.2(\mathrm{km/s}),$$

该速度称为第二宇宙速度 .

正是由于许多实际问题的需要，促使人们考虑无限区间上的积分 . 上述两例同时启示了这类积分的推广方法，即先在有限区间上求定积分，然后再求当积分上限无限增大时的极限 . 根据这一思想，下面给出无穷限积分(简称无穷积分) 的定义 .

定义 5.6.1 设函数 $f(x)$ 在 $[a,+\infty)$ 上有定义，且对任意 $b>a$，f 在 $[a,b]$ 上可积，视 b 为变量，则有变上限积分

$$F(b)=\int_a^b f(x)\mathrm{d}x.$$

令 $b\to+\infty$，要考虑的是 $F(b)$ 的极限 . 借用定积分的记号，把形式积分 $\int_a^{+\infty}f(x)\mathrm{d}x$ 称为函数 $f(x)$ 在无穷区间 $[a,+\infty)$ 上的反常积分 . 若极限 $\lim\limits_{b\to+\infty}\int_a^b f(x)\mathrm{d}x$ 存在，则称反常积分 $\int_a^{+\infty}f(x)\mathrm{d}x$ 收敛，且

$$\int_a^{+\infty}f(x)\mathrm{d}x=\lim_{b\to+\infty}\int_a^b f(x)\mathrm{d}x,$$

若上述极限不存在，则称反常积分$\int_a^{+\infty} f(x)\mathrm{d}x$ 发散．

类似地，可定义 $f(x)$ 在$(-\infty,b]$及$(-\infty,+\infty)$上的反常积分．

定义 5.6.2　若函数 $f(x)$ 在区间$(-\infty,b]$上有定义，且对任意 $a<b$，$f(x)$ 在区间$[a,b]$上可积，则称符号$\int_{-\infty}^{b} f(x)\mathrm{d}x$ 为 $f(x)$ 在$(-\infty,b]$上的反常积分或无穷限积分．如果极限$\lim\limits_{a\to-\infty}\int_a^b f(x)\mathrm{d}x$ 存在，则称无穷限积分$\int_{-\infty}^{b} f(x)\mathrm{d}x$ 收敛(或存在)，并把这个极限值定义为该无穷限积分的值，即

$$\int_{-\infty}^{b} f(x)\mathrm{d}x=\lim_{a\to-\infty}\int_a^b f(x)\mathrm{d}x.$$

若$\lim\limits_{a\to-\infty}\int_a^b f(x)\mathrm{d}x$ 不存在，就称无穷限积分$\int_{-\infty}^{b} f(x)\mathrm{d}x$ 发散(或不存在)．

定义 5.6.3　若函数 $f(x)$ 在区间$(-\infty,+\infty)$上有定义，且存在常数 c 使得无穷限积分$\int_c^{+\infty} f(x)\mathrm{d}x$ 和$\int_{-\infty}^{c} f(x)\mathrm{d}x$ 都收敛，则称无穷限积分$\int_{-\infty}^{+\infty} f(x)\mathrm{d}x$ 收敛，且

$$\int_{-\infty}^{+\infty} f(x)\mathrm{d}x=\int_{-\infty}^{c} f(x)\mathrm{d}x+\int_c^{+\infty} f(x)\mathrm{d}x.$$

而上式右边两个无穷限积分中只要有一个发散，就称无穷限积分$\int_{-\infty}^{+\infty} f(x)\mathrm{d}x$ 发散(或不存在)．

值得注意的是，上述不论哪一类无穷限积分，当它发散时，只是一个符号，无数值意义．

下面我们给出判断无限区间上反常积分收敛的方法．

定理 5.6.1　(1) 设函数 $f(x)$ 在区间$[a,+\infty)$上连续，且 $f(x)\geqslant 0$. 若函数

$$F(x)=\int_a^x f(t)\mathrm{d}t$$

在$[a,+\infty)$上有界，则无穷限积分$\int_a^{+\infty} f(x)\mathrm{d}x$ 收敛．

(2) 设函数 $f(x)$、$g(x)$ 在区间$[a,+\infty)$上连续，如果 $0\leqslant f(x)\leqslant g(x)$，$(a\leqslant x<+\infty)$，并且$\int_a^{+\infty} g(x)\mathrm{d}x$ 收敛，则$\int_a^{+\infty} f(x)\mathrm{d}x$ 也收敛；如果 $0\leqslant g(x)\leqslant f(x)$，$(a\leqslant x<+\infty)$，并且$\int_a^{+\infty} g(x)\mathrm{d}x$ 发散，则$\int_a^{+\infty} f(x)\mathrm{d}x$ 也发散．

(3) 设函数 $f(x)$ 在区间$[a,+\infty)(a>0)$上连续，且 $f(x)\geqslant 0$. 若存在常数 $M>0$ 及 $p>1$，使得 $f(x)\leqslant\dfrac{M}{x^p}$，$a\leqslant x<+\infty$，则无穷限积分$\int_a^{+\infty} f(x)\mathrm{d}x$ 收敛；若存在常数 $N>0$，使得 $f(x)\geqslant\dfrac{N}{x}$，$a\leqslant x<+\infty$，则无穷限积分$\int_a^{+\infty} f(x)\mathrm{d}x$ 发散．

(4) 设函数 $f(x)$ 在区间$[a,+\infty)$上连续，且 $f(x)\geqslant 0$. 若存在常数 $p>1$，使得$\lim\limits_{x\to+\infty}x^p f(x)$ 存在，则无穷限积分$\int_a^{+\infty} f(x)\mathrm{d}x$ 收敛；若$\lim\limits_{x\to+\infty}xf(x)=d>0$(或$\lim\limits_{x\to+\infty}xf(x)=+\infty$)，则无穷限积分$\int_a^{+\infty} f(x)\mathrm{d}x$ 发散．

(5) 设函数 $f(x)$ 在区间$[a,+\infty)$上连续，如果无穷限积分$\int_a^{+\infty}|f(x)|\mathrm{d}x$ 收敛，则无穷限积

分$\int_a^{+\infty} f(x)\mathrm{d}x$也收敛．

证明：在这里，我们仅对(4)进行证明．设函数

$$\lim_{x\to+\infty} x^p f(x) = c, p > 1,$$

那么存在充分大的$x_1, x_1 \geqslant a, x_1 > 0$，当$x > x_1$时，必有

$$|x^p f(x) - c| < 1,$$

可得

$$0 \leqslant x^p f(x) \leqslant 1 + c.$$

于是，在区间$x_1 < x < +\infty$内不等式$0 \leqslant f(x) < \frac{1+c}{x^p}$成立．由定理7.1.3可知，$\int_{x_1}^{+\infty} f(x)\mathrm{d}x$收敛，而

$$\begin{aligned}\int_a^{+\infty} f(x)\mathrm{d}x &= \lim_{t\to+\infty}\int_a^t f(x)\mathrm{d}x \\ &= \lim_{t\to+\infty}\left[\int_a^{x_1} f(x)\mathrm{d}x + \int_{x_1}^t f(x)\mathrm{d}x\right] \\ &= \int_a^{x_1} f(x)\mathrm{d}x + \lim_{t\to+\infty}\int_{x_1}^t f(x)\mathrm{d}x \\ &= \int_a^{x_1} f(x)\mathrm{d}x + \int_{x_1}^{+\infty} f(x)\mathrm{d}x,\end{aligned}$$

所以无穷限积分$\int_a^{+\infty} f(x)\mathrm{d}x$收敛．

若$\lim\limits_{x\to+\infty} xf(x) = d > 0$(或$+\infty$)，则存在充分大$x_1$，当$x > x_1$时，必有

$$|xf(x) - d| < \frac{d}{2}.$$

则有

$$xf(x) > \frac{d}{2}.$$

当$\lim\limits_{x\to+\infty} xf(x) = +\infty$时，可取任意正数作为$d$. 在区间$x_1 < x < +\infty$内不等式$f(x) \geqslant \frac{\frac{d}{2}}{x}$成立．根据(3)可知，$\int_{x_1}^{+\infty} f(x)\mathrm{d}x$发散，反常积分$\int_a^{+\infty} f(x)\mathrm{d}x$发散．

最后需要指出的是，在计算反常积分时，为了书写简便常省去极限符号．即约定：若$F(x)$是$f(x)$在积分区间上的一个原函数，则记$F(+\infty) = \lim\limits_{x\to+\infty} F(x), F(-\infty) = \lim\limits_{x\to-\infty} F(x)$. 于是，无穷限积分有类似于牛顿－莱布尼兹公式的公式

$$\int_a^{+\infty} f(x)\mathrm{d}x = F(x)\Big|_a^{+\infty} = F(+\infty) - F(a),$$

$$\int_{-\infty}^{b} f(x)\mathrm{d}x = F(x)\Big|_{-\infty}^{b} = F(b) - F(-\infty),$$

$$\int_{-\infty}^{+\infty} f(x)\mathrm{d}x = F(x)\Big|_{-\infty}^{+\infty} = F(+\infty) - F(-\infty).$$

例 5.6.3 计算反常积分$\int_a^{+\infty} t\mathrm{e}^{-pt}\mathrm{d}t$，$p$是常数，且$p > 0$.

解：我们容易得到

$$\int_a^{+\infty} t\mathrm{e}^{-pt}\mathrm{d}t = \left(\int t\mathrm{e}^{-pt}\mathrm{d}t\right)\Big|_0^{+\infty}$$

$$= \left(-\frac{1}{p}\int t\mathrm{d}\mathrm{e}^{-pt}\right)\Big|_0^{+\infty}$$

$$= \left(-\frac{t}{p}\mathrm{e}^{-pt} + \frac{1}{p}\int \mathrm{e}^{-pt}\mathrm{d}t\right)\Big|_0^{+\infty}$$

$$= \left(-\frac{t}{p}\mathrm{e}^{-pt}\right)\Big|_0^{+\infty} - \left(\frac{1}{p^2}\mathrm{e}^{-pt}\right)\Big|_0^{+\infty}$$

$$= -\frac{1}{p}\lim_{t\to+\infty} t\mathrm{e}^{-pt} - 0 - \frac{1}{p^2}(0-1)$$

$$= \frac{1}{p^2}.$$

例 5.6.4　求$\int_0^{+\infty}\mathrm{e}^{-x}\sin x\mathrm{d}x$.

解：易得

$$\int_0^{+\infty}\mathrm{e}^{-x}\sin x\mathrm{d}x = \lim_{b\to+\infty}\int_0^b \mathrm{e}^{-x}\sin x\mathrm{d}x$$

$$= \lim_{b\to+\infty}\int_0^b -\sin x\mathrm{d}(\mathrm{e}^{-x})$$

$$= \lim_{b\to+\infty}(-\sin x\cdot \mathrm{e}^{-x})\Big|_0^b - \int_0^b \mathrm{e}^{-x}\mathrm{d}(-\sin x)$$

$$= \lim_{b\to+\infty}(-\sin b\cdot \mathrm{e}^{-b}) + \lim_{b\to+\infty}\int_0^b -\cos x\mathrm{d}(\mathrm{e}^{-x})$$

$$= 0 + \lim_{b\to+\infty}\left[(-\cos x\cdot \mathrm{e}^{-x})\Big|_0^b - \int_0^b \mathrm{e}^{-x}\mathrm{d}(-\cos x)\right]$$

$$= \lim_{b\to+\infty}(-\cos b\cdot \mathrm{e}^{-b}+1) - \lim_{b\to+\infty}\int_0^b \sin x\cdot \mathrm{e}^{-x}\mathrm{d}x$$

$$= 1 - \int_0^{+\infty}\mathrm{e}^{-x}\sin x\mathrm{d}x,$$

所以

$$\int_0^{+\infty}\mathrm{e}^{-x}\sin x\mathrm{d}x = \frac{1}{2}.$$

例 5.6.5　讨论无穷限积分$\int_2^{+\infty}\frac{1}{x\sqrt{x-\sqrt{x^2-1}}}\mathrm{d}x$ 的收敛性.

解：由于

$$x\cdot\frac{1}{x\sqrt{x-\sqrt{x^2-1}}} = \frac{1}{\sqrt{x-\sqrt{x^2-1}}}$$

$$= \frac{\sqrt{x^2+(x^2-1)}}{\sqrt{x^2-(x^2-1)}}$$

$$= \sqrt{x}\sqrt{1+\sqrt{1-\frac{1}{x^2}}},$$

则有

$$\lim_{x\to\infty} x \cdot \frac{1}{x\sqrt{x-\sqrt{x^2-1}}} = +\infty.$$

5.6.2 无界函数的反常积分(瑕积分)

类似于无穷限的广义积分,我们可以用极限的方法来定义有界区间$[a,b]$上无界函数的反常积分,先来看如下实例.

例 5.6.6 如图 5-6-2 所示,求曲线 $y=\frac{1}{\sqrt{x}}$,直线 $x=0$,$x=1$ 与 x 轴所围成的"开口曲边梯形"的面积.

解:因为当 $x\to 0^+$ 时,$\frac{1}{\sqrt{x}}\to+\infty$,故函数 $y=\frac{1}{\sqrt{x}}$ 在 $x=0$ 处是无穷的(无界函数),为无穷型间断点.

给定很小的 $\varepsilon>0$,那么在区间$[\varepsilon,1]$上由曲线 $y=\frac{1}{\sqrt{x}}$ 所围成的曲边梯形的面积为

$$\int_{\varepsilon}^{1}\frac{1}{\sqrt{x}}\mathrm{d}x = 2\sqrt{x}\,\Big|_{\varepsilon}^{1} = 2-2\sqrt{\varepsilon},$$

于是

$$\begin{aligned}\lim_{\varepsilon\to 0^+}\int_{\varepsilon}^{1}\frac{1}{\sqrt{x}}\mathrm{d}x &= \lim_{\varepsilon\to 0^+}\left(2\sqrt{x}\,\Big|_{\varepsilon}^{1}\right)\\ &= \lim_{\varepsilon\to 0^+}(2-2\sqrt{\varepsilon}) = 2.\end{aligned}$$

我们把这个极限值理解为函数 $y=\frac{1}{\sqrt{x}}$ 在区间$(0,1)$上的反常积分,记为

$$\int_{0}^{1}\frac{1}{\sqrt{x}}\mathrm{d}x.$$

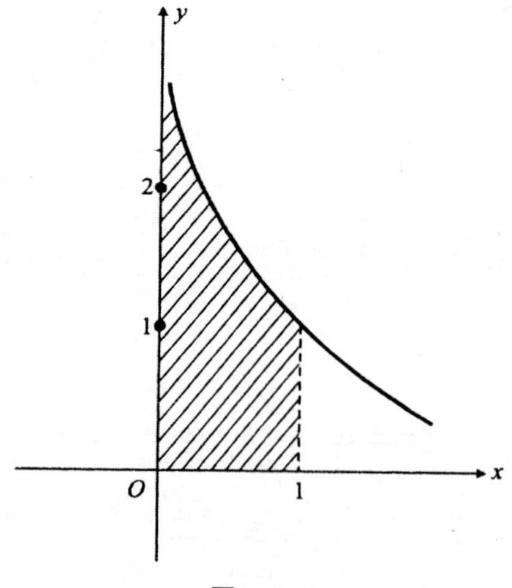

图 5-6-2

定义 5.6.4 设 $x_0\in[a,b]$,若对 x_0 的任何充分小的去心邻域$\mathring{U}(x_0)$,函数 $f(x)$ 在$[a,b]\cap\mathring{U}(x_0)$内有定义且无界,则称 x_0 是 $f(x)$ 的瑕点.

由定义知，若对任意的 $\varepsilon \in (0, b-a)$，$f(x)$ 在 $(a, a+\varepsilon)$ 有定义且无界，则点 a 是 $f(x)$ 的瑕点．b 是 $f(x)$ 的瑕点的情形类似．若 c 为内点（指 $c \in (a,b)$）且对任意的 $\varepsilon > 0$，$\varepsilon < b-c$ 且 $\varepsilon < c-a$，$f(x)$ 在 $(c-\varepsilon, c) \cup (c, c+\varepsilon)$ 有定义且无界，则内点 c 为 $f(x)$ 的瑕点．

定义 5.6.5　设 $f(x)$ 在 $[a,b)$ 有定义，b 为 $f(x)$ 的瑕点．若对于任意小的正数 ε，$\varepsilon < b-a$，$f(x)$ 在 $[a, b-\varepsilon]$ 上可积，则称符号 $\int_a^b f(x)\mathrm{d}x$ 为无界函数的反常积分，简称瑕积分．若极限 $\lim\limits_{\varepsilon \to 0^+}\int_a^{b-\varepsilon} f(x)\mathrm{d}x$ 存在，则称瑕积分 $\int_a^b f(x)\mathrm{d}x$ 收敛，并定义这个极限值为瑕积分的值，即

$$\int_a^b f(x)\mathrm{d}x = \lim_{\varepsilon \to 0^+}\int_a^{b-\varepsilon} f(x)\mathrm{d}x.$$

若 $\lim\limits_{\varepsilon \to 0^+}\int_a^{b-\varepsilon} f(x)\mathrm{d}x$ 不存在，则称瑕积分 $\int_a^b f(x)\mathrm{d}x$ 发散．

类似地，设 $f(x)$ 在 $(a,b]$ 有意义，a 为 $f(x)$ 的瑕点，若对于任意小的正数 $\varepsilon(\varepsilon < b-a)$，$f(x)$ 在 $[a+\varepsilon, b]$ 上可积，则称符号 $\int_a^b f(x)\mathrm{d}x$ 为瑕积分．若极限 $\lim\limits_{\varepsilon \to 0^+}\int_{a+\varepsilon}^b f(x)\mathrm{d}x$ 存在，则称该瑕积分收敛，并定义这个极限值为瑕积分的值，即

$$\int_a^b f(x)\mathrm{d}x = \lim_{\varepsilon \to 0^+}\int_{a+\varepsilon}^b f(x)\mathrm{d}x.$$

若这个极限不存在，则称该瑕积分发散．

若内点 $c \in (a,b)$ 为 $f(x)$ 的瑕点，那么当 $\int_a^c f(x)\mathrm{d}x$ 和 $\int_c^b f(x)\mathrm{d}x$ 都是瑕积分时，符号 $\int_a^b f(x)\mathrm{d}x$ 也表示瑕积分．那么，当且仅当 $\int_a^c f(x)\mathrm{d}x$ 和 $\int_c^b f(x)\mathrm{d}x$ 都收敛时，称 $\int_a^b f(x)\mathrm{d}x$ 表示的在 $[a,b]$ 上的瑕积分收敛，这时，

$$\int_a^b f(x)\mathrm{d}x = \int_a^c f(x)\mathrm{d}x + \int_c^b f(x)\mathrm{d}x.$$

否则，称该瑕积分发散．

如下两个定理给出了判断瑕积分收敛的方法．

定理 5.6.2　设函数 $f(x)$ 在区间 $(a,b]$ 上连续，且 $f(x) \geqslant 0$，$x=a$ 为 $f(x)$ 的瑕点．如果存在常数 $M > 0$ 及 $q < 1$，使得

$$f(x) \leqslant \frac{M}{(x-a)^q}, a < x \leqslant b,$$

则反常积分 $\int_a^b f(x)\mathrm{d}x$ 收敛；如果存在常数 $N > 0$，使得

$$f(x) \geqslant \frac{N}{x-a}, a < x \leqslant b,$$

则反常积分 $\int_a^b f(x)\mathrm{d}x$ 发散．

定理 5.6.3　设函数 $f(x)$ 在区间 $(a,b]$ 上连续，且 $f(x) \geqslant 0$，$x=a$ 为 $f(x)$ 的瑕点．如果存在常数 $0 < q < 1$，使得 $\lim\limits_{x \to a^+}(x-a)^q f(x)$ 存在，则反常积分 $\int_a^b f(x)\mathrm{d}x$ 收敛；如果

$$\lim_{x \to a^+}(x-a)f(x) = d > 0$$

或

$$\lim_{x \to a^+} (x-a)f(x) = +\infty,$$

那么反常积分$\int_a^b f(x)\mathrm{d}x$ 发散．

综上所述，当 $f(x)$ 在区间 I 上有 n 个瑕点($n > 1$) 时，这里 I 是$[a,b]$、$(a,+\infty)$、$(-\infty,b]$或$(-\infty,+\infty)$，我们可以把区间 I 分成有限个子区间，使 $f(x)$ 在每个有限子区间上最多只有一个端点为瑕点，且无限子区间的(有限) 端点不是瑕点．那么，如果 $f(x)$ 在每个子区间上的反常积分都收敛，就称 $f(x)$ 在区间 I 上的反常积分收敛，并把 $f(x)$ 在这些子区间上的反常积分之和定义为 $f(x)$ 在区间 I 上的反常积分．

例 5.6.7　计算反常积分$\int_0^{+\infty} \frac{1}{\sqrt{x(x+1)^3}}\mathrm{d}x$.

解：这里积分上限为 $+\infty$，积分 $x=0$ 为被积函数的瑕点．令$\sqrt{x}=t$，则 $x=t^2$，$x \to 0^+$ 时 $t \to 0$，$x \to +\infty$ 时 $t \to +\infty$. 则有

$$\int_0^{+\infty} \frac{\mathrm{d}x}{\sqrt{x(x+1)^3}} = \int_0^{+\infty} \frac{2t\mathrm{d}t}{t(t^2+1)^{\frac{3}{2}}} = 2\int_0^{+\infty} \frac{\mathrm{d}t}{(t^2+1)^{\frac{3}{2}}}.$$

再令 $t=\tan u$，取 $u=\arctan t$，$t=0$ 时 $u=0$，$t \to +\infty$ 时 $u=\frac{\pi}{2}$. 则有

$$\int_0^{+\infty} \frac{\mathrm{d}x}{\sqrt{x(x+1)^3}} = 2\int_0^{\frac{\pi}{2}} \frac{\sec^2 u\mathrm{d}u}{\sec^3 u} = 2\int_0^{\frac{\pi}{2}} \cos u\mathrm{d}u = 2.$$

例 5.6.8　讨论反常积分$\int_0^1 \frac{\ln x}{(1-x)^2}\mathrm{d}x$ 的收敛性．

解：$x=0$ 和 $x=1$ 都是被积函数的瑕点．要考虑$\int_0^{\frac{1}{2}} \frac{\ln x}{(1-x)^2}\mathrm{d}x$ 和$\int_{\frac{1}{2}}^1 \frac{\ln x}{(1-x)^2}\mathrm{d}x$. 因为

$$\lim_{x \to 0^+} x^{\frac{1}{2}} \cdot \frac{-\ln x}{(1-x)^2} = \lim_{x \to 0^+} \frac{-x^{\frac{1}{2}}\ln x}{(1-x)^2} = 0,$$

所以反常积分$\int_0^{\frac{1}{2}} \frac{\ln x}{(1-x)^2}\mathrm{d}x$ 收敛；又因为

$$\lim_{x \to 1^-} (1-x) \cdot \frac{-\ln x}{(1-x)^2} = \lim_{x \to 1^-} \frac{-\ln x}{1-x} = 1,$$

所以反常积分$\int_{\frac{1}{2}}^1 \frac{\ln x}{(1-x)^2}\mathrm{d}x$ 发散．

综上可知，反常积分$\int_0^1 \frac{\ln x}{(1-x)^2}\mathrm{d}x$ 发散．

例 5.6.9　计算反常积分$\int_1^{+\infty} \frac{1}{x\sqrt{x-1}}\mathrm{d}x$.

解：因为积分区间无穷，函数在 $x=1$ 处无界，所以这个积分包含两种情况．

$$
\begin{aligned}
\int_{1}^{+\infty} \frac{1}{x\sqrt{x-1}}\mathrm{d}x &= \int_{2}^{+\infty} \frac{1}{x\sqrt{x-1}}\mathrm{d}x + \int_{1}^{2} \frac{1}{x\sqrt{x-1}}\mathrm{d}x \\
&= \lim_{b\to+\infty}\int_{2}^{b} \frac{1}{x\sqrt{x-1}}\mathrm{d}x + \lim_{\varepsilon\to 0^+}\int_{1+\varepsilon}^{2} \frac{1}{x\sqrt{x-1}}\mathrm{d}x \\
&\xlongequal[\mathrm{d}x=2t\mathrm{d}t]{令 t^2=x-1} \lim_{b\to+\infty}\int_{1}^{\sqrt{b-1}} \frac{2t}{(t^2+1)t}\mathrm{d}t + \lim_{\varepsilon\to 0^+}\int_{\sqrt{\varepsilon}}^{1} \frac{2t}{(t^2+1)t}\mathrm{d}t \\
&= \lim_{b\to+\infty} 2\arctan t\Big|_{1}^{\sqrt{b-1}} + \lim_{\varepsilon\to 0^+} 2\arctan t\Big|_{\sqrt{\varepsilon}}^{1} \\
&= \lim_{b\to+\infty} 2\arctan\sqrt{b-1} - \lim_{\varepsilon\to 0^+} 2\arctan\sqrt{\varepsilon} \\
&= 2\cdot\frac{\pi}{2} = \pi.
\end{aligned}
$$

5.7　定积分的元素法

通过前面的讨论我们可以知道，在给出定积分的概念后，许多问题都可以可归结为定积分来计算，其方法和步骤概述为：分割、近似代替、求和、取极限．我们来看如下实际问题：

假设一曲边梯形由连续曲线 $y=f(x)$，$(f(x)\geqslant 0)$、x 轴与两条直线 $x=a$、$x=b$ 所围成，试求其面积 A. 我们的一般处理步骤如下：

(1) 分割．用任意一组分点将区间 $[a,b]$ 分割成长度为 $\Delta x_i\ (i=1,2,\cdots,n)$ 的 n 个小区间，相应地把曲边梯形分成 n 个窄曲边梯形．

(2) 近似代替．第 i 个窄曲边梯形的面积设为

$$\Delta A_i \approx f(\xi_i)\Delta x_i,\ x_{i-1}\leqslant x\leqslant x_i,\ i=1,2,\cdots,n.$$

(3) 求和．所求量 A 为 ΔA_i 的总和，从而有

$$A=\sum_{i=1}^{n}\Delta A_i \approx \sum_{i=1}^{n} f(\xi_i)\Delta x_i.$$

(4) 求极限．求面积 A 的精确值

$$A=\lim_{\lambda\to 0}\sum_{i=1}^{n} f(\xi_i)\Delta x_i = \int_{a}^{b} f(x)\mathrm{d}x,$$

其中 $\lambda=\max\{\Delta x_1,\Delta x_2,\cdots,\Delta x_n\}$.

在上述问题中可以看到，所求面积 A 与区间 $[a,b]$ 有关．若把区间 $[a,b]$ 分成许多部分区间，那么所求量相应地分成许多部分量 ΔA_i，且所求量等于所有部分量之和 $A=\sum\limits_{i=1}^{n}\Delta A_i$，这一性质称其为所求量对于区间 $[a,b]$ 具有可加性．另外，以 $f(\xi_i)\Delta x_i$ 近似代替部分量 ΔA_i 时，要求它们只相差一个比 Δx_i 高阶的无穷小，以使和式 $\sum\limits_{i=1}^{n} f(\xi_i)\Delta x_i$ 的极限为 A 的精确值，则 A 可以表示为定积分 $A=\int_{a}^{b} f(x)\mathrm{d}x$.

在引出 A 的积分表达式的 4 个步骤中，第二步确定了 ΔA_i 的近似值 $f(\xi_i)\Delta x_i$．注意到 $\lambda=\max\{\Delta x_1,\Delta x_2,\cdots,\Delta x_n\}\to 0$ 时，$\Delta x_i\to 0$，所以第三步和第四步合在一起体现了无限细分使 $f(\xi_i)\Delta x_i$ 无限接近于 ΔA_i，再进行无限求和从而确定面积 A 的近似值，使得

$$A=\lim_{\lambda\to 0}\sum_{i=1}^{n}f(\xi_i)\Delta x_i=\int_a^b f(x)\mathrm{d}x.$$

为了在实用上的简便，我们省略下标 i，用 ΔA 表示任一小区间 $[x,x+\mathrm{d}x]$ 上的窄曲边梯形的面积，这样 $A=\sum\Delta A$. 取 $[x,x+\mathrm{d}x]$ 的左端点 x 为 ξ，以点 x 处的函数值 $f(x)$ 为高、$\mathrm{d}x$ 为底的矩形的面积 $f(x)\mathrm{d}x$ 为 ΔA 的近似值，即有

$$\Delta A\approx f(x)\mathrm{d}x.$$

上式右端 $f(x)\mathrm{d}x$ 称为面积元素或微元，记作 $\mathrm{d}A=f(x)\mathrm{d}x$. 从而有 $A\approx\sum f(x)\mathrm{d}x$，因此

$$A=\lim\sum f(x)\mathrm{d}x=\int_a^b f(x)\mathrm{d}x.$$

上述分析过程具有一般性，在理论上它指出了：定积分本质上体现了无限细分和无限求和过程的有机结合，在实际应用中，它给出了用积分处理实际问题的重要方法 —— 元素法．元素法可以表述为：若要求量 A，可以先求出量 A 的元素（微元或微分）表达式 $\mathrm{d}A=f(x)\mathrm{d}x$，然后把 $f(x)\mathrm{d}x$ 积分，由 $A=\int_a^b f(x)\mathrm{d}x$ 求得量 A.

元素法又称微元法，是在定义定积分和应用定积分处理实际问题时引入的，是微积分的核心思想方法之一．元素法的实质简单地概括为“化整为零，积零为整”．“化整为零”就是把所求的量 U 化为零碎的很小的微元 $\mathrm{d}U$；“积零为整”就是将零碎的微元 $\mathrm{d}U$ 在自变量变化区间内积分．元素法的主要步骤如下：

（1）根据具体问题，选取一个积分变量，例如 x 为积分变量，并确定它的变化区间为 $[a,b]$.

（2）设把区间 $[a,b]$ 分成 n 个小区间，取其中任一小区间 $[x,x+\mathrm{d}x]$，求出相应于这个区间微元上的部分量 ΔU 的近似值．若 ΔU 能近似地表示为区间 $[a,b]$ 上的一个连续函数在 x 处的值 $f(x)$ 与 $\mathrm{d}x$ 的乘积．从而把 $f(x)\mathrm{d}x$ 称为量 U 的元素且记作 $\mathrm{d}U$，即 $\mathrm{d}U=f(x)\mathrm{d}x$.

（3）以所求量 U 的元素 $f(x)\mathrm{d}x$ 为被积表达式，在区间 $[a,b]$ 上作定积分，从而可得 $U=\int_a^b f(x)\mathrm{d}x$. 这就是所求量 U 的积分表达式．

一般地，若某一实际问题中的所求量 U 符合下列条件时可以考虑采用元素法，进而用定积分来表示该量 U：

(1)U 是与一个变量 x 的变化区间 $[a,b]$ 有关的量．

(2)U 对于区间 $[a,b]$ 具有可加性，即若把区间 $[a,b]$ 分成许多部分区间，则 U 相应地分成许多部分量，U 等于所有部分量之和．

（3）部分量 ΔU_i 的近似值可表示为 $f(\xi_i)\Delta x_i$.

5.8 定积分的应用

5.8.1 平面图形的面积

我们通过定积分的定义及几何意义可以知道，定积分可以用来求解曲边梯形的面积，那么定积分可不可以用来求其他类型的平面图形的面积呢？答案是肯定的，我们通过以下几方面进行讨论．

1. 直角坐标系下平面图形的面积

如图 5-8-1 所示，设函数 $f(x)$，$g(x)$ 在区间 $[a,b]$ 上连续且 $f(x) \leqslant g(x)$，求由曲线 $y = f(x)$，$y = g(x)$ 及直线 $x = a$，$x = b$ 所围成的平面图形的面积 A.

采用元素法，在 $[a,b]$ 上任取微小区间 $[x, x + \mathrm{d}x]$，那么图形在该小区间上的那部分面积 ΔA 近似等于以 $\mathrm{d}x$ 为底、以 $g(x) - f(x)$ 为高的小矩形的面积，即面积元素为

$$\mathrm{d}A = [g(x) - f(x)]\mathrm{d}x.$$

于是，所求的图形面积为

$$A = \int_a^b [g(x) - f(x)]\mathrm{d}x. \tag{5.8.1}$$

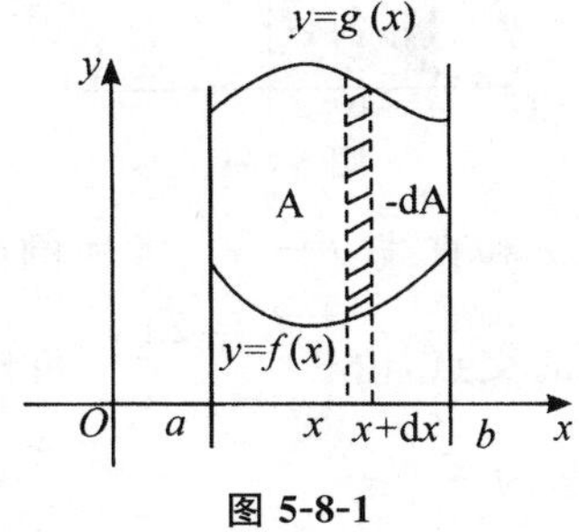

图 5-8-1

类似地，如图 5-8-2 所示，若函数 $\varphi(y)$，$\psi(y)$ 在区间 $[c,d]$ 上连续且 $\varphi(y) \leqslant \psi(y)$，那么由曲线 $x = \varphi(y)$，$x = \psi(y)$ 及直线 $y = c$，$y = d$ 所围成的平面图形的面积 A 的计算公式为

$$A = \int_a^b [\varphi(y) - \psi(y)]\mathrm{d}y. \tag{5.8.2}$$

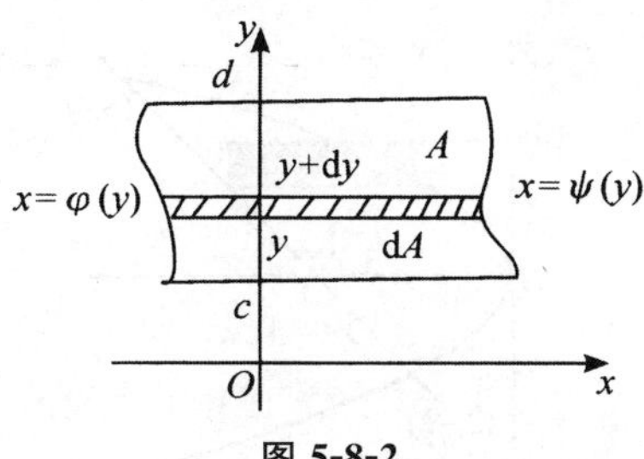

图 5-8-2

在这里，需要注意以下两点：

(1) 不论曲线 $y = f(x)$，$y = g(x)$ 在 x 轴的上方、下方或其他位置，只要满足 $f(x) \leqslant g(x)$，公式(5.8.1) 都成立．同样，不论 $x = \varphi(y)$，$x = \psi(y)$ 在 y 轴的左方、右方或其他位置，只要在 $[c,d]$ 上有 $\varphi(y) \leqslant \psi(y)$，则(5.8.2) 都成立．

(2) 具体应用公式(5.8.1) 时，若图形的上边界曲线 $y = g(x)$ 或下边界曲线 $y = f(x)$ 没有统一的表达式而需要分段表示时，则应把积分区间 $[a,b]$ 分成若干个子区间，使得在每个子区间上图形的上、下边界都有统一的表达式，然后分别在各区间积分，最后把各个积分值相加．应用公式(5.8.2) 时，对图形的左右边界 $x = \varphi(y)$，$x = \psi(y)$ 的情形也有类似的说明．因此计算时，要适当选取积分变量，尽量减少分区间积分的个数．

例 5.8.1　计算由两条抛物线 $y^2 = x$ 和 $y = x^2$ 所围成的图形的面积．

解：如图 5-8-3 所示，两曲线的交点为 $(0,0)$ 和 $(1,1)$，选 x 为积分变量，$x \in [0,1]$，面积

元素

$$dA=(\sqrt{x}-x^2)dx,$$

则

$$A=\int_0^1(\sqrt{x}-x^2)dx=\left(\frac{2}{3}x^{\frac{3}{2}}-\frac{x^3}{3}\right)\Big|_0^1=\frac{1}{3}.$$

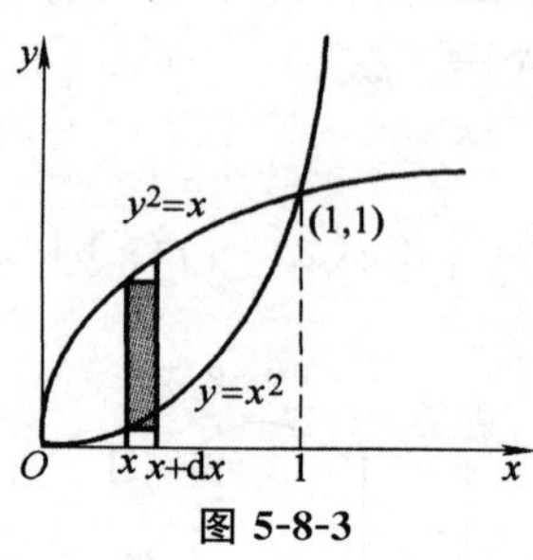

图 5-8-3

例 5.8.2 计算由曲线 $y^2=2x$ 和直线 $y=x-4$ 所围成的图形的面积.

解:如图 5-8-4 所示,求两曲线的交点,由 $\begin{cases}y^2=2x\\y=x-4\end{cases}$ 可解得交点为(2,−2)和(8,4),选 y 为积分变量,$y\in[-2,4]$,面积元素为

$$dA=\left(y+4-\frac{y^2}{2}\right)dy,$$

则

$$A=\int_{-2}^4 dA=18.$$

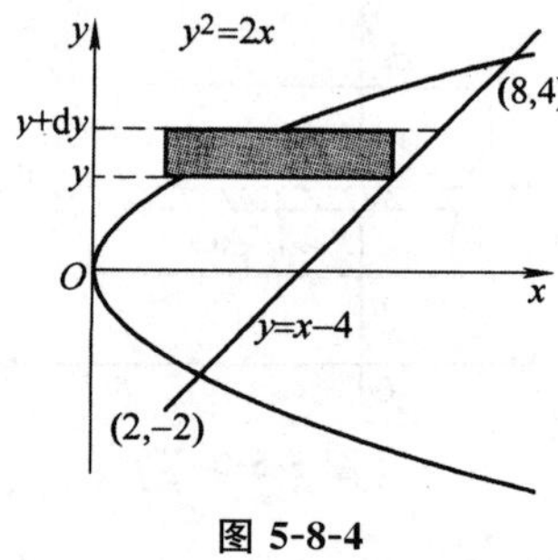

图 5-8-4

2. 由参数方程所确定的平面方程的面积

例 5.8.3 求椭圆 $\frac{x^2}{a^2}+\frac{y^2}{b^2}=1$ 所围成的图形面积.

解:由于椭圆关于两坐标轴对称,记其在第一象限中图形的面积为 A_1(如图 5-8-5 所示),则

$$A=4A_1=4\int_0^a y\,dx.$$

利用椭圆在第一象限的参数方程

$$\begin{cases}x=a\cos t\\y^2=b\sin t\end{cases},0\leqslant t\leqslant\frac{\pi}{2},$$

则当 $x=0$ 时,$t=\frac{\pi}{2}$;当 $x=a$ 时,$t=0$. 于是

$$
\begin{aligned}
A &= 4\int_{\frac{\pi}{2}}^{0} b\sin t\,\mathrm{d}(a\cos t) \\
&= 4ab\int_{\frac{\pi}{2}}^{0} (-\sin^2 t)\,\mathrm{d}t \\
&= \pi ab.
\end{aligned}
$$

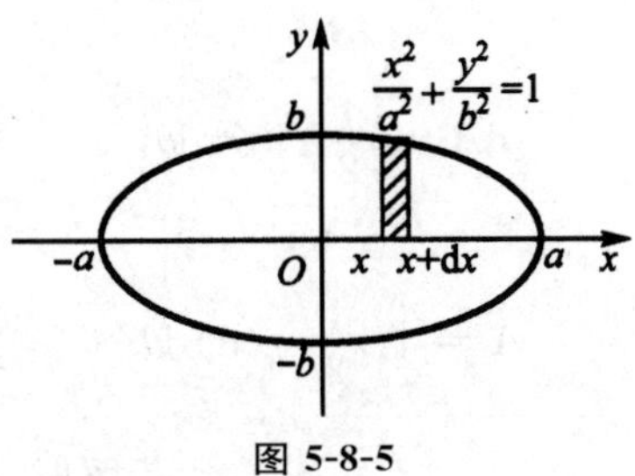

图 5-8-5

当 $a = b$ 时，椭圆变为我们熟悉的圆，$A = \pi a^2$.

例 5.8.4　求摆线的第一拱 $\begin{cases} x = a(t-\sin t) \\ y^2 = a(1-\cos t) \end{cases}$，$0 \leqslant t \leqslant 2\pi$ 与 x 轴所围图形的面积.

解：如图 5-8-6 所示，有

$$
\begin{aligned}
S &= \int_0^{2\pi a} y\,\mathrm{d}x \\
&= \int_0^{2\pi} a(1-\cos t)\,\mathrm{d}[a(t-\sin t)] \\
&= a^2\int_0^{2\pi} a(1-\cos t)^2\,\mathrm{d}t \\
&= 4a^2\int_0^{2\pi} \sin^4 \frac{t}{2}\,\mathrm{d}t,
\end{aligned}
$$

令 $t = 2u$，则有

$$
\begin{aligned}
S &= 8a^2\int_0^{\pi} \sin^4 u\,\mathrm{d}u \\
&= 16a^2\int_0^{\frac{\pi}{2}} \sin^4 u\,\mathrm{d}u \\
&= 16a^2 \cdot \frac{3}{4} \cdot \frac{1}{2} \cdot \frac{\pi}{2} \\
&= 3\pi a^2.
\end{aligned}
$$

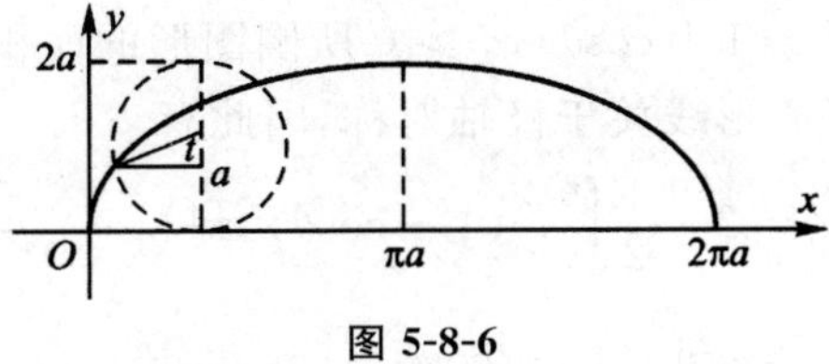

图 5-8-6

3. 极坐标系下平面图形的面积

对于一些平面图形，用极坐标来计算它们的面积比较方便．如图 5-8-7 所示，设有由曲线 $r = r(\theta)$ 与矢径 $\theta = \alpha$ 及 $\theta = \beta$ 所围成的图形（简称为曲边扇形），现在计算它的面积．这里

$r(\theta)$在区间$[\alpha,\beta]$上连续，且$r(\theta)\geqslant 0$. 我们取θ为积分变量，其变化区间是$[\alpha,\beta]$. 在$[\alpha,\beta]$的任一小区间$[\theta,\theta+\mathrm{d}\theta]$上，我们用半径为$r=r(\theta)$、中心角为$\mathrm{d}\theta$的圆扇形$OAB$去近似代替相应的窄曲边扇形$OAC$，从而得到

$$\Delta A \approx \frac{1}{2}r^2(\theta)\mathrm{d}\theta,$$

即曲边扇形的面积元素为

$$\mathrm{d}A = \frac{1}{2}r^2(\theta)\mathrm{d}\theta,$$

于是，所求曲边扇形的面积为

$$A = \int_\alpha^\beta \frac{1}{2}r^2(\theta)\mathrm{d}\theta.$$

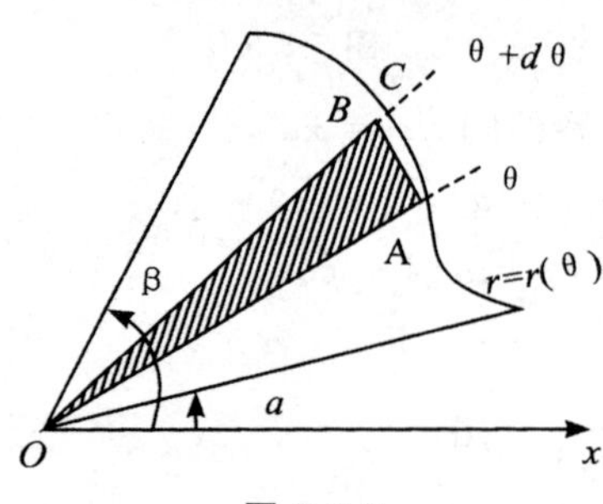

图 5-8-7

例 5.8.5 如图 5-8-8 所示，求对数螺线段$r=ae^{b\theta}$，$0\leqslant\theta\leqslant\pi$($a$,$b$为正常数)与$x$轴围成的图形面积.

解：易知，面积为

$$A = \frac{1}{2}\int_0^\pi a^2 e^{2b\theta}\mathrm{d}\theta = \frac{a^2}{4b}e^{2b\theta}\Big|_b^\pi$$

$$= \frac{a^2}{4b}(e^{2b\pi}-1).$$

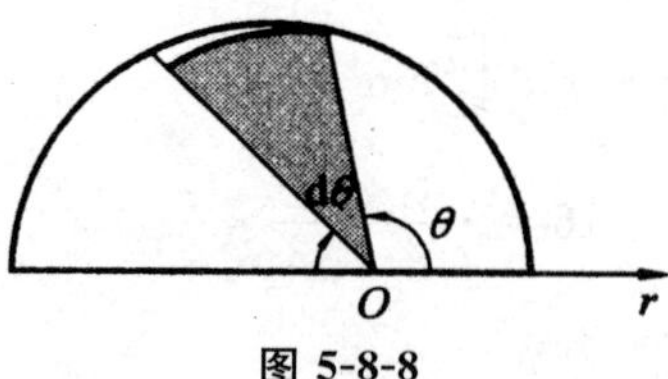

图 5-8-8

例 5.8.6 求心形线$r=a(1+\cos\theta)$，$a>0$所围图形的面积.

解：如图 5-8-9 所示，由于心形线关于极轴对称，因此有

$$A = 2\cdot\frac{1}{2}\int_0^\pi a^2(1+\cos\theta)^2\mathrm{d}\theta$$

$$= a^2\int_0^\pi(1+2\cos\theta+\cos^2\theta)\mathrm{d}\theta$$

$$= \frac{3\pi a^2}{2}.$$

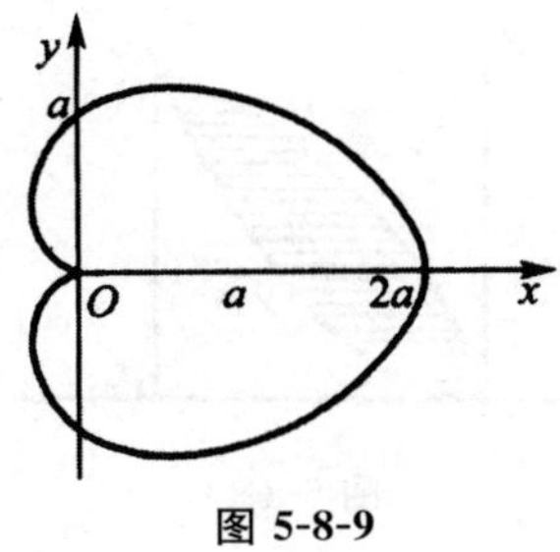

图 5-8-9

5.8.2　立方体的体积

1. 旋转体的体积

由一个平面图形绕该平面内的一条定直线旋转一周而成的立体称为旋转体，这条直线叫作旋转轴．如图 5-8-10 所示，是由曲线 $y=f(x)$ 与直线 $x=a$，$x=b$ 以及 x 轴所围成的曲边梯形绕 x 轴旋转而形成的旋转体，我们来考虑该旋转体体积的计算问题．

取 x 作为积分变量，它的变化区间是 $[a,b]$．在 $[a,b]$ 上任取一小区间 $[x,x+\mathrm{d}x]$，我们用底半径为 $f(x)$、高为 $\mathrm{d}x$ 的圆柱体去代替 $[x,x+\mathrm{d}x]$ 上以 $f(x)$ 为曲边的曲边梯形绕 x 轴旋转而形成的旋转体的体积 ΔV，于是有

$$\Delta V \approx \pi[f(x)]^2\mathrm{d}x,$$

即体积元素为

$$\mathrm{d}V = \pi[f(x)]^2\mathrm{d}x,$$

从而所求体积为

$$V=\int_a^b \pi[f(x)]^2\mathrm{d}x = \pi\int_a^b f^2(x)\mathrm{d}x.$$

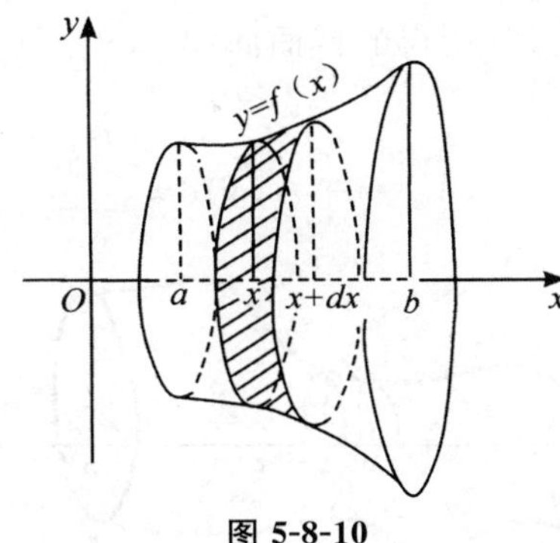

图 5-8-10

类似地，由曲线 $x=\varphi(y)$ 与直线 $y=c$，$y=d$ 及 y 轴所围成的曲边梯形绕 y 轴旋转而形成的旋转体的体积公式为

$$V=\pi\int_a^b \varphi^2(y)\mathrm{d}y.$$

例 5.8.7　求曲线 $y=x^2$ 和 $y=\sqrt{x}$ 所围成的图形绕 x 轴旋转所得的旋转体的体积．

解：曲线 $y=x^2$ 和 $y=\sqrt{x}$ 所围成的平面图形如图 5-8-11 所示．

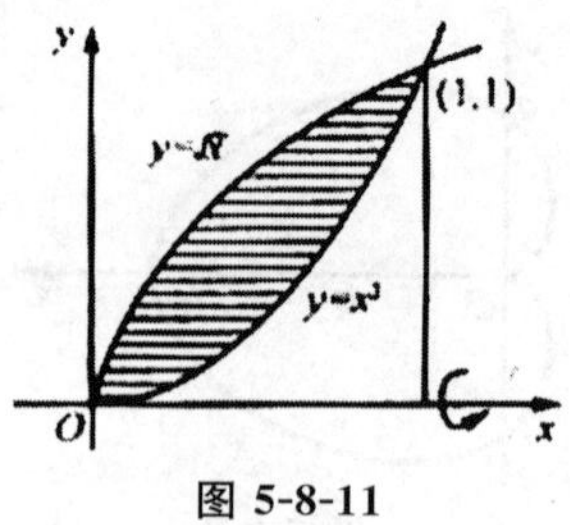

图 5-8-11

两曲线的交点为(0,0)和(1,1). 由图可知,所求的旋转体体积应等于两个旋转体的体积之差,即

$$V=\pi\int_0^1 x\mathrm{d}x-\pi\int_0^1 x^4\mathrm{d}x=\pi\left(\frac{x^2}{2}-\frac{x^5}{5}\right)\Big|_0^1=\frac{3\pi}{10}.$$

2. 平行截面面积已知的立方体体积

如图 5-8-12 所示,设有一立体介于过点 $x=a$,$x=b(a<b)$且垂直于 x 轴的两平面之间,以 $A(x)$ 表示过点 x 且垂直于 x 轴的平面截它所得的截面面积,又知 $A(x)$ 为 x 的连续函数,求此立体的体积. 下面我们用元素法推导公式:

(1) 取 x 为积分变量,它的变化区间为$[a,b]$,在区间$[a,b]$上任取一小区间$[x,x+\mathrm{d}x]$.

(2) 设与此小区间相对应的那部分立体的体积为 ΔV,则 ΔV 近似于以 $A(x)$ 为底,以 $\mathrm{d}x$ 为高的柱体的体积,从而得到体积元素为

$$\mathrm{d}V=A(x)\mathrm{d}x.$$

(3) 以 $A(x)\mathrm{d}x$ 为被积表达式,在区间$[a,b]$上作定积分,就是所求的立体的体积,即

$$V_x=\int_a^b A(x)\mathrm{d}x.$$

同理可知,设有一立体介于过点 $y=c$,$y=\mathrm{d}(c<d)$,且垂直于 y 轴的两平面之间,以 $A(y)$ 表示过点 y 且垂直于 y 轴的平面截它所得的截面面积,又知 $A(y)$ 为 y 的连续函数,则此立体的体积为

$$V_y=\int_a^b A(y)\mathrm{d}y.$$

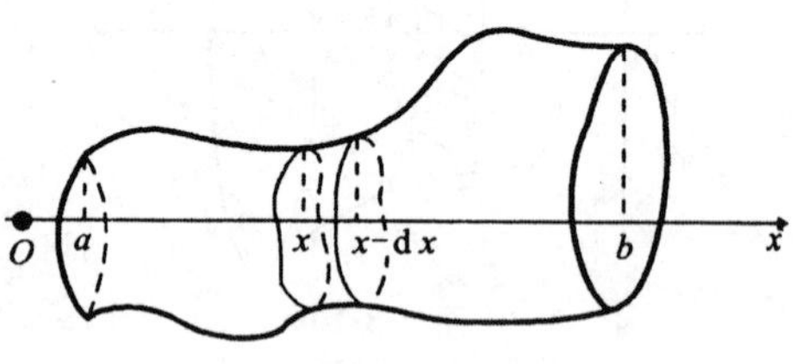

图 5-8-12

例 5.8.8 如图 5-8-13 所示,设有一半径为 a 的圆柱体,用一个与底面交角为 α 且通过直径的平面去截,求截下部分立体的体积.

解:根据立体的体积 $V=\int_a^b A(x)\mathrm{d}x$ 可知,只要平行的截面面积为已知,即可由积分求出其体积. 因此取图 5-8-13(a) 所示的坐标系,圆的方程为

$$x^2+y^2=a^2,$$

x 为积分变量,用垂直于 x 轴的平面截该立体,其截面为一直角三角形,两个直角边分别为 $y\tan\alpha$

和 y，因而有

$$A(x)=\frac{1}{2}y^2\tan\alpha=\frac{1}{2}(a^2-x^2)\tan\alpha,$$

根据 $V_x=\int_a^b A(x)\mathrm{d}x$ 可得

$$\begin{aligned}V_x&=\int_{-a}^{a}A(x)\mathrm{d}x=\int_0^a(a^2-x^2)\tan\alpha\mathrm{d}x\\&=\tan\alpha\left(a^2x-\frac{1}{3}x^3\right)\Big|_0^a\\&=\frac{2}{3}a^3\tan\alpha.\end{aligned}$$

若取 y 为积分变量，变化区间为$[0,a]$，用垂直于 y 轴的平面截该立体，截面为矩形，如图 5-8-13(b) 所示，矩形的宽为 $2x$，高为 $y\tan\alpha$. 故截面面积为

$$A(y)=2xy\tan\alpha=2y\sqrt{a^2-x^2}\tan\alpha,$$

根据 $V_y=\int_a^b A(y)\mathrm{d}y$ 可得

$$\begin{aligned}V_y&=\int_{-a}^{a}A(y)\mathrm{d}y=\int_0^a 2y\sqrt{a^2-y^2}\tan\alpha\mathrm{d}y\\&=-\frac{2}{3}\tan\alpha(a^2-y^2)^{\frac{3}{2}}\Big|_0^a\\&=\frac{2}{3}a^3\tan\alpha.\end{aligned}$$

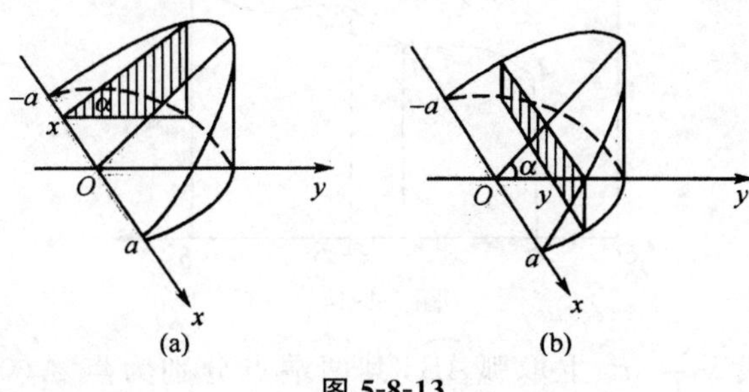

图 5-8-13

5.8.3　平面曲线的弧长

曲线段即曲线的一部分，也称为弧，是圆弧概念的推广．曲线段的长度称为弧长，表示曲线弧的记号与圆弧相同．如图 5-8-14 所示，设有曲线 $y=f(x)$，我们来计算这条曲线位于 $x=a$ 及 $x=b$ 之间的那一段的弧长，即$\overparen{AB}$ 的长度．

在$[a,b]$上任取一个小区间$[x,x+\mathrm{d}x]$，我们设法寻求位于该小区间上方的那一段弧，即$\overparen{MM'}$ 的长度的近似表达式，由图 5-2-14 可知，$\overparen{MM'}$ 的长近似等于弦$\overline{MM'}$ 的长，故得到$\overparen{MM'}$ 的长度的近似表达式

$$\Delta s\approx\sqrt{(\mathrm{d}x)^2+(\mathrm{d}y)^2}=\sqrt{1+(y')^2}\,\mathrm{d}x,$$

即弧长元素为

$$\mathrm{d}s=\sqrt{(\mathrm{d}x)^2+(\mathrm{d}y)^2}=\sqrt{1+(y')^2}\,\mathrm{d}x. \tag{5.8.3}$$

从而所求曲线(段)的弧长是

$$s=\int_a^b\sqrt{1+(y')^2}\,\mathrm{d}x. \tag{5.8.4}$$

如果曲线方程为参数形式$\begin{cases}x=\varphi(t)\\y=\psi(t)\end{cases}$,$t\in[t_1,t_2]$,那么由(5.8.3)式知,弧长元素为

$$\mathrm{d}s=\sqrt{[\varphi'(t)]^2+[\psi'(t)]^2}\,\mathrm{d}t,$$

从而所求曲线(段)的弧长是

$$s=\int_{t_1}^{t_2}\sqrt{[\varphi'(t)]^2+[\psi'(t)]^2}\,\mathrm{d}t. \tag{5.8.5}$$

如果曲线方程由极坐标形式 $r=r(\theta)$,$\theta\in[\alpha,\beta]$给出,且 $r'(\theta)$在$[\alpha,\beta]$上连续,将θ视为参数,由极坐标与直角坐标的关系可得曲线的参数方程为

$$\begin{cases}x=r(\theta)\cos\theta\\y=r(\theta)\sin\theta\end{cases},\theta\in[\alpha,\beta],$$

从而

$$\begin{cases}x'(\theta)=r'(\theta)\cos\theta-r(\theta)\sin\theta\\y'(\theta)=r'(\theta)\sin\theta+r(\theta)\cos\theta\end{cases}.$$

于是,由式(5.8.5)得

$$s=\int_\alpha^\beta\sqrt{[r'(\theta)]^2+r^2(\theta)}\,\mathrm{d}\theta.$$

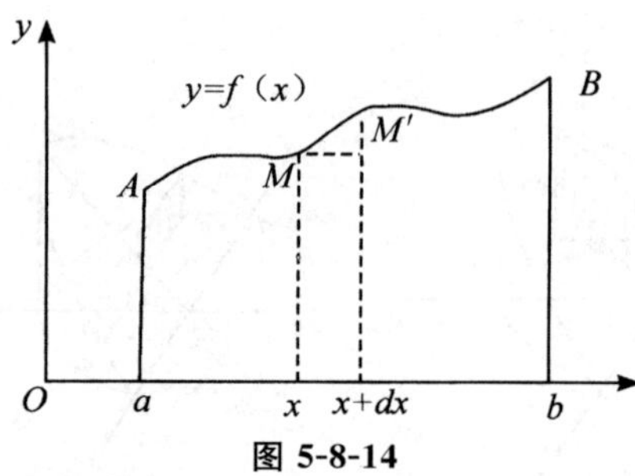

图 5-8-14

例 5.8.9 在抛物线 $y=x^2$ 上取弧$\overset{\frown}{AB}$,其两端点分别为点 $A(0,0)$,$B(\sqrt{2},2)$,求弧$\overset{\frown}{AB}$的长.

解:取 x 为积分变量,它的变化区间为$[0,\sqrt{2}]$,因为 $y'=2x$,则有

$$\begin{aligned}\overset{\frown}{AB}&=\int_0^{\sqrt{2}}\sqrt{1+(y')^2}\,\mathrm{d}x=\int_0^{\sqrt{2}}\sqrt{1+(2x)^2}\,\mathrm{d}x\\&=\frac{1}{2}\int_0^{\sqrt{2}}\sqrt{1+(2x)^2}\,\mathrm{d}2x\\&=\frac{1}{2}\left\{\frac{1}{2}\cdot 2x\sqrt{1+(2x)^2}+\frac{1}{2}\ln\left[2x+\sqrt{1+(2x)^2}\right]\right\}\Bigg|_0^{\sqrt{2}}\\&=\frac{1}{4}\left[6\sqrt{2}+\ln(2\sqrt{2}+3)\right].\end{aligned}$$

例 5.8.10 求星形线$\begin{cases}x=a\cos^3t\\y=a\sin^3t\end{cases}$,$a>0$ 的全长.

解:如图 5-8-15,星形线关于两坐标轴都对称,因此只需求第一象限部分的长度即可,于

是有

$$x'(t) = -3a\cos^2 t\sin t, y'(t) = 3a\sin^2 t\cos t.$$

根据弧长公式,星形线的全长为

$$\begin{aligned} S = 4S_1 &= 4\int_0^{\frac{\pi}{2}} \sqrt{9a^2\cos^4 t\sin^2 t + 9a^2\sin^4 t\cos^2 t}\,dt \\ &= 12a\int_0^{\frac{\pi}{2}} \cos t\sin t\,dt \\ &= 6a\sin^2 t\Big|_0^{\frac{\pi}{2}} = 6a. \end{aligned}$$

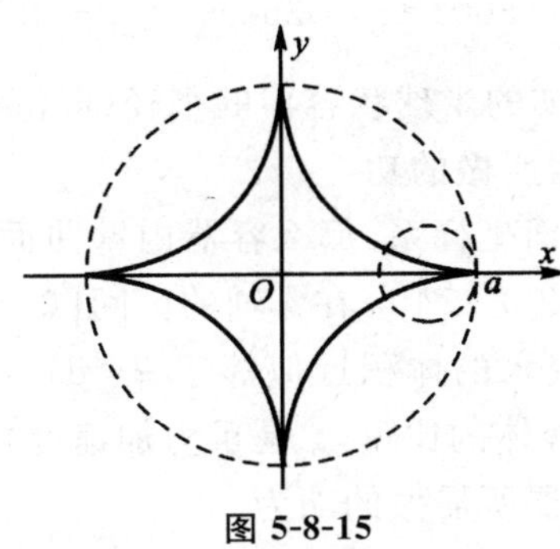

图 5-8-15

5.8.4　定积分在物理学上的应用

除了几何上的应用以外,定积分还有许多实际应用,接下来,我们讨论几个利用定积分处理的物理问题.

1. 变力沿直线做功的问题

由物理学理论可知,若物体在做直线运动的过程中有一个不变的力 F 作用在这物体上,且力的方向与物体运动的方向一致,则,在物体移动了距离 s 时,力 F 对物体所作的功为

$$W = F \cdot s.$$

若物体在运动过程中所受到的力为变化的,那么变力做功问题就不能用 $W = F \cdot s$ 来计算.下面通过具体例子说明如何计算变力所作的功.

例 5.8.11　如图 5-8-16 所示,设有一弹簧,长为 1m,一端固定,拉伸另一端.用 5N 的力可以把它拉长 0.01m,现要把它拉长 0.1m,求需要做多少功.

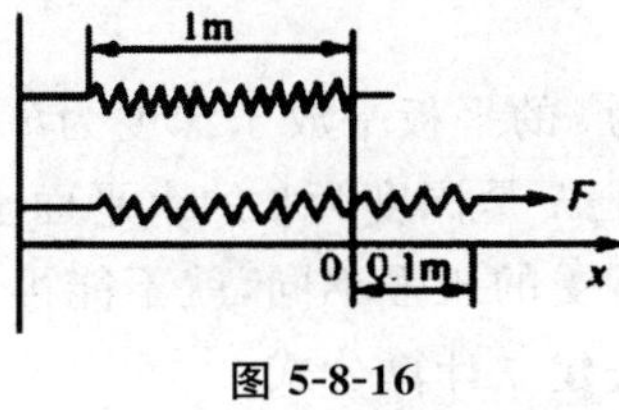

图 5-8-16

解:由物理学理论可知

$$功 = 力 \times 距离,$$

其计算公式为

$$W = \int_a^b F(x)\mathrm{d}x, \tag{5.8.6}$$

则只需要求出 $F(x)$，就可以通过定积分求得 W，积分变量 x 的变化区间为$[0,0.1]$.

根据物理学的胡克定律可知，在弹性限度内，拉伸或者压缩弹簧所需要的力与伸长量或者压缩量成正比．现把弹簧一端拉伸到坐标为 x 的点处所需要的力为 $F(x) = kx$（在图 5-8-16 中，坐标 x 即为拉伸的长度）. 根据已知条件可知 $x = 0.01\text{m}$ 时，$F = 5\text{N}$，所以 $k = 500\text{N/m}$. 从而有

$$F(x) = 500x.$$

由式(5.8.6) 可得

$$W = \int_0^{0.1} 500x\mathrm{d}x = 250x^2 \Big|_0^{0.1} = 2.5(\text{J}).$$

例 5.8.12 盛满某种均匀液体的半球状容器的半径(即深度)为 10m，设液体的密度为 σ，试计算将容器内的液体全部抽出容器所做的功．

解：如图 5-8-17 所示，建立平面坐标系，那么容器内壁曲面(半球) 与坐标平面 xOy 的交集所满足的方程为 $x^2 + y^2 = 100, 0 \leqslant x \leqslant 10$. 在 x 轴的区间$[0,10]$上任取一小区间$[x, x+\mathrm{d}x]$，容器内相应于这个小区间的一薄层水的体积近似等于 $\pi y^2 \mathrm{d}x = \pi(100 - x^2)\mathrm{d}x$，因而其重量为 $\mu\pi(100 - x^2)\mathrm{d}x$，这里 $\mu = \sigma g$ 是液体的比重(g 是重力加速度). 由于现在做的功为克服重力所做的功，故将上述薄层液体抽出容器所需做的功为

$$\mathrm{d}W = x\mu\pi(100 - x^2)\mathrm{d}x,$$

这就是功的元素．从而，将液体全部抽出容器所做的总功为

$$W = \int_0^{10} x\mu\pi(100 - x^2)\mathrm{d}x = \mu\pi\int_0^{10} x(100 - x^2)\mathrm{d}x$$

$$= \mu\pi\left(50x^2 - \frac{1}{4}x^4\right)\Big|_0^{10} = 2500\sigma g\pi.$$

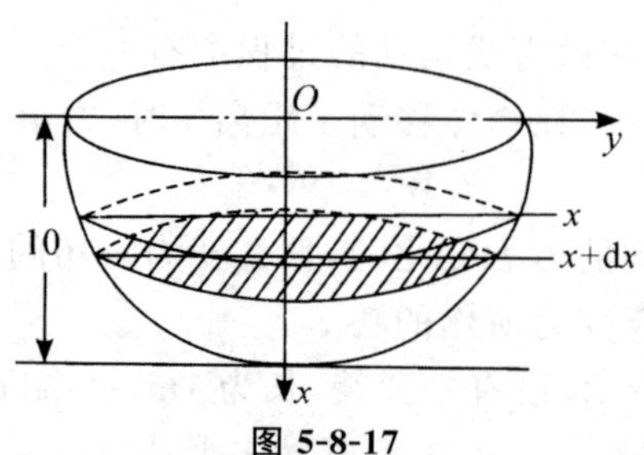

图 5-8-17

2. 静态液体中的压力问题

由物理学理论可知，一个面积为 s 的平板平放于深度为 h 的静态均匀的液体中所受到的压力 p 等于 μsh，这里 μ 为液体的比重，而 μh 是深度为 h 的水平面上的压强．那么，当平板垂直放置于液体中时，由于平板上深度不同处所受的压强不同，就不能再用 μsh 来表示平板受到的压力．但是，我们可以根据定积分的思想方法建立计算公式．

如图 5-8-18 所示，这时可在平板所在的铅直平面上建立直角坐标系，其中 $y = \varphi(x)$ 和 $y = f(x)$ 分别表示平板的左、右边界曲线，其中 $a \leqslant x \leqslant b$. 那么在深度为 x 处的面积元素为

$$\mathrm{d}s = [f(x) - \varphi(x)]\mathrm{d}x.$$

由于可以假定在该元素上各处所受的压强均近似等于 μx，所以该面积元素所受到的压力(即压

力元素）为

$$\mathrm{d}p = \mu x\,\mathrm{d}s = \mu x[f(x) - \varphi(x)]\mathrm{d}x,$$

从而，整块平板的一面所受到的压力为（其中 σ 和 g 的定义与例 5.8.12 相同）

$$p = \int_a^b \mu x[f(x) - \varphi(x)]\mathrm{d}x$$

$$= \sigma g\int_a^b x[f(x) - \varphi(x)]\mathrm{d}x.$$

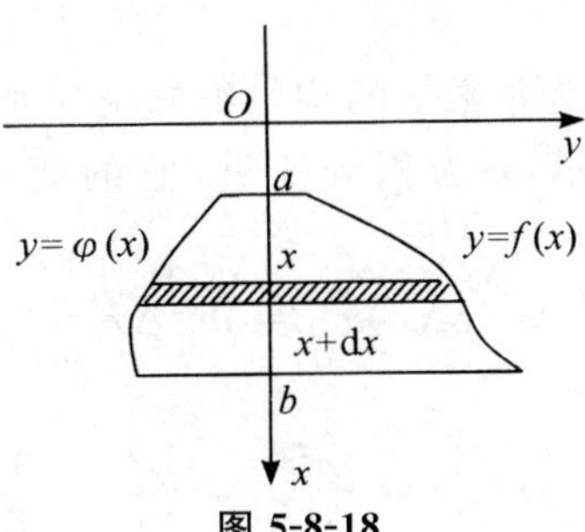

图 5-8-18

例 5.8.13　图 5-8-19 所示，有一等腰梯形闸门，它的两条边长分别为 10m 和 6m，高为 10m，较长的底边与水面齐平，求闸门一侧所受到的水压力 p.

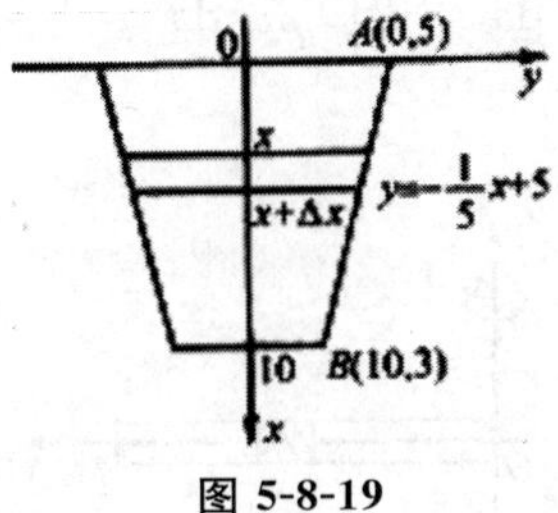

图 5-8-19

解：取坐标系如图 5-8-19 所示．AB 边的方程为

$$y - 5 = -\frac{1}{5}(x - 0),$$

即

$$y = 5 - \frac{1}{5}x.$$

在 $[x, x + \Delta x]$ 上所受到的压力 Δp 为

$$\Delta\rho \approx \rho g x 2y\Delta x = \rho g x\left(10 - \frac{2}{5}x\right)\Delta x,$$

所以

$$\rho = \int_0^{10} \rho g x\left(10 - \frac{2}{5}x\right)\mathrm{d}x$$

$$= \rho g\left(5x^2 - \frac{2}{15}x^3\right)\Big|_0^{10}$$

$$= \frac{10780}{3} = 3593\,\frac{1}{3}(\mathrm{kN}).$$

3. 物体的转动惯量问题

由物理学理论可知，质量为 m 的质点绕轴转动的转动惯量为

$$J = mr^2,$$

其中 r 为质点到转轴的距离.

对于细杆绕垂直于杆的轴的转动惯量，由于杆上各点到轴的距离不同，所以不能用上面的公式求转动惯量. 但如果是杆上一小段，则可以用上面的公式近似求转动惯量，因此可以把转动惯量表示成定积分，下面举例说明.

例 5.8.14 求长为 l、线密度为常数 ρ 的均匀细杆绕 y 轴的转动惯量 J.

解：选坐标系如图 5-8-20 所示，x 为积分变量，它的变化区间为 $[0,l]$. 考虑其上一小段 $[x,x+\Delta x]$ 绕 y 轴的转动惯量 ΔJ 为

$$\Delta J \approx (\rho\Delta x)x^2 = \rho x^2\Delta x = \mathrm{d}J,$$

从而求得杆绕 y 轴的转动惯量为

$$J = \int_0^l \rho x^2 \mathrm{d}x = \frac{\rho x^3}{3}\Big|_0^l = \frac{\rho l^3}{3} = \frac{1}{3}Ml^2,$$

其中 $M = \rho l$ 为杆的质量.

如果求杆绕过杆的中垂线的轴的转动惯量，则有

$$J = \int_{-\frac{l}{2}}^{\frac{l}{2}} \rho x^2 \mathrm{d}x = 2\int_0^{\frac{l}{2}} \rho x^2 \mathrm{d}x = \frac{\rho l^3}{12} = \frac{1}{12}Ml^2,$$

坐标原点选在杆的中点.

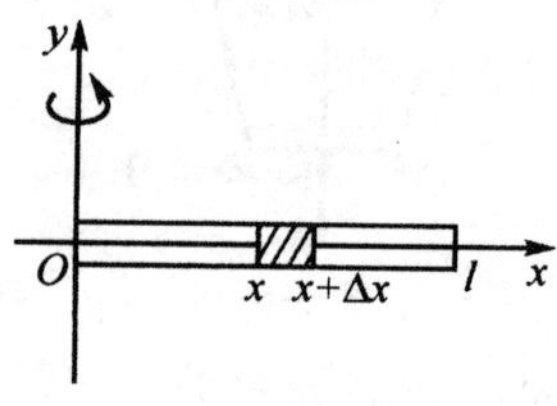

图 5-8-20

例 5.8.15 求一个底圆半径为 R，高为 H 的圆柱体绕中心轴的转动惯量 J. 设体密度为常数 ρ_V.

解：选坐标系如图 5-8-21 所示，x 为积分变量，它的变化区间为 $[0,R]$. 考虑子区间 $[x,x+\Delta x]$ 所对应的薄壁圆筒绕 y 轴的转动惯量 ΔJ 为

$$\Delta J \approx (\rho_V \Delta V)x^2,$$

$$\begin{aligned}\Delta V &= [\pi(x+\Delta x)^2 - \pi x^2]H \\ &= \pi[2x\Delta x + (\Delta x)^2]H \\ &\approx 2\pi Hx\Delta x,\end{aligned}$$

故

$$\Delta J \approx 2\rho_V \pi Hx^3\Delta x = \mathrm{d}J.$$

从而求得

$$J = \int_0^R 2\rho_V\pi Hx^3 \mathrm{d}x = \frac{\rho_V \pi H}{2}x^4\Big|_0^R = \frac{1}{2}\rho_V\pi HR^4.$$

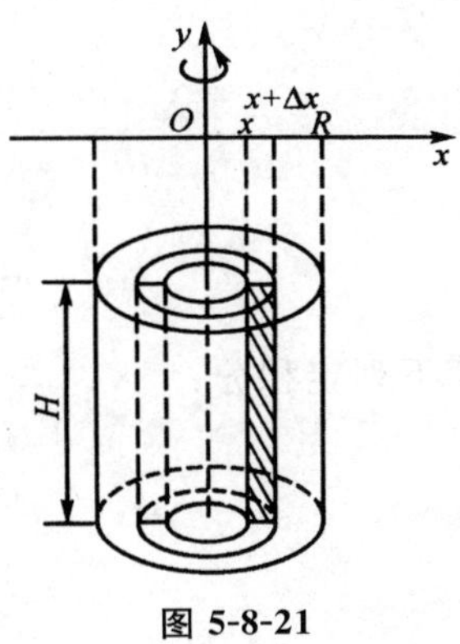

图 5-8-21

5.9　数学实验

1. 应用 Mathematica 计算定积分

Mathematica 求定积分的方法是：先求不定积分，然后利用牛顿-莱布尼茨公式求出定积分．在 Mathematica 中，计算定积分的基本语句为

Integrate[f[x], { x,a,b }]

计算函数 $f(x)$ 在区间 $[a,b]$ 上的定积分

对于那些无法给出原函数显式的被积函数，利用 Integrate 命令是不能给出其定积分的数值的，但我们可通过数值积分方法求出它的近似值．在 Mathematica 中，计算定积分的近似值的基本语句为

NIntegrate[f[x], { x,a,b }]

计算函数 $f(x)$ 在区间 $[a,b]$ 上的定积分的近似值

例 5.9.1　计算下列定积分：

(1) $\int_0^1 (x-x^2)\mathrm{d}x$.

(2) $\int_0^1 x^2 \mathrm{e}^x \mathrm{d}x$.

(3) $\int_0^a \sqrt{a^2-x^2}\mathrm{d}x$;

(4) $\int_0^1 \sin(\cos x)\mathrm{d}x$.

解：具体的解题过程是

In[1]:= Integrate[x－x^2,{x,0,1}]

Out[1]= $\frac{1}{3}$

In[2]:= Integrate[x^2 * E^x,{x,0,1}]

Out[2]=－2＋e

In[3]:= $\int_0^{a}\sqrt{a^2-x^2}\,dx$

Out[3]= $\frac{1}{4}a\ \sqrt{a^2\pi}$

In[4]:= $\int_0^1 \sin(\cos x)dx$

Out[4]= $\int_0^1 \sin(\cos x)dx$

例 5.9.2 用 Mathematica 计算下列定积分：

(1)$\int_0^1 x^2 e^x dx$.

(2)$\int_0^1 \sin(\cos x)dx$.

解：具体求解过程如下：

In[1]:= NIntegrate[x^2 * E^x, {x,0,1}]

Out[1]= 0.718282

In[2]:= $\int_0^1 \sin(\cos x)dx$//N

Out[2]= 0.738643

例 5.9.3 用 Mathematica 求$\frac{d}{dx}\int_0^{\cos^2 x} w(x)dx$.

解：输入

D[Integrate[w[x],{x,0,Cos[x]^2}],x]

输出结果为

−2Cos[x]Sin[x]w[Cos[x]^2]

2. 应用 Mathematica 分析定积分的定义与几何意义

函数 $f(x)$ 在区间$[a,b]$上的定积分的基本定义是

$$\int_a^b f(x)dx = \lim_{\lambda\to\infty}\sum_{i=1}^{n} f(\xi_i)\Delta x_i,$$

其几何意义是由 $y=f(x)$,$y=0$,$x=a$,$x=b$ 围成的曲边梯形的面积(代数和). 为计算此面积，我们采取分割、近似、求和、取极限的方法，即

$$\int_a^b f(x)dx = \lim_{n\to\infty}\sum_{i=1}^{n-1} f\left(a+\frac{i(b-a)}{n}\right)\cdot\frac{b-a}{n}.$$

利用 Mathematica 可以实现这一想法，我们来看如下实例：

例 5.9.4 观察定积分$\int_0^{\pi}\sin x dx$ 的情况 .

解：Mathematica 的命令与输出结果如下：

f[x_] = Sin[x];a = 0;b = Pi

S[n_] = NSum[f[a + i(b − a)/n] * (b − a)/n, { i,0,n − 1 }]

S0 = Integrate[f[x], { (x,0,Pi }]

Out[] = 2

Table[S[n], { n,2,2 0,2 }]

Out[] = {1.5708,1.89612,1.9541,1.97423,1.98352,1.98856,1.9916,1.99357,1.99492,1.99589}

从上面的实验数据看到:分割越细(n 越大),积分和 $S(n)$ 越接近定积分值 S0,即有 $S(n) \to S0(n \to \infty)$,这就验证了定积分公式.

3. 定积分应用

例 5.9.5　求曲线 $g(x)=x\sin^2 x(0 \leqslant x \leqslant \pi)$ 与 x 轴所围成的图形分别绕 x 轴和 y 轴旋转所成的旋转体体积. 用 ParametricPlot3D 命令作出这两个旋转体的图形.

解:易知,在图形绕 x 轴旋转时,体积为

$$V=\int_0^\pi \pi g^2(x)\mathrm{d}x,$$

在图形绕 y 轴旋转时,体积为

$$V=\int_0^\pi 2\pi g^2(x)\mathrm{d}x.$$

输入

```
Clear[g]
g[x_] = x * Sin[x]^2
Plot[g[x_],{x,0,Pi}]
```

执行后得到如图 5-9-1 所示的图形.

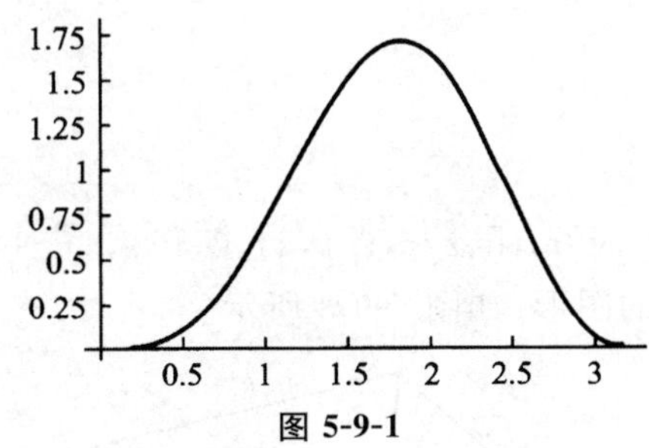

图 5-9-1

观察 $g(x)$ 的图形,再输入

```
Integrate[Pi * g[x] ^2,{x,0,Pi}]
```

则得到 $\pi\left(-\frac{15\pi}{64}+\frac{\pi^3}{8}\right)$.

又输入

```
Integrate[2Pi * x * g[x],{x,0,Pi}]
```

则得到 $\pi\left(-\frac{\pi}{2}+\frac{\pi^3}{3}\right)$.

若输入

```
NIntegrate[2Pi * x * g[x],{x,0,Pi}]
```

则得到体积的近似值为 27.5439.

为了作出旋转体的图形,输入

```
Clear[x,y,z,r,t]
x[r_,t_]= r
y[r_,t_]= g[r] * Cos[t]
z[r_,t_]= g[r] * Sin[t]
```

ParametricPlot3D|{x|r,t[,y]r,t[,z]r,t[},{r,0,Pi},{t,－Pi,Pi}]

便得到绕 x 轴旋转所得旋转体的图形,如图 5-9-2 所示.

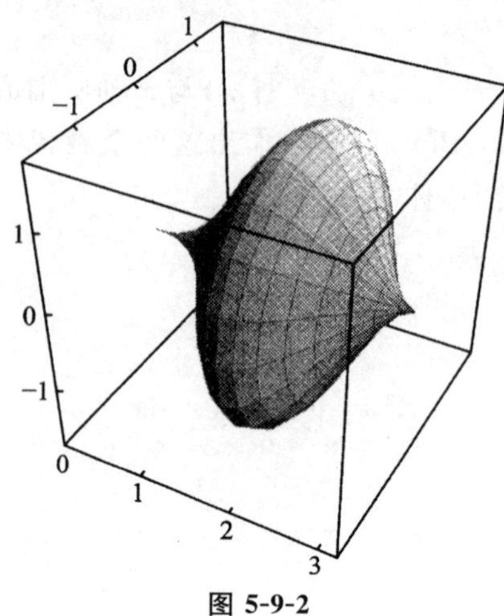

图 5-9-2

又输入

```
Clear[x,y,z]
x[r_,t_]= r * Cos[t]
y[r_,t_]= r * Sin[t]
z[r_,t_]= g[r]
ParametricPlot3D|{x|r,t[,y]r,t[,z]r,t[},{r,0,Pi},{t,－Pi,Pi}]
```

便得到绕 y 轴旋转所得旋转体的图形,如图 5-9-3 所示.

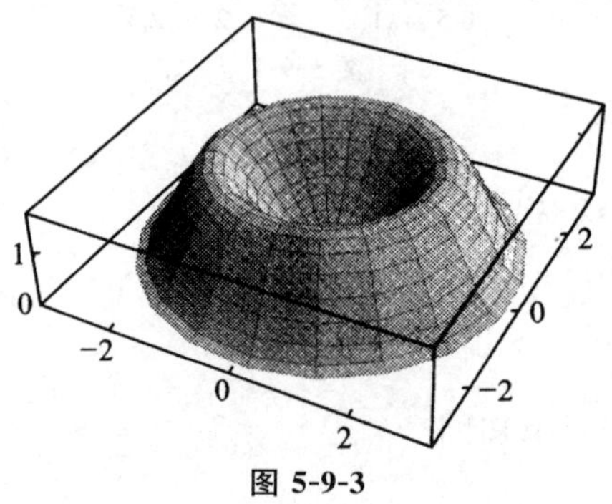

图 5-9-3

第6章　多元函数微分学

6.1　空间解析几何基础理论

6.1.1　空间直角坐标系

为了沟通空间图形与数的研究，我们需要建立空间的点与有序数组之间的联系．这种联系通常是用类似于平面解析几何的方法通过引进空间直角坐标系来实现的．在平面上，通过建立平面直角坐标系，可以把平面上的一点M与有序实数组(x,y)建立一一对应关系，于是平面上的曲线与二元方程$F(x,y)=0$相互对应．与此相似，我们也可以通过建立空间直角坐标系，把空间中的一点M与三元有序数组(x,y,z)一一对应；空间中的一个曲面与一个三元方程$F(x,y,z)=0$相对应；空间中的曲线看成是两个曲面的交线．

1. 坐标系的建立

在空间中取定一点O，过O点作三条相互垂直的数轴Ox，Oy，Oz，各轴上再规定一个共同的长度单位，这就构成了一个空间直角坐标系，记为$Oxyz$，并称O为坐标原点，称数轴Ox，Oy，Oz为坐标轴，称由两坐标轴决定的平面为坐标平面，简称xy，yz，xz平面．

如图6-1-1所示，对于空间直角坐标系，我们通常采用右手系，所谓右手系是指将右手的拇指、食指和中指伸成相互垂直的状态，若拇指、食指分别指向x轴、y轴正向时，中指正好指向z轴正向．

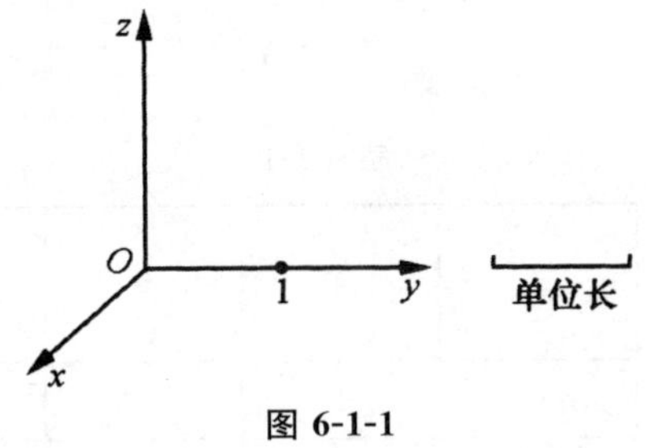

图 6-1-1

如图6-1-2所示，有了空间直角坐标系后，可以像平面那样规定空间中点的直角坐标．设给定空间中一点M，过点M作三个平行于坐标平面的平面，它们与x、y、z轴分别交于点P、Q、R，其所在坐标轴上的坐标分别为x、y、z. 我们称与点M对应的三个有序的实数为点M的坐标，记为$M=(x,y,z)$. 其中x、y、z分别称为点M的横坐标、纵坐标、立坐标，或称为x坐标、y坐标、z坐标．

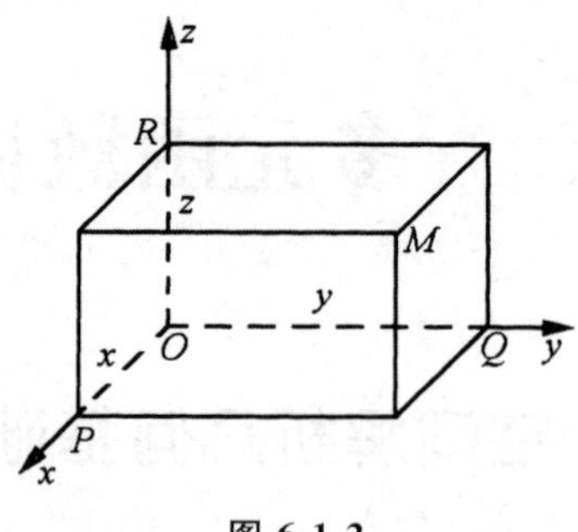

图 6-1-2

每个坐标平面将空间分成两个半空间．如 xy 平面将空间分成上、下两个半空间；yz 平面将空间分成前、后两个半空间；xz 平面将空间分成左、右两个半空间．在每个半空间内或坐标平面上的点，其坐标的符号都有一定的规律，如上半空间 $z>0$，下半空间 $z<0$，xy 平面上 $z=0$，其他类似．

如图 6-1-3 所示，三个坐标平面将空间分成八块，每一块叫作一个卦限，我们将八个卦限给以编号，在上半空间为 1,2,3,4，在它们的下方分别为 5,6,7,8. 在各卦限内点的坐标其符号规律如表 6-1-1 所示．

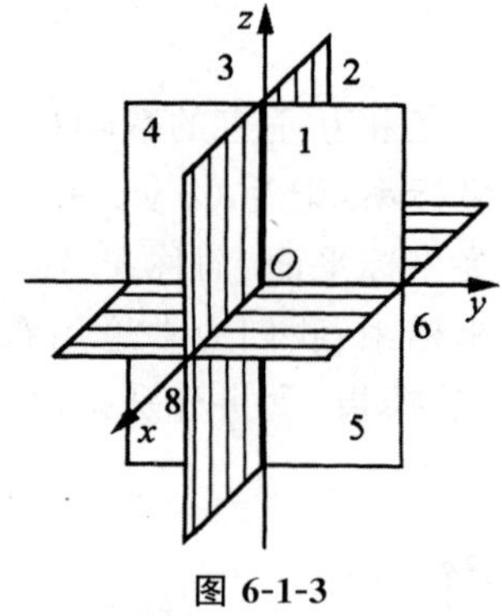

图 6-1-3

表 6-1-1

坐标＼卦限	1	2	3	4	5	6	7	8
x	+	−	−	+	+	−	−	+
y	+	+	−	−	+	+	−	−
z	+	+	+	+	−	−	−	−

2. 两点间的距离

如图 6-1-4 所示，设点 P_1，P_2 的坐标分别是 (x_1,y_1,z_1)，(x_2,y_2,z_2)，求点 P_1，P_2 之间的距离．分别自 P_1，P_2 向 xy 平面引垂线，垂足为 M_1，M_2. 过 P_1 作平面平行于 xy，设这平面与 M_2P_2 的交点为 N. 因 $\angle P_1NP_2$ 为直角，由勾股定理得

$$|P_1P_2|^2=|P_1N|^2+|NP_2|^2=|M_1M_2|^2+|NP_2|^2,$$

其中，

$$|NP_2| = |M_2P_2 - M_2N| = |M_2P_2 - M_1P_1| = |z_2 - z_1|.$$

又由于(x_1,y_1)和(x_2,y_2)实际上是点 M_1 和 M_2 在 xy 平面上的直角坐标，所以根据几何关系可得

$$|M_1M_2|^2 = (x_1 - x_2)^2 + (y_1 - y_2)^2.$$

最后得

$$|P_1P_2|^2 = (x_1 - x_2)^2 + (y_1 - y_2)^2 + (z_1 - z_2)^2,$$

即

$$|P_1P_2| = \sqrt{(x_1 - x_2)^2 + (y_1 - y_2)^2 + (z_1 - z_2)^2}.$$

这就是空间中两点间的距离公式．由此可得任意一点 $P(x,y,z)$到原点的距离为

$$|OP| = \sqrt{x^2 + y^2 + z^2}.$$

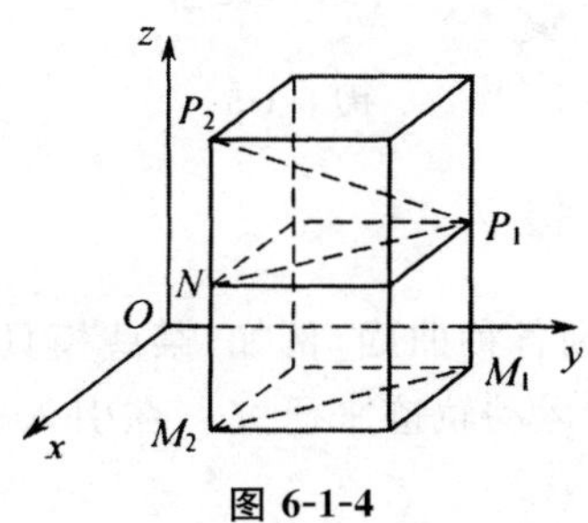

图 6-1-4

3．线段的定比分点

设点 P_1，P_2 的坐标分别是(x_1,y_1,z_1)，(x_2,y_2,z_2)．点$P(x,y,z)$为在P_1与P_2两点的连接线上按比值λ($\lambda \neq 0$ 且 $\lambda \neq -1$)分割(内分或外分)线段 P_1P_2 的点，即

$$\frac{P_1P}{PP_2} = \lambda \begin{cases} > 0 \\ < 0, \neq -1 \end{cases},$$

那么，有定比分点公式

$$x = \frac{x_1 + \lambda x_2}{1 + \lambda}, y = \frac{y_1 + \lambda y_2}{1 + \lambda}, z = \frac{z_1 + \lambda z_2}{1 + \lambda}. \tag{6.1.1}$$

如果 $\lambda = 1$，则得到线段 P_1P_2 的中点公式

$$\begin{cases} x = \frac{1}{2}(x_1 + x_2) \\ y = \frac{1}{2}(y_1 + y_2). \\ z = \frac{1}{2}(z_1 + z_2) \end{cases}$$

现对公式(6.1.1)证明如下：

如图 6-1-5 所示，分别自 P_1，P_2，P 向 xy 平面引垂线，垂足依次为 M_1，M_2，M．由图易知

$$\frac{P_1P}{PP_2} = \frac{M_1M}{MM_2}.$$

这就是说，点 M 也是按比值λ分割线段M_1M_2 的．显然点 M_1，M_2，M 在 xy 平面上的直角坐标是

$(x_1,y_1),(x_2,y_2),(x,y)$，于是根据几何关系可得出

$$\begin{cases} x = \dfrac{1}{2}(x_1 + x_2) \\ y = \dfrac{1}{2}(y_1 + y_2) \end{cases}.$$

若分别自点 P_1,P_2,P 向 yz 平面引垂线，同样可以得出

$$z = \frac{1}{2}(z_1 + z_2).$$

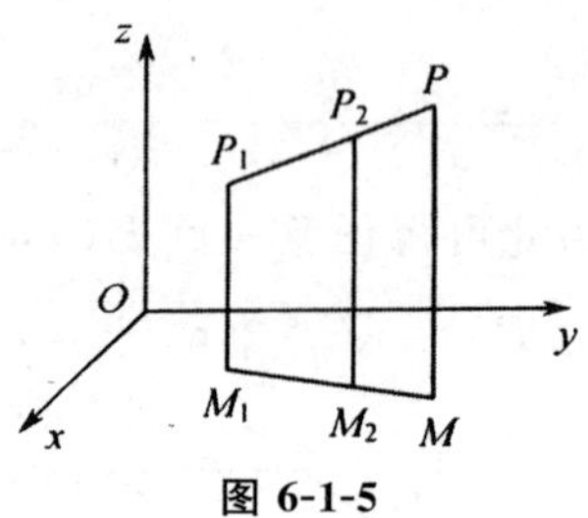

图 6-1-5

6.1.2 空间曲面与方程

在实际应用中，我们常常会遇到各种曲面，例如，某些模具的内外表面等．在几何学上，我们可以将这些曲面当成是某一动点的运动轨迹来研究．在引入空间直角坐标系后，我们就可以将空间曲面与三元方程建立联系了．

定义 6.1.1 如图 6-1-6 所示，在立体空间中，任何曲面都能够看成是某一点运动而形成的轨迹．我们这样来定义：如果曲面 S 与三元方程

$$F(x,y,z) = 0 \tag{6.1.2}$$

有如下关系：

(1) 曲面 S 上的任意一点的坐标都满足三元方程(6.1.2).

(2) 不在曲面 S 上的任意一点的坐标都不满三元方程(6.1.2).

那么，我们就称三元方程(6.1.2)是曲面 S 的方程，并且称曲面 S 是三元方程(6.1.2)的图形．通常，我们称三元方程(6.1.2)是曲面 S 的一般方程．

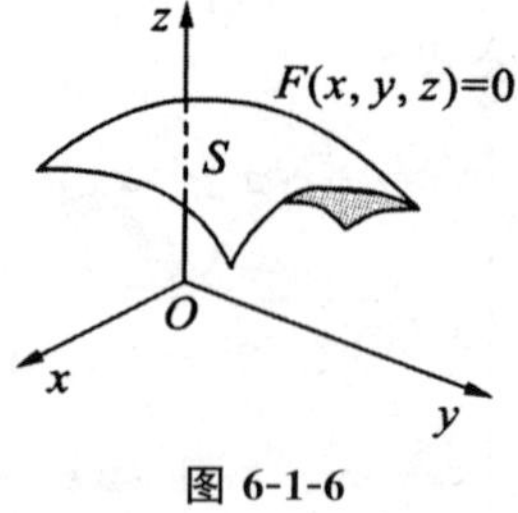

图 6-1-6

例 6.1.1 设有两点 $M_1(x_1,x_1,z_1)$，$M_2(x_2,x_2,z_2)$，求到这两点距离相等的点的轨迹方程．

解：设 $P(x,y,z)$ 是所求轨迹上的点，由几何知识可知，点 $P(x,y,z)$ 的轨迹 π 是线段 M_1M_2 的垂直平分面，即点 $P(x,y,z)\in\pi$ 等价于

$$|PM_1| = |PM_2|$$

或

$$|PM_1|^2 = |PM_2|^2,$$

其坐标满足方程

$$(x-x_1)^2+(y-y_1)^2+(z-z_1)^2=(x-x_2)^2+(y-y_2)^2+(z-z_2)^2,$$

即

$$2(x_2-x_1)x+2(y_2-y_1)y+2(z_2-z_1)z+x_1^2+y_1^2+z_1^2-x_2^2-y_2^2-z_2^2=0,$$

若记

$$A=2(x_2-x_1),B=2(y_2-y_1),C=2(z_2-z_1),$$
$$D=x_1^2+y_1^2+z_1^2-x_2^2-y_2^2-z_2^2,$$

则上式可写成

$$Ax+By+Cz+D=0,$$

该方程为 x,y,z 的一次方程，称为平面 π 的方程．

由于 $M_1(x_1,x_1,z_1)$，$M_2(x_2,x_2,z_2)$不是同一点，故 A,B,C 不全为零．不难证明，x,y,z 的一次方程所示的图形是一个平面．

6.1.3　常见的空间曲面

1. 平面

由例 6.1.1 可知，平面的一般方程为

$$Ax+By+Cz+D=0,$$

其中，A,B,C,D 均为常数，且 A,B,C 不全为零．如 $x=0$，$y=1$，$x+y=0$，$x+y+z=2$ 等均表示空间中的平面，如图 6-1-7 所示．

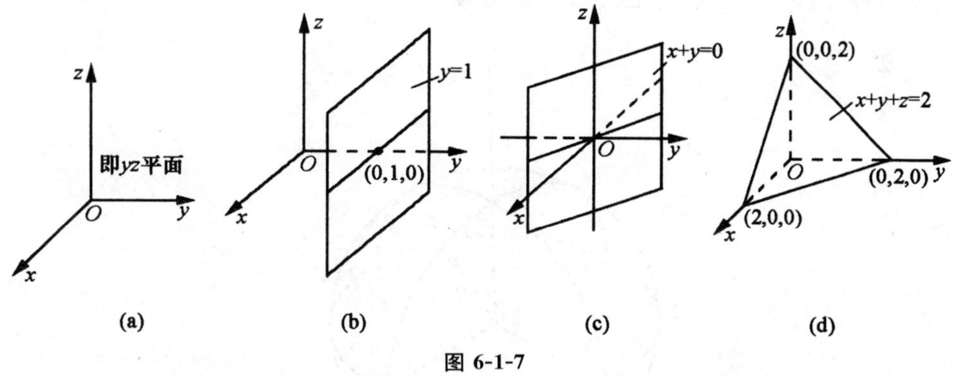

图 6-1-7

2. 球面

在空间直角坐标系内，如图 6-1-8 所示，若已知某一球面的球心坐标为 $M_0(x_0,y_0,z_0)$，该球面的半径为R，我们就可以根据球面的相关几何性质来建立球面S的方程了．设坐标空间内任意点的坐标为 $M(x,y,z)$，则当且仅当$|MM_0|=R$，即

$$R=|MM_0|=\sqrt{(x-x_0)^2+(y-y_0)^2+(z-z_0)^2}$$

时，点 $M(x,y,z)$在球面 S 上．所以，球面 S 的方程为

$$\sqrt{(x-x_0)^2+(y-y_0)^2+(z-z_0)^2}=R,$$

即

$$(x-x_0)^2+(y-y_0)^2+(z-z_0)^2=R^2. \tag{6.1.3}$$

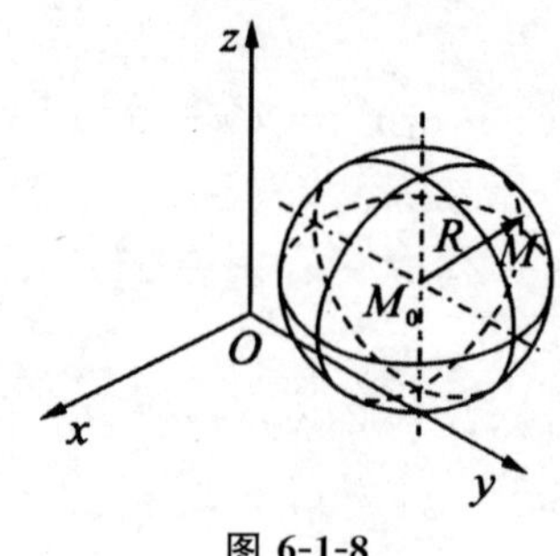

图 6-1-8

将球面 S 的方程(6.1.3) 展开,则有

$$x^2+y^2+z^2+2b_1x+2b_2y++2b_3z+c=0, \tag{6.1.4}$$

其中,$b_1=-x_0$,$b_2=-y_0$,$b_3=-z_0$,$c^2=x_0^2+y_0^2+z_0^2-R^2$. 方程(6.1.4) 是一个没有交叉项且平方项系数相同的三元二次方程. 而且任意一个形如方程(6.1.4) 的方程都可以通过配方而整理成形如

$$(x+b_1)^2+(y+b_2)^2+(z+b_3)^2+c-b_1^2-b_2^2-b_3^2=0 \tag{6.1.5}$$

的方程. 当 $b_1^2+b_2^2+b_3^2>c$ 时,方程(6.1.5) 表示一个球心坐标为$(-b_1,-b_2,-b_3)$,半径为 $\sqrt{b_1^2+b_2^2+b_3^2-c}$ 的球面; 当 $b_1^2+b_2^2+b_3^2=c$ 时,方程(6.1.5) 表示一个坐标为$(-b_1,-b_2,-b_3)$的点;当 $b_1^2+b_2^2+b_3^2<c$ 时,方程(6.1.5) 没有对应的图形,它表示一个虚球面. 如图 6-1-9 所示,特别地,当 $b_1=b_2=b_3=0$ 时,方程(6.1.5) 化为

$$x^2+y^2+z^2=c,$$

它表示球心在坐标原点,半径为 $R=\sqrt{-c}$ 的球面.

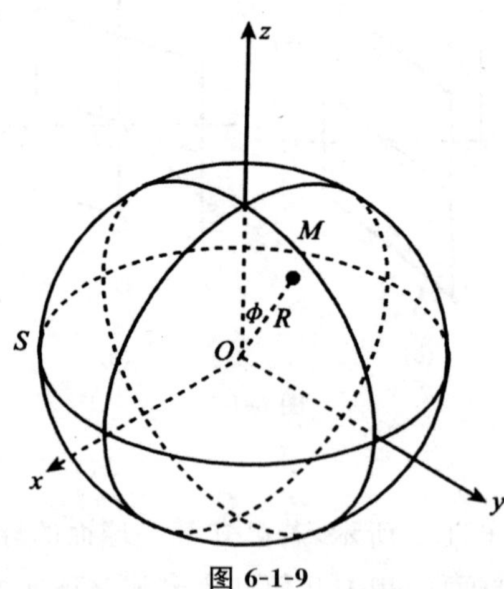

图 6-1-9

3. 柱面

如图 6-1-10 所示,设 L 是空间中的一条曲线,与给定直线 l 平行的动直线沿曲线 L 移动所得的空间曲面称为柱面,L 称为柱面的准线,动直线称为柱面的母线. 柱面的准线不是唯一的,柱面上与所有母线都相交的曲线都可作为准线.

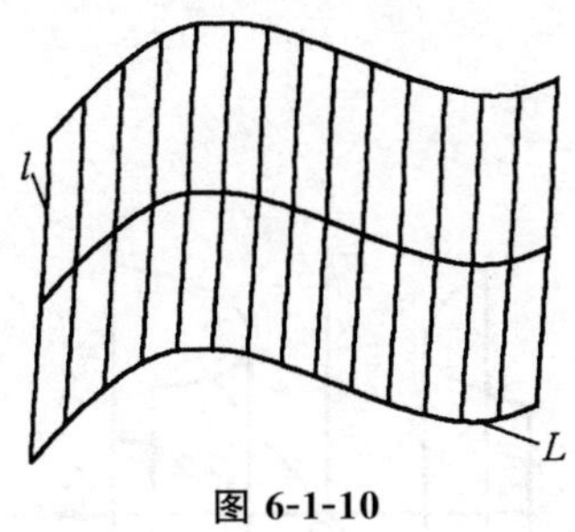

图 6-1-10

在这里，我们只讨论母线与坐标轴平行的柱面，如图 6-1-11 所示．

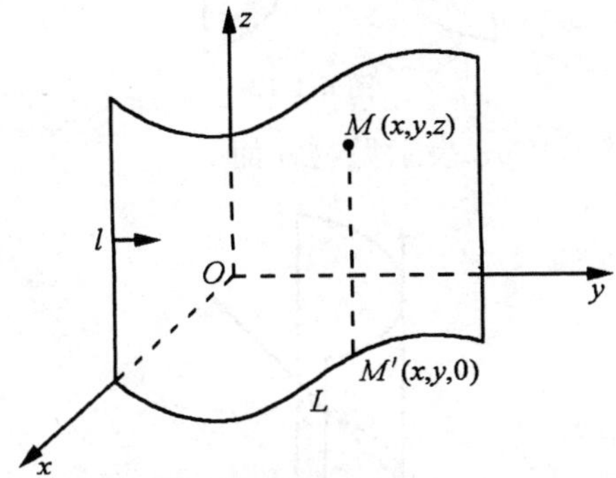

图 6-1-11

设 L 是 xy 平面上方程为 $f(x,y)=0$ 的曲线，在空间，曲线 L 可以用联立方程组

$$\begin{cases} f(x,y)=0 \\ z=0 \end{cases}$$

表示．若用平行于 z 轴的直线 l 沿曲线 L 移动，则得到的柱面方程为

$$f(x,y)=0.$$

例如，如图 6-1-12 所示，$x^2+y^2=R^2$ 表示空间的一个圆柱面，它的母线平行于 z 轴，准线是 xy 平面上的圆

$$\begin{cases} x^2+y^2=R^2 \\ z=0 \end{cases}.$$

类似地，$x^2+z^2=R^2$ 也是一个圆柱面．

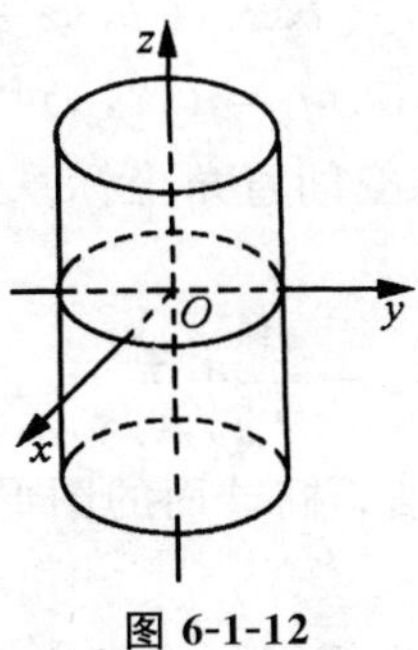

图 6-1-12

如图 6-1-13 所示，方程 $x^2-y^2=1$ 表示母线平行 z 轴，准线为双曲线

$$\begin{cases} x^2 - y^2 = 1 \\ z = 0 \end{cases}$$

的双曲柱面.

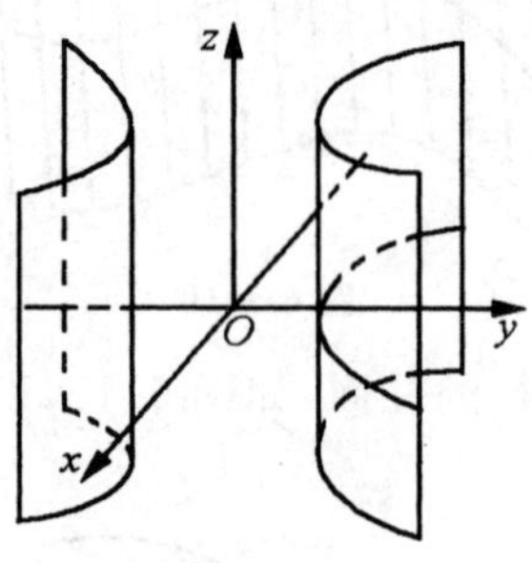

图 6-1-13

如图 6-1-14 所示,方程 $y^2 = 2px$ 表示抛物柱面.

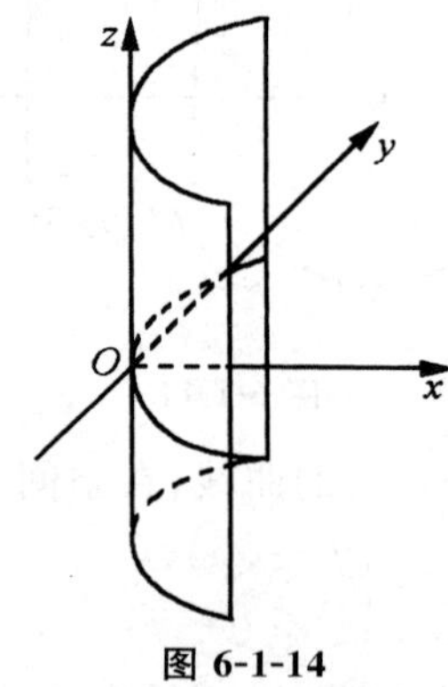

图 6-1-14

需要特别指出的是,同为方程 $x = 1$,它在平面直角坐标系中表示一条平行于 y 轴,在 x 轴上截距为 1 的直线,而在空间直角坐标系中,它是一个平行于 yz 平面,在 x 轴上的截距为 1 的平面.也就是说,在讨论一元方程或二元方程的几何意义时,要看其是在平面坐标系还是空间坐标系来确定.

4. 二次曲面

三元二次方程

$$a_1x^2 + a_2y^2 + a_3z^2 + b_1xy + b_2xz + b_3yz + c_1x + c_2y + c_3z + d = 0$$

所表示的曲面称为二次曲面,其中 $a_i, b_i, c_i (i = 1,2,3)$ 均为常数,且 a_i, b_i 不全为零.

二次曲面方程经过配方和适当选取空间直角坐标系后,可以化成如下几种标准形式:

(1) 椭球面.椭球面的标准方程是

$$\frac{x^2}{a^2} + \frac{y^2}{b^2} + \frac{z^2}{c^2} = 1,$$

其中 a, b, c 为正的常数,称为椭球的半轴.椭球面的图形如图 6-1-15 所示,显然,球面可看作椭球面的一个特例,即 $a = b = c = R$.

用 xy 平面截椭球面,截痕(曲面与坐标平面或与坐标平面平行的平面的交线)为

$$\begin{cases}\dfrac{x^2}{a^2}+\dfrac{y^2}{b^2}=1\\ z=0\end{cases}.$$

它是 xy 平面上的椭圆．

同理用 xz 平面、yz 平面去截椭球面，截痕也均为椭圆．椭球面关于3个坐标平面、三个坐标轴及原点均对称．

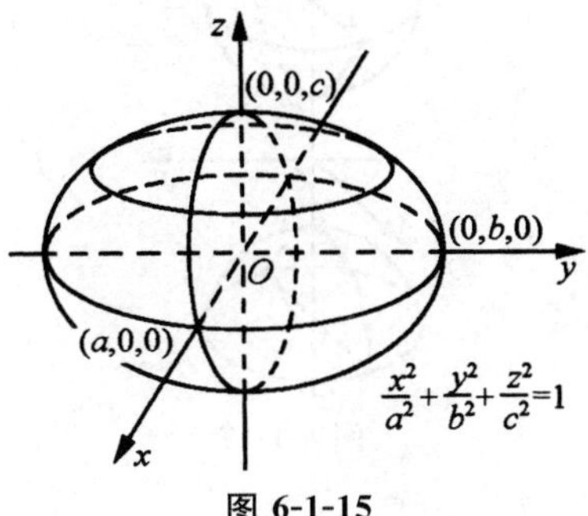

图 6-1-15

若 $a=c$，则椭球面方程可以看成由平面曲线$\dfrac{x^2}{a^2}+\dfrac{y^2}{b^2}=1$绕 y 轴旋转而得到的曲面，这种由曲线绕某轴线旋转而成的曲面称为旋转曲面．

(2) 单叶双曲面．单叶双曲面的标准方程是

$$\frac{x^2}{a^2}+\frac{y^2}{b^2}-\frac{z^2}{c^2}=1, a,b,c>0,$$

如图 6-1-16 所示，单叶双曲面的图形是一个关于原点、坐标轴和坐标平面均对称的图形，并且无界．图形与三个坐标平面的截痕分别是椭圆$\begin{cases}\dfrac{x^2}{a^2}+\dfrac{y^2}{b^2}=1\\ z=0\end{cases}$，双曲线$\begin{cases}\dfrac{y^2}{b^2}-\dfrac{z^2}{c^2}=1\\ x=0\end{cases}$和双曲线$\begin{cases}\dfrac{x^2}{a^2}-\dfrac{z^2}{c^2}=1\\ y=0\end{cases}$.

图形与平行于 xy 平面的平面 $z=h$ 的截痕也均为椭圆，与平行 xz 平面、yz 平面平行的平面截痕均为双曲线．

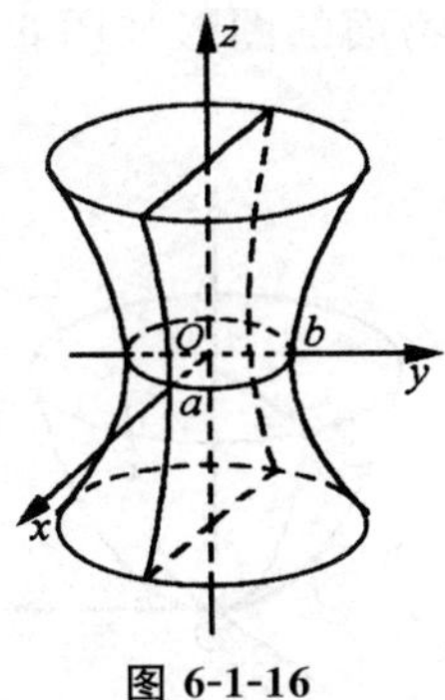

图 6-1-16

(3) 双叶双曲面．双叶双曲面的标准方程为

$$\frac{x^2}{a^2}+\frac{y^2}{b^2}-\frac{z^2}{c^2}=-1,a,b,c>0,$$

其中点(0,0,$\pm c$)为曲面的两个顶点．双叶双曲面的图形如图6-1-17所示，图形关于坐标平面、坐标轴及原点都对称．

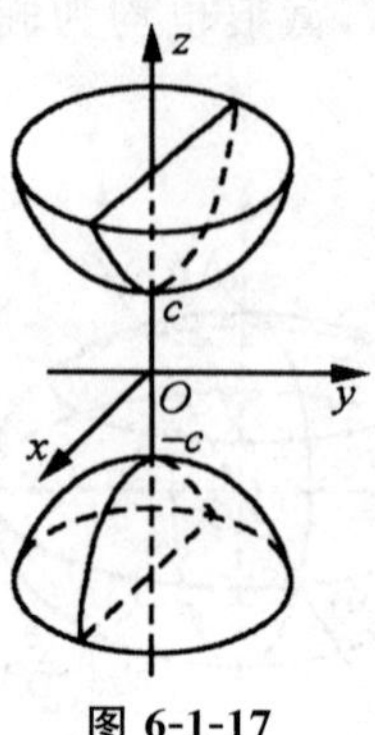

图 6-1-17

（4）二次锥面．二次锥面的标准方程是

$$\frac{x^2}{a^2}+\frac{y^2}{b^2}-\frac{z^2}{c^2}=0,a,b,c>0,$$

其原点O为顶点．二次锥面的图形如图6-1-18所示，图形关于坐标轴、坐标平面及原点对称．若$a=b$，则称为圆锥面．

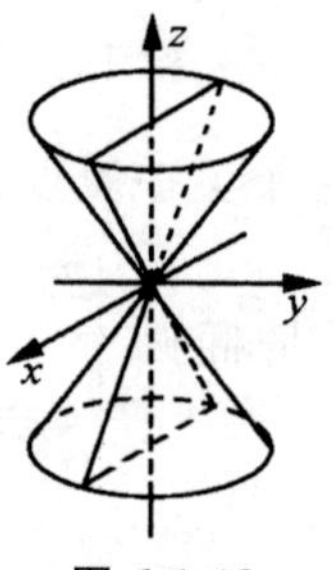

图 6-1-18

（5）椭圆抛物面．椭圆抛物面的标准方程是

$$\frac{x^2}{p}+\frac{y^2}{q}-2z=0,$$

其中$p,q>0$，原点O为顶点．椭圆抛物面的图形如图6-1-19所示，图形关于xz平面和yz平面对称．

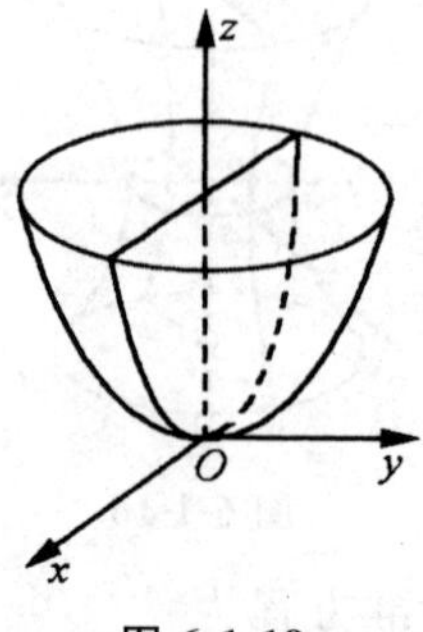

图 6-1-19

(6) 双曲抛物面(马鞍面). 双曲抛物面的方程是

$$\frac{x^2}{p}-\frac{y^2}{q}+2z=0,$$

其中 $p,q>0$,原点 O 称为鞍点. 双曲抛物面的图形如图 6-1-20 所示,图形关于 xz 平面和 yz 平面对称.

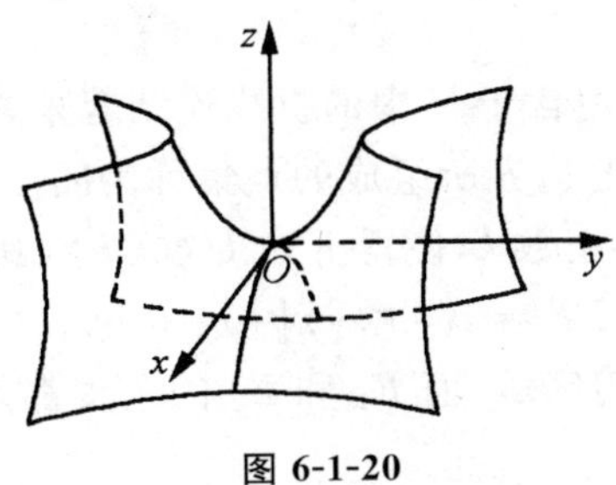

图 6-1-20

6.2 多元函数概述

6.2.1 平面点集与 n 维空间

1. 平面点集

点集指的是由点组成的集合,一元函数 $y=f(x)$ 的定义域是一个实数集,可放在数轴上考虑,所以是直线上的一个点集;为了研究 $f(x)$ 的极限,我们在数轴上引入了邻域的概念. 同样地,为了定义多元函数并讨论其微分性质,我们先来了解作为定义域的点集和有关集合,并引入邻域的概念. 先介绍平面点集的若干基本概念.

设 $P(x_0,y_0)$ 和 $Q(x,y)$ 是 xy 平面上的任意两点,那么根据勾股定理,Q 和 P 之间的距离为

$$|PQ|=\sqrt{(x-x_0)^2+(y-y_0)^2}.$$

若点 P 取定,而常数 $\delta>0$,则称集合

$$U(P,\delta)=\{Q(x,y)\,|\,|PQ|<\delta\}$$

为点 P 的 δ 邻域.

在 xy 平面上,$U(P,\delta)$ 的几何意义很明显,它就是以点 P 为圆心、δ 为半径的圆内所有点所组成的集合.

我们把集合 $U(P,\delta)\backslash P$ 称为点 P 的去心 δ 邻域,记作 $\mathring{U}(P,\delta)$. 那么

$$\mathring{U}(P,\delta)=\{Q(x,y)\,|\,0<|PQ|<\delta\}.$$

在有些问题中,如不需强调邻域的半径,这时可用 $U(P)$ 表示点 P 的某个邻域,用 $\mathring{U}(P)$ 表示点 P 的某个去心邻域.

设 E 为平面上的点集,P 为平面上的一个点. 若存在点 P 的某个邻域 $U(P)$ 使得 $U(P)\subset E$,则称点 P 为 E 的内点. 如果点集 E 中的每一点都是它的内点,则称 E 为开集. 如果点 P 的任意邻域中既有属于 E 的点又有不属于 E 的点,则称点 P 为 E 的边界点. E 的边界点的全体称为 E 的边界. 例如,设点集

$$E=\{(x,y)\,|\,1\leqslant x^2+y^2<4\},$$

则 E 中满足 $1 < x^2 + y^2 < 4$ 的点都是 E 的内点，满足 $x^2 + y^2 = 1$ 或满足 $x^2 + y^2 = 4$ 的点都是 E 的边界点．由此可见，E 的边界点可属于 E，也可不属于 E.

设 E 为平面上的点集，P 为平面上的一个点，若对于任意给定的 $r > 0$，邻域 $U(P,r)$ 都含有 E 的无限多个点，则称点 P 为 E 的聚点．点集 E 的聚点可属于 E，也可不属于 E. 例如，直线 $y = 1$ 上的点都是 $E = \{(x,y) \mid x, y \in \mathbf{R}$ 且 $y \neq 1\}$ 的聚点，也是 E 的边界点．如果 E 的所有聚点都属于 E，则称 E 为闭集．

如果点集 E 中任何两点都可用含于 E 中的折线连结起来，则称 E 是连通集．连通的开集称为区域或开区域．开区域连同它的边界所组成的点集称为闭区域，闭区域是一个闭集．

对于平面点集 E，如果存在某正数 k，使得 $E \subset U(O,k)$，其中 O 是坐标原点，则称 E 是有界集；否则称为无界集．例如集 $E_1 = \{(x,y) \mid |x| + |y| < 1\}$ 是有界开区域，点集 $E_2 = \{(x,y) \mid |x| + |y| \leqslant 1\}$ 是有界闭区域，而 E_1 和 E_2 的余集都是无界集．

2. n 维空间

我们知道数轴上每一点 P 对应一个实数 x，称为点 P 的坐标，全体实数的集合曾记作 $\mathbf{R}$，现改记作 $\mathbf{R}^1$，称为一维空间．同样，平面上点 P 对应有序数组 (x,y)，所有二元数组的集合记作 $\mathbf{R}^2$，称为二维空间．把这个概念推广到 n 元有序数组 $(x_1, x_2, \cdots, x_n)$ 所组成的集合 $\mathbf{R}^n$，称为 n 维空间，$(x_1, x_2, \cdots, x_n)$ 是 n 维空间的点 P，其中 $(x_1, x_2, \cdots, x_n)$ 为点 P 的坐标．

n 维空间础中两点 $P(x_1, x_2, \cdots, x_n)$ 和 $Q(y_1, y_2, \cdots, y_n)$ 的距离为

$$|PQ| = \sqrt{(x_1 - y_1)^2 + (x_2 - y_2)^2 + \cdots + (x_n - y_n)^2}.$$

平面点集的相关结论是二维空间 $\mathbf{R}^2$ 中的结论，它们可推广到 $\mathbf{R}^n$ 中去．

6.2.2 多元函数的基本概念

我们知道，一元函数 $y = f(x)$ 是其定义域 D（实数轴上的一个点集）到值域 G（实数轴上的另一个点集）上的一个映射，记作 $f: D \to G$. 但是在实际应用中，许多问题往往与多种因素有关，反映在数学上，就是一个变量依赖于多个变量的关系．先来看如下两个实例．

例 6.2.1 圆柱体的体积依赖于圆柱的高 h 和半径 r，其关系式是

$$V = \pi r^2 h.$$

我们就说 V 是一个二元函数，它的自变量是 h 和 r，是二元的．

例 6.2.2 放在坐标原点的点电荷 q 所产生的电场中，电位可以表示为

$$u = \frac{q}{r}, r = \sqrt{x^2 + y^2 + z^2},$$

对于 $\mathbf{R}^3$ 中每一点 (x,y,z)，电位 u 就按着公式有确定的值与之对应．

接下来，我们给出多元函数的定义．

定义 6.2.1 设 $D \subset \mathbf{R}^n$，$G \subset \mathbf{R}$，且 D 不是空集，如果对于 D 中的每一点 $P(x_1, x_2, \cdots, x_n)$，按照某一法则 f 在 G 中总可以找到唯一确定的实数 u 与之对应，则 f 称为 n 元函数，常记作

$$u = f(x_1, x_2, \cdots, x_n), (x_1, x_2, \cdots, x_n) \in D.$$

其中，点集 D 称为函数的定义域，$x_1, x_2, \cdots, x_n$ 称为自变量，而 u 称为因变量．

如果 D 是 $\mathbf{R}^2$ 中的一个子集，映射 $f: D \to G$ 就称为二元函数．通常记作

$$z = f(x,y), (x,y) \in D.$$

称 (x,y) 中的 x, y 为自变量，z 为因变量．

类似地,如果 D 是 $\mathbf{R}^3$ 中的一个子集,$f:D \to G$ 就称为三元函数.通常记作

$$u = f(x,y,z),(x,y,z) \in D.$$

下面,我们以二元函数为例,讨论多元函数的几何意义.

从几何上看,(x,y)是 xy 平面上的点,二元函数的定义域 D 表现为平面上的点集.设 $z = f(x,y)$是定义在区域 D 上的一个二元函数,点集

$$S = \{(x,y,z) \mid z = f(x,y),(x,y) \in D\}$$

称为二元函数 $z = f(x,y)$的图形.显然,属于 S 的点 $P(x_0,y_0,z_0)$满足三元方程

$$F(x,y,z) = z - f(x,y) = 0,$$

所以二元函数 $z = f(x,y)$的图形就是空间中区域 D 上的一张曲面,如图 6-2-1 所示,定义域 D 就是该曲面在 xy 的投影.

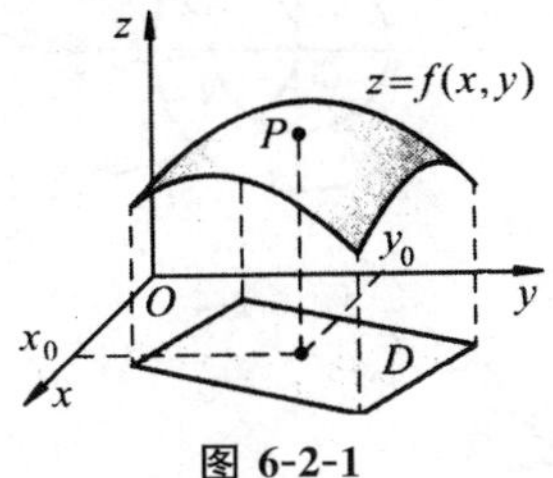

图 6-2-1

例如,如图 6-2-2 所示,二元函数 $z = \sqrt{x^2 + y^2}$ 表示顶点在原点的圆锥面,它的定义域 D 是整个 xy 面;如图 6-2-3 所示,二元函数 $z = \sqrt{1 - x^2 - y^2}$ 表示以原点为中心、1 为半径的上半球面,它的定义域 D 是 xy 面上以原点为圆心的单位圆.

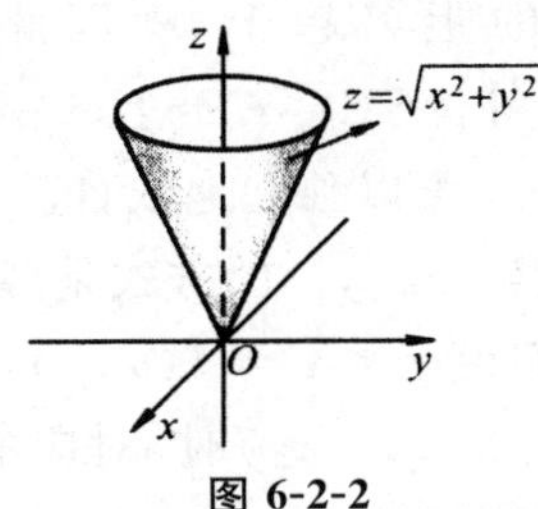

图 6-2-2

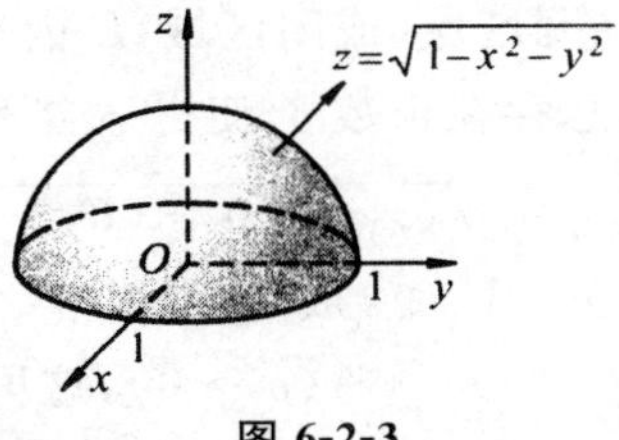

图 6-2-3

例 6.2.3　求二元函数

$$f(x,y) = \frac{\arcsin(3 - x^2 - y^2)}{\sqrt{x - y^2}}$$

的定义域.

解:要使表达式有意义,需满足

$$\begin{cases}|3-x^2-y^2|\leqslant 1\\ x-y^2>0\end{cases},$$

解得

$$\begin{cases}2\leqslant x^2+y^2\leqslant 4\\ x>y^2\end{cases},$$

所以所求定义域为

$$D=\{(x,y)\mid 2\leqslant x^2+y^2\leqslant 4,x>y^2\}.$$

如图 6-2-4 所示．

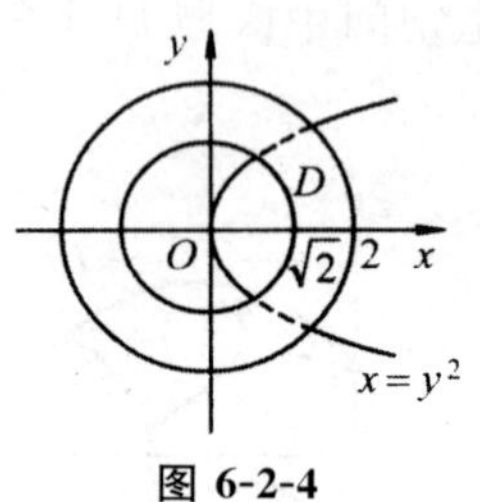

图 6-2-4

6.2.3　多元函数的极限

设 E 为平面 xy 上的点集，$P_0(x_0,y_0)$ 是 E 的聚点，我们把

$$|PP_0|=\sqrt{(x-x_0)^2+(y-y_0)^2}\to 0$$

称为 E 上的动点 $P(x,y)$ 趋于 $P_0(x_0,y_0)$，记作 $P\to P_0$ 或 $(x,y)\to(x_0,y_0)$. 应该注意的是，这时考虑的是 $P(x,y)$ 与 $P_0(x_0,y_0)$ 的距离趋于 0，因此点 $P(x,y)$ 可以任何方式趋于点 $P_0(x_0,y_0)$. 实际上，由于 $|PP_0|\to 0$ 等价于 $x\to x_0$ 且 $y\to y_0$，这意味着，变量 x 和 y 的取值可以有某种关系或者完全没关系，即 x 和 y 可以独立地依自己的方式取值，只要它们分别趋于 x_0 与 y_0 就行了，这导致了 $P(x,y)$ 趋于点 $P_0(x_0,y_0)$ 的方式是各种各样的．

与一元函数的极限概念类似，我们说函数 $z=f(x,y)$ 当 $(x,y)\to(x_0,y_0)$ 时有极限 A，指的是，当定义域中的点 $P(x,y)$ 趋于聚点 $P_0(x_0,y_0)$ 时，对应的函数值 $f(x,y)$ 无限接近于一个确定的常数 A. 下面用"ε-δ"语言来作精确描述．

定义 6.2.2　设函数 $f(x,y)$ 在开区域(或闭区域) D 内有定义，$P_0(x_0,y_0)$ 是 D 的内点或边界点．如果对于任意给定的正数 ε，总存在正数 δ，使得适合不等式

$$0<|PP_0|=\sqrt{(x-x_0)^2+(y-y_0)^2}<\delta$$

的一切点 $P(x,y)\in D$，都有 $|f(x,y)-A|<\varepsilon$ 成立，则称常数 A 为函数 $f(x,y)$ 当 $x\to x_0,y\to y_0$ 时的极限，记作 $\lim\limits_{\substack{x\to x_0\\ y\to y_0}}f(x,y)=A$ 或 $f(x,y)\to A(\rho\to 0)$，这里 $\rho=|PP_0|$. $\lim\limits_{\substack{x\to x_0\\ y\to y_0}}f(x,y)=A$ 称作二重极限．

不难由二重极限的定义证明，一元函数极限的性质及四则运算法则、复合函数极限的运算法则也对二元函数成立．类似于一元函数，直接用极限的定义来求二元函数的极限常是困难或繁琐的，因此，我们主要根据有关性质与运算法则来求极限，也常通过多种形式转化，如变量替换等，把二重极限化为一元函数的极限来计算．

二元函数与一元函数的极限过程有重要区别：一元函数 $f(x)$ 当 $x\to x_0$ 时的极限由左右极

限来确定——极限存在的充分必要条件是左右极限存在且相等，即只需考虑自变量的两种趋近方式 $x \to x_0^+$ 和 $x \to x_0^-$；在二重极限中，自变量确定的点 (x,y) 趋于 (x_0,y_0) 的方式具有任意性，因此，求二元函数 $f(x,y)$ 的极限要比求一元函数的极限困难些，判断极限的存在性要顾及自变量的所有可能的趋近方式．但是要否认极限的存在却简单些，只要找出趋于 (x_0,y_0) 的一个点列 $\{(x_n,y_n)\}$，使得数列 $\{f(x_n,y_n)\}$ 没极限，或找出 (x,y) 趋于 (x_0,y_0) 两种方式，使得 $f(x,y)$ 关于这两种不同方式具有不同的极限值即可．

二元函数的极限概念可相应地推广到 n 元函数 $w = f(P)$ 上去．

定义 6.2.3　设 n 元函数 $w = f(P)$ 的定义域为 D，$P_0(x_1^0,x_2^0,\cdots x_n^0)$ 是 D 的聚点．如果对任意给定的正数 ε，总存在正数 δ，使得当点 $P(x_1,x_2,\cdots,x_n) \in D \cap \mathring{U}(P_0,\delta)$ 时，即当

$$0 < |P-P|_0 = \sqrt{(x_1-x_1^0)^2+(x_2-x_2^0)^2+\cdots+(x_n-x_n^0)^2} < \delta$$

时，总有 $|f(P)-A| < \delta$ 成立，则称常数 A 为函数 $w = f(P)$ 当 $P \to P_0$ 时的极限．记作

$$\lim_{P \to P_0} f(P) = A \text{ 或 } f(P) \to A, P \to P_0.$$

例 6.2.4　设当点 (x,y) 沿任何直线趋于点 $(0,0)$ 时，$f(x,y)$ 的极限都存在并且相等．那么，$f(x,y)$ 在点 $(0,0)$ 的二重极限是否存在？

解：考虑函数

$$f(x,y)=\begin{cases}0, x^2 \leqslant |y| \text{ 或 } y=0 \\ 1, \text{其他}\end{cases},$$

如图 6-2-5 所示，当 (x,y) 沿任何直线 l 趋于 $(0,0)$ 时，有

$$\lim_{\substack{\text{沿}l \\ (x,y)\to(0,0)}} f(x,y) = 0.$$

但 (x,y) 沿曲线 $c: y = \frac{1}{2}x^2$ 趋于点 $(0,0)$ 时，有

$$\lim_{\substack{\text{沿}c \\ (x,y)\to(0,0)}} f(x,y) = 1.$$

所以，$f(x,y)$ 在点 $(0,0)$ 的二重极限不存在．

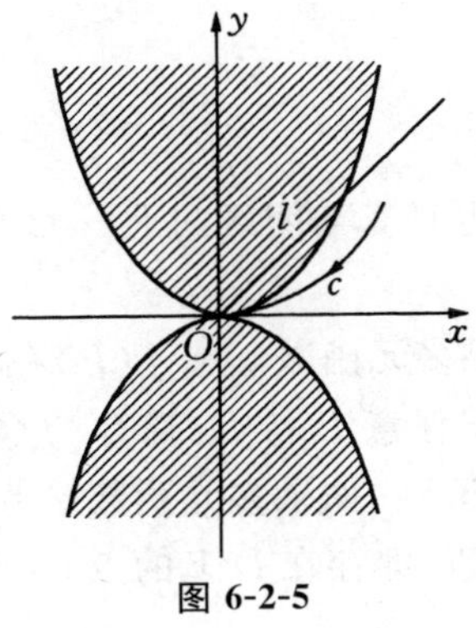

图 6-2-5

6.2.4　多元函数的连续性

类似于一元函数的情形，多元函数的极限的概念可用来给出连续的定义．

定义 6.2.4　设 n 元函数 $w = f(P)$ 的定义域为 D，$P_0 \in D$ 且 P_0 是 D 的聚点．如果

$$\lim_{P \to P_0} f(P) = f(P_0),$$

则称函数 $w=f(P)$ 在点 P_0 连续．特别地，对于二元函数来说，如果

$$\lim_{(x,y)\to(x_0,y_0)} f(x,y)=f(x_0,y_0),$$

则称 $f(x,y)$ 在点 (x_0,y_0) 连续．

如果函数 $w=f(P)$ 在 D 上每一点都连续，则称函数 $w=f(P)$ 在 D 上连续．若函数 $w=f(P)$ 的定义域 D 的聚点 P_0 使得该函数在 P_0 不连续，则称 P_0 为该函数的间断点．

根据定义，若函数 $w=f(P)$ 的定义域的聚点 P_0 是该函数的间断点，则必属于下列三种情形之一：

(1) $w=f(P)$ 在点 P_0 无定义．

(2) $w=f(P)$ 在点 P_0 有定义但极限 $\lim\limits_{P\to P_0} f(P)$ 不存在．

(3) $w=f(P)$ 在点 P_0 有定义且 $\lim\limits_{P\to P_0} f(P)$ 存在，但 $\lim\limits_{P\to P_0} f(P)=f(P_0)$．

例如，直线 $y=\pm x$ 上的任何一点都是函数 $f(x,y)=\dfrac{1}{x^2-y^2}$ 的间断点．

类似于一元函数的情形，根据多元函数极限的运算法则和连续函数的定义，易证得多元连续函数的和、差、积、商（在分母不为 0 处）均连续；连续函数的复合函数也连续．

若一个函数由常数及以 $x_1,x_2,\cdots,x_n$ 为自变量的基本初等函数经过有限次的四则运算和复合运算得到并可用一个式子表示，则称之为 n 元初等函数．例如 $z=\sin(x^3+y)$、$y=xe^{x(y+1)}$ 都是二元初等函数；而 $w=(x+z^2)e^{yz}\cos xy$、$f(x_1,x_2,x_3)=x_1+2x_2-3x_3$ 都是三元初等函数．

类似于一元函数，根据多元基本初等函数的连续性、连续函数的和、差、积、商的连续性以及复合函数的连续性，我们有下面的定理：

定理 6.2.1　每一个多元初等函数在其定义区域内连续，特别地，在定义域的每个内点连续．所谓定义区域是指包含在定义域内的区域或闭区域．

根据这个定理，如果要计算一个多元初等函数 $w=f(P)$ 在点 P_0 的极限，且点 P_0 又在其定义区域内，则只要求出该函数在 P_0 的函数值，就得到所要求的极限值，即

$$\lim_{P\to P_0} f(P)=f(P_0).$$

特别，对二元初等函数 $f(x,y)$ 有

$$\lim_{(x,y)\to(x_0,y_0)} f(x,y)=f(x_0,y_0).$$

有界闭区域上的多元连续函数也具有与闭区间上一元连续函数类似的性质，可以总结为如下几个重要的定理：

定理 6.2.2（有界性定理）　如果多元函数 $w=f(P)$ 在有界闭区域 D 上连续，则该函数在 D 上有界，即存在常数 $M>0$ 使得对于任意 $P\in D$，都有 $|f(P)|\leqslant M$.

定理 6.2.3（最大值与最小值定理）　如果多元函数 $w=f(P)$ 在有界闭区域 D 上连续，则该函数在 D 上取得它的最大值和最小值，即存在 D 上的点 P_1 和 P_2 使得 $f(P_1)$ 和 $f(P_2)$ 分别为函数在 D 上的最大值和最小值．

定理 6.2.4（介值定理）　如果多元函数 $w=f(P)$ 在有界闭区域 D 上连续，则该函数在 D 上必取得介于最大值 M 和最小值 m 之间的任何值，即对于任何 $c\in[m,M]$，存在 $P_0\in D$ 使得 $f(P_0)=c$.

例 6.2.5　设 $f(x,y)=x\sin\dfrac{1}{y}+y\sin\dfrac{1}{x}, x\neq0, y\neq0; f(0,0)=0$. 问在原点 $(0,0)$ 处

$f(x,y)$是否连续？

解：因为

$$|f(x,y)|\leqslant\left|x\sin\frac{1}{y}\right|+\left|y\sin\frac{1}{x}\right|\leqslant|x|+|y|\to 0=f(0,0),$$

即极限值等于函数值，所以函数 $f(x,y)$在原点(0,0)处连续．

例 6.2.6　讨论二元函数

$$f(x,y)=\begin{cases}(x^2+y^2)\sin\dfrac{1}{x^2+y^2}, x^2+y^2\neq 0\\ 0, x^2+y^2=0\end{cases}$$

的连续性．

解：当$(x,y)\neq(0,0)$时，有

$$f(x,y)=(x^2+y^2)\sin\frac{1}{x^2+y^2},$$

它是一个初等函数，一定是连续的．

当$(x,y)=(0,0)$时，$f(0,0)=0$，而

$$0\leqslant\left|(x^2+y^2)\sin\frac{1}{x^2+y^2}\right|\leqslant x^2+y^2,$$

又

$$\lim_{\substack{x\to 0\\ y\to 0}}(x^2+y^2)=0,$$

所以

$$\lim_{\substack{x\to 0\\ y\to 0}}f(x,y)=\lim_{\substack{x\to 0\\ y\to 0}}(x^2+y^2)\sin\frac{1}{x^2+y^2}=0,$$

所以

$$\lim_{\substack{x\to 0\\ y\to 0}}f(x,y)=f(0,0),$$

则此函数在(0,0)处连续．

综上可知，原函数在全平面上连续．

6.3　偏导数与全微分

6.3.1　偏导数的概念与几何意义

在一元函数微分学中，我们介绍了极限与连续之后，最重要的是引进了导数的概念．而导数的定义是因变量对自变量的变化率．对于多元（主要是二元）函数，由于自变量多于一个，因变量与自变量的关系比一元函数要复杂得多，在考虑多元函数的因变量对自变量的变化率时，最简单也是最基本的方法是分别讨论因变量对每一个自变量的变化率，即在讨论对某一个自变量的变化率时，把其余自变量都作为常数看待，因此称其为偏导数．

定义 6.3.1　设函数 $z=f(x,y)$在点 $P_0(x_0,y_0)$的某一邻域内有定义，将 y 固定为 y_0，给 x_0 以改变量 Δx，于是函数有相应改变量

$$\Delta_x z=f(x_0+\Delta x,y_0)-f(x_0,y_0),$$

$\Delta_x z$ 称为函数 $z=f(x,y)$ 对 x 的偏增量(或偏改变量). 若极限

$$\lim_{\Delta x \to 0}\frac{\Delta_x z}{\Delta x}=\lim_{\Delta x \to 0}\frac{f(x_0+\Delta x,y_0)-f(x_0,y_0)}{\Delta x}$$

存在,则称此极限值为函数 $z=f(x,y)$ 在点 $P_0(x_0,y_0)$ 处对 x 的偏导数,记作 $f_x(x_0,y_0)$ 或 $\frac{\partial f(x_0,y_0)}{\partial x}$ 或 $z_x\big|_{(x_0,y_0)}$ 或 $\left.\frac{\partial z}{\partial x}\right|_{(x_0,y_0)}$. 完全类似地,我们可以定义函数 $z=f(x,y)$ 在点 $P_0(x_0,y_0)$ 处关于 y 的偏导数,并把它记作 $f_y(x_0,y_0)$ 或 $\frac{\partial f(x_0,y_0)}{\partial y}$ 或 $z_y\big|_{(x_0,y_0)}$ 或 $\left.\frac{\partial z}{\partial y}\right|_{(x_0,y_0)}$.

由定义可以看到,$f_x(x_0,y_0)$ 实际上就是 x 的一元函数 $f(x,y_0)$ 在 x_0 点的导数,$f_y(x_0,y_0)$ 就是 y 的一元函数 $f(x_0,y)$ 在 y_0 点的导数.

如果函数 $z=f(x,y)$ 在区域 D 中的每一点 (x,y) 对 x 的偏导数 $f_x(x,y)$ 都存在,则 $f_x(x,y)$ 就是 x,y 的函数,称为函数 $z=f(x,y)$ 对 x 的偏导函数,同样可以定义 $z=f(x,y)$ 对 y 的偏导函数. 它们可以分别记为 $z_x,f_x,\frac{\partial f}{\partial x},\frac{\partial z}{\partial x}$ 和 $z_y,f_y,\frac{\partial f}{\partial y},\frac{\partial z}{\partial y}$. 偏导函数常简称为偏导数.

由上面定义可知,$z=f(x,y)$ 对 x(或 y) 的偏导数 $f_x(x,y)$($f_y(x,y)$) 就是把 $z=f(x,y)$ 中的 y(或 x) 看成常数对 x(或 y) 求导,从而偏导数的计算就是一元函数的导数计算,求导公式、四则运算等,都与一元函数一样,故不需特别讨论.

二元函数的偏导数概念可以推广到一般的多元函数.

需要特别说明的是,$z=f(x,y)$ 的偏导数存在但不能保证函数在对应点连续,这与一元函数的可导一定连续的结论是不一样的. 其原因是因为偏导数只刻画了函数在某点处沿 x 轴或 y 轴特定方向的变化时的分析性质,而不是函数在对应点处发生变化时的整体分析性质.

下面,我们来简单分析偏导数的几何意义:

设二元函数 $z=f(x,y)$ 在点 (x_0,y_0) 处有偏导数,点 $P_0(x_0,y_0,f(x_0,y_0))$ 为曲面 $z=f(x,y)$ 上一点,过点 P_0 作平面 $y=y_0$,此平面与曲面相交得一曲线,曲线的方程为

$$\begin{cases} z=f(x,y) \\ y=y_0 \end{cases},$$

如图 6-3-1 所示.

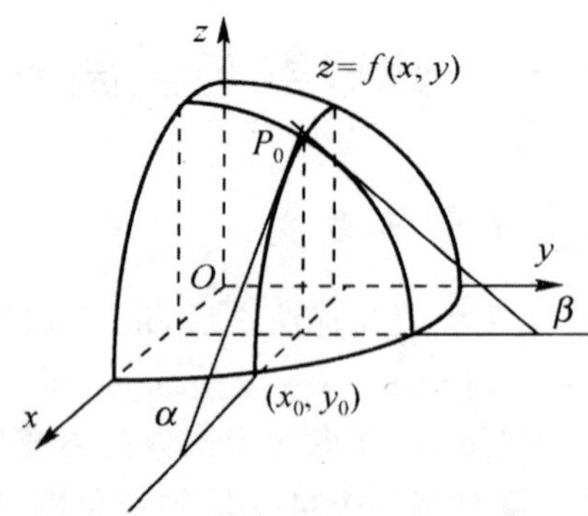

图 6-3-1

由于偏导数 $f_x(x_0,y_0)$ 等于一元函数 $f(x,y_0)$ 的导数,即 $f'(x,y_0)$,因此,由一元函数导数的几何意义可知,偏导数 $f_x(x_0,y_0)$ 为曲线 $\begin{cases} z=f(x,y) \\ y=y_0 \end{cases}$ 在点 P_0 处对 x 轴的切线斜率,即

$$f_x(x_0,y_0)=\tan\alpha.$$

类似地,偏导数 $f_y(x_0,y_0)$ 为曲线 $\begin{cases}z=f(x,y)\\x=x_0\end{cases}$ 在点 P_0 处对 y 轴的切线斜率,即

$$f_y(x_0,y_0)=\tan\beta.$$

例 6.3.1　设

$$u=x^{\frac{z}{y}},x>0,x\neq 1,y\neq 0,$$

求证

$$\frac{yx}{z}u_x+yu_y+zu_z=u.$$

解:因为将 y 和 z 看作常量,对 x 求导,得

$$\frac{\partial u}{\partial x}=\frac{z}{y}x^{\frac{z}{y}-1};$$

将 x 和 z 看作常量,对 y 求导,得

$$\frac{\partial u}{\partial y}=x^{\frac{z}{y}}\ln x\frac{\partial}{\partial y}\left(\frac{z}{y}\right)=-\frac{z}{y^2}x^{\frac{z}{y}}\ln x;$$

将 x 和 y 看作常量,对 z 求导,得

$$\frac{\partial u}{\partial z}=x^{\frac{z}{y}}\ln x\frac{\partial}{\partial z}\left(\frac{z}{y}\right)=\frac{1}{y}x^{\frac{z}{y}}\ln x.$$

于是

$$\frac{yx}{z}u_x+yu_y+zu_z=\frac{yx}{z}\frac{z}{y}x^{\frac{z}{y}-1}+y\left(-\frac{z}{y^2}\right)x^{\frac{z}{y}}\ln x+z\frac{1}{y}x^{\frac{z}{y}}\ln x=x^{\frac{z}{y}}=u,$$

即

$$\frac{yx}{z}u_x+yu_y+zu_z=u.$$

6.3.2　高阶偏导数

设函数 $z=f(x,y)$ 在区域 D 内有偏导数 $f_x(x,y)$,$f_y(x,y)$,它们仍然是 x,y 的二元函数,若它们在 D 内仍有偏导数,则把这些偏导数称为函数 $z=f(x,y)$ 在点 (x,y) 处的二阶偏导数.类似一元函数,我们可以定义 n 阶偏导数.但此处我们仅限于二阶偏导数的讨论,更高阶的偏导数可以类推.

函数 $z=f(x,y)$ 的二阶偏导数共有四个,分别记作

$$\frac{\partial}{\partial x}\left(\frac{\partial z}{\partial x}\right)=\frac{\partial^2 z}{\partial x^2}=f_{xx}(x,y)=\frac{\partial^2 f(x,y)}{\partial x^2},$$

$$\frac{\partial}{\partial y}\left(\frac{\partial z}{\partial x}\right)=\frac{\partial^2 z}{\partial x\partial y}=f_{xy}(x,y)=\frac{\partial^2 f(x,y)}{\partial x\partial y},$$

$$\frac{\partial}{\partial x}\left(\frac{\partial z}{\partial y}\right)=\frac{\partial^2 z}{\partial y\partial x}=f_{yx}(x,y)=\frac{\partial^2 f(x,y)}{\partial y\partial x},$$

$$\frac{\partial}{\partial y}\left(\frac{\partial z}{\partial y}\right)=\frac{\partial^2 z}{\partial y^2}=f_{yy}(x,y)=\frac{\partial^2 f(x,y)}{\partial y^2},$$

其中 $f_{xy}(x,y)$ 和 $f_{yx}(x,y)$ 称为混合偏导数.

以上四个偏导数仍是 x,y 的函数,仍可继续对 x,y 求偏导数,称为三阶偏导数,读者可以自

行考虑，三阶偏导数一共有几个？若 $u = f(x,y,z)$，则二阶偏导数、三阶偏导数各有几个，n 阶偏导数又有几个？

定理 6.3.1 若函数 $z = f(x,y)$ 的两个混合偏导数 $f_{xy}(x,y)$ 和 $f_{yx}(x,y)$ 在点 $P_0(x_0,y_0)$ 处连续，则它们必相等，即

$$f_{xy}(x_0,y_0) = f_{yx}(x_0,y_0).$$

例 6.3.2 求函数 $z = e^{xy} + \sin(x+y)$ 的二阶偏导数及 $\frac{\partial^3 z}{\partial x^3}$.

解：先求一阶偏导数

$$\frac{\partial z}{\partial x} = ye^{xy} + \cos(x+y),$$

$$\frac{\partial z}{\partial y} = xe^{xy} + \cos(x+y),$$

然后求二阶偏导数

$$\frac{\partial^2 z}{\partial x^2} = y^2 e^{xy} - \sin(x+y),$$

$$\frac{\partial^2 z}{\partial x \partial y} = (1+xy)e^{xy} - \sin(x+y),$$

$$\frac{\partial^2 z}{\partial y \partial x} = (1+xy)e^{xy} - \sin(x+y),$$

$$\frac{\partial^2 z}{\partial y^2} = x^2 e^{xy} - \sin(x+y),$$

于是

$$\frac{\partial^3 z}{\partial x^3} = y^3 e^{xy} - \cos(x+y).$$

6.3.3 全微分

我们知道，一元函数 $y = f(x)$ 在点 x_0 处的微分 $dy = A\Delta x$ 具有如下两个特性：

(1) 它是 Δx 的线性函数 .

(2) 当 $\Delta x \to 0$ 时，它与函数改变量 Δy 之差是比 Δx 更高阶的无穷小，即

$$\Delta y = A\Delta x + o(\Delta x) = dy + o(\Delta x), \Delta x \to 0.$$

在几何上，微分 dy 表示曲线 $y = f(x)$ 在点 (x_0,y_0) 处切线纵坐标的改变量 . 当 $\Delta x \to 0$ 时，Δy 可以近似地等于 dy，即

$$\Delta y \approx dy = f'(x)dx.$$

对于二元函数 $z = f(x,y)$ 也有类似的问题需要研究，即当自变量 x 与 y 分别有改变量 Δx 与 Δy 时，函数有相应改变量(称为全增量)

$$\Delta z = f(x_0 + \Delta x, y_0 + \Delta y) - f(x_0, y_0).$$

这一改变量在点 (x_0,y_0) 固定时，它是 Δx 与 Δy 的函数，一般说来这个函数是比较复杂的 . 为了近似计算的需要，我们需研究 Δz 用 Δx 与 Δy 来线性近似表示的问题，这就是全微分的概念 . 下面通过具体例子来加以说明 .

例 6.3.3 对长、宽分别为 x,y 的矩形，当 x,y 各有增量 Δx 与 Δy 时，其矩形面积 $S = xy$ 的改变量 ΔS 可以表示为

$$\Delta S = (x+\Delta x)(y+\Delta y)-xy = y\Delta x + x\Delta y + \Delta x\Delta y,$$

其中，$y\Delta x + x\Delta y$ 是自变量改变量 Δx 与 Δy 的线性表达式，称为线性主部，而 $\Delta x\Delta y$ 是比 $\rho = \sqrt{(\Delta x)^2+(\Delta y)^2}$ 高阶的无穷小．如图 6-3-2 所示，当 Δx 与 Δy 很小时，面积的改变量 ΔS 可近似地用 Δx 与 Δy 的线性主部表示，即

$$\Delta S \approx y\Delta x + x\Delta y.$$

这种近似计算 ΔS 的方法具有普遍意义．

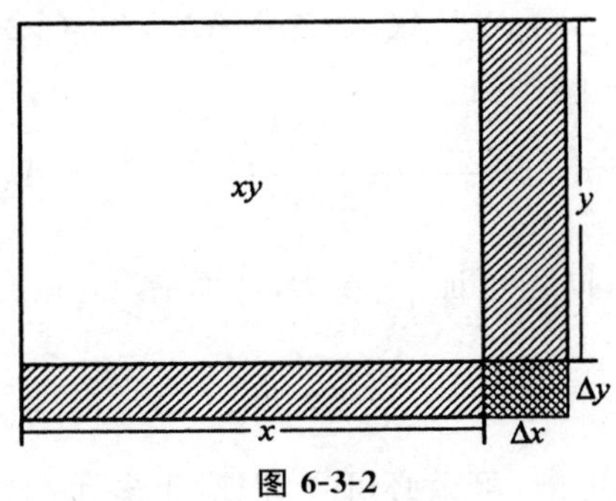

图 6-3-2

定义 6.3.2　设函数 $z=f(x,y)$ 在 (x_0,y_0) 的某邻域内有定义，给 x_0,y_0 以改变量 Δx 与 Δy，便得到函数 z 的全改变量

$$\Delta z = (x_0+\Delta x, y_0+\Delta y) - f(x_0,y_0),$$

若 Δz 可以表示为

$$\Delta z = A\Delta x + B\Delta y + o(\rho), \rho \to 0, \tag{6.3.1}$$

其中 A,B 仅与点 (x_0,y_0) 有关，而与 $\Delta x,\Delta y$ 无关，且 $\rho = \sqrt{(\Delta x)^2+(\Delta y)^2}$，则称函数 $z = f(x,y)$ 在点 (x_0,y_0) 处可微，并称线性主部 $A\Delta x + B\Delta y$ 为函数 $z=f(x,y)$ 在点 (x_0,y_0) 处的全微分，记作

$$\mathrm{d}z = A\Delta x + B\Delta y.$$

若函数在区域 D 内各点处都可微，则称函数在 D 内可微．

现在的问题是，函数 $z=f(x,y)$ 在什么条件下在点 (x_0,y_0) 处可微，(6.3.1) 中的 $\Delta x,\Delta y$ 的系数 A,B 是什么？在讨论一元函数时，可导是可微的充分必要条件，那么在二元函数中，可微与偏导数存在又有什么关系呢？我们有如下重要定理：

定理 6.3.2(可微的必要条件)　如果函数 $z=f(x,y)$ 在点 (x,y) 处可微，则有

(1) $f(x,y)$ 在点 (x,y) 处连续．

(2) $f(x,y)$ 在点 (x,y) 处可偏导，且有 $A=\frac{\partial z}{\partial x}$，$B=\frac{\partial z}{\partial y}$，即 $z=f(x,y)$ 在 (x,y) 处的全微分为

$$\mathrm{d}z = \frac{\partial z}{\partial x}\Delta x + \frac{\partial z}{\partial y}\Delta y.$$

证明：(1) 由于 $z=f(x,y)$ 在点 (x,y) 处可微，则有

$$\Delta z = A\Delta x + B\Delta y + o(\rho),$$

因此

$$\lim_{\rho\to 0}\Delta z = 0,$$

于是

$$\lim_{(\Delta x,\Delta y)\to(0,0)} f(x+\Delta x,y+\Delta y)=\lim_{(\Delta x,\Delta y)\to(0,0)}[f(x,y)+\Delta z]=f(x,y).$$

从而 $f(x,y)$ 在点 (x,y) 处连续.

(2) 由于 $z=f(x,y)$ 在点 (x,y) 处可微,于是在点 (x,y) 的某一邻域内有

$$f(x+\Delta x,y+\Delta y)-f(x,y)=A\Delta x+B\Delta y+o(\rho),$$

特别地,当 $\Delta y=0$ 时,上式变为

$$f(x+\Delta x,y)-f(x,y)=A\Delta x+o(|\Delta x|),$$

上式两端各除以 Δx,再令 $\Delta x\to 0$,则有

$$\lim_{\Delta x\to 0}\frac{f(x+\Delta x,y)-f(x,y)}{\Delta x}=A,$$

于是偏导数 $\frac{\partial z}{\partial x}$ 存在,且 $\frac{\partial z}{\partial x}=A$;同理可证 $\frac{\partial z}{\partial y}=B$,从而有

$$\mathrm{d}z=\frac{\partial z}{\partial x}\Delta x+\frac{\partial z}{\partial y}\Delta y.$$

在一元函数中,函数可导必可微,可微必可导,但对于多元函数来说,情况就不一样了.因为当函数可偏导时,虽然能形式地写出 $\frac{\partial z}{\partial x}\Delta x+\frac{\partial z}{\partial y}\Delta y$,但它与 Δz 之差并不一定是比 ρ 高阶的无穷小,因此它不一定是函数的全微分.

定理 6.3.3(可微的充分条件) 如果函数 $z=f(x,y)$ 的偏导数 $f_x(x,y)$,$f_y(x,y)$ 在点 (x,y) 处连续,则函数 $f(x,y)$ 在该点处必可微.

证明:由于

$$\begin{aligned}\Delta z&=f(x+\Delta x,y+\Delta y)-f(x,y)\\&=[f(x+\Delta x,y+\Delta y)-f(x+\Delta x,y)]+[f(x+\Delta x,y)-f(x,y)],\end{aligned}$$

由于前一个表达式中 $x+\Delta x$ 不变,因而可以看作是 x 的一元函数 $f(x,y+\Delta y)$ 的增量,于是应用拉格朗日中值定理有

$$f(x+\Delta x,y+\Delta y)-f(x+\Delta x,y)=f_y(x+\Delta x,y+\theta_1\Delta y)\cdot\Delta y,0<\theta_1<1,$$

同理可得

$$f(x+\Delta x,y)-f(x,y)=f_x(x+\theta_2\Delta x,y)\cdot\Delta x,0<\theta_2<1,$$

又由于 $f_x(x,y)$ 与 $f_y(x,y)$ 在 (x,y) 处连续,因此由极限存在与无穷小的关系有

$$f(x+\Delta x,y+\Delta y)-f(x+\Delta x,y)=f_y(x,y)\Delta y+\alpha\Delta y,$$

$$f(x+\Delta x,y)-f(x,y)=f_x(x,y)\Delta x+\beta\Delta x,$$

其中 α,β 为 $\Delta x\to 0,\Delta y\to 0$ 时的无穷小,α 为 Δy 的函数,β 为 Δx 的函数.

由此便可求得全增量为

$$\Delta z=f_x(x,y)\Delta x+f_y(x,y)\Delta y+\beta\Delta x+\alpha\Delta y,$$

且 $\Delta x\to 0,\Delta y\to 0$ 时,

$$\left|\frac{\beta\Delta x+\alpha\Delta y}{\sqrt{(\Delta x)^2+(\Delta y)^2}}\right|\leqslant|\beta|+|\alpha|\to 0.$$

由定义可知,这就证明了 $z=f(x,y)$ 在点 (x,y) 处可微.

综上讨论可知,二元函数的可微性、偏导数存在性和连续性之间的关系如下:

$$\text{函数偏导数存在且连续} \Rightarrow \text{函数可微}\begin{cases}\Rightarrow \text{函数连续}\\ \Rightarrow \text{偏导数存在}\end{cases},$$

但上述关系一般情况下是不可逆的,即偏导数存在且连续只是可微的充分条件而不是必要条件,函数可微只是函数连续或偏导数存在的充分条件而不是必要条件.

6.3.4　全微分在近似计算中的应用

由全微分的相关理论可知,当函数 $z=f(x,y)$ 的偏导数 $f_x(x,y)$,$f_y(x,y)$ 连续,且 $|\Delta x|$,$|\Delta y|$ 很小时,有近似等式

$$\Delta z \approx \mathrm{d}z = f_x(x,y)\Delta x + f_y(x,y)\Delta y,$$

从而

$$f(x+\Delta x, y+\Delta y) \approx f(x,y) + f_x(x,y)\Delta x + f_y(x,y)\Delta y. \tag{6.3.2}$$

这样,我们可利用(6.3.2)式对二元函数作近似计算和误差估计.

例 6.3.4　一个圆柱形的封闭铁罐,内半径为 5cm,内高为 12cm,壁厚为 0.2cm. 估计做这个铁罐所需材料的体积大约为多少?

解:圆柱体的体积为

$$V = \pi r^2 h.$$

令 $r=5\text{cm}$,$h=12\text{cm}$,$\Delta r=0.2\text{cm}$,$\Delta h=0.4\text{cm}$,则这个铁罐所需材料体积为

$$\Delta V = \pi(r+\Delta r)^2(h+\Delta h) - \pi r^2 h,$$

由于 $\Delta r=0.2\text{cm}$,$\Delta h=0.4\text{cm}$ 都比较小,因此 ΔV 可用 $\mathrm{d}V$ 近似代替得

$$\Delta V \approx \mathrm{d}V = \frac{\partial V}{\partial r}\Delta r + \frac{\partial V}{\partial h}\Delta h = 2\pi r h \Delta r + \pi r^2 \Delta h,$$

将 $r=5\text{cm}$,$h=12\text{cm}$,$\Delta r=0.2\text{cm}$,$\Delta h=0.4\text{cm}$ 代入上式得

$$\Delta V\Big|_{\substack{r=5,h=12,\\ \Delta r=0.2,\Delta h=0.4}} = 2\pi\times 5\times 12\times 0.2 + \pi\times 5^2\times 0.4 = 34\pi = 106.8(\text{cm}^3)$$

因此所需材料的体积约为 106.8cm^3.

6.4　多元复合函数与隐函数微分法

6.4.1　多元复合函数求导的链式法则

一元复合函数求导的链式法则可以推广到多元复合函数来,即多元复合函数也有求导的链式法则,它在多元函数微分学中起着重要作用. 下面根据多元复合函数的复合形式,分为三种类型讨论.

1. 复合函数的中间变量均为同一个自变量的一元函数的情形

定理 6.4.1　如果函数 $u=\varphi(t)$ 及 $v=\psi(t)$ 都在点 t 处可导,函数 $z=f(u,v)$ 在对应点 (u,v) 处具有连续偏导数,则复合函数 $z=f[\varphi(t),\psi(t)]$ 在对应点 t 处可导,且其导数的计算公式为

$$\frac{\mathrm{d}z}{\mathrm{d}t} = \frac{\partial z}{\partial u}\frac{\mathrm{d}u}{\mathrm{d}t} + \frac{\partial z}{\partial v}\frac{\mathrm{d}v}{\mathrm{d}t}.$$

证明:设给 t 以增量 Δt,则函数 u,v 相应得到增量

$$\Delta u=\varphi(t+\Delta t)-u(t),$$
$$\Delta v=\psi(t+\Delta t)-v(t),$$

由于函数 $z=f(u,v)$ 在点 (u,v) 处有连续的偏导数，因此 $f(u,v)$ 在点 (u,v) 处可微，从而

$$\Delta z=\frac{\partial z}{\partial u}\Delta u+\frac{\partial z}{\partial v}\Delta v+\varepsilon_1\Delta u+\varepsilon_2\Delta v,$$

其中，当 $\Delta u\to 0,\Delta v\to 0$ 时，$\varepsilon_1\to 0,\varepsilon_2\to 0$. 在上式两端同时除以 Δt，得

$$\frac{\Delta z}{\Delta t}=\frac{\partial z}{\partial u}\frac{\Delta u}{\Delta t}+\frac{\partial z}{\partial v}\frac{\Delta v}{\Delta t}+\varepsilon_1\frac{\Delta u}{\Delta t}+\varepsilon_2\frac{\Delta v}{\Delta t},$$

所以

$$\frac{\mathrm{d}z}{\mathrm{d}t}=\lim_{\Delta t\to 0}\frac{\Delta z}{\Delta t}=\frac{\partial z}{\partial u}\frac{\mathrm{d}u}{\mathrm{d}t}+\frac{\partial z}{\partial v}\frac{\mathrm{d}v}{\mathrm{d}t}.$$

例 6.4.1 设 $z=\sin uv,u=\mathrm{e}^t,v=t^2$，求全导数$\frac{\mathrm{d}z}{\mathrm{d}t}$.

解：易知

$$\begin{aligned}\frac{\mathrm{d}z}{\mathrm{d}t}&=\frac{\partial z}{\partial u}\frac{\mathrm{d}u}{\mathrm{d}t}+\frac{\partial z}{\partial v}\frac{\mathrm{d}v}{\mathrm{d}t}\\&=v\cos uv\cdot\mathrm{e}^t+u\cos uv\cdot(2t)\\&=t^2\mathrm{e}^t\cos(t^2\mathrm{e}^t)+2t\mathrm{e}^t\cos(t^2\mathrm{e}^t)\\&=(t^2+2t)\mathrm{e}^t\cos(t^2\mathrm{e}^t).\end{aligned}$$

这题也可先把 $u=\mathrm{e}^t,v=t^2$ 代入 z 的表达式，得到 t 的一元函数，再用一元函数的求导法则得出结果.

2. 复合函数的中间变量均为多元函数的情形

上面讨论了多元复合函数的中变量均为一元函数的求导法则. 类似地可以得到多元复合函数的中间变量为二元函数的求导法则.

定理 6.4.2 如果函数 $u=\varphi(x,y)$ 及 $v=\psi(x,y)$ 都在点 (x,y) 具有对 x 及 y 的偏导数，函数 $z=f(u,v)$ 在对应点 (u,v) 处可微，则复合函数 $z=f[\varphi(x,y),\psi(x,y)]$ 在点 (x,y) 的两个偏导数存在，且

$$\frac{\partial z}{\partial x}=\frac{\partial z}{\partial u}\frac{\partial u}{\partial x}+\frac{\partial z}{\partial v}\frac{\partial v}{\partial x},$$
$$\frac{\partial z}{\partial y}=\frac{\partial z}{\partial u}\frac{\partial u}{\partial y}+\frac{\partial z}{\partial v}\frac{\partial v}{\partial y}.$$

证明：给 x 以增量 Δx，相应地函数 $u=\varphi(x,y)$ 及 $v=\psi(x,y)$ 得到增量 $\Delta u,\Delta v$，进而使函数 $z=f(u,v)$ 获得增量 Δz，又由于函数 $z=f(u,v)$ 在点 (u,v) 处可微，因此

$$\Delta z=\frac{\partial z}{\partial u}\Delta u+\frac{\partial z}{\partial v}\Delta v+o(\rho),$$

其中，$\rho=\sqrt{(\Delta u)^2+(\Delta v)^2}$，将上式两边同除以 Δx 可得

$$\frac{\Delta z}{\Delta x}=\frac{\partial z}{\partial u}\frac{\Delta u}{\Delta x}+\frac{\partial z}{\partial v}\frac{\Delta v}{\Delta x}+\frac{o(\rho)}{\rho}\sqrt{\left(\frac{\partial u}{\partial x}\right)^2+\left(\frac{\partial v}{\partial x}\right)^2}\frac{|\Delta x|}{\Delta x},$$

由于函数 $u=\varphi(x,y)$ 及 $v=\psi(x,y)$ 在点 (x,y) 偏导数存在，因此当自变量 y 不变时，u,v 均是 x 的连续函数，从而可知当 $\Delta x\to 0$ 时，$\Delta u\to 0,\Delta v\to 0$，进而 $\rho\to 0$，于是 $\lim\limits_{\Delta x\to 0}\frac{o(\rho)}{\rho}=0$. 又因为

$\sqrt{\left(\frac{\partial u}{\partial x}\right)^2+\left(\frac{\partial v}{\partial x}\right)^2}\ \frac{|\Delta x|}{\Delta x}$ 为有界变量，所以

$$\lim_{\Delta x\to 0}\frac{o(\rho)}{\rho}\sqrt{\left(\frac{\partial u}{\partial x}\right)^2+\left(\frac{\partial v}{\partial x}\right)^2}\ \frac{|\Delta x|}{\Delta x}=0,$$

当 $\Delta x\to 0$ 时

$$\frac{\Delta u}{\Delta x}=\frac{\partial u}{\partial x},\frac{\Delta v}{\Delta x}=\frac{\partial v}{\partial x},$$

所以

$$\lim_{\Delta x\to 0}\frac{\Delta z}{\Delta x}=\frac{\partial z}{\partial u}\frac{\partial u}{\partial x}+\frac{\partial z}{\partial v}\frac{\partial v}{\partial x},$$

则

$$\frac{\partial z}{\partial x}=\frac{\partial z}{\partial u}\frac{\partial u}{\partial x}+\frac{\partial z}{\partial v}\frac{\partial v}{\partial x},$$

且复合函数 $z=f[\varphi(x,y),\psi(x,y)]$ 在点 x 的偏导数存在.

例 6.4.2　设 $u=f(x,y)$ 在平面区域 D 可微，证明在 $D\backslash\{(0,0)\}$ 上有

$$\left(\frac{\partial u}{\partial x}\right)^2+\left(\frac{\partial u}{\partial y}\right)^2=\left(\frac{\partial u}{\partial \rho}\right)^2+\frac{1}{\rho^2}\left(\frac{\partial u}{\partial \theta}\right)^2,$$

这里 $x=\rho\cos\theta,y=\rho\sin\theta,0\leqslant\rho<+\infty,0\leqslant\theta<2\pi$.

证明：因为

$$\frac{\partial u}{\partial \rho}=f_x\cdot\frac{\partial x}{\partial \rho}+f_y\frac{\partial y}{\partial \rho}=f_x\cos\theta+f_y\sin\theta,$$

$$\frac{\partial u}{\partial \theta}=f_x\cdot\frac{\partial x}{\partial \theta}+f_y\frac{\partial y}{\partial \theta}=-\rho f_x\sin\theta+\rho f_y\cos\theta,$$

所以

$$\begin{aligned}\left(\frac{\partial u}{\partial \rho}\right)^2+\frac{1}{\rho^2}\left(\frac{\partial u}{\partial \theta}\right)^2&=(f_x\cos\theta+f_y\sin\theta)^2+\frac{1}{\rho^2}(-\rho f_x\sin\theta+\rho f_y\cos\theta)^2\\&=f_x^2+f_y^2=\left(\frac{\partial u}{\partial x}\right)^2+\left(\frac{\partial u}{\partial y}\right)^2.\end{aligned}$$

即所要证的结论成立.

3. 复合函数的中间变量既有一元函数又有多元函数的情形

定理 6.4.3　设函数 $u=\varphi(x,y)$ 在点 (x,y) 的两个偏导数存在，函数 $v=\psi(x)$ 在点 x 可导，而函数 $z=f(u,v)$ 在对应点 (u,v) 可微，则复合函数 $z=f[\varphi(x,y),\psi(x)]$ 在点 (x,y) 的两个偏导数存在，且

$$\frac{\partial z}{\partial x}=\frac{\partial z}{\partial u}\frac{\partial u}{\partial x}+\frac{\partial z}{\partial v}\frac{\mathrm{d}v}{\mathrm{d}x},$$

$$\frac{\partial z}{\partial y}=\frac{\partial z}{\partial u}\frac{\partial u}{\partial y}.$$

证明略.

例 6.4.3　设 $z=\mathrm{e}^u\sin v,u=xy,v=x^2$，求 $\frac{\partial z}{\partial x}$ 和 $\frac{\partial z}{\partial y}$.

解：易得

$$\begin{aligned}\frac{\partial z}{\partial x} &= \frac{\partial z}{\partial u}\frac{\partial u}{\partial x}+\frac{\partial z}{\partial v}\frac{\mathrm{d}v}{\mathrm{d}x}\\ &= \mathrm{e}^u\sin v\cdot y+\mathrm{e}^u\cos v\cdot 2x\\ &= \mathrm{e}^{xy}(y\sin x^2+2x\cos x^2),\end{aligned}$$

$$\frac{\partial z}{\partial y}=\frac{\partial z}{\partial u}\frac{\partial u}{\partial y}=\mathrm{e}^u\sin v\cdot x=x\mathrm{e}^{xy}\sin x^2.$$

定理 6.4.3 也可推广到复合函数的中间变量多于两个的情形．下面是定理 6.4.3 推广为三个中间变量时的一个特殊情形．

设函数 $u=u(x,y)$ 在点 (x,y) 的两个偏导数都存在，函数 $z=f(u,x,y)$ 在点 (u,x,y) 可微，则复合函数 $z=f[u(x,y),x,y]$ 在 (x,y) 的两个偏导数都存在，且

$$\frac{\partial z}{\partial x}=\frac{\partial z}{\partial u}\frac{\partial u}{\partial x}+\frac{\partial f}{\partial x},$$

$$\frac{\partial z}{\partial y}=\frac{\partial z}{\partial u}\frac{\partial u}{\partial y}+\frac{\partial f}{\partial y}.$$

需要注意的是，上述 $\frac{\partial z}{\partial x}$ 与 $\frac{\partial f}{\partial x}$、$\frac{\partial z}{\partial y}$ 与 $\frac{\partial f}{\partial y}$ 的意义是不同的．前者是二元复合函数 $z=f[u(x,y),x,y]$ 对 x（将 y 看作常量）与对 y（将 x 看作常量）的偏导数；后者是以 u,x,y 为自变量的三元函数 $z=f(u,x,y)$ 对 x（将 u,y 看作常量）与对 y（将 u,x 看作常量）的偏导数．

上述定理给出三个不同形式的链式法则．应该注意的是，在许多情况下，已知的是一个不易直接求出导数或偏导数的一元或多元函数，我们需要适当选取中间变量使之成为上面三个不同形式（中间变量可能不止两个）复合函数之一，然后据相应的法则求出结果．在求导过程中，务必认清各变量之间的关系（是否有复合关系，如何复合等），有关的每个复合关系都要求导．

6.4.2 全微分形式的不变性

我们知道，一元函数具有微分形式不变性，对于多元函数而言，是否也具有相应的结论呢？答案是肯定的，多元函数的一阶全微分也具有形式不变性的特征．我们详细讨论如下：

设二元函数 $z=f(u,v)$ 可微，当 u,v 为自变量时，函数 $z=f(u,v)$ 的全微分为

$$\mathrm{d}z=\frac{\partial z}{\partial u}\mathrm{d}u+\frac{\partial z}{\partial v}\mathrm{d}v,$$

当 u,v 为中间变量 $u=\varphi(x,y),v=\psi(x,y)$ 时，根据复合函数求导法则，函数 $z=f[u(x,y),v(x,y)]$ 的全微分为

$$\begin{aligned}\mathrm{d}z &= \frac{\partial z}{\partial x}\mathrm{d}x+\frac{\partial z}{\partial y}\mathrm{d}y\\ &= \left(\frac{\partial z}{\partial u}\frac{\partial u}{\partial x}+\frac{\partial z}{\partial v}\frac{\partial v}{\partial x}\right)\mathrm{d}x+\left(\frac{\partial z}{\partial u}\frac{\partial u}{\partial y}+\frac{\partial z}{\partial v}\frac{\partial v}{\partial y}\right)\mathrm{d}y\\ &= \frac{\partial z}{\partial u}\left(\frac{\partial u}{\partial x}\mathrm{d}x+\frac{\partial u}{\partial y}\mathrm{d}y\right)+\frac{\partial z}{\partial v}\left(\frac{\partial v}{\partial x}\mathrm{d}x+\frac{\partial v}{\partial y}\mathrm{d}y\right)\\ &= \frac{\partial z}{\partial u}\mathrm{d}u+\frac{\partial z}{\partial v}\mathrm{d}v,\end{aligned}$$

可见不论 u,v 为自变量还是中间变量，其一阶微分形式是不变的，这就是二元函数一阶微分形式不变性．

与一元函数的情况类似，以下的微分公式对多元函数也是成立的：

(1) $d(u+v)=du+dv$.

(2) $d(uv)=udv+vdu$.

(3) $d\dfrac{u}{v}=\dfrac{vdu-udv}{v^2}$.

例 6.4.4　设 $z=\arctan\dfrac{y}{x}$，求 $\dfrac{\partial z}{\partial x},\dfrac{\partial z}{\partial y}$.

解：设 $u=\dfrac{y}{x}$，则 $z=\arctan u$，那么

$$\begin{aligned}dz&=\frac{1}{1+u^2}du\\&=\frac{1}{1+\left(\dfrac{y}{x}\right)^2}\frac{xdy-ydx}{x^2}\\&=\frac{1}{x^2+y^2}(xdy-ydx),\end{aligned}$$

所以

$$\frac{\partial z}{\partial x}=-\frac{y}{x^2+y^2},\frac{\partial z}{\partial y}=\frac{x}{x^2+y^2}.$$

例 6.4.5　设 $z=e^u\sin v,u=xy,v=x+y$，利用全微分形式不变性求 $\dfrac{\partial z}{\partial x},\dfrac{\partial z}{\partial y}$.

解：易得

$$\begin{aligned}dz=d(e^u\sin v)&=e^u\sin vdu+e^u\cos vdv,\\du=d(xy)&=ydx+xdy,\\dv=d(x+y)&=dx+dy,\end{aligned}$$

代入后归并含 dx 及 dy 的项，从而可得

$$dz=(e^u\sin v\cdot y+e^u\cos v)dx+(e^u\sin v\cdot x+e^u\cos v)dy,$$

即

$$\frac{\partial z}{\partial x}dx+\frac{\partial z}{\partial y}dy=e^{xy}[y\sin(x+y)+\cos(x+y)]dx+e^{xy}[x\sin(x+y)+\cos(x+y)]dy.$$

比较上式两边的 dx、dy 的系数，同时得到两个偏导数 $\dfrac{\partial z}{\partial x}$、$\dfrac{\partial z}{\partial y}$. 即

$$\frac{\partial z}{\partial x}=e^{xy}[y\sin(x+y)+\cos(x+y)],$$

$$\frac{\partial z}{\partial y}=e^{xy}[x\sin(x+y)+\cos(x+y)].$$

6.4.3　隐函数微分法

在一元函数微分学中，我们利用复合函数求导法则讨论了由二元方程 $F(x,y)=0$ 所确定的一元隐函数的求导方法，但没有给出导数的一般公式．在这里我们将讨论二元方程 $F(x,y)=0$ 所确定的隐函数可微的条件，并给出一元隐函数和多元隐函数的求导公式．

一般地说，用形式 $y=f(x)$，$z=f(x,y)$ 表示出的函数称为显函数，如 $y=\sin x+e^x$，

$z=\mathrm{e}^{x}\sin y, y=\begin{cases}\mathrm{e}^{x}-1, x\leqslant 0\\ \ln x, x>0\end{cases}$. 而以方程式 $F(x,y)=0$ 或 $F(x,y,z)=0$ 确定的函数 $y=f(x), z=f(x,y)$ 等称为隐函数.

在这里需要说明的是,并不是所有方程都隐含函数关系,如方程 $x^2+y^2=-1$ 就不能确定隐函数. 有的隐函数可以通过解方程写成显函数,但并不是所有隐函数都可以表示成显函数. 隐函数存在性问题是多元函数中一个复杂的问题,我们略去存在性的讨论,只在隐函数存在的假设条件下讨论问题.

定理 6.4.4 设方程 $F(x,y)=0$ 确定隐函数 $y=f(x)$,且函数 $F(x,y)$ 存在连续偏导数,则当 $\frac{\partial F}{\partial y}\neq 0$ 时,有隐函数求导公式

$$\frac{\mathrm{d}y}{\mathrm{d}x}=-\frac{F_x}{F_y}=-\frac{\frac{\partial F}{\partial x}}{\frac{\partial F}{\partial y}}.$$

证明:因为 $y=f(x)$ 是由 $F(x,y)=0$ 确定的隐函数,故有恒等式

$$F(x,f(x))=0,$$

此等式两边对 x 求导,可得

$$\frac{\partial F}{\partial x}+\frac{\partial F}{\partial y}\frac{\mathrm{d}y}{\mathrm{d}x}=0.$$

由于 $\frac{\partial F}{\partial y}\neq 0$,所以

$$\frac{\mathrm{d}y}{\mathrm{d}x}=-\frac{\frac{\partial F}{\partial x}}{\frac{\partial F}{\partial y}}.$$

类似地,对于三元方程 $F(x,y,z)=0$ 所确定的二元隐函数 $z=f(x,y)$,若 $F(x,y,z)$ 存在连续偏导数,且 $\frac{\partial F}{\partial z}\neq 0$,则有偏导数公式

$$\frac{\partial z}{\partial x}=-\frac{\frac{\partial F}{\partial x}}{\frac{\partial F}{\partial z}}, \frac{\partial z}{\partial y}=-\frac{\frac{\partial F}{\partial y}}{\frac{\partial F}{\partial z}}.$$

例 6.4.6 设函数 $z=z(x,y)$ 由方程 $\mathrm{e}^{z}=x^2+y^2+z^2-4z=0$ 确定,求 $\frac{\partial^2 z}{\partial x\partial y}$.

解:设

$$F(x,y,z)=x^2+y^2+z^2-4z,$$

则有

$$\frac{\partial z}{\partial x}=-\frac{F_x}{F_z}=-\frac{2x}{2z-4},$$

$$\frac{\partial z}{\partial y}=-\frac{F_y}{F_z}=-\frac{2y}{2z-4}=\frac{y}{2-z},$$

那么

$$\frac{\partial^2 z}{\partial x \partial y} = \frac{\partial}{\partial y}\left(\frac{\partial z}{\partial x}\right) = \frac{\partial}{\partial y}\left(\frac{x}{2-z}\right)$$
$$= \frac{x}{(2-z)^2}\frac{\partial z}{\partial y} = \frac{xy}{(2-z)^3}.$$

例 6.4.7　设函数 $z = f(x, y)$ 由方程 $\sin z = x^2 yz$ 确定，求$\frac{\partial z}{\partial x}, \frac{\partial z}{\partial y}$.

解：方法 1，设 $F(x, y, z) = \sin z - x^2 yz$，则有

$$\frac{\partial F}{\partial x} = -2xyz, \frac{\partial F}{\partial y} = -x^2 z, \frac{\partial F}{\partial z} = \cos z - x^2 y.$$

由$\frac{\partial z}{\partial x} = -\frac{\frac{\partial F}{\partial x}}{\frac{\partial F}{\partial z}}$可得

$$\frac{\partial z}{\partial x} = \frac{2xyz}{\cos z - x^2 y}.$$

同理可得

$$\frac{\partial z}{\partial y} = \frac{x^2 z}{\cos z - x^2 y}.$$

方法 2，在 $\sin z = x^2 yz$ 中，将 z 看成 x, y 的函数，两边分别对 x 和 y 求偏导数，得

$$\cos z \frac{\partial z}{\partial x} = 2xyz + x^2 y \frac{\partial z}{\partial x},$$
$$\cos z \frac{\partial z}{\partial y} = x^2 z + x^2 y \frac{\partial z}{\partial y},$$

解之可得

$$\frac{\partial z}{\partial x} = \frac{2xyz}{\cos z - x^2 y},$$
$$\frac{\partial z}{\partial y} = \frac{x^2 z}{\cos z - x^2 y}.$$

方法 3，在方程式 $\sin z = x^2 yz$ 两边求全微分

$$\cos z \mathrm{d}z = 2xyz \mathrm{d}x + x^2 z \mathrm{d}y + x^2 y \mathrm{d}z,$$

于是

$$\mathrm{d}z = \frac{2xyz}{\cos z - x^2 y}\mathrm{d}x + \frac{x^2 z}{\cos z - x^2 y}\mathrm{d}y.$$

从而

$$\frac{\partial z}{\partial x} = \frac{2xyz}{\cos z - x^2 y}, \frac{\partial z}{\partial y} = \frac{x^2 z}{\cos z - x^2 y}.$$

6.5　多元函数的极值与最值

在许多实际问题中常常会遇到求多元函数的最大值与最小值问题，与一元函数一样，多元函数的最值与极值有密切关系，因此我们以二元函数为例讨论极值问题．

6.5.1　多元函数的极值

多元函数的极值与一元函数一样，也是一种局部的性质．

定义 6.5.1 设函数 $z=f(x,y)$ 在点 (x_0,y_0) 的某邻域内有定义，如果对于该邻域内任意异于 (x_0,y_0) 的点 (x,y)，恒有不等式

$$f(x_0,y_0)\geqslant f(x,y)(\text{或 } f(x_0,y_0)\leqslant f(x,y))$$

成立，则称 $f(x_0,y_0)$ 是 $z=f(x,y)$ 的一个极大值(极小值)，并称 (x_0,y_0) 是 $z=f(x,y)$ 的一个极大值点(极小值点)．极大值和极小值统称为极值．

在讨论一元函数极值存在的必要条件时，我们知道导数等于零或导数不存在的点才有可能是极值点．而在二元函数 $z=f(x,y)$ 中固定 y，则 z 是 x 的一元函数．因此，若 z 在 (x_0,y_0) 点取极值，定有 $f_x(x_0,y_0)=0$. 或在该点处对 x 的偏导数不存在，对 y 有同样的情形，所以有下面定理：

定理 6.5.1(极值存在的必要条件) 设函数 $z=f(x,y)$ 在点 (x_0,y_0) 的两个偏导数存在，若 (x_0,y_0) 是 $z=f(x,y)$ 的极值点，则

$$f_x(x_0,y_0)=0,f_y(x_0,y_0)=0.$$

证明：因为 (x_0,y_0) 是 $f(x,y)$ 的极值点，所以如果固定 $y=y_0$，则一元函数 $f(x,y_0)$ 以 $x=x_0$ 为极值点．再由一元函数极值存在的必要条件可知

$$f_x(x_0,y_0)=0,$$

同理可证 $f_y(x_0,y_0)=0$.

在这里需要特别指出的是，定理 6.5.1 可推广，如果三元函数 $u=f(x,y,z)$ 在 (x_0,y_0,z_0) 具有偏导数，则它在点 (x_0,y_0,z_0) 取得极值的必要条件是

$$f_x(x_0,y_0,z_0)=0,f_y(x_0,y_0,z_0)=0,f_z(x_0,y_0,z_0)=0.$$

与一元函数类似，把使 $f_x(x_0,y_0)=0,f_y(x_0,y_0)=0$ 同时成立的点 (x,y) 称为函数 $f(x,y)$ 的驻点．这里需要注意以下两点：

(1) 极值点也可能是函数偏导数不存在的点．例如，对于函数 $f(x,y)=\sqrt{x^2+y^2}$，已知 $f(0,0)=0$ 为此函数的极小值，即 $(0,0)$ 为此函数极小值点，但易证 $f_x(0,0),f_y(0,0)$ 均不存在.

(2) 可导函数的极值必为驻点，但驻点却不一定是函数的极值点．例如，对于函数 $f(x,y)=x^2+y^2$，在 $(0,0)$ 处有

$$f_x(0,0)=2x\,|_{(0,0)}=0,f_y(0,0)=-2y\,|_{(0,0)}=0,$$

$(0,0)$ 为驻点，但在 $(0,0)$ 的任何一个去心邻域内位于 x 轴上的点 $(x,0)$ $(x\neq 0)$ 有 $f(x,0)=x^2>0$，位于 y 轴上的点 $(0,y)$ $(y\neq 0)$ 有 $f(0,y)=-y^2<0$，又因为 $f(0,0)=0$，所以 $f(0,0)$ 不为极值，即 $(0,0)$ 不是函数 $f(x,y)=x^2+y^2$ 的极值点．

由上可知驻点可能是极值点，也可能不是极值点，我们给出下面的定理来判定函数的极值点：

定理 6.5.2(极值存在的充分条件) 设函数 $z=f(x,y)$ 在点 (x_0,y_0) 的某邻域内有一阶到二阶的连续偏导数，且 $f_x(x_0,y_0)=0,f_y(x_0,y_0)=0$. 令 $f_{xx}(x_0,y_0)=A,f_{xy}(x_0,y_0)=B$, $f_{yy}(x_0,y_0)=C$，则有：

(1) 当 $AC-B^2>0$ 时，函数 $f(x,y)$ 在 (x_0,y_0) 处有极值，且当 $A>0$ 时有极小值 $f(x_0,y_0)$；当 $A<0$ 时有极大值 $f(x_0,y_0)$.

(2) 当 $AC-B^2<0$ 时，函数 $f(x,y)$ 在 (x_0,y_0) 处没有极值．

(3) 当 $AC-B^2=0$ 时，无法判定．

证明略.

根据上面两个定理,如果函数 $z=f(x,y)$ 具有二阶连续偏导数,则求 $z=f(x,y)$ 的极值的步骤如下:

(1) 求驻点,即解方程组 $\begin{cases} f_x(x,y)=0 \\ f_y(x,y)=0 \end{cases}$,求出 $f(x,y)$ 的所有驻点 (x_i,y_j),$i=1,2,\cdots,n$,$j=1,2,\cdots,n$.

(2) 求出每个驻点的二阶偏导数的值,$A=f_{xx}(x_i,y_j)$,$B=f_{xy}(x_i,y_j)$,$C=f_{yy}(x_i,y_j)$.

(3) 根据 $AC-B^2$ 的正负号判定驻点是否为极值点.

(4) 求出函数 $f(x,y)$ 在极值点处的极值.

6.5.2　多函数的最值

和求一元函数的最值的方法相类似,我们可以利用多元函数的极值来求函数的最大值和最小值.如果函数 $z=f(x,y)$ 在有界闭区域 D 上连续,则 $z=f(x,y)$ 在 D 上必定取得最大值和最小值,且函数的最大值点和最小值点必在函数的极值点或边界点上,因此只需求出 $z=f(x,y)$ 在各驻点和不可导点的函数值以及在边界上的最大值和最小值,然后进行比较即可,可见二元函数的最值问题要比一元函数的要复杂得多.

假设函数 $z=f(x,y)$ 在有界闭区域 D 上连续,偏导数存在且驻点只有有限个,则可以用下步骤求二元函数的最值:

(1) 求出 $z=f(x,y)$ 在 D 内的所有驻点处的函数值.

(2) 求出 $z=f(x,y)$ 在 D 边界上的最值.

(3) 将以上求得的函数值进行比较,最大的为最大值,最小的为最小值.

在实际问题中,如果根据问题的性质可以判断出函数 $z=f(x,y)$ 的最值一定在 D 的内部取得,而函数 $z=f(x,y)$ 在 D 内只有一个驻点,则可以肯定该驻点处的函数值就是函数 $z=f(x,y)$ 在 D 上的最值.

例 6.5.1　某工厂生产甲、乙两种产品,销售单价分别为 10 百元和 9 百元,生产甲产品 x 个,生产乙产品 y 个,总费用为

$$F(x,y)=400+2x+3y+0.01(3x^2+xy+3y^2)\text{(百元)}$$

问两种产品的产量各是多少时利润最大?

解:由题意可写出利润函数

$$L(x,y)=10x+9y-F(x,y).$$

解方程组

$$\begin{cases} L_x=10-F_x(x,y)=8-0.06x-0.01y=0 \\ L_y=9-F_9(x,y)=6-0.01x-0.06y=0 \end{cases},$$

得唯一驻点(120,80),因为

$$A=L_{xx}(120,80)=-0.06,$$
$$B=L_{xy}(120,80)=-0.01,$$
$$C=L_{yy}(120,80)=-0.06,$$
$$AC-B^2=0.0035>0.$$

由 $A=-0.06<0$,所以函数 $L(x,y)$ 在点(120,80)取极大值,即当甲产品生产 120 个、乙产品生

产 80 个时利润最大．

例 6.5.2 设 q_1 为商品 A 的需求量，q_2 为商品 B 的需求量，其需求函数分别是

$$q_1 = 16 - 2q_1 + 4p_2, q_2 = 20 + 4p_1 - 10p_2,$$

总成本函数为

$$C = 3q_1 + 2q_2,$$

p_1, p_2 为商品 A 和 B 的价格，试问价格 p_1, p_2 取何值时可使利润最大？

解：根据题意可知总收益函数为

$$R = p_1q_1 + p_2q_2 = p_1(16 - 2q_1 + 4p_2) + p_2(20 + 4p_1 - 10p_2),$$

所以总利润函数为

$$\begin{aligned} L = R - C &= (p_1 - 3)q_1 + (p_2 - 2)q_2 \\ &= (p_1 - 3)(16 - 2q_1 + 4p_2) + (p_2 - 2)(20 + 4p_1 - 10p_2), \end{aligned}$$

所以问题变为求总利润函数的最大值点．解方程组

$$\begin{cases} \dfrac{\partial L}{\partial p_1} = 14 - 4p_1 + 8p_2 = 0 \\ \dfrac{\partial L}{\partial p_2} = 28 + 8p_1 - 20p_2 = 0 \end{cases}$$

可得唯一的驻点 $p_1 = \dfrac{63}{2}, p_2 = 14$.

根据题意可知所求利润的最大值一定在区域 $D = \{(p_1, p_2) \mid p_1 > 0, p_2 > 0\}$ 内取得，又因为函数在 D 内只有唯一的驻点，所以该驻点即为所求的最大值点．所以当价格为 $p_1 = \dfrac{63}{2}, p_2 = 14$ 时，利润可达最大值，此时的产量为 $q_1 = 9, q_2 = 6$.

6.5.3 条件极值

前面讨论的多元函数的极值是无条件极值，即函数的自变量彼此独立地在定义域内任意取值，不受其他条件的限制．但是，在一些实际的极值问题中，函数的自变量还要受到某些条件的限制．一般地，函数在对自变量附加条件的情形下的极值称为条件极值．求解条件极值通常采用的一般方法是拉格朗日乘数法．其思想方法是，将条件极值转化为一个辅助函数 L 的无条件极值问题，即利用 L 的驻点得出原条件极值的可能极值点，再加以检验．下面以二元函数为例来讨论这种方法．

设函数 $z = f(x,y)$ 以及 $F(x,y)$ 在某区域 D 内的一阶偏导数连续，并且 F_x, F_y 不同时为零，我们来寻找目标函数 $z = f(x,y)$ 在约束条件 $F(x,y) = 0$ 下取极值的必要条件．

设 (x_0, y_0) 是函数 $z = f(x,y)$ 在条件 $F(x,y) = 0$ 下的极值点，那么 $F(x_0, y_0) = 0$. 因为 F_x, F_y 连续且不同时为零，不妨设 $F_y \neq 0$，于是 $F_y(x_0, y_0) \neq 0$. 由隐函数存在定理知，方程 $F(x_0, y_0) = 0$ 在点 (x_0, y_0) 的某邻域存在唯一的、具有连续导数的函数 $y = g(x)$，使得 $y_0 = g(x_0)$，$F[x, g(x)] \equiv 0$.

因此 (x_0, y_0) 是函数 $z = f(x,y)$ 在条件 $F(x,y) = 0$ 下的极值点，就是该函数在条件 $y = g(x)$ 之下的极值点，实质上是复合函数 $z = f[x, g(x)]$ 的无条件极值．于是，由一元函数极值的必要条件知，x_0 是函数 $z = f[x, g(x)]$ 的驻点，即

$$\left.\frac{\mathrm{d}z}{\mathrm{d}x}\right|_{x=x_0}=[f_x(x,y)+f_y(x,y)g'(x)]|_{x=x_0}=0. \tag{6.5.1}$$

而据隐函数存在定理及(6.5.1)得

$$g'(x_0)=-\frac{F_x(x_0,y_0)}{F_y(x_0,y_0)}, \tag{6.5.2}$$

将(6.5.2)代入(6.5.1),得

$$f_x(x_0,y_0)-f_y(x_0,y_0)\cdot\frac{F_x(x_0,y_0)}{F_y(x_0,y_0)}=0. \tag{6.5.3}$$

将(6.5.3)改写成

$$\frac{f_y(x_0,y_0)}{F_y(x_0,y_0)}=\frac{f_x(x_0,y_0)}{F_x(x_0,y_0)},$$

并令其比值为 $-\lambda$,得

$$f_x(x_0,y_0)+\lambda F_x(x_0,y_0)=0, \tag{6.5.4}$$

$$f_y(x_0,y_0)+\lambda F_y(x_0,y_0)=0. \tag{6.5.5}$$

于是,函数 $z=f(x,y)$ 在条件 $F(x,y)=0$ 下的极值点 (x_0,y_0) 必同时满足

$$\begin{cases}f_x(x_0,y_0)+\lambda F_x(x_0,y_0)=0\\ f_y(x_0,y_0)+\lambda F_y(x_0,y_0)=0.\\ F(x_0,y_0)=0\end{cases} \tag{6.5.6}$$

作辅助函数

$$L(x,y,\lambda)=f(x,y)+\lambda F(x,y), \tag{6.5.7}$$

称 $L(x,y,\lambda)$ 为拉格朗日函数,其中 λ 称为拉格朗日乘数．那么,(6.5.6)可以改写为

$$\begin{cases}L_x(x_0,y_0,\lambda)=0\\ L_y(x_0,y_0,\lambda)=0.\\ L_\lambda(x_0,y_0,\lambda)=0\end{cases} \tag{6.5.8}$$

可见,函数 $z=f(x,y)$ 在条件 $F(x,y)=0$ 下的极值点 (x_0,y_0) 一定是拉格朗日函数(6.5.7)的驻点 (x_0,y_0,λ) 的前两个坐标．(6.5.8)就是函数 $z=f(x,y)$ 在条件 $F(x,y)=0$ 下的取极值的必要条件．于是,把求条件极值化成 $L(x,y,\lambda)$ 的无条件极值来求．今后解题时,可直接解方程(6.5.6)求驻点 (x_0,y_0,λ),从而得出原条件极值的可能极值点 (x_0,y_0),然后按已知的判别法做进一步的讨论．这种借助拉格朗日函数来求条件极值的方法,称为拉格朗日乘数法．

按定义来判断点 (x_0,y_0) 是否为函数 $z=f(x,y)$ 在条件 $F(x,y)=0$ 下的极值点的做法常是繁琐的．但是,如果补充假设函数 $z=f(x,y)$ 与 $F(x,y)$ 的二阶偏导数连续,且设函数 $z=f(x,g(x))$ 在点 x_0 的二阶导数 $\left.\frac{\mathrm{d}^2z}{\mathrm{d}x^2}\right|_{x=x_0}\neq 0$,就容易判定函数 $z=f(x,y)$ 在条件 $F(x,y)=0$ 下,点 (x_0,y_0) 是否为极大(小)值点．对于实际问题,常根据问题的实际意义就可判定拉格朗日函数(6.5.7)所确定的可能极值点 (x_0,y_0) 是不是实际问题的极(最)值点．

拉格朗日乘数法可推广到 n 元函数($n\geqslant 3$)、条件多于一个的情形．例如,为了求 $u=f(x,y,z,t)$ 在条件 $\varphi(x,y,z,t)=0,\psi(x,y,z,t)=0$ 下的极值,可以作拉格朗日函数

$$L(x,y,z,t,\lambda,\mu)=f(x,y,z,t)+\lambda\varphi(x,y,z,t)+\mu\psi(x,y,z,t),$$

其中 λ,μ 为拉格朗日乘数．

在各偏导连续的条件下,该条件极值的极值点必满足方程组

$$\begin{cases} f_x(x,y,z,t)+\lambda\varphi_x(x,y,z,t)+\mu\psi_x(x,y,z,t)=0 \\ f_y(x,y,z,t)+\lambda\varphi_y(x,y,z,t)+\mu\psi_y(x,y,z,t)=0 \\ f_z(x,y,z,t)+\lambda\varphi_z(x,y,z,t)+\mu\psi_z(x,y,z,t)=0 \\ f_t(x,y,z,t)+\lambda\varphi_t(x,y,z,t)+\mu\psi_t(x,y,z,t)=0 \end{cases},$$

以及 $\varphi(x,y,z,t)=0$ 和 $\psi(x,y,z,t)=0$.

例 6.5.3 设生产某种产品必须投入两种要素,x_1 和 x_2 分别为两要素的投入量,Q 为产出量. 若生产函数为 $Q=2x_1^{\alpha}x_2^{\beta}$,其中 α,β 为正常数,且 $\alpha+\beta=1$,假设两种要素的价格分别为 p_1,p_2,问当产出量为 12 时,两要素各投入多少可以使得投入总费用最小?

解:根据题意可知,$2x_1^{\alpha}x_2^{\beta}=12$,问题是求总费用 $p_1x_1+p_2x_2$ 的最小值,作拉格朗日函数

$$L(x_1,x_2,\lambda)=p_1x_1+p_2x_2+\lambda(12-2x_1^{\alpha}x_2^{\beta}),$$

从而

$$L_{x_1}(x_1,x_2,\lambda)=p_1-2\lambda\alpha x_1^{\alpha-1}x_2^{\beta}=0, \tag{6.5.9}$$

$$L_{x_2}(x_1,x_2,\lambda)=p_2-2\lambda\beta x_1^{\alpha}x_2^{\beta-1}=0, \tag{6.5.10}$$

$$L_{\lambda}(x_1,x_2,\lambda)=12-2x_1^{\alpha}x_2^{\beta}=0, \tag{6.5.11}$$

由(6.5.9)式和(6.5.10)式可得

$$\frac{p_2}{p_1}=\frac{\beta x_1}{\alpha x_2},$$

所以

$$x_1=\frac{p_2\alpha}{p_1\beta}x_2,$$

把 x_1 代入(6.5.11)式可得

$$x_2=6\left(\frac{p_1\beta}{p_2\alpha}\right)^{\alpha},x_1=\left(\frac{p_2\alpha}{p_1\beta}\right)^{\beta},$$

显然,驻点唯一,且实际问题存在最小值,所以当 $x_1=\left(\frac{p_2\alpha}{p_1\beta}\right)^{\beta}$,$x_2=6\left(\frac{p_1\beta}{p_2\alpha}\right)^{\alpha}$ 时,投入总费用最小.

6.6 数学实验

6.6.1 空间图形的画法

1. 空间直角坐标系中作三维图形的命令

命令 Plot3D 主要用于绘制二元函数 $z=f(x,y)$ 的图形. 该命令的基本形式如下:

Plot3D[f[x,y],{x,x1,x2},{y,yl,y2},选项]

f[x,y] 是 x,y 的二元函数,x1,x2 表示 x 的作图范围,y1,y2 表示 y 的作图范围

例如输入

Plot3D[x^2+y^2,{x,-2,2},{y,-2,2}]

则作出了函数 $z=x^2+y^2$ 在区域 $-2\leqslant x\leqslant 2,-2\leqslant y\leqslant 2$ 上的图形,如图 6-6-1 所示. 与 Plot 相似,Plot3D 有许多选项,其中常用的有 PlotPoints 和 ViewPoint. PlotPoints 的用法与以前相同. 由于其默认值为 PlotPoints->15,常常需要增加一些点以使曲面更加精致,可能要用更多的时间

才能完成作图．选项 ViewPoint 用于选择图形的视点(视角)，其默认值为 ViewPoint -> {1.3，-2.4，2.0}，需要时可以改变视点．

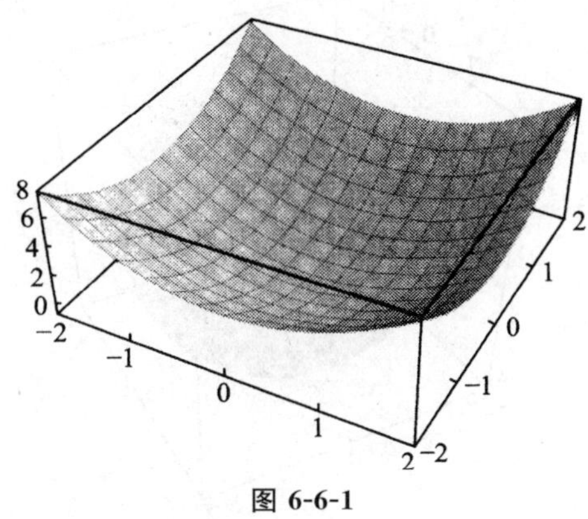

图 6-6-1

2. 利用参数方程作空间曲面或曲线的命令

用于作曲面时，利用参数方程作空间曲面或曲线的命令的基本形式是

```
ParametricPlot3D[{x[u,v],y[u,v],z[u,v]},{u,u1,u2},{v,vl,v2},选项]
```

其中，x[u,v]，y[u,v]，z[u,v] 是曲面的参数方程表示式，u1，u2 是作图时参数 u 的范围，vl，v2 是参数 v 的范围．

例如前面的旋转抛物面，输入

```
ParametricPlot3D[{u * Cos[v],u * Sin[v],u^2},{u,0,3},{v,0,2Pi}]
```

同样得到曲面 $z = x^2 + y^2$，如图 6-6-2 所示．由于自变量的取值范围不同，图形也不同．不过，后者比较好地反映了旋转曲面的特点，因而是常用的方法．

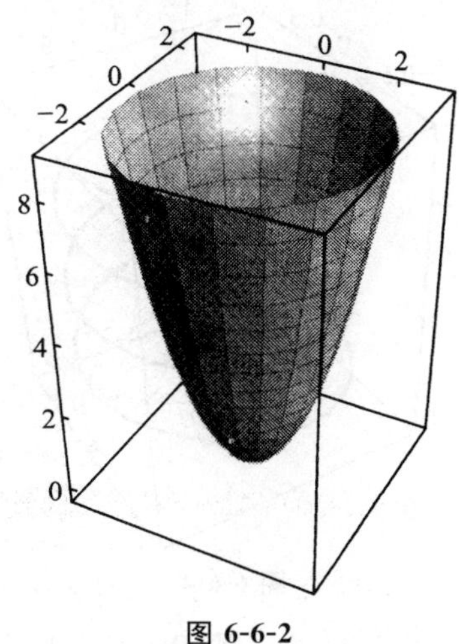

图 6-6-2

又如，以原点为中心，2 为半径的球面．它是多值函数，不能用命令 Plot3D 作图．但是，它的参数方程为 $\begin{cases} x = 2\sin\varphi\cos\theta \\ y = 2\sin\varphi\sin\theta \\ z = 2\cos\varphi \end{cases}$，$0 \leqslant \varphi \leqslant \pi$，$0 \leqslant \theta \leqslant 2\pi$，因此只要输入

```
ParametricPlot3D[{2Sin[u] * Cos[v],2Sin[u] * Sin[v],2Cos[u]}, {u,0,Pi}, {v,0,2Pi}]
```

便作出了方程为 $x^2+y^2+z^2=2^2$ 的球面，如图 6-6-3 所示．

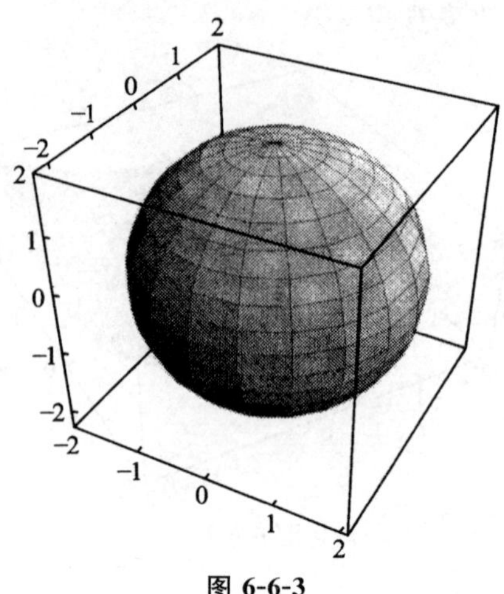

图 6-6-3

用于作空间曲线时 ParametricPlot3D 的基本形式是

ParametricPlot3D[{x[t],y[t],z[t]},{t,t1,t2},选项]

其中，x[t],y[t],z[t] 是曲线的参数方程的表示式．$t1$，$t2$ 是作图时参数 t 的范围．

例如，一条空间螺旋线的参数方程是 $\begin{cases} x=\cos t \\ y=\sin t \\ z=t/10 \end{cases}$，$0\leqslant z\leqslant 8\pi$. 输入

ParametricPlot3D[{Cos[t],Sin[t],t/10,RGBColor[1,0,0]},{t,0,8,Pi}]

则输出了一条红色的螺旋线，如图 6-6-4 所示．注意选项 RGBColor[1,0,0] 的位置．

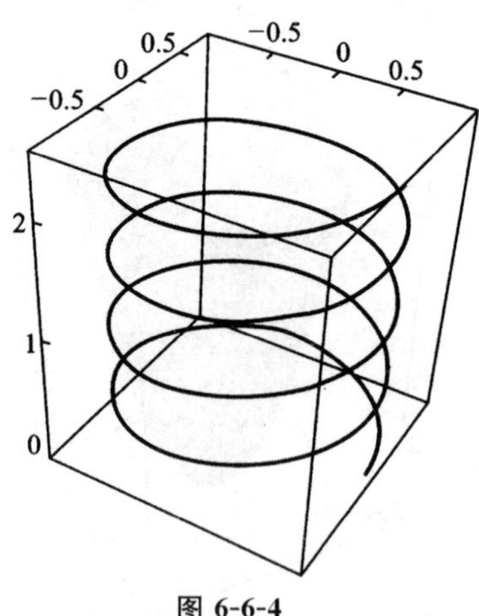

图 6-6-4

用于作空间曲线时，ParametricPlot3D 的选项 PlotPoints 的默认值是 30，选项 ViewPoint 的默认值没有改变．

3. 三维动画命令

无论在平面和空间，先作出一系列的图形，再连续不断地放映，便得到动画．例如，输入调用作图软件包命令

```
<< Graphics\Animatation. m
```

执行后再输入

```
MoviePlot3D[Cos[t * x] * Sin[t * y],{x, - Pi,Pi},{y, - Pi,Pi},{t,1,2},Frames -> 6]
```

则作出了 6 幅曲面(图形略),选中任一幅图形,双击它便可形成动画.

6.6.2　多元函数偏导数与全微分的计算

在 Mathematica 中,计算多元函数偏导数和全微分的相关常用基本语句如下:

(1)D[f[x1,x2,…,xn],xi]

求函数 f 对 x_i 的偏导数$\dfrac{\partial f(x_1,x_2,\cdots,x_n)}{\partial x_i}$

(2)D[f[x1,x2,…,xn],{xi,k}]

求函数 f 对 x_i 的 k 阶偏导数

(3)D[f[x1,x2,…,xn],xi,xk]

求函数 f 对 x_i,x_k 的混合偏导数

(4)Dt[f]

求函数 f 的全微分

(5)D[f[x],{x,n}]

求 $f(x)$ 对 x 的 n 阶导数

另外,在这里补充给出两个求解方程和方程组的基本语句:

(1)Solve[f[x] == 0,x]

解方程 $f(x)=0$

(2)Solye[{f[x,y] == 0,g[x,y]00},{x,y}]

解方程组$\begin{cases} f(x,y)=0 \\ g(x,y)=0 \end{cases}$

例 6.6.1　设 $z=(1+xy)^y$,求$\dfrac{\partial z}{\partial x}$,$\dfrac{\partial z}{\partial y}$和全微分 d$z$.

解:输入

```
Clear[z];z = (1 + x * y)^y
D[z,x]
D[z,y]
```

则有输出

$$y^2(1+xy)^{-1+y}$$

$$(1+xy)^y\left(\frac{xy}{1+xy}+\mathrm{Log}[1+xy]\right)$$

再输入

```
Dt[t]
```

则得到输出

$$(1+xy)^y\left(\frac{y(y\mathrm{Dt}[x]+x\mathrm{Dt}[y])}{1+xy}+\mathrm{Dt}[y]\mathrm{Log}[1+xy]\right)$$

其中 Dt[x]和 Dt[y]分别表示 dx 和 dy.

例 6.6.2 已知 $f(x,y)=x\sin y+ye^{x}$，求一阶偏导数、二阶偏导数和全微分．

解：Mathematica 语句为

```
F[x_,y_]:= x * Sin[y] + y * Exp[x]
Plot3D[x * Sin[y] + y * Exp[x],{x,-4,4},{y,-4,4}]
D[F[x,y],x]
D[F[x,y],y]
D[F[x,y],{x,2}]
D[F[x,y],{y,2}]
D[F[x,y],x,y]
Dt[F[x,y]]
```

运行结果为

```
e^x y + Sin[y]
e^x + xCos[y]
e^x y
-(xSin[y])
e^x + Cos[y]
e^x yDt[x] + e^x Dt[y] + xCtos[y]Dt[y] + Dt[x]Sin[y]
```

输出图形如图 6-6-5 所示．

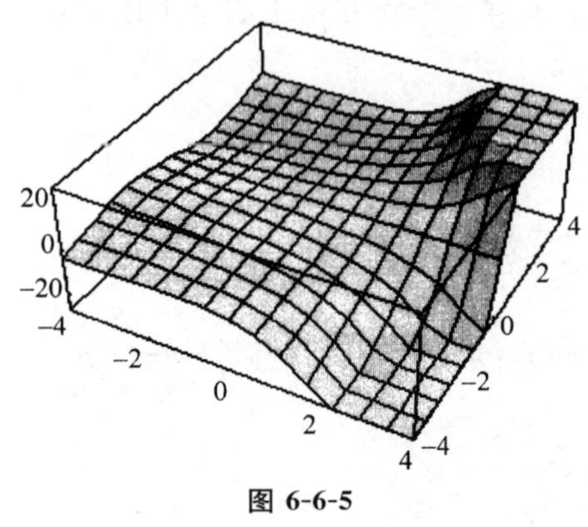

图 6-6-5

6.6.3 多元函数的极值(最值)与几何应用

1. 多元函数的极值(最值)

在 Mathematica 中，计算多元函数的极值(最值)的相关常用基本语句如下：

(1) Maximize[f[x,y,…],{x,y,…}]

(2) Minimize[f[x,y,…],{x,y,…}]

(3) Maximize[{f[x,y,…],约束条件},{x,y,…}]

(4) Minimize[{f[x,y,…],约束条件},{x,y,…}]

在这里，需要说明如下两点：

(1) 基本语句(3)和(4)可用于求函数 $f(x,y,\cdots)$ 的极大、极小值，但需大概了解极值点的位置，这并不容易．因此，对于二元函数(二阶偏导数连续)，我们通常按照如下步骤求二元函数

$f(x,y)$的极值：

第一步，求出函数的全部驻点(x_i,y_i)，$i=1,2,\cdots,n$. 即求方程 $f_x=0$，$f_y=0$ 的所有根．

第二步，令 $d(x,y)=f_{xx}\cdot f_{yy}-f_{xy}^2$，先由驻点处的 $d(x,y)$的符号，确定该驻点是否为极值点；若是，再由驻点处的 $f_{xx}(x,y)$的符号，进一步确定该驻点是极小值点还是极大值点．这个过程可编写简单的程序来实现．

(2) 对于条件极值问题或实际应用上的最值问题，我们可以使用拉格朗日乘数法进行类似的处理．

例 6.6.3　求函数 $f(x,y)=x^3-y^3-3x^2+3y^2-9x$ 的极值．

解：在 Mathematica 中，可用如下程序实现：

```
f[x_,y_] = x^3 - y^3 - 3x^2 + 3y^2 - 9x
a[x_,y_] = D[f[x,y],{x,2}]
b[x_,y_] = D[f[x,y],x,y]
c[x_,y_] = D[f[x,y],{y,2}]
d[x_,y_] = a[x,y] * c[x,y] - b[x,y]^2
J = Solve[{D[f[x,y],x] == 0,D[f[x,y],y] == 0}];
For[i = 1,i ≤ Length[J],i ++,Print[{J[[i]],"d,a,f =",{d[x,y],a[x,y],f[x,y]}/. J[[i]]}]]
{{x →- 1,y → 0},d,a,f =,{- 72, - 12,5}}
{{x →- 1,y → 2},d,a,f =,{72, - 12,9}}
{{x → 3,y → 0},d,a,f =,{72,12, - 27}}
{{x → 3,y → 2},d,a,f =,{- 72,12, - 23}}
```

从上面的运算结果可得$(-1,0)$和$(3,2)$不是极值点；$(-1,2)$是极大值点，极大值为 9；$(3,0)$是极小值点，极小值为 -27.

2. 多元函数微分学的几何应用

例 6.6.4　求曲面 $k(x,y)=\dfrac{4}{x^2+y^2+1}$ 在点$\left(\dfrac{1}{4},\dfrac{1}{2},\dfrac{64}{21}\right)$处的切平面方程，并把曲面和它的切平面作在同一图形里．

解：输入

```
Clearn[k,z]
k[x_,y_] = 4/(x^2 + y^2 + 1)
        定义函数 k(x,y)
kx = D[k[x,y],x]/. {x -> 1/4,y -> 1/2}
        求函数 k(x,y)对 x 的偏导数，并代入在指定点的值
ky = D[k[x,y],y]/. {x -> 1/4,y -> 1/2}
        求函数 k(x,y)对 y 的偏导数，并代入在指定点的值
Z = kx * (x - 1/4) + ky * (y - 1/2) + k[1/4,1/2]
        定义在指定点的切平面函数
```

再输入

```
qm = PlotD[k[x,y],{x,-2,2},{y,-2,2},PlotRange-> {0,4},BoxRatios-> {1,1,1},
Plotpoin -> 30,DisplayFunction -> Identity]
```

```
qpm = Plot3D[z,{x, -2,2},{y, -2,2},DisplayFunction -> Identity]
Show[qm,qpm,DisplayFunction -> $DisplayFunction]
```

可得到曲面与切平面的图形,如图 6-6-6 所示.

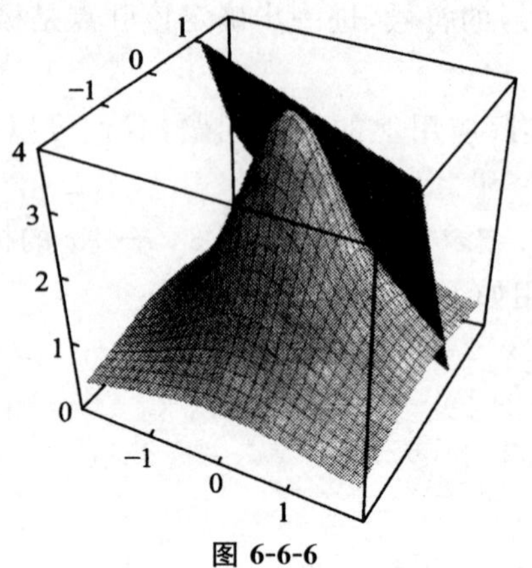

图 6-6-6

第 7 章　常微分方程

7.1　常微分方程的概念

微分方程是与微积分一起形成并发展起来的重要的数学分支，早在 17 ～ 18 世纪，牛顿、莱布尼茨、伯努利和拉格朗日等人在研究力学和几何学中就提出了微分方程．后来，随着科学的发展，微分方程在力学、电学、天文学和其他数学物理领域内的应用不断获得成功，有力地推动了这些学科的发展．当今微分方程的理论和应用都有了巨大的发展，它已成为研究自然科学和社会科学的一个强有力的工具．在解决实际问题中，经常需要建立与问题有关的各变量之间的函数关系．这种关系有时可以直接建立，有时却只能根据一些基本科学原理来建立所求函数与其变化率之间的关系式，而后再从中解出所求的未知函数．

我们先观察以下来自几何与物理学的两个简单实例，它们都与一个函数的变化率，即导数有关．

例 7.1.1　已知曲线上任一点的切线斜率等于该点的横坐标的二倍，且此曲线通过点(1,2)，求该曲线运动方程．

解：设所求曲线方程为 $y=\varphi(x)$，由导数的几何意义可知，未知函数 $y=\varphi(x)$ 应满足关系式

$$\frac{\mathrm{d}y}{\mathrm{d}x}=2x. \tag{7.1.1}$$

此外，未知函数 $y=\varphi(x)$ 还应满足条件"$x=1$ 时，$y=2$". 将(7.1.1)式两端积分，可得

$$y=\int 2x\ \mathrm{d}x,$$

即有

$$y=x^2+C, \tag{7.1.2}$$

其中 C 为任意常数．

把 $x=1$ 时，$y=2$ 代入(7.1.2)式，可得 $2=1+C$，从而可得 $C=1$. 将 $C=1$ 代入(7.1.2)式，即可得曲线方程为

$$y=x^2+1.$$

例 7.1.2　如图 7-1-1 所示，在离地面高度为 s_0 处，以初速 v_0 垂直上抛一物体．设坐标原点 O 取在地面上；Os 轴向上为正向．若不计空气阻力，求物体的运动规律．

解：设在时刻 t，物体位于坐标 s 处．由于物体在运动过程中，只受重力

$$F=-mg$$

的作用，其中负号是因为引力方向与选定的坐标轴正向相反．由于物体的加速度 a 可以表示为

$$a=\frac{\mathrm{d}^2s}{\mathrm{d}t^2},$$

因此根据牛顿第二定律 $ma=F$，有

$$m\frac{d^2s}{dt^2}=-mg,$$

即

$$\frac{d^2s}{dt^2}=-g. \tag{7.1.3}$$

方程(7.1.3)就是一个微分方程．s除了要满足微分方程(7.1.3)外，还要满足条件

$$s|_{t=0}=s_0,\left.\frac{ds}{dt}\right|_{t=0}=v_0. \tag{7.1.4}$$

将(7.1.3)化为

$$\frac{d}{dt}\left(\frac{ds}{dt}\right)=-g,$$

积分两次，得

$$\frac{ds}{dt}=-gt+C_1, \tag{7.1.5}$$

$$s=-\frac{1}{2}gt^2+C_1t+C_2, \tag{7.1.6}$$

其中，C_1，C_2，是两个任意常数．把条件(7.1.4)用于(7.1.6)，得 $C_2=s_0$，$C_1=v_0$．于是

$$s=-\frac{1}{2}gt^2+v_0t+s_0. \tag{7.1.7}$$

这就是所求的运动规律．它满足微分方程(7.1.3)及条件(7.1.4)．(7.1.7)表示的是初始位置为s_0，初始速度为v_0的垂直上抛物体的运动规律．(7.1.6)含有两个任意常数C_1和C_2，刻画的是在各种不同初始位置和初始速度下，垂直上抛物体运动的共同规律．

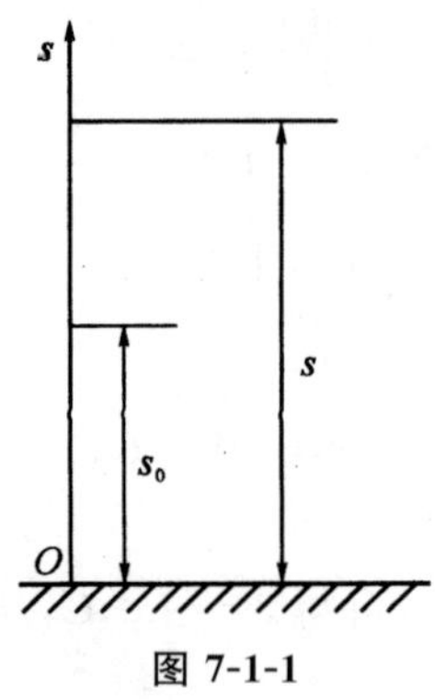

图 7-1-1

综合上述例子可知，求解一类有关变化率的几何和物理的问题，可以先建立一个含有未知函数的导数的方程，然后通过积分得出所求函数的表达式，它含有若干个任意常数，再根据实际问题的特定条件确定常数，就得出所求的解．其实，这就是用微分方程解实际问题的总体思路．接下来，我们就一般情形，较系统地讨论微分方程的有关概念．

定义 7.1.1 含有自变量、自变量的未知函数以及未知函数的若干阶导数或者微分的函数方程称之为微分方程．

应该指出的是，微分方程中必定含有未知函数的导数或微分，此外还可能(但未必)包含该未知函数本身或一些已知函数．例如，方程(7.1.1)与(7.1.3)中分别含有已知函数$2x$与$-g$(常数函数)，而下面两个方程

$$y' + 2xy = \sin x, \tag{7.1.8}$$

$$y'' + a(x)y' + b(x)y = c(x), \tag{7.1.9}$$

还含有未知函数 y 本身．这里的 $a(x)$,$b(x)$ 和 $c(x)$ 为已知函数．

若微分方程中的未知函数是一元函数,则称为常微分方程;若其中的未知函数是多元函数,则称为偏微分方程．例如,方程(7.1.1)、(7.1.3)、(7.1.8) 和(7.1.9) 都是常微分方程;而对于未知函数 $u(x,y)$,下面方程(7.1.10) 是偏微分方程:

$$\frac{\partial^2 u}{\partial x^2} + \frac{\partial^2 u}{\partial y^2} = 0. \tag{7.1.10}$$

本书仅研究常微分方程,并把常微分方程称为微分方程或简称为方程．

定义 7.1.2　微分方程中出现的未知函数的最高阶导数的阶数,叫作该方程的阶．

例如,方程(7.1.1) 和(7.1.8) 都是一阶的,方程(7.1.3) 和(7.1.9) 都是二阶的．下面方程

$$x^2 y''' + 2xy'' - y' + 5y = e^x, \tag{7.1.11}$$

$$y^{(5)} + 3y^{(4)} - 5xy'' - y' = 0 \tag{7.1.12}$$

分别是 3 阶和 5 阶微分方程

一般地,n 阶微分方程的形式为

$$F(x, y, y', y'', \cdots, y^{(n)}) = 0, \tag{7.1.13}$$

其中 F 是 $x, y, y', y'', \cdots, y^{(n)}$ 的函数,且最高阶导数 $y^{(n)}$ 是必须出现的,而 $x, y, y', y'', \cdots, y^{(n-1)}$ 等可以出现也可以不出现．如(7.1.11) 的 3 阶方程中,x,y,3 阶和 3 阶以下的导数均出现;而(7.1.12) 中,y 和 y''' 不出现．又如,$y^{(n)} + 1 = 0$ 是一个 n 阶微分方程,仅有 $y^{(n)}$ 出现,而 x,y 和 n 阶以下的导数均不出现．

定义 7.1.3　设函数 $y = \phi(x)$ 在区间 I 上有直到 n 阶的导数,如果把 $y = \phi(x)$ 及其各阶导数代入方程(7.1.13) 后,能使等式

$$F(x, \phi(x), \phi'(x), \phi''(x), \cdots, \phi^{(n)}(x)) = 0$$

在 I 上恒成立,则称函数 $y = \phi(x)$ 为方程(7.1.13) 的一个解．

例如函数(7.1.6) 和(7.1.7) 都是方程(7.1.3) 的解,其中,函数(7.1.6) 含有任意常数．

定义 7.1.4　一般地,如果方程的解中所含有的任意常数的个数与该方程的阶数相同,则称这个解为该方程的通解．

显然,函数(7.1.2) 和(7.1.6) 分别是方程(7.1.1) 和(7.1.3) 的通解．

又因为,函数(7.1.7) 是通过特定条件(7.1.4) 来确定通解(7.1.6) 中的任意常数而得到的解,今后把这种特定条件称为初始条件,把通过初始条件来确定通解中的任意常数而得到的解称为特解．因此,函数(7.1.7) 是方程(7.1.3) 的特解．

设微分方程的未知函数为 $y = y(x)$,对 n 阶方程(7.1.13),初始条件可表成

$$y(x_0) = y_0, y'(x_0) = y'_0, \cdots, y^{(n-1)}(x_0) = y_0^{(n-1)}$$

或

$$y\big|_{x=x_0} = y_0, y'\big|_{x=x_0} = y'_0, \cdots, y^{(n-1)}\big|_{x=x_0} = y_0^{(n-1)},$$

条件的个数等于方程的阶数. 求 n 阶方程满足初始条件的特解这一数学问题,叫作 n 阶方程的初值问题,常记作

$$\begin{cases} F(x, y, y', y'', \cdots, y^{(n)}) = 0 \\ y(x_0) = y_0, y'(x_0) = y'_0, \cdots, y^{(n-1)}(x_0) = y_0^{(n-1)} \end{cases}$$

或

$$\begin{cases}F(x,y,y',y'',\cdots,y^{(n)})=0\\ y|_{x=x_0}=y_0,y'|_{x=x_0}=y'_0,\cdots,y^{(n-1)}|_{x=x_0}=y_0^{(n-1)}\end{cases}.$$

那么，前面例 7.1.1 和例 7.1.2 分别是求一阶和二阶方程的初值问题．

假定函数 $y=y(x)$ 是微分方程的一个解，从几何直观看来，它的图形是一条曲线．因此，我们通常把微分方程的解对应的曲线称为解曲线或积分曲线．于是，通解的几何表示就是一族曲线，它随着任意常数的取值不同而得到该族的不同曲线，而特解（如初值问题的解）就是其中满足特定条件（如初始条件）的积分曲线．特别地，一阶方程的初值问题的解为 xOy 平面上经过点 (x_0,y_0) 的积分曲线，二阶方程的初值问题的解为 xOy 平面上经过点 (x_0,y_0) 且在该点的斜率为 y'_0 的积分曲线．

例 7.1.3 验证函数 $y=Ce^{\cos x}-\cos x-1$（C 为任意常数）为微分方程的通解，并求此方程满足初始条件 $y(0)=0$ 的特解．

解：直接计算可得

$$y'=-C\sin x e^{\cos x}+\sin x,$$

因此

$$\begin{aligned}y'+y\sin x&=-C\sin x e^{\cos x}+\sin x+C\sin x e^{\cos x}-\sin x\cos x-\sin x\\&=-\sin x\cos x.\end{aligned}$$

所以，含有一个任意常数的解 $y=Ce^{\cos x}-\cos x-1$ 为原方程的通解．将 $y(0)=0$ 代入通解，可得

$$0=Ce^{\cos 0}-\cos 0-1,$$

求得 $C=\frac{2}{e}$，于是所求的特解为

$$y=2e^{\cos x-1}-\cos x-1.$$

例 7.1.4 验证 $y=C_1e^{-x}+C_2e^{-4x}$ 是二阶微分方程

$$y''+5y'+4y=0 \tag{7.1.14}$$

的通解，并求满足初始条件

$$y|_{x=0}=2,y'|_{x=0}=1 \tag{7.1.15}$$

的特解．

解：对 $y=C_1e^{-x}+C_2e^{-4x}$ 求导得

$$\begin{aligned}y'&=-C_1e^{-x}-4C_2e^{-4x},\\y''&=C_1e^{-x}+16C_2e^{-4x},\end{aligned}$$

把它们代入方程(7.1.14)得

$$\begin{aligned}\text{左边}&=(C_1e^{-x}+16C_2e^{-4x})+5(-C_1e^{-x}-4C_2e^{-4x})+4(C_1e^{-x}+C_2e^{-4x})\\&=0=\text{右边},\end{aligned}$$

又由于 $y=C_1e^{-x}+C_2e^{-4x}$ 含有两个任意常数 C_1 和 C_2，所以 $y=C_1e^{-x}+C_2e^{-4x}$ 是方程(7.1.14)的通解．

为了确定 C_1 和 C_2，把初始条件(7.1.15)分别代入 $y=C_1e^{-x}+C_2e^{-4x}$ 和 $y'=-C_1e^{-x}-4C_2e^{-4x}$ 得

$$\begin{cases}2 = C_1 + C_2 \\ 1 = -C_1 - 4C_2\end{cases}.$$

解这个二元一次方程组，求得 $C_1 = 3, C_2 = -1$. 因此，满足初始条件(7.1.15) 的特解是

$$y = 3e^{-x} - 4e^{-4x}.$$

7.2　可分离变量的微分方程

一阶微分方程的一般形式为

$$F(x, y, y') = 0,$$

这通常是隐式表达式；如果能从中解出 y'，就得出如下显式表达式

$$y' = f(x, y). \tag{7.2.1}$$

接下来的三节，我们就来讨论该方程的一些求解方法.

对于简单形式的方程

$$y' = 2x, \tag{7.2.2}$$

根据导数的定义，未知函数 y 就是 $2x$ 的一个原函数，从而可对 $2x$ 求不定积分得到

$$y = x^2 + C.$$

另一方面，可把(7.2.2) 表示成微分形式

$$dy = 2xdx, \tag{7.2.3}$$

上式两边分别积分得

$$\int dy = \int 2xdx,$$

同样可求得

$$y = x^2 + C.$$

方程(7.2.3) 其实是如下一般形式的特殊情形

$$g(y)dy = f(x)dx, \tag{7.2.4}$$

其中 $g(y)$ 和 $f(x)$ 都是连续函数. 显然，方程(7.2.4) 具有这样的特点，即等号的每一端都是一个变量的连续函数与该变量的微分的乘积. 这种方程称为可分离变量方程.

对方程(7.2.4)，同样可在方程两边积分

$$\int g(y)dy = \int f(x)dx,$$

假定 $G(y)$ 和 $F(x)$ 分别是 $g(y)$ 与 $f(x)$ 的原函数，就求得如下通解

$$G(y) = F(x) + C.$$

注意到以导数形式出现的方程

$$\frac{dy}{dx} = f(x)\varphi(y),$$

当 $\varphi(y) \neq 0$ 时，只要 $g(y) = [\varphi(y)]^{-1}$，就可改写为(7.2.4).

通过上述讨论，我们有如下定义：

定义 7.2.1　形如

$$\frac{dy}{dx} = f(x)g(y), \tag{7.2.5}$$

或

$$M_1(x)M_2(y)\mathrm{d}x = N_1(x)N_2(y)\mathrm{d}y \tag{7.2.6}$$

的微分方程，称为可分离变量的微分方程．因为，经过简单的代数运算，方程(7.2.5)与(7.2.6)便可分别化为如下形式

$$\frac{\mathrm{d}y}{g(y)} = f(x)\mathrm{d}x, \frac{M_1(x)}{N_1(x)}\mathrm{d}x = \frac{N_2(y)}{M_2(y)}\mathrm{d}y.$$

这种方程可以直接通过两边积分而得到方程的通解．

进一步，如果给出初始条件 $y(x_0) = y_0$ 或 $y|_{x=x_0} = y_0$，那么直接把初始条件代入通解得到 C 的取值，从而求出特解．据此就可得可分离变量的一阶微分方程(7.2.5)的下述解法：

(1) 分离变量，得 $\frac{\mathrm{d}y}{g(y)} = f(x)\mathrm{d}x$，其中 $g(y) \neq 0$.

(2) 两端积分，得 $\int \frac{\mathrm{d}y}{g(y)} = \int f(x)\,\mathrm{d}x + C$.

(3) 求出积分，得通解 $G(y) = F(x) + C$，其中 $F(x)$，$G(y)$ 分别为 $f(x)$，$\frac{1}{g(y)}$ 的原函数．

在利用分离变量法求解时，需要注意以下两点：

(1) 在分离变量时，我们假设 $g(y) \neq 0$，但这样可能失去 $g(y) = 0$ 的解，即若 $y = y_0$ 为方程 $g(y) = 0$ 的根，则显然函数 $y = y_0$ 也为(7.2.5)的解．

(2) 在等式两端取积分时，都是对同一个变量取积分，但在式

$$\int \frac{\mathrm{d}y}{g(y)} = \int f(x)\,\mathrm{d}x$$

中，左端为对变量 y 的积分，右端为对变量 x 的积分，这是因为

$$\int \frac{\mathrm{d}y}{g(y)} = \int \frac{1}{g(y)}\frac{\mathrm{d}y}{\mathrm{d}x} \cdot \mathrm{d}x = \int f(x)\,\mathrm{d}x.$$

例 7.2.1　求解方程

$$\frac{\mathrm{d}y}{\mathrm{d}x} = 1 + x + y^2 + xy^2.$$

解：将原方程变形为

$$\frac{\mathrm{d}y}{\mathrm{d}x} = (1+x)(1+y^2).$$

分离变量，可得

$$\frac{\mathrm{d}y}{1+y^2} = (1+x)\mathrm{d}x.$$

两边积分，得到

$$\arctan y = \frac{1}{2}(1+x)^2 + C_1,$$

即

$$y = \tan\left(x + \frac{1}{2}x^2 + C\right),$$

这里，$C = C_1 + \frac{1}{2}$ 是任意常数．

例 7.2.2　解微分方程 $y'=\dfrac{1+y^2}{xy(1+x^2)}$ 的通解，以及满足 $y(1)=2$ 的特解．

解：分离变量可得

$$\frac{y\mathrm{d}y}{(1+y^2)}=\frac{\mathrm{d}x}{x(1+x^2)},$$

两边积分可得

$$\frac{1}{2}\ln(1+y^2)=\ln|x|-\frac{1}{2}\ln(1+x^2)+\frac{1}{2}\ln|C|.$$

方程通解为

$$1+y^2=\frac{Cx^2}{1+x^2}.$$

将 $y(1)=2$ 代入通解可得 $C=10$. 因此所求特解满足

$$1+y^2=\frac{10x^2}{1+x^2},$$

则可解出符合给定条件的特解为

$$y=\sqrt{\frac{9x^2-1}{x^2+1}}.$$

7.3　齐次方程

定义 7.3.1　若 $F(tx,ty)=t^nF(x,y)$，这里 t 为任意实数，则称 $F(x,y)$ 为齐次函数．我们把形如

$$\frac{\mathrm{d}y}{\mathrm{d}x}=f\left(\frac{y}{x}\right)\tag{7.3.1}$$

的微分方程，称为齐次微分方程．齐次微分方程的特点是微分方程的右端为齐次函数．

例如，$y'=\dfrac{x+y}{x-y}$ 可化为 $y'=\dfrac{1+\dfrac{y}{x}}{1-\dfrac{y}{x}}$，而 $\dfrac{\mathrm{d}y}{\mathrm{d}x}=\dfrac{2xy}{x^2+y^2}$ 可化为 $\dfrac{\mathrm{d}y}{\mathrm{d}x}=\dfrac{2\,\dfrac{y}{x}}{1+\dfrac{y^2}{x^2}}$，所以它们都是齐次方程．

求解齐次方程的关键是对未知函数作适当的变量替换，将原方程化为变量分离方程，具体步骤如下：

(1) 变量代换，化齐次方程为可分离变量方程．设 $u=\dfrac{y}{x}$，把 y 与 x 之间的函数关系转化为 u 与 x 之间的函数关系，则有

$$y=ux,\frac{\mathrm{d}y}{\mathrm{d}x}=u+x\frac{\mathrm{d}u}{\mathrm{d}x}.$$

代入方程(7.3.1)，可得

$$u+x\frac{\mathrm{d}u}{\mathrm{d}x}=\varphi(u)$$

或者

$$\frac{\mathrm{d}u}{\mathrm{d}x}=\frac{\varphi(u)-u}{x}. \tag{7.3.2}$$

(2) 解可分离变量方程．将(7.3.2)化为

$$\frac{\mathrm{d}u}{\varphi(u)-u}=\frac{\mathrm{d}x}{x}.$$

两边积分,可得

$$\int\frac{\mathrm{d}u}{\varphi(u)-u}=\int\frac{\mathrm{d}x}{x}.$$

记 $\Phi(u)$ 为 $\dfrac{1}{\varphi(u)-u}$ 的一个原函数,则可得通解为

$$\Phi(u)=\ln|x|+C.$$

(3) 代回．将 u 换成 $\dfrac{y}{x}$,那么可得所给齐次方程的隐式通解

$$\Phi\left(\frac{y}{x}\right)=\ln x+C.$$

例 7.3.1 解微分方程 $\dfrac{\mathrm{d}y}{\mathrm{d}x}=\dfrac{x+y}{x+y}$.

解:原方程可化成

$$\frac{\mathrm{d}y}{\mathrm{d}x}=\frac{1+\frac{y}{x}}{1-\frac{y}{x}}.$$

作变换 $u=\dfrac{y}{x}$,则有 $y=ux$,$\dfrac{\mathrm{d}y}{\mathrm{d}x}=u+x\dfrac{\mathrm{d}u}{\mathrm{d}x}$,代入可得

$$x\frac{\mathrm{d}u}{\mathrm{d}x}+u=\frac{1+u}{1-u},$$

整理后得

$$\frac{1-u}{1+u^2}\mathrm{d}u=\frac{1}{x}\mathrm{d}x,$$

两边积分得

$$\arctan u-\frac{1}{2}\ln(1+u^2)=\ln|x|+C,$$

把 u 用 $\dfrac{y}{x}$ 代入,得到原方程的通解

$$\arctan\frac{y}{x}-\frac{1}{2}\ln\frac{x^2+y^2}{x^2}=\ln|x|+C.$$

例 7.3.2 解微分方程 $x\dfrac{\mathrm{d}y}{\mathrm{d}x}=\dfrac{3y(2x^2+y^2)}{3x^2+2y^2}$.

解:原方程可写为

$$\frac{\mathrm{d}y}{\mathrm{d}x}=3\frac{y}{x}\cdot\frac{2+\left(\frac{y}{x}\right)^2}{3+2\left(\frac{y}{x}\right)^2}.$$

因此为齐次方程．设 $u=\dfrac{y}{x}$,从而

$$x\frac{\mathrm{d}u}{\mathrm{d}x}+u=\frac{3u(2+u^2)}{3+2u^2},$$

即有

$$x\frac{\mathrm{d}u}{\mathrm{d}x}=\frac{u(3+u^2)}{3+2u^2}.$$

当 $u\neq 0$ 时,分离变量得

$$\left(\frac{1}{u}+\frac{u}{3+u^2}\right)\mathrm{d}u=\frac{\mathrm{d}x}{x}.$$

求积分可得通解

$$\ln|u|+\frac{1}{2}\ln(3+u^2)=\ln|x|+\ln|C|,$$

即

$$u\sqrt{3+u^2}=Cx,$$

其中 C 为任意非零常数．在上式中若允许 $C=0$,则包含特解 $u=0$. 因此方程的全部解可表示为

$$u\sqrt{3+u^2}=Cx,$$

即有

$$y\sqrt{3x^2+y^2}=Cx^3,$$

其中 C 为任意常数．

7.4　一阶线性微分方程

一阶线性微分方程的一般形式为

$$a_0(x)\frac{\mathrm{d}y}{\mathrm{d}x}+a_1(x)y=f(x).$$

今后我们总假设 $a_0(x)\neq 0$,因为当 $a_0(x)$ 出现零点时,上面方程就成为微分方程解析理论研究的对象．因此我们总是把一阶线性方程写成如下的标准形式

$$\frac{\mathrm{d}y}{\mathrm{d}x}+P(x)y=Q(x) \tag{7.4.1}$$

其中假设 $P(x)$,$Q(x)$ 在所讨论的区间上为 x 的连续函数．

当 $Q(x)\equiv 0$ 时,(7.4.1) 成为

$$\frac{\mathrm{d}y}{\mathrm{d}x}+P(x)y=0. \tag{7.4.2}$$

我们称(7.4.2) 为一阶线性齐次微分方程,而当 $Q(x)$ 不恒等于 0 时称(7.4.1) 为一阶线性非齐次微分方程,并称 $Q(x)$ 为一阶线性非齐次微分方程(7.4.1) 的非齐次项．

求解一阶线性齐次微分方程(7.4.2) 的基本思路是将其左端整理成某一个函数的导函数,再进行积分得出它的解．

求解一阶线性齐次微分方程时,只要对方程(7.4.2) 两边乘以适当的函数,就可以将其左端合并为某一个函数的导数．根据求导的经验,对方程(7.4.2) 两边同时乘以函数 $\mathrm{e}^{\int P(x)\mathrm{d}x}$ 后得

$$\frac{\mathrm{d}y}{\mathrm{d}x}\cdot \mathrm{e}^{\int P(x)\mathrm{d}x}+P(x)y\mathrm{e}^{\int P(x)\mathrm{d}x}=0,$$

即

$$(y\mathrm{e}^{\int P(x)\mathrm{d}x})'=0.$$

对上式两边积分,再整理后得方程(7.4.2)的通解为

$$y=C\mathrm{e}^{-\int P(x)\mathrm{d}x},\tag{7.4.3}$$

以后对任一个一阶线性齐次方程(7.4.2),可以直接由式(7.4.3)给出它的解.

由于方程(7.4.2)是方程(7.4.1)的特殊情形,因此可以设想方程(7.4.1)的通解应当是(7.4.3)的某种考虑到 $Q(x)$ 的推广;而这种推广(7.4.3)的一个比较简单的办法就是把任意常数 C 变易为 x 的待定函数 $C(x)$,使得它满足方程(7.4.1),亦即求方程(7.4.1)如下形式的解

$$y=C(x)\mathrm{e}^{-\int P(x)\mathrm{d}x}.\tag{7.4.4}$$

显然这也可以看成是对(7.4.1)进行未知函数的变量替换,即将求未知函数 $y(x)$ 换成求未知函数 $C(x)$. 将(7.4.4)代入方程(7.3.1)得

$$\frac{\mathrm{d}C(x)}{\mathrm{d}x}\mathrm{e}^{-\int P(x)\mathrm{d}x}+C(x)P(x)\mathrm{e}^{-\int P(x)\mathrm{d}x}=P(x)C(x)\mathrm{e}^{-\int P(x)\mathrm{d}x}+Q(x)$$

亦即

$$\frac{\mathrm{d}C(x)}{\mathrm{d}x}=Q(x)\mathrm{e}^{\int P(x)\mathrm{d}x},$$

两边对 x 积分推得

$$C(x)=\int Q(x)\mathrm{e}^{\int P(x)\mathrm{d}x}\mathrm{d}x+\widetilde{C},\tag{7.4.5}$$

具中,$\widetilde{C}$ 为任意常数. 将(7.4.6)代入(7.4.4)即得方程(7.4.1)的通解为

$$y=\mathrm{e}^{-\int P(x)\mathrm{d}x}\left[\widetilde{C}+\int Q(x)\mathrm{e}^{\int P(x)\mathrm{d}x}\mathrm{d}x\right].\tag{7.4.6}$$

上面这种将线性齐次方程通解中的任意常数变易为待定函数,从而求出线性非齐次方程通解的方法,我们称为常数变易法,以后我们还将多次用到.

伯努利方程是我们在实际应用中经常遇到的一类型方程,这类方程可以转化为线性方程来求解.

定义 7.4.1 形如

$$y'+P(x)y=Q(x)y^{\alpha},\alpha\neq 0,1$$

的微分方程称为伯努利方程.

伯努利方程可以通过变量代换化为一阶线性微分方程来解. 令 $z=y^{1-\alpha}$,则 $z'=(1-\alpha)\cdot y^{-\alpha}y'$,将 $y'=\frac{1}{1-\alpha}y^{\alpha}z'$ 代入方程得到

$$\frac{1}{1-\alpha}y^{\alpha}z'+P(x)y=Q(x)y^{\alpha},$$

即

$$z'+(1-\alpha)P(x)z=(1-\alpha)Q(x),$$

这是一阶线性方程,求出 z 后再转换到 y,就得到原方程的解.

最后,我们来介绍一阶线性非齐次微分方程解的一个重要性质及其通解的结构.

一阶线性微分方程解的最重要的性质是所谓叠加性质，即有如下定理：

定理 7.4.1　若 $y_1(x)$ 与 $y_2(x)$ 是一阶齐次线性微分方程 $y'+P(x)y=0$ 的两个解，C_1 与 C_2 是两个常数，则 $y(x)=C_1y_1(x)+C_2y_2(x)$ 必然也是一阶线性齐次微分方程的一个解．

定理 7.4.2　若 $y_1(x)$ 与 $y_2(x)$ 分别是一阶非齐次线性微分方程 $y'+P(x)y=f_1(x)$ 与 $y'+P(x)y=f_2(x)$ 的解，C_1 与 C_2 是两个常数，则 $y(x)=C_1y_1(x)+C_2y_2(x)$ 必然是一阶非齐次线性微分方程 $y'+P(x)y=C_1f_1(x)+C_2f_2(x)$ 的一个解．

直接计算 $y(x)=C_1y_1(x)+C_2y_2(x)$ 的导函数，并代入方程验算即可证明这两个定理，具体证明过程从略．

从一阶线性非齐次微分方程的通解公式知，它的通解由两部分相加而成，其中

$$y_c=Ce^{-\int P(x)\mathrm{d}x} \tag{7.4.7}$$

是对应的齐次方程的通解，而

$$y^*=e^{-\int P(x)\mathrm{d}x}\int Q(x)e^{\int P(x)\mathrm{d}x}\mathrm{d}x \tag{7.4.8}$$

是非齐次方程的一个特解，从而一阶线性非齐次微分方程的通解公式又可写成

$$y=y_c+y^*. \tag{7.4.9}$$

一阶线性非齐次微分方程通解的这种结构是所有线性非齐次微分方程的共性，我们在二阶线性非齐次微分方程的求解中还要进一步讨论．

例 7.4.1　求微分方程 $\dfrac{\mathrm{d}y}{\mathrm{d}x}-\dfrac{2y}{x+1}=(x+1)^{\frac{5}{2}}$ 的通解．

解：原方程为一个非齐次线性方程，先求其对应的齐次方程的通解

$$\frac{\mathrm{d}y}{\mathrm{d}x}-\frac{2y}{x+1}=0,$$

即有

$$\frac{\mathrm{d}y}{y}=\frac{2\mathrm{d}x}{x+1},$$

两边积分，可得

$$\ln y=2\ln(x+1)+\ln C,$$

因此

$$y=C(x+1)^2.$$

利用常数变易法，把 C 换成 $C(x)$，则有

$$y=C(x)(x+1)^2, \tag{7.4.10}$$

$$\frac{\mathrm{d}y}{\mathrm{d}x}=C'(x)(x+1)^2+2C(x)(x+1),$$

代入所给非齐次方程，可得

$$C'(x)=(x+1)^{\frac{1}{2}},$$

两边积分，可得

$$C(x)=\frac{2}{3}(x+1)^{\frac{3}{2}}+\widetilde{C},$$

把上式代入(7.4.10)式，从而得所求的通解为

$$y=(x+1)^2\left[\frac{2}{3}(x+1)^{\frac{3}{2}}+\widetilde{C}\right],$$

其中$\widetilde{C}$为任意常数.

例 7.4.2 求方程

$$\frac{\mathrm{d}y}{\mathrm{d}x}+\frac{1}{x}y=\frac{\sin x}{x}$$

的通解.

解:对应的齐次方程为

$$\frac{\mathrm{d}y}{\mathrm{d}x}+\frac{1}{x}y=0.$$

分离变量

$$\frac{\mathrm{d}y}{y}=-\frac{1}{x}\mathrm{d}x.$$

积分可得

$$\ln y=-\ln x+\ln C,$$

即

$$y=\frac{C}{x}$$

为齐次方程的通解.设非齐次方程的通解为

$$y=\frac{C(x)}{x}.$$

将其代入非齐次方程,可得

$$\frac{xC'(x)-C(x)}{x^2}+\frac{C(x)}{x^2}=\frac{\sin x}{x},$$

即

$$C'(x)=\sin x.$$

积分后可得

$$C(x)=-\cos x+\widetilde{C},$$

从而

$$y=\frac{1}{x}(-\cos x+\widetilde{C})$$

为非齐次方程的通解,其中$\widetilde{C}$为任意常数.

例 7.4.3 求解方程$\frac{\mathrm{d}y}{\mathrm{d}x}=\frac{4y}{x}+x\sqrt{y}$.

解:这是伯努利方程,此处$\alpha=\frac{1}{2}$.当$y\neq 0$时,把此方程改写为

$$\frac{1}{\sqrt{y}}\frac{\mathrm{d}y}{\mathrm{d}x}=\frac{4}{x}\sqrt{y}+x. \tag{7.4.11}$$

令$z=\sqrt{y}$,则$\frac{\mathrm{d}z}{\mathrm{d}x}=\frac{1}{2\sqrt{y}}\frac{\mathrm{d}y}{\mathrm{d}x}$,代入(7.4.11)得到

$$\frac{\mathrm{d}z}{\mathrm{d}x}=\frac{2}{x}z+\frac{1}{2}x.$$

这是一阶线性方程,可求得它的通解为

$$z = x^2\left(\frac{1}{2}\ln|x| + C\right).$$

把 $z=\sqrt{y}$ 代入上式，并平方之，便得到原方程的通解为

$$y = x^4\left(\frac{1}{2}\ln|x| + C\right)^2,$$

其中，C 是任意常数．另外，$y=0$ 也是原方程的解．

7.5　可降阶的高阶微分方程

通过 7.1 节的讨论我们知道，如果一个微分方程的阶数不低于 2，就称之为高阶方程．高阶方程的求解比一阶方程难，而且阶数越高难度越大．本节我们来讨论几种可通过变量替换来降低方程的阶数的高阶微分方程，他们都可以化成前面讨论过的一阶微分方程来求解．

1. 只含未知函数的最高阶导数和已知函数的方程 $y^{(n)}=f(x)$

对于微分方程

$$y^{(n)} = f(x), \tag{7.5.1}$$

其右端函数仅含自变量 x，两边积分，得到一个 $n-1$ 阶方程

$$y^{(n-1)} = \int f(x)\mathrm{d}x + C_1.$$

再积分，得

$$y^{(n-2)} = \int\left(\int f(x)\mathrm{d}x + C_1\right)\mathrm{d}x + C_2.$$

依此法继续下去，连续积分 n 次，便可得到方程(7.5.1)的含有 n 个任意常数的通解．

例 7.5.1　求解方程 $y'''=\sin 2x-\mathrm{e}^{-x}$．

解：连续积分三次，得

$$y'' = -\frac{1}{2}\cos 2x + \mathrm{e}^{-x} + C_1,$$

$$y' = -\frac{1}{4}\sin 2x - \mathrm{e}^{-x} + C_1x + C_2,$$

$$y = \frac{1}{8}\cos 2x + \mathrm{e}^{-x} + \frac{1}{2}C_1x^2 + C_2x + C_3.$$

最后一式给出方程的通解，其中 C_1,C_2,C_3 为任意常数．

2. 不显含未知函数 y 的方程 $F(x,y^{(k)},y^{(k+1)},\cdots,y^{(n)})=0$

对于不含有未知函数 y 及 $y^{(k-1)}(k\geqslant 1)$ 的微分方程

$$F(x,y^{(k)},y^{(k+1)},\cdots,y^{(n)}) = 0. \tag{7.5.2}$$

在这种情况下，可作变换 $y^{(k)}=p(x)$，则微分方程(7.5.2)转化为关于新未知函数 $p(x)$ 的 $n-k$ 阶微分方程

$$F(t,p,p',\cdots,p^{(n-k)}) = 0. \tag{7.5.3}$$

如果我们能求得微分方程(7.5.3)的通解 $p(x)=p(x,C_1,C_2,\cdots,C_{n-k})$，即

$$y^{(k)} = p(x,C_1,C_2,\cdots,C_{n-k}),$$

上式两端对 y 积分 k 次，就可得到原微分方程(7.5.2)的通解．特别地，若二阶微分方程不显含

y,利用变换 $y' = p(x)$,可将它转化为一阶微分方程,从而可利用前面介绍的方法求解.

例 7.5.2 求方程 $(x^2+1)y'' = 2xy'$ 的通解.

解:令 $u = y'$,则原方程化成

$$(x^2+1)u' = 2xu.$$

这是可分离变量方程,不难求出通解 $u = C_1(x^2+1)$,即

$$y' = C_1(x^2+1),$$

两边积分得

$$y = \frac{1}{3}C_1x^3 + C_1x + C_2,$$

这就是原方程的通解,其中 C_1 和 C_2 为任意常数.

3. 不显含自变量 x 的方程 $F(y,y',y'',\cdots,y^{(n)})=0$

我们知道,不显含自变量 x 的方程的一般形式是

$$F(y,y',y'',\cdots,y^{(n)})=0, \tag{7.5.4}$$

此时,用 $q = y'$ 作为新的未知函数,而把 x 当成新的自变量,因为

$$\frac{\mathrm{d}y}{\mathrm{d}x} = q,$$

$$\frac{\mathrm{d}^2y}{\mathrm{d}x^2} = \frac{\mathrm{d}q}{\mathrm{d}x} = \frac{\mathrm{d}q}{\mathrm{d}y}\frac{\mathrm{d}y}{\mathrm{d}x} = q\frac{\mathrm{d}q}{\mathrm{d}x}y,$$

$$\frac{\mathrm{d}^3y}{\mathrm{d}x^3} = \frac{\mathrm{d}\left(q\frac{\mathrm{d}q}{\mathrm{d}y}\right)}{\mathrm{d}x} = \frac{\mathrm{d}\left(q\frac{\mathrm{d}q}{\mathrm{d}y}\right)}{\mathrm{d}y}\frac{\mathrm{d}y}{\mathrm{d}x} = q\left(\frac{\mathrm{d}q}{\mathrm{d}y}\right)^2 + q^2\frac{\mathrm{d}^2q}{\mathrm{d}y^2},$$

$$\cdots\cdots$$

用数学归纳法易得 $y^{(k)}$ 可用 $q,\frac{\mathrm{d}q}{\mathrm{d}y},\cdots,\frac{\mathrm{d}^{k-1}q}{\mathrm{d}y^{k-1}}(k\leqslant n)$ 来表达.将这些表达式代入方程(7.5.4)可得

$$F\left(y,q,q\frac{\mathrm{d}q}{\mathrm{d}y},q\left(\frac{\mathrm{d}q}{\mathrm{d}y}\right)^2 + q^2\frac{\mathrm{d}^2q}{\mathrm{d}y^2},\cdots\right)=0,$$

即有新方程

$$G\left(y,q,\frac{\mathrm{d}q}{\mathrm{d}y},\cdots,\frac{\mathrm{d}^{n-1}q}{\mathrm{d}y^{n-1}}\right)=0. \tag{7.5.5}$$

方程(7.5.5)比原来的方程(7.5.4)降低了一阶.

例 7.5.3 求方程 $yy''-(y')^2=0, y\neq 0$ 的通解.

解:设 $u = y'$,把 u 看成 y 的函数,则

$$\frac{\mathrm{d}^2y}{\mathrm{d}x^2} = u\frac{\mathrm{d}u}{\mathrm{d}y},$$

代入原方程得

$$yu\frac{\mathrm{d}u}{\mathrm{d}y} = u^2,$$

假定 $u\neq 0$,整理为

$$\frac{\mathrm{d}u}{\mathrm{d}y} = \frac{u}{y},$$

求出通解 $u=C_1y$，得到

$$\frac{dy}{dx}=C_1y,$$

解这个方程，得到原方程的通解

$$y=C_2e^{C_1x},$$

其中 C_1,C_2 为任意常数．

那么，对于 $u=0$ 即 $y'=0$ 的情形，相应的解为 $y=C$(常数)，它显然已经包含于通解之中(即 $C_1=0,C_2=C$ 的情形)．

4．全微分方程和积分因子

如果 n 阶微分方程方程

$$F(x,y,y',y'',\cdots,y^{(n)})=0$$

的左端是某个 $n-1$ 阶微分表达式 $\Phi\left(x,y,\frac{dy}{dx},\cdots,\frac{d^{n-1}y}{dx^{n-1}}\right)$ 对 x 的全导数，即

$$F\left(x,y,\frac{dy}{dx},\cdots,\frac{d^ny}{dx^n}\right)=\frac{d}{dx}\Phi\left(x,y,\frac{dy}{dx},\cdots,\frac{d^{n-1}y}{dx^{n-1}}\right). \tag{7.5.6}$$

那么，我们称方程 $F(x,y,y',y'',\cdots,y^{(n)})=0$ 是全微分方程．显然有

$$\Phi\left(x,y,\frac{dy}{dx},\cdots,\frac{d^{n-1}y}{dx^{n-1}}\right)=C_1. \tag{7.5.7}$$

方程(7.5.7)是 $n-1$ 阶的，若能求出方程(7.5.7)的通解

$$y=\varphi(x,C_1,C_2,\cdots,C_n),$$

则它一定也是原方程 $F(x,y,y',y'',\cdots,y^{(n)})=0$ 的通解．有时方程 $F(x,y,y',y'',\cdots,y^{(n)})=0$ 本身不是全微分方程，但乘以一个适当的因子 $\mu\left(x,y,\frac{dy}{dx},\cdots,\frac{d^{n-1}y}{dx^{n-1}}\right)$ 后能成为全微分方程．这时，我们就称 $\mu\left(x,y,\frac{dy}{dx},\cdots,\frac{d^{n-1}y}{dx^{n-1}}\right)$ 是方程 $F(x,y,y',y'',\cdots,y^{(n)})=0$ 的积分因子．

例 7.5.4　求方程 $y\frac{d^2y}{dx^2}-\left(\frac{dy}{dx}\right)^2=0$ 的通解．

解：这个方程不是全微分方程，但乘上因子 $\mu=\frac{1}{y^2}(y\neq0)$ 后，方程化为

$$\frac{1}{y}\frac{d^2y}{dx^2}-\frac{1}{y^2}\left(\frac{dy}{dx}\right)^2=\frac{d}{dx}\left(\frac{1}{y}\frac{dy}{dx}\right)=0.$$

故有

$$\frac{1}{y}\frac{dy}{dx}=C_1,$$

即可解得

$$y=C_2e^{C_1x},C_2\neq0,$$

此外，在乘积分因子时，限制 $y\neq0$，而 $y=0$ 显然也是方程的解，故可去掉 $C_2\neq0$ 的限制而得到原方程的全部解为

$$y=C_2e^{C_1x}.$$

最后，我们指出，上述把方程的解法分类只是为了叙述方便，分类的标准并非绝对严格的．事实上，有的方程可兼跨两类，如

$$y'' = (y')^2 + y',$$

它既不显含 x，也不显含 y. 这时采用第二和第三两种方法都可求解，读者可据解题的方便选用其中一种解法.

7.6 二阶线性微分方程

n 阶线性常微分方程是常微分方程中应用广泛而且结构明晰的一类方程，在前面7.4节我们讨论了一阶线性常微分方程的解法，事实上，一阶线性常微分方程只是线性常微分方程的一种基本形式. 在这里我们接着讨论二阶线性方程的解，其主要结论和方法可类似地推广到 n 阶线性方程的情形. n 阶线性常微分方程的一般形式是

$$y^{(n)} + p_1(x)y^{(n-1)} + p_2(x)y^{(n-2)} + \cdots + p_n(x)y = f(x), \tag{7.6.1}$$

其中，方程右边的函数 $f(x)$ 称为自由项. 特别地，二阶线性方程的一般形式是

$$y'' + p(x)y' + q(x)y = f(x). \tag{7.6.2}$$

当方程 (7.6.2) 的自由项 $f(x) \equiv 0$ 时，有

$$y'' + p(x)y' + q(x)y = 0, \tag{7.6.3}$$

我们称(7.6.3) 为二阶线性齐次微分方程，并称其为对应于(7.6.2) 的齐次方程；当 $f(x)$ 不恒等于0时，我们称(7.6.2) 为二阶线性非齐次微分方程. 为了保证方程(7.6.2) 中的解存在，我们假设自由项 $f(x)$ 及其中的系数在方程所讨论的区间 I 上连续，即(7.6.2) 中的 $p(x)$，$q(x)$ 及 $f(x)$ 在方程所讨论的区间 I 上连续.

7.6.1 二阶线性齐次常微分方程解的结构

先研究二阶线性齐次微分方程(7.6.3) 的解的结构. 容易验证如下定理：

定理 7.6.1 若 $y = y_1(x)$ 和 $y = y_2(x)$ 都是(7.6.3) 在区间 $I = (\alpha,\beta)$上的解，那么对任意常数 C_1，C_2，函数

$$y = C_1y_1(x) + C_2y_2(x), x \in (\alpha,\beta) \tag{7.6.4}$$

也是(7.6.3) 在区间 $I = (\alpha,\beta)$上的解.

我们把(7.6.4) 的号右边的式子 $C_1y_1(x) + C_2y_2(x)$ 称为 $y_1(x)$ 与 $y_2(x)$ 在 I 上的线性组合. 如果一个函数 $y(x)$ 满足(7.6.4) 式，则称 $y(x)$ 在 I 上可以用 $y_1(x)$ 与 $y_2(x)$ 线性表示.

反过来，是否(7.6.3) 的每个解 $y(x)$ 都可以用 $y_1(x)$ 与 $y_2(x)$ 线性表示，即表示成 $y_1(x)$ 与 $y_2(x)$ 的线性组合呢?因为我们的目标是求出(7.6.3) 的所有解或通解，如果这个问题的答案是肯定的，那么我们只要求出两个解，其余的解就可用它们的线性组合来表示了. 不过，如果我们细心观察一些例子，就会发现答案未必是肯定的.

例如，对于线性齐次方程 $y'' + y = 0$. 容易验证 $y_1 = \sin x$，$y_2 = \cos x$ 和 $y_3 = 2\sin x - \cos x$，$y_4 = 3\cos x$ 都是该方程在$(-\infty, +\infty)$上的解. 那么，$y_3 = 2y_1 - y_2$，即 y_3 可以用 y_1 和 y_2 线性表示，但是，我们也可以验证，y_3 不可以用 y_2 和 y_4 线性表示.

对于向量组来说，线性组合、线性表示是和线性相关的概念紧密联系的；同样，对一组函数，也有线性相关的概念.

定义 7.6.1 设 $y_1(x)$，$y_2(x)$，…，$y_n(x)$ 是同一区间 I 上的函数，如果存在 n 个不全为0的常数 k_1，k_2，…，k_n 使得

$$k_1y_1(x)+k_2y_2(x)+\cdots+k_ny_n(x)\equiv 0, x\in I, \tag{7.6.5}$$

就称这 n 个函数在 I 上线性相关，否则，称它们在 I 上线性无关．

例如，函数 $1,\cos^2x,\sin^2x$ 是线性相关的，因为取 $k_1=1,k_2=k_3=-1$，就有，就有恒等式

$$1-\cos^2x-\sin^2x\equiv 0.$$

又如，函数 $1,x,x^2$ 在任何区间 (α,β) 内是线性无关的，因为如果 k_1,k_2,k_3 不全为零，那么在该区间内至多只有两个 x 值能使二次三项式 $k_1+k_2x+k_3x^2$ 为零；要使它恒等于零，必须有 k_1,k_2,k_3 全为零．

应用上述概念可知，对于两个函数的情形，它们线性相关与否，只要看它们的比是否为常数：如果比为常数，那么它们就线性相关；否则就线性无关．

例如，由于 $\dfrac{\sin x}{\cos x}=\tan x$，不是恒等于常数，所以 $\sin x$ 与 $\cos x$ 线性无关；又如 $\dfrac{3x}{x}\equiv 2$（常数），所以 $3x$ 与 x 线性相关．

关于函数组的线性相关与线性无关，我们有这样的结论：$y_1(x),y_2(x),\cdots,y_n(x)$ 在 I 上线性相关，当且仅当其中至少有一个 $y_i(x)$ 可用其他函数的线性组合来表示．

关于二阶线性齐次微分方程(7.6.3)的通解的问题，我们可以总结出如下定理：

定理 7.6.2　设 $y_1(x)$ 和 $y_2(x)$ 是方程(7.6.3)在区间 I 上的两个线性无关的特解，则对(7.6.3)的任何解 $y(x)$，都存在常数 C_1 和 C_2 使得

$$y=C_1y_1(x)+C_2y_2(x), x\in I. \tag{7.6.6}$$

换言之，如果 C_1 和 C_2 是任意常数，则(7.6.3)的通解就可以用(7.6.6)来表示，即用 $y_1(x)$ 和 $y_2(x)$ 的线性组合来表示．

证明略．

定理 7.6.2 给出了二阶线性齐次微分方程解的结构，如果求二阶线性齐次微分方程(7.6.3)的通解，我们可以先求出它的两个线性无关的特解．

例 7.6.1　验证 $y_1(x)=x,y_2(x)=\mathrm{e}^x$ 是微分方程

$$(x-1)y''-xy'+y=0$$

的解，并求出该方程满足初始条件 $y(0)=4,y'(0)=1$ 的特解．

解：原方程等价于二阶线性齐次方程

$$y''-\frac{x}{(x-1)}y'+\frac{1}{(x-1)}y=0.$$

把 $y_1(x)=x,y_1'(x)=1,y''_1(x)=0$ 代入上式，有

$$y''_1(1)-\frac{x}{(x-1)}y_1'(x)+\frac{1}{(x-1)}y_1(x)=0-\frac{x}{(x-1)}+\frac{1}{(x-1)}=0,$$

所以 $y_1(x)=x$ 是原方程的一个解，同理可以验证 $y_2(x)=\mathrm{e}^x$ 也是原方程的一个解．

为了求出原方程满足初始条件的特解，先求出原方程的通解，注意到

$$\frac{y_1(x)}{y_2(x)}=\frac{x}{\mathrm{e}^x}\neq C,$$

由定理 7.6.2 可得原方程的通解为

$$y=C_1x+C_2\mathrm{e}^x.$$

将 $y(0)=4$ 代入上式可得 $C_2=4$，又因为 $y'=C_1+C_2\mathrm{e}^x$，将 $y'(0)=1$ 代入可得 $C_1=-3$. 于是原方程满足初始条件的特解为

$$y = -3x + 4e^{x}.$$

7.6.2 二阶线性非齐次常微分方程解的结构

在了解了二阶线性齐次常微分方程解的结构的基础上，我们接着来讨论二阶线性非齐次常微分方程解的结构．我们已经知道，一阶线性非齐次方程的通解可分解为两部分，其中一部分是对应的一阶线性齐次方程的通解，另一部分是一阶线性非齐次方程的一个特解．这个结论对于二阶线性方程同样适用，我们有如下定理：

定理 7.6.3 设 y^* 是二阶非齐次线性方程(7.6.2)的一个特解，$C_1y_1(x)+C_2y_2(x)$ 是其对应的齐次方程(7.6.3)的通解，则

$$y = y^* + (C_1y_1(x) + C_2y_2(x)) \tag{7.6.7}$$

是方程(7.6.2)的通解．

实际上，容易验证(7.6.7)是非齐次方程(7.6.2)的解．反之，若 y 是方程(7.6.2)的解，容易验证 $y-y^*$ 是齐次方程(7.6.3)的解，根据定理 7.6.2，存在 C_1 和 C_2 使得 $y-y^* = C_1y_1(x)+C_2y_2(x)$，即(7.6.7)成立．所以(7.6.7)是方程(7.6.2)的通解．

定理 7.6.3 提供了求非齐次方程通解的一般方法：一方面，求出齐次方程(7.6.3)的通解；另一方面，求出(7.6.2)的一个特解；最后，再把二者相加，就得出非齐次方程(7.6.2)的通解．

定理 7.6.4 若 $y_1(x)$，$y_2(x)$ 是二阶线性非齐次微分方程(7.6.2)两个相异的解，则 $y(x)=y_1(x)-y_2(x)$ 是(7.6.2)对应的二阶线性齐次微分方程(7.6.3)的解．

证明略．

为了求出二阶线性非齐次方程的一个特解，当自由项比较复杂但可以分解成若干个较简单的函数之和时，下面定理提供了一个化繁为简的途径．

定理 7.6.5 （非齐次线性方程解的叠加原理） 设 y_k^* 是方程

$$y'' + p(x)y' + q(x)y = f_k(x)$$

的特解，$k=1,2,\cdots,n$，则 $y^* = y_1^* + y_2^* + \cdots + y_n^*$ 是方程

$$y'' + p(x)y' + q(x)y = f_1(x) + f_2(x) + \cdots + f_k(x)$$

的一个特解．

证明略．

例 7.6.2 验证 $y^*(x)=-x$ 是方程 $y''-y=x$ 的一个特解，$y_1=e^{x}$，$y_2=e^{-x}$ 是对应的齐次线性微分方程的的两个解，并写出非齐次线性微分方程的通解．

解：将 $y^*(x)=-x$ 和 $y_1=e^{x}$，$y_2=e^{-x}$ 分别代入原方程和对应的齐次线性微分方程，不难验证题设结论．

由于 $y_1=e^{x}$ 与 $y_2=e^{-x}$ 线性无关，因此 $C_1e^{x}+C_2e^{-x}$ 为对应的齐次线性微分方程的通解，因此非齐次线性微分方程的通解为

$$y = C_1e^{x} + C_2e^{-x} - x.$$

例 7.6.3 已知微分方程

$$y'' + p(x)y' + q(x)y = f(x)$$

有三个解 $y_1(x)=x$，$y_2(x)=e^{x}$，$y_3(x)=e^{2x}$．求该方程满足初始条件 $y(0)=1$，$y'(0)=3$ 的特解．

解：容易验证，y_2-y_1，y_3-y_1 是对应的线性齐次微分方程的解，因为

$$\frac{y_2-y_1}{y_3-y_1}=\frac{e^x-x}{e^{2x}-x}\neq c(\text{常数}),$$

则 y_2-y_1，y_3-y_1 是线性无关的，于是由定理7.6.3可知原方程的通解为

$$y=C_1(e^x-x)+C_2(e^{2x}-x)+x.$$

进而得

$$y'=C_1e^x+2C_2e^{2x}-C_1-C_2+1.$$

分别代入上式初始条件 $y(0)=1$，$y'(0)=3$，得 $C_1=-1$，$C_2=2$，故所求特解为

$$y'=2e^{2x}-e^x.$$

7.7　二阶常系数线性微分方程

对二阶微分方程，除了7.5节中讨论过的可降阶的方程外，在本书中，我们仅讨论二阶常系数线性微分方程，其一般形式为

$$y''+py'+qy=f(x),$$

其中 p，q 为常数，$f(x)$ 为给定的连续函数．当 $f(x)$ 恒为零时，上述方程为

$$y''+py'+qy=0,$$

称为二阶常系数线性齐次微分方程，否则称为二阶常系数线性非齐次线性微分方程．下面我们就来讨论如何求解这一类微分方程．

7.7.1　二阶常系数线性齐次微分方程

对于二阶线性齐次微分方程

$$y''+p(x)y'+q(x)y=0, \tag{7.7.1}$$

如果 y' 与 y 的系数都是常数，则称其为二阶常系数线性齐次微分方程，其一般形式为

$$y''+py'+qy=0, \tag{7.7.2}$$

其中 p，q 为常数．

要求微分方程(7.7.2)的通解，就要找两个线性无关的特解，根据微分方程(7.7.2)的特征，猜想形如 $y=e^{rx}$（r 是常数）的函数可能是方程的解．由于指数函数 $y=e^{rx}$ 和它的各阶导数都只相差一个常数因子，因此看能否适当地选取常数 r，使 $y=e^{rx}$ 满足方程(7.7.2)．将 $y=e^{rx}$ 求导，得

$$y'=re^{rx},y''=r^2e^{rx}.$$

把 y，y'，y'' 代入方程(7.7.2)，得

$$(r^2+pr+q)e^{rx}=0,$$

所以

$$r^2+pr+q=0. \tag{7.7.3}$$

由此可见，只要常数 r 满足方程(7.7.3)，函数 $y=e^{rx}$ 就是方程(7.7.2)的解．我们把代数方程(7.7.3)称为微分方程(7.7.2)的特征方程．特征方程(7.7.3)的根称为特征根，可以用公式

$$r_{1,2}=\frac{1}{2}(-p\pm\sqrt{p^2-4q})$$

求出它们有三种不同的情形，根据特征方程根的三种情形，微分方程(7.7.2)的通解也就有三种

不同的形式，现在分别讨论如下：

(1) 特征方程有两个不相等的实根：即 $r_1 \neq r_2$. 这时，

$$\frac{y_1}{y_2} = \frac{e^{r_1 x}}{e^{r_2 x}} = e^{(r_1 - r_2)x}$$

不是常数，因而 $y_1 = e^{r_1 x}, y_2 = e^{r_2 x}$ 是微分方程(7.7.2) 的两个线性无关的特解，因此方程(7.7.2) 的通解为

$$y = C_1 e^{r_1 x} + C_2 e^{r_2 x}. \tag{7.7.4}$$

(2) 特征方程有两个相等的根：即 $r_1 = r_2$. 这时，我们只能得到微分方程(7.7.2) 的一个特解 $y_1 = e^{r_1 x}$. 我们还需要求出另一个与 $y_1 = e^{r_1 x}$ 线性无关的特解 y_2，且要求 $\frac{y_1}{y_2}$ 不是常数，为此，设 $\frac{y_1}{y_2} = u(x)$，且 $u(x)$ 不为常数，即 $y_2 = e^{r_1 x} u(x)$. 将 y_2 求导，得

$$y_2' = e^{r_1 x}(u'(x) + r_1 u(x)),$$
$$y_2'' = e^{r_1 x}(u''(x) + 2r_1 u'(x) + r_1^2 u(x)),$$

代入方程(7.7.2) 得

$$e^{r_1 x}[(u''(x) + 2r_1 u'(x) + r_1^2 u(x)) + p(u'(x) + r_1 u(x)) + qu(x)] = 0,$$

约去 $e^{r_1 x}$，得

$$u''(x) + (2r_1 + p)u'(x) + (r_1^2 + pr_1 + q)u(x) = 0,$$

由于 r_1 是特征方程(7.7.3) 的重根，故 $r_1^2 + pr_1 + q = 0, 2r_1 + p = 0$，于是有

$$u''(x) = 0,$$

解得 $u(x) = C_1 + C_2 x$. 由于我们只要得到一个不为常数的解，所以不妨选取 $u = x$，由此得微分方程的另一个解

$$y_2 = x e^{r_1 x}.$$

从而微分方程(7.7.2) 的通解为

$$y = C_1 e^{r_1 x} + C_2 x e^{r_1 x} = (C_1 + C_2 x) e^{r_1 x}. \tag{7.7.5}$$

(3) 特征方程有一对共轭复根：即

$$r_1 = \alpha + i\beta, r_1 = \alpha - i\beta, \beta \neq 0.$$

这时，我们得到两个线性无关的复函数解

$$y_1^* = e^{(\alpha + i\beta)x}, y_2^* = e^{(\alpha - i\beta)x},$$

根据欧拉公式 $e^{i\theta} = \cos\theta + i\sin\theta$，我们有

$$e^{(\alpha + i\beta)x} = e^{\alpha x}(\cos\beta x \pm i\sin\beta x) = e^{\alpha x}\cos\beta x \pm ie^{\alpha x}\sin\beta x.$$

取

$$y_1(x) = \frac{1}{2}[e^{(\alpha + iB)x} + e^{(\alpha - i\beta)x}] = e^{\alpha x}\cos\beta x,$$

$$y_2(x) = \frac{1}{2i}[e^{(\alpha + iB)x} - e^{(\alpha - i\beta)x}] = e^{\alpha x}\sin\beta x,$$

则根据上一节的讨论可以知道，$y_1(x)$ 及 $y_2(x)$ 是方程(7.7.2) 的两个实函数解，且由于 $\frac{y_1(x)}{y_2(x)} = \cot\beta x$ 不是常数，即 $y_1(x)$ 与 $y_2(x)$ 是线性无关的，所以方程(7.7.2) 的通解为

$$y = C_1 y_1(x) + C_2 y_2(x) = e^{\alpha x}(C_1 \cos\beta x + C_2 \sin\beta x). \tag{7.7.6}$$

综上所述,求二阶常系数齐次线性方程的通解步骤如下:

(1) 写出微分方程(7.7.2)特征方程 $r^2+pr+q=0$.

(2) 求出特征方程(7.7.3)的两个根 r_1,r_2.

(3) 根据特征方程(7.7.3)的两个根 r_1,r_2 的不同情况,对应地写出微分方程的通解,如表 7-7-1 所示.

表 7-7-1

特征方程 $r^2+pr+q=0$ 的两个根 r_1,r_2	微分方程 $y''+py'+qy=0$ 的通解
两个不相等的实根 $r_1\neq r_2$	$y=C_1e^{r_1x}+C_2e^{r_2x}$
两个相等的实根 $r_1=r_2$	$y=C_1e^{r_1x}+xC_2e^{r_1x}=e^{r_1x}(C_1+C_2x)$
一对共轭复根 $r_{1,2}=\alpha\pm i\beta$,其中 $\beta\neq 0$	$y=e^{\alpha x}(C_1\cos\beta x+C_2\sin\beta x)$

例 7.7.1　求下列二阶常系数线性齐次微分方程的通解:

(1) $y''-3y'+2y=0$.

(2) $y''+6y'+9y=0$.

(3) $y''-4y'+5y=0$.

解:(1) 由特征方程 $r^2-3r+2=(r-1)(r-2)=0$ 得二特征根是 $r_1=1,r_2=2$,这表明方程 $y''-3y'+2y=0$ 有两个线性无关的特解 e^x 与 e^{2x},从而方程 $y''-3y'+2y=0$ 的通解是

$$y=C_1e^x+C_2e^{2x},$$

其中 C_1,C_2 是两个任意常数.

(2) 由特征方程 $r^2+6r+9=(r+3)^2=0$ 得相等二特征根 $r_1=r_2=-3$,这表明方程 $y''+6y'+9y=0$ 有两个线性无关的特解 e^{-3x} 与 xe^{-3x},从而方程 $y''+6y'+9y=0$ 的通解是

$$y=(C_1+C_2x)e^{-3x},$$

其中 C_1,C_2 是两个任意常数.

(3) 由特征方程 $r^2-4r+5=(r-2)^2+1=0$ 得共轭二复特征根是 $r_1=2-i,r_2=2+i$,这表明方程 $y''-4y'+5y=0$ 有两个线性无关的特解 $e^{2x}\cos x$ 与 $e^{2x}\sin x$,从而方程 $y''-4y'+5y=0$ 的通解是

$$y=(C_1\cos x+C_2\sin x)e^{2x},$$

其中 C_1,C_2 是两个任意常数.

7.7.2　二阶常系数线性非齐次微分方程

二阶常系数线性非齐次微分方程的一般形式是

$$y''+py'+qy=f(x), \tag{7.7.7}$$

其中 p,q 为常数,$f(x)$ 为给定的连续函数.

根据前面的讨论,如果我们求出方程(7.7.7)的一个特解 $y^*(x)$,再求出对应的齐次方程的通解 $Y(x)=C_1y_1(x)+C_2y_2(x)$,那么方程(7.7.7)的通解就是

$$y(x)=Y(x)+y^*(x)=C_1y_1(x)+C_2y_2(x)+y^*(x).$$

由于方程(7.7.7)对应的齐次方程的通解 $Y(x)=C_1y_1(x)+C_2y_2(x)$ 已经解决,因此下面主要针对函数 $f(x)$ 的特殊形式

(1) $f(x) = P_m(x)e^{\lambda x}$.

(2) $f(x) = e^{\alpha x}[P_k(x)\cos\beta x + P_n(x)\sin\beta x]$.

给出求方程(7.7.7)的一个特解的待定系数方法.

1. 非齐次项 $f(x) = P_m(x)e^{\lambda x}$

若方程(7.7.7)中 $f(x) = P_m(x)e^{\lambda x}$,其中 $P_m(x)$ 是 x 的 m 次多项式,即

$$y'' + py' + qy = P_m(x)e^{\lambda x}, \tag{7.7.8}$$

则方程(7.7.8)的一特解 y^* 具有如下形式

$$y^* = x^k Q_m(x)e^{\lambda x},$$

其中 $Q_m(x)$ 是系数待定的 x 的 m 次多项式,k 由下列情形决定:

(1) 当 λ 是方程(7.7.8)对应的齐次方程的特征方程的单根时,取 $k = 1$.

(2) 当 λ 是方程(7.7.8)对应的齐次方程的特征方程的重根时,取 $k = 2$.

(3) 当 λ 不是方程(7.7.8)对应的齐次方程的特征根时,取 $k = 0$.

限于本书篇幅,这里不再对得出上述结论的过程详细讨论,有兴趣的读者可以自行推导.

例 7.7.2 求微分方程 $y'' - 2y' + y = e^x$ 满足初始条件 $y|_{x=0} = 1, y'|_{x=0} = 0$ 的特解.

解:对应的齐次方程的特征方程为

$$r^2 - 2r + 1 = 0,$$

解得

$$r_1 = r_2 = 1,$$

所以对应的齐次方程的通解为

$$y = (C_1 + C_2 x)e^x,$$

又原方程的右端是 e^x,与 $P_m(x)e^{\lambda x}$ 比较可得 $P_m(x) = 1, \lambda = 1$,由于 $\lambda = 1$ 是特征方程的重根,所以可设原方程的一个特解为

$$y^* = ax^2 e^x,$$

相应地有

$$(y^*)' = (ax^2 + 2ax)e^x,$$
$$(y^*)'' = (ax^2 + 4ax + 2a)e^x,$$

代入原方程,化简可得

$$2ae^x = e^x,$$

所以 $a = \frac{1}{2}$. 所以原方程的特解为

$$y^* = \frac{1}{2}x^2 e^x.$$

从而原方程的通解为

$$y = (C_1 + C_2 x)e^x + \frac{1}{2}x^2 e^x = \left(C_1 + C_2 x + \frac{1}{2}x^2\right)e^x,$$

把初始条件 $y|_{x=0} = 1, y'|_{x=0} = 0$ 代入通解和导数 $y' = \left(C_1 + C_2 + x + C_2 x + \frac{1}{2}x^2\right)e^x$ 中,可得 $C_1 = 1, C_2 = -1$,所以满足初始条件的特解是

$$y = \left(1 - x + \frac{1}{2}x^2\right)e^x.$$

2. 非齐次项 $f(x)=e^{\alpha x}[P_k(x)\cos\beta x+P_n(x)\sin\beta x]$

若方程(7.7.7)中 $f(x)=e^{\alpha x}[P_k(x)\cos\beta x+P_n(x)\sin\beta x]$，其中 α,β 为已知的(实)常数，$P_k(x)$ 和 $P_n(x)$ 分别为已知的 k 次和 n 次多项式，允许其中一个恒为0. 这时(7.7.7)具有如下形式：

$$y''+py'+qy=e^{\alpha x}[P_k(x)\cos\beta x+P_n(x)\sin\beta x]. \tag{7.7.9}$$

根据方程右边 $f(x)$ 的特点，可以假定(7.7.9)有一个特解 y^* 具有与 $f(x)$ 相似的形式，只是 $f(x)$ 中的 $P_k(x)$ 和 $P_n(x)$ 分别换成两个待定的多项式 $Q(x)$ 和 $R(x)$ 而已，即把 y^* 和 $(y^*)'$，$(y^*)''$ 分别代入(7.7.9)，通过比较对应项的系数可以确定 $Q(x)$ 和 $R(x)$ 中各次项的系数，从而确定 $Q(x)$ 和 $R(x)$，求得(7.7.9)的特解 y^*.

具体地，应根据 $\alpha\pm i\beta$ 是否为齐次方程 $r^2+pr+q=0$ 的特征根之差异来确定项式 $Q(x)$ 和 $R(x)$ 的次数，从而把 y^* 分成如下两种类型：

(1) 当 $\alpha\pm i\beta$ 不是特征方程 $r^2+pr+q=0$ 的根时，$Q(x)=Q_m(x)$，$R(x)=R_m(x)$，即

$$y^*=e^{\alpha x}[Q_m(x)\cos\beta x+R_m(x)\sin\beta x],$$

其中 $m=\max\{k,n\}$，$Q_m(x)$ 和 $R_m(x)$ 都设定为 m 次多项式(需要注意的是，最后结果可能只有其中一个是 m 次多项式，而另一个低于 m 次，但由于事先未知，故必须如此设定，即使 $P_k(x)$ 和 $P_n(x)$ 中有一个恒为0也作此设定).

(2) 当 $\alpha\pm i\beta$ 是特征方程 $r^2+pr+q=0$ 的根时，$Q(x)=xQ_m(x)$，$R(x)=xR_m(x)$，即

$$y^*=xe^{\alpha x}[Q_m(x)\cos\beta x+R_m(x)\sin\beta x],$$

其中 m，$Q_m(x)$ 和 $R_m(x)$ 的含义和类型(1)相同.

为了便于读者记忆，我们根据自由项 $f(x)$ 的两种不同形式，将方程(7.7.7)的特解形式列表如表 7-7-2 所示.

表 7-7-2

$f(x)$ 的形式	条件	特解的形式
$P_m(x)e^{\lambda x}$	λ 不是特征方程的根	$y^*=Q_m(x)e^{\lambda x}$
	λ 是特征方程的单根	$y^*=xQ_m(x)e^{\lambda x}$
	λ 是特征方程的重根	$y^*=x^2Q_m(x)e^{\lambda x}$
$P_k(x)\cos\beta x+P_n(x)\sin\beta x$	$\alpha\pm i\beta$ 不是特征方程的根	$y^*=e^{\alpha x}[Q_m(x)\cos\beta x+R_m(x)\sin\beta x]$
	$\alpha\pm i\beta$ 是特征方程的根	$y^*=xe^{\alpha x}[Q_m(x)\cos\beta x+R_m(x)\sin\beta x]$

例 7.7.3　求微分方程 $y''-2y'+3y=e^{-x}\cos x$ 的通解.

解：其对应的线性齐次微分方程为

$$y''-2y'+3y=0.$$

因特征方程为

$$\lambda^2-2\lambda+3=0,$$

特征根为

$$\lambda_{1,2}=1\pm\sqrt{2}i,$$

故通解为

$$y=(C_1\cos\sqrt{2}x+C_2\sin\sqrt{2}x)e^x.$$

因 $\alpha \pm i\beta = -1 \pm i$ 不是特征根,故原微分方程有形如

$$y^* = (A\cos x + B\sin x)e^{-x}$$

的特解．代入微分方程化简后得

$$e^{-x}[(5A-4B)\cos x + (4A+5B)\sin x] = e^{-x}\cos x.$$

比较等式两端同类项的系数得

$$\begin{cases} 5A - 4B = 1 \\ 4A + 5B = 0 \end{cases}.$$

解之得 $A = \frac{5}{41}, B = \frac{-4}{41}$,从而

$$y^* = \frac{1}{41}e^{-x}(5\cos x - 4\sin x).$$

故原方程的通解为

$$y = (c_1\cos\sqrt{2}x + c_2\sin\sqrt{2}x)e^{x} + y^* = \frac{1}{41}e^{-x}(5\cos x - 4\sin x).$$

例 7.7.4　求微分方程 $y'' - y = xe^x + \sin 2x$ 的一个特解．

解:由线性方程解的结构理论可知,该微分方程的一个特解可由下面两方程

$$y'' - y = xe^x,$$

$$y'' - y = \sin 2x$$

的两特解相加得到．

对于以上两个方程,其特征方程均为

$$r^2 - 1 = 0,$$

解得特征根为 $r = \pm 1$. 因此两个方程的特解分别为

$$y_1^* = x(ax+b)e^x,$$

$$y_2^* = A\sin 2x + B\cos 2x$$

于是原方程一特解为

$$y^* = x(ax+b)e^x + A\sin 2x + B\cos 2x.$$

7.8　常微分方程的应用举例

7.8.1　一阶常微分方程的应用举例

例 7.8.1　如图 7-8-1 所示,设曲线 L 过点(1,1),曲线上任一点 $P(x,y)$处的切线交 x 轴于点 T,若 $|PT| = |OT|$,求曲线 L 的方程．

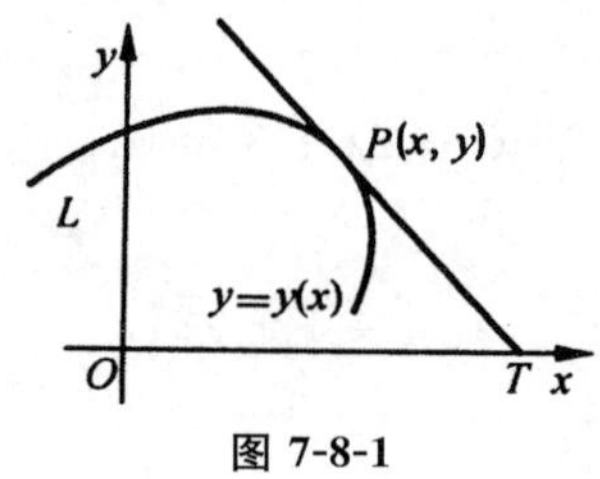

图 7-8-1

解:设曲线 L 的方程为 $y = y(x)$,则过点 $P(x,y)$ 处的切线方程为

$$Y - y = y'(X - x),$$

于是点 T 的坐标为 $\left(x - \frac{y}{y'}, 0\right)$,故

$$|PT| = \sqrt{\left(\frac{y}{y'}\right)^2 + y^2} = \left|\frac{y}{y'}\right| \sqrt{1 + y'^2},$$

$$|OT| = \left|x - \frac{y}{y'}\right|.$$

由 $|PT| = |OT|$ 得

$$\frac{y^2}{y'^2}(1 + y'^2) = \left(x - \frac{y}{y'}\right)^2,$$

即

$$y' = \frac{2xy}{x^2 - y^2}.$$

由于曲线过(1,1)点,故得到初值问题

$$\begin{cases} y' = \dfrac{2xy}{x^2 - y^2}. \\ y|_{x=1} = 1 \end{cases}$$

方程 $y' = \frac{2xy}{x^2 - y^2}$ 是齐次方程,故令 $x = uy$,代入得

$$\frac{-2u}{1 + u^2} \mathrm{d}u = \frac{\mathrm{d}y}{y}.$$

两边积分得

$$\frac{1}{1 + u^2} = C_1 y,$$

即

$$x^2 + y^2 = Cy,$$

由初始条件 $y|_{x=1} = 1$,得到 $C = 2$,故所求曲线 L 的方程为

$$x^2 + y^2 = 2y.$$

例 7.8.2　降落伞张开后下降,设所受空气阻力与降落伞的下降速率成正比,且伞张开时($t = 0$)的速度为 0,求降落伞下降速度 v 与时间 t 的函数关系.

解:应用问题应先建立微分方程,然后找出微分方程的解.这是一个运动问题,对于运动问题,一般总是由牛顿第二定律 $F = ma$ 出发来建立微分方程,其中 F 是物体所受的外力,加速度 $a = \frac{\mathrm{d}v}{\mathrm{d}t}$. 先来分析降落伞下降时,它所受到的外力情况.

降落伞下降时受重力 mg 与阻力 kv(k 为比例系数且大于 0)作用,如图 7-8-2 所示.阻力的方向与 v 相反.即阻力等于 $-kv$,因此总外力为

$$F = mg - kv.$$

根据牛顿第二定律 $F = ma$,可得微分方程

$$\frac{\mathrm{d}v}{\mathrm{d}t} = mg - kv,$$

即

$$v' + \frac{k}{m}v = g,$$

这是一阶线性非齐次微分方程．又知其初始条件为$v|_{t=0} = 0$,从而变为初值问题

$$\begin{cases} v' + \frac{k}{m}v = g \\ v|_{t=0} = 0 \end{cases},$$

容易求得该初值问题的解为

$$v = \frac{mg}{k}(1 - e^{-\frac{k}{m}t}).$$

由上式看到当t充分大后,速度近似为常数$\frac{mg}{k}$,即跳伞开始时加速运动,但以后逐渐近似为匀速运动了．

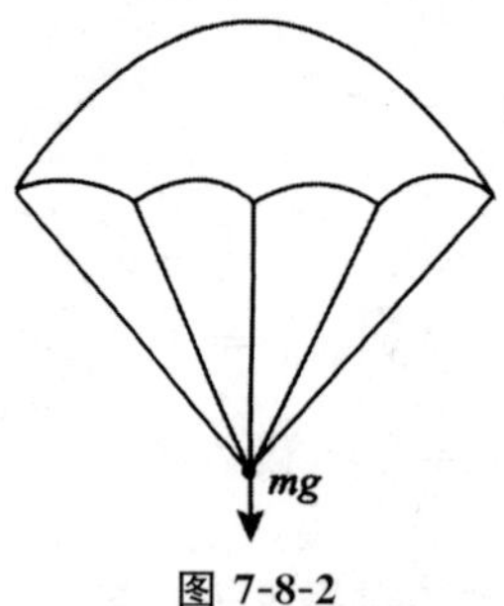

图 7-8-2

例 7.8.3 如图 7-8-3 所示,是一个RL电路,设电阻R,电感L及电源电压E均为常数．试建立当开关 S 闭合后,电路中的电流I所满足的微分方程．

解:根据基尔霍夫第二定律,在闭合回路中,所有支路上电压的代数和等于零．注意到电流经过电阻R的电压是RI,而经过电感L的电压是$L\frac{\mathrm{d}I}{\mathrm{d}t}$,所以当开关 S 合上后,存在关系式

$$E - L\frac{dI}{\mathrm{d}t} - RI = 0,$$

即

$$\frac{\mathrm{d}I}{\mathrm{d}t} + \frac{R}{L}I = \frac{E}{L}. \quad (7.8.1)$$

这便是RL电路的微分方程．其中电流I是自变量t的函数$I = I(t)$,在方程(7.8.1)中I是未知函数．当开关 S 刚合上即$t = 0$时有

$$I(0) = 0,$$

称此条件为方程(7.8.1)的初值条件．

如果当$t = t_0$时有$I = I_0$,而电源突然短路,即$E = 0$保持不变,此时方程(7.8.1)变为

$$\frac{\mathrm{d}I}{\mathrm{d}t} + \frac{R}{L}I = 0,$$

初值条件为

$$I(t_0) = I_0.$$

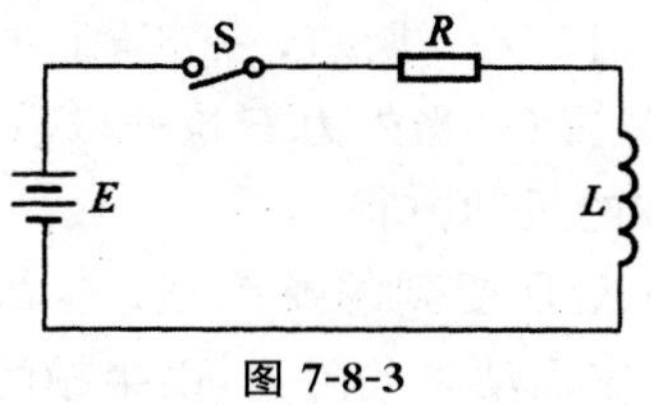

图 7-8-3

本例题的具体求解过程是非常简单，限于本书篇幅，这里不再进行求解，有兴趣的读者可以自行求解．

7.8.2　二阶常微分方程的应用实例

例 7.8.4(*R-L-C* 电路系统)　如图 7-8-4 所示，是一个包括电感 L，电阻 R 和电容器 C 的电路，其中 L、R、C 均为常数．假定将电容器充电使它在某一时刻得到一个电位量，然后将电源切断．由于自感 L 存在，回路中产生振荡电流．试求电路振荡的规律．

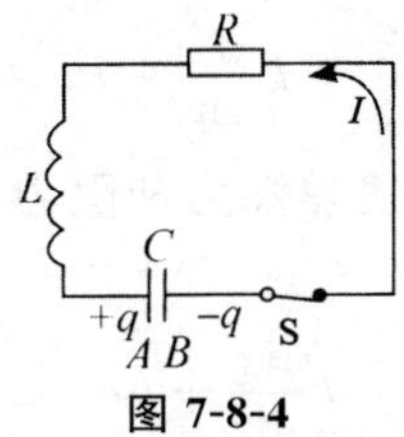

图 7-8-4

解：设电容器极板上的电荷量为 $Q(t)$，两极板之间的电压为 $v(t)$，用 $I(t)$ 表示电流强度，R 表示电阻，那么

$$I(t)=\frac{\mathrm{d}Q(t)}{\mathrm{d}t},v(t)=\frac{Q(t)}{C},$$

自感电动势为 $-L\frac{\mathrm{d}I(t)}{\mathrm{d}t}$. 根据电学上的基本定律得到

$$RI=-v-L\frac{\mathrm{d}I}{\mathrm{d}t},$$

或

$$LC\frac{\mathrm{d}^2v}{\mathrm{d}t^2}+RC\frac{\mathrm{d}v}{\mathrm{d}t}+v=0, \tag{7.8.2}$$

这就是回路中的电振荡方程．它是以 $v=v(t)$ 为未知函数的二阶线性齐次微分方程．

如果回路中加上一个电源 $E(t)$（已知函数），如图 7-8-5 所示，则方程(7.8.2) 应改为

$$LC\frac{\mathrm{d}^2v}{\mathrm{d}t^2}+RC\frac{\mathrm{d}v}{\mathrm{d}t}+v=E(t),$$

它是一个二阶线性非齐次微分方程．这时，非齐次与齐次方程的区别仅在于是否有附加一个电源 $E(t)$.

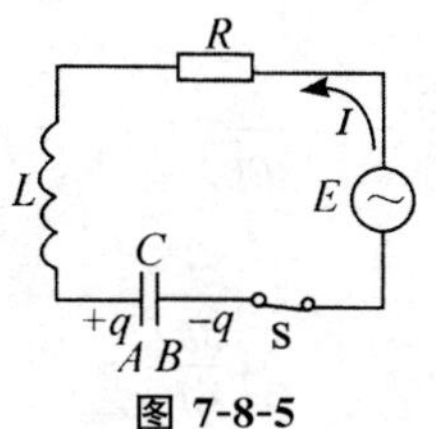

图 7-8-5

例 7.8.5(弹簧质点系统) 如图 7-8-6 所示,一个质量为 m 的物体(质点)M,它受到两个弹簧的弹性力作用,静止时处于平衡位置 O. 当外力 F 拉开 O 点一段距离后把 F 撤除,让 M 沿水平轴在 O 点的两旁运动.试求出物体的运动方程.

解:根据胡克定律,质点 M 在 x 处所受到的弹性力为 $-bx$,$b>0$,这里负号表示力的方向与质点的运动方向相反.于是若不考虑运动时的阻力,由牛顿的第二定律得到运动方程

$$m\frac{\mathrm{d}^2x}{\mathrm{d}t^2}=-bx.$$

如果质点运动时受到一个与速度 $v=\frac{\mathrm{d}x}{\mathrm{d}t}$ 成比例的阻力,设比例系数为 k(称为阻尼系数),则运动方程应为

$$m\frac{\mathrm{d}^2x}{\mathrm{d}t^2}=-bx-k\frac{\mathrm{d}x}{\mathrm{d}t},$$

即

$$m\frac{\mathrm{d}^2x}{\mathrm{d}t^2}+k\frac{\mathrm{d}x}{\mathrm{d}t}+bx=0. \tag{7.8.3}$$

这是一个二阶线性齐次方程.如果除上述弹性力和阻力外,质点还受到一个沿着运动方向的外力 $f(t)$ 的作用,则运动方程成为

$$m\frac{\mathrm{d}^2x}{\mathrm{d}t^2}+k\frac{\mathrm{d}x}{\mathrm{d}t}+bx=f(t). \tag{7.8.4}$$

这是一个二阶线性非齐次方程,它表示附加外力时质点的振动,称为强迫振动;而方程(7.8.3)是(7.8.4)所对应的齐次方程,表示无外力时质点的振动,称为自由振动.

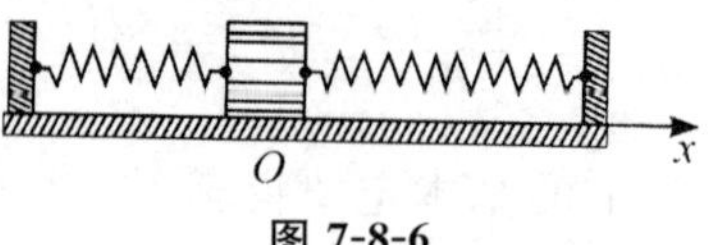

图 7-8-6

例 7.8.6 质量为 m 的质点受力 F 的作用沿 Ox 轴作直线运动.设力 $F=F(t)$ 在开始时刻 $t=0$ 时 $F(0)=F_0$,随时间 t 的增大,力 F 均匀地减小,直到 $t=T$ 时,$F(T)=0$. 若开始时质点位于原点,且初速度为零,求质点的运动规律.

解:设 $x=x(t)$ 表示在时刻 t 时质点的位置,则根据牛顿第二定律,质点运动的微分方程为

$$m\frac{\mathrm{d}^2x}{\mathrm{d}t^2}=F(t). \tag{7.8.5}$$

由题意可知,力 $F=F(t)$ 随 t 增大而均匀地减少,且 $t=0$ 时,$F(0)=F_0$,因此 $F(t)=F_0-kt$;又因为当 $t=T$ 时,$F(T)=0$,则有

$$F(t)=F_0\left(1-\frac{t}{T}\right).$$

那么方程(7.8.5)可写成

$$\frac{\mathrm{d}^2x}{\mathrm{d}t^2}=\frac{F_0}{m}\left(1-\frac{t}{T}\right). \tag{7.8.6}$$

初始条件为

$$x\big|_{t=0}=0,\left.\frac{\mathrm{d}x}{\mathrm{d}t}\right|_{t=0}=0.$$

将(7.8.6)式两端积分,可得

$$\frac{\mathrm{d}x}{\mathrm{d}t}=\frac{F_0}{m}\int\left(1-\frac{t}{T}\right)\mathrm{d}t,$$

即有

$$\frac{\mathrm{d}x}{\mathrm{d}t}=\frac{F_0}{m}\left(t-\frac{t^2}{2T}\right)+C_1. \tag{7.8.7}$$

将条件$\left.\frac{\mathrm{d}x}{\mathrm{d}t}\right|_{t=0}=0$代入(78.7)式,可得$C_1=0$,从而可得(7.8.7)式为

$$\frac{\mathrm{d}x}{\mathrm{d}t}=\frac{F_0}{m}\left(t-\frac{t^2}{2T}\right). \tag{7.8.8}$$

将(7.8.8)式两端积分,可得

$$x=\frac{F_0}{m}\left(\frac{t^2}{2}-\frac{t^3}{6T}\right)+C_2,$$

将条件$x|_{t=0}=0$代入上式,可得$C_2=0$. 因此所求质点的运动规律为

$$x=\frac{F_0}{m}\left(\frac{t^2}{2}-\frac{t^3}{6T}\right),$$

其中$0\leqslant t\leqslant T$.

7.9　数学实验

Mathematica 通常综合使用解析法、几何法和数值法这三种求解微分方程的基本方法来处理与微分方程相关的问题,在可能的情况下,尽量得出解析解,否则求数值解. 同时,利用 Mathematica 强大的作图功能,还可以作出图形以作为解的指导或显示解的性质.

7.9.1　微分方程的解析解法

1. 解一般微分方程

Mathematica 中用于处理常微分方程的基本语句为

DSolve[equ == 0,y[x],x]

　　求常微分方程的通解

例 7.9.1　求二阶微分方程 $x^2y''+y=0$ 的通解.

解:Mathematica 语句为

DSolve[x^2y''[x]+y[x]==0,y[x],x]

运行结果为

$$\left\{\left\{\mathrm{y[x]}->\sqrt{\mathrm{x}}\,\mathrm{Cos}\left[\frac{\sqrt{3}\,\mathrm{Log[x]}}{2}\right]+\sqrt{\mathrm{x}}\,\mathrm{Sin}\left[\frac{\sqrt{3}\,\mathrm{Log[x]}}{2}\right]\right\}\right\}$$

2. 求解初、边值问题

Mathematica 中用于求解初、边值问题的基本语句为

DSolve[{equ == 0,初始条件},y[x],x]

　　求常微分方程满足初始条件的特解

也就是说,求初、边值问题的解,仅需要增加一个条件表达式,即将方程与初始条件写在一个花括号中.

例 7.9.2 求微分方程 $xy'+y-e^x=0$ 在初始条件 $y|_{x=1}=2e$ 下的特解.

解:输入

```
Clear[x,y]
DSolve[{x*y'[x]+y[x]-Exp[x]==0,y[1]==2E},y[x],x]
```

就可以得到特解

$$\left\{\left\{y[x]->\frac{e+e^x}{x}\right\}\right\}$$

7.9.2 微分方程的数值解法

Mathematica 中用于求微分方程数值解的基本语句为

```
NDSolve[equ==0,y[x],x]
```

求常微分方程的所有根的近似形式

在这里需要说明的是,方程中必须含有定解的条件.在变量给定的范围内给出方程的数值解,但结果是以插值函数 InterpolatingFunction(默认三次函数)的形式给出,在使用该结果时要做些处理.

例 7.9.3 求初值问题

$$\begin{cases}(1+xy)y+(1-xy)y'=0\\ y|_{x=1.2}=1\end{cases}$$

在区间[1.2,4]上的近似解并作图.

解:输入

```
f1 = NDSolve[{(1+x*y[x])*y[x]+(1-x*y[x])*y'[x]==0,y[1.2]==1},y,
{x,1.2,4}]
```

其输出为数值近似解(插值函数)的形式

```
{{y->InterpolatingFunction[{{1.2,4.}},<>]}}
```

用 Plot 命令可以把它的图形画出来.不过还需要先使用强制求值命令 Evaluate,输入

```
Plot[Evaluate[y[x]/.f1],{x,1.2,4}]
```

则得到了近似解的图形,如图 7-9-1 所示.

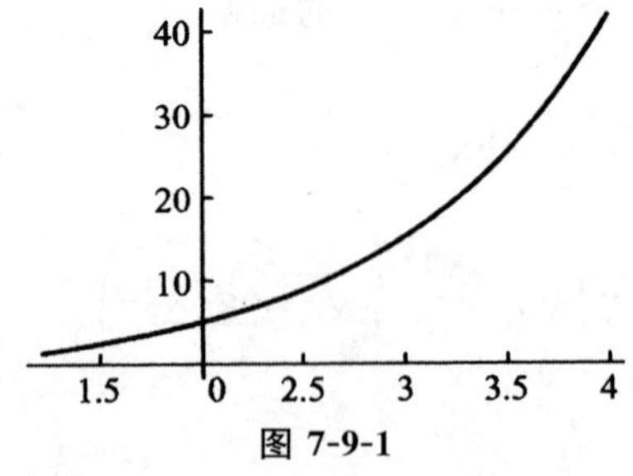

图 7-9-1

如果想求区间[1.2,4]内某一点的函数的近似值,例如 $y|_{x=1.6}$,只要输入

```
Y[1.6]/.f1
```

就得到所要的结果{2.87815}

7.9.3　微分方程的应用问题

在这里，我们以传染病传播问题为例，简单讨论 Mathematica 在微分方程应用问题中的应用．

例 7.9.4　一艘游船载有 1000 人，一名游客患了某种传染病，10 小时后有 2 人被传染发病，由于这种传染病没有早期症状，故传染者不能及时隔离，假设直升飞机将在 50 ～ 60 小时将疫苗运到，试估算疫苗运到时患此传染病的人数．

解：我们对这一问题分析如下：

假设 $y(t)$ 为发现第一个病人后 t 小时被传染的人数，则 $y(t)$ 对时间的导数可以描述该传染病的传染速率．传染病的传染速率受到传染人数的影响，又受到未被传染人数的影响，一般情况下，染病人数越多，传染速度越快（因为有很多传染源），未被传染的人数越多，传染速度也越快（因为会有很多的人染病），其影响关系都为正比关系，在 t 时刻未被感染人数为 $1000-y(t)$，于是，用如下微分方程描述传染速率：

$$\frac{\mathrm{d}y}{\mathrm{d}x}=ky(1000-y),y(0)=1,y(10)=2,$$

其中 k 为比例常数，我们来用 Mathematica 求解此微分方程．Mathematica 语句为

```
DSolve[y[t] == k * y[t] * (1000 - y[t]),y[t],t]
```

输出结果为

$$\left\{y[t]->\frac{E^{1000kt}}{\frac{E^{1000kt}}{1000}+C[1]}\right\},\{y[t]->0\}$$

因此得到解 $y=\frac{1000}{1+C_1\mathrm{e}^{-1000kt}}$. 由 $y(0)=1$ 可得 $C_1=999$，由 $y(10)=2$ 可得 $1000k=0.0694149$.

输入 Mathematica 语句

```
y1[t_] = 1000/(1 + 999) * Exp[- 0.0694149t]
```

得到 t 时刻感染人数 $y=\frac{1000}{1+999\mathrm{e}^{-0.0694149t}}$.

输入 Mathematica 语句

```
Plot[y1[t],{t,0,200}]
```

输出图形如图 7-9-2 所示．

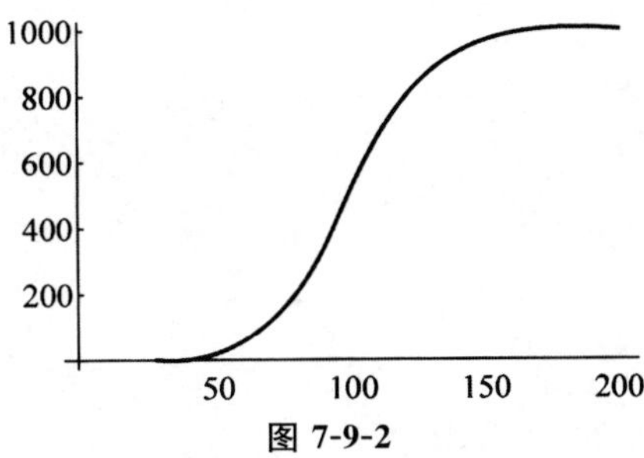

图 7-9-2

输入 Mathematica 语句

```
y1[50]
```

```
y1[60]
```

输出结果分别为

```
31.1888
60.548
```

因此，在 $t=50$ 小时患此病的人数约为 32 人，$t=60$ 小时患此病的人数约为 61 人，从这些数字可以知道，从 50 到 60 小时这 10 小时之间，被传染的病人数几乎翻了一倍．因此，传染病流行期间及时采取措施很重要，从图形上可以看出，t 在 $50\sim150$ 小时之间传染最快，当 t 趋于无穷大时，$y(t)$ 趋于 1000 人，即全游艇的人都被传染．

第 8 章　无穷级数

8.1　常数项级数

8.1.1　常数项级数的基本概念

无穷级数是表示函数、研究函数性质和进行数值计算的有力工具．无论是在数学理论本身的研究中，还是在其他科学技术领域中，都有着广泛的应用．在实际问题中，经常会遇到无穷多个数量相加的情形，我们先来看一个例子．

例 8.1.1　如图 8-1-1 所示，在求由 $y=x^2, y=0, x=1$ 所围曲边三角形 OAB 的面积时，先用直线 $x=\dfrac{i}{n}, i=1,2,\cdots,n-1$ 把曲边三角形分为 n 个小曲边梯形，而它们的面积近似地等于阴影部分的各小矩形的面积．可求得小矩形的面积分别为

$$S_1=0, S_2=\frac{1}{n^3}, S_3=\frac{2^2}{n^3}, \cdots, S_n=\frac{(n-1)^2}{n^3},$$

则曲边三角形的面积为

$$S \approx S_1+S_2+\cdots+S_n.$$

如果 n 无限增大，和式 $S_1+S_2+\cdots+S_n$ 的极限

$$\lim_{n\to\infty} S=\lim_{n\to\infty}(S_1+S_2+\cdots+S_n)=\lim_{n\to\infty}\left(0+\frac{1}{n^3}+\frac{2^2}{n^3}+\cdots+\frac{(n-1)^2}{n^3}\right)=\frac{1}{3}.$$

这就是曲边三角形 OAB 的面积．我们容易发现，当 $n\to\infty$ 时便出现了无穷多个数量相加的式子．

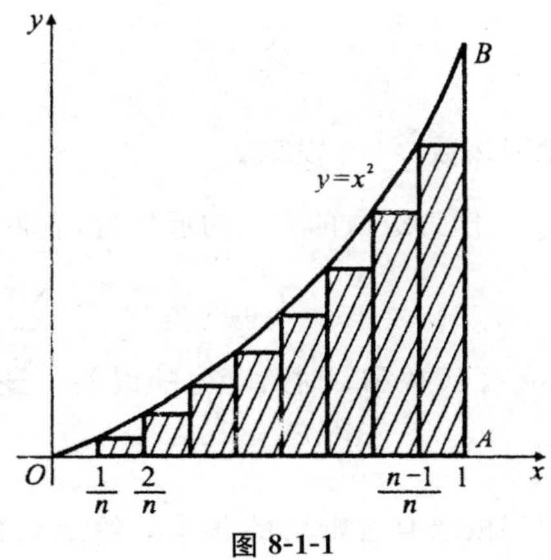

图 8-1-1

为了解决无穷项相加的问题，按照有限与无限之间的辨证转化关系，我们通过数列极限给出数项级数的相关概念．

定义 8.1.1　将数列 $\{u_n\}$ 的各项依次用“+”连接起来的式子

$$u_1+u_2+\cdots+u_n+\cdots$$

叫作常数项无穷级数，简称数项级数或级数，记为 $\sum\limits_{n=1}^{\infty}u_n$，即

$$\sum_{n=1}^{\infty}u_n=u_1+u_2+\cdots+u_n+\cdots.$$

其中 $u_1,u_2,\cdots,u_n,\cdots$ 称为级数的项，u_n 称为级数的一般项或通项．

例如，$\sum\limits_{n=1}^{\infty}\frac{1}{n^2}=1+\frac{1}{2^2}+\cdots+\frac{1}{n^2}+\cdots$，$\sum\limits_{n=1}^{\infty}(-1)^{n-1}\frac{1}{n}=1-\frac{1}{2}+\cdots+(-1)^{n-1}\frac{1}{n}+\cdots$ 都是常数项无穷级数．

我们知道，任意有限项之和的意义是十分明确的，而无穷多个数“相加”，这是一个新的概念. 这种加法是不是具有“和数”?这个“和数”的确切意义又是什么?从上述实例知道，我们可以从有限项的和出发，研究其变化趋势，由此来理解无穷多个数相加的意义．

定义 8.1.2 令 $s_1=u_1,s_2=u_1+u_2,\cdots,s_n=u_1+u_2+\cdots+u_n=\sum\limits_{k=1}^{n}u_k,\cdots$，这样，对任何一个无穷级数 $\sum\limits_{n=1}^{\infty}u_n$，总可以作出一个数列 $s_n=\sum\limits_{k=1}^{n}u_k,n=1,2,\cdots$，并称 $\{s_n\}$ 为级数 $\sum\limits_{n=1}^{\infty}u_n$ 的部分和数列．

在部分和数列的基础上，我们就可以给出级数收敛与发散的概念．

定义 8.1.3 如果级数 $\sum\limits_{n=1}^{\infty}u_n$ 的部分和数列 $\{s_n\}$ 有极限 s，即

$$\lim_{n\to\infty}s_n=s,$$

则称无穷级数 $\sum\limits_{n=1}^{\infty}u_n$ 收敛，s 称为级数的和，并记为

$$s=u_1+u_2+\cdots+u_n+\cdots$$

或

$$s=\sum_{n=1}^{\infty}u_n;$$

如果数列 $\{s_n\}$ 没有极限，则称无穷级数 $\sum\limits_{n=1}^{\infty}u_n$ 发散．

对于收敛级数，其部分和 s_n 可作为级数的和 s 的近似值，它们之间的差

$$r_n=s-s_n=u_{n+1}+u_{n+2}+\cdots=\sum_{k=n+1}^{\infty}u_k$$

叫作级数的余项．那么 $|r_n|$ 表示 s_n 代替和 s 时所产生的误差．显然，对于收敛级数有

$$\lim_{n\to\infty}r_n=0.$$

从上述定义可知，级数与数列极限有着密切的联系．给定级数 $\sum\limits_{n=1}^{\infty}u_n$，就有相应的部分和数列 $\{s_n\}$；反之，给定数列 $\{s_n\}$，就有以 $\{s_n\}$ 为部分和数列的级数

$$s_1+(s_2-s_1)+(s_3-s_2)+\cdots+(s_n-s_{n-1})+\cdots=\sum_{n=1}^{\infty}u_n,$$

其中 $u_1=s_1,u_n=s_n-s_{n-1},n\geqslant 2$.

按定义，级数 $\sum_{n=1}^{\infty} u_n$ 与数列 $\{s_n\}$ 同时收敛或同时发散，且在收敛时，有

$$\sum_{n=1}^{\infty} u_n = \lim_{n \to \infty} s_n,$$

即

$$\sum_{n=1}^{\infty} u_n = \lim_{n \to \infty} \sum_{k=1}^{n} u_k.$$

例 8.1.2　讨论级数 $\sum_{n=1}^{\infty} \frac{1}{n(n+1)}$ 的收敛性．

解：该级数的部分和

$$\begin{aligned} s_n &= \frac{1}{1 \cdot 2} + \frac{1}{2 \cdot 3} + \cdots + \frac{1}{n(n+1)} \\ &= \left(1 - \frac{1}{2}\right) + \left(\frac{1}{2} - \frac{1}{3}\right) + \cdots + \left(\frac{1}{n} - \frac{1}{n+1}\right) \\ &= 1 - \frac{1}{n+1}, \end{aligned}$$

从而

$$\lim_{n \to \infty} s_n = \lim_{n \to \infty}\left(1 - \frac{1}{n+1}\right) = 1,$$

于是该级数收敛且和为 1.

例 8.1.3　讨论等比级数（又称几何级数）

$$\sum_{n=0}^{\infty} aq^n = a + aq + aq^2 + \cdots + aq^n + \cdots, a \neq 0$$

的敛散性．

解：本题应该分如下几种情况讨论：

（1）当 $|q| \neq 1$ 时，该级数的部分和为

$$s_n = a + aq + aq^2 + \cdots + aq^{n-1} = \frac{a(1-q^n)}{1-q} = \frac{a}{1-q} - \frac{aq^n}{1-q}.$$

如果 $|q| < 1$，有 $\lim\limits_{n \to \infty} q^n = 0$，则

$$\lim_{n \to \infty} s_n = \lim_{n \to \infty}\left(\frac{a}{1-q} - \frac{aq^n}{1-q}\right) = \frac{a}{1-q},$$

因此级数收敛于和 $\frac{a}{1-q}$.

如果 $|q| > 1$，有 $\lim\limits_{n \to \infty} q^n = \infty$，则 $\lim\limits_{n \to \infty} s_n = \infty$，因此级数发散．

（2）当 $|q| = 1$ 时，如果 $q = 1$，有 $s_n = na$，则 $\lim\limits_{n \to \infty} s_n = \infty$，因此级数发散．如果 $q = -1$，则级数为 $a - a + a - a + a - \cdots$，此时

$$s_n = \begin{cases} 0, n \text{ 为偶数} \\ a, n \text{ 为奇数} \end{cases},$$

因此 $\lim\limits_{n \to \infty} s_n$ 不存在，级数发散．

综上所述，当 $|q| < 1$ 时，等比级数 $\sum_{n=0}^{\infty} aq^n$ 收敛，且收敛于和 $\frac{a}{1-q}$；当 $|q| \geqslant 1$ 时，等比级数

$\sum_{n=0}^{\infty} aq^n$ 发散 .

例 8.1.4 级数 $\sum_{n=1}^{\infty} \frac{1}{n} = 1 + \frac{1}{2} + \frac{1}{3} + \cdots + \frac{1}{n} + \cdots$ 称为调和级数 . 试证明调和级数发散.

证明:利用微分中值定理可证得:当 $x > 0$ 时,有 $x > \ln(1+x)$. 于是调和级数的部分和

$$\begin{aligned} s_n &= 1 + \frac{1}{2} + \frac{1}{3} + \cdots + \frac{1}{n} \\ &> \ln(1+1) + \ln\left(1+\frac{1}{2}\right) + \ln\left(1+\frac{1}{3}\right) + \cdots + \ln\left(1+\frac{1}{n}\right) \\ &= \ln\left(2 \times \frac{3}{2} \times \frac{4}{2} \times \cdots \times \frac{n+1}{n}\right) = \ln(n+1), \end{aligned}$$

从而 $\lim_{n\to\infty} s_n = \infty$,故调和级数发散 .

在这里需要特别指出的是,虽然调和级数发散,但当 $n \to \infty$ 时,却有其一般项 $u_n \to 0$.

8.1.2 收敛级数的基本性质

根据级数收敛、发散、部分和数列以及级数和的概念,我们容易发现无穷级数的收敛性问题实际上就是其部分和数列的收敛性问题,所以,可以利用数列极限的相关性质来推出级数的几个重要性质 .

性质 8.1.1 如果级数 $\sum_{n=1}^{\infty} u_n$ 收敛,其和为 s,则级数 $\sum_{n=1}^{\infty} ku_n$ 也收敛,且其和为 ks,即 $\sum_{n=1}^{\infty} ku_n = k\sum_{n=1}^{\infty} u_n$.

证明:设级数 $\sum_{n=1}^{\infty} u_n$ 与级数 $\sum_{n=1}^{\infty} ku_n$ 的部分和分别为 s_n 与 σ_n,则

$$\sigma_n = ku_1 + ku_2 + \cdots + ku_n = ks_n,$$

那么

$$\lim_{n\to\infty} \sigma_n = \lim_{n\to\infty} ks_n = k \lim_{n\to\infty} s_n = ks,$$

所以级数 $\sum_{n=1}^{\infty} ku_n$ 收敛,其和为 ks.

同样地,按照定义,可以证得如下性质 8.1.2、性质 8.1.3、性质 8.1.4,限于本书篇幅,我们在这里略去了相关的证明过程,有兴趣的读者可以自行证明 .

性质 8.1.2 如果级数 $\sum_{n=1}^{\infty} u_n$ 和 $\sum_{n=1}^{\infty} v_n$ 分别收敛于 s 和 σ,则级数 $\sum_{n=1}^{\infty} (u_n \pm v_n)$ 也收敛,且

$$\sum_{n=1}^{\infty} (u_n \pm v_n) = \sum_{n=1}^{\infty} u_n \pm \sum_{n=1}^{\infty} v_n = s \pm \sigma.$$

推论 8.1.1 如果级数 $\sum_{n=1}^{\infty} u_n$ 和 $\sum_{n=1}^{\infty} v_n$ 中一个收敛一个发散,则级数 $\sum_{n=1}^{\infty} (u_n \pm v_n)$ 必发散 .

在这里还需要注意的是,如果级数 $\sum_{n=1}^{\infty} u_n$ 和 $\sum_{n=1}^{\infty} v_n$ 均发散,则级数 $\sum_{n=1}^{\infty} (u_n \pm v_n)$ 可能收敛也可能发散 . 例如,$\sum_{n=1}^{\infty} (-1)^n$,$\sum_{n=1}^{\infty} (-1)^{n+1}$,$\sum_{n=1}^{\infty} 1$ 都是发散的级数,但 $\sum_{n=1}^{\infty} [(-1)^n + (-1)^{n+1}] = 0$

是收敛的,而 $\sum_{n=1}^{\infty}[1+(-1)^n]$ 是发散的(因为 s_n 的极限不存在).

性质 8.1.3　在级数中去掉、增加或改变有限项,级数的敛散性不变.

性质 8.1.4　在一个收敛级数中,任意添加(有限个或无限个)括号所得到的新级数仍收敛于原来的和.

推论 8.1.2　如果加括号后所成的级数发散,则原级数也发散.

需要注意的是,如果加括号后所成的级数收敛,则不能断定去括号后原来的级数也收敛.例如,级数

$$(1-1)+(1-1)+\cdots+(1-1)+\cdots$$

收敛于零,但级数

$$1-1+1-1+\cdots+1-1+\cdots$$

却是发散的.

性质 8.1.5(级数收敛的必要条件)　如果级数 $\sum_{n=1}^{\infty}u_n$ 收敛,则

$$\lim_{n\to\infty}u_n=0.$$

证明:设 $\sum_{n=1}^{\infty}u_n$ 的部分和为 s_n,且 $\lim_{n\to\infty}s_n=s$. 因为

$$u_n=s_n-s_{n-1},$$

所以

$$\lim_{n\to\infty}u_n=\lim_{n\to\infty}(s_n-s_{n-1})=\lim_{n\to\infty}s_n-\lim_{n\to\infty}s_{n-1}=s-s=0.$$

需要注意的是,当 $n\to\infty$ 时级数的一般项趋于零是级数收敛的必要条件而不是充分条件.有些级数,如前面的例 8.1.4 中的调和级数,虽然一般项趋于零,但仍然是发散的.其逆否命题,即"若 $\lim_{n\to\infty}u_n\neq 0$,则级数 $\sum_{n=1}^{\infty}u_n$ 必定发散",可用来判断发散级数,例如,可判断 $\sum_{n=1}^{\infty}\frac{1}{\sqrt[n]{3}}$ 和 $\sum_{n=1}^{\infty}\sin^2 n$ 都是发散的级数.

例 8.1.5　判断下列级数的敛散性,并对收敛级数求和:

(1) $\left(\frac{1}{2}+\frac{1}{3}\right)+\left(\frac{1}{2^2}+\frac{1}{3^2}\right)+\cdots+\left(\frac{1}{2^n}+\frac{1}{3^n}\right)+\cdots$.

(2) $\sum_{n=1}^{\infty}\left(1+(-1)^n\frac{1}{n}\right)$.

解:(1) 由于 $\sum_{n=1}^{\infty}\frac{1}{2^n}=1$, $\sum_{n=1}^{\infty}\frac{1}{3^n}=\frac{1}{2}$,根据性质 8.1.2,这两个收敛级数之和仍然是收敛级数,所以题(1) 的级数收敛且

$$\begin{aligned}&\left(\frac{1}{2}+\frac{1}{3}\right)+\left(\frac{1}{2^2}+\frac{1}{3^2}\right)+\cdots+\left(\frac{1}{2^n}+\frac{1}{3^n}\right)+\cdots\\&=\sum_{n=1}^{\infty}\frac{1}{2^n}+\sum_{n=1}^{\infty}\frac{1}{3^n}=1+\frac{1}{2}=\frac{3}{2}.\end{aligned}$$

(2) 由于级数的一般项 $u_n=1+(-1)^n\frac{1}{n}$ 收敛于 1,从而不收敛于零,所以该级数发散.

最后我们简单讨论一下柯西审敛准则,该准则给出了级数收敛的充分必要条件.

定理 8.1.1(柯西审敛准则) 级数 $\sum_{n=1}^{\infty} u_n$ 收敛的充分必要条件为：对任意 $\varepsilon > 0$，总存在自然数 N，使得当 $n > N$ 时，对任意的自然数 p，都有不等式

$$|u_{n+1} + u_{n+2} + \cdots + u_{n+p}| < \varepsilon$$

成立．

证明：必要性，设级数 $\sum_{n=1}^{\infty} u_n$ 收敛，那么其部分和数列 $\{s_n\}$ 收敛于一个常数 s，即该级数之和．因此，对任意 $\varepsilon > 0$，存在自然数 N，使得当 $n > N$ 时恒有

$$|s_n - s| < \frac{\varepsilon}{2}.$$

特别地，对任意的自然数 p 有

$$|s_{n+p} - s| < \frac{\varepsilon}{2}.$$

于是，由三角不等式得到

$$|s_{n+p} - s_n| \leqslant |s_{n+p} - s| + |s_n - s| < \frac{\varepsilon}{2} + \frac{\varepsilon}{2} = \varepsilon.$$

因为

$$|u_{n+1} + u_{n+2} + \cdots + u_{n+p}| = |s_{n+p} - s_n|,$$

所以 $|u_{n+1} + u_{n+2} + \cdots + u_{n+p}| < \varepsilon$ 成立．

充分性的证明较繁琐，而且超过高等数学的大纲要求，限于本书篇幅，此处略去．

柯西审敛准则在理论上有十分重要的意义，因为该准则仅凭对级数本身的各项的值的变化规律来判断收敛与发散，不像级数收敛定义那样，要借助于心日中的“拟极限 s”来检验 $|s_n - s|$ 是否充分小．

8.1.3 正项级数及其审敛法

一般来说，是不容易求出给定的级数 $\sum_{n=1}^{\infty} u_n$ 的部分和 s_n 的表达式的，有时甚至就求不出来．因此，除了少数情况外，根据级数收敛的定义来判断一个级数是否收敛往往是非常困难的．我们需要探索简单易行的方法来判定级数的收敛或发散．在讨论常数项级数收敛的判别方法前，首先需要引入一个重要概念——正项级数．

定义 8.1.4 如果级数 $\sum_{n=1}^{\infty} u_n = u_1 + u_2 + \cdots + u_n + \cdots$，且 $u_n \geqslant 0, n = 1,2,\cdots$，则称此级数为正项级数．

正项级数是常数项级数中比较特殊而又重要的一类，在研究其他类型的级数时，常常要用到正项级数的有关结果，正项级数的收敛性首先满足如下定理：

定理 8.1.2 正项级数 $\sum_{n=1}^{\infty} u_n$ 收敛的充分必要条件是它的部分和数列 $\{s_n\}$ 有界．

证明：如果部分和数列 $\{s_n\}$ 有界，即存在正数 M，使得 $0 \leqslant s_n \leqslant M, n = 1,2,3,\cdots$；又因为 $\{s_n\}$ 是单调增加数列，故由单调有界数列必有极限的准则知 $\{s_n\}$ 收敛．设 $\lim\limits_{n\to\infty} s_n = s$，那么级数

$\sum\limits_{n=1}^{\infty}u_n$ 收敛且其和为 s，显然 $s_n \leqslant s \leqslant M$.

反之，如果正项级数 $\sum\limits_{n=1}^{\infty}u_n$ 收敛于和 s，即 $\lim\limits_{n\to\infty}s_n = s$，由收敛数列必有界的性质知，数列 $\{s_n\}$ 有界．

通过定理 8.1.2 可知，若正项级数 $\sum\limits_{n=1}^{\infty}u_n$ 发散，则它的部分和数列 $s_n \to +\infty, n\to\infty$，即 $\sum\limits_{n=1}^{\infty}u_n = +\infty$.

利用这个定理判定正项级数的敛散性时，仍会遇到与利用定义判定级数敛散性同样的困难，即都要先求出部分和数列 $\{s_n\}$．因在一般情况下，$\{s_n\}$ 不易求得，故应用起来仍然不方便．但根据这个充要条件，却可导出下面一些非常实用的正项级数审敛法．

1. 比较审敛法

定理 8.1.3（比较审敛法）　设级数 $\sum\limits_{n=1}^{\infty}u_n$ 和 $\sum\limits_{n=1}^{\infty}v_n$ 是两个正项级数，从某项开始有 $u_n \leqslant v_n$. 则有结论：若 $\sum\limits_{n=1}^{\infty}v_n$ 收敛，则 $\sum\limits_{n=1}^{\infty}u_n$ 也收敛；若 $\sum\limits_{n=1}^{\infty}u_n$ 发散，则 $\sum\limits_{n=1}^{\infty}v_n$ 也发散．

证明：由于改变有限项的值不改变级数的敛散性，因此可以假定 $u_n \leqslant v_n$ 对所有的 $n \in N$ 都成立．于是对 $n \in N$，都有

$$\sum_{k=1}^{n}u_k \leqslant \sum_{k=1}^{n}v_k.$$

所以有结论：若 $\sum\limits_{n=1}^{\infty}v_n$ 收敛，则 $\sum\limits_{k=1}^{n}v_k$ 有界，于是 $\sum\limits_{k=1}^{n}u_k$ 也有界，因此 $\sum\limits_{n=1}^{\infty}u_n$ 收敛；若 $\sum\limits_{n=1}^{\infty}u_n$ 发散，则 $\sum\limits_{k=1}^{n}u_k$ 无界，于是 $\sum\limits_{k=1}^{n}v_k$ 无界，因此 $\sum\limits_{n=1}^{\infty}v_n$ 发散．

比较判别法表明，可以通过比较两个正项级数通项的大小，从其中一个级数已知的敛散性来判断另一个级数的敛散性．

比较判别法，还可以写成如下极限形式：

定理 8.1.4（比较审敛法的极限形式）　设级数 $\sum\limits_{n=1}^{\infty}u_n$ 与级数 $\sum\limits_{n=1}^{\infty}v_n$ 均为正项级数，且 $v_n > 0$，$n = 1,2,\cdots$，如果极限 $\lim\limits_{n\to\infty}\dfrac{u_n}{v_n} = l, 0 \leqslant l \leqslant +\infty$，则当 $0 < l < +\infty$ 时，级数 $\sum\limits_{n=1}^{\infty}u_n$ 与级数 $\sum\limits_{n=1}^{\infty}v_n$ 同时收敛或同时发散；当 $l = 0$ 时，如果级数 $\sum\limits_{n=1}^{\infty}v_n$ 收敛，则级数 $\sum\limits_{n=1}^{\infty}u_n$ 收敛；当 $l = +\infty$ 时，如果级数 $\sum\limits_{n=1}^{\infty}v_n$ 发散，则级数 $\sum\limits_{n=1}^{\infty}u_n$ 发散．

证明：当 $0 < l < +\infty$ 时，任取 $\varepsilon > 0$（设 $\varepsilon < l$），存在正整数 N，当 $n > N$ 时，总有 $\left|\dfrac{u_n}{v_n} - l\right| < \varepsilon$，即 $(l-\varepsilon)v_n < u_n < (l+\varepsilon)v_n$．由比较审敛法知，级数 $\sum\limits_{n=1}^{\infty}u_n$ 与级数 $\sum\limits_{n=1}^{\infty}v_n$ 同时收敛或同时发散．

当 $l = 0$ 时，有 $u_n < (l+\varepsilon)v_n$，由比较审敛法知，若级数 $\sum\limits_{n=1}^{\infty}v_n$ 收敛，则级数 $\sum\limits_{n=1}^{\infty}u_n$ 收敛．

当 $l=+\infty$ 时，任取 $M>0$，存在正整数 N，当 $n>N$ 时，有 $\frac{u_n}{v_n}>M$，即 $u_n>Mv_n, n>N$. 由比较审敛法可知，若级数数 $\sum_{n=1}^{\infty}v_n$ 发散，则级数 $\sum_{n=1}^{\infty}u_n$ 发散．

定理 8.1.4 又称极限审敛法．

需要注意的是，比较审敛法和极限审敛法的共同特点是它们都需要和已知敛散性的级数比较，所以应用这两种审敛法时要注意掌握一些敛散性已知的级数．它们的不同点是比较审敛法要进行级数一般项大小的比较，需证明不等式 $u_n\leqslant v_n$ 或 $v_n\leqslant u_n, n=1,2,\cdots$；而极限审敛法只需求 $\lim\limits_{n\to\infty}\frac{u_n}{v_n}$. 显然后一种方法可使用高等数学中的求极限这一强有力的工具，而前一种方法则常用到初等数学中的方法．用比较审敛法时，作为比较的对象，常用到的级数有：

(1) 等比级数 $\sum_{n=1}^{\infty}aq^n$，其敛散性可以总结为

$$\begin{cases}\text{发散}, |q|\geqslant 1\\ \text{收敛且和为}\frac{a}{1-q}, |q|<1\end{cases}.$$

(2) p 级数 $\sum_{n=1}^{\infty}a\frac{1}{n^p}$，其敛散性可以总结为

$$\begin{cases}\text{发散}, p>1\\ \text{收敛}, p\geqslant 1\end{cases}.$$

例 8.1.6 讨论 p 级数 $\sum_{n=1}^{\infty}\frac{1}{n^p}=1+\frac{1}{2^p}+\frac{1}{3^p}+\cdots+\frac{1}{n^p}+\cdots$ 的敛散性，其中 p 为任何实数.

解：显然 p 级数是正项级数．设 $p\leqslant 1$ 时，那么 $\frac{1}{n^p}\geqslant\frac{1}{n}, n=1,2,\cdots$. 由于调和级数 $\sum_{n=1}^{\infty}\frac{1}{n}$ 发散，因此根据比较审敛法知，p 级数发散；设 $p>1$ 时，因为当 $k-1\leqslant x\leqslant k$ 时，有 $\frac{1}{k^p}\leqslant\frac{1}{x^p}$，所以

$$\frac{1}{k^p}=\int_{k-1}^{k}\frac{1}{k^p}\mathrm{d}x\leqslant\int_{k-1}^{k}\frac{1}{x^p}\mathrm{d}x, k=2,3,\cdots,$$

从而 p 级数的部分和

$$\begin{aligned}s_n&=1+\sum_{k=2}^{n}\frac{1}{k^p}\leqslant 1+\sum_{k=2}^{n}\int_{k-1}^{k}\frac{1}{x^p}\mathrm{d}x=1+\int_{1}^{n}\frac{1}{x^p}\mathrm{d}x\\&=1+\frac{1}{p-1}\left(1-\frac{1}{n^{p-1}}\right)<1+\frac{1}{p-1}, n=2,3,\cdots,\end{aligned}$$

这表明数列 $\{s_n\}$ 有界，因此 p 级数收敛．

综上讨论可知：p 级数当 $p>1$ 时收敛，当 $p\leqslant 1$ 时发散．

需要注意的是，在例 8.1.6 的讨论过程中，我们利用了定积分来帮助证明．其实，无穷级数与无穷限广义积分之间有密切联系．$\frac{1}{k^p}=\int_{k-1}^{k}\frac{1}{k^p}\mathrm{d}x\leqslant\int_{k-1}^{k}\frac{1}{x^p}\mathrm{d}x\,(k=2,3,\cdots)$ 的几何意义十分明显(如图 8-1-2 所示，其中曲线是函数 $y=\frac{1}{x^p}$ 的图形 $(p>1)$，从左到右各个矩形的面积是级数各项的值). 读者从图中不难得出一些启示．

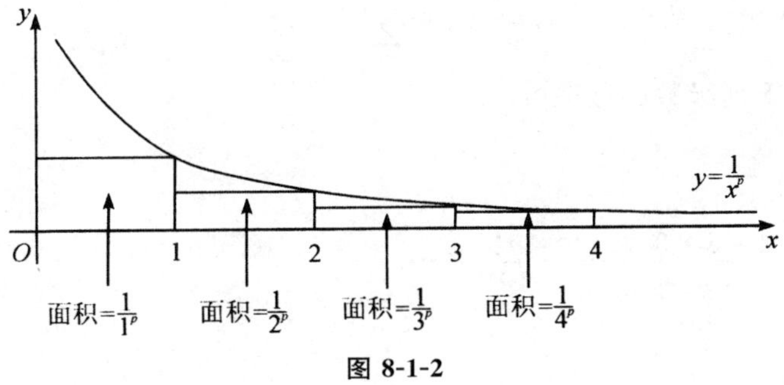

图 8-1-2

例 8.1.7　判定级数$\sum_{n=1}^{\infty}\frac{1}{\sqrt{n^3+1}}$的收敛性.

解:由于$\frac{1}{\sqrt{n^3+1}}=\frac{1}{n^{\frac{3}{2}}\sqrt{1+\frac{1}{n^3}}}\sim\frac{1}{n^{\frac{3}{2}}},n\to\infty$,故

$$\lim_{n\to\infty}\frac{\frac{1}{\sqrt{n^3+1}}}{\frac{1}{n^{\frac{3}{2}}}}=1,$$

由于级数$\sum_{n=1}^{\infty}\frac{1}{n^{\frac{3}{2}}}$收敛,从而原级数收敛.

2. 达朗贝尔比值审敛法

定理 8.1.5(达朗贝尔比值审敛法)　设$\sum_{n=1}^{\infty}u_n$为正项级数,如果$\lim_{n\to\infty}\frac{u_{n+1}}{u_n}=\rho$,则当$\rho<1$时,级数收敛;当$\rho>1$时,级数发散;当$\rho=1$时,级数可能收敛也可能发散.

证明:当ρ为有限数时,对任意的$\varepsilon>0$,存在$N>0$,使得当$n>N$时,有

$$\left|\frac{u_{n+1}}{u_n}-\rho\right|<\varepsilon,$$

即

$$\rho-\varepsilon<\frac{u_{n+1}}{u_n}<\rho+\varepsilon,n>N.$$

当$\rho<1$时,取$0<\varepsilon<1-\rho$,使$r=\rho+\varepsilon<1$,则有

$$u_{N+2}<ru_{N+1},u_{N+3}<ru_{N+2}<r^2u_{N+1},\cdots,u_{N+m}<ru_{N+m-1}<r^2u_{N+m-2}<\cdots<r^{m-1}u_{N+1},\cdots,$$

由于级数$\sum_{m=1}^{\infty}r^{m-1}u_{N+1}$收敛,则由比较审敛法知$\sum_{m=1}^{\infty}u_{N+m}=\sum_{n=N+1}^{\infty}u_n$收敛,因此级数$\sum_{n=1}^{\infty}u_n$收敛.

当$\rho>1$时,取$0<\varepsilon<\rho-1$,使$r=\rho-\varepsilon>1$,则当$n>N$时,有$\frac{u_{n+1}}{u_n}>r$,即$u_{n+1}>ru_n>u_n$,即当$n>N$时,级数$\sum_{n=1}^{\infty}u_n$的一般项逐渐增大,于是$\lim_{n\to\infty}u_n\neq 0$. 于是由级数收敛的必要条件可知,级数$\sum_{n=1}^{\infty}u_n$发散.

类似地，可以证明当$\lim\limits_{n\to\infty}\dfrac{u_{n+1}}{u_n}=\infty$时，级数$\sum\limits_{n=1}^{\infty}u_n$发散．

例 8.1.8　判断下列级数的敛散性：

(1) $\sum\limits_{n=1}^{\infty}\dfrac{3^n}{n^2 2^n}$.

(2) $\dfrac{1}{10}+\dfrac{1\cdot 2}{10^2}+\dfrac{1\cdot 2\cdot 3}{10^3}+\cdots+\dfrac{n!}{10^n}+\cdots$.

解：(1) 因为

$$\lim_{n\to\infty}\frac{u_{n+1}}{u_n}=\lim_{n\to\infty}\frac{3^{n+1}}{(n+1)^2 2^{n+1}}\cdot\frac{n^2 2^n}{3^n}=\lim_{n\to\infty}\frac{3n^2}{2(n+1)^2}=\frac{3}{2}>1,$$

所以级数$\sum\limits_{n=1}^{\infty}\dfrac{3^n}{n^2 2^n}$发散．

(2) 因为

$$\frac{u_{n+1}}{u_n}=\frac{(n+1)!}{10^{n+1}}\cdot\frac{10^n}{n!}=\frac{n+1}{10}\to+\infty,n\to\infty,$$

所以根据比值审敛法知，原级数是收敛的．

3. 柯西根值审敛法

定理 8.1.6(柯西根值审敛法)　设$\sum\limits_{n=1}^{\infty}u_n$为正项级数，如果$\lim\limits_{n\to\infty}\sqrt[n]{u_n}=l(0\leqslant l\leqslant+\infty)$，则当$l<1$时，级数收敛；当$l>1$时，级数发散；当$l=1$时，级数可能收敛也可能发散．

证明略．根值审敛法只使用级数的通项u_n即可．

例 8.1.9　判别级数$\sum\limits_{n=1}^{\infty}\left(\dfrac{2n-1}{3n+1}\right)^n$的收敛性．

解：设$u_n=\left(\dfrac{2n-1}{3n+1}\right)^n$，$\sqrt[n]{u_n}=\dfrac{2n-1}{3n+1}$，由于

$$\lim_{n\to\infty}\sqrt[n]{u_n}=\lim_{n\to\infty}\frac{2n-1}{3n+1}=\frac{2}{3},$$

由柯西判别法可知，级数$\sum\limits_{n=1}^{\infty}\left(\dfrac{2n-1}{3n+1}\right)^n$收敛．

最后，我们将判定正项级数$\sum\limits_{n=1}^{\infty}u_n$的收敛性的步骤总结如下：

(1) 先观察是否满足级数收敛的必要条件$\lim\limits_{n\to\infty}u_n=0$，不满足则级数发散．

(2) 如果$\lim\limits_{n\to\infty}u_n=0$，则先试用比值审敛法，特别是$u_n$中含有$n^n$，$n!$，$a^n$的情况下．若$\lim\limits_{n\to\infty}\sqrt[n]{u_n}$易求，则用根值审敛法．

(3) 若比值审敛法与根值审敛法均失效或不好用，再用比较审敛法．

(4) 用级数收敛定义直接判断．

8.1.4　交错项级数及其审敛法

把两个收敛的正项级数$u_1+u_2+\cdots+u_n+\cdots$与$v_1+v_2+\cdots+v_n+\cdots$逐项相减，就得到级数

$$u_1 - v_1 + u_2 - v_2 + \cdots + u_n - v_n + \cdots,$$

它的奇数项取正值，偶数项取负值．

定义 8.1.5　一般地，如果一个级数的各项是正负交错的，则称之为交错级数，并常写成

$$\sum_{n=1}^{\infty}(-1)^{n-1}u_n = u_1 - u_2 + u_3 - u_4 + \cdots,$$

或

$$\sum_{n=1}^{\infty}(-1)^{n}u_n = -u_1 + u_2 - u_3 + u_4 - \cdots.$$

其中 $u_n > 0, n = 1,2,3,\cdots$.

在这里，我们主要讨论 $\sum\limits_{n=1}^{\infty}(-1)^{n-1}u_n$ 的形式，因为 $\sum\limits_{n=1}^{\infty}(-1)^{n}u_n = -\sum\limits_{n=1}^{\infty}(-1)^{n-1}u_n$，所以也有相应结论．

虽然交错级数在形式上是两个正项级数之差，但若它们不同时收敛，例如 $\sum\limits_{n=1}^{\infty}(-1)^{n-1}\dfrac{1}{n}$，它的奇数项构成的级数是 $\sum\limits_{n=1}^{\infty}\dfrac{1}{2n-1}$，偶数项构成的级数是 $\sum\limits_{n=1}^{\infty}\dfrac{-1}{2n}$，二者都发散，这时，不可利用性质 8.1.2 来对它们运算或对交错级数的敛散性做出正确的判断．这说明，这种把交错级数简单地拆开来处理的思路一般是不合适的，而应该寻求新的办法．下一定理给出了一种十分有效的审敛法：

定理 8.1.7(莱布尼茨定理)　如果交错级数 $\sum\limits_{n=1}^{\infty}(-1)^{n-1}u_n$ 满足：

(1) $u_n \geqslant u_{n+1}, n = 1,2,\cdots$.

(2) $\lim\limits_{n\to\infty}u_n = 0$.

则该交错级数收敛，且其和 $s \leqslant u_1$，用 s_n 代替 s 所产生的误差 $|r_n| \leqslant u_{n+1}$.

证明：因为

$$s_{2n} = (u_1 - u_2) + (u_3 - u_4) + \cdots + (u_{2n-1} - u_{2n}),$$

$$s_{2n} = u_1 - (u_2 - u_3) - (u_4 - u_5) - \cdots - (u_{2n-2} - u_{2n-1}) - u_{2n},$$

由此可知，s_{2n} 单调增加，根据条件(1) 有

$$s_{2n} \leqslant u_1,$$

即数列 $\{s_{2n}\}$ 是有界的，所以 $\{s_{2n}\}$ 的极限存在．

设 $\lim\limits_{n\to\infty}s_{2n} = s$，根据条件(2) 有

$$\lim_{n\to\infty}s_{2n+1} = \lim_{n\to\infty}(s_{2n} + u_{2n+1}) = s,$$

所以 $\lim\limits_{n\to\infty}s_n = s$，即级数收敛且 $s \leqslant u_1$.

不难看出，余项 r_n 可写成

$$r_n = \pm(u_{n+1} - u_{n+2} + \cdots),$$

所以 $|r_n| = u_{n+1} - u_{n+2} + \cdots$，此式右端是一个交错级数且满足交错级数收敛的两个条件，其和小于该级数的首项 u_{n+1}，即 $|r_n| \leqslant u_{n+1}$.

例 8.1.10　判别交错级数 $\sum\limits_{n=2}^{\infty}\dfrac{(-1)^n}{\sqrt{n}+(-1)^n}$ 的敛散性．

解:由于

$$\sum_{n=2}^{\infty}\frac{(-1)^n}{\sqrt{n}+(-1)^n}=\sum_{n=2}^{\infty}(-1)^n\frac{\sqrt{n}-(-1)^n}{n-1}=\sum_{n=1}^{\infty}\left[(-1)^n\frac{\sqrt{n+1}}{n}-\frac{1}{n}\right],$$

又

$$\lim_{n\to\infty}\frac{\sqrt{n+1}}{n}=0,\frac{\sqrt{n+1}}{n}>\frac{\sqrt{n+2}}{n+1},$$

则由莱布尼茨定理可知$\sum_{n=1}^{\infty}(-1)^n\frac{\sqrt{n+1}}{n}$收敛,而$\sum_{n=1}^{\infty}\frac{1}{n}$发散,因此级数$\sum_{n=1}^{\infty}\left[(-1)^n\frac{\sqrt{n+1}}{n}-\frac{1}{n}\right]$发散,即原级数发散.

例 8.1.11 判断级数$\sum_{n=1}^{\infty}(-1)^{n-1}\frac{\ln n}{n}$的收敛性.

解:级数$\sum_{n=1}^{\infty}(-1)^{n-1}\frac{\ln n}{n}$是交错级数.令$f(x)=\frac{\ln x}{x},x>3$,则

$$f'(x)=\frac{1-\ln x}{x^2}<0,x>3,$$

即$n>3$时,$\left\{\frac{\ln n}{n}\right\}$是递减数列,再利用洛必达法则有

$$\lim_{n\to\infty}\frac{\ln n}{n}=\lim_{x\to\infty}\frac{\ln x}{x}=\lim_{x\to\infty}\frac{1}{x}=0,$$

所以根据莱布尼茨定理可知该级数收敛.

8.1.5 任意项级数

接下来,我们来讨论一般的常数项级数

$$\sum_{n=1}^{\infty}u_n=u_1+u_2+\cdots+u_n+\cdots$$

的收敛问题,我们常常会将这类级数的各项取绝对值,然后将其转化为正项级数来研究,这就引出了绝对收敛与条件收敛的概念.

定义 8.1.6 如果级数$\sum_{n=1}^{\infty}|u_n|$收敛,则称级数$\sum_{n=1}^{\infty}u_n$绝对收敛;如果$\sum_{n=1}^{\infty}u_n$收敛,而$\sum_{n=1}^{\infty}|u_n|$发散,则称级数$\sum_{n=1}^{\infty}u_n$条件收敛.

级数绝对收敛与级数收敛有着重要的关系,请看下面的定理:

定理 8.1.8 若级数$\sum_{n=1}^{\infty}|u_n|$收敛,则级数$\sum_{n=1}^{\infty}u_n$收敛.

证明:因为

$$0\leqslant\frac{u_n+|u_n|}{2}\leqslant|u_n|,$$

由已知假设$\sum_{n=1}^{\infty}|u_n|$收敛,故由比较审敛法可知

$$\sum_{n=1}^{\infty} \frac{u_n + |u_n|}{2}$$

收敛．记 $v_n = \frac{u_n + |u_n|}{2}$，$\sum_{n=1}^{\infty} v_n$ 收敛．而

$$u_n = 2v_n - |u_n|,$$

由级数的性质可知 $\sum_{n=1}^{\infty} u_n$ 收敛．

定理 8.1.8 说明，对于一般的级数 $\sum_{n=1}^{\infty} u_n$，如果我们用正项级数的审敛法判定级数 $\sum_{n=1}^{\infty} |u_n|$ 收敛，则此级数收敛．这就使得一大类级数的收敛性判别问题，转化成为正项级数的收敛性判别问题．

一般说来，由级数 $\sum_{n=1}^{\infty} |u_n|$ 发散不能断定原级数 $\sum_{n=1}^{\infty} u_n$ 也发散．但是，如果我们能根据比值审敛法或根值审敛法判定出 $\sum_{n=1}^{\infty} |u_n|$ 发散，那么原级数也发散．更准确地说，我们有如下两个定理：

定理 8.1.9　如果级数 $\sum_{n=1}^{\infty} u_n$ 满足 $\lim_{n\to\infty} \frac{|u_{n+1}|}{|u_n|} = \rho$，那么当 $\rho < 1$ 时级数绝对收敛，从而收敛；当 $\rho > 1$ 或 $\rho = +\infty$ 时级数发散；当 $\rho = 1$ 时级数可能收敛也可能发散．

证明略．

定理 8.1.10　如果级数 $\sum_{n=1}^{\infty} u_n$ 满足 $\lim_{n\to\infty} \sqrt[n]{|u_n|} = \rho$，则当 $\rho < 1$ 时级数绝对收敛，从而收敛；当 $\rho > 1$ 或 $\rho = +\infty$ 时级数发散；当 $\rho = 1$ 时级数可能收敛也可能发散．

证明略．

绝对收敛级数有很多性质是条件收敛级数所没有的，下面列出关于绝对收敛级数的两个性质(证明从略)：

性质 8.1.6　如果级数 $\sum_{n=1}^{\infty} u_n$ 绝对收敛，其和为 s，则任意改变该级数各项次序所得的新级数仍绝对收敛，且有相同的和 s(即绝对收敛级数具有可交换性)．

定理 8.1.7　设级数 $\sum_{n=1}^{\infty} u_n$ 和 $\sum_{n=1}^{\infty} v_n$ 都绝对收敛，其和分别为 s 和 σ，则它们的柯西乘积也绝对收敛，且其和为 $s \cdot \sigma$，即

$$\sum_{n=1}^{\infty} (u_1 v_n + u_2 v_{n-1} + \cdots + u_n v_1) = \left(\sum_{n=1}^{\infty} u_n\right) \cdot \left(\sum_{n=1}^{\infty} v_n\right).$$

例 8.1.12　判断级数

$$\sum_{n=1}^{\infty} (-1)^{n-1} \frac{a^2}{n} = a - \frac{a^2}{2} + \frac{a^3}{3} - \cdots + (-1)^{n-1} \frac{x^n}{n} + \cdots$$

的收敛性．

解：因为

$$\lim_{n\to\infty} \left| \frac{u_{n+1}}{u_n} \right| = \lim_{n\to\infty} \left| \frac{a^{n+1}}{n+1} \cdot \frac{n}{a^n} \right| = |a|,$$

我们有结论：当$|a|<1$时，级数$\sum_{n=1}^{\infty}(-1)^{n-1}\frac{a^2}{n}$绝对收敛；当$|a|>1$时，级数$\sum_{n=1}^{\infty}(-1)^{n-1}\frac{a^2}{n}$发散($\lim_{n\to\infty}u_n\neq 0$)；当$a=1$时，级数$\sum_{n=1}^{\infty}(-1)^{n-1}\frac{1}{n}$条件收敛；当$a=-1$时，级数$\sum_{n=1}^{\infty}(-1)^{n-1}\frac{1}{n}$发散．

8.2 幂级数

8.2.1 函数项级数

根据理论研究和实际应用的需要，除了研究常数项级数以外，在许多方面我们更需要研究函数项级数．不过两者密切相关，且后者的问题常可转化为前者来处理．下面我们先给出函数项级数的相关概念．

定义 8.2.1 设$\{a_n(x)\}$是定义在数集I上的函数列，表达式

$$a_1(x)+a_2(x)+\cdots+a_n(x)+\cdots=\sum_{n=1}^{\infty}a_n(x)$$

称为定义在I上的函数项级数，而

$$s_n(x)=a_1(x)+a_2(x)+\cdots+a_n(x)$$

称为该函数项级数的部分和．

定义 8.2.2 对于定义在I上的函数项级数$\sum_{n=1}^{\infty}a_n(x)$，当$x$从数集$I$上取定值$x_0$时，如果常数项级数$\sum_{n=1}^{\infty}a_n(x_0)$收敛，则$x_0$称为函数项级数$\sum_{n=1}^{\infty}a_n(x)$的收敛点；如果常数项级数$\sum_{n=1}^{\infty}a_n(x_0)$发散，则$x_0$称为函数项级数$\sum_{n=1}^{\infty}a_n(x)$的发散点．函数项级数$\sum_{n=1}^{\infty}a_n(x)$的收敛点的全体称为函数项级数的收敛域，一般用$D$表示；函数项级数$\sum_{n=1}^{\infty}a_n(x)$的发散点的全体称为函数项级数的发散域．函数项级数$\sum_{n=1}^{\infty}a_n(x)$对收敛域$D$内的每一点$x$，$\lim_{n\to\infty}s_n(x)$存在，记$\lim_{n\to\infty}s_n(x)=s(x)$，它是$x$的函数，称为函数项级数$\sum_{n=1}^{\infty}a_n(x)$的和函数，称

$$r_n(x)=s(x)-s_n(x)=a_{n+1}(x)+a_{n+2}(x)+\cdots$$

为函数项级数$\sum_{n=1}^{\infty}a_n(x)$的余项．对于收敛域上的每一点$x$，有

$$\lim_{n\to\infty}r_n(x)=0.$$

由上面的定义可知，函数项级数在区域上的收敛性问题，是指函数项级数在该区域内每一点的收敛性问题，因而其实质还是常数项级数的收敛性问题．这样，我们认可利用常数项级数的收敛性判别法来判断函数项级数的收敛性．

例 8.2.1 求下列函数项级数的收敛域：

(1) $\sum_{n=0}^{\infty} x^n$.

(2) $\sum_{n=0}^{\infty} \frac{\sin nx}{n^2}$.

解：(1) 由于所给级数当 x 取定时就是几何级数，其公比为 x. 所以当 $|x|<1$ 时，级数收敛；当 $|x|\geqslant 1$ 时级数发散．故收敛域为区间 $(-1,1)$，且和函数为

$$s(x)=\frac{1}{1-x},-1<x<1.$$

(2) 由于当 $-\infty<x<+\infty$ 时有 $\left|\frac{\sin nx}{n^2}\right|\leqslant\frac{1}{n^2}$，而级数 $\sum_{n=1}^{\infty}\frac{1}{n^2}$ 收敛，所以根据正项级数的比较审敛法知，级数 $\sum_{n=0}^{\infty}\frac{\sin nx}{n^2}$ 在 $(-\infty,+\infty)$ 上绝对收敛，从而所求的收敛域为区间 $(-\infty,+\infty)$.

8.2.2　幂级数及其收敛性

函数项级数有多种，在这里，我们讨论其中最重要也最常用的一种 —— 幂级数．

定义 8.2.3　形如

$$\sum_{n=0}^{\infty}a_n(x-x_0)^n=a_0+a_1(x-x_0)+\cdots+a_n(x-x_0)^n+\cdots,x\in(-\infty,+\infty) \tag{8.2.1}$$

的函数项级数称为 $(x-x_0)$ 的幂级数，其中 x_0 是某个确定的值，$a_0,a_1,\cdots,a_n,\cdots$ 都是常数，称为幂级数的系数．

特别地，当 $x_0=0$ 时，上述级数变成

$$\sum_{n=0}^{\infty}a_nx^n=a_0+a_1x+\cdots+a_nx^n+\cdots,x\in(-\infty,+\infty), \tag{8.2.2}$$

称为 x 的幂级数．

如果作变量代换 $t=x-x_0$，则幂级数(8.2.1) 就化为幂级数(8.2.2) 的形式．而且幂级数(8.2.1) 在点 x 收敛当且仅当幂级数(8.2.2) 在 $t=x-x_0$ 收敛．而且，变量代换 $t=x-x_0$ 表示平行移动，是最简单的变换，对幂级数的其他的性质也不会发生影响．因此，下面讨论幂级数性质时，我们可以只考虑(8.2.2) 而不影响一般性．

对于一个给定的幂级数，它的收敛域与发散域是怎样的呢？我们看到，前面例 8.2.1(1) 中的幂级数 $\sum_{n=0}^{\infty}x^n$ 的收敛域是一个区间，这种收敛域是否具有一般性呢？下面的定理给出了幂级数的收敛域的特点．

定理 8.2.1(阿贝尔定理)　如果幂级数 $\sum_{n=0}^{\infty}a_nx^n$ 在 $x=x_0\ (x_0\neq 0)$ 时收敛，则对于满足不等式 $|x|<|x_0|$ 的一切 x，幂级数 $\sum_{n=0}^{\infty}a_nx^n$ 绝对收敛；如果幂级数 $\sum_{n=0}^{\infty}a_nx^n$ 在 $x=x_0$ 时发散，则对于满足不等式 $|x|>|x_0|$ 的一切 x，幂级数 $\sum_{n=0}^{\infty}a_nx^n$ 发散．

证明：(1) 设点 $x_0 \neq 0$ 是幂级数(8.2.2) 收敛点，即 $\sum\limits_{n=0}^{\infty} a_n x_0^n$ 收敛，根据级数收敛的必要条件，有 $\lim\limits_{n\to\infty} a_n x_0^n = 0$，于是，存在常数 M，使得

$$|a_n x_0^n| \leqslant M, n = 0,1,2,\cdots.$$

由于

$$|a_n x_0^n| = \left| a_n x_0^n \cdot \frac{x^n}{x_0^n} \right| = |a_n x_0^n| \cdot \left| \frac{x^n}{x_0^n} \right| \leqslant M \left| \frac{x}{x_0} \right|^n,$$

且当 $\left|\frac{x}{x_0}\right| < 1$ 时，等比级数 $\sum\limits_{n=0}^{\infty} M \left|\frac{x}{x_0}\right|^n$ 收敛，从而根据比较审敛法可知，级数 $\sum\limits_{n=0}^{\infty} |a_n x^n|$ 收敛，即级数 $\sum\limits_{n=0}^{\infty} a_n x^n$ 绝对收敛．

(2) 采用反证法来证明第二部分．设 $x = x_0$ 时发散，而另有一点 x_1 存在，它满足 $|x_1| > |x_0|$，并使得级数 $\sum\limits_{n=0}^{\infty} a_n x_1^n$ 收敛，根据(1) 的结论，当 $x = x_0$ 时级数也应收敛，这与假设矛盾．从而定理第二部分得证．

阿贝尔定理告诉我们，如果幂级数(8.2.2) 于一点 x_0 收敛，则级数在 $(-|x_0|, |x_0|)$ 上任何一点 x 绝对收敛；如果幂级数(8.2.2) 在 $x = x_0$ 处发散，则对于 $[-|x_0|, |x_0|]$ 外的任何 x，幂级数都发散．

任何幂级数 $\sum\limits_{n=0}^{\infty} a_n x^n$ 在 $x = 0$ 处必收敛．如果它另有非零收敛点，且有发散点，那么，设想让点 x 从原点出发沿 x 轴正向移动，则它最初只遇到收敛点，然后只遇到发散点，收敛点和发散点的分界点 $x = R$ 可能是收敛点，也可能是发散点．同理，$x = -R$ 也是收敛点和发散点的分界点.

通过上面的几何说明，可得到如下重要推论：

推论 8.2.1　如果幂级数 $\sum\limits_{n=0}^{\infty} a_n x^n$ 既有非零的收敛点，又有发散点，则必存在一个正数 R，使得当 $|x| < R$ 时，幂级数绝对收敛；当 $|x| > R$ 时，幂级数发散；当 $|x| = R$ 时，幂级数可能收敛，也可能发散．

定义 8.2.4　满足推论 8.2.1 条件的正数 R 叫作幂级数(8.2.2) 的收敛半径．开区间 $(-R, R)$ 叫作幂级数(8.2.2) 的收敛区间．

再由幂级数在 $|x| = R$ 处的收敛情况，就可以决定幂级数(8.2.2) 的收敛域是 $(-R, R)$、$[-R, R)$、$(-R, R]$ 或 $[-R, R]$ 这四者之一．

如果幂级数(8.2.2) 只在 $x = 0$ 处收敛，这时收敛域只有一点 $x = 0$，为方便起见，我们规定其收敛半径 $R = 0$；如果幂级数(8.2.2) 对一切 x 都收敛，则规定收敛半径 $R = +\infty$，这时收敛域是 $(-\infty, +\infty)$.

下面的定理提供了计算幂级数的收敛半径的重要方法．

定理 8.2.2　设幂级数(8.2.2) 的所有系数 $a_n \neq 0$，如果 $\lim\limits_{n\to\infty} \left| \frac{a_{n+1}}{a_n} \right| = l$，则

(1) 当 $l \neq 0$ 时，幂级数的收敛半径 $R = \frac{1}{l}$.

(2) 当 $l = 0$ 时，幂级数的收敛半径 $R = +\infty$.

(3) 当 $l=+\infty$ 时，幂级数的收敛半径 $R=0$.

证明：当 $x=0$ 时级数必收敛．下面考察 $x\neq 0$ 的情形．

对幂级数 $\sum\limits_{n=0}^{\infty}a_nx^n$，各项取绝对值，形成正项级数，得

$$\sum_{n=0}^{\infty}|a_nx^n|=|a_0|+|a_1x|+|a_2x^2|+\cdots+|a_nx^n|+\cdots.$$

由比值审敛法可得

$$\lim_{n\to\infty}\left|\frac{a_{n+1}x^{n+1}}{a_nx^n}\right|=|x|\lim_{n\to\infty}\left|\frac{a_{n+1}}{a_n}\right|=l|x|.$$

(1) 若 $\lim\limits_{n\to\infty}\left|\frac{a_{n+1}}{a_n}\right|=l(l\neq 0)$ 存在，则当 $|x|<\frac{1}{l}$ 时，题设级数绝对收敛；当 $|x|>\frac{1}{l}$ 时，级数 $\sum\limits_{n=0}^{\infty}|a_nx^n|$ 发散，且当 n 充分大时，有

$$|a_{n+1}x^{n+1}|>|a_nx^n|,$$

因此一般项 $|a_nx^n|$ 不趋于零，从而题设级数发散，即收敛半径 $R=\frac{1}{l}$.

(2) 当 $l=0$ 时，对任意 x，$\lim\limits_{n\to\infty}\frac{|a_{n+1}x^{n+1}|}{|a_nx^n|}=0$，因此，对任意 x(包括 $x=0$) 幂级数收敛，从而级数绝对收敛，于是，收敛半径 $R=+\infty$.

(3) 当 $l=+\infty$ 时，对一切 $x\neq 0$ 及充分大的 n，都有 $\left|\frac{a_{n+1}}{a_n}x\right|>1$，此时

$$|a_{n+1}x^{n+1}|=|a_nx^n|\cdot\left|\frac{a_{n+1}}{a_n}x\right|>|a_nx^n|,$$

所以 $\lim\limits_{n\to\infty}a_nx^n\neq 0$，从而幂级数也必发散，于是 $R=0$.

综上所述，求幂级数(8.2.2) 收敛域的基本步骤为：

(1) 求出收敛半径 R.

(2) 判别常数项级数 $\sum\limits_{n=0}^{\infty}a_nR^n$ 和 $\sum\limits_{n=0}^{\infty}a_n(-R)^n$ 的收敛性．

(3) 写出幂级数的收敛域．

例 8.2.2　求下列幂级数的收敛半径与收敛域：

(1) $\sum\limits_{n=1}^{\infty}\frac{2^n}{n}x^n$.

(2) $\sum\limits_{n=1}^{\infty}\frac{1}{n!}x^n$.

解：(1) 因为 $l=\lim\limits_{n\to\infty}\left|\frac{a_{n+1}}{a_n}\right|=\lim\limits_{n\to\infty}\left|\frac{\frac{2^{n+1}}{n+1}}{\frac{2^n}{n}}\right|=\lim\limits_{n\to\infty}\frac{2n}{n+1}=2$，所以收敛半径 $R=\frac{1}{l}=\frac{1}{2}$. 对于端点 $x=\frac{1}{2}$，级数 $\sum\limits_{n=1}^{\infty}\frac{2^n}{n}\left(\frac{1}{2}\right)^n=\sum\limits_{n=1}^{\infty}\frac{1}{n}$ 发散；对于端点 $x=-\frac{1}{2}$，级数 $\sum\limits_{n=1}^{\infty}\frac{2^n}{n}\left(-\frac{1}{2}\right)^n=\sum\limits_{n=1}^{\infty}\frac{(-1)^n}{n}$ 收敛．于是级数的收敛域是 $\left[-\frac{1}{2},\frac{1}{2}\right)$.

(2) 因为 $l=\lim\limits_{n\to\infty}\left|\dfrac{a_{n+1}}{a_n}\right|=\lim\limits_{n\to\infty}\left|\dfrac{\dfrac{1}{(n+1)!}}{\dfrac{1}{n!}}\right|=\lim\limits_{n\to\infty}\dfrac{1}{n+1}=0$,所以收敛半径 $R=+\infty$,收敛域为 $(-\infty,+\infty)$.

例 8.2.3 求幂级数 $\sum\limits_{n=1}^{\infty}\dfrac{1}{n^2}(x-2)^2$ 的收敛域.

解:令 $t=x-2$,上述级数变为 $\sum\limits_{n=1}^{\infty}\dfrac{1}{n^2}t^n$. 因为 $l=\lim\limits_{n\to\infty}\left|\dfrac{a_{n+1}}{a_n}\right|=\lim\limits_{n\to\infty}\left(\dfrac{n}{n+1}\right)^2=1$,所以收敛半径 $R=1$. 又 $t=\pm 1$ 时,幂级数 $\sum\limits_{n=1}^{\infty}\dfrac{1}{n^2}t^n$ 都收敛. 因此幂级数 $\sum\limits_{n=1}^{\infty}\dfrac{1}{n^2}t^n$ 的收敛域为 $[-1,1]$,原级数的收敛域为 $[1,3]$.

例 8.2.4 求幂级数 $\sum\limits_{n=1}^{\infty}\dfrac{(2n)!}{(n!)^2}x^{2n}$ 的收敛半径.

解:该级数缺少奇次幂的项,定理 8.2.2 不能直接应用. 但我们可根据比值审敛法知

$$\lim_{n\to\infty}\left|\frac{\dfrac{[2(n+1)]!}{[(n+1)!]^2}x^{2(n+1)}}{\dfrac{(2n)!}{(n!)^2}x^{2n}}\right|=4|x|^2,$$

当 $4|x|^2<1$,即 $|x|<\dfrac{1}{2}$ 时级数收敛;当 $|x|>\dfrac{1}{2}$ 时级数发散. 所以收敛半径 $R=\dfrac{1}{2}$.

8.2.3 幂级数的运算

由于幂级数在收敛区间内是绝对收敛的,故根据常数项级数相应的性质,可以得到如下幂级数运算法则:

定理 8.2.3(幂级数的运算性质) 若已知幂级数

$$\sum_{n=0}^{\infty}a_nx^n=f(x),x\in(-R_1,R_1)$$

和

$$\sum_{n=0}^{\infty}b_nx^n=g(x),x\in(-R_2,R_2),$$

其中,R_1 为的收敛半径 $\sum\limits_{n=0}^{\infty}a_nx^n$,$R_2$ 为 $\sum\limits_{n=0}^{\infty}b_nx^n$ 的收敛半径,记 $R=\min\{R_1,R_2\}$,则在区间 $(-R,R)$ 内,有

(1) $\sum\limits_{n=0}^{\infty}a_nx^n\pm\sum\limits_{n=0}^{\infty}b_nx^n=\sum\limits_{n=0}^{\infty}(a_n\pm b_n)x^n=f(x)\pm g(x)$.

(2) $\left(\sum\limits_{n=0}^{\infty}a_nx^n\right)\cdot\left(\sum\limits_{n=0}^{\infty}b_nx^n\right)=\sum\limits_{n=0}^{\infty}\left(\sum\limits_{n=0}^{\infty}a_kb_{n-k}\right)x^n=\sum\limits_{n=0}^{\infty}c_nx^n=f(x)g(x)$,其中,$c_n=a_0b_n+a_1b_{n-1}+\cdots+a_nb_0=\sum\limits_{k=0}^{n}a_kb_{n-k}$.

(3) $\dfrac{\sum\limits_{n=0}^{\infty}a_nx^n}{\sum\limits_{n=0}^{\infty}b_nx^n}=\sum\limits_{n=0}^{\infty}c_nx^n=\dfrac{f(x)}{g(x)}$，其中，$a_n=\sum\limits_{k=0}^{n}c_kb_{n-k}$，由此可求得 $c_k(k=0,1,2,\cdots)$，相除后所得的级数收敛半径比原来两级数的收敛半径要小得多．

除了四则运算外，幂级数在其收敛区间内还可进行微分和积分运算．

定理 8.2.4　设幂级数 $\sum\limits_{n=0}^{\infty}a_nx^n$ 的收敛半径为 R，且在区间 $(-R,R)$ 内和函数为 $s(x)$，则

(1) 和函数 $s(x)$ 在区间 $(-R,R)$ 上连续．

(2) 和函数 $s(x)$ 在区间 $(-R,R)$ 上可积，并有逐项积分公式

$$\int_0^x s(x)\mathrm{d}x=\int_0^x\Big[\sum_{n=0}^{\infty}a_nx^n\Big]\mathrm{d}x=\sum_{n=0}^{\infty}\int_0^x a_nx^n\mathrm{d}x=\sum_{n=0}^{\infty}\frac{a_n}{n+1}x^{n+1},$$

逐项积分后所得到的幂级数和原级数有相同的收敛半径．

(3) 和函数 $s(x)$ 在区间 $(-R,R)$ 内可导，而且可逐项求导，即

$$s'(x)=\Big(\sum_{n=0}^{\infty}a_nx^n\Big)'=\sum_{n=0}^{\infty}(a_nx^n)'=\sum_{n=1}^{\infty}na_nx^{n-1}.$$

需要说明的是，虽然幂级数在 $(-R,R)$ 内，经逐项积分或逐项求导后得幂级数收敛半径仍为 R，但在 $x=\pm R$ 处的收敛性可能改变．

反复应用定理 8.2.4(3) 可得，幂级数 $\sum\limits_{n=0}^{\infty}a_nx^n$ 的和函数 $s(x)$ 在其收敛区间 $(-R,R)$ 内具有任意阶导数，从以上性质可见，幂级数在其收敛区间 $(-R,R)$ 内就像普通的多项式一样，可以相加、相减、逐项积分、逐项求导，这些性质在求幂级数的和函数时有着重要的应用．

例 8.2.5　求幂级数 $\sum\limits_{n=0}^{\infty}\dfrac{x^n}{n+1}$ 的和函数．

解：因为

$$\lim_{n\to\infty}\left|\frac{a_{n+1}}{a_n}\right|=\lim_{n\to\infty}\frac{n+1}{n+2}=1,$$

所以收敛半径 $R=1$．

在 $x=-1$ 处，幂级数变为 $\sum\limits_{n=0}^{\infty}\dfrac{(-1)^n}{n+1}$，收敛；在 $x=1$ 处，幂级数变为 $\sum\limits_{n=0}^{\infty}\dfrac{1}{n+1}$，发散，所以幂级数 $\sum\limits_{n=0}^{\infty}\dfrac{x^n}{n+1}$ 的收敛域为 $[-1,1)$．

设和函数为 $s(x)$，即

$$s(x)=\sum_{n=0}^{\infty}\frac{x^n}{n+1},x\in[-1,1),$$

那么

$$xs(x)=\sum_{n=0}^{\infty}\frac{x^{n+1}}{n+1},$$

逐项求导数可得

$$[xs(x)]'=\Big(\sum_{n=0}^{\infty}\frac{x^{n+1}}{n+1}\Big)'=\sum_{n=0}^{\infty}\Big(\frac{x^{n+1}}{n+1}\Big)'=\sum_{n=0}^{\infty}x^n=\frac{1}{1-x},x\in(-1,1),$$

所以

$$xs(x)=\int_0^x[xs(x)]'\mathrm{d}x=\int_0^x\frac{1}{1-x}\mathrm{d}x=-\ln(1-x),x\in[-1,1),$$

当 $x\neq 0$ 时

$$s(x)=-\frac{1}{x}\ln(1-x),$$

易得 $s(0)=a_0=1$,从而

$$s(x)=\begin{cases}-\dfrac{1}{x}\ln(1-x),x\in[-1,1)\text{且 }x\neq 0\\1,x=0\end{cases}.$$

8.2.4 函数的幂级数展开

通过前面的讨论我们知道,幂级数在其收敛域内可表示为一个函数.幂级数的每一项都是幂函数,其部分和 $s_n(x)$ 是 x 的一个多项式,幂级数不仅形式简单,而且有很多优越的性质.这就使人们想到与此相反的一个问题,即能否把一个给定的函数 $f(x)$ 表示成幂级数?接下来,我们就针对这个问题展开讨论.

在初等函数中,多项式函数是最简单的函数,如果能将函数用多项式函数近似表示,而误差又能满足要求,这对研究函数的性质和近似计算都有重要意义.在微分中我们介绍了近似公式

$$f(x)\approx f(x_0)+f'(x_0)(x-x_0)(\text{当}|x-x_0|\text{很小时}),$$

当 $|x-x_0|$ 很小,而且实际要求的精确度不是很高时,我们可以用此公式进行近似计算,其误差为 $x-x_0$ 的一个高阶无穷小.

对于精确度要求较高且要估计误差的时候,我们可用高次多项式来近似表示此函数,同时给出误差公式.回顾前面讨论过的泰勒中值定理:

如果函数 $f(x)$ 在含有 x_0 的某个开区间 (a,b) 内具有直到 $(n+1)$ 阶的导数,则对任一 $x\in(a,b)$,有

$$f(x)=f(x_0)+f'(x_0)(x-x_0)+\frac{f''(x_0)}{2!}(x-x_0)^2+\cdots+\frac{f^{(n)}(x_0)}{n!}(x-x_0)^n+R_n(x),\tag{8.2.3}$$

其中

$$R_n(x)=\frac{f^{(n+1)}(\xi)}{(n+1)!}(x-x_0)^{n+1},\tag{8.2.4}$$

这里 ξ 是 x_0 与 x 之间的某个值.

多项式(8.2.3)称为函数 $f(x)$ 按 $(x-x_0)$ 的幂展开的 n 次近似多项式,$R_n(x)$ 的表达式(8.2.4)称为拉格朗日型余项,而公式(8.2.3)称为 $f(x)$ 按 $(x-x_0)$ 的幂展开的带有拉格朗日型余项的 n 阶泰勒公式.

当 $n=0$ 时,泰勒公式就是拉格朗日公式

$$f(x)=f(x_0)+f'(\xi)(x-x_0),$$

所以泰勒公式是拉格朗日公式的推广.

在泰勒公式(8.2.3)中,如果取 $x_0=0$,则 ξ 在 0 与 x 之间.因此可令 $\xi=\theta x$,$0<\theta<1$,从而泰勒公式变成较简单的形式,即所谓带有拉格朗日型余项的麦克劳林公式

$$f(x)=f(0)+f'(0)x+\frac{f''(0)}{2!}x^2+\cdots+\frac{f^{(n)}(0)}{n!}x^n+\frac{f^{(n+1)}(\theta x)}{(n+1)!}x^{n+1},0<\theta<1. \tag{8.2.5}$$

泰勒公式表明，在 x_0 的某个邻域内，$f(x)$ 可用多项式

$$f(x_0)+f'(x_0)(x-x_0)+\frac{f''(x_0)}{2!}(x-x_0)^2+\cdots+\frac{f^{(n)}(x_0)}{n!}(x-x_0)^n$$

近似表示，这种表示的误差 $|r_n(x)|$ 就是余项 $|R_n(x)|$.

定义 8.2.5　由泰勒公式，如果函数 $f(x)$ 在 x_0 的某个邻域内具有各阶导数，我们就可以得到一个幂级数

$$f(x_0)+f'(x_0)(x-x_0)+\frac{f''(x_0)}{2!}(x-x_0)^2+\cdots+\frac{f^{(n)}(x_0)}{n!}(x-x_0)^n+\cdots, \tag{8.2.6}$$

称为 $f(x)$ 在 x_0 处的泰勒级数．当 $x_0=0$ 时的泰勒级数

$$f(0)+f'(0)x+\frac{f''(0)}{2!}x^2+\cdots+\frac{f^{(n)}(0)}{n!}x^n+\cdots \tag{8.2.7}$$

称为 $f(x)$ 在 x_0 处的麦克劳林级数．

我们所关心的问题是，$f(x)$ 在 x_0 的某个邻域内是否等于(8.2.6) 式，即它的泰勒级数是否收敛于函数 $f(x)$. 如果在 x_0 的某个邻域内有

$$f(x)=\sum_{n=0}^{\infty}\frac{f^{(n)}(x_0)}{n!}(x-x_0)^n, f^{(0)}(x_0)=f(x_0),$$

则称函数 $f(x)$ 可以展开成泰勒级数或 $f(x)$ 可以展开成 $(x-x_0)$ 的幂级数．

下面的定理回答了在什么条件下，$f(x)$ 可以展开成泰勒级数的问题．

定理 8.2.5　设函数 $f(x)$ 在 x_0 的某邻域 $U(x_0)$ 内具有各阶导数，则在该邻域内 $f(x)$ 可展开成泰勒级数的充分必要条件是 $f(x)$ 的泰勒公式中的余项 $R_n(x)$ 当 $n\to\infty$ 时极限为零，即

$$\lim_{n\to\infty}R_n(x)=0, x\in U(x_0).$$

限于本书篇幅，证明从略．

在这里还需要注意的是，如果 $f(x)$ 在 x_0 的某个邻域 $U(x_0)$ 内能展开成 $(x-x_0)$ 的幂级数，则函数在 x_0 处的展开式是唯一的，即为它的泰勒级数．

将函数展开成幂级数的方法有两种，即直接法和间接法．

(1) 直接法．直接展开法是指按照泰勒级数、麦克劳林级数及上述定理的要求，将某些函数 $f(x)$ 展开成幂级数，并确定其收敛区间的方法．收敛区间非常重要，只有在收敛区间上 $f(x)$ 才能展开为幂级数．将函数 $f(x)$ 展开成 x 的幂级数的具体步骤如下：

① 求出函数 $f(x)$ 的各阶导数 $f'(x), f''(x),\cdots,f^{(n)}(x),\cdots$，若在 $x=0$ 处某一阶导数不存在，则停止进行．

② 求函数及其各阶导数在 $x=0$ 处的值 $f(0), f'(0), f''(0),\cdots,f^{(n)}(0),\cdots$.

③ 写出幂级数 $f(0)+f'(0)x+\frac{f''(0)x^2}{2!}+\cdots\frac{f^{(n)}(0)x^n}{n!}+\cdots$，并求出收敛半径 R.

④ 当 x 在区间 $(-R,R)$ 内，写出拉格朗日余项 $R_n(x)$，求其极限 $\lim\limits_{n\to\infty}R_n(x)=\lim\limits_{n\to\infty}\frac{f^{(n+1)}(\xi)(x)^{n+1}}{(n+1)!}$.

其中 ξ 在 0 与 x 之间，如果 $\lim\limits_{n\to\infty}R_n(x)=0$ 成立，则函数 $f(x)$ 在区间 $(-R,R)$ 内的幂级数展开式为

$$f(x)=f(0)+f'(0)x+\frac{f''(0)x^2}{2!}+\cdots\frac{f^{(n)}(0)x^n}{n!}+\cdots,$$

其中 $-R<x<R$.

(2) 间接展开法．用直接法展开虽然步骤分明，然而计算量大，判断$\lim\limits_{n\to\infty}|R_n(0)|=0$是否成立往往比较困难．间接法是指从已知函数的幂级数展开式出发，通过变量代换、幂级数的运算，或逐项求导、逐项求积分等方法求出所给函数的幂级数展开式的方法．间接展开法方便、快捷，不需要验证余项的极限是否为零，但需要准确地掌握一些基本初等函数的幂级数展开式及其收敛域．

例 8.2.6　将函数 $f(x)=\mathrm{e}^x$ 展开成 x 的幂级数．

解：由于

$$f^{(n)}(x)=\mathrm{e}^x,n=0,1,2,\cdots,$$

因此

$$f^{(n)}(0)=1,n=0,1,2,\cdots,$$

于是 $f(x)$ 的麦克劳林级数为

$$f(x)=1+x+\frac{x^2}{2!}+\cdots+\frac{x^2}{n!}+\cdots,$$

级数的收敛半径 $R=+\infty$，收敛区间为$(-\infty,+\infty)$.

对于 x,ξ(ξ 介于 0 与 x 之间)，有

$$|R_n(x)|=\left|\frac{\mathrm{e}^\xi}{(n+1)!}x^{n+1}\right|<\mathrm{e}^{|x|}\cdot\frac{|x|^{n+1}}{(n+1)!},$$

容易验证，$\sum\limits_{n=0}^{\infty}\frac{|x|^{n+1}}{(n+1)!}$ 是收敛的，于是

$$\lim_{n\to\infty}\frac{|x|^{n+1}}{(n+1)!}=0,$$

又由 $\mathrm{e}^{|x|}$ 有界可知

$$\lim_{n\to\infty}|R_n(x)|=0,$$

从而

$$\lim_{n\to\infty}R_n(x)=0,$$

于是

$$\mathrm{e}^x=1+x+\frac{1}{2!}x^2+\cdots+\frac{1}{n!}x^n+\cdots,-\infty<x<+\infty.$$

例 8.2.7　将函数 $f(x)=\ln(1+x)$展开成 x 的幂级数．

解：由于

$$f'(x)=\frac{1}{1+x},$$

而$\frac{1}{1+x}$ 是收敛的等比级数 $\sum\limits_{n=0}^{\infty}(-1)^nx^n$ 的和函数，即

$$\frac{1}{1+x}=1-x+x^2-x^3+\cdots+(-1)^nx^n+\cdots,-1<x<1,$$

将上式从 0 到 x 逐项积分，便可求得函数 $f(x)$ 的幂级数展开式，即

$$\ln(1+x)=x-\frac{x^2}{2}+\frac{x^3}{3}-\frac{x^4}{4}+\cdots+(-1)^n\frac{x^{(n+1)}}{n+1},-1<x<1.$$

例 8.2.8　将 $f(x)=\dfrac{e^x}{1-x}$ 展开为 x 的幂级数,并求 $f'''(0)$.

解:由

$$\frac{1}{1-x}=1+x+x^2+\cdots+x^n+\cdots,|x|<1,$$

$$e^x=1+\frac{x}{1!}+\frac{x^2}{2!}+\cdots+\frac{x^n}{n!}+\cdots,|x|<+\infty$$

相乘得

$$\frac{e^x}{1-x}=1+\left(1+\frac{1}{1!}\right)x+\left(1+\frac{1}{1!}+\frac{1}{2!}\right)x^2+\cdots+\left(1+\frac{1}{1!}+\frac{1}{2!}+\cdots+\frac{1}{n!}\right)x^2+\cdots,|x|<1.$$

因为 $f^{(n)}(0)=n!a_n$,所以

$$f'''(0)=3!\left(1+\frac{1}{1!}+\frac{1}{2!}+\frac{1}{3!}\right)=16.$$

8.3　傅里叶级数

函数项级数中另一类常用的级数是由三角函数组成的三角级数,接下来,我们就来讨论如何把函数展开成三角级数的问题.

8.3.1　三角级数与三角函数系的正交性

在自然界和工程技术中,经常会遇到一些周期性现象.譬如行星的运转,飞轮的旋转,蒸汽机活塞的往复运动,物体的振动,声、热、光、电的流动等.数学上,用周期函数来描述它们.最简单、最基本的周期函数是正弦函数 $A\sin(\omega t+\varphi)$,也称为谐函数.它的周期 $T=\dfrac{2\pi}{\omega}$,最大值 A 称为振幅,ω 称为(角)频率,φ 称为初相位.这三个量一经确定,谐函数就完全确定了.除了正弦函数外,经常遇到的是非正弦周期函数,它们反映较复杂的周期现象.例如,光的传播是波动,通过三棱镜的色散可以看到白光是由七种不同频率的单色光组成.反之,几种单色光叠加又可构成复光.人们从不同频率的谐振动可以组成复杂的周期运动中得到启示,从而认识到复杂的周期运动是由哪些不同频率的谐振动合成的,研究复杂的周期运动中各谐振动所占的分量是非常重要的,是许多学科的重要课题.从数学角度上看,无非是把一个周期函数分解为不同频率的正弦函数和的形式,即将周期为 T 的函数 $f(t)$ 表为

$$A_0+\sum_{n=1}^{\infty}A_n\sin(n\omega t+\varphi_n),\omega=\frac{2\pi}{T}\tag{8.3.1}$$

的形式,其中,$A_0,A_n,\varphi_n(n=1,2,\cdots)$都是常数.利用三角公式

$$\sin(n\omega t+\varphi_n)=\sin\varphi_n\cos n\omega t+\cos\varphi_n\sin n\omega t,$$

并令 $\omega t=x,a_0=2A_0,a_n=A_n\sin\varphi_n,b_n=A_n\cos\varphi_n,n=1,2,\cdots$,则式(8.3.1)变为

$$\frac{a_0}{2}+\sum_{n=1}^{\infty}(a_n\cos nx+b_n\sin nx).\tag{8.3.2}$$

式(8.3.2)表示的函数项级数,叫作三角级数,而 $a_0,a_n,b_n(n=1,2,3,\cdots)$都是常数,称为该三

角级数的系数．

正像一个幂级数 $\sum_{n=0}^{\infty} a_n (x - x_0)^n$ 由它的系数 $\{a_0, a_1, a_2, \cdots, a_n, \cdots\}$ 确定一样，一个三角级数(8.3.2)由它的系数 $\{a_0, a_n, b_n, n = 1,2,3,\cdots\}$ 完全确定，而(8.3.2)中的 $\cos nx$，$\sin nx$ 的位置是不变的，正像幂级数中的 $(x - x_0)^n$ 一样．我们把函数列

$$1, \cos x, \sin x, \cos 2x, \sin 2x, \cdots, \cos nx, \sin nx, \cdots \tag{8.3.3}$$

称为三角函数系．今后，我们将看到，它们的作用就像用坐标向量 $\{\boldsymbol{i}, \boldsymbol{j}, \boldsymbol{k}\}$ 表示的空间直角坐标系一样．

三角函数系(8.3.3)具有如下性质：

(1) 三角函数系(8.3.3)中的各函数的共同周期是 2π. 因此，只需在一个长为 2π 的区间上讨论三角级数(8.3.2)即可．通常选取对称区间 $[-\pi, \pi]$ 作为讨论区间．

(2) 三角函数系(8.3.3)在 $[-\pi, \pi]$ 上正交，即三角函数系(8.3.3)中任意两个不同函数之积在 $[-\pi, \pi]$ 上的积分等于零，同时，每个函数的平方在 $[-\pi, \pi]$ 上的积分都是正数(除了1的积分为 2π，其余函数的积分均为 π)，即

$$\int_{-\pi}^{\pi} \sin nx \, dx = \int_{-\pi}^{\pi} \cos nx \, dx = 0, n = 1,2,\cdots,$$

$$\int_{-\pi}^{\pi} \sin mx \cos nx \, dx = 0, m, n = 1,2,\cdots,$$

$$\int_{-\pi}^{\pi} \cos mx \cos nx \, dx = \int_{-\pi}^{\pi} \sin mx \sin nx \, dx = 0, m, n = 1,2,\cdots, m \neq n,$$

而

$$\int_{-\pi}^{\pi} 1^2 \, dx = 2\pi, \int_{-\pi}^{\pi} \sin^2 nx \, dx = \pi, \int_{-\pi}^{\pi} \cos^2 nx \, dx = \pi, n = 1,2,\cdots.$$

8.3.2 函数展开成傅里叶级数

类比于幂级数，关于三角级数，我们也面临如下三个问题：

(1) 三角级数(8.3.2)在什么条件下收敛？即，如何判断三角级数(8.3.2)的敛散性？

(2) 在什么条件下，一个函数可展开成三角级数，即在某个区间上表示成一个三角级数(8.3.2)？

(3) 如果 $f(x)$ 能展开成三角级数(8.3.2)，那么其展开式是否唯一？

问题(1)的研究要用到更多的理论，已超过高等数学的大纲，本书不再讨论．下面简要讨论问题(2)与(3)，先考虑如下与问题(3)有关的问题：

设 $f(x)$ 是周期为 2π 的周期函数，且能展开成三角级数

$$f(x) = \frac{a_0}{2} + \sum_{n=1}^{\infty} (a_n \cos nx + b_n \sin nx). \tag{8.3.4}$$

那么级数(8.3.4)的系数 $a_0, a_n, b_n (n = 1,2,3,\cdots)$ 与其和函数 $f(x)$ 有什么关系呢？换言之，能否利用 $f(x)$ 把 $a_0, a_n, b_n (n = 1,2,3,\cdots)$ 表达出来？如果级数(8.3.4)可以逐项积分，则这个问题的答案是肯定的．

事实上，为了求 a_0，可对(8.3.4)式两边在 $[-\pi, \pi]$ 上积分，并利用三角函数系(8.3.3)的正交性得

$$\int_{-\pi}^{\pi} f(x)\mathrm{d}x = \int_{-\pi}^{\pi} \frac{a_0}{2}\mathrm{d}x + \sum_{n=1}^{\infty}\left(a_n\int_{-\pi}^{\pi}\cos nx\,\mathrm{d}x + b_n\int_{-\pi}^{\pi}\sin nx\,\mathrm{d}x\right) = a_0\pi,$$

于是有

$$a_0 = \frac{1}{\pi}\int_{-\pi}^{\pi} f(x)\mathrm{d}x.$$

为了求(8.3.4)的系数 a_k，用 $\cos kx$ 乘(8.3.4)式的两边(为避免与(8.3.4)式中一般的 a_n 混淆，我们用 a_k 表示特定的项的系数)，再在 $[-\pi,\pi]$ 上积分，并利用三角函数系(8.3.3)的正交性可得

$$\begin{aligned}\int_{-\pi}^{\pi} f(x)\cos kx\,\mathrm{d}x &= \frac{a_0}{2}\int_{-\pi}^{\pi}\cos kx\,\mathrm{d}x + \sum_{n=1}^{\infty}\left(a_n\int_{-\pi}^{\pi}\cos nx\cos kx\,\mathrm{d}x + b_n\int_{-\pi}^{\pi}\sin nx\cos kx\,\mathrm{d}x\right)\\ &= a_k\int_{-\pi}^{\pi}\cos^2 kx\,\mathrm{d}x = a_k\pi,\end{aligned}$$

于是有

$$a_k = \frac{1}{\pi}\int_{-\pi}^{\pi} f(x)\cos kx\,\mathrm{d}x, k = 0,1,2,3,\cdots,$$

类似地，可得

$$b_k = \frac{1}{\pi}\int_{-\pi}^{\pi} f(x)\sin kx\,\mathrm{d}x, k = 1,2,3,\cdots.$$

以上结果可改写成

$$a_n = \frac{1}{\pi}\int_{-\pi}^{\pi} f(x)\cos nx\,\mathrm{d}x, n = 0,1,2,3,\cdots, \tag{8.3.5}$$

$$b_n = \frac{1}{\pi}\int_{-\pi}^{\pi} f(x)\sin nx\,\mathrm{d}x, n = 1,2,3,\cdots. \tag{8.3.6}$$

如果公式(8.3.5)和(8.3.6)的积分都存在，那么由它们确定的系数 $a_0, a_n, b_n (n = 1,2,3,\cdots)$ 称为函数 $f(x)$ 的傅里叶系数，将这些系数代入(8.3.4)的右端，所得的三角级数

$$f(x) = \frac{a_0}{2} + \sum_{n=1}^{\infty}(a_n\cos nx + b_n\sin nx) \tag{8.3.7}$$

称为函数 $f(x)$ 的傅里叶级数．

综合上述讨论，若 $f(x)$ 是周期为 2π 的周期函数，且能展开成三角级数(8.3.4)，则系数由(8.3.5)及(8.3.6)确定，即 $f(x)$ 展开的三角级数就一定是 $f(x)$ 的傅里叶级数．这就回答了上述问题(3).

但是函数 $f(x)$ 的傅里叶级数未必收敛，即使收敛也未必以 $f(x)$ 为和函数．在数学发展史上，人们花费了大量的时间和精力去寻求函数展开成三角级数的最佳条件．下面介绍其中一个较为简洁实用的充分条件(限于本书篇幅，此处不加证明).

定理 8.3.1(狄利克雷充分条件)　设函数 $f(x)$ 是周期为 2π 的周期函数，在 $[-\pi,\pi]$ 上满足条件：

(1) 连续或只有有限个第一类间断点．

(2) 只有有限个单调区间．

则 $f(x)$ 的傅里叶级数收敛，并且

(1) 当 x 为 $f(x)$ 的连续点时，级数收敛于 $f(x)$.

(2) 当 x 为 $f(x)$ 的间断点时,级数收敛于 $\frac{f(x-0)+f(x+0)}{2}$.

其中,$f(x-0)$ 与 $f(x+0)$ 分别表示 $f(x)$ 在点 x 处的左、右极限,特别当 $x=\pm\pi$ 时,傅里叶级数收敛于 $\frac{1}{2}[f(-\pi+0)+f(\pi-0)]$.

从定理可见,周期函数展开成傅里叶级数的条件比展开成幂级数的条件要宽松得多,从而傅里叶级数的适用范围也广泛得多.这定理给出上述问题(2)的一个回答.

值得注意的是,上面的讨论只适用于定义在区间 $(-\infty,+\infty)$ 上的周期函数.如果函数 $f(x)$ 只在 $[-\pi,\pi]$ 上有定义,且满足收敛定理条件,那么 $f(x)$ 也可以展开为傅里叶级数.方法是在 $[-\pi,\pi)$ 或 $(-\pi,\pi]$ 外补充函数 $f(x)$ 的定义,使它拓广成周期为 2π 的周期函数 $F(x)$(此过程称为周期延拓),然后将 $F(x)$ 展开为傅里叶级数,那么在 $[-\pi,\pi)$ 内就是 $f(x)$ 的傅里叶级数展开式了.

例 8.3.1 设 $f(x)$ 是周期为 2π 的周期函数.它在 $[-\pi,\pi)$ 上的表达式为

$$f(x)=\begin{cases}-1, -\pi\leqslant x<0\\ 1, 0\leqslant x<\pi\end{cases},$$

将 $f(x)$ 展成傅里叶级数.

解:显然 $f(x)$ 满足收敛定理条件.它在点 $x=k\pi(k=0,\pm1,\pm2,\cdots)$ 处不连续,其他处都连续,故由收敛定理可知 $f(x)$ 的傅里叶级数收敛,并且当 $x=k\pi$ 时,级数收敛于

$$\frac{-1+1}{2}=\frac{1+(-1)}{2}=0,$$

$x\neq k\pi$ 时,级数收敛于 $f(x)$,和函数的图形如图 8-3-1 所示.

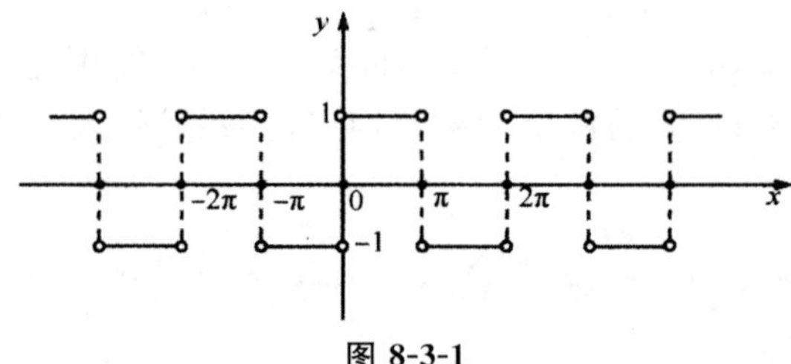

图 8-3-1

计算傅里叶系数如下:

$$a_n=\frac{1}{\pi}\int_{-\pi}^{\pi}f(x)\cos nx\,\mathrm{d}x=\frac{1}{\pi}\int_{-\pi}^{0}(-1)\cos nx\,\mathrm{d}x+\frac{1}{\pi}\int_{0}^{\pi}1\times\cos nx\,\mathrm{d}x$$
$$=0, n=0,1,2,\cdots,$$

$$\begin{aligned}b_n&=\frac{1}{\pi}\int_{-\pi}^{\pi}f(x)\sin nx\,\mathrm{d}x\\&=\frac{1}{\pi}\int_{-\pi}^{0}(-1)\sin nx\,\mathrm{d}x+\frac{1}{\pi}\int_{0}^{\pi}1\times\sin nx\,\mathrm{d}x\\&=\frac{1}{\pi}\left(\frac{\cos nx}{n}\right)\Big|_{-\pi}^{0}+\frac{1}{\pi}\left(-\frac{\cos nx}{n}\right)\Big|_{0}^{\pi}\\&=\frac{1}{n\pi}[1-\cos n\pi-\cos n\pi+1]\\&=\frac{2}{n\pi}[1-(-1)^n]\end{aligned}$$

$$=\begin{cases}\dfrac{4}{n\pi}, n=1,3,5,7,\cdots \\ 0, n=2,4,6,8,\cdots\end{cases}.$$

将其代入$\dfrac{a_0}{2}+\sum\limits_{n=1}^{\infty}(a_n\cos nx+b_n\sin nx)$，可得

$$f(x)=\frac{4}{\pi}\left[\sin x+\frac{1}{3}\sin 3x+\cdots+\frac{1}{2n-1}\sin(2n-1)x+\cdots\right],$$

其中，$-\infty<x<+\infty; x\neq 0, \pm\pi, \pm 2\pi, \cdots$.

例 8.3.2　求 $f(x)=e^{ax}, -\pi\leqslant x\leqslant\pi$ 的傅里叶展开式，$a\neq 0$.

解：$f(x)$ 的定义域为$[-\pi,\pi]$，将 $f(x)$ 拓展成周期为 2π 的函数，如图 8-3-2 所示，于是得到傅里叶系数

$$a_0=\frac{1}{\pi}\int_{-\pi}^{\pi}e^{ax}dx=\frac{1}{\pi a}(e^{a\pi}-e^{-a\pi}),$$

$$a_n=\frac{1}{\pi}\int_{-\pi}^{\pi}e^{ax}\cos nx dx=(-1)^n\frac{a}{\pi(a^2+n^2)}(e^{a\pi}-e^{-a\pi}),$$

$$b_n=\frac{1}{\pi}\int_{-\pi}^{\pi}e^{ax}\sin nx dx=(-1)^{n+1}\frac{n}{\pi(a^2+n^2)}(e^{a\pi}-e^{-a\pi}).$$

所以，当 $-\pi\leqslant x<\pi$ 时有

$$f(x)=\frac{(e^{a\pi}-e^{-a\pi})}{\pi}\left(\frac{1}{2a}+\sum_{n=1}^{\infty}(-1)^n\frac{a\cos nx-n\sin nx}{(a^2+n^2)}\right).$$

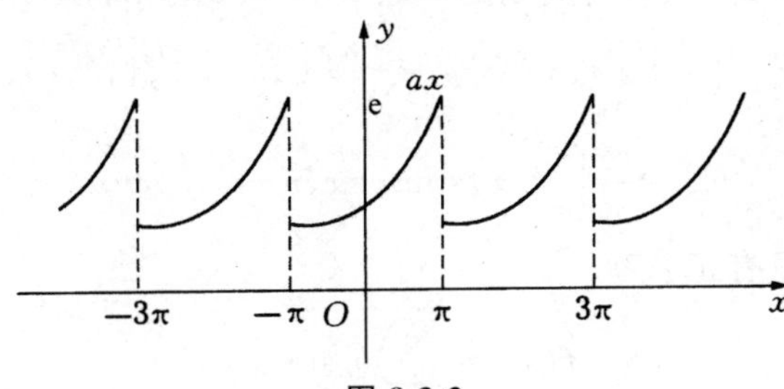

图 8-3-2

例 8.3.3　将函数 $f(x)=\begin{cases}\pi+x, -\pi\leqslant x\leqslant 0\\ \pi-x, 0<x\leqslant\pi\end{cases}$ 展开成傅里叶级数.

解：所给函数在区间$[-\pi,\pi]$上满足收敛定理条件，并且周期延拓后的函数在$(-\infty,+\infty)$上连续，因此延拓后周期函数的傅里叶级数在$[-\pi,\pi]$上收敛于 $f(x)$. 注意到 $f(x)$ 为偶函数，则有

$$a_0=\frac{1}{\pi}\int_{-\pi}^{\pi}f(x)dx=\frac{2}{\pi}\int_0^{\pi}f(\pi-x)dx=\pi,$$

$$a_n=\frac{1}{\pi}\int_{-\pi}^{\pi}f(x)\cos nx dx=\frac{2}{\pi}\int_0^{\pi}f(\pi-x)\cos nx dx$$

$$=\begin{cases}\dfrac{1}{n^2\pi}, n=1,3,5,\cdots \\ 0, n=2,4,6,\cdots\end{cases},$$

$$b_n=\frac{1}{\pi}\int_{-\pi}^{\pi}f(x)\sin nx dx=0, n=1,2,3,\cdots.$$

所以 $f(x)$ 的傅里叶级数展开式为

$$f(x)=\frac{\pi}{2}+\frac{4}{\pi}\left(\cos x+\frac{1}{3^2}\cos 3x+\frac{1}{5^2}\cos 5x+\cdots\right),-\pi\leqslant x\leqslant\pi.$$

利用这个展开式,我们可以求得几个特殊级数的和.当 $x=0$ 时,$f(x)=\pi$,于是代入得

$$\frac{\pi^2}{8}=1+\frac{1}{3^2}+\frac{1}{5^2}+\cdots,$$

再经运算可得

$$\frac{\pi^2}{24}=\frac{1}{2^2}+\frac{1}{4^2}+\frac{1}{6^2}+\cdots,$$

$$\frac{\pi^2}{6}=1+\frac{1}{2^2}+\frac{1}{3^2}+\frac{1}{4^2}+\cdots,$$

以及

$$\frac{\pi^2}{12}=1-\frac{1}{2^2}+\frac{1}{3^2}-\frac{1}{4^2}+\cdots.$$

有兴趣的读者可以自行证明这些不等式.

8.3.3 正弦级数与余弦级数

由傅里叶系数公式可知,若 $f(x)$ 为奇函数,则有 $a_n=0$,这时傅里叶级数只有正弦项.若 $f(x)$ 为偶函数,则有 $b_n=0$,这时傅里叶级数只有余弦项.于是有如下定理:

定理 8.3.2 设 $f(x)$ 是以 2π 为周期的函数.若 $f(x)$ 为奇函数,则有

$$a_n=\frac{1}{\pi}\int_{-\pi}^{\pi}f(x)\cos nx\,\mathrm{d}x=0,n=0,1,2,\cdots,$$

$$b_n=\frac{2}{\pi}\int_{0}^{\pi}f(x)\sin nx\,\mathrm{d}x,n=1,2,\cdots.$$

于是 $f(x)$ 的傅里叶级数只有正弦项

$$f(x)=\sum_{n=1}^{\infty}b_n\sin nx,$$

称为正弦级数.若 $f(x)$ 为偶函数,则有

$$a_n=\frac{2}{\pi}\int_{0}^{\pi}f(x)\cos nx\,\mathrm{d}x=0,n=0,1,2,\cdots,$$

$$b_n=\frac{2}{\pi}\int_{0}^{\pi}f(x)\sin nx\,\mathrm{d}x=0,n=1,2,\cdots.$$

于是 $f(x)$ 的傅里叶级数只有余弦项

$$f(x)=\frac{a_0}{2}+\sum_{n=1}^{\infty}a_n\cos nx,$$

称为余弦级数.

在实际应用(如研究热的传导与扩散问题)中,有时还需要把定义在$[0,\pi]$上的函数 $f(x)$ 展开成正弦级数或余弦级数.解决的方法是先在开区间$(-\pi,0)$内补充函数 $f(x)$ 的定义,使它拓广成$(-\pi,\pi)$上的奇函数或偶函数 $F(x)$(此过程称为奇延拓或偶延拓),然后再将 $F(x)$ 展开成正弦级数或余弦级数,那么把它限制在$(0,\pi]$内时就是 $f(x)$ 的正弦级数或余弦级数展开式.当然,具体计算时,由于 a_n,b_n 的算式中只用到函数在$[0,\pi]$上的值,故延拓函数 $F(x)$ 可不必写出.

例 8.3.4　将函数 $f(x)=x+1$ 在区间 $[0,\pi]$ 上分别展开成为正弦级数和余弦级数．

解：将函数 $f(x)$ 进行奇延拓，使之成为区间 $(-\pi,\pi]$ 上的奇函数，如图 8-3-3 所示．且进行整个数轴上的周期延拓，所以

$$a_n=0,n=0,1,2,\cdots,$$

$$\begin{aligned}b_n&=\frac{2}{\pi}\int_0^{\pi}f(x)\sin nx\,\mathrm{d}x\\&=\frac{2}{\pi}\int_0^{\pi}(x+1)\sin nx\,\mathrm{d}x\\&=\frac{2}{\pi}\left(-\frac{(x+1)\cos nt}{n}+\frac{\sin nx}{n^2}\right)\Big|_0^{\pi}\\&=\frac{2}{n\pi}[1-(\pi+1)\cos n\pi]\\&=\begin{cases}\dfrac{2}{\pi}\dfrac{\pi+2}{n},n=1,3,5,\cdots\\-\dfrac{2}{n},n=2,4,6,\cdots\end{cases}.\end{aligned}$$

依据收敛定理，函数 $f(x)=x+1$ 在区间 $[0,\pi]$ 上展开成的正弦级数为

$$x+1=\sum_{n=1}^{\infty}\frac{2}{n\pi}[1-(\pi+1)\cos n\pi]\sin nx,x\in(0,\pi),$$

或者表示为

$$x+1=\frac{2}{\pi}\left[(\pi+2)\sin x-\frac{\pi}{2}\sin 2x+\frac{1}{3}(\pi+2)\sin 3x-\frac{\pi}{4}\sin 4x+\cdots\right],x\in(0,\pi).$$

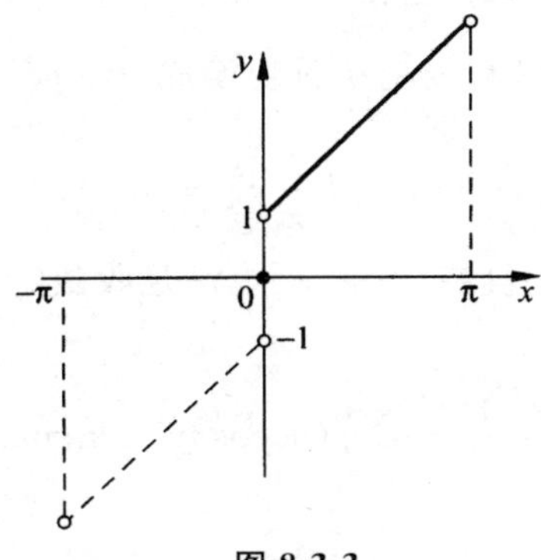

图 8-3-3

对函数 $f(x)=x+1$ 进行偶延拓使其成为区间 $(-\pi,\pi]$ 上的偶函数，如图 8-3-4 所示．且进行整个数轴上的周期延拓，所以

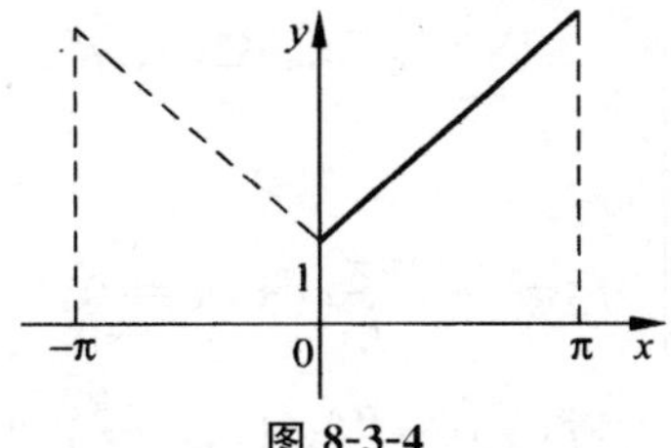

图 8-3-4

$$b_n=0,n=0,1,2,\cdots,$$

$$a_0=\frac{2}{\pi}\int_0^{\pi}f(x)\mathrm{d}x=\frac{2}{\pi}\int_0^{\pi}(x+1)\mathrm{d}x=\frac{2}{\pi}\left(\frac{x^2}{2}+x\right)\Big|_0^{\pi}=\pi+2,$$

$$a_n=\frac{2}{\pi}\int_0^{\pi}f(x)\cos nx\,\mathrm{d}x=\frac{2}{\pi}\int_0^{\pi}(x+1)\sin nx\,\mathrm{d}x=\frac{2}{\pi}\left(\frac{(x+1)\sin nt}{n}+\frac{\cos nx}{n^2}\right)\Big|_0^{\pi}$$

$$=\frac{2}{n^2\pi}(\cos n\pi-1)=\frac{2}{n^2\pi}[(-1)^n-1]$$

$$=\begin{cases}-\dfrac{4}{n^2\pi},n=1,3,5,\cdots\\0,n=2,4,6,\cdots\end{cases}.$$

依据收敛定理，函数 $f(x)=x+1$ 在区间 $[0,\pi]$ 上展开成的余弦级数为

$$x+1=\frac{\pi}{2}+1+\sum_{n=1}^{\infty}\frac{2}{n^2\pi}[(-1)^n-1]\cos nx,x\in[0,\pi],$$

或者表示为

$$x+1=\frac{2}{\pi}+1-\frac{4}{\pi}\left(\cos x+\frac{1}{3^2}\cos 3x+\frac{1}{5^2}\cos 5x+\frac{1}{7^2}\cos 7x+\cdots\right),x\in[0,\pi].$$

特别地，当 $x=0$ 时，有 $\frac{\pi^2}{8}=1+\frac{1}{3^2}+\frac{1}{5^2}+\frac{1}{7^2}+\cdots$.

8.3.4 一般周期函数的傅里叶级数

前面我们所讨论的周期函数都是以 2π 为周期的．可是，在很多实际问题中所遇到的周期函数的周期并不等于 2π. 接下来，我们就来讨论以 $2l$ 为周期的函数的傅里叶级数．

设 $f(x)$ 是以 $2l$ 为周期的周期函数，它在一个周期 $[-l,l]$ 上满足收敛定理条件，作变量代换 $y=\frac{\pi}{l}x$，即 $x=\frac{l}{\pi}y$. 于是区间 $-l\leqslant x\leqslant l$ 就变换成 $-\pi\leqslant y\leqslant\pi$，令

$$f(x)=f\left(\frac{l}{\pi}y\right)=g(y),$$

则 $g(y)$ 是以 2π 为周期的周期函数，且在 $[-\pi,\pi]$ 上满足收敛定理条件，将 $g(y)$ 展开成傅里叶级数

$$g(y)=\frac{a_0}{2}+\sum_{n=1}^{\infty}(a_n\cos ny+b_n\sin ny),$$

其中，

$$a_n=\frac{1}{\pi}\int_{-\pi}^{\pi}g(y)\cos ny\,\mathrm{d}y,b_n=\frac{1}{\pi}\int_{-\pi}^{\pi}g(y)\sin ny\,\mathrm{d}y.$$

代回原来的变量 x，即得 $f(x)$ 的傅里叶级数为

$$f(x)=\frac{a_0}{2}+\sum_{n=1}^{\infty}\left(a_n\cos\frac{n\pi}{l}x+b_n\sin\frac{n\pi}{l}x\right),$$

这里，

$$a_n=\frac{1}{l}\int_{-l}^{l}f(x)\cos\frac{n\pi}{l}x\,\mathrm{d}x,n=0,1,2,3,\cdots,$$

$$b_n=\frac{1}{l}\int_{-l}^{l}f(x)\sin\frac{n\pi}{l}x\,\mathrm{d}x,n=1,2,3,\cdots.$$

类似于前面两节的讨论，对只定义在有限区间 $[-l,l]$ 上的函数或具有奇偶性的函数等的展

开问题，只要做些技术性处理(函数延拓)，也可得出相应结论，不再赘述．

例 8.3.5　设 $f(x)$ 是周期为 2 的函数，它在 $[-1,1)$ 上的表达式为

$$f(x)=\begin{cases}0,-1\leqslant x<0\\A,0\leqslant x<1\end{cases},$$

其中常数 $A>0$，将 $f(x)$ 展开成傅里叶级数．

解：令 $l=1$，则傅里叶系数为

$$a_0=\frac{1}{l}\int_{-l}^{l}f(x)\mathrm{d}x=\int_{-1}^{0}0\mathrm{d}x+\int_{0}^{1}A\mathrm{d}x=A,$$

$$a_n=\frac{1}{l}\int_{-l}^{l}f(x)\cos\frac{n\pi x}{l}\mathrm{d}x=\int_{0}^{1}A\cos n\pi x\mathrm{d}x=0,n=1,2,\cdots,$$

$$b_n=\frac{1}{l}\int_{-l}^{l}f(x)\sin\frac{n\pi x}{l}\mathrm{d}x=\int_{0}^{1}A\sin n\pi x\mathrm{d}x=\frac{A}{n\pi}(1-\cos n\pi)$$

$$=\frac{A}{n\pi}[1-(-1)^n]=\begin{cases}\dfrac{2A}{n\pi},n=1,3,\cdots\\0,n=2,4,\cdots\end{cases}.$$

从而求得函数 $f(x)$ 的傅里叶级数的展开式为

$$f(x)=\frac{A}{2}+\frac{2A}{\pi}\left(\sin\pi x+\frac{1}{3}\sin3\pi x+\frac{1}{5}\sin5\pi x+\cdots\right).$$

当 $x=0,\pm1,\cdots$ 时，$f(x)$ 的傅里叶级数收敛于 $\frac{A}{2}$，它的和函数的图形如图 8-3-5 所示．

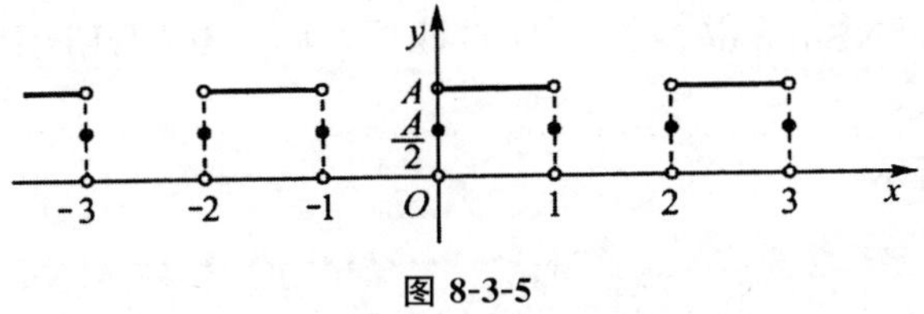

图 8-3-5

8.4　数学实验

对于许多与级数相关的数学问题，也可以应用 Mathematica 软件来处理．在这里，我们将通过 Mathematica 软件，考察数项级数的收敛性；按要求把函数展开成幂级数并观察多项式逼近函数的状况；了解傅里叶级数对于研究具有周期性的物理现象的意义．

8.4.1　数项级数及其收敛性

级数求和中经常使用的 Mathematica 基本语句如下：

(1)Sum[f[n],{n,nmin,nmax}]

求级数 $\sum_{n=\min}^{\max}f(x)$

(2)NSum[f[n],{n,nmin,nmax}]

求级数 $\sum_{n=\min}^{\max}f(x)$ 的近似值(保留 6 位有效数字)

另外，在应用 Mathematica 处理无穷级数相关问题时，还常会用到如下命令：

(1) 去掉余项命令 Normal. 在把 $f(x)$ 展开成幂级数后，有时为了近似计算或作图，需要把余项去掉，只要使用 Normal 命令.

(2) 强制求值命令 Evaluate. 如果函数是用 Normal 命令定义的，则当对它进行作图或其他数值计算时，可能会出现问题.

(3) 作散点图命令 ListPlot. ListPlot[] 为平面内作散点图命令，其对象是数集合，一般应为 $\{x_1, y_1\}, \cdots, \{x_n, y_n\}$ 的形式.

(4) 用符号"/;"定义分段函数. 符号"/;"用于定义某种规则，"/;"后面是条件.

下面，我们应用 Mathematica 的基本语句来考察级数的收敛性.

例 8.4.1 考察数项级数 $\sum_{n=1}^{\infty} \frac{n^3}{2^n}$ 的收敛性.

解：我们先考察级数的部分和数列 $s_k = \sum_{n=1}^{k} \frac{n^3}{2^n}, k = 1,2,3,\cdots$ 的变化情况. 取 $k = 5,10,15,\cdots,100$，分别计算 s_k 的值，命令及输出为

```
In[1]: = Table[NSum[n^3/2^n,{n,1,k}],{k,5,100,5}]
Out[1] = {13.7813,24.2363,25.8468,25.9897,25.9994,26.,26.,26.,26.,26.,26.,26.,26.,26.,26.,26.,26.,26.,26.,26.}
```

可以看出，随着 k 的增加，s_k 是靠近数值 26.

还可从图像上来观察，命令为

```
In[2]: = t = Table[NSum[n^3/2^n,{n,1,k}],{k,1,40}];ListPlot[t]
Out[2] =- Graphics -
```

得到的图形如图 8 4 1 所示.

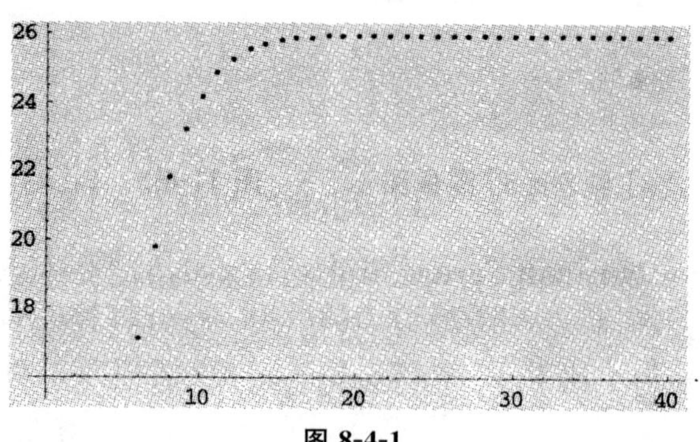

图 8-4-1

所以从 $\{s_k\}$ 的数值和图像，我们看出它是收敛的，即所考察的数项级数是收敛的. 事实上，由

```
In[3]: = NSum[n^3/2^n,{n,1,Infinity}]
Out[3] = 26
```

即知道 $\sum_{n=1}^{\infty} \frac{n^3}{2^n} = 26$.

例 8.4.2 求 $\sum_{n=0}^{\infty} \frac{4^{2n}(x-3)^n}{n+1}$ 的收敛域与和函数.

解：输入

```
Clear[a]
a[n_] = 4^(2n) * (x - 3)^n/(n + 1)
stepone = a[n + 1]/a[n]//Simplify
```

输出为

$$\frac{16(1+n)(-3+x)}{2+n}$$

再输入

```
steptwo = Limit[stepone,n -> Infinity]
```

输出为 16(-3+x).

需要注意的是，这里对 a[n+1] 和 a[n] 都没有加绝对值．所以上式的绝对值小于 1 时，幂级数收敛；大于 1 时发散．为了求出收敛区间的端点，输入

```
ydd = Solve[steptwo == 1,x]
zdd = Solve[steptwo == -1,x]
```

输出为

$$\left\{\left\{x\to\frac{49}{16}\right\}\right\}\text{与}\left\{\left\{x\to\frac{47}{16}\right\}\right\}$$

从而可知$\frac{47}{16}<x<\frac{49}{16}$时收敛，$x<\frac{47}{16}$或者$>\frac{49}{16}$时发散．为了判断端点的敛散性，输入

```
Simplify[a[n]/. x -> (49/16)]
```

得到 x 为右端点时幂级数的一般项为$\frac{1}{n+1}$. 所以 $x=\frac{49}{16}$ 时发散．再输入

```
Simplify[a[n]/. x -> (47/16)]
```

输出结果为$\frac{(-1)^n}{n+1}$. 所以当 $x=\frac{47}{16}$ 时，级数收敛．也可在收敛域内求得该级数的和函数．输入

```
Sum[4^(2n) * (x - 3)^n/(n + 1),{n,0,Infinity}]
```

输出为$-\frac{\text{Log}[1-16(-3+x)]}{16(-3+x)}$.

8.4.2　函数的幂级数展开

在 Mathematica 中，函数展开成幂级数的基本语句如下：

(1)Series[f[x],{x,x0,n}]

　　将 $f(x)$ 在 x_0 点展开，展开到 x^n 项

(2)a = Series[f[x],{x,x0,n}];Normal[a]

　　将 $f(x)$ 在 x_0 点展开，展开到 x^n 项的近似值

例 8.4.3　求 $\ln x$ 在 $x=1$ 处的 6 阶泰勒展开式．

解：输入

```
Series[Log[x],{x,1,6}]
```

则有输出

$$(x-1)-\frac{(x-1)^2}{2}+\frac{(x-1)^3}{3}-\frac{(x-1)^4}{4}+\frac{(x-1)^5}{5}-\frac{(x-1)^6}{6}+O[x]^7$$

例 8.4.4　通过比较 $y=\sin x$ 的图形与其在 $x=0$ 点的展开式图形，观察级数展开式的逼近

情况(分别取前 7、21、51 项展开式).

解:Mathematica 语句为

```
Clear[f,g,x]
f[x_]: = Sin[]
g[x_]: = Series[f[x],{x,0,6}]
g = Normal[g[x]]
Plot[{f[x],g},{x, - 2Pi,2Pi},PlotStyle -> {RGBColor[1,0,0],Thickness[0. 01]}]
Clear[f,g,x]
f[x_]: = Sin[x]
g[x_]: = Serles[f[x],{x,0,20}]
g = Normal[g[x]]
Plot[{f[x],g},{x, - 4Pi,4Pi},PlotStyle -> {RGBColor[1,0,0],Thickness[0. 01]}]
Clear[f,g,x]
f[x_]: = Sin[x]
g[x_]: = Series[f[x],{x,0,50}]
g = Normal[g[x]]
Plot[{f[x],g},{x, - 8Pi,8Pi},PlotStyle -> {RGBColor[1,0,0],Thickness[0. 01]}]
```

运行结果如图 8-4-2 所示 .

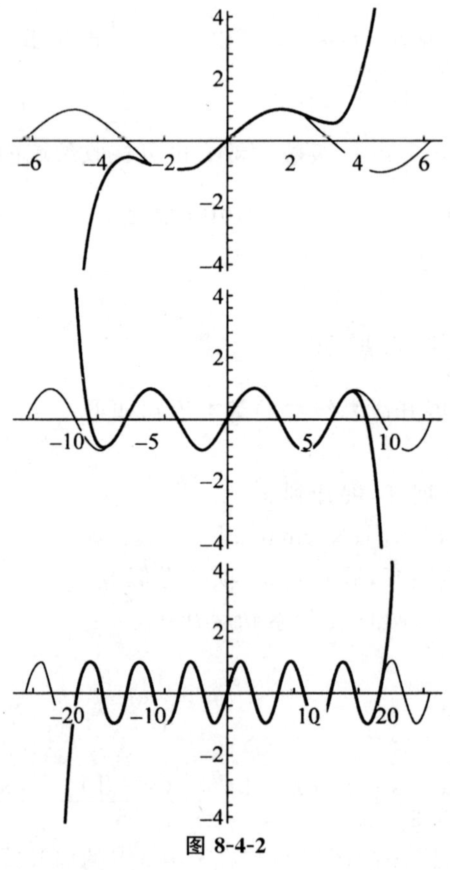

图 8-4-2

8.4.3　傅里叶级数

由于三角函数具有周期性，所以傅里叶级数对于研究具有周期性的物理现象特别有效．下面的一个例子将展示：一个矩形波可由一系列不同频率的正弦波的叠加来逼近它．

例 8.4.5　设 $f(x)$ 是周期为 2π 的周期函数，它在 $[-\pi,\pi)$ 上的表达式为

$$f(x)=\begin{cases}-1,-\pi\leqslant x<0\\1,0\leqslant x<\pi\end{cases},$$

将 $f(x)$ 分解成正弦函数的和．

解：我们先绘出 $f(x)$ 的图形：

```
f[x_] = Which[x >= -2Pi&&x < -Pi,1,x >= -Pi&&x < 0,-1,x >= 0&&x < Pi,1,
x >= Pi&&x < 2Pi,-1]
Plot[f[x],{x,-2Pi,2Pi}]
```

输出图形如图 8-4-3 所示．

这是个周期的矩形波奇函数，可展成正弦级数，即傅里叶系数中的 $a_n=0$，而经计算得 $b_n=\frac{2}{n\pi}[1-(-1)^n]$．

这样我们再绘出傅里叶级数展开式中前几项和函数与原函数的比较图像：

```
F3 = Sum[2 * (1 - (-1)^n)/(n * Pi) * Sin[n * x],{n,1,3}]
```

　　正弦级数前 2 项和函数

```
P3 = Plot[F3,{x,-2Pi,2Pi},PlotStyle -> Dashing[{0.005,0.01}]]
Show[P,P3]
```

输出图形如图 8-4-4 所示．

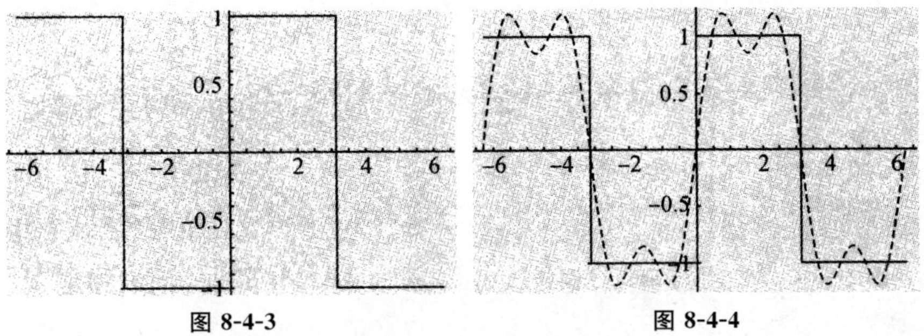

图 8-4-3　　　　图 8-4-4

类似地，作出前 4 项和函数 $F_7[x]$ 与 $f[x]$ 的比较图像（如图 8-4-5 所示）以及前 6 项和函数 $F_{11}[x]$ 与 $f[x]$ 的比较图像（如图 8-4-6 所示）．

从 $F_n[x]$ 与 $f[x]$ 的比较图可以看出，前 6 项和函数 $F_{11}[x]$ 的近似效果已经不错了．这可理解为，一个矩形波可以看成一系列不同频率的正弦波的叠加，其中前面较低频的部分起了主要作用，若略去后面所有较高频的部分，仍然能较好地近似描述原来的波动函数．

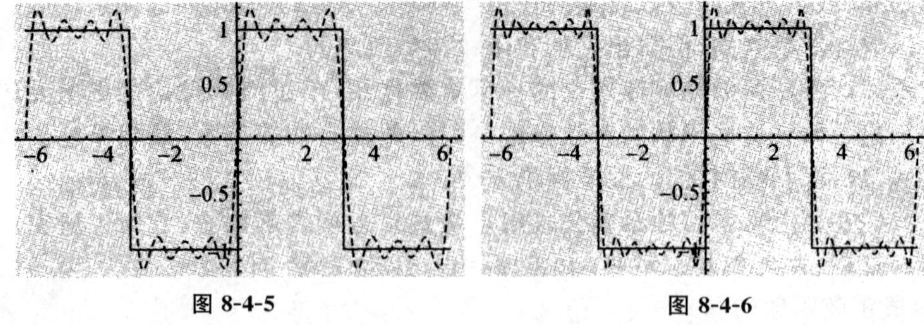

图 8-4-5　　　　图 8-4-6

第 9 章　重积分及其应用

9.1　二重积分的概念与性质

9.1.1　二重积分的概念

在前面的讨论中，求曲边梯形的面积时，我们采用分割、近似代替、作和、取极限的方法，得到面积 $A=\lim\limits_{\lambda\to\infty}\sum\limits_{i=1}^{n}f(\xi_i)\Delta x_i=\int_a^b f(x)\mathrm{d}x$，并进而得到定积分的概念．下面我们将这种思想方法推广到平面区域 D 上的二元函数 $f(x,y)$ 的积分上去．首先来看一个实例．

例 9.1.1　设有一立体，它的底是 xOy 平面上的有界闭区域 D，它的侧面是以 D 的边界曲线为准线而母线平行于 z 轴的柱面，它的顶是二元函数 $z=f(x,y)$ 所表示的曲面，这里 $f(x,y)\geqslant 0$ 且在 D 上连续，如图 9-1-1(a) 所示，这种立体称为曲顶柱体．现在我们来讨论如何定义并计算它的体积 V 的问题．

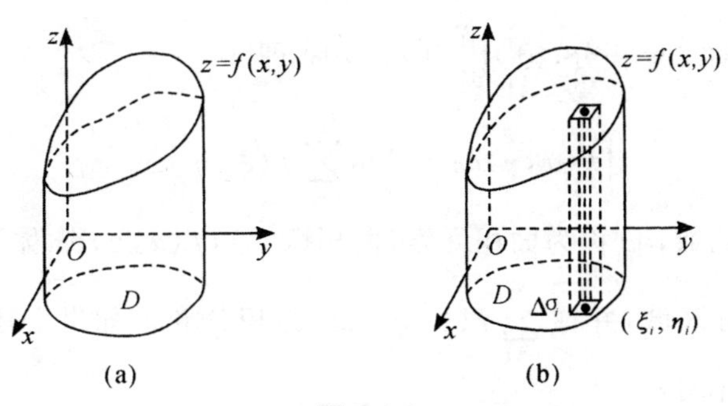

图 9-1-1

我们知道，如果 $f(x,y)$ 是常数，则该立体为平顶柱体，它的体积可用公式

$$\text{体积}=\text{底面积}\times\text{高}$$

来计算．但对于曲顶柱体，当点 (x,y) 在 D 上变动时，“高”$f(x,y)$ 是个变量，因此它的体积不能直接用上述公式来计算，而应采用求曲边梯形面积的思想方法，可按下述步骤计算：

(1) 分割．将区域 D 用一组相交曲线任意分成 n 个小区域 $\Delta\sigma_1,\Delta\sigma_2,\cdots,\Delta\sigma_n$（$\Delta\sigma_i$ 同时也表示第 i 个小区域的面积），分别以这些小闭区域为底、以它们的边界曲线为准线，作母线平行于 z 轴的柱面，这些柱面把原曲顶柱体分为 n 个小曲顶柱体．它们的体积分别记为 $\Delta V_1,\Delta V_2,\cdots,\Delta V_n$，则 $V=\sum\limits_{i=1}^{n}\Delta V_i$.

(2) 近似代替．当小闭区域 $\Delta\sigma_i\ (i=1,2,\cdots,n)$ 的直径（即该区域上任意两点间距离的最大值）很小时，由于 $f(x,y)$ 在 D 上连续，$f(x,y)$ 在同一个小闭区域上变化很小，这时小曲顶柱体可近似看作平顶柱体（如图 9-1-1(b) 所示)．在 $\Delta\sigma_i$ 中任取一点 (ξ_i,η_i)，那么以 $f(\xi_i,\eta_i)$ 为高，以

$\Delta\sigma_i$ 为底的平顶柱体的体积为 $f(\xi_i,\eta_i)\Delta\sigma_i$，于是

$$\Delta V_i \approx f(\xi_i,\eta_i)\Delta\sigma_i, i=1,2,\cdots,n.$$

(3) 作和．将这 n 个小平顶柱体体积相加，就得到整个曲顶柱体体积 V 的近似值，即

$$V=\sum_{i=1}^{n}\Delta V_i \approx \sum_{i=1}^{n} f(\xi_i,\eta_i)\Delta\sigma_i.$$

(4) 取极限．令 n 个小闭区域的直径中的最大值（记作 λ）趋于零，对上述和式取极限，那么得到的极限值就是所求曲顶柱体的体积 V，即

$$V=\lim_{\lambda\to 0}\sum_{i=1}^{n} f(\xi_i,\eta_i)\Delta\sigma_i.$$

在实际应用中，类似于上述问题的问题很多，它们的实际含义不同，但解决问题的方法是完全相同的，都归结为求和式 $\sum\limits_{i=1}^{n} f(\xi_i,\eta_i)\Delta\sigma_i$ 的极限问题．将它们的共性加以抽象，便可得到如下二重积分的定义：

定义 9.1.1 设二元函数 $f(x,y)$ 在是有界闭区域 D 上有定义，把闭区域 D 任意分成 n 个小闭区域 $\Delta\sigma_1,\Delta\sigma_2,\cdots,\Delta\sigma_n$，其中 $\Delta\sigma_i$ 表示第 i 个小闭区域，同时也表示第 i 个小闭区域的面积，在每个 $\Delta\sigma_i$ 上任取一点 (ξ_i,η_i)，作乘积 $f(\xi_i,\eta_i)\Delta\sigma_i, i=1,2,\cdots,n$，并作和式 $\sum\limits_{i=1}^{n} f(\xi_i,\eta_i)\Delta\sigma_i$，如果当各小闭区域的直径中的最大值 λ 趋近于 0 时，式 $\sum\limits_{i=1}^{n} f(\xi_i,\eta_i)\Delta\sigma_i$ 的极限存在，则称此极限为函数 $f(x,y)$ 在闭区域 D 上的二重积分，记为 $\iint\limits_D f(x,y)\mathrm{d}\sigma$，即

$$\iint\limits_D f(x,y)\mathrm{d}\sigma=\lim_{\lambda\to 0}\sum_{i=1}^{n} f(\xi_i,\eta_i)\Delta\sigma_i,$$

其中 $f(x,y)$ 称为被积函数，$\mathrm{d}\sigma$ 称为面积元素（面积微元），$f(x,y)\mathrm{d}\sigma$ 称为被积表达式，x 和 y 称为积分变量，D 称为积分区域，并称 $\sum\limits_{i=1}^{n} f(\xi_i,\eta_i)\Delta\sigma_i$ 为积分和．如果上述极限不存在，说明函数 $f(x,y)$ 在闭区域 D 上不可积．

根据二重积分的定义，上面例 9.1.1 的曲顶柱体体积 V 可以表示为 $V=\iint\limits_D f(x,y)\mathrm{d}\sigma$. 下面我们对二重积分的定义作两点说明：

(1) 二重积分 $\iint\limits_D f(x,y)\mathrm{d}\sigma$ 表示一个数，它由被积函数和积分区域唯一确定，而与积分变量所选用的字母无关，即 $\iint\limits_D f(x,y)\mathrm{d}\sigma=\iint\limits_D f(u,v)\mathrm{d}\sigma$.

(2) 根据二重积分的定义，要判断 $f(x,y)$ 在 D 上是否可积，必须考察区域的所有可能的分割方法和代表点 (ξ_i,η_i) 的选取．也就是说，只有积分和的极限存在且其极限值与分割方法无关，并与每一个 $\Delta\sigma_i$ 的代表点 (ξ_i,η_i) 的选取无关时，才能肯定 $f(x,y)$ 在 D 上可积．反过来，若已知 $f(x,y)$ 在 D 上可积，就已知道：积分值与分割方法无关，且与每一个小闭区域 $\Delta\sigma_i$ 的代表点 (ξ_i,η_i) 如何选取无关．因此，在求可积函数的积分时，就可以任意选用特殊的区域分割方法和特殊的代表点来计算．特别地，在直角坐标系中，可以选用平行于坐标轴的直线网（其中一组直线

平行于 x 轴，另一组平行于 y 轴）来划分 D，这时除了把 D 的某些边界点包含在内部的小闭子区域之外，其余小闭子区域都是矩形．设小闭矩形 $\Delta\sigma_i$ 的长与宽分别为 Δx_i 和 Δy_i，则 $\Delta\sigma_i=\Delta x_i\Delta y_i$．而当分划加细时，那些内部包含边界点的小闭子区域的面积之和趋于 0，所以作积分和时可以忽略这一部分不计．因此在直角坐标系中，可以把面积元素 $\mathrm{d}\sigma$ 记作 $\mathrm{d}x\mathrm{d}y$，把二重积分记作 $\iint\limits_D f(x,y)\mathrm{d}x\mathrm{d}y$，即

$$\iint\limits_D f(x,y)\mathrm{d}\sigma=\iint\limits_D f(x,y)\mathrm{d}x\mathrm{d}y.$$

下面我们给出二重积分的几何意义：

通过例 9.1.1 可知，当被积函数 $f(x,y)\geqslant 0$ 时，二重积分表示曲顶柱体的体积．当 $f(x,y)\leqslant 0$ 时，曲顶柱体在 xOy 面下方，由于 $f(\xi_i,\eta_i)\leqslant 0,\Delta\sigma_i>0$，所以 $\sum\limits_{i=1}^{n}f(\xi_i,\eta_i)\Delta\sigma_i\leqslant 0$. 因而它的极限也应该小于或者等于零，而体积总应该为非负的，所以二重积分等于 xOy 面上方的体积和下方体积的代数和，xOy 面上方主体体积取正号，xOy 面下方主体体积取负号．特别地，以 D 为底、以 1 为高的平顶柱体的体积在数值上等于柱体的底面积，即，设有界闭区域 D 的面积是 σ，则

$$\iint\limits_D 1\mathrm{d}\sigma=\sigma.$$

关于二重积分，我们自然也会关心满足什么条件的二元函数才是可积的，也关心有哪些常见二元函数是可积的，下面的两个定理给出了最基本的（部分）回答．

定理 9.1.1（二重积分可积的必要条件）　若函数 $f(x,y)$ 在有界闭区域 D 上可积，则 $f(x,y)$ 在 D 上有界．

该定理表明，有界闭区域 D 上的无界函数在 D 上不可积．

定理 9.1.2（二重积分可积的充分条件）　若函数 $f(x,y)$ 在有界闭区域 D 上连续，则 $f(x,y)$ 在 D 上可积．即连续函数在有界闭区域 D 上可积．

9.1.2　二重积分的性质

二重积分也有和一元函数定积分相类似的性质，下面我们就来讨论二重积分的一些重要性质，其证明过程也与定积分性质的证明类似．

性质 9.1.1　如果 $f(x,y)$ 均在区域 D 上可积，k 为常数，则 $kf(x,y)$ 在 D 上也可积，且

$$\iint\limits_D kf(x,y)\mathrm{d}\sigma=k\iint\limits_D f(x,y)\mathrm{d}\sigma.$$

性质 9.1.2　如果 $f(x,y),g(x,y)$ 均在区域 D 上可积，则 $f(x,y)\pm g(x,y)$ 在区域 D 上也可积，且

$$\iint\limits_D [f(x,y)\pm g(x,y)]\mathrm{d}\sigma=\iint\limits_D f(x,y)\mathrm{d}\sigma\pm\iint\limits_D g(x,y)\mathrm{d}\sigma.$$

综合性质 9.1.1 和性质 9.1.2 可知，二重积分具有线性性质，即

$$\begin{aligned}&\iint\limits_D [k_1f_1(x,y)+k_2f_2(x,y)+\cdots+k_mf_m(x,y)]\mathrm{d}\sigma\\&=k_1\iint\limits_D f_1(x,y)\mathrm{d}\sigma+k_2\iint\limits_D f_2(x,y)\mathrm{d}\sigma+\cdots+k_m\iint\limits_D f_m(x,y)\mathrm{d}\sigma.\end{aligned}$$

性质 9.1.3(积分对于区域的可加性) 设 $D = D_1 \cup D_2 \cup \cdots \cup D_n$，且 $D_1, D_2, \cdots, D_n$ 中任意两个区域无公共点，则 $f(x,y)$ 在有界闭区域 D 上可积的充分必要条件是 $f(x,y)$ 在 $D_1, D_2, \cdots, D_n$ 上都可积，并且

$$\iint_D f(x,y)\mathrm{d}\sigma = \iint_{D_1} f(x,y)\mathrm{d}\sigma + \iint_{D_2} f(x,y)\mathrm{d}\sigma + \cdots + \iint_{D_n} f(x,y)\mathrm{d}\sigma.$$

性质 9.1.4 设函数 $f(x,y)$ 在有界闭区域 D 上可积，且 $f(x,y) \geqslant 0$，则

$$\iint_D f(x,y)\mathrm{d}\sigma \geqslant 0.$$

性质 9.1.5(保序性) 设函数 $f(x,y)$，$g(x,y)$ 都在有界闭区域 D 上可积，且 $f(x,y) \geqslant g(x,y)$，$\forall (x,y) \in D$，则

$$\iint_D f(x,y)\mathrm{d}\sigma \geqslant \iint_D g(x,y)\mathrm{d}\sigma.$$

性质 9.1.6 设函数 $f(x,y)$ 在有界闭区域 D 上可积，则

$$\left|\iint_D f(x,y)\mathrm{d}\sigma\right| \leqslant \iint_D |f(x,y)|\mathrm{d}\sigma.$$

性质 9.1.7 (积分中值定理) 设函数 $f(x,y)$ 在有界闭区域 D 上连续，则至少存在一点 $(\xi,\eta) \in D$ 使得

$$\iint_D f(x,y)\mathrm{d}\sigma = f(\xi,\eta)\sigma,$$

其中 σ 为积分区域 D 的面积．

该性质的几何意义是：如果区域 D 上的连续函数 $f(x,y) \geqslant 0$，那么在 D 上以曲面 $z = f(x,y)$ 为顶的曲顶柱体的体积等于区域 D 上，以区域 D 为底，D 中某一点 (ξ,η) 的函数值 $f(\xi,\eta)$ 为高的平顶柱体的体积．

性质 9.1.8(估值定理) 设函数 $f(x,y)$ 在区域 D 上可积，且 $m \leqslant f(x,y) \leqslant M$，则

$$m\sigma \leqslant \iint_D f(x,y)\mathrm{d}\sigma \leqslant M\sigma.$$

9.2 二重积分的计算

直接利用二重积分的定义及性质计算二重积分是十分繁琐的，仅可以计算出一些简单的二重积分，但对一般的函数和积分区域，用定义和性质就无法求出结果，因此必须要寻找计算二重积分的方法．计算二重积分的主要方法是将它化成两次定积分的计算，称之为累次积分，这样，我们就可以利用定积分来计算二重积分．在这里，关键是根据积分区域 D 的边界来确定两个定积分的上、下限．

9.2.1 直角坐标系下二重积分的计算

在前面的关于二重积分基本概念的讨论中，我们已经指出，在直角坐标系中，可以把面积元素 $\mathrm{d}\sigma$ 记作 $\mathrm{d}x\mathrm{d}y$，把二重积分记作 $\iint_D f(x,y)\mathrm{d}x\mathrm{d}y$，即

$$\iint_D f(x,y)\mathrm{d}\sigma = \iint_D f(x,y)\mathrm{d}x\mathrm{d}y.$$

为方便起见，不妨设被积函数 $f(x,y) \geqslant 0$. 在给出直角坐标下二重积分的计算方法之前，我们先对区域 D 的特点进行简单的分类说明 .

定义 9.2.1　我们称形如

$$D = \{(x,y) \mid \varphi_1(x) \leqslant y \leqslant \varphi_2(x), x \in [a,b]\}$$

的区域为 X- 型域，其中 $y = \varphi_1(x)$ 和 $y = \varphi_2(x)$ 均为 $[a,b]$ 上的连续函数 .

X- 型域的特点是：任何平行于 y 轴且穿过区域 D 内部的直线与 D 的边界相交不多于两点，如图 9-2-1 所示 .

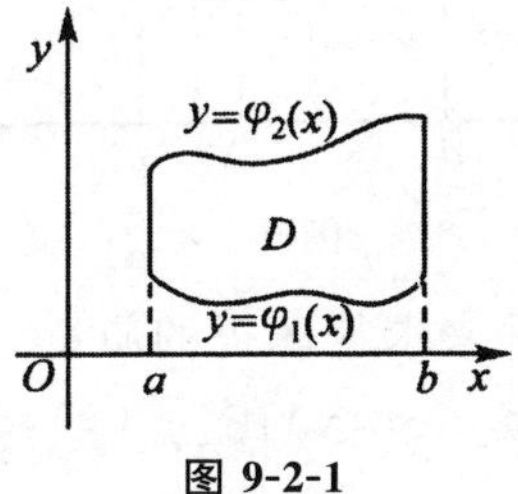

图 9-2-1

定义 9.2.2　我们称形如

$$D = \{(x,y) \mid \psi_1(y) \leqslant x \leqslant \psi_2(y), y \in [c,d]\}$$

的区域为 Y- 型域，其中 $\psi_1(y)$ 与 $\psi_2(y)$ 均在 $[c,d]$ 上连续 .

Y- 型域的特点是：任何平行于 x 轴且穿过区域 D 内部的直线与 D 的边界相交不多于两点，如图 9-2-2 所示 .

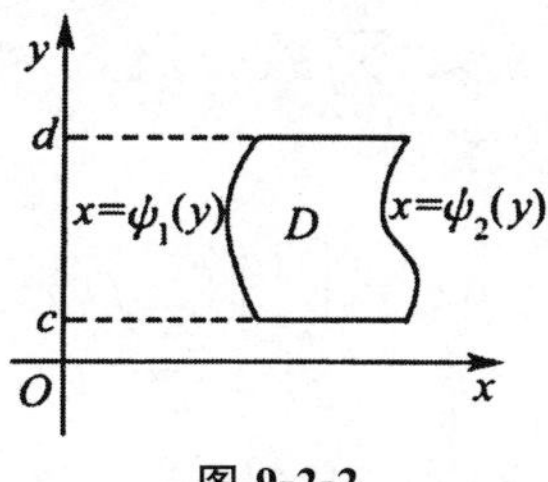

图 9-2-2

对于那些既不是 X- 型域也不是 Y- 型域的有界闭区域，可分解成若干个是 X- 型域和 Y- 型域之并集，如图 9-2-3 所示 .

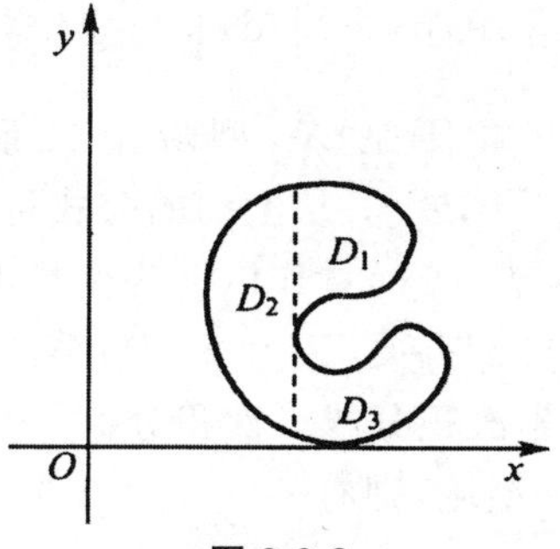

图 9-2-3

接下来，我们以平面薄板的质量计算为例，来讨论直角坐标下二重积分的计算问题 . 设有一平面薄板，将其置于 xOy 面上，如果它所占的区域 D 是 X- 型域，如图 9-2-4 所示，其密度函数为 $f(x,y)$，则薄板的质量 $m=\iint\limits_D f(x,y)\mathrm{d}x\mathrm{d}y$.

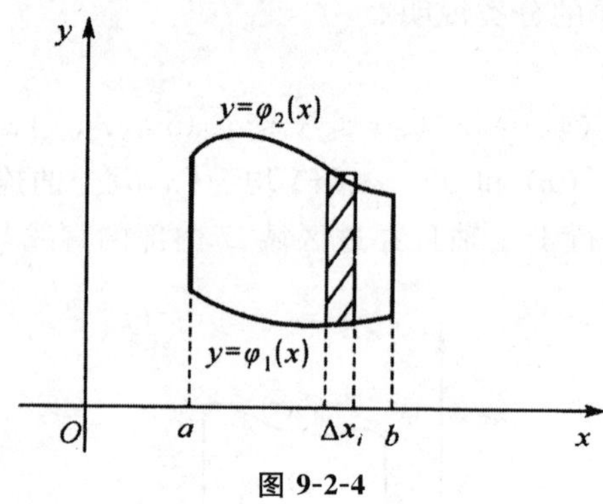

图 9-2-4

事实上，我们还可以用下面的方法来求得薄板的质量.

一般地，在区间 $[a,b]$ 上任取 x，将 $f(x,y)$ 在 $[\varphi_1(x),\varphi_2(x)]$ 上作定积分，得

$$F(x)=\int_{\varphi_1(x)}^{\varphi_2(x)} f(x,y)\mathrm{d}y,$$

若固定 x，则 $f(x,y)$ 即为关于 y 的密度函数. $F(x)$ 表示 D 内由 $\varphi_1(x)$ 到 $\varphi_2(x)$"有质量的线段"上分布的质量.

将区间 $[a,b]$ 分成 n 段，$a=x_0<x_1<\cdots<x_n=b$，则区域 D 被直线族 $x=x_i(i=1,2,\cdots,n)$ 分成了 n 部分，且每部分近似为矩形. 则每个小矩形的质量可近似的表示为 $\Delta m_i\approx F(x_i)\Delta x_i$，于是整个平面薄板的质量 $m\approx\sum\limits_{i=1}^{n}F(x_i)\Delta x_i$. 若记 $d=\max\{\Delta x_i\}$，则此平面薄板的质量为

$$m=\int_a^b F(x)\mathrm{d}x=\int_a^b\left[\int_{\varphi_1(x)}^{\varphi_2(x)} f(x,y)\mathrm{d}y\right]\mathrm{d}x,$$

所以有

$$\iint\limits_D f(x,y)\mathrm{d}x\mathrm{d}y=\int_a^b\left[\int_{\varphi_1(x)}^{\varphi_2(x)} f(x,y)\mathrm{d}y\right]\mathrm{d}x,$$

或写成

$$\iint\limits_D f(x,y)\mathrm{d}x\mathrm{d}y=\int_a^b\mathrm{d}x\int_{\varphi_1(x)}^{\varphi_2(x)} f(x,y)\mathrm{d}y,\tag{9.2.1}$$

在不考虑物理意义的情况下，上式便是 X- 型域上二重积分的计算公式. 其中 $D=\{(x,y)\mid\varphi_1(x)\leqslant y\leqslant\varphi_2(x),x\in[a,b]\}$. 从上面的公式可以看出，计算二重积分需要计算两次定积分：先把 x 视为常数，将函数 $f(x,y)$ 看作以 y 为变量的一元函数，并在 $[\varphi_1(x),\varphi_2(x)]$ 上对 y 求定积分，第一次积分的结果与 x 有关，记为 $F(x)$；第二次积分时 $F(x)$ 在 $[a,b]$ 上求定积分. 以上过程称为先对 y 后对 x 的累次积分或二次积分.

类似地，如果积分区域 D 为 Y- 型域，则有

$$\iint\limits_D f(x,y)\mathrm{d}x\mathrm{d}y=\int_c^d\mathrm{d}y\int_{\psi_1(y)}^{\psi_2(y)} f(x,y)\mathrm{d}x,\tag{9.2.2}$$

其中 $D=\{(x,y)\mid\psi_1(y)\leqslant x\leqslant\psi_2(y),y\in[c,d]\}$.

当然，如果区域 D 即为 X- 型域又为 Y- 型域，且 $f(x,y)$ 在 D 上连续时，则有

$$\int_a^b \mathrm{d}x\int_{\varphi_1(x)}^{\varphi_2(x)} f(x,y)\mathrm{d}y = \int_c^d \mathrm{d}y\int_{\psi_1(y)}^{\psi_2(y)} f(x,y)\mathrm{d}x,$$

即累次积分可交换积分顺序 .

在具体计算二重积分时，要根据积分区域 D 的具体情况而定，若区域 D 并非上述三种标准式时，可以利用区域 D 的图形特点，将 D 分成若干符合上述条件的小区域，再利用积分对于区域的可加性进行计算 .

例 9.2.1　计算 $\iint\limits_D y\sqrt{1+x^2-y^2}\,\mathrm{d}\sigma$，其中 D 为由直线 $y=x$、$x=-1$ 和 $y=1$ 所围成的闭区域 .

解：画出积分区域 D，如图 9-2-5 所示 . D 既是 X- 型区域又是 Y- 型区域，利用公式(9.2.1)则有

$$\begin{aligned}\iint\limits_D y\sqrt{1+x^2-y^2}\,\mathrm{d}\sigma &= \int_{-1}^1\left[\int_x^1 y\sqrt{1+x^2-y^2}\,\mathrm{d}y\right]\mathrm{d}x \\ &= -\frac{1}{3}\int_{-1}^1 (1+x^2-y^2)^{\frac{3}{2}}\Big|_x^1 \mathrm{d}x \\ &= -\frac{1}{3}\int_{-1}^1 (|x|^3-1)\mathrm{d}x \\ &= -\frac{2}{3}\int_0^1 (x^3-1)\mathrm{d}x = \frac{1}{2}.\end{aligned}$$

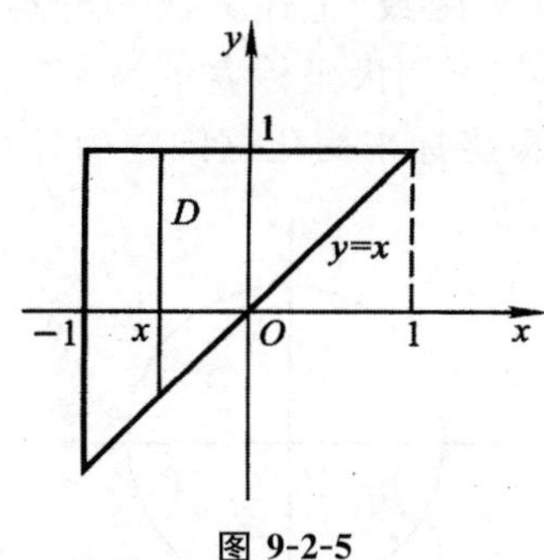

图 9-2-5

例 9.2.2　计算 $\iint\limits_D xy\,\mathrm{d}x\mathrm{d}y$，其中 D：$x^2+y^2\leqslant 1, x\geqslant 0, y\geqslant 0$.

解：区域 D 如图 9-2-6 所示 . 先对 y 积分(固定 x)，y 的变化范围由 0 到 $\sqrt{1-x^2}$，然后再在 x 的最大变化范围 $[0,1]$ 内对 x 积分，则有

$$\begin{aligned}\iint\limits_D xy\,\mathrm{d}x\mathrm{d}y &= \int_0^1 \mathrm{d}x\int_0^{\sqrt{1-x^2}} xy\,\mathrm{d}y \\ &= \int_0^1 x\left(\frac{1}{2}y^2\right)\Big|_0^{\sqrt{1-x^2}} \mathrm{d}x \\ &= \int_0^1 \frac{1}{2}x(1-x^2)\mathrm{d}x \\ &= \frac{1}{2}\left(\frac{x^2}{2}-\frac{x^4}{4}\right)\Big|_0^1 = \frac{1}{8}.\end{aligned}$$

本题也可先对 x 积分，解法类似，留给读者完成．

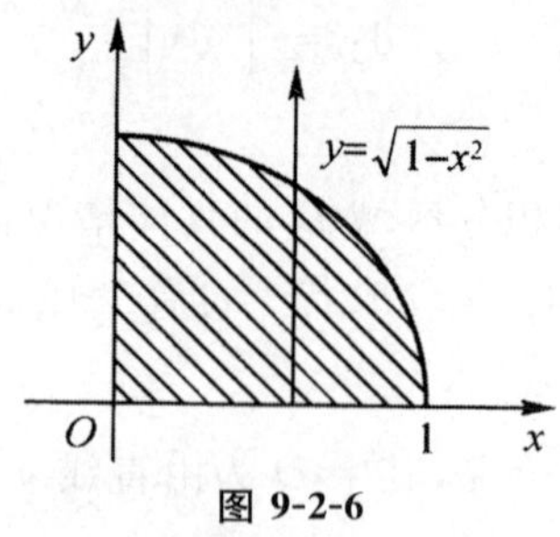

图 9-2-6

9.2.2 极坐标系下二重积分的计算

有些二重积分在直角坐标系下计算十分复杂，尤其是对于积分区域为圆域或圆域的一部分，被积函数为 $f(x^2+y^2)$ 或 $f\left(\frac{y}{x}\right)$ 等形式时，采用极坐标系计算通常会显得更简便．

先考察二重积分 $I_1=\iint\limits_{D_1}\mathrm{e}^{-x^2-y^2}\mathrm{d}\sigma$，其中 D_1 为圆 $x^2+y^2=R^2$ 所围成的区域，如图 9-2-7 所示．

按 9.2.1 节的办法将重积分化成累次积分，得

$$I_1=\int_{-R}^{R}\mathrm{d}x\int_{-\sqrt{R^2-x^2}}^{\sqrt{R^2-x^2}}\mathrm{e}^{-(x^2+y^2)}\mathrm{d}y.$$

这时，由于 e^{-x^2} 的原函数不是初等函数，上述累次积分难于计算．然而通过进一步分析发现，这个积分的被积函数含有 x^2+y^2，可用极坐标表示为 e^{-r^2}；积分区域的边界是圆周，其极坐标方程也是很简单的．这启示我们用极坐标来简化这问题的计算．

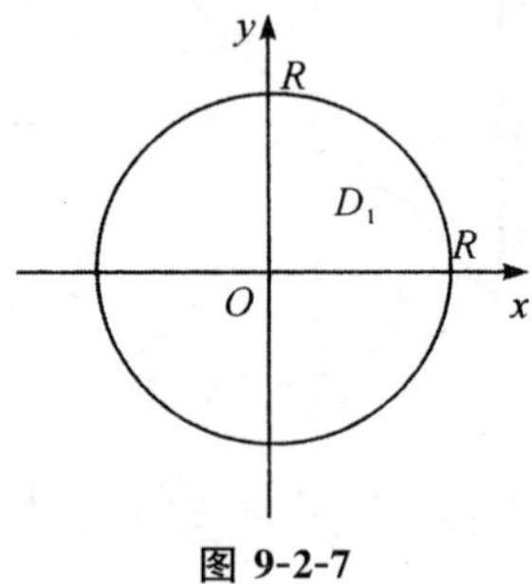

图 9-2-7

下面就来讨论极坐标系下二重积分的计算：

设函数 $z=f(x,y)$ 在有界闭区域 D 上连续，在直角坐标系中，一般以平行于 x 轴和 y 轴的两族直线来分割区域 D，然后作积分并求其极限，而在极坐标系中，则用半径 r 为常数的一族同心圆和倾角 θ 为常数的一族过极点的射线来分割 D，如图 9-2-8 所示，得出若干个小块，每块面积记为 $\Delta\sigma_i$.

因为扇形的面积为 $S=\frac{1}{2}r^2\theta$，则每一小块的面积等于以 $r+\Delta r$ 为半径的大扇形的面积与以 r 为半径的小扇形的面积之差，则

$$\Delta\sigma_i=\frac{1}{2}(r_i+\Delta r_i)^2\Delta\theta_i-\frac{1}{2}r_i^2\Delta\theta_i=r_i\Delta r\Delta\theta+\frac{1}{2}(\Delta r_i)^2\Delta\theta_i,$$

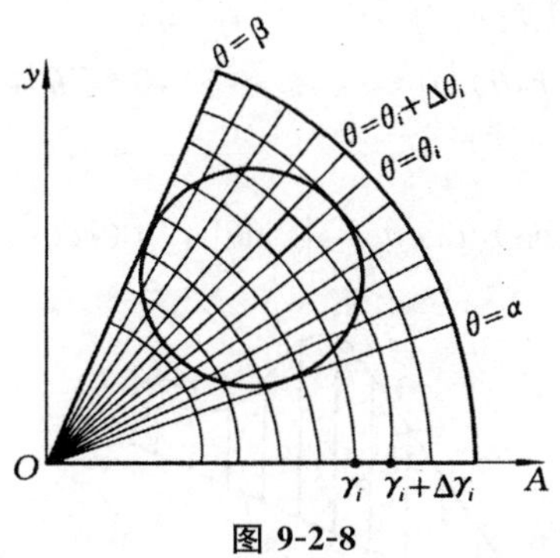

图 9-2-8

其中 $\Delta r_i,\Delta\theta_i$ 分别表示变量 r 与 θ 的增量．当 $\Delta r_i,\Delta\theta_i$ 充分小时，有

$$\Delta\sigma_i \approx r_i\Delta r_i\Delta\theta_i,$$

所以极坐标下面积元素为

$$\mathrm{d}\sigma = r\mathrm{d}r\mathrm{d}\theta.$$

如果将被积函数 $f(x,y)$ 中的 x 和 y 用平面直角坐标 (x,y) 与极坐标 (r,θ) 的变换公式 $\begin{cases} x = r\cos\theta \\ y = r\sin\theta \end{cases}$ 代换，则可得极坐标系下二重积分的计算公式为

$$\iint\limits_D f(x,y)\mathrm{d}x\mathrm{d}y = \iint\limits_D f(r\cos\theta,r\sin\theta)r\mathrm{d}r\mathrm{d}\theta.$$

极坐标系下的二重积分也可转化为二次积分来计算，下面分三种情况讨论：

(1) 如果积分区域 D 由射线 $\theta=\alpha,\theta=\beta$，曲线 $r=r_1(\theta),r=r_2(\theta),\alpha<\beta,r_1(\theta)\leqslant r_2(\theta)$ 所围成，则称 D 是 θ- 区域（如图 9-2-9 所示），它的极坐标表示为

$$D=\{(r,\theta)\,|\,r_1(\theta)\leqslant r\leqslant r_2(\theta),\alpha\leqslant\theta\leqslant\beta\},$$

于是二重积分化为累次积分

$$\iint\limits_D f(r\cos\theta,r\sin\theta)r\mathrm{d}r\mathrm{d}\theta = \int_\alpha^\beta \mathrm{d}\theta\int_{r_1(\theta)}^{r_2(\theta)} f(r\cos\theta,r\sin\theta)r\mathrm{d}r.$$

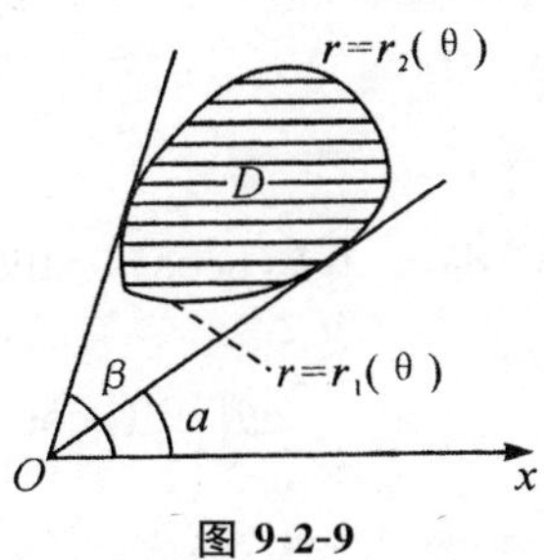

图 9-2-9

(2) 如果上述曲线 $r=r_1(\theta)$ 退缩为一点，即 $r_1(\theta)=0$，这时积分区域 D 是如图 9-2-10 所示的曲边扇形，仍称为 θ- 区域．这时 D 可以表示为

$$D=\{(r,\theta)\,|\,0\leqslant r\leqslant r(\theta),\alpha\leqslant\theta\leqslant\beta\},$$

于是

$$\iint\limits_D f(r\cos\theta,r\sin\theta)r\mathrm{d}r\mathrm{d}\theta = \int_\alpha^\beta \mathrm{d}\theta\int_0^{r(\theta)} f(r\cos\theta,r\sin\theta)r\mathrm{d}r.$$

(3) 如果积分区域 D 如图 9-2-11 所示，极点在 D 的内部，那么可以把它看作图 9-2-10 中

$\alpha=0,\beta=2\pi$ 的特例，这时 D 可以表示为

$$D=\{(r,\theta)\mid 0\leqslant r\leqslant r(\theta),0\leqslant\theta\leqslant 2\pi\},$$

于是

$$\iint\limits_{D} f(r\cos\theta,r\sin\theta)r\,\mathrm{d}r\mathrm{d}\theta=\int_{0}^{2\pi}\mathrm{d}\theta\int_{0}^{r(\theta)} f(r\cos\theta,r\sin\theta)r\,\mathrm{d}r.$$

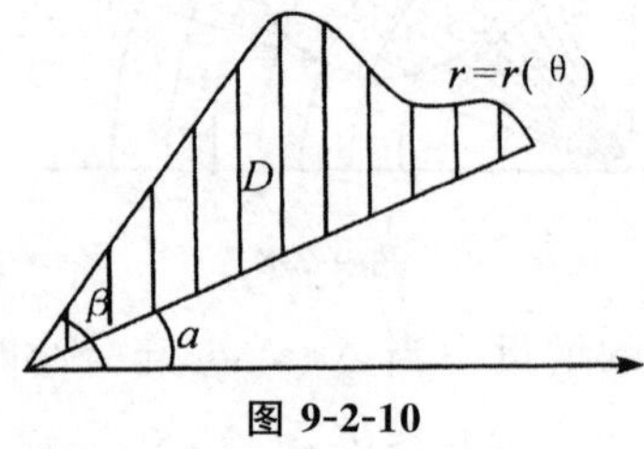

图 9-2-10

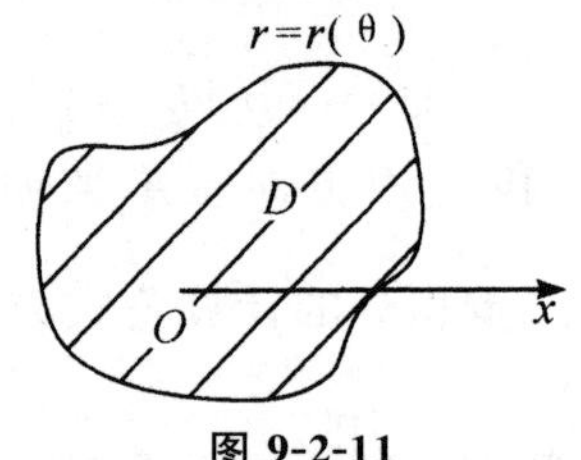

图 9-2-11

最后需要指出的是，将二重积分由直角坐标化为极坐标来计算时，能否正确地用极坐标表达方式描述积分区域 D 以确定累次积分的上、下限是一个关键 .

例 9. 2. 3 将二重积分 $\iint\limits_{D} f(x,y)\mathrm{d}\sigma$ 化为极坐标系中的二次积分，其中积分域 $D:x^2+y^2\leqslant R^2$，$R>0$.

解：令 $\begin{cases}x=\rho\cos\theta\\ y=\rho\sin\theta\end{cases}$，且面积元素 $\mathrm{d}\sigma=\rho\mathrm{d}\rho\mathrm{d}\theta$，画出二重积分的积分区域 D，如图 9-2-12 所示 . 显然，极点在积分区域 D 内部，则在极坐标下，边界曲线方程 $x^2+y^2=R^2$ 可表示为 $\rho=R$，于是 $D:\begin{cases}0\leqslant\theta\leqslant 2\pi\\ 0\leqslant\rho\leqslant R\end{cases}$，因此

$$\begin{aligned}\iint\limits_{D} f(x,y)\mathrm{d}\sigma&=\iint\limits_{D} f(\rho\cos\theta,\rho\sin\theta)\rho\,\mathrm{d}\rho\mathrm{d}\theta\\&=\int_{0}^{2\pi}\mathrm{d}\theta\int_{0}^{R} f(\rho\cos\theta,\rho\sin\theta)\rho\,\mathrm{d}\rho.\end{aligned}$$

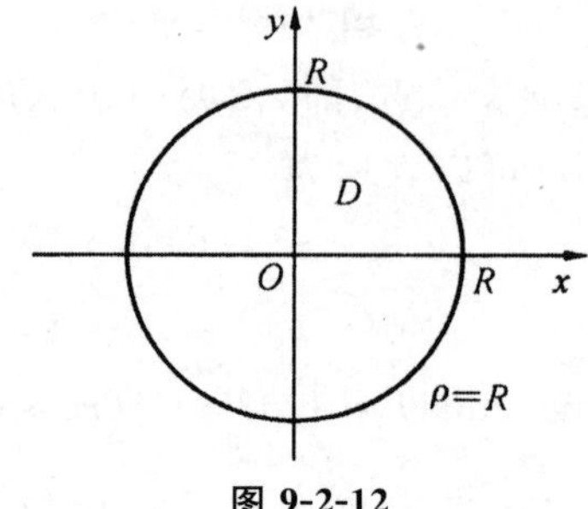

图 9-2-12

例 9.2.4　计算$\iint\limits_D \arctan \frac{y}{x} \mathrm{d}x\mathrm{d}y$,其中 D 为圆 $x^2+y^2=9$,$x^2+y^2=1$ 与直线 $y=x$,$y=0$ 所围成的位于第一象限的区域.

解:先画出区域 D,如图 9-2-13 所示,则在极坐标系下,区域 D 可表示为

$$D=\left\{(r,\theta)\,|\,0\leqslant\theta\leqslant\frac{\pi}{4},1\leqslant r\leqslant 3\right\},$$

因此

$$\begin{aligned}\iint\limits_D \arctan\frac{y}{x}\mathrm{d}x\mathrm{d}y&=\iint\limits_D \arctan(\tan\theta)\,\mathrm{d}r\mathrm{d}\theta\\&=\iint\limits_D \theta r\,\mathrm{d}r\mathrm{d}\theta=\int_0^{\frac{\pi}{4}}\mathrm{d}\theta\int_1^3\theta r\,\mathrm{d}r\\&=\left(\frac{1}{2}r^2\right)\Big|_1^3\left(\frac{1}{2}\theta^2\right)\Big|_0^{\frac{\pi}{4}}\\&=\frac{8}{2}\,\frac{\pi^2}{32}=\frac{\pi^2}{8}.\end{aligned}$$

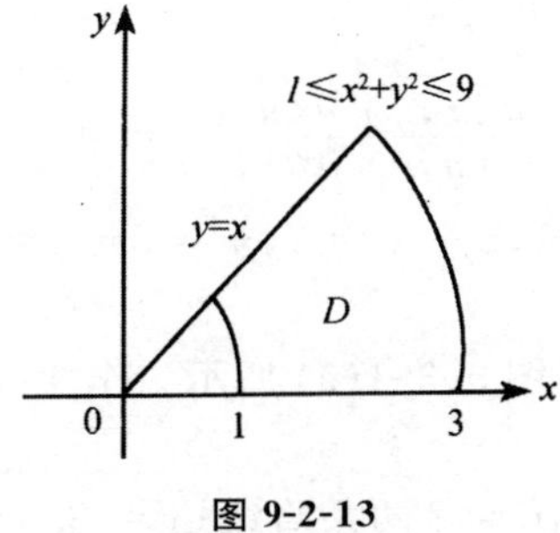

图 9-2-13

9.3　二重积分的换元法

在前面几章的讨论中,我们知道在不定积分和定积分的计算中,换元法是一种十分有效的方法.通过关于极坐标系下二重积分的计算,我们看到通过$\begin{cases}x=r\cos\theta\\y=r\sin\theta\end{cases}$的变量代换,可使直角坐标系下的二重积分转化为极坐标系下的二重积分,使得一些二重积分简单易求.下面就采用这种观点来讨论二重积分的换元积分法的一般情形,关于二重积分的换元积分法,我们有如下定理:

定理 9.3.1　设函数 $f(x,y)$在有界闭区域 D 上连续,如果变换$\begin{cases}x=x(u,v)\\y=y(u,v)\end{cases}$把 uOv 平面上的闭区域 D' 一对一地变为 xOy 平面上的闭区域 D,函数 $x=x(u,v)$和 $y=y(u,v)$在 D' 上有连续偏导数,并且雅克比行列式

$$J=\frac{\partial(x,y)}{\partial(u,v)}=\begin{vmatrix}\frac{\partial x}{\partial u}&\frac{\partial x}{\partial v}\\\frac{\partial y}{\partial u}&\frac{\partial y}{\partial v}\end{vmatrix}\neq 0,$$

则有

$$\iint_D f(x,y)\mathrm{d}\sigma = \iint_{D'} f(x,(u,v),y(u,v))\,|J(u,v)|\,\mathrm{d}u\mathrm{d}v.$$

上式即为二重积分的换元公式，该定理的证明较为繁锁，限于本书篇幅，这里从略.

下面利用换元法验证在极坐标系下二重积分的计算公式.

我们知道，直角坐标与极坐标之间具有如下关系：

$$\begin{cases} x = r\cos\theta, 0 \leqslant r \leqslant +\infty \\ y = r\sin\theta, 0 \leqslant \theta \leqslant 2\pi \end{cases},$$

由此可得相应的雅克比行列式

$$J = \frac{\partial(x,y)}{\partial(r,\theta)} = \begin{vmatrix} \cos\theta & -r\sin\theta \\ \sin\theta & r\cos\theta \end{vmatrix} = r.$$

设上述变换将极坐标系中有界闭区域 D' 变换成直角坐标系中的有界闭区域 D，则可得

$$\iint_D f(x,y)\mathrm{d}x\mathrm{d}y = \iint_{D'} f(r\cos\theta, r\sin\theta) r\,\mathrm{d}r\mathrm{d}\theta.$$

值得注意的是，如果定理中的 $J = \dfrac{\partial(x,y)}{\partial(r,\theta)}$ 只在 D' 内个别点上，或一条曲线上为零，换元公式仍成立，还可以证明

$$\frac{\partial(x,y)}{\partial(u,v)}\frac{\partial(u,v)}{\partial(x,y)} = 1.$$

例 9.3.1 求由直线 $x+y=1, x+y=2, y=3x, y=4x$ 所围成区域 D 的面积 A.

解：画出积分区域 D 的图形，如图 9-3-1(a) 所示. 作变换 $\begin{cases} u = x+y \\ v = \dfrac{y}{x} \end{cases}$，$x+y=1, x+y=2$ 两条直线变成 uOv 平面上的 $u=1, u=2$ 两条直线；$y-3x, y=4x$ 两条直线分别变成 $v=3$ 和 $v=4$ 两条直线，即将 xOy 平面积分区域 D 变成 uOv 平面的矩形区域 D'，如图 9-3-1(b) 所示. 从而

$$\iint_D \mathrm{d}x\mathrm{d}y = \iint_{D'} \left|\frac{\partial(x,y)}{\partial(u,v)}\right| \mathrm{d}u\mathrm{d}v.$$

根据所作变换可得

$$x = \frac{u}{1+v}, y = \frac{uv}{1+v},$$

$$\frac{\partial(x,y)}{\partial(u,v)} = \begin{vmatrix} \dfrac{1}{1+v} & \dfrac{-u}{(1+v)^2} \\ \dfrac{v}{1+v} & \dfrac{u}{(1+v)^2} \end{vmatrix} = \frac{u}{(1+v)^2},$$

因此有

$$A = \iint_{D'} \left|\frac{u}{(1+v)^2}\right| \mathrm{d}u\mathrm{d}v.$$

因为 D' 在第一象限，所以 u,v 均为正值，

$$A = \int_1^2 \mathrm{d}u \int_3^4 \frac{u}{(1+v)^2}\mathrm{d}v = \int_1^2 \frac{-1}{1+v}\Big|_3^4 \mathrm{d}u = \frac{3}{40}.$$

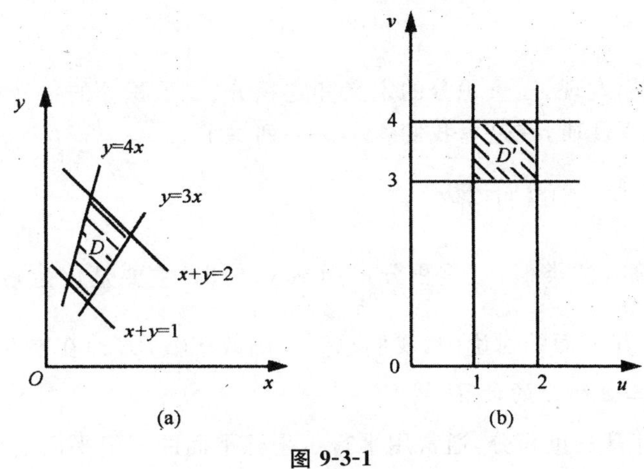

图 9-3-1

9.4　三重积分

9.4.1　三重积分的概念

应用定积分我们可以求曲边梯形的面积和直线上非均匀细棒的质量等；应用二重积分我们可以计算曲顶柱体的体积和平面上非均匀薄片的质量等．为解决空间非均匀物体的质量等问题，我们很自然地将定积分和二重积分的概念推广到三重积分．

定义 9.4.1　设 $z=f(x,y,z)$ 在有界闭区域 Ω 上有定义，用分法 T 把 Ω 分为 n 个小闭区域 $\Delta V_1,\Delta V_2,\cdots,\Delta V_n$，$\|T\|$ 表示所有小空间立体 ΔV_i 的直径的最大值，在 ΔV_i 上任取一点 (ξ_i,η_i,ζ_i)，如果

$$\lim_{\|T\|\to 0}\sum_{i=1}^{n} f(\xi_i,\eta_i,\zeta_i)\Delta V_i = I$$

存在，且数 I 与分法 T 及点 (ξ_i,η_i,ζ_i) 无关，则称 $z=f(x,y,z)$ 在 Ω 上可积，并称 I 是 $z=f(x,y,z)$ 在 Ω 上的三重积分，记为 $\iiint\limits_{\Omega} f(x,y,z)\mathrm{d}V$，即

$$\iiint\limits_{\Omega} f(x,y,z)\mathrm{d}V = \lim_{\|T\|\to 0}\sum_{i=1}^{n} f(\xi_i,\eta_i,\zeta_i)\Delta V_i.$$

其中 Ω 为积分区域，$f(x,y,z)\mathrm{d}V$ 称为被积表达式，$f(x,y,z)$ 称为被积函数，$\mathrm{d}V$ 称为体积元素．

在直角坐标系中，如果用平行于坐标面的平面来划分 Ω，那么除了包含 Ω 边界点的一些不规则小闭区域外，得到的小闭区域 ΔV_i 均为长方体．设长方体小闭区域 ΔV_i 的边长为 Δx_j，Δy_k 和 Δz_l，则 $\Delta V_i=\Delta x_j\cdot\Delta y_k\cdot\Delta z_l$．因此在直角坐标系中，有时也把体积元素 $\mathrm{d}V$，记为 $\mathrm{d}x\mathrm{d}y\mathrm{d}z$，而把三重积分记为 $\iiint\limits_{\Omega} f(x,y,z)\mathrm{d}x\mathrm{d}y\mathrm{d}z$，其中 $\mathrm{d}x\mathrm{d}y\mathrm{d}z$ 叫作直角坐标系中的体积元素．

下面的定理给出三重积分存在的一个充分条件．

定理 9.4.1　若 $f(x,y,z)$ 在 Ω 上连续，则 $f(x,y,z)$ 在 Ω 上可积．

特别地，当 $f(x,y,z)=1$ 时，

$$\iiint\limits_{\Omega} \mathrm{d}V = V.$$

通过上述讨论，我们发现，三重积分的定义和定积分、二重积分的定义相似，所以它也有二重积分、定积分类似的运算性质，在这里我们就不一一列举了．

9.4.2 三重积分的计算

与二重积分的计算方法类似，三重积分 $\iiint\limits_{\Omega} f(x,y,z)\mathrm{d}V$ 主要是化为累次积分（不过，现在是三次积分）来计算的．在下面的讨论中，我们总假设函数 $f(x,y,z)$ 在空间闭区域 Ω 上连续．

1. 直角坐标系中三重积分的计算

在直角坐标系下计算三重积分，通常用平行于坐标平面的三组平面去划分区域 Ω，因此体积微元 $\mathrm{d}V$ 可表示为 $\mathrm{d}V = \mathrm{d}x\mathrm{d}y\mathrm{d}z$. 于是三重积分

$$\iiint\limits_{\Omega} f(x,y,z)\mathrm{d}V = \iiint\limits_{\Omega} f(x,y,z)\mathrm{d}x\mathrm{d}y\mathrm{d}z.$$

下面介绍两种计算三重积分的方法．

(1) 柱线法

把具有连续边界的闭区域 Ω 投影到 xOy 面上，得到一平面闭区域 D_{xy}，如图 9-4-1 所示．假设每一条平行于 z 轴且穿过闭区域 D_{xy} 内部的直线与闭区域 Ω 的边界曲面 S 至多相交两点．于是，Ω 由定义在 D_{xy} 上的两个曲面 S_1，S_2 和以 D_{xy} 的边界为准线、母线平行于 z 轴的柱面所围成，其中

$$S_1 : z = z_1(x,y),$$
$$S_2 : z = z_2(x,y),$$

$z_1(x,y)$ 与 $z_2(x,y)$ 都是 D_{xy} 上的连续函数，且 $z_1(x,y) \leqslant z_2(x,y)$. 我们把 S_2 称为上边界，把 S_1 称为下边界．

于是，若过 D_{xy} 内任一点 (x,y) 作平行于 z 轴的直线 l，则直线 l 穿过闭区域 Ω 且分别与曲面 S_1、S_2 交于 $[x,y,z_1(x,y)]$ 与 $[x,y,z_2(x,y)]$. 因此 Ω 可表示为

$$\Omega = \{(x,y,z) \mid z_1(x,y) \leqslant z \leqslant z_2(x,y), (x,y) \in D_{xy}\}.$$

先将 x，y 看作常数，把 $f(x,y,z)$ 只看作 z 的函数，在区间 $[z_1(x,y), z_2(x,y)]$ 上对 z 积分，积分的结果是 x，y 的函数，记为 $F(x,y)$，即

$$F(x,y) = \int_{z_1(x,y)}^{z_2(x,y)} f(x,y,z)\mathrm{d}z.$$

若 $f(x,y,z)$ 是密度函数，那么 $F(x,y)$ 给出 Ω 内由点 $[x,y,z_1(x,y)]$ 到 $[x,y,z_2(x,y)]$ 的线段上所分布的质量，从而 Ω 的总质量为 $F(x,y)$ 在 D_{xy} 上的二重积分，即

$$M = \iint\limits_{D_{xy}} F(x,y)\mathrm{d}x\mathrm{d}y.$$

于是，根据物理意义得到如下公式（先计算定积分，后计算二重积分）：

$$\iiint\limits_{\Omega} f(x,y,z)\mathrm{d}x\mathrm{d}y\mathrm{d}z = \iint\limits_{D_{xy}} \left(\int_{z_1(x,y)}^{z_2(x,y)} f(x,y,z)\mathrm{d}z\right)\mathrm{d}x\mathrm{d}y,$$

也可写成 $\iint\limits_{D_{xy}} \mathrm{d}x\mathrm{d}y \int_{z_1(x,y)}^{z_2(x,y)} f(x,y,z)\mathrm{d}z$.

事实上,在数学上可以严格证明,对于闭区域 Ω 上的连续函数 $f(x,y,z)$,有如下三重积分的计算公式:

$$\iiint\limits_{\Omega} f(x,y,z)\mathrm{d}x\mathrm{d}y\mathrm{d}z = \iint\limits_{D_{xy}} \mathrm{d}x\mathrm{d}y \int_{z_1(x,y)}^{z_2(x,y)} f(x,y,z)\mathrm{d}z. \tag{9.4.1}$$

这时,假如 D_{xy} 是 X- 型区域,即可表成:

$$D_{xy} = \{(x,y) \mid y_1(x) \leqslant y \leqslant y_2(x), x \in [a,b]\},$$

那么由(9.4.1)可得到三重积分的计算公式:

$$\iiint\limits_{\Omega} f(x,y,z)\mathrm{d}x\mathrm{d}y\mathrm{d}z = \int_a^b \mathrm{d}x \int_{y_1(x)}^{y_2(x)} \mathrm{d}y \int_{z_1(x,y)}^{z_2(x,y)} f(x,y,z)\mathrm{d}z. \tag{9.4.2}$$

公式(9.4.2)把三重积分化成依 z,y,x 次序的累次(三次)积分.

类似地,也可把 Ω 投影到 yOz 面上或 xOz 面上,这样便可以把三重积分化为按其他顺序的三次积分.由于这种方法是先在穿过柱状区域内平行坐标轴的线段上积分,再对 Ω 在坐标面的投影区域 D 上积分,因此称这种方法为柱线法或坐标面投影法.

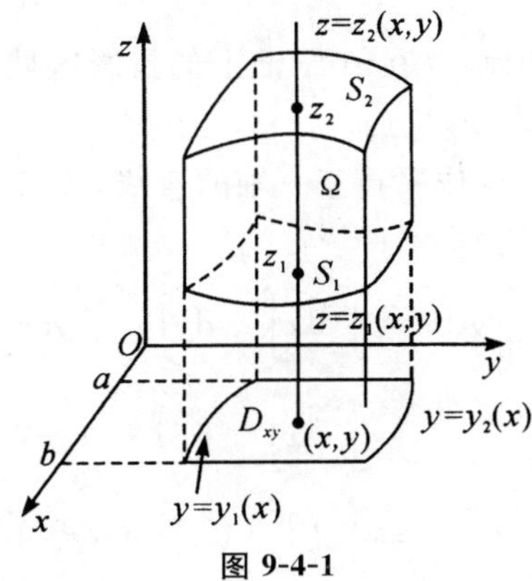

图 9-4-1

(2) 截面法

设闭区域 Ω 在 z 轴上的投影为 $[c_1,c_2]$,即 Ω 介于两个平面 $z=c_1, z=c_2$ 之间,如图 9-4-2 所示.为了求 Ω 上的三重积分,可在 $[c_1,c_2]$ 上任取一点 z,作平行于 xOy 面的平面,假设它截 Ω 所得到截面区域为 D_z.那么,先在 D_z 上求二重积分

$$F(z) = \iint\limits_{D_z} f(x,y,z)\mathrm{d}x\mathrm{d}y,$$

它是 z 的函数;再求 $F(z)$ 在 $[c_1,c_2]$ 上的定积分,得到 $\int_{c_1}^{c_2}\left(\iint\limits_{D_z} f(x,y,z)\mathrm{d}x\mathrm{d}y\right)\mathrm{d}z$,也可以写成 $\int_{c_1}^{c_2}\mathrm{d}z\iint\limits_{D_z} f(x,y,z)\mathrm{d}x\mathrm{d}y$.

与柱线法类似,受物理意义的启发,可以证明

$$\iiint\limits_{\Omega} f(x,y,z)\mathrm{d}x\mathrm{d}y\mathrm{d}z = \int_{c_1}^{c_2}\mathrm{d}z\iint\limits_{D_z} f(x,y,z)\mathrm{d}x\mathrm{d}y. \tag{9.4.3}$$

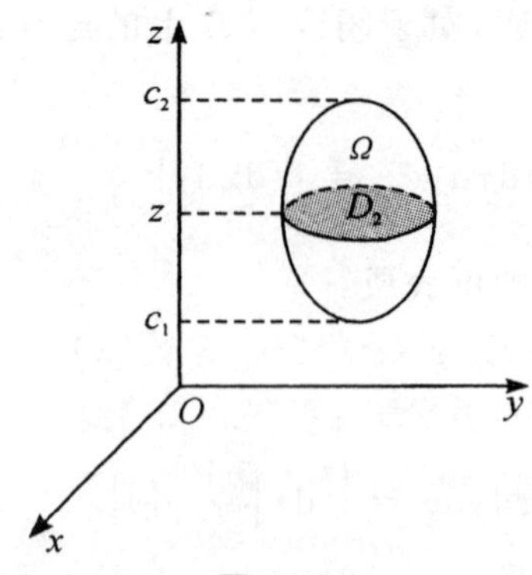

图 9-4-2

上述的积分方法通常称为截面法或坐标轴投影法．不难看出，如果被积函数仅与 z 有关，且截面 D_z 很规则、面积易求，则采用截面法来计算较为简单．

例 9.4.1　计算三重积分 $\iiint\limits_{\Omega} y\mathrm{d}v$，其中 Ω 是三个坐标平面与平面 $x+y+z=1$ 所围成的闭区域．

解：积分区域 Ω 如图 9-4-3 所示，Ω 在 xOy 面上的投影区域 D 为三角形 OAB，D 可以表示为 $D=\{(x,y)\mid 0\leqslant y\leqslant 1-x, 0\leqslant x\leqslant 1\}$.

在 D 内任取一点 (x,y)，过此点作平行于 z 轴的直线，该直线穿过闭区域 Ω 内部且分别与平面 $z=0$ 和 $z=1-x-y$ 相交，可得

$$\begin{aligned}\iiint\limits_{\Omega} y\mathrm{d}v &= \int_0^1 \mathrm{d}x\int_0^{1-x}\mathrm{d}y\int_0^{1-x-y} y\mathrm{d}z \\ &= \int_0^1 \mathrm{d}x\int_0^{1-x} y(1-x-y)\mathrm{d}y \\ &= \int_0^1 \left(\frac{y^2}{2}(1-x)-\frac{y^3}{3}\right)\Big|_0^{1-x}\mathrm{d}x \\ &= \int_0^1 \frac{(1-x)^3}{6}\mathrm{d}x = \frac{1}{24}.\end{aligned}$$

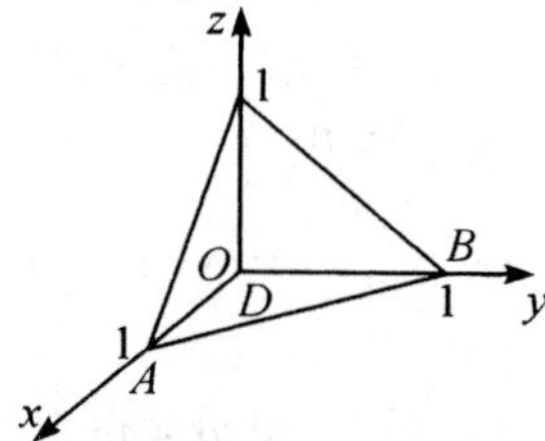

图 9-4-3

例 9.4.2　计算 $\iiint\limits_{\Omega} z^2\mathrm{d}v$，其中 $\Omega:\dfrac{x^2}{a^2}+\dfrac{y^2}{b^2}+\dfrac{z^2}{c^2}\leqslant 1$.

解：如图 9-4-4 所示，过 z 轴上区间 $[-c,c]$ 内任一点 z 做垂直于竖轴的平面截 Ω 可得

$$D_z:\frac{x^2}{a^2}+\frac{y^2}{b^2}\leqslant 1-\frac{z^2}{c^2},$$

因此

$$\iiint\limits_{\Omega} z^2\mathrm{d}v = \int_{-c}^{c} z^2\mathrm{d}z\iint\limits_{D_z}\mathrm{d}x\mathrm{d}y,$$

其中，$\iint\limits_{D_z}\mathrm{d}x\mathrm{d}y$ 等于椭圆$\frac{x^2}{a^2}+\frac{y^2}{b^2}\leqslant 1-\frac{z^2}{c^2}$ 的面积

$$\pi ab\sqrt{1-\frac{z^2}{c^2}}\sqrt{1-\frac{z^2}{c^2}}=\pi ab\left(1-\frac{z^2}{c^2}\right),$$

所以

$$\iiint\limits_{\Omega}z^2\mathrm{d}v=2\pi ab\int_0^c z^2\left(1-\frac{z^2}{c^2}\right)\mathrm{d}z=\frac{4}{15}\pi abc^3.$$

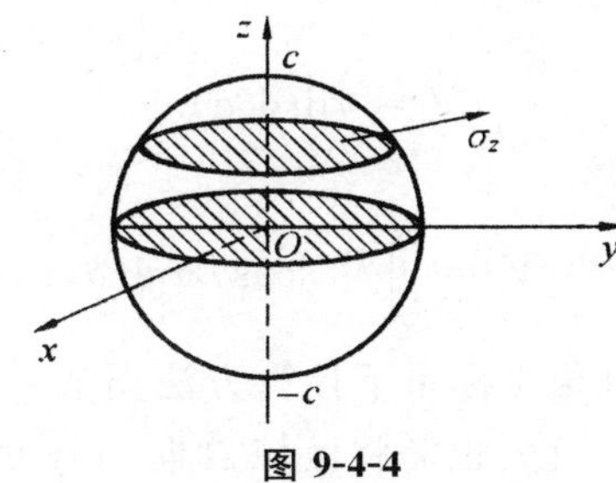

图 9-4-4

2. 柱坐标系中三重积分的计算

如图 9-4-5 所示，对于空间一点 $P(x,y,z)$，过 P 作 xOy 平面的垂线，垂足为 P'，P' 的极坐标为 $r(r,\theta)$. 这样空间一点 P 对应一组有序的数 r、θ、z，称为 P 点的柱坐标，记作 $P(r,\theta,z)$，其中 $0\leqslant r<+\infty$，$0\leqslant\theta<2\pi$，$-\infty<z<+\infty$，这样确定的坐标系，称为柱坐标系．柱坐标和直角坐系的关系是

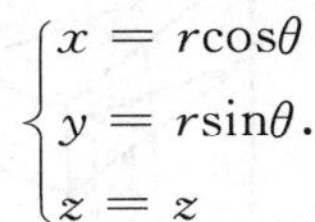

$$\begin{cases}x=r\cos\theta\\ y=r\sin\theta.\\ z=z\end{cases}$$

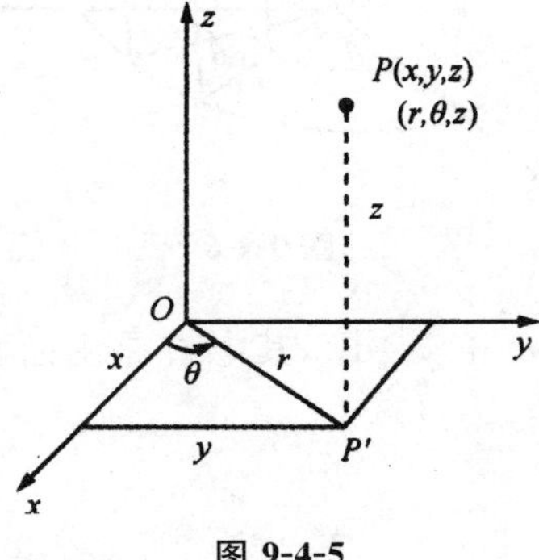

图 9-4-5

在柱坐标系中，有如下三族坐标面：

(1)$r=$ 常数，表示是以 z 轴为中心轴的圆柱面．

(2)$\theta=$ 常数，表示是通过 z 轴的半平面．

(3)$z=$ 常数，表示是垂直 z 轴的平面．

同时，在柱坐标系中，也有如下三族线：

(1)$\begin{cases}r=\text{常数}\\ \theta=\text{常数}\end{cases}$，表示平行于 z 轴的直线．

(2)$\begin{cases}\theta = 常数 \\ z = 常数\end{cases}$,表示起点在 z 轴上且平行于 xOy 面的射线.

(3)$\begin{cases}r = 常数 \\ z = 常数\end{cases}$,表示圆心在 z 轴且与 xOy 面平行的圆.

现在用三族坐标面 $r=$ 常数、$\theta=$ 常数、$z=$ 常数分空间区域,如图 9-4-6 所示. 分 Ω 为若干个小区域,除了含边界点的一些不规则的小区域外,一般都是小柱体,忽略了高阶无穷小后,有

$$\Delta V \approx r\Delta r\Delta\theta\Delta z,$$

因而得柱坐标系下的体积元素为

$$\mathrm{d}V = r\mathrm{d}r\mathrm{d}\theta\mathrm{d}z.$$

从而,在柱坐标系中三重积分化为

$$\iiint\limits_{\Omega} f(x,y,z)\mathrm{d}V = \iiint\limits_{\Omega} f(r\cos\theta, r\sin\theta, z)r\mathrm{d}r\mathrm{d}\theta\mathrm{d}z.$$

在柱坐标系下计算三重积分和在直角坐标系下计算方法类似. 也是先对 z 进行定积分,然后在 xOy 面上用极坐标计算二重积分. 首先也需将区域 Ω 向 xOy 面上投影,区域为 D. 然后过 D 中任一点作平行于 z 轴的直线交边界面不多于两点,分别在两个曲面上,不过要把边界面方程写成柱面坐标系下的方程 $z=z_1(r,\theta)$ 和 $z=z_2(r,\theta)$,所以

$$\iiint\limits_{\Omega} f(x,y,z)\mathrm{d}V = \iint\limits_{\Omega} r\mathrm{d}r\mathrm{d}\theta\int_{z_1(r,\theta)}^{z_2(r,\theta)} f(r\cos\theta, r\sin\theta, z)\mathrm{d}z.$$

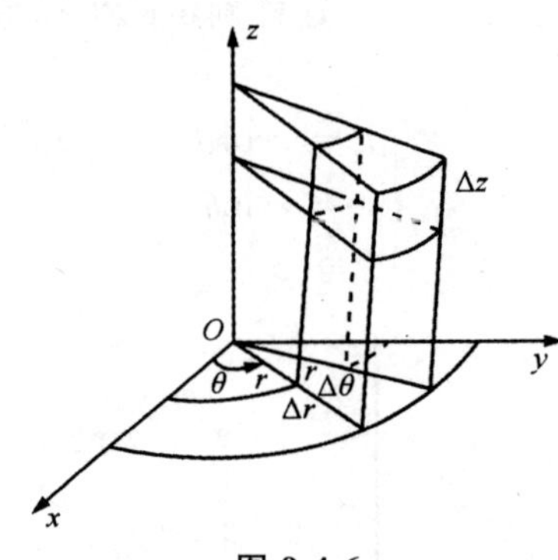

图 9-4-6

例 9.4.3 计算三重积分 $\iiint\limits_{\Omega}(x^2+y^2)\mathrm{d}V$,其中 Ω 是由曲面 $x^2+y^2=2z$ 和 $z=2$ 所围成的区域,如图 9-4-7 所示.

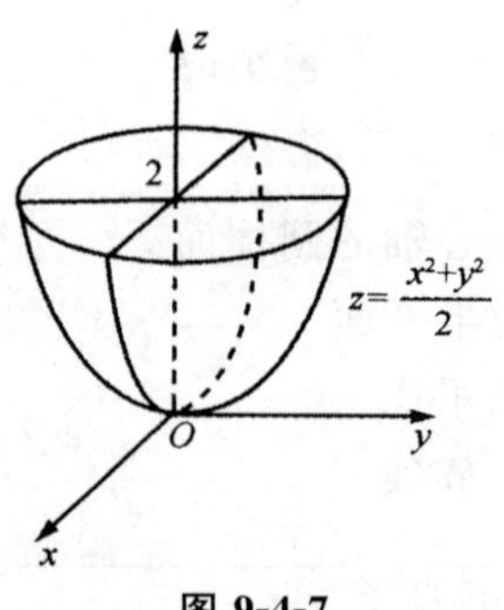

图 9-4-7

解：Ω 在 xOy 面上的投影 D 是圆域 $x^2+y^2\leqslant 4$，曲面 $z=\dfrac{x^2+y^2}{2}$ 的柱坐标方程是 $z_1=\dfrac{r^2}{2}$，$z_2=2$，所以

$$\begin{aligned}\iiint\limits_{\Omega}(x^2+y^2)\mathrm{d}V&=\iint\limits_{D} r\,\mathrm{d}r\mathrm{d}\theta\int_{\frac{r^2}{2}}^{2} r^2\,\mathrm{d}z\\&=\int_0^{2\pi}\mathrm{d}\theta\int_0^2 r^3\,\mathrm{d}r\int_{\frac{r^2}{2}}^{2}\mathrm{d}z\\&=2\pi\int_0^2 r^3\left(2-\frac{r^2}{2}\right)\mathrm{d}r\\&=2\pi\left(\frac{r^4}{2}-\frac{r^6}{12}\right)\Big|_0^2=\frac{16\pi}{3}.\end{aligned}$$

3. 球坐标系中三重积分的计算

在直角坐标系中，从 P 点作 PP' 垂直 xOy 面并且交于 P' 点，连接 OP 和 OP'，记作 $|OP|=r$，面对正 z 方向看，自 x 轴正向按逆时针转到 $\overrightarrow{OP'}$ 的角度为 θ，再记自 z 轴正向转到 $\overrightarrow{OP}$ 的角度为 φ. 这样对于空间一点 P 对应一组有序的数 r、θ、φ，其中 $0\leqslant r<+\infty$，$0\leqslant\theta<2\pi$，$0\leqslant\varphi\leqslant\pi$，称 (r,θ,φ) 为 P 点的球面坐标，这样确定的坐标系称为球面坐标系，如图 9-4-8 所示．直角坐标和球坐标的关系为

$$\begin{cases}x=r\sin\varphi\cos\theta\\y=r\sin\varphi\sin\theta.\\z=r\cos\varphi\end{cases}$$

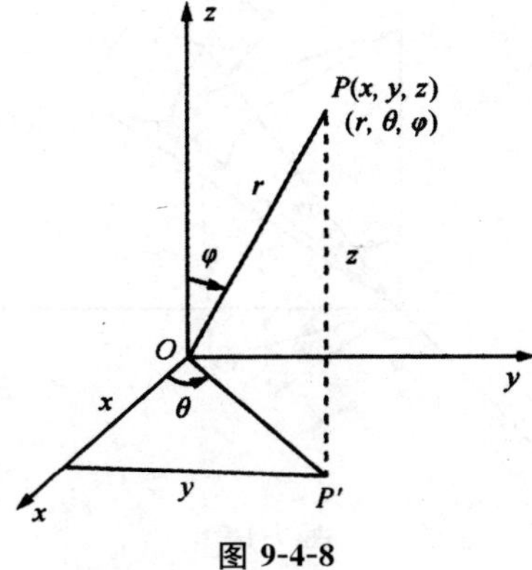

图 9-4-8

在球面坐标系下也有如下三族坐标面：

(1)$r=$ 常数，表示一族以原点为球心的球面．

(2)$\varphi=$ 常数，表示一族过 z 轴的半平面．

(3)$\theta=$ 常数，表示一族以原点为顶点，以 z 轴为对称轴的圆锥面．

同样，在球坐标系下，也有如下三族线：

(1) $\begin{cases}r=\text{常数}\\\theta=\text{常数}\end{cases}$，表示以原点为圆心的半圆弧．

(2) $\begin{cases}\theta=\text{常数}\\\varphi=\text{常数}\end{cases}$，表示从原点出发的射线．

(3) $\begin{cases}\varphi = 常数 \\ r = 常数\end{cases}$,表示圆心在 z 轴上并且与 xOy 面平行的圆.

下面假设 $\iiint\limits_{\Omega} f(x,y,z)\mathrm{d}V$ 存在.用三族坐标面 $r=$ 常数、$\theta=$ 常数、$\varphi=$ 常数分空间区域 Ω 为很多小闭区域,考虑 r、θ、φ 各取微小增量 $\mathrm{d}r$、$\mathrm{d}\theta$、$\mathrm{d}\varphi$ 所成六面体体积,如图 9-4-9 所示.不计高阶无穷小,可将该六面体看成长方体,其经线方向的长为 $r\mathrm{d}\varphi$、纬线方向的宽为 $r\sin\varphi\mathrm{d}\theta$、向径方向的高为 $\mathrm{d}r$,即

$$\Delta V \approx (r\mathrm{d}\varphi)(r\sin\varphi\mathrm{d}\theta)(\mathrm{d}r) = \mathrm{d}V,$$

也即球坐标系下的体积元素

$$\mathrm{d}V = r^2\sin\varphi\mathrm{d}r\mathrm{d}\varphi\mathrm{d}\theta,$$

所以三重积分 $\iiint\limits_{\Omega} f(x,y,z)\mathrm{d}V$ 可化为球坐标系中的三重积分

$$\iiint\limits_{\Omega} f(x,y,z)\mathrm{d}x\mathrm{d}y\mathrm{d}z = \iiint\limits_{\Omega} f(r\sin\varphi\cos\theta, r\sin\varphi\sin\theta, r\cos\varphi)r^2\sin\varphi\mathrm{d}r\mathrm{d}\varphi\mathrm{d}\theta,$$

若记

$$F(r,\varphi,\theta) = f(r\sin\varphi\cos\theta, r\sin\varphi\sin\theta, r\cos\varphi),$$

则有

$$\iiint\limits_{\Omega} f(x,y,z)\mathrm{d}x\mathrm{d}y\mathrm{d}z = \iiint\limits_{\Omega} F(r,\varphi,\theta)r^2\sin\varphi\mathrm{d}r\mathrm{d}\varphi\mathrm{d}\theta.$$

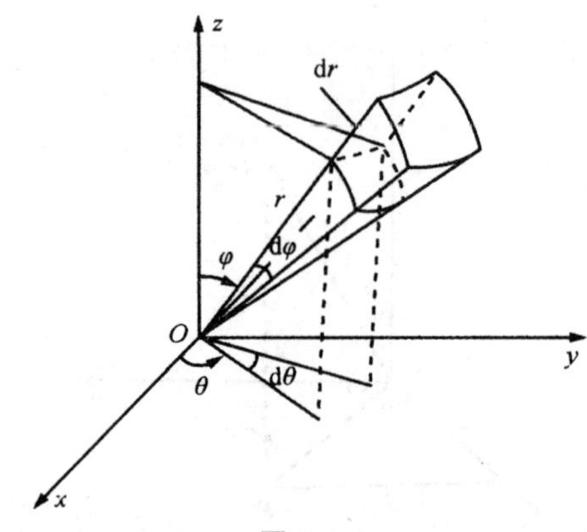

图 9-4-9

球坐标系中的三重积分也可以转化为三次积分来计算,先对 r 进行积分,再对 φ 进行积分,最后对 θ 进行积分.而确定积分限的顺序是先确定 θ 的积分限,然后确定 φ 的积分限,最后确定 r 的积分限.

如果积分区域 Ω 包围原点在内,边界面的曲面方程为 $r=r(\varphi,\theta)$,则

$$\iiint\limits_{\Omega} f(x,y,z)\mathrm{d}x\mathrm{d}y\mathrm{d}z = \int_0^{2\pi}\mathrm{d}\theta\int_0^{\pi}\mathrm{d}\varphi\int_0^{r(\varphi,\theta)} F(r,\varphi,\theta)r^2\sin\varphi\mathrm{d}r.$$

如果 Ω 是球体 $x^2+y^2+z^2 \leqslant R^2$,则

$$\iiint\limits_{\Omega} f(x,y,z)\mathrm{d}x\mathrm{d}y\mathrm{d}z = \int_0^{2\pi}\mathrm{d}\theta\int_0^{\pi}\mathrm{d}\varphi\int_0^{R} F(r,\varphi,\theta)r^2\sin\varphi\mathrm{d}r.$$

一般地,如果原点在 Ω 的外部,θ 的积分限的确定与柱面坐标相同,将 Ω 投影到 xOy 面上,确

定 $\alpha \leqslant \theta \leqslant \beta$，即用两个半平面 $\theta = \alpha$ 和 $\theta = \beta$ 紧紧夹住 Ω．然后在两个半平面间任作半平面（角为 θ 的半平面），交 Ω 于截面 S，从而确定 $\varphi_1(\theta)$，$\varphi_2(\theta)$，$\varphi_1(\theta) \leqslant \varphi \leqslant \varphi_2(\theta)$．最后在 θ，φ 所讨论的范围内，由原点出发作射线交 Ω 边界面不超过两点，分别在 $r = r_1(\varphi,\theta)$ 和 $r = r_2(\varphi,\theta)$ 上，$r_1(\varphi,\theta) \leqslant r \leqslant r_2(\varphi,\theta)$，如图 9-4-10 所示，这时有

$$\iiint\limits_{\Omega} f(x,y,z)\mathrm{d}x\mathrm{d}y\mathrm{d}z = \int_{\alpha}^{\beta}\mathrm{d}\theta\int_{\varphi_1(\theta)}^{\varphi_2(\theta)}\mathrm{d}\varphi\int_{r_1(\varphi,\theta)}^{r_2(\varphi,\theta)} F(r,\varphi,\theta)r^2\sin\varphi\mathrm{d}r.$$

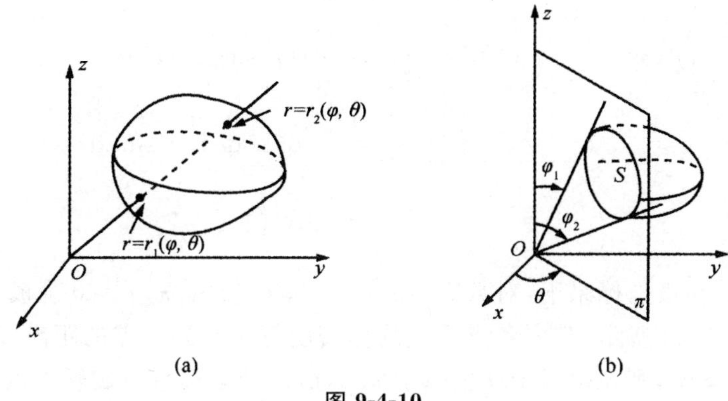

图 9-4-10

如果原点在 Ω 的边界面上，情况比较复杂．φ 的积分限的确定要视截面 S 的边界线（通过原点）的具体情况而定．

最后我们指出，通常，当被积函数的表达式或积分区域表达式中含有 $g(x^2 + y^2 + z^2)$ 时，可考虑用球面坐标来计算三重积分．通过上述讨论，我们得出计算三重积分的一般步骤如下：

（1）画出积分区域 Ω 的图形．

（2）适当选择坐标系，确定积分次序．

（3）确定积分限，化为累次积分．

（4）计算积分值．

例 9.4.4　计算三重积分 $\iiint\limits_{\Omega} f(x^2 + y^2 + z^2)\mathrm{d}x\mathrm{d}y\mathrm{d}z$，其中 Ω 是由圆锥面 $x^2 + y^2 + z^2$ 和上半球面 $x^2 + y^2 + z^2 = R^2$ 所围成的区域，如图 9-4-11 所示．

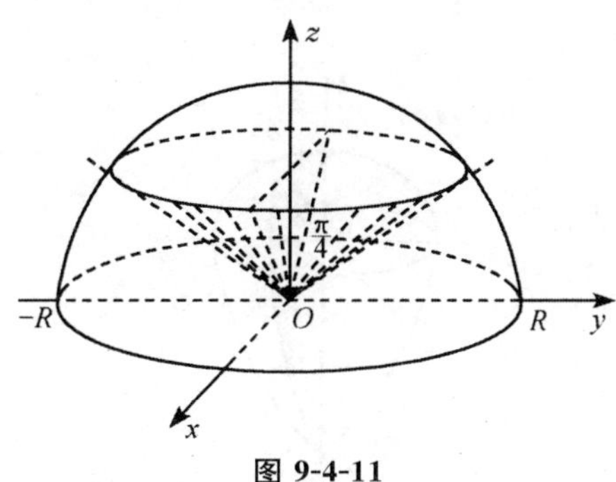

图 9-4-11

解：令

$$\begin{cases} x = r\sin\varphi\cos\theta \\ y = r\sin\varphi\sin\theta, \\ z = r\cos\varphi \end{cases}$$

则 Ω 用球坐标可表示为

$$0 \leqslant r \leqslant R, 0 \leqslant \varphi \leqslant \frac{\pi}{4}, 0 \leqslant \theta \leqslant 2\pi,$$

所以

$$\begin{aligned} \iiint_{\Omega} f(x^2+y^2+z^2)\mathrm{d}x\mathrm{d}y\mathrm{d}z &= \iiint_{\Omega} r^2 r^2 \sin\varphi \mathrm{d}r\mathrm{d}\varphi\mathrm{d}\theta \\ &= \int_0^{2\pi}\mathrm{d}\theta\int_0^{\frac{\pi}{4}}\mathrm{d}\varphi\int_0^R r^4\sin\varphi\mathrm{d}r \\ &= \frac{2\pi}{5}R^5\left(1-\frac{\sqrt{2}}{2}\right). \end{aligned}$$

例 9.4.5 已知在极坐标系下，对数螺线 $r = a\mathrm{e}^{\frac{\theta}{4}}, 0 \leqslant \theta \leqslant \pi, a > 0$ 绕极轴旋转一周所围成的旋转体 V，如图 9-4-12 所示，其内各点质量的体密度等于点到极点的距离，求 V 的质量 m.

解：取极轴为正 z 轴，则 θ 相当于球坐标中的 φ，所以球坐标系下旋转面的方程是

$$r = a\mathrm{e}^{\frac{\varphi}{4}}, 0 \leqslant \varphi \leqslant \pi,$$

所以

$$V: 0 \leqslant \theta \leqslant 2\pi, 0 \leqslant \varphi \leqslant \pi, 0 \leqslant r \leqslant a\mathrm{e}^{\frac{\varphi}{4}},$$

$$\begin{aligned} m = \iiint_V r\mathrm{d}v &= \iiint_V r r^2 \sin\varphi\mathrm{d}r\mathrm{d}\varphi\mathrm{d}\theta \\ &= \int_0^{2\pi}\mathrm{d}\theta\int_0^{\pi}\sin\varphi\mathrm{d}\varphi\int_0^{a\mathrm{e}^{\frac{\varphi}{4}}} r^3\mathrm{d}r \\ &= \frac{\pi}{2}\int_0^{\pi} a^4\mathrm{e}^{\varphi}\sin\varphi\mathrm{d}\varphi \\ &= \frac{\pi a^4}{2}\frac{1}{2}\mathrm{e}^{\varphi}(\sin\varphi - cos\varphi)\Big|_0^{\pi} \\ &= \frac{\pi a^4}{2}(\mathrm{e}^{\pi}+1). \end{aligned}$$

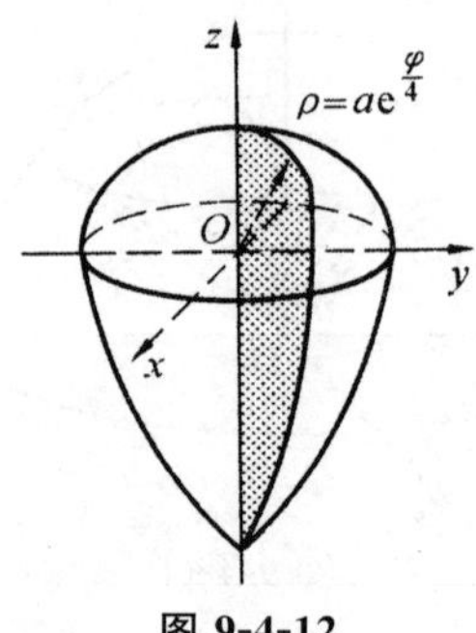

图 9-4-12

9.5　重积分的应用

9.5.1　空间曲面的面积

设曲面 S 由方程 $z = f(x,y)$ 给出，曲面 S 在 xOy 平面上的投影区域为 D，并设函数 $f(x,y)$ 在 D 上有连续偏导数，所以函数在每一点可微，曲面 S 在每一点处的切平面存在，现在来求曲面 S 的面积．我们把区域 D 分成 n 个小区域 $\Delta\sigma_i, i = 1,2,\cdots,n$，面积记为 $\Delta\sigma_i$，相应地把曲面 S 分成 n 块小的曲面 $\Delta S_i, i = 1,2,\cdots,n$，在 $\Delta\sigma_i$ 上任取一点 $P_i(\xi_i,\eta_i)$，相应地，小块曲面 ΔS_i 上有一点 $M_i[\xi_i,\eta_i,f(\xi_i,\eta_i)]$．过 M_i 点作曲面 S 的切平面，在切平面上取一小块平面 ΔS_i^*，使 ΔS_i^* 在 xOy 平面上的投影与 ΔS_i 在 xOy 平面上的投影相重合，都为 $\Delta\sigma_i$，如图 9-5-1 所示．当 $\Delta\sigma_i$ 充分小时，ΔS_i^* 可以充分地逼近 ΔS_i，所以我们可以把面积 ΔS_i^* 作为 ΔS_i 的近似值，于是

$$S = \sum_{i=1}^{n}\Delta S_i = \sum_{i'=1}^{n}\Delta S_i^*.$$

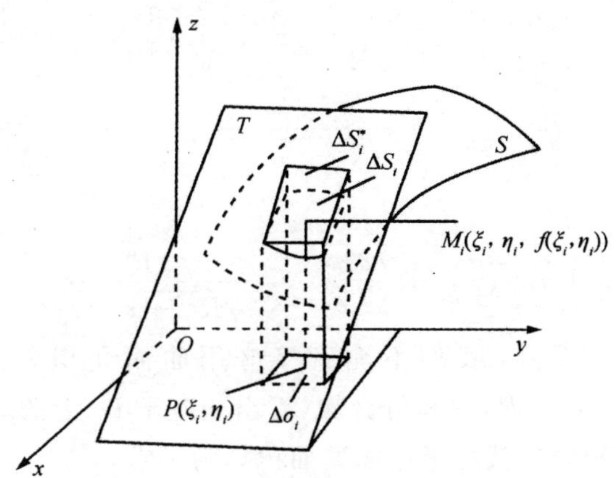

图 9-5-1

下面我们寻找 ΔS_i^* 与 $\Delta\sigma_i$ 之间的关系，曲面 S 在 M_i 点的法向量为

$$\boldsymbol{n}_i = -f'_x(\xi_i,\eta_i)\boldsymbol{i} - f'_y(\xi_i,\eta_i)\boldsymbol{j} + \boldsymbol{k}.$$

它也是曲面 S 在 M_i 点切平面的法向量，其与 z 轴夹角设为 γ_i，则

$$\cos\gamma_i = \pm\frac{1}{\sqrt{1+[f'_x(\xi_i,\eta_i)]^2+[f'_y(\xi_i,\eta_i)]^2}},$$

可得到

$$\Delta\sigma_i = \Delta S_i^*\,|\cos\gamma_i|,$$

$$\Delta S_i^* = \frac{\Delta\sigma_i}{|\cos\gamma_i|} = \sqrt{1+[f'_x(\xi_i,\eta_i)]^2+[f'_y(\xi_i,\eta_i)]^2}\,\Delta\sigma_i,$$

$$S = \sum_{i=1}^{n}\Delta S_i \approx \sum_{i=1}^{n}\Delta S_i^*,$$

即

$$S \approx \sum_{i=1}^{n}\sqrt{1+[f'_x(\xi_i,\eta_i)]^2+[f'_y(\xi_i,\eta_i)]^2}\,\Delta\sigma_i.$$

令各小闭区域 $\Delta\sigma_i$ 直径中的最大值 $\lambda \to 0$,得到计算曲面面积公式

$$S = \lim_{\lambda\to 0}\sum_{i=1}^{n}\sqrt{1+[f'_x(\xi_i,\eta_i)]^2+[f'_y(\xi_i,\eta_i)]^2}\,\Delta\sigma_i$$

$$= \iint_D \sqrt{1+[f'_x(\xi_i,\eta_i)]^2+[f'_y(\xi_i,\eta_i)]^2}\,d\sigma.$$

如果曲面方程为 $x = g(y,z)$ 或 $y = h(x,z)$,则可将曲面投影到 yOz 平面或 zOx 平面上,类似可得到

$$S = \iint_{D_{yz}} \sqrt{1+[g'_y(y,z)]^2+[g'_z(y,z)]^2}\,dydz,$$

$$S = \iint_{D_{xz}} \sqrt{1+[h'_x(x,z)]^2+[h'_z(x,z)]^2}\,dxdz.$$

例 9.5.1 求半径为 R 的球的表面积.

解:取上半球面方程为 $Z = \sqrt{R^2 - x^2 - y^2}$,则它在 xOy 面上的投影区域 $D = \{(x,y)\,|\,x^2 + y^2 \leqslant R^2\}$. 由

$$\frac{\partial z}{\partial x} = \frac{-x}{\sqrt{R^2-x^2-y^2}},\frac{\partial z}{\partial y} = \frac{-y}{\sqrt{R^2-x^2-y^2}}$$

得

$$\sqrt{1+\left(\frac{\partial z}{\partial x}\right)^2+\left(\frac{\partial z}{\partial y}\right)^2} = \frac{R}{\sqrt{R^2-x^2-y^2}}.$$

因为这函数在闭区域 D 上无界,我们不能直接应用曲面面积公式,所以先取区域 $D_1 = \{(x,y)\,|\,x^2 + y^2 \leqslant b^2, 0 < b < R\}$ 为积分区域,算出相应于 D_1 上的球面面积 A_1,再求当 $b \to R$ 时 A_1 的极限(即反常二重积分),就得半球面的面积. 为了求

$$A_1 = \iint_{D_1} \frac{R}{\sqrt{R^2-x^2-y^2}}dxdy,$$

采用极坐标,得

$$A_1 = \iint_{D_1} \frac{R}{\sqrt{R^2-r^2}}rdrd\theta$$

$$= R\int_0^{2\pi}d\theta\int_0^b \frac{rdr}{\sqrt{R^2-r^2}}$$

$$= 2\pi R\left(-\sqrt{R^2-r^2}\right)\Big|_0^b$$

$$= 2\pi R\left(R-\sqrt{R^2-b^2}\right).$$

于是

$$\lim_{b\to R}A_1 = \lim_{b\to R}2\pi R\left(R-\sqrt{R^2-b^2}\right) = 2\pi R^2.$$

因此整个球面的面积为

$$A = 4\pi R^2.$$

例 9.5.2 设有一颗地球同步轨道通信卫星,距地面的高度为 $h = 36000\text{km}$,运行的角速度

与地球自转的角速度相同．试计算该通信卫星的覆盖面积与地球表面积的比值(地球半径 $R=6400\text{km}$)．

解:取地心为坐标原点,地心到通信卫星中心的连线为 z 轴,建立直角坐标系,如图 9-5-2 所示．

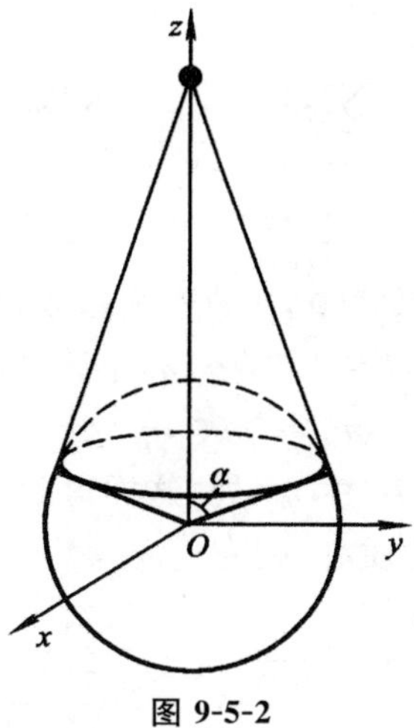

图 9-5-2

通信卫星覆盖的曲面 S 是上半球面被半顶角为 α 的圆锥面所截得的部分．S 的方程是

$$z=\sqrt{R^2-x^2-y^2},x^2+y^2\leqslant R^2\sin^2\alpha.$$

于是通信卫星的覆盖面积为

$$S=\iint\limits_{D_{xy}}\sqrt{1+\left(\frac{\partial z}{\partial x}\right)^2+\left(\frac{\partial z}{\partial y}\right)^2}\,\mathrm{d}x\mathrm{d}y$$

$$=\iint\limits_{D_{xy}}\frac{R}{\sqrt{R^2-x^2-y^2}}\mathrm{d}x\mathrm{d}y.$$

其中 D_{xy} 是曲面 S 在 xOy 面上的投影区域,$D_{xy}=\{(x,y)\,|\,x^2+y^2\leqslant R^2\sin^2\alpha\}$．利用极坐标得

$$S=\int_0^{2\pi}\mathrm{d}\theta\int_0^{R\sin\alpha}\frac{R}{\sqrt{R^2-\rho^2}}\rho\mathrm{d}\rho$$

$$=2\pi R\int_0^{R\sin\alpha}\frac{\rho}{\sqrt{R^2-\rho^2}}\mathrm{d}\rho$$

$$=2\pi R^2(1-\cos\alpha).$$

由于 $\cos\alpha=\dfrac{R}{R+h}$,代入上式可得

$$S=2\pi R^2\left(1-\frac{R}{R+h}\right)=2\pi R^2\frac{h}{R+h}.$$

可得这颗通信卫星的覆盖面积与地球表面积之比为

$$\frac{S}{4\pi R^2}=\frac{h}{2(R+h)}=\frac{36\times10^6}{2(36+6.4)\times10^6}\approx42.5\%.$$

由以上结果可知,卫星覆盖了全球三分之一以上的面积,所以使用三颗相隔 $\dfrac{2}{3}\pi$ 角度的通信卫星就可以覆盖几乎地球全部表面．

9.5.2 质心

在物理学中，我们常常要确定有限个质点组成的质点系的质心位置．设平面上有 n 个质点组成的质点系，其位置分别为 (x_i, y_i)，$i = 1,2,\cdots,n$，每个质点的质量为 m_i，$i = 1,2,\cdots,n$，则该质点系的质心坐标 $(\bar{x},\bar{y})$ 计算公式为

$$\bar{x} = \frac{\sum_{i=1}^{n} m_i x_i}{\sum_{i=1}^{n} m_i}, \bar{y} = \frac{\sum_{i=1}^{n} m_i y_i}{\sum_{i=1}^{n} m_i}.$$

现在对于一非均匀物体，设其密度为 x,y 的连续函数 $\rho(x,y)$，我们求其质心．

把区域 D 分割成 n 个小区域 $\Delta\sigma_i$，$i = 1,2,\cdots,n$，小区域的面积用 $\Delta\sigma_i$ 表示，$\Delta\sigma_i$ 的质量近似为

$$\Delta m_i \approx \rho(\xi_i, \eta_i)\Delta\sigma_i.$$

现在想象把小区域的质量集中在点 $M_i(\xi_i, \eta_i)$ 处，这样得到 n 个质点组成的质点系，物体的质心近似等于这 n 个质点组成的质点系的质心，则有

$$\bar{x} \approx \frac{\sum_{i=1}^{n} \xi_i \rho(\xi_i, \eta_i)\Delta\sigma_i}{\sum_{i=1}^{n} \rho(\xi_i, \eta_i)\Delta\sigma_i}, \bar{y} = \frac{\sum_{i=1}^{n} \eta_i \rho(\xi_i, \eta_i)\Delta\sigma_i}{\sum_{i=1}^{n} \rho(\xi_i, \eta_i)\Delta\sigma_i}.$$

取极限后，得到物体的质心 $(\bar{x},\bar{y})$ 计算公式为

$$\bar{x} = \frac{\iint\limits_D x\rho(x,y)\mathrm{d}x\mathrm{d}y}{\iint\limits_D \rho(x,y)\mathrm{d}x\mathrm{d}y}, \bar{y} = \frac{\iint\limits_D y\rho(x,y)\mathrm{d}x\mathrm{d}y}{\iint\limits_D \rho(x,y)\mathrm{d}x\mathrm{d}y}.$$

同理可得到空间非均匀物体 Ω 的质心 $(\bar{x},\bar{y},\bar{z})$ 坐标计算公式为

$$\bar{x} = \frac{\iiint\limits_\Omega x\rho(x,y,z)\mathrm{d}x\mathrm{d}y\mathrm{d}z}{\iiint\limits_\Omega \rho(x,y,z)\mathrm{d}x\mathrm{d}y\mathrm{d}z},$$

$$\bar{y} = \frac{\iiint\limits_\Omega y\rho(x,y,z)\mathrm{d}x\mathrm{d}y\mathrm{d}z}{\iiint\limits_\Omega \rho(x,y,z)\mathrm{d}x\mathrm{d}y\mathrm{d}z},$$

$$\bar{z} = \frac{\iiint\limits_\Omega z\rho(x,y,z)\mathrm{d}x\mathrm{d}y\mathrm{d}z}{\iiint\limits_\Omega \rho(x,y,z)\mathrm{d}x\mathrm{d}y\mathrm{d}z}.$$

其中 $\rho(x,y,z)$ 为物体 Ω 在点 (x,y,z) 处的密度．它是 x,y,z 的连续函数．

例 9.5.3 求形状为立方体 $0 \leqslant x \leqslant 1, 0 \leqslant y \leqslant 1, 0 \leqslant z \leqslant 1$ 的物体的质心坐标．设此物体在点 (x,y,z) 处的密度为 $\rho(x,y,z) = x^{\frac{2\alpha-1}{1-\alpha}} y^{\frac{2\beta-1}{1-\beta}} z^{\frac{2\gamma-1}{1-\gamma}}$，其中 $0 < \alpha < 1, 0 < \beta < 1, 0 < \gamma < 1$.

解：物体的质量为

$$
\begin{aligned}
m &= \iiint_{\Omega} \rho(x,y,z)\,\mathrm{d}x\mathrm{d}y\mathrm{d}z \\
&= \int_0^1 \mathrm{d}x \int_0^1 \mathrm{d}y \int_0^1 \rho(x,y,z)\,\mathrm{d}z \\
&= \int_0^1 x^{\frac{2\alpha-1}{1-\alpha}}\,\mathrm{d}x \int_0^1 y^{\frac{2\beta-1}{1-\beta}}\,\mathrm{d}y \int_0^1 z^{\frac{2\gamma-1}{1-\gamma}}\,\mathrm{d}z \\
&= \frac{1-\alpha}{\alpha} x^{\frac{1-\alpha}{\alpha}} \Big|_0^1 \frac{1-\beta}{\beta} y^{\frac{1-\beta}{\beta}} \Big|_0^1 \frac{1-\gamma}{\gamma} z^{\frac{1-\gamma}{\gamma}} \Big|_0^1 \\
&= \frac{(1-\alpha)(1-\beta)(1-\gamma)}{\alpha\beta\gamma} \iiint_{\Omega} x\rho(x,y,z)\,\mathrm{d}x\mathrm{d}y\mathrm{d}z \\
&= \int_0^1 x \cdot x^{\frac{2\alpha-1}{1-\alpha}}\,\mathrm{d}x \int_0^1 y^{\frac{2\beta-1}{1-\beta}}\,\mathrm{d}y \int_0^1 z^{\frac{2\gamma-1}{1-\gamma}}\,\mathrm{d}z \\
&= (1-\alpha) x^{\frac{1}{1-\alpha}} \Big|_0^1 \frac{1-\beta}{\beta} y^{\frac{1-\beta}{\beta}} \Big|_0^1 \frac{1-\gamma}{\gamma} z^{\frac{1-\gamma}{\gamma}} \Big|_0^1 \\
&= \frac{(1-\alpha)(1-\beta)(1-\gamma)}{\beta\gamma}.
\end{aligned}
$$

同理可以求得

$$
\iiint_{\Omega} y\rho(x,y,z)\,\mathrm{d}x\mathrm{d}y\mathrm{d}z = \frac{(1-\alpha)(1-\beta)(1-\gamma)}{\alpha\gamma},
$$

$$
\iiint_{\Omega} z\rho(x,y,z)\,\mathrm{d}x\mathrm{d}y\mathrm{d}z = \frac{(1-\alpha)(1-\beta)(1-\gamma)}{\alpha\beta}.
$$

根据重心坐标计算公式可得

$$
\bar{x} = \alpha, \bar{y} = \beta, \bar{z} = \gamma,
$$

所以物体质心坐标为(α,β,γ).

例 9.5.4　求均匀半球体的质心.

解:取半球体的球心为原点,z 轴为其对称轴,又设球半径为 R,则半球体所占空间闭区域为

$$
\Omega = \{(x,y,z) \mid x^2+y^2+z^2 \leqslant R^2, z \geqslant 0\}.
$$

显然质心在 z 轴上,故 $\bar{x} = \bar{y} = 0$. 而

$$
\bar{z} = \frac{1}{m}\iiint_{\Omega} z\rho\,\mathrm{d}v = \frac{1}{V}\iiint_{\Omega} z\,\mathrm{d}v,
$$

其中 $V = \frac{2}{3}\pi R^3$ 为半球体的体积.

$$
\begin{aligned}
\iiint_{\Omega} z\,\mathrm{d}v &= \iiint_{\Omega} r\cos\varphi \cdot r^2 \sin\varphi\,\mathrm{d}r\mathrm{d}\varphi\mathrm{d}\theta \\
&= \int_0^{2\pi} \mathrm{d}\theta \int_0^{\frac{\pi}{2}} \cos\varphi\sin\varphi\,\mathrm{d}\varphi \int_0^R r^3\,\mathrm{d}r \\
&= 2\pi \cdot \left(\frac{\sin^2\varphi}{2}\right)\Big|_0^{\frac{\pi}{2}} \cdot \frac{R^4}{4} = \frac{\pi R^4}{4}.
\end{aligned}
$$

因此,$\bar{z} = \frac{3}{8}R$,从而半球体的质心为$\left(0,0,\frac{3}{8}R\right)$.

9.5.3　转动惯量

设有一质点,其坐标为(x,y,z),质量为 m. 根据力学知识可知,该质点对 x 轴、y 轴、z 轴的转动惯量是

$$I_x = (y^2 + z^2)m,$$
$$I_y = (z^2 + x^2)m,$$
$$I_z = (x^2 + y^2)m.$$

设在 $\mathbf{R}^3$ 有 n 个质点，它们分别位于点 (x_i, y_i, z_i) 处，其中 $i = 1, 2, \cdots, n$，质量分别为 $m_i, i = 1, 2, \cdots, n$. 根据转动惯量的可加性可知，该质点对 x 轴、y 轴、z 轴的转动惯量是

$$I_x = \sum_{i=1}^{n} (y_i^2 + z_i^2) m_i,$$
$$I_y = \sum_{i=1}^{n} (z_i^2 + x_i^2) m_i,$$
$$I_z = \sum_{i=1}^{n} (x_i^2 + y_i^2) m_i.$$

设有一物体，占有 $\mathbf{R}^3$ 中闭区域 Ω，在点 (x, y, z) 处的密度为 $\rho(x, y, z)$，并假设 $\rho(x, y, z)$ 在 Ω 上连续，现在求该物体对 x 轴、y 轴、z 轴的转动惯量 I_x、I_y、I_z.

在 Ω 上任取一个直径很小的闭区域 $\mathrm{d}v$，该小区域的体积也可用 $\mathrm{d}v$ 来表示，(x, y, z) 为 $\mathrm{d}v$ 上一点，因为 $\mathrm{d}v$ 很小，且 $\rho(x, y, z)$ 在 Ω 上连续，所以我们可以认为 $\mathrm{d}v$ 的质量 $\mathrm{d}m$ 近似等于 $\rho(x, y, z)\mathrm{d}v$，即

$$\mathrm{d}m = \rho(x, y, z)\mathrm{d}v,$$

并将这部分质量近似看作集中在点 (x, y, z) 处，略去高阶无穷小，则 $\mathrm{d}v$ 对 x 轴、y 轴、z 轴的转动惯量 $\mathrm{d}I_x$、$\mathrm{d}I_y$、$\mathrm{d}I_z$ 分别是

$$\mathrm{d}I_x = (y^2 + z^2)\mathrm{d}m = (y^2 + z^2)\rho(x, y, z)\mathrm{d}v,$$
$$\mathrm{d}I_y = (z^2 + x^2)\mathrm{d}m = (z^2 + x^2)\rho(x, y, z)\mathrm{d}v,$$
$$\mathrm{d}I_z = (x^2 + y^2)\mathrm{d}m = (x^2 + y^2)\rho(x, y, z)\mathrm{d}v.$$

根据转动惯性的可加性和三重积分的概念可得该物体对 x 轴、y 轴、z 轴的转动惯量 I_x, I_y, I_z 分别是

$$I_x = \iiint_{\Omega} (y^2 + z^2)\rho(x, y, z)\mathrm{d}v,$$
$$I_y = \iiint_{\Omega} (z^2 + x^2)\rho(x, y, z)\mathrm{d}v,$$
$$I_z = \iiint_{\Omega} (x^2 + y^2)\rho(x, y, z)\mathrm{d}v.$$

同理可得，如果平面薄片占有 $\mathbf{R}^2$ 中区域 D，其面密度为 $\rho(x, y)$，则该平面薄片对 x 轴、y 轴的转动惯量 I_x、I_y 分别是

$$I_x = \iint_{D} y^2 \rho(x, y)\mathrm{d}\sigma,$$
$$I_y = \iint_{D} x^2 \rho(x, y)\mathrm{d}\sigma.$$

例 9.5.5 求密度为 ρ 的均匀球体对于过球心的一条轴 L 的转动惯量 .

解：取球心为坐标原点，z 轴与轴 L 重合，又设球的半径为 R，则球体所占空间闭区域为

$$\Omega = \{(x, y, z) \mid x^2 + y^2 + z^2 \leqslant R^2\},$$

所求的转动惯量为

$$I_z = \iiint_\Omega (x^2+y^2)\rho \mathrm{d}v$$
$$= \rho \iiint_\Omega (r^2\sin^2\varphi\cos^2\theta + r^2\sin^2\varphi\sin^2\theta) r^2 \sin\varphi \mathrm{d}r\mathrm{d}\varphi\mathrm{d}\theta$$
$$= \rho \iiint_\Omega r^4 \sin^3\varphi \mathrm{d}r\mathrm{d}\varphi\mathrm{d}\theta = \rho\int_0^{2\pi}\mathrm{d}\theta\int_0^{\pi}\sin^3\varphi\mathrm{d}\varphi\int_0^R r^4\mathrm{d}r$$
$$= \rho\cdot 2\pi\cdot\frac{4}{3}\cdot\frac{R^5}{5} = \frac{2}{5}R^2 m,$$

其中 $m = \frac{4}{3}\pi R^3\rho$ 为球体的质量．

9.5.4　引力

设一物体占有空间有界闭区域 Ω，它的体密度为 $\rho(x,y,z)$（假定 $\rho(x,y,z)$ 在 Ω 上连续），Ω 外有质点 $P_0(x_0,y_0,z_0)$，其质量为 m_0，欲求物体对质点 P_0 的引力．

应用元素法，对于 Ω 中任一体积元素 $\mathrm{d}v$，在 $\mathrm{d}v$ 上取一点 $P(x,y,z)$，则 $\mathrm{d}v$ 对应的质量元素

$$\mathrm{d}m = \rho(x,y,z)\mathrm{d}v.$$

将 $\mathrm{d}m$ 近似地看作集中在点 $P(x,y,z)$ 处，记从 P_0 到 P 的向量为 r，那么 $\mathrm{d}v$ 对质点 P_0 的引力微元

$$\mathrm{d}F = G\frac{m_0\mathrm{d}m}{r^2}e_r = G\frac{m_0\rho(x,y,z)\mathrm{d}v}{r^3}r$$
$$= G\frac{m_0\rho(x,y,z)\mathrm{d}v}{r^3}\mathrm{d}v\cdot(x-x_0,y-y_0,z-z_0),$$

其中 G 为引力常数，

$$r = |\boldsymbol{r}| = \sqrt{(x-x_0)^2+(y-y_0)^2+(z-z_0)^2},$$

$\boldsymbol{e}_r$ 为 $\boldsymbol{r}$ 的单位向量．设物体对质点 P_0 的引力为

$$\boldsymbol{F} = (F_x,F_y,F_z),$$

那么

$$F_x = \iiint_\Omega \frac{Gm_0\rho(x,y,z)(x-x_0)}{r^3}\mathrm{d}v,$$
$$F_y = \iiint_\Omega \frac{Gm_0\rho(x,y,z)(y-y_0)}{r^3}\mathrm{d}v,$$
$$F_x = \iiint_\Omega \frac{Gm_0\rho(x,y,z)(z-z_0)}{r^3}\mathrm{d}v.$$

例 9.5.6　求由圆柱面 $x^2+y^2=a^2, x^2+y^2=b^2 (a>b>0)$ 和平面 $z=0, z=h>0$ 所围成的均匀圆柱体 Ω 对位于原点，质量为 m 的质点的引力．

解：设圆柱体 Ω 的密度为 ρ，它对质点的引力为

$$\boldsymbol{F} = F_x\boldsymbol{i} + F_y\boldsymbol{j} + F_z\boldsymbol{k},$$

根据 Ω 的均匀性和柱体的对称性可得

$$F_x = F_y = 0,$$

又

$$F_z = G\iiint_{\Omega} \frac{(z-z_0)\rho(x,y,z)}{[(x-x_0)^2+(y-y_0)^2+(z-z_0)^2]^{\frac{3}{2}}}\mathrm{d}v$$
$$= G\iiint_{\Omega} \frac{z}{(x^2+y^2+z^2)^{\frac{3}{2}}} m\rho \mathrm{d}x\mathrm{d}y\mathrm{d}z$$
$$= Gm\rho\int_0^{2\pi}\mathrm{d}\theta\int_a^b\mathrm{d}r\int_0^h \frac{rz}{(r^2+z^2)^{\frac{3}{2}}}\mathrm{d}z$$
$$= 2\pi Gm\rho\int_a^b\mathrm{d}r\int_0^h \frac{rz}{(r^2+z^2)^{\frac{3}{2}}}\mathrm{d}z$$
$$= 2\pi Gm\rho\int_b^a\left(1-\frac{r}{\sqrt{r^2+h^2}}\right)\mathrm{d}r$$
$$= 2\pi Gm\rho(a-b-\sqrt{a^2+h^2}+\sqrt{b^2+h^2}),$$

所以

$$\boldsymbol{F} = 2\pi Gm\rho(a-b-\sqrt{a^2+h^2}+\sqrt{b^2+h^2})\boldsymbol{k},$$

其中 G 为引力常数．

9.6 数学实验

1. 重积分的计算

在 Mathematica 中，多元函数的重积分方法是与定积分的积分方法类似的，但必须先将重积分化为累次积分，再逐次积分．基本语句如下：

(1)Integrate[f[x,y],{x,a,b},{y,c,d}]

计算 $f(x,y)$ 在积分区域 $\{a \leqslant x \leqslant b, c \leqslant y \leqslant d\}$ 上的二重积分

(2)Integrate[f[x,y,z],{x,a,b},{y,c,d},{z,e,f}]

计算 $f(x,y,z)$ 在积分区域 $\{a \leqslant x \leqslant b, c \leqslant y \leqslant d, e \leqslant z \leqslant f\}$ 上的三重积分

(3)Module[{j,tu},…]

定义新的模块，便于计算积分和画图

需要说明以下两点：

(1) 积分次序为从右向左，即先积分的变量写在右边，后积分的变量写在左边．

(2) 若需要计算数值积分，只要将调用函数 Integrate [] 换成 NIntegrate [] 就行．

例 9.6.1 计算三重积分 $\iiint_{\Omega}(x^2+y^2+z)\mathrm{d}x\mathrm{d}y\mathrm{d}z$，其中 Ω 由曲面 $z=\sqrt{2-x^2-y^2}$ 与 $z=\sqrt{x^2+y^2}$ 围成．

解：先作出区域 Ω 的图形．输入

```
g1 = ParametricPlot3D[{Sqrt[2] * Sin[fi] * Cos[th],Sqrt[2] * Sin[fi] * Sin[th],Sqrt[2] * Cos[fi]},{fi,0,Pi/4},{th,0,2Pi}]
g2 = ParametricPlot3D[{z * Cos[t],z * Sin[t],z},{z,0,1},{t,0,2Pi}]
Show[g1,g2,ViewPoint -> {1.3,-2.4,1.0}]
```

输出三个图形，这里只给出最后一个图形，如图 9-6-1 所示．

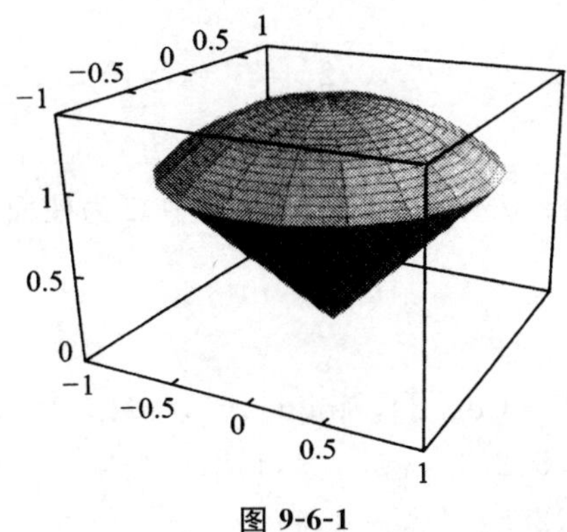

图 9-6-1

参照图形,可以用手工确定积分限. 如果用直角坐标,则输入

g[x_,y_,z_] = x^2 + y^2 + z

Integrate[g[x,y,z],{x, -1,1},{y, -Sqrt[1 - x^2],Sqrt[1 - x^2]},{z,Sqrt[x^2 + y^2],Sqrt[2 - x^2 - y^2]}]

执行后计算时间很长,且未得到明确结果. 改用柱坐标和球坐标计算. 柱坐标计算时输入

Integrate[(g[x,y,z]/. {x -> r * Cos[s],y -> r * Sin[s]}) * r,{r,0,1},{s,0,2Pi},{z,r,Sqrt[2 - r^2]}]

输出为 $2\left(-\frac{5}{12}+\frac{8\sqrt{2}}{15}\right)\pi$.

球坐标计算时输入

Integrate[(g[x,y,z]/. {x -> r * Cos[s],y -> r * Sin[fi] * Cos[t],y -> r * Sin[fi] * Sin[t],z ->r * Cos[fi]}) * r^2 * Sin[fi],{s,0,2Pi},{fi,0,Pi/4},{r,0,Sqrt[2]}]

输出为 $\frac{1}{5}\left(-\frac{25}{6}+\frac{16\sqrt{2}}{3}\right)\pi$,这与柱坐标的结果相同.

例 9.6.2　计算 $\iint\limits_D \sin x^2\,\mathrm{d}x\mathrm{d}y$,其中 D 是直线 $y=x, x=2$ 和 x 轴围成的区域.

解:因为 D 可表示为

$$0 \leqslant y \leqslant x, 0 \leqslant x \leqslant 2$$

或

$$y \leqslant x \leqslant 2, 0 \leqslant y \leqslant 2.$$

所以

$$\iint\limits_D \sin x^2\,\mathrm{d}x\mathrm{d}y = \int_0^2\int_0^x \sin x^2\,\mathrm{d}x\mathrm{d}y = \int_0^2\int_y^2 \sin x^2\,\mathrm{d}x\mathrm{d}y.$$

用命令计算得

In[1]: = Integrate[Sin[x^2], { x,0,2 } , { y,0,x }]

Out[1] = $\mathrm{Sin}[2]^2$

In[2]: = N[%]

Out[2] = 0.826822

In[3]: = Integrate[Sin[Sin[x^2], { y,0,2 } , { x,y,0 }]

Out[3] = Sin[2]^2

In[4]: = NIntegrate[Sin[x^2], { y,0,2 } , { x,y,0 }]

Out[4] = 0.826822

例 9.6.3 计算三重积分$\iiint\limits_{\Omega} z\sqrt{x^2+y^2}\,\mathrm{d}x\mathrm{d}y\mathrm{d}z$,其中$\Omega$为柱面$x^2+y^2-2x=0$,平面$z=0$,$z=a>0$,$y\geqslant 0$所围成.

解:Mathematica 语句为

```
g1 = ParametricPlot3D[{1 + Cos[u],Sin[u],v},{u,0,2Pi},{v, - 2,2}];
g2 = Plot3D[1.5,{x, - 0.5,2.5},{y, - 1,1}];
g3 = Plot3D[0,{x, - 0.5,2.5},{y, - 1,1}];
Show[g1,g2,g3]
Integrate[z * Sqrt[x^2 + y^2],{x,0,2},{y,0,Sqrt[2x - x^2]},{z,0,a}]
```

运行结果为$\frac{8a^2}{9}$. 图形如图 9-6-2 所示.

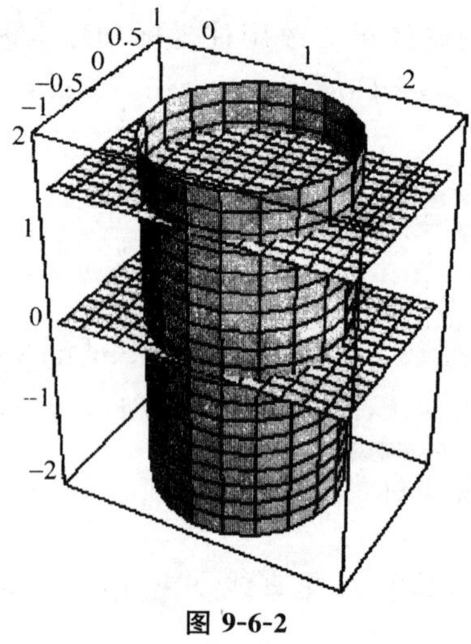

图 9-6-2

2. 重积分的应用

例 9.6.4 求由曲面$f(x,y)=1-x-y$与$g(x,y)=2-x^2-y^2$所围成的空间区域Ω的体积.

解:输入

```
Clear[f,g]
f[x_,y_] = 1 - x - y
g[x_,y_] = 2 - x^2 - y^2
Plot3D[f[x,y],{x, - 1,2},{y, - 1,2}]
Plot3D[g[x,y],{x, - 1,2},{y, - 1,2}]
Show[%,% %]
```

则一共输出三个图形,最后一个图形如图 9-6-3 所示.

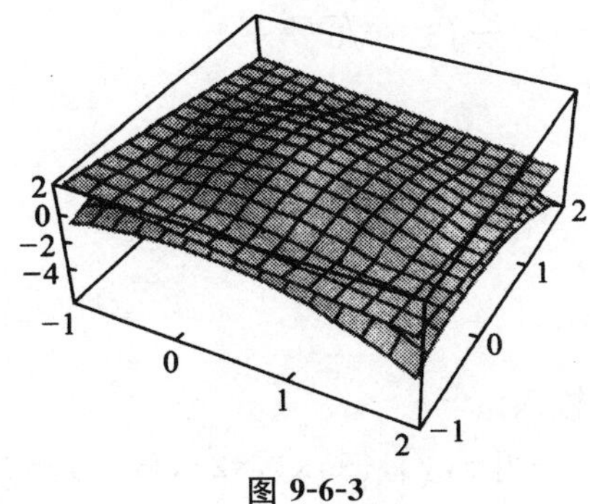

图 9-6-3

首先观察到 Ω 的形状，为了确定积分限，要把两曲面的交线投影到 xOy 平面上．输入

```
jx = Solve[f[x,y] == g[x,y],y]
```

得到输出

$$\left\{\left\{y -> \frac{1}{2}\left(1-\sqrt{5+4x-4x^2}\right)\right\},\left\{y -> \frac{1}{2}\left(1+\sqrt{5+4x-4x^2}\right)\right\}\right\}$$

为了取出这两条曲线方程，输入

```
y1 = jx[[1,1,2]]
y2 = jx[[2,1,2]]
```

输出为

$$\frac{1}{2}\left(1-\sqrt{5+4x-4x^2}\right)$$

$$\frac{1}{2}\left(1+\sqrt{5+4x-4x^2}\right)$$

再输入

```
tu1 = Plot[y1,{x,-2,3},PlotStyle -> {Dashing[{0.02}]},DisplayFunction -> Identity]
tu2 = Plot[y2,{x,-2,3},DisplayFunction -> Identity]
Show[tu1,tu2,AspectRatio -> 1,DisplayFunction -> $DisplayFunction]
```

输出图形如图 9-6-4 所示．

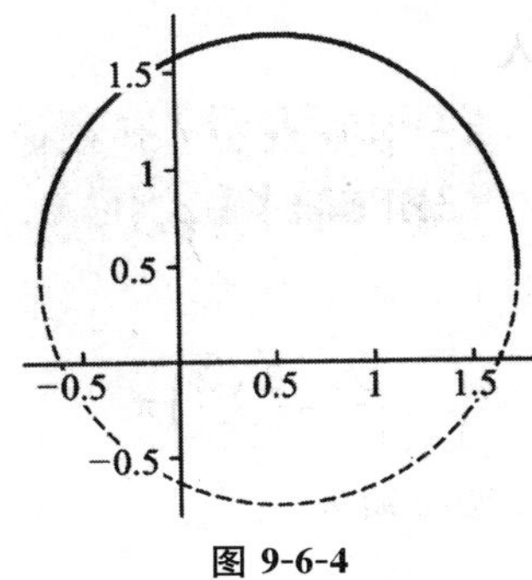

图 9-6-4

由此可见，y_1 是下半圆(虚线)，y_2 是上半圆，因此投影区域是一个圆．设 $y_1 = y_2$ 的解为 x_1 与 x_2，则 x_1, x_2 为 x 的积分限．输入

```
xvals = Solve[y1 == y2,x]
```

输出为

$$\left\{\left\{x->\frac{1}{2}(1-\sqrt{6})\right\},\left\{x->\frac{1}{2}(1+\sqrt{6})\right\}\right\}$$

为了取出 x_1, x_2，输入

```
x1 = xvals[[1,1,2]]
x2 = xvals[[2,1,2]]
```

输出为$\frac{1}{2}(1-\sqrt{6})$和$\frac{1}{2}(1+\sqrt{6})$.

这时可以作最后的计算了，输入

```
volume = Integrate[g[x,y] - f[x,y],{x,x1,x2},{y,y1,y2}]//Simplify
```

输出结果为$\frac{9\pi}{8}$.

第 10 章　曲线积分与曲面积分

10.1　对弧长的曲线积分

10.1.1　对弧长的曲线积分的概念与性质

一元函数的定积分$\int_a^b f(x)\mathrm{d}x$,二元函数的重积分$\iint\limits_D f(x,y)\mathrm{d}\sigma$等等,我们都可以看成是连续量求和的极限,前一个是函数 $f(x)$ 在区间$[a,b]$上每一点 x 的函数值求和,后一个是函数$f(x,y)$在区域$D=[a,b]\times[c,d]$上每一点(x,y)的函数值求和. 在前面的讨论中,我们已经通过和式的极限给出了点函数 $f(P)$在形体(Ω)上积分的定义. 当(Ω)是平面或空间的可求长曲线L时,相应的积分称为对弧长的曲线积分,也称为第一类曲线积分. 下面我们给出这类积分的精确定义.

定义 10.1.1　设L为平面曲线,$f(x,y)$在L上有界,在L上插进一点列$M_1,M_2,\cdots,M_{n-1}$将L分为n段. 设第i个小段的长度为Δs_i. 在第i个小段上任取的一点(ξ_i,η_i),作乘积$f(\xi_i,\eta_i)\Delta s_i$,$i=1,2,\cdots,n$, 再作和式$\sum\limits_{i=1}^{n} f(\xi_i,\eta_i)\Delta s_i$. 如果$\lambda=\max\{\Delta s_1,\Delta s_2,\cdots,\Delta s_n\}\to 0$时, 和式$\sum\limits_{i=1}^{n} f(\xi_i,\eta_i)\Delta s_i$的极限总存在,则称此极限为$f(x,y)$在曲线$L$上对弧长的曲线积分或者第一类曲线积分,记作$\int_L f(x,y)\mathrm{d}s$,即

$$\int_L f(x,y)\mathrm{d}s=\lim_{\lambda\to 0}\sum_{i=1}^{n} f(\xi_i,\eta_i)\Delta s_i,$$

其中L称为积分路径,$f(x,y)$称为被积函数,$f(x,y)\mathrm{d}s$称为被积式,$\mathrm{d}s$称为弧长元素(弧微分).

同理,可定义空间对弧长的曲线积分,即有

$$\int_L f(x,y,z)\mathrm{d}s=\lim_{\lambda\to 0}\sum_{i=1}^{n} f(\xi_i,\eta_i,\zeta_i)\Delta s_i.$$

若曲线L为闭曲线,那么函数$f(x,y)$在闭曲线L上对弧长的曲线积分记作$\oint_L f(x,y)\mathrm{d}s$.

对弧长曲线积分与定积分及二重积分具有类似的性质. 下面我们列举对弧长的曲线积分的几条简单性质.

性质 10.1.1　对弧长的曲线积分与曲线L的方向(由A到B或由B到A)无关,即

$$\int_{L(A,B)} f(x,y)\mathrm{d}s=\int_{L(B,A)} f(x,y)\mathrm{d}s.$$

性质 10.1.2(积分关于被积函数的线性性质)　假设曲线积分$\int_L f(x,y)\mathrm{d}s$和$\int_L g(x,y)\mathrm{d}s$

都存在，则对于任意常数 α,β，曲线积分$\int_L [\alpha f(x,y)+\beta g(x,y)]\mathrm{d}s$ 也存在，并且

$$\int_L [\alpha f(x,y)+\beta g(x,y)]\mathrm{d}s = \alpha\int_L f(x,y)\mathrm{d}s+\beta\int_L g(x,y)\mathrm{d}s.$$

性质 10.1.3(积分关于曲线的可加性) 设曲线 L 由 k 条曲线 $L_1,L_2,\cdots,L_n$ 连接而成，则

$$\int_L f(x,y)\mathrm{d}s = \int_{L_1} f(x,y)\mathrm{d}s+\int_{L_2} f(x,y)\mathrm{d}s+\cdots+\int_{L_k} f(x,y)\mathrm{d}s.$$

性质 10.1.4 若在 L 上 $f(x,y)\leqslant g(x,y)$，则

$$\int_L f(x,y)\mathrm{d}s \leqslant \int_L g(x,y)\mathrm{d}s,$$

特别地，总有

$$\left|\int_L f(x,y)\mathrm{d}s\right| \leqslant \int_L |f(x,y)|\mathrm{d}s.$$

性质 10.1.5(积分存在的充分条件) 若曲线$L:x=x(t),y=y(t),z=z(t),\alpha\leqslant t\leqslant\beta$中的函数 $x(t),y(t),z(t)$ 有连续的导数，并且 $f(x,y,z)$ 在曲线 L 上是连续函数，则曲线积分 $\int_L f(x,y,z)\mathrm{d}s$ 存在．

值得注意的是，(x,y,z) 仅在曲线 L 上变动时，$f(x,y,z)$ 就变成参数 t 的一元函数 $f[x(t),y(t),z(t)]$．如果这个一元函数在参数 t 的变换范围连续，就称 $f(x,y,z)$ 在曲线 L 上连续．

10.1.2 对弧长的曲线积分的计算

在了解了对弧长的曲线积分的概念与性质之后，我们从形式上推出关于对弧长的曲线积分的计算公式．

假设 $f(x,y,z)$ 是曲线L 上的连续函数，而曲线 L 有参数方程为$\begin{cases}x=x(t)\\y=y(t),t\in[\alpha,\beta]\\z=z(t)\end{cases}$，其中三个函数 $x=x(t),y=y(t),z=z(t)$ 在区间$[\alpha,\beta]$有连续导数．分割区间$[\alpha,\beta]$：

$$\alpha=t_0<t_1<\cdots<t_n=\beta$$

这时曲线 L 就被分成若干小弧段 $\Delta L_1,\Delta L_2,\cdots,\Delta L_n$，其中每一小段曲线的长度为

$$\Delta s_i=\int_{t_{i-1}}^{t_i}\sqrt{[x'(t)]^2+[y'(t)]^2+[z'(t)]^2}\,\mathrm{d}t,$$

又根据积分中值定理得

$$\begin{aligned}\Delta s_i&=\int_{t_{i-1}}^{t_i}\sqrt{[x'(t)]^2+[y'(t)]^2+[z'(t)]^2}\,\mathrm{d}t\\&=\sqrt{[x'(\tau_i)]^2+[y'(\tau_i)]^2+[z'(\tau_i)]^2}\,\Delta t_i,\end{aligned}\tag{10.1.1}$$

其中，$\tau_i\in[t_{i-1},t_i]$．又在 ΔL_i 上取点 P_i，构造积分和

$$\sum_{i=1}^n f(P_i)\Delta s_i=\sum_{i=1}^n f(P_i)\sqrt{[x'(\tau_i)]^2+[y'(\tau_i)]^2+[z'(\tau_i)]^2}\,\Delta t_i\tag{10.1.2}$$

由于 $f(x,y,z)$ 在L 上连续，由曲线积分存在的充分条件可知，$\int_L f(x,y,z)\mathrm{d}s$ 存在，因此，这里的 P_i 可以在 ΔL_i 上任取，于是可以令 $P_i=[x(\tau_i),y(\tau_i),z(\tau_i)]$．由此，积分和(10.1.2) 就转化为

$$\sum_{i=1}^{n} f(P_i)\Delta s_i = \sum_{i=1}^{n} f[(x(\tau_i),y(\tau_i),z(\tau_i)]\sqrt{[x'(\tau_i)]^2+[y'(\tau_i)]^2+[z'(\tau_i)]^2}\,\Delta t_i \tag{10.1.3}$$

由于 $x=x(t),y=y(t),z=z(t)$ 在区间 $[\alpha,\beta]$ 连续，所以当 $\max\{\Delta t_i\}\to 0$ 时，有 $\max\{\Delta s_i\}\to 0$. 又由于曲线积分存在，因此当 $\max\{\Delta t_i\}\to 0$ 时，等式(10.1.3)左端的和式 $\sum\limits_{i=1}^{n} f(P_i)\Delta s_i$ 趋向于曲线积分 $\int_L f(x,y,z)\mathrm{d}s$.

另一方面，由于函数 $f[x(t),y(t),z(t)]\sqrt{[x'(t)]^2+[y'(t)]^2+[z'(t)]^2}$ 连续，因此当 $\max\{\Delta t_i\}\to 0$ 时，等式(10.1.3)右端的和式趋向于积分

$$\int_{\alpha}^{\beta} f[x(t),y(t),z(t)]\sqrt{[x'(t)]^2+[y'(t)]^2+[z'(t)]^2}\,\mathrm{d}t.$$

于是，在等式(10.1.3)两端取极限，就得到

$$\int_L f(x,y,z)\mathrm{d}s = \int_{\alpha}^{\beta} f[x(t),y(t),z(t)]\sqrt{[x'(t)]^2+[y'(t)]^2+[z'(t)]^2}\,\mathrm{d}t, \tag{10.1.4}$$

这就是曲线积分的计算公式.

例 10.1.1　计算曲线积分 $\int_L (x^2+y^2+z^2)\mathrm{d}s$，其中 L 是螺旋线 $\begin{cases} x = R\cos t \\ y = R\sin t \\ z = kt \end{cases}$ 在 $0 \leqslant t \leqslant 2\pi$ 的弧段.

解：L 的弧长元素是

$$\mathrm{d}s = \sqrt{(-R\sin t)^2+(R\cos t)^2+k^2}\,\mathrm{d}t = \sqrt{R^2+k^2}\,\mathrm{d}t,$$

因此

$$\begin{aligned}\int_L (x^2+y^2+z^2)\mathrm{d}s &= \int_0^{2\pi}(R^2+k^2t^2)\sqrt{R^2+k^2}\,\mathrm{d}t \\ &= 2\pi\left(R^2+\frac{4}{3}\pi^2k^2\right)\sqrt{R^2+k^2}.\end{aligned}$$

例 10.1.2　计算 $\int_L (x+y)\mathrm{d}s$，其中 L 为 $x^2+y^2=R^2$ 的上半圆周，如图 10-1-1 所示.

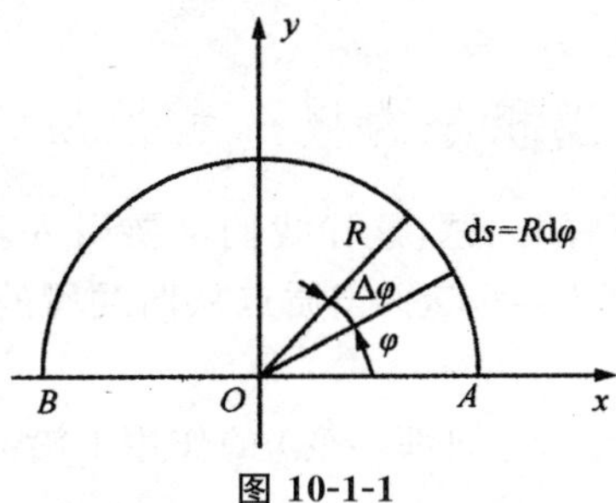

图 10-1-1

解：由于 $x=R\cos\varphi,y=R\sin\varphi$，所以

$$\mathrm{d}s = \sqrt{(-R\sin\varphi)^2+(R\cos\varphi)^2} = R\mathrm{d}\varphi,$$

因此

$$\int_L (x+y)\mathrm{d}s = \int_0^{\pi} R(\cos\varphi + \sin\varphi) R\mathrm{d}\varphi$$
$$= R^2(\sin\varphi - \cos\varphi)\Big|_0^{\pi}$$
$$= 2R^2.$$

例 10.1.3 计算半径为 R、中心角为 2α 的圆弧 L 对于它的对称轴的转动惯量 I，设线密度 $\mu = 1$.

解：其坐标如图 10-1-2 所示．则有

$$I = \int_L y^2 \mathrm{d}s.$$

根据 L 的参数方程 $\begin{cases} x = R\cos\theta \\ y = R\sin\theta \end{cases}$，$\theta \in [-\alpha, \alpha]$ 有

$$I = \int_L y^2 \mathrm{d}s = \int_{-\alpha}^{\alpha} R^2 \sin^2\theta \sqrt{(-R\sin\theta)^2 + (R\cos\theta)^2}\,\mathrm{d}\theta$$
$$= R^3 \int_{-\alpha}^{\alpha} \sin^2\theta \mathrm{d}\theta$$
$$= \frac{R^3}{2}\left(\theta - \frac{\sin 2\theta}{2}\right)\Big|_{-\alpha}^{\alpha}$$
$$= \frac{R^3}{2}(2\alpha - \sin 2\alpha)$$
$$= R^3(\alpha - \sin\alpha\cos\alpha).$$

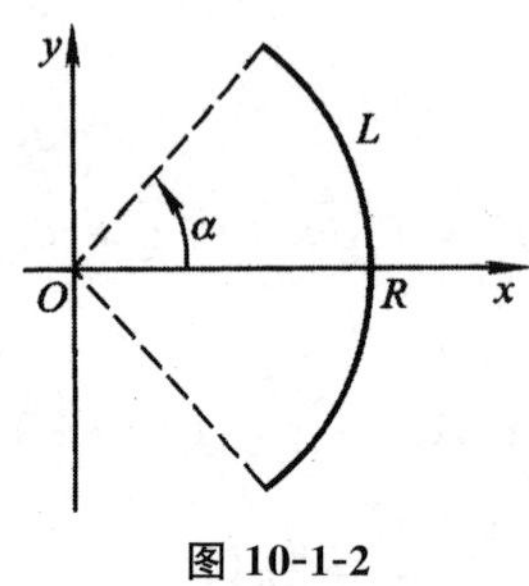

图 10-1-2

10.2 对坐标的曲线积分

10.2.1 对坐标的曲线积分的概念和性质

在物理学中我们会碰到一类新的问题，这让我们又要引入新的一类型的曲线积分．一质点受变力 $\boldsymbol{F}(x,y)$ 的作用沿平面曲线 L_{AB} 运动，当质点从曲线段的一端 A 移动到另一端 B 时，求力 $\boldsymbol{F}(x,y)$ 所作的功．

众所周知，若质点在常力 $\boldsymbol{F}$（大小方向都不变）的作用下沿某一直线运动由点 A 移动到点 B，则力 $\boldsymbol{F}$ 对该质点所做的功为

$$W = \boldsymbol{F} \cdot \overrightarrow{AB}.$$

现在的问题是质点所受的力随处改变，而所走路线又是弯弯曲曲，怎么办呢？为此，我们对有向曲线段 L_{AB} 作一个分割 T，即在 L_{AB} 内插入 $n-1$ 个分点 $M_1, M_2, \cdots, M_{n-1}$ 与 $A = M_0, B = M_n$

一起把曲线段分成n个有向小曲线弧段$\overparen{M_{i-1}M_i}$，$i=1,2,\cdots,n$，如图10-2-1所示，设力$\boldsymbol{F}(x,y)$在x轴和y轴方向上的投影分别为$P(x,y)$与$Q(x,y)$，即

$$\boldsymbol{F}(x,y)=\{P(x,y),Q(x,y)\}=P(x,y)i+Q(x,y)j,$$

其中$P(x,y)$、$Q(x,y)$在L_{AB}上连续．由于任意一个有向小曲线段一都光滑且很短，所以可以用有向线段$\overrightarrow{M_{i-1}M_i}=(\Delta x_i)\boldsymbol{i}+(\Delta y_i)\boldsymbol{j}$来代替它，其中$M_{i-1}(x_{i-1},y_{i-1})$，$M_i(x_i,y_i)$，并记$\Delta x_i=x_i-x_{i-1}$，$\Delta y_i=y_i-y_{i-1}$，$i=1,2,\cdots,n$，又由于$P(x,y)$、$Q(x,y)$在$L_{AB}$上连续，可以用$\overparen{M_{i-1}M_i}$上任意取定一点$(\xi_i,\eta_i)$处的力

$$\boldsymbol{F}(\xi_i,\eta_i)=P(\xi_i,\eta_i)\boldsymbol{i}+Q(\xi_i,\eta_i)\boldsymbol{j}$$

来近似代替小曲线段上其他各点处的力．这样，变力$\boldsymbol{F}(x,y)$在小曲线段$\overparen{M_{i-1}M_i}$上所做的功ΔW_i，可以认为近似地等于恒力$\boldsymbol{F}(\xi_i,\eta_i)$沿小直线段$\overrightarrow{M_{i-1}M_i}$所做的功

$$\Delta W_i\approx\boldsymbol{F}(\xi_i,\eta_i)\cdot\overrightarrow{M_{i-1}M_i}=P(\xi_i,\eta_i)\Delta x_i+Q(\xi_i,\eta_i)\Delta y_i,$$

于是

$$W=\sum_{i=1}^{n}\Delta W_i\approx\sum_{i=1}^{n}[P(\xi_i,\eta_i)\Delta x_i+Q(\xi_i,\eta_i)\Delta y_i].$$

若记小曲线段$\overparen{M_{i-1}M_i}$的弧长为Δs_i，当$\lambda=\max\limits_{1\leqslant i\leqslant n}\{\Delta s_i\}\to 0$时，右端和式的极限如果存在，则此极限就是变力沿曲线段所作的功，即

$$W=\lim_{\lambda\to 0}\sum_{i=1}^{n}[P(\xi_i,\eta_i)\Delta x_i+Q(\xi_i,\eta_i)\Delta y_i].$$

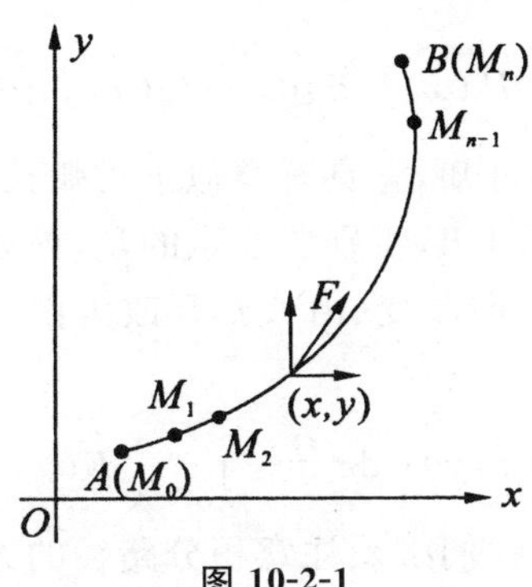

图 10-2-1

这种和式的极限在研究其他问题时也会经常遇到，抽去其物理意义，得出下述一般的对坐标的曲线积分的定义：

定义 10.2.1　设L为平面xOy内从A点到B点的一条有向光滑曲线弧，$P(x,y)$，$Q(x,y)$在L上有界．在L上沿L的方向任意插入一点列$M_1(x_1,y_1)$，$M_2(x_2,y_2)$，…，$M_{n-1}(x_{n-1},y_{n-1})$把L分成n个有向小弧段$\overparen{M_{i-1}M_i}$，其中$i=1,2,\cdots,n$，$M_0=A$，$M_n=B$. 令$\Delta x_i=x_i-x_{i-1}$，$\Delta y_i=y_i-y_{i-1}$，在小弧段$\overparen{M_{i-1}M_i}$上任取一点(ξ_i,η_i). 若当各小弧段长度的最大值$\lambda\to 0$时，$\sum\limits_{i=1}^{n}P(\xi_i,\eta_i)\Delta x_i$的极限总存在，那么称此极限为函数$P(x,y)$在有向曲线弧上对坐标$x$的曲线积分，记为$\int_L P(x,y)\mathrm{d}x$. 类似地，若$\lim\limits_{\lambda\to 0}\sum\limits_{i=1}^{n}Q(\xi_i,\eta_i)\Delta y_i$总存在，那么称该极限为函数$Q(x,y)$在有向曲线弧$L$上对坐标$y$的曲线积分，记为$\int_L Q(x,y)\mathrm{d}y$. 即有

$$\int_L P(x,y)\mathrm{d}x = \lim_{\lambda\to 0}\sum_{i=1}^{n} P(\xi_i,\eta_i)\Delta x_i,$$

$$\int_L Q(x,y)\mathrm{d}y = \lim_{\lambda\to 0}\sum_{i=1}^{n} Q(\xi_i,\eta_i)\Delta y_i,$$

其中 $P(x,y)$，$Q(x,y)$ 叫作被积函数，L 叫作积分弧段．以上两个积分统称为对坐标的曲线积分或第二类曲线积分．

在许多应用场合需要求两个积分之和 $\int_L P(x,y)\mathrm{d}x + \int_L Q(x,y)\mathrm{d}y$，为了书写简便，可把它简写成 $\int_L P(x,y)\mathrm{d}x + Q(x,y)\mathrm{d}y$，或写成向量形式 $\int_L \boldsymbol{F}(x,y)\cdot \mathrm{d}\boldsymbol{r}$，其中

$$\boldsymbol{F}(x,y) = P(x,y)\boldsymbol{i} + Q(x,y)\boldsymbol{j},$$

$$\mathrm{d}\boldsymbol{r} = \mathrm{d}x\boldsymbol{i} + \mathrm{d}y\boldsymbol{j}.$$

上述定义可类似地推广到积分路径为空间有向曲线弧的情形，例如函数 $P(x,y,z)$ 在有向曲线弧 Γ 上对坐标 x 的曲线积分定义为

$$\int_\Gamma P(x,y,z)\mathrm{d}x = \lim_{\lambda\to 0}\sum_{i=1}^{n} P(\xi_i,\eta_i,\zeta_i)\Delta x_i.$$

相应地，在空间中，对坐标的曲线积分的向量形式为 $\int_\Gamma \boldsymbol{F}(x,y,z)\cdot \mathrm{d}\boldsymbol{r}$ 其中

$$\boldsymbol{F}(x,y,z) = P(x,y,z)\boldsymbol{i} + Q(x,y,z)\boldsymbol{j} + R(x,y,z)\boldsymbol{k},$$

$$\mathrm{d}\boldsymbol{r} = \mathrm{d}x\boldsymbol{i} + \mathrm{d}y\boldsymbol{j} + \mathrm{d}z\boldsymbol{k}.$$

即有

$$\int_\Gamma \boldsymbol{F}(x,y,z)\cdot \mathrm{d}\boldsymbol{r} = \int_\Gamma P(x,y,z)\mathrm{d}x + Q(x,y,z)\mathrm{d}y + R(x,y,z)\mathrm{d}z.$$

从对坐标的曲线积分的定义中可知，它具有类似于对弧长的曲线积分的性质 10.1.2 和性质 10.1.3. 但却不具备类似的性质 10.1.4，特别要注意的是，该处的性质 10.1.1 应改成如下．

性质 10.2.1 当积分路径的方向改变（由 A 到 B 改为由 B 到 A）时，对坐标的曲线积分要改变符号，即

$$\int_{L(A,B)} \boldsymbol{F}(x,y)\cdot \mathrm{d}r = -\int_{L(B,A)} \boldsymbol{F}(x,y)\cdot \mathrm{d}\boldsymbol{r}.$$

因此，关于对坐标的曲线积分，我们必须注意积分路径的方向．

特别地，在计算物体沿着一条路经运动所做的功时，若把起点与终点对换，则所求的功刚好是原来的相反数．这和我们已知的沿直线运动做功的情形一致．

10.2.2 对坐标的曲线积分的计算

与对弧长的曲线积分一样，对坐标的曲线积分也是要把它化为定积分来计算的．

设 L 为光滑或按段光滑的曲线，其参数方程为 $\begin{cases} x = \varphi(t) \\ y = \psi(t) \end{cases}$，$t\in[\alpha,\beta]$，起点 $A[\varphi(\alpha),\psi(\alpha)]$，终点 $B[\varphi(\beta),\psi(\beta)]$，函数 $P(x,y)$ 和 $Q(x,y)$ 在 L 上连续．当参数 t 从 α 连续地增加到 β 时，曲线点 A 沿 L 连续地变到点 B，则沿 L 从点 A 到点 B 的对坐标的曲线积分为

$$\int_L P(x,y)\mathrm{d}x + Q(x,y)\mathrm{d}y = \int_\alpha^\beta \{P[\varphi(t),\psi(t)]\varphi'(t) + Q[\varphi(t),\psi(t)]\psi'(t)\}\mathrm{d}t. \tag{10.2.1}$$

公式(10.2.1)表明，计算对坐标的曲线积分$\int_L P(x,y)\mathrm{d}x+Q(x,y)\mathrm{d}y$时，只要把$x$、$y$、$\mathrm{d}x$、$\mathrm{d}y$依次换为$\varphi(t)$、$\psi(t)$、$\varphi'(t)\mathrm{d}t$、$\psi'(t)\mathrm{d}t$，然后从$L$的起点所对应的参数值$\alpha$到终点所对应的参数值$\beta$作定积分即可．这里必须注意的是，起点参数值作下限，终点参数值作上限．

公式(10.2.1)可以推广到空间曲线，比如空间曲线Γ的参数方程为$\begin{cases}x=x(t)\\y=y(t)\\z=z(t)\end{cases}$，$t\in[\alpha,\beta]$，这样便得到

$$\int_\Gamma P(x,y,z)\mathrm{d}x+Q(x,y,z)\mathrm{d}y+R(x,y,z)\mathrm{d}z$$
$$=\int_\alpha^\beta\{P[\varphi(t),\psi(t),\omega(t)]\varphi'(t)+Q[\varphi(t),\psi(t),\omega(t)]\psi'(t)+R[\varphi(t),\psi(t),\omega(t)]\omega'(t)\}\mathrm{d}t.$$

这里积分下限α必须是对应积分所沿曲线Γ的起点参数，上限β必须对应Γ的终点参数．

例 10.2.1　计算$\int_L x^2\mathrm{d}x+(y-x)\mathrm{d}y$，其中$L$的形式如下：

(1) 从$A(a,0)$沿上半圆周$x^2+y^2=a^2$到$B(-a,0)$.

(2) 从$A(a,0)$沿x轴到$B(-a,0)$，如图 10-2-2 所示．

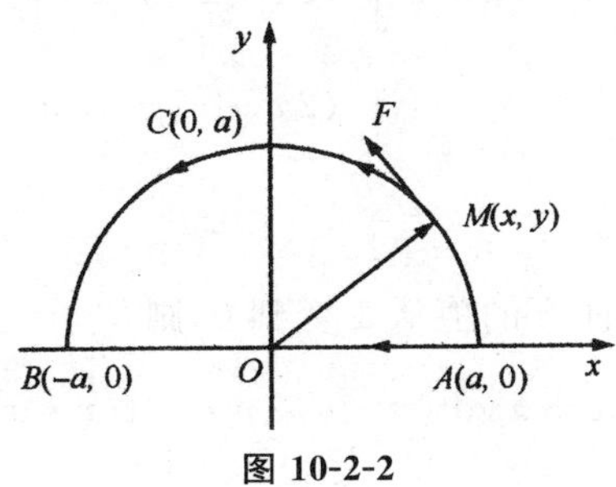

图 10-2-2

解：(1) 圆的参数方程为$\begin{cases}x=a\cos t\\y=a\sin t\end{cases}$，$A$对应$t=0$，$B$对应$t=\pi$则

$$\int_L x^2\mathrm{d}x+(y-x)\mathrm{d}y=\int_0^\pi[a^2\cos^2 t(-a\sin t)+a(\sin t-\cos t)s\cos t]\mathrm{d}t$$
$$=-\frac{2}{3}a^3-\frac{\pi}{2}a^2.$$

(2) 直线AB的方程为$y=0$，从而

$$\int_L x^2\mathrm{d}x+(y-x)\mathrm{d}y=\int_a^{-a}x^2\mathrm{d}x=-\frac{2}{3}a^3.$$

例 10.2.2　计算积分$\int_L x^3\mathrm{d}x+3zy^2\mathrm{d}y-x^2y\mathrm{d}z$，其中$L$为从点$A(3,2,1)$到点$O(0,0,0)$的直线段$AO$.

解：直线AO的方程为

$$\frac{x}{3}=\frac{y}{2}=\frac{z}{1},$$

其参数方程为$\begin{cases}x=3t\\y=2t,A\text{ 对应 }t=1,O\text{ 对应 }t=0,\text{从而有}\\z=t\end{cases}$

$$\begin{aligned}\int_L x^3\mathrm{d}x+3zy^2\mathrm{d}y-x^2y\mathrm{d}z&=\int_0^1[27t^3\cdot 3+3t(2t)^2 2-(3t)^2\cdot 2t]\mathrm{d}t\\&=\int_1^0 87t^3\mathrm{d}t=-\int_0^1 87t^3\mathrm{d}t\\&=-\frac{87}{4}.\end{aligned}$$

例 10.2.3 计算曲线积分$\oint_L 2xy\mathrm{d}x+xy\mathrm{d}y$,其中 L 是抛物线 $y=x^2$ 和直线 $y=x$ 所围成的区域的边界,取逆时针方向,如图 10-2-3 所示.

解:易知

$$\oint_L 2xy\mathrm{d}x+xy\mathrm{d}y=\int_{L_1}2xy\mathrm{d}x+xy\mathrm{d}y+\int_{L_2}2xy\mathrm{d}x+xy\mathrm{d}y.$$

从图中观察可知,L_1 的方程为 $y=x^2,x=x$,且 x 的值从 0 变到 1 则

$$\begin{aligned}\int_{L_1}2xy\mathrm{d}x+xy\mathrm{d}y&=\int_0^1(2x\cdot x^2+x\cdot x^2\cdot 2x)\mathrm{d}x\\&=\int_0^1(2x^3+2x^4)\mathrm{d}x\\&=\frac{9}{10}.\end{aligned}$$

L_2 的方程为 $y=x,x=x$,且 x 的值从 1 变到 0,则

$$\begin{aligned}\int_{L_2}2xy\mathrm{d}x+xy\mathrm{d}y&=\int_1^0(2x\cdot x+x\cdot x\cdot 1)\mathrm{d}x\\&=\int_1^0(2x^2+x^2)\mathrm{d}x\\&=\int_1^0 3x^2\mathrm{d}x\\&=-1.\end{aligned}$$

综上可得

$$\oint_L 2xy\mathrm{d}x+xy\mathrm{d}y=\frac{9}{10}-1=-\frac{1}{10}.$$

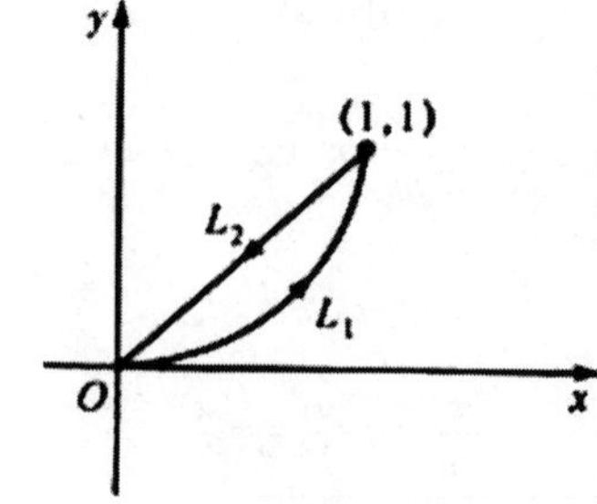

图 10-2-3

10.2.3　两类积分之间的关系

利用上述两类曲线积分的计算法，可推出它们有如下关系：

记 $L=\widehat{AB}$，则

$$\int_L P(x,y)\mathrm{d}x+Q(x,y)\mathrm{d}y=\int_L(P\cos\alpha+Q\cos\beta)\mathrm{d}s,$$

其中 $\cos\alpha,\cos\beta$ 为曲线 L 的切线方向余弦．

事实上，如果 M 为曲线上的动点，取弧长 $\widehat{AM}=s$ 作为参数，且设曲线 L 的长度为 l，那么曲线的参数方程为 $\begin{cases}x=x(s)\\y=y(s)\end{cases}$，其中 $0\leqslant s\leqslant l$. 根据对坐标的曲线积分的计算法，可得

$$\int_L P(x,y)\mathrm{d}x+Q(x,y)\mathrm{d}y=\int_0^l\left\{P[x(s),y(s)]\frac{\mathrm{d}x}{\mathrm{d}s}+Q[x(s),y(s)]\frac{\mathrm{d}y}{\mathrm{d}s}\right\}\mathrm{d}s,$$

其中 $\dfrac{\mathrm{d}x}{\mathrm{d}s}=\cos\alpha,\dfrac{\mathrm{d}y}{\mathrm{d}s}=\cos\beta$ 为曲线 L 的切线的方向余弦．

根据对弧长的曲线积分的计算法，可得

$$\int_L[P(x,y)\cos\alpha+Q(x,y)\cos\beta]\mathrm{d}s=\int_0^l\{P[x(s),y(s)]\cos\alpha+Q[x(s),y(s)]\cos\beta\}\mathrm{d}s.$$

综上可得

$$\int_L P(x,y)\mathrm{d}x+Q(x,y)\mathrm{d}y=\int_L(P\cos\alpha+Q\cos\beta)\mathrm{d}s.$$

10.3　格林公式及其应用

转化思想方法是数学上最重要且最常用的思想方法之一，在前面 10.2.3 节的讨论中，我们指出了两种类型的曲线积分之间可以互相转化．而在第 9 章我们也讨论了重积分转化为多次定积分(累次积分)来计算的方法．读者自然会问，重积分与曲线积分之间是否也有转化关系?接下来我们就探讨这一问题．具体地说，接下来将要讨论平面区域 D 上的二重积分与 D 的边界曲线 L 上的对坐标的曲线积分之间的联系．著名的格林公式建立了它们之间的转化关系．

10.3.1　格林公式

在一元函数积分学中，牛顿 - 莱布尼茨公式

$$\int_a^b F'(x)\mathrm{d}x=F(b)-F(a)$$

表示为 $F'(x)$ 在区间 $[a,b]$ 上的积分可以通过其原函数 $F(x)$ 在这个区间端点上的值来表达．

现在我们先简单讨论单连通区域的概念．在前面已经讨论了区域的连通性，在这里我们将进一步把区域划分为单连通和复连通区域．设 D 为平面区域，若 D 内任一闭曲线所围成的部分都属于 D，那么则称 D 为平面单连通区域，否则称为复连通区域．

例如下面几个区域：

$$D_1=\{(x,y)\,|\,x^2+y^2<1\},$$
$$D_2=\{(x,y)\,|\,x+y>0\},$$
$$D_3=\{(x,y)\,|\,1<x^2+y^2<2\},$$

$$D_4=\{(x,y)\,|\,0<x^2+y^2<1\},$$

其中 D_1,D_2 为单连通区域,D_3,D_4 为复连通区间.

对平面区域 D 的边界曲线 L,我们有如下规定:

当观察者沿 L 的这个方向走时,D 内近处的部分在行走着的左侧,对于单连通域而言,边界线的正向为逆时针方向,但是对复连通区域,一般区域内有洞,外面的边界线正向为逆时针方向,而包含洞的边界线正向为顺时针方向如图 10-3-1 所示.

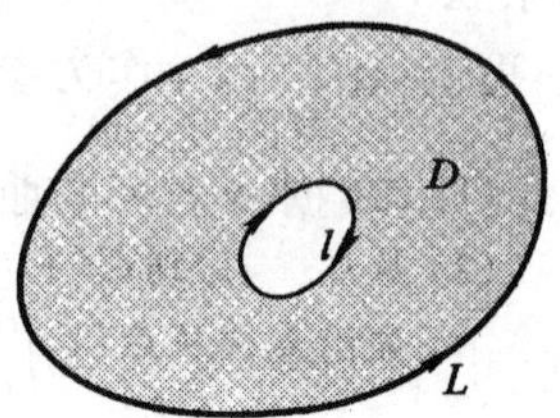

图 10-3-1

定理 10.3.1 设闭区域 D 由分段光滑的曲线 L 围成,函数 $P(x,y)$ 及 $Q(x,y)$ 在闭区域 D 上具有一阶连续偏导数,则有格林公式

$$\iint_D\left(\frac{\partial Q}{\partial x}-\frac{\partial P}{\partial y}\right)\mathrm{d}x\mathrm{d}y=\oint_L P\,\mathrm{d}x+Q\mathrm{d}y \tag{10.3.1}$$

成立,其中 L 为 D 的取正向的边界曲线.

证明:首先假设穿过区域 D 内部且平行坐标轴的直线与 D 的边界线的交点恰好为两点,即区域 D 既为 X- 型又为 Y- 型的情形. 如图 10-3-2 和 10-3-3 所示的区域均属于该种情形.

图 10-3-2 所示的区域 D 显然为 X- 型,然而 D 又为 Y- 型的,如果设有向曲线 $\overset{\frown}{FGAE}$ 为 L_1':$x=\psi_1(y)$, $\overset{\frown}{EBCF}$ 为 L_2':$x=\psi_2(y)$,从而区域 D 可表达为

$$D=\{(x,y)\,|\,\psi_1(y)\leqslant x\leqslant\psi_2(y),y\in[c,d]\}.$$

所以区域 D 又为 Y- 型的.

设 D 如图 10-3-2 所示,从而有

$$D=\{(x,y)\,|\,\varphi_1(x)\leqslant y\leqslant\varphi_2(x),x\in[a,b]\}.$$

由于 $\dfrac{\partial P}{\partial y}$ 连续,则由二重积分的计算方法可得

$$\begin{aligned}\iint_D\frac{\partial P}{\partial y}\mathrm{d}x\mathrm{d}y&=\int_a^b\left[\int_{\varphi_1(x)}^{\varphi_2(x)}\frac{\partial P(x,y)}{\partial y}\mathrm{d}y\right]\mathrm{d}x\\&=\int_a^b\{P[x,\varphi_2(x)]-P[x,\varphi_1(x)]\}\mathrm{d}x.\end{aligned}$$

根据对坐标的曲线积分的性质和计算法,可得

$$\begin{aligned}\oint_L P\,\mathrm{d}x&=\int_{L_1}P\mathrm{d}x+\int_{BC}P\,\mathrm{d}x+\int_{L_2}P\mathrm{d}x+\int_{GA}P\,\mathrm{d}x\\&=\int_{L_1}P\mathrm{d}x+\int_{L_2}P\mathrm{d}x\\&=\int_a^b P[x,\varphi_1(x)]\mathrm{d}x+\int_b^a P[x,\varphi_2(x)]\mathrm{d}x\\&=\int_a^b\{P[x,\varphi_1(x)]-P[x,\varphi_2(x)]\}\mathrm{d}x,\end{aligned}$$

所以

$$-\iint_D \frac{\partial P}{\partial y}\mathrm{d}x\mathrm{d}y = \oint_L P\,\mathrm{d}x. \tag{10.3.2}$$

又因为 $D=\{(x,y)\mid \psi_1(y)\leqslant x\leqslant \psi_2(y), y\in[c,d]\}$，所以有

$$\begin{aligned}\iint_D \frac{\partial Q}{\partial x}\mathrm{d}x\mathrm{d}y &= \int_c^d\left[\int_{\psi_1(y)}^{\psi_2(y)} \frac{\partial Q}{\partial x}\mathrm{d}x\right]\mathrm{d}y \\ &= \int_c^d \{Q[\psi_2(y),y]-Q[\psi_1(y),y]\}\mathrm{d}y \\ &= \int_{L_2'} Q\mathrm{d}y + \int_{L_1'} Q\mathrm{d}y \\ &= \oint_L Q\,\mathrm{d}y. \end{aligned} \tag{10.3.3}$$

因为对于区域 D，(10.3.2)，(10.3.3) 同时成立，合并后可得公式(10.3.1)．对于图 10-3-3 所示的区域 D，完全类似地可证(10.3.1) 成立．

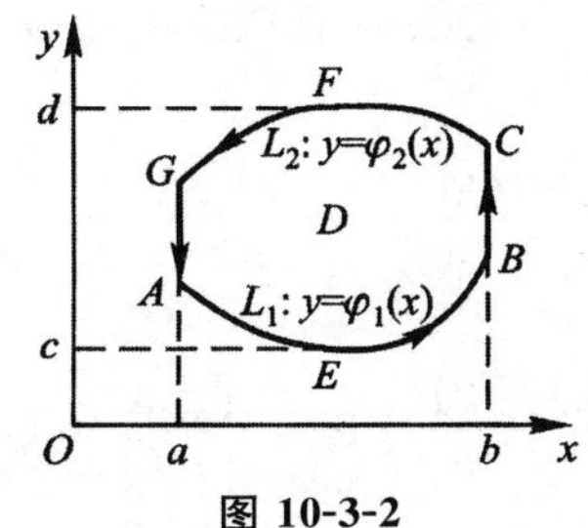

图 10-3-2

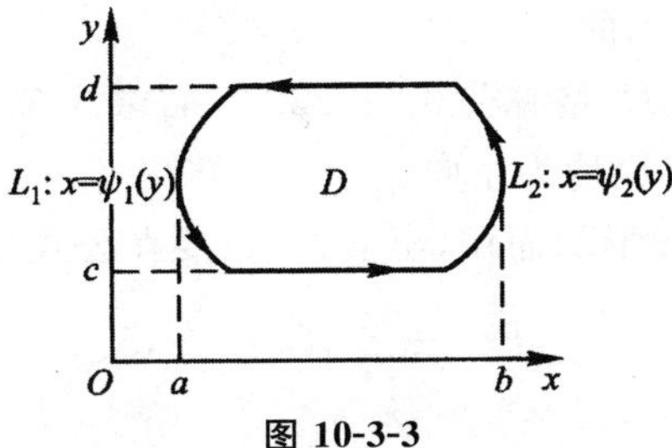

图 10-3-3

更一般地，如果区域的边界线与平行于坐标轴的直线的交点多于两个，则可引进几条平行坐标轴的辅助直线，从而把区域 D 分成几个小区域，使得每个小区域均符合上述条件，例如，图 10-3-4 所示，其中 L_1 为 D_1 的正向边界、L_2 为 D_2 的正向边界、L_3 为 D_3 为正向边界，中间虚线为加的辅助直线，根据格林公式，则有

$$\iint_{D_1}\left(\frac{\partial Q}{\partial x}-\frac{\partial P}{\partial y}\right)\mathrm{d}\sigma = \oint_{L_1} P\mathrm{d}x + Q\mathrm{d}y,$$

$$\iint_{D_2}\left(\frac{\partial Q}{\partial x}-\frac{\partial P}{\partial y}\right)\mathrm{d}\sigma = \oint_{L_2} P\mathrm{d}x + Q\mathrm{d}y,$$

$$\iint_{D_3}\left(\frac{\partial Q}{\partial x}-\frac{\partial P}{\partial y}\right)\mathrm{d}\sigma = \oint_{L_3} P\mathrm{d}x + Q\mathrm{d}y.$$

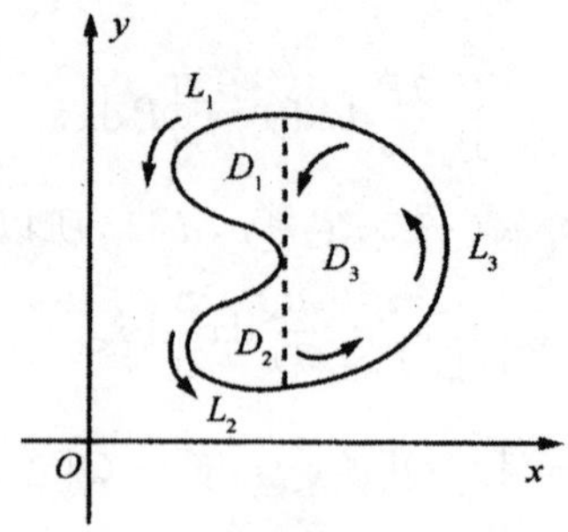

图 10-3-4

上述三个公式等号两边分别相加，根据二重积分的性质，并且注意到在辅助直线上的积分，因为其方向相反，从而相互抵消了，所以有

$$\iint\limits_{D}\left(\frac{\partial Q}{\partial x}-\frac{\partial P}{\partial y}\right)\mathrm{d}\sigma=\iint\limits_{D_1}\left(\frac{\partial Q}{\partial x}-\frac{\partial P}{\partial y}\right)\mathrm{d}\sigma+\iint\limits_{D_2}\left(\frac{\partial Q}{\partial x}-\frac{\partial P}{\partial y}\right)\mathrm{d}\sigma+\iint\limits_{D_3}\left(\frac{\partial Q}{\partial x}-\frac{\partial P}{\partial y}\right)\mathrm{d}\sigma$$

$$=\oint_{L_1}P\mathrm{d}x+Q\mathrm{d}x+\oint_{L_2}P\mathrm{d}x+Q\mathrm{d}x+\oint_{L_3}P\mathrm{d}x+Q\mathrm{d}x$$

$$=\oint_{L}P\,\mathrm{d}x+Q\mathrm{d}x.$$

即有

$$\iint\limits_{D}\left(\frac{\partial Q}{\partial x}-\frac{\partial P}{\partial y}\right)\mathrm{d}\sigma=\oint_{L}P\,\mathrm{d}x+Q\mathrm{d}y.$$

从而可见，只要满足定理 10.3.1 的条件：区域 D 为单连通域、L 为正向边界、P 和 Q 在 D 上具有一阶连续偏导数，格林公式为正确的．

需要注意，对于复连通区域 D，格林公式(10.3.1) 右端应包含沿区域 D 的全部边界的曲线积分，且边界的方向对区域 D 来说均为正向．

利用曲线积分可以求平面图形的面积，事实上，只要在公式(10.3.1) 中取

$$P=-\frac{y}{2},Q=\frac{x}{2},$$

可得

$$\iint\limits_{D}\mathrm{d}x\mathrm{d}y=\frac{1}{2}\oint_{L}x\,\mathrm{d}y-y\mathrm{d}x,$$

即闭区域 D 的面积 A 为

$$A=\frac{1}{2}\oint_{L}x\,\mathrm{d}y-y\mathrm{d}x.$$

例 10.3.1 计算$\oint_{L}\frac{x\,\mathrm{d}y-y\mathrm{d}x}{x^2+y^2}$，其中 L 为一条无重点(即对于连续曲线 L：$\begin{cases}x=\varphi(t)\\y=\psi(t),\end{cases}$ $t\in[\alpha,\beta]$，若除了 $t=\alpha,t=\beta$ 外，当 $t_1\neq t_2$ 时，$[\varphi(t_1),\psi(t_1)]$与$[\varphi(t_2),\psi(t_2)]$总是相异的，那么称 L 为无重点的曲线)、分段光滑且不经过原点的连续曲线，L 的方向为逆时针方向．

解：设

$$P=\frac{-y}{x^2+y^2},Q=\frac{x}{x^2+y^2},$$

那么当 $x^2+y^2\neq 0$,则有

$$\frac{\partial Q}{\partial x}=\frac{y^2-x^2}{(y^2+x^2)^2}=\frac{\partial P}{\partial y}.$$

将 L 所围成的闭区域记为 D. 当 $(0,0)\notin D$ 时,根据格林公式(10.3.1)可得

$$\oint_L \frac{x\mathrm{d}y-y\mathrm{d}x}{x^2+y^2}=0;$$

当 $(0,0)\in D$ 时,选取适当小的 $r>0$,作位于 D 的圆周 $l:x^2+y^2=r^2$. 记 L 和 l 所围城的闭区域为 D_1(如图 10-3-5 所示). 对于复连通区域 D_1,应用格林公式,可得

$$\oint_L \frac{x\mathrm{d}y-y\mathrm{d}x}{x^2+y^2}-\oint_L \frac{x\mathrm{d}y-y\mathrm{d}x}{x^2+y^2}=0,$$

其中 l 的方向取逆时针方向. 从而有

$$\begin{aligned}\oint_L \frac{x\mathrm{d}y-y\mathrm{d}x}{x^2+y^2}&=\oint_l \frac{x\mathrm{d}y-y\mathrm{d}x}{x^2+y^2}\\&=\int_0^{2\pi}\frac{r^2\cos^2\theta+r^2\cos^2\theta}{r^2}=2\pi.\end{aligned}$$

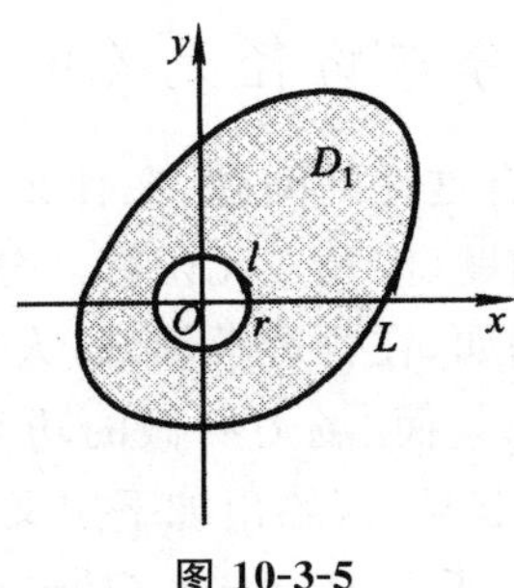

图 10-3-5

例 10.3.2　计算

$$I=\int_L (y^2-2xy\sin x^2)\mathrm{d}x+\cos x^2\mathrm{d}y,$$

其中,L 为椭圆 $\frac{x^2}{a^2}+\frac{y^2}{b^2}=1$ 的右半部分 $(x\geqslant 0)$,正向为逆时针方向,如图 10-3-6 所示.

解:设 L_1 是起点和终点分别为 $A(0,b)$,$B(0,-b)$ 的有向直线段. D 表示右半椭圆

$$\frac{x^2}{a^2}+\frac{y^2}{b^2}\leqslant 1,x\geqslant 0.$$

显然,区域 D 的边界 $\partial D=L\cup L_1$,于是根据格林公式有

$$\begin{aligned}\left(\int_L+\int_{L_1}\right)(y^2-2xy\sin x^2)\mathrm{d}x+\cos x^2\mathrm{d}y&=\iint_D\left[\frac{\partial}{\partial x}\cos x^2-\frac{\partial}{\partial y}(y^2-2xy\sin x^2)\right]\mathrm{d}x\mathrm{d}y\\&=-\iint_D 2y\mathrm{d}x\mathrm{d}y=-2ab\iint_D br\sin\theta\cdot r\mathrm{d}r\mathrm{d}\theta\\&=-2ab^2\int_{-\frac{\pi}{2}}^{\frac{\pi}{2}}\sin\theta\mathrm{d}\theta\int_0^1 r^2\mathrm{d}r=0,\end{aligned}$$

再计算曲线积分 $\int_{L_1}(y^2-2xy\sin x^2)\mathrm{d}x+\cos x^2\mathrm{d}y$,这里将 y 看作参数,则由在 L_1 上 $x\equiv 0$ 可知,$\mathrm{d}x=0$. 又由于 L_1 的起点和终点 $A(0,b)$,$B(0,-b)$ 分别对应参数值 $y=b$ 和 $y=-b$,则

$$\int_{L_1}(y^2-2xy\sin x^2)\mathrm{d}x+\cos x^2\mathrm{d}y=\int_{L_1}\cos x^2\mathrm{d}y=\int_b^{-b}\cos 0\mathrm{d}y=-2b,$$

所以

$$\begin{aligned}I&=\int_L(y^2-2xy\sin x^2)\mathrm{d}x+\cos x^2\mathrm{d}y\\&=\iint_D\left[\frac{\partial}{\partial x}\cos x^2-\frac{\partial}{\partial y}(y^2-2xy\sin x^2)\right]\mathrm{d}x\mathrm{d}y-\int_{L_1}(y^2-2xy\sin x^2)\mathrm{d}x+\cos x^2\mathrm{d}y\\&=0-(-2b)=2b.\end{aligned}$$

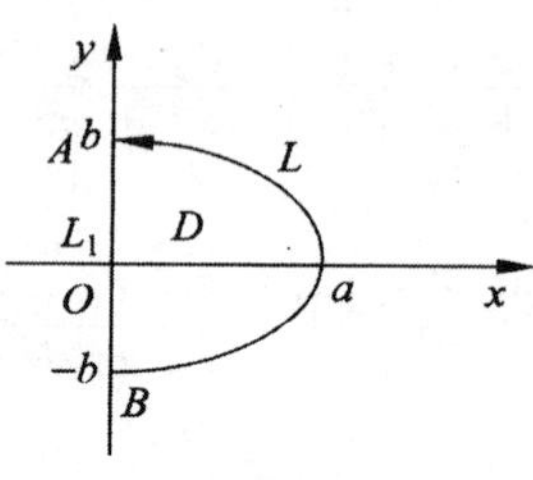

图 10-3-6

10.3.2 平面上曲线积分与路径无关的条件

通过上一节的讨论，我们自然会有这样的问题：在什么条件下才能使曲线积分与路径无关？这不仅在数学上是一个十分重要的问题(涉及二元函数微分式的原函数，以及一些微分方程的求解等)，而且具有非常重要的应用．例如，在物理学领域，人们要研究场论时涉及所谓势场，就要研究场力所做的功与路径无关的问题．而"场力所做的功与路径无关"翻译成数学语言正好是"某种曲线积分与路径无关"．为精确起见，现给出如下定义：

定义 10.3.1 设 D 是一个区域，函数 $P(x,y)$，$Q(x,y)$ 在 D 内具有一阶连续偏导数，如果对于 D 内的任意取定的两点 A、B 及在 D 内从 A 点到 B 点的任意两条曲线 L_1 和 L_2，都有

$$\int_{L_1}P(x,y)\mathrm{d}x+Q(x,y)\mathrm{d}y=\int_{L_2}P(x,y)\mathrm{d}x+Q(x,y)\mathrm{d}y$$

成立，则称曲线积分 $\int_L P(x,y)\mathrm{d}x+Q(x,y)\mathrm{d}y$ 在 D 内与路径无关，否则称为与路径有关．

定理 10.3.2 若函数 $P(x,y)$，$Q(x,y)$ 以及 $\frac{\partial Q}{\partial x}$，$\frac{\partial P}{\partial y}$ 都在单连通区域 D 内连续，则下面四个命题相互等价：

(1) 曲线积分 $\int_{L(A,B)}P(x,y)\mathrm{d}x+Q(x,y)\mathrm{d}y$ 与 D 内的路径 L 的选取无关，即只与位于 D 内的始点 A 及终点 B 有关．

(2) 在 D 内存在一个函数 $u(x,y)$，使 $\mathrm{d}u=P\mathrm{d}x+Q\mathrm{d}y$.

(3) 对 D 内任意一点 (x,y) 有 $\frac{\partial Q}{\partial x}=\frac{\partial P}{\partial y}$.

(4) 对 D 内任意光滑或逐段光滑闭曲线 C，有 $\int_C P(x,y)\mathrm{d}x+Q(x,y)\mathrm{d}y=0$.

证明：(1)⇒(2)．设(1)成立，在 D 内取定一点 (x_0,y_0)．对 D 内任意点 (x,y)，考虑从 (x_0,y_0) 出发沿路径 L 到 (x,y) 的对坐标的曲线积分 $\int_L P(x,y)\mathrm{d}x+Q(x,y)\mathrm{d}y$．由(1)知，积分

与在 D 内的路径无关，即积分值由终点唯一决定（因起点已固定），从而可把这个积分写成 $\int_{(x_0,y_0)}^{(x,y)} P(x,y)\mathrm{d}x+Q(x,y)\mathrm{d}y$，它是点 (x,y) 的一个函数，记之为 $u(x,y)$，即

$$u(x,y)=\int_{(x_0,y_0)}^{(x,y)} P(x,y)\mathrm{d}x+Q(x,y)\mathrm{d}y,(x,y)\in D.$$

下面验证 $u(x,y)$ 满足(2) 的要求．先证明在 D 上有 $\dfrac{\partial u(x,y)}{\partial x}=P(x,y)$．为此，任意取定一点 $(x,y)\in D$ 并在它的邻域考虑 $u(x+\Delta x,y)-u(x,y)$．由于积分与在 D 内的路径无关，对

$$u(x+\Delta x,y)=\int_{(x_0,y_0)}^{(x+\Delta x,y)} P(x,y)\mathrm{d}x+Q(x,y)\mathrm{d}y$$

的积分路径可这样取：使得它由从 (x_0,y_0) 到 (x,y) 的路径 L 和从 (x,y) 到 $(x+\Delta x,y)$ 的直线段 C 组成，如图 10-3-7 所示．注意到在直线段 C 上 y 是常数，$\mathrm{d}y=0$，于是

$$\begin{aligned}u(x+\Delta x,y)-u(x,y)&=\int_{(x_0,y_0)}^{(x+\Delta x,y)} P(x,y)\mathrm{d}x+Q(x,y)\mathrm{d}y-\int_{(x_0,y_0)}^{(x,y)} P(x,y)\mathrm{d}x+Q(x,y)\mathrm{d}y\\&=\int_C P(x,y)\mathrm{d}x+Q(x,y)\mathrm{d}y=\int_{(x_0,y_0)}^{(x+\Delta x,y)} P(x,y)\mathrm{d}x\\&=\int_x^{x+\Delta x} P(x,y)\mathrm{d}x.\end{aligned}$$

根据积分中值定理，存在 $\xi\in(x,x+\Delta x)$ 使得

$$\int_x^{x+\Delta x} P(x,y)\mathrm{d}x=P(\xi,y)\Delta x.$$

那么，当 $\Delta x\to 0$ 时，$\xi\to x$，由于 $P(x,y)$ 连续，所以

$$\frac{\partial u(x,y)}{\partial x}=\lim_{\Delta x\to 0}\frac{u(x+\Delta x,y)-u(x,y)}{\Delta x}=\lim_{\Delta x\to 0}P(\xi,y)=P(x,y).$$

类似地，可以证明在 D 上有 $\dfrac{\partial u(x,y)}{\partial y}=Q(x,y)$．从而在 D 内有

$$\mathrm{d}u=P\mathrm{d}x+Q\mathrm{d}y.$$

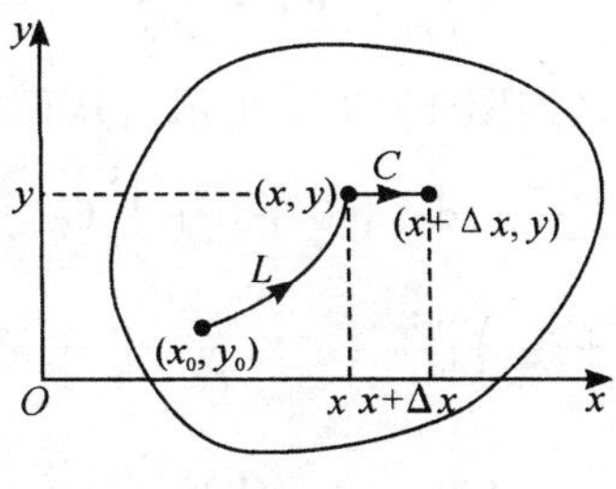

图 10-3-7

(2)⇒(3)．设(2) 成立，那么，在 D 内有

$$\frac{\partial u(x,y)}{\partial x}=P(x,y),\frac{\partial u(x,y)}{\partial y}=Q(x,y).$$

据题设，$\dfrac{\partial Q}{\partial x},\dfrac{\partial P}{\partial y}$ 在单连通区域 D 内连续，所以 $u(x,y)$ 在 D 内有二阶连续的偏导数，从而

$$\frac{\partial Q}{\partial x}=\frac{\partial^2 u(x,y)}{\partial y\partial x}=\frac{\partial^2 u(x,y)}{\partial x\partial y}=\frac{\partial P}{\partial y}.$$

(3)⇒(4)．直接由格林公式推出．

(4)⇒(1). 设(4) 成立,为证(1),在 D 内任意取两点 A,B 及从 A 点到 B 点在 D 内的任意两条光滑或逐段光滑曲线 L_1 和 L_2(如图 10-3-8 所示). 那么 $L_1+(-L_2)$ 就是 D 内的光滑或逐段光滑的闭曲线,其中 $-L_2$ 表示 L_2 的反向曲线. 于是

$$\int_{L_1} P(x,y)\mathrm{d}x+Q(x,y)\mathrm{d}y-\int_{L_2} P(x,y)\mathrm{d}x+Q(x,y)\mathrm{d}y$$
$$=\oint_{L_1+(-L_2)} P(x,y)\mathrm{d}x+Q(x,y)\mathrm{d}y=0,$$

从而 $\int_{L_1} P(x,y)\mathrm{d}x+Q(x,y)\mathrm{d}y=\int_{L_2} P(x,y)\mathrm{d}x+Q(x,y)\mathrm{d}y$,即曲线积分与路径无关.

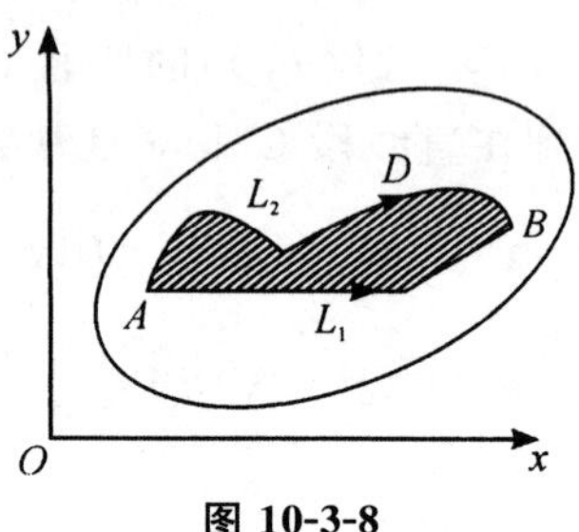

图 10-3-8

例 10.3.3 计算

$$I=\int_{(0,0)}^{(1,2)}(\mathrm{e}^y+x)\mathrm{d}y+(x\mathrm{e}^y-2y)\mathrm{d}y,$$

其中 L 均为经过点(0,0)、(0,1)、(1,2)的圆周.

解:根据题意可知,该积分与积分路径无关,只与起点 $O(0,0)$ 和终点(1,2)有关. 事实上

$$P(x,y)=\mathrm{e}^y+x,$$
$$Q(x,y)=x\mathrm{e}^y-2y,$$

所以有

$$\frac{\partial Q}{\partial x}=\mathrm{e}^y=\frac{\partial P}{\partial y}$$

在整个平面上连续,取折线 L_1+L_2(如图 10-3-9 所示),从而有

$$I=\int_0^1(1+x)\mathrm{d}x+0+0+\int_0^2(\mathrm{e}^y-2y)\mathrm{d}y$$
$$=\left(x+\frac{x^2}{2}\right)\Big|_0^1+(\mathrm{e}^y-y^2)\Big|_0^2=\mathrm{e}^2-\frac{7}{2}.$$

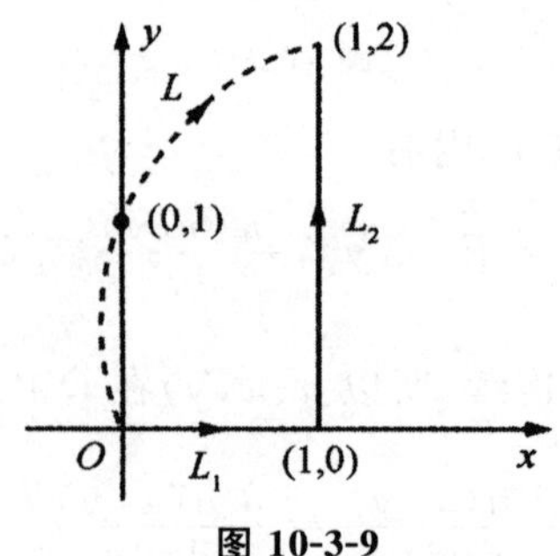

图 10-3-9

10.3.3　原函数与全微分方程

在定理 10.3.2 的证明过程(1)⇒(2) 中,我们看到,如果积分$\int_L P(x,y)\mathrm{d}x+Q(x,y)\mathrm{d}y$在$D$内与路径无关,那么可在$D$内取定一点$(x_0,y_0)$,对$D$内任意点$(x,y)$,考虑从$(x_0,y_0)$出发沿任意路径$L$到$(x,y)$的对坐标的曲线积分,就可以定义$D$上的一个函数

$$u(x,y)=\int_{(x_0,y_0)}^{(x,y)} P(x,y)\mathrm{d}x+Q(x,y)\mathrm{d}y,(x,y)\in D. \tag{10.3.4}$$

它与一元函数的变上限函数$F(x)=\int_a^x f(t)\mathrm{d}t$很类似．熟知,$F(x)$是$f(x)$的一个原函数,从而满足$F'(x)=f(x)$或$\mathrm{d}F=F'(x)\mathrm{d}x=f(x)\mathrm{d}x$. 人们自然提出这样问题:(10.3.4) 定义的变上限函数是否也关联着二元原函数?

鉴于可导的二元函数有两个偏导数,考虑原函数的定义时,必然应同时涉及两个偏导数,因此人们类比于$\mathrm{d}F=F'(x)\mathrm{d}x$,根据全微分关系式来定义二元原函数．

定义 10.3.2　如果$u(x,y)$是D上的可微函数且其全微分为$\mathrm{d}u=P(x,y)\mathrm{d}x+Q(x,y)\mathrm{d}y$,则称$u=u(x,y)$是表达式$P(x,y)\mathrm{d}x+Q(x,y)\mathrm{d}y$的一个原函数．

于是,根据定理 10.3.2,当D是单连通区域,$P(x,y)$,$Q(x,y)$及其一阶偏导数存在时,只要条件(1)、(2)、(3)、(4) 中有一个成立,则(10.3.4) 定义的函数$u(x,y)$就是$P(x,y)\mathrm{d}x+Q(x,y)\mathrm{d}y$的一个原函数．

容易验证,若$u(x,y)$是表达式$P(x,y)\mathrm{d}x+Q(x,y)\mathrm{d}y$的一个原函数,则对任意常数$C$,$u(x,y)+C$也是原函数．反之,若$u$,$v$都是$P(x,y)\mathrm{d}x+Q(x,y)\mathrm{d}y$的一个原函数,则$\mathrm{d}(u-v)=0$,从而$u-v$是一个常数．所以$u(x,y)+C$是原函数的一般表达式．

利用全微分和原函数的概念,可以处理一类重要的微分方程．

定义 10.3.3　考虑具有如下形式的一阶微分方程

$$P(x,y)\mathrm{d}x+Q(x,y)\mathrm{d}y=0, \tag{10.3.5}$$

如果其中的$P(x,y)$,$Q(x,y)$满足$\frac{\partial Q}{\partial x}=\frac{\partial P}{\partial y}$,即方程的左边是某一个函数的全微分,则称该方程为全微分方程或恰当微分方程．

若函数$u(x,y)$的全微分$\mathrm{d}u(x,y)=P(x,y)\mathrm{d}x+Q(x,y)\mathrm{d}y$,则

$$u_x(x,y)=P(x,y),u_y(x,y)=Q(x,y), \tag{10.3.6}$$

且方程(10.3.5) 可化成

$$\mathrm{d}u(x,y)=0.$$

如果$y=y(x)$是方程(10.3.5) 的解,那么

$$\mathrm{d}u(x,y(x))\equiv 0.$$

所以$u(x,y(x))\equiv C$. 这说明,方程(10.3.5) 的解是由方程$u(x,y(x))\equiv C$所确定的隐函数．反之,若方程$u(x,y(x))\equiv C$确定了一个隐函数$y=y(x)$,则$u(x,y(x))\equiv C$,对该式两边求导得

$$u_x+u_y y'=0\text{ 或 }u_x\mathrm{d}x+u_y\mathrm{d}y=0.$$

由(10.3.6) 可知$P(x,y)\mathrm{d}x+Q(x,y)\mathrm{d}y=0$,所以$y=y(x)$是方程(10.3.5) 的解．

总之,由方程$u(x,y(x))\equiv C$所确定的隐函数就是方程(10.3.5) 隐式通解,其中C是任意常数．因此,求解全微分方程的关键是求出原函数$u(x,y)$.

例 10.3.4 试验证$(x^2+2xy-y^2)\mathrm{d}x+(x^2-2xy-y^2)\mathrm{d}y$是否为某一函数的全微分，如果是，那么求出其一个原函数.

解：根据题意，可得

$$P(x,y)=x^2+2xy-y^2,$$
$$Q(x,y)=x^2-2xy-y^2,$$
$$\frac{\partial P}{\partial y}=2x-2y,\frac{\partial Q}{\partial x}=2x-2y,$$

所以

$$\frac{\partial P}{\partial y}=\frac{\partial Q}{\partial x},$$

因而其为某一函数的全微分，取$A(x_0,y_0)=A(0,0)$，路径如图 10-3-10 所示.

$$\begin{aligned}u(x,y)&=\int_{A(0,0)}^{B(x,y)}P(x,y)\mathrm{d}x+Q(x,y)\mathrm{d}y\\&=\int_0^x(x^2+0-0)\mathrm{d}x+\int_0^y(x^2-2xy-y^2)\mathrm{d}y\\&=\frac{1}{3}x^3+x^2y-xy^2-\frac{1}{3}y^3.\end{aligned}$$

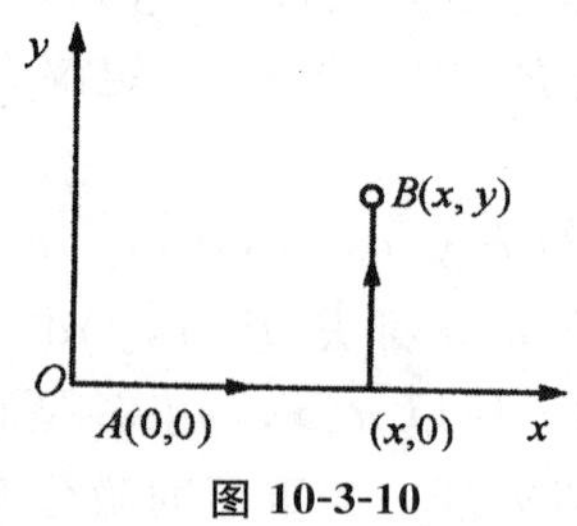

图 10-3-10

10.4 对面积的曲面积分

10.4.1 对面积的曲面积分的概念与性质

在应用中我们还会遇到需要计算物质曲面的质量问题，具体地，如求某些弯曲的金属薄片的质量或涂在某些物体表面上的油漆的质量等.

设曲面Σ为一物质曲面，其质量的分布面密度为$\mu(x,y,z)$. 那么，如何求曲面Σ的质量m呢？人们自然联想以前讨论过的各类积分的应用背景和思想方法，把“无限细分、无限求和”的基本方法搬过来，将所要求的量定义成一类和式的极限.

具体地，将Σ任意分成n块小曲面$\Delta S_1,\Delta S_2,\cdots,\Delta S_n$（为了记号简单，$\Delta S_i$同时也代表相应的小曲面的面积，$i=1,2,\cdots,n$). 在小曲面$\Delta S_i$上任取一点$M_i(x_i,y_i,z_i)$，以点$M_i$处的密度$\mu(x_i,y_i,z_i)$近似代替$\Delta S_i$上各点的密度，于是小曲面$\Delta S_i$的质量近似等于$\mu(x_i,y_i,z_i)\Delta S_i$，从而整个曲面的质量$m$近似地表示为

$$m\approx\sum_{i=1}^{n}\mu(x_i,y_i,z_i)\Delta S_i.$$

用λ表示n块小曲面的直径中最大者，通过求极限就得到该曲面的质量

$$m \approx \lim_{\lambda \to 0} \sum_{i=1}^{n} \mu(x_i, y_i, z_i) \Delta S_i.$$

抽去上述问题的物理意义，就得到对面积的曲面积分的概念．

定义 10.4.1　设曲面Σ为光滑的，函数$f(x,y,z)$在Σ上有界，把Σ任意分成n小块ΔS_i，并且ΔS_i也代表第i小块曲面的面积，设(ξ_i,η_i,ζ_i)为ΔS_i上任意取定的一点，作乘积$f(\xi_i,\eta_i,\zeta_i)\Delta S_i, i=1,2,3,\cdots,n$，并作和$\sum\limits_{i=1}^{n} f(\xi_i,\eta_i,\zeta_i)\Delta S_i$，若当各小块曲面的直径的最大值$\lambda \to 0$时，该和的极限总是存在，则称此极限为函数$f(x,y,z)$在曲面$\Sigma$上的对面积的曲面积分，或称第一类曲面积分，记作$\iint\limits_{\Sigma} f(x,y,z)\mathrm{d}S$，即有

$$\iint\limits_{\Sigma} f(x,y,z)\mathrm{d}S = \lim_{\lambda \to 0} \sum_{i=1}^{n} f(\xi_i,\eta_i,\zeta_i)\Delta S_i,$$

其中函数$f(x,y,z)$叫作被积函数，Σ叫作积分曲面，$f(x,y,z)\mathrm{d}S$叫作被积表达式，$\mathrm{d}S$叫作曲面的面积元素，若曲面为闭曲面，则曲面积分可记作$\oiint\limits_{\Sigma} f(x,y,z)\mathrm{d}S.$

在这里需要指出的是，若$f(x,y,z)$在曲面Σ上连续，那么$\iint\limits_{\Sigma} f(x,y,z)\mathrm{d}S$一定存在．

根据对面积的曲面积分的定义可知，曲面Σ的质量为

$$m = \iint\limits_{\Sigma} \rho(x,y,z)\mathrm{d}S.$$

下面给出对面积的曲面积分的一些性质：

性质 10.4.1(线性性质)　设函数$f(x,y)$，$g(x,y)$在光滑曲面Σ上的对面积的曲面积分存在，k_1，k_2是两个常数，则$k_1 f(x,y)+k_2 g(x,y)$在Σ上的对面积的曲面积分也存在，并且

$$\iint\limits_{\Sigma} [k_1 f(x,y)+k_2 g(x,y)]\mathrm{d}S = k_1\iint\limits_{\Sigma} f(x,y)\mathrm{d}S + k_2\iint\limits_{\Sigma} g(x,y)\mathrm{d}S.$$

性质 10.4.2(可加性)　设函数$f(x,y)$在光滑曲面Σ上的对面积的曲面积分存在，Σ可以划分为两个光滑曲面Σ_1，Σ_2，则$f(x,y)$在Σ_1，Σ_2上的对面积的曲面积分都存在；反之，如果$f(x,y)$在Σ_1，Σ_2上的对面积的曲面积分都存在，则$f(x,y)$在Σ上的对面积的曲面积分也存在，即

$$\iint\limits_{\Sigma} f(x,y)\mathrm{d}S = k_1\iint\limits_{\Sigma_1} f(x,y)\mathrm{d}S + k_2\iint\limits_{\Sigma_2} f(x,y)\mathrm{d}S.$$

10.4.2　对面积的曲面积分的计算

在前面的讨论中我们看到，对弧长的曲线积分可转化为定积分来计算．特别地，当曲线可表示成$y=y(x)$，$x\in[a,b]$时，在一定条件下我们有公式

$$\int_L f(x,y)\mathrm{d}x = \int_a^b f(x,y(x))\sqrt{1+[y'(x)]^2}\,\mathrm{d}x.$$

在这里，x轴上的区间$[a,b]$是函数$y=y(x)$的定义区间，在几何上，它也是该函数曲线在x轴上的投影．不难看出：如果一块曲面Σ的方程可表成$z=z(x,y)$，其定义域是坐标平面xOy上的某个有界闭区域D，那么在几何上D也是该曲面Σ在xOy上的投影．通过类比可猜测，函数在曲

面 Σ 上的积分也应该可以转化成在投影区域 D 上的重积分．人们对这一猜测做了严格论证，得到如下把对面积的曲面积分化成二重积分来计算的定理：

定理 10.4.1 设 $f(x,y,z)$ 在曲面 Σ 上连续，Σ 的方程为 $z=z(x,y)$，函数 $z=z(x,y)$ 在 Σ 的投影区域 D_{xy} 上具有连续偏导数，则曲面积分 $\iint\limits_{\Sigma} f(x,y,z)\mathrm{d}S$ 存在，且

$$\iint\limits_{\Sigma} f(x,y,z)\mathrm{d}S=\iint\limits_{D_{xy}} f(x,y,z(x,y))\sqrt{1+z_x^2+z_y^2}\,\mathrm{d}x\mathrm{d}y.$$

限于本书篇幅，该定理的证明过程从略，读者可以仿照对弧长的曲线积分的计算公式的推导方法来证明．

特别地，当 $f(x,y,z)\equiv 1$ 时，可以得到，曲面 Σ 的面积

$$S=\iint\limits_{D_{xy}}\sqrt{1+z_x^2+z_y^2}\,\mathrm{d}x\mathrm{d}y.$$

例 10.4.1 求抛物面壳 $z=\frac{1}{2}(x^2+y^2)$ 的质量，其中 $0\leqslant z\leqslant 1$，该壳的面密度为 $\rho(x,y,z)=z$.

解：易得

$$\begin{aligned}M&=\iint\limits_{\Sigma}\rho(x,y,z)\mathrm{d}S=\iint\limits_{\Sigma} z\,\mathrm{d}S\\&=\iint\limits_{D_{xy}} z\sqrt{1+z_x^2+z_y^2}\,\mathrm{d}\sigma\\&=\iint\limits_{D_{xy}}\frac{1}{2}(x^2+y^2)\sqrt{1+x^2+y^2}\,\mathrm{d}\sigma,\end{aligned}$$

其中 D_{xy} 为圆域：$x^2+y^2\leqslant 2$. 利用极坐标，可得

$$\begin{aligned}M&=\frac{1}{2}\iint\limits_{D} r^2\sqrt{1+r^2}\,\mathrm{d}r\mathrm{d}\theta\\&=\frac{1}{2}\int_0^{2\pi}\mathrm{d}\theta\int_0^{\sqrt{2}} r^3\sqrt{1+r^2}\,\mathrm{d}r\\&=\frac{\pi}{2}\int_0^2 t\sqrt{1+t}\,\mathrm{d}t\\&=\frac{2(1+6\sqrt{3})}{15}\pi.\end{aligned}$$

例 10.4.2 设 Σ 是锥面 $z^2=k^2(x^2+y^2)$，$z\geqslant 0$ 被柱面 $x^2+y^2=2ax$，$a>0$ 所截的曲面，如图 10-4-1 所示，计算曲面积分 $\iint\limits_{\Sigma}(y^2z^2+z^2x^2+x^2y^2)\mathrm{d}S$.

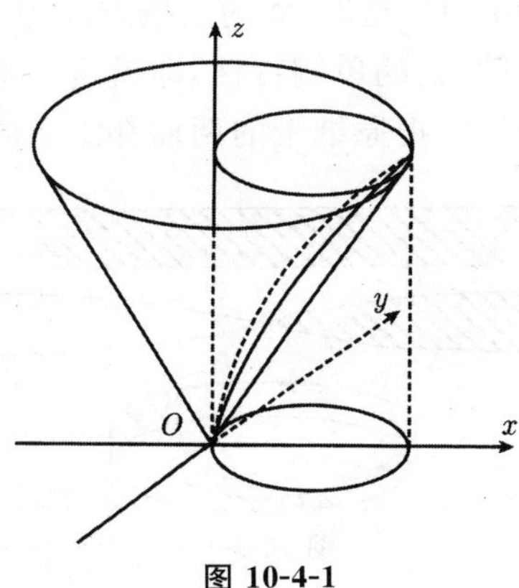

图 10-4-1

解：所给曲面 Σ 的面积元素为

$$\mathrm{d}S = \sqrt{1+z_x^2+z_y^2}\,\mathrm{d}x\mathrm{d}y = \sqrt{1+k^2}\,\mathrm{d}x\mathrm{d}y,$$

并且 Σ 在平面 xOy 上的投影区域 D 是圆

$$x^2+y^2 \leqslant 2ax,$$

所以

$$\begin{aligned}\iint_{\Sigma}(y^2z^2+z^2x^2+x^2y^2)\mathrm{d}S &= \sqrt{1+k^2}\iint_{D}[k^2(x^2+y^2)^2+x^2y^2]\mathrm{d}x\mathrm{d}y \\ &= 2\sqrt{1+k^2}\int_0^{\frac{\pi}{2}}\mathrm{d}\varphi\int_0^{2a\cos\varphi} r^5(k^2+\cos^2\varphi\sin^2\varphi)\mathrm{d}r \\ &= \frac{\pi}{24}a^6(80k^2+7)\sqrt{1+k^2}.\end{aligned}$$

10.5　对坐标的曲面积分

10.5.1　对坐标的曲面积分的概念与性质

在本节中，我们要讨论的向量值函数在曲面的积分与指定曲面的侧有关，因此首先要阐明曲面的侧的概念．

设连通曲面 Σ 上到处都有连续变动的切平面(或法线)，设 M_0 为曲面 Σ 上的任意给定点，曲面在 M_0 处的法线有两个方向．当取定其中一个指向为正方向时，则另一个指向就是负方向．L 为 Σ 上任一经过点 M_0，且不超出 Σ 边界的闭曲线．又设 M 为动点，它有与在 M_0 处相同的法线方向，且有这样的特性：当 M 从 M_0 出发沿 L 连续移动，这时作为曲面上的点 M，它的法线方向也连续地变动．最后当 M 沿 L 回到 M_0 时，若这时 M 的法线方向仍与 M_0 的法线方向相一致，则说这曲面 Σ 是双侧曲面；若与 M_0 的法线方向相反，则说 Σ 是单侧曲面．我们通常碰到的曲面大多是双侧曲面，本书仅讨论双侧曲面．

值得一提的是，单侧曲面的一个典型例子是默比乌斯带．它的构造方法如下：

取一矩形长纸带 $ABCD$，将其一端扭转 $180°$ 后与另一端粘合在一起(即让 A 与 C 重合，B 与 D 重合)．读者可以考察这个带状曲面是单侧的，如图 10-5-1 所示．事实上，可在曲面上任取一条与其边界相平行的闭曲线 L，动点 M 从 L 上的点 M_0 出发，其法线方向与 M_0 的法线方向相一致，当 M 沿 L 连续变动一周回到 M_0 时，这时 M 的法线方向却与 M_0 的法线方向相反．

对默比乌斯带还可更简单地说明它的单侧特性，即沿这个带子上任一处出发涂以一种颜色，则可以不越过边界而将它全部涂遍(即把原纸带的两面都涂上同样的颜色)．

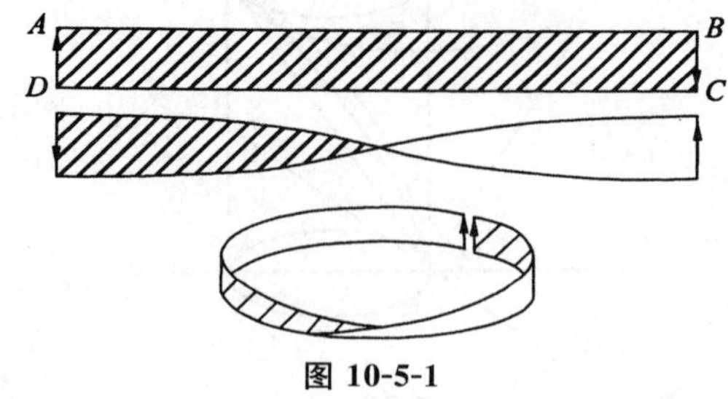

图 10-5-1

我们将确定了单位法向量的曲面称为有向曲面．当曲面 Σ 的方程为 $z=z(x,y)$(或 $x=x(y,z)$，$y=y(z,x)$)时，即任何平行于 z 轴(或 x 轴，y 轴)的直线与曲面 Σ 的交点不多于一点时，曲面 Σ 可以分为上侧与下侧(或前侧与后侧，左侧与右侧)．当曲面 Σ 为封闭曲面时，Σ 可分为外侧(单位法向量指向外)和内侧(单位法向量指向内)．

对于曲面 $\Sigma{:}z=z(x,y)$，在任一点 $M(x,y,z)$ 处的法向量 $\boldsymbol{n}$ 为 $(-z_x,-z_y,1)$ 或 $(z_x,z_y,-1)$．若法向量 $\boldsymbol{n}$ 的指向朝上(或朝下)，即 $\boldsymbol{n}$ 与 z 轴正向的夹角 $\gamma<\frac{\pi}{2}$(或 $\gamma>\frac{\pi}{2}$)，即有 $\cos\gamma>0$(或 $\cos\gamma<0$)，这时，上侧：

$$\boldsymbol{n}^\circ=\frac{-z_x\boldsymbol{i}-z_y\boldsymbol{j}+\boldsymbol{k}}{\sqrt{1+z_x^2+z_y^2}},$$

下侧：

$$\boldsymbol{n}^\circ=\frac{z_x\boldsymbol{i}+z_y\boldsymbol{j}-\boldsymbol{k}}{\sqrt{1+z_x^2+z_y^2}}.$$

同理，对于曲面 $y=y(z,x)$(或 $x=x(y,z)$)，可用单位法向量分别地确定右侧与左侧(或前侧与后侧)．同时当曲面为有向曲面时，我们规定曲面 Σ 在任一点处的有向面积微元 $\mathrm{d}S$ 为 $\mathrm{d}S=\boldsymbol{n}^\circ\mathrm{d}S$，即 $\mathrm{d}S$ 的方向与 $\boldsymbol{n}^\circ$ 一致，其大小为 $\mathrm{d}S$．

接下来，我们先观察一个计算流量的问题．设某流体以一定的流速

$$\boldsymbol{v}=\{P(x,y,z),Q(x,y,z),R(x,y,z)\}$$

从给定的曲面 Σ 的负侧流向正侧，其中 $P(x,y,z)$，$Q(x,y,z)$，$R(x,y,z)$ 为所讨论范围上的连续函数，求单位时间内流体流经曲面 Σ 指定侧的总流量 E．

设对曲面 Σ 作任意分割，将曲面 Σ 分为 n 个小曲面 S_i，$i=1,2,\cdots,n$，小曲面 S_i 的正侧上任一点 (ξ_i,η_i,ζ_i) 处的单位法向量为 $\boldsymbol{n}^\circ=(\cos\alpha_i,\cos\beta_i,\cos\gamma_i)$，这里 $\alpha_i,\beta_i,\gamma_i$ 是 ξ_i,η_i,ζ_i 的函数，$\cos\alpha_i,\cos\beta_i,\cos\gamma_i$ 是 S_i 的正侧上法线的方向余弦．则单位时间内流经小曲面 S_i 指定侧的流量近似地等于

$$\boldsymbol{v}(\xi_i,\eta_i,\zeta_i)\cdot\boldsymbol{n}^\circ(\xi_i,\eta_i,\zeta_i)\Delta S_i=[P(\xi_i,\eta_i,\zeta_i)\cos\alpha_i+Q(\xi_i,\eta_i,\zeta_i)\cos\beta_i+R(\xi_i,\eta_i,\zeta_i)\cos\gamma_i]\Delta S_i.$$

又 $\Delta S_i\cos\alpha_i$，$\Delta S_i\cos\beta_i$，$\Delta S_i\cos\gamma_i$ 分别是 S_i 的正侧在坐标面 yOz，zOx 和 xOy 上投影区域的面积的近似值，并分别记作 $(\Delta S_i)_{yz}$，$(\Delta S_i)_{zx}$，$(\Delta S_i)_{xy}$，于是单位时间内由小曲面 S_i 的负侧流向正侧的流量也近似地等于

$$P(\xi_i,\eta_i,\zeta_i)(\Delta S_i)_{yz}+Q(\xi_i,\eta_i,\zeta_i)(\Delta S_i)_{zx}+R(\xi_i,\eta_i,\zeta_i)(\Delta S_i)_{xy},$$

故单位时间内由曲面 Σ 的指定侧的总流量为

$$\lim_{\lambda\to 0}\sum_{i=1}^{n}[P(\xi_i,\eta_i,\zeta_i)(\Delta S_i)_{yz}+Q(\xi_i,\eta_i,\zeta_i)(\Delta S_i)_{zx}+R(\xi_i,\eta_i,\zeta_i)(\Delta S_i)_{xy}],$$

其中 $\lambda=\max\limits_{1\leqslant i\leqslant n}\{S_i$ 的直径$\}$.

上述这种与曲面的侧有关的和式的极限就是我们所要讨论的对坐标的曲面积分.

定义 10.5.1　设 Σ 为光滑曲面，函数 $R(x,y,z)$ 在 Σ 上有界. 把 Σ 任意分成 n 块小曲面 ΔS_i，同时 ΔS_i 也表示第 i 块小曲面的面积，ΔS_i 在 xOy 面上的投影为 $(\Delta S_i)_{xy}$，(ξ_i,η_i,ζ_i) 为 ΔS_i 上任意取定的一点. 若当各个小块曲面的直径最大值 $\lambda\to 0$ 时，则有 $\lim\limits_{\lambda\to 0}\sum\limits_{i=1}^{n}R(\xi_i,\eta_i,\zeta_i)(\Delta S_i)_{xy}$ 总存在，那么称该极限为函数 $R(x,y,z)$ 在有向曲面 Σ 上对坐标 x、y 的曲面积分，记为 $\iint\limits_{\Sigma}R(x,y,z)\mathrm{d}x\mathrm{d}y$，即有

$$\iint\limits_{\Sigma}R(x,y,z)\mathrm{d}x\mathrm{d}y=\lim_{\lambda\to 0}\sum_{i=1}^{n}R(\xi_i,\eta_i,\zeta_i)(\Delta S_i)_{xy},$$

其中 $R(x,y,z)$ 称为被积函数，Σ 称为积分曲面.

类似地，定义函数 $P(x,y,z)$ 在有向曲面 Σ 上对坐标 y、z 的曲面积分 $\iint\limits_{\Sigma}P(x,y,z)\mathrm{d}y\mathrm{d}z$ 和函数 $Q(x,y,z)$ 在有向曲面 Σ 上对坐标 z、x 的曲面积分 $\iint\limits_{\Sigma}Q(x,y,z)\mathrm{d}z\mathrm{d}x$ 分别为

$$\iint\limits_{\Sigma}P(x,y,z)\mathrm{d}y\mathrm{d}z=\lim_{\lambda\to 0}\sum_{i=1}^{n}P(\xi_i,\eta_i,\zeta_i)(\Delta S_i)_{yz},$$

$$\iint\limits_{\Sigma}Q(x,y,z)\mathrm{d}z\mathrm{d}x=\lim_{\lambda\to 0}\sum_{i=1}^{n}Q(\xi_i,\eta_i,\zeta_i)(\Delta S_i)_{zx}.$$

上述三个曲面积分称之为对坐标的曲面积分，或第二类曲面积分.

当 $P(x,y,z)$、$Q(x,y,z)$、$R(x,y,z)$ 在有向光滑曲面 Σ 上连续时，对坐标的曲面积分存在，在以后的讨论中我们总假设 $P(x,y,z)$、$Q(x,y,z)$、$R(x,y,z)$ 在 Σ 上连续.

组合曲面积分为

$$\iint\limits_{\Sigma}R(x,y,z)\mathrm{d}x\mathrm{d}y+\iint\limits_{\Sigma}P(x,y,z)\mathrm{d}y\mathrm{d}z+\iint\limits_{\Sigma}Q(x,y,z)\mathrm{d}z\mathrm{d}x,$$

上式可简写为

$$\iint\limits_{\Sigma}P(x,y,z)\mathrm{d}y\mathrm{d}z+Q(x,y,z)\mathrm{d}z\mathrm{d}x+R(x,y,z)\mathrm{d}x\mathrm{d}y.$$

对坐标的曲面积分有如下性质：

性质 10.5.1　若 Σ 分为 Σ_1 和 Σ_2 两块，则有

$$\begin{aligned}&\iint\limits_{\Sigma}P(x,y,z)\mathrm{d}y\mathrm{d}z+Q(x,y,z)\mathrm{d}z\mathrm{d}x+R(x,y,z)\mathrm{d}x\mathrm{d}y\\=&\iint\limits_{\Sigma_1}P(x,y,z)\mathrm{d}y\mathrm{d}z+Q(x,y,z)\mathrm{d}z\mathrm{d}x+R(x,y,z)\mathrm{d}x\mathrm{d}y\\&+\iint\limits_{\Sigma_2}P(x,y,z)\mathrm{d}y\mathrm{d}z+Q(x,y,z)\mathrm{d}z\mathrm{d}x+R(x,y,z)\mathrm{d}x\mathrm{d}y.\end{aligned}$$

此性质可以推广到 Σ 分成 $\Sigma_1,\Sigma_2,\cdots,\Sigma_n$ 几部分的情况．

性质 10.5.2 设 Σ 为有向曲面，而 $-\Sigma$ 则为与 Σ 相反侧的有向曲面，则有

$$\iint_{-\Sigma} P(x,y,z)\mathrm{d}y\mathrm{d}z + Q(x,y,z)\mathrm{d}z\mathrm{d}x + R(x,y,z)\mathrm{d}x\mathrm{d}y$$
$$= -\iint_{\Sigma} P(x,y,z)\mathrm{d}y\mathrm{d}z + Q(x,y,z)\mathrm{d}z\mathrm{d}x + R(x,y,z)\mathrm{d}x\mathrm{d}y.$$

对坐标的曲面积分的其他性质也都与对坐标的曲线积分的性质相类似．

10.5.2 对坐标的曲面积分的计算

对坐标的曲面积分的计算方法也是把它化为二重积分来计算的，有如下定理：

定理 10.5.1 设 $R(x,y,z)$ 是定义在光滑曲面 $\Sigma: z = z(x,y), (x,y) \in D_{xy}$ 上的连续函数，以 Σ 的上侧为正侧(这时 Σ 的法线方向与 z 轴正向成锐角)，则有

$$\iint_{\Sigma} R(x,y,z)\mathrm{d}x\mathrm{d}y = \iint_{D_{xy}} R(x,y,z(x,y))\mathrm{d}x\mathrm{d}y. \tag{10.5.1}$$

这里需要指出的是，若 Σ 是平面 xOy 上的一个区域，不指定侧，则 $\iint_{\Sigma} R(x,y)\mathrm{d}x\mathrm{d}y$ 与 $\iint_{D_{xy}} R(x,y)\mathrm{d}x\mathrm{d}y$ 只相差一个正负号．如果一个空间曲面在平面 xOy 的投影为一条曲线，则 Σ 不论是哪一侧，$\iint_{\Sigma} R(x,y)\mathrm{d}x\mathrm{d}y$ 均为 0，因为 $\gamma = \frac{\pi}{2}$.

证明：由对坐标的曲面积分的定义可得

$$\iint_{\Sigma} R(x,y)\mathrm{d}x\mathrm{d}y = \lim_{\lambda\to 0}\sum_{i=1}^{n} P(\xi_i,\eta_i,\zeta_i)(\Delta S_i)_{xy}$$
$$= \lim_{d\to 0}\sum_{i=1}^{n} P(\xi_i,\eta_i,z(\xi_i,\eta_i))(\Delta S_i)_{xy},$$

这里 $d = \max\limits_{1\leqslant i\leqslant n}\{(S_i)_{xy}$ 的直径$\}$. 显然由 $\lambda = \max\limits_{1\leqslant i\leqslant n}\{S_i$ 的直径$\} \to 0$，立刻可推得 $d \to 0$. 由于 $R(x,y,z)$ 在 Σ 上连续，$z = z(x,y)$ 在 D_{xy} 上连续，由复合函数的连续性，$R(x,y,z(x,y))$ 也是 D_{xy} 上的连续函数，由二重积分的定义

$$\iint_{D_{xy}} R(x,y,z(x,y))\mathrm{d}x\mathrm{d}y = \lim_{d\to 0}\sum_{i=1}^{n} P(\xi_i,\eta_i,z(\xi_i,\eta_i))(\Delta S_i)_{xy},$$

所以

$$\iint_{\Sigma} R(x,y,z)\mathrm{d}x\mathrm{d}y = \iint_{D_{xy}} R(x,y,z(x,y))\mathrm{d}x\mathrm{d}y.$$

类似地，当 $P(x,y,z)$ 在光滑曲面 $\Sigma: x = x(y,z), (y,z) \in D_{yz}$ 上连续时，有

$$\iint_{\Sigma} P(x,y,z)\mathrm{d}y\mathrm{d}z = \iint_{D_{yz}} P(x(y,z),y,z)\mathrm{d}y\mathrm{d}z. \tag{10.5.2}$$

在这里需要注意的是，这里 Σ 是以 Σ 的法线方向与 x 轴的正向成锐角的那一侧，即前侧为正侧．

当 $Q(x,y,z)$ 在光滑曲面 $\Sigma: y = y(z,x), (z,x) \in D_{zx}$ 上连续时，有

$$\iint_{\Sigma} Q(x,y,z)\mathrm{d}z\mathrm{d}x = \iint_{D_{zx}} Q(x,y(z,x),z)\mathrm{d}z\mathrm{d}x. \tag{10.5.3}$$

在这里又需要注意的是，这里 Σ 是以 Σ 的法线方向与 y 轴的正向成锐角的那一侧，即右侧为正侧.

例 10.5.1　计算曲面积分 $\iint_{\Sigma} xyz\mathrm{d}x\mathrm{d}y$，其中 Σ 为球面 $x^2+y^2+z^2=1$ 外侧在 $x\geqslant 0, y\geqslant 0$ 的部分.

解：将 Σ 分成 Σ_1 和 Σ_2 两部分（如图 10-5-2 所示），Σ_1 的方程为

$$z_1 = \sqrt{1-x^2-y^2},$$

Σ_2 的方程为

$$z_2 = -\sqrt{1-x^2-y^2}.$$

因为 Σ_1 上侧法向量 $\boldsymbol{n}_1$ 与 z 轴正向夹角 $\gamma < \frac{\pi}{2}$，因此 $\cos\gamma > 0$，而 Σ_2 下侧法向量 $\boldsymbol{n}_2$ 与 z 轴正向夹角 $\gamma > \frac{\pi}{2}$，所以 $\cos\gamma < 0$，

$$\begin{aligned}
\iint_{\Sigma} xyz\mathrm{d}x\mathrm{d}y &= \iint_{\Sigma_1} xyz\mathrm{d}x\mathrm{d}y + \iint_{\Sigma_2} xyz\mathrm{d}x\mathrm{d}y \\
&= \iint_{D_{xy}} xy\sqrt{1-x^2-y^2}\mathrm{d}x\mathrm{d}y - \iint_{D_{xy}} xy(-\sqrt{1-x^2-y^2})\mathrm{d}x\mathrm{d}y \\
&= 2\iint_{D_{xy}} xy\sqrt{1-x^2-y^2}\mathrm{d}x\mathrm{d}y \\
&= 2\int_0^{\frac{\pi}{2}}\mathrm{d}\theta\int_0^1 r\cos\theta r\sin\theta\sqrt{1-r^2}\,r\mathrm{d}r \\
&= 2\int_0^{\frac{\pi}{2}}\sin\theta\cos\theta\mathrm{d}\theta\int_0^1 r^3\sqrt{1-r^2}\mathrm{d}r \\
&= \frac{2}{15}.
\end{aligned}$$

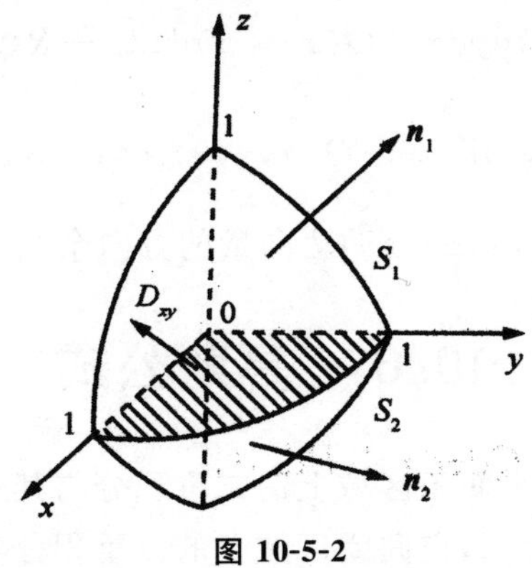

图 10-5-2

例 10.5.2　计算曲面积分 $\iint_{\Sigma}(z^2+x)\mathrm{d}y\mathrm{d}z - z\mathrm{d}x\mathrm{d}y$，其中 Σ 为旋转抛物面 $z=\frac{1}{2}(x^2+y^2)$ 介于平面 $z=0$ 和 $z=2$ 之间部分的下侧.

解:根据抛物线面的方程可得

$$\frac{\partial z}{\partial x}=x,\frac{\partial z}{\partial y}=y,$$

所以曲面 Σ 上点 (x,y,z) 处的单位法向量为

$$\boldsymbol{n}=\left\{\frac{x}{\sqrt{1+x^2+y^2}},\frac{y}{\sqrt{1+x^2+y^2}},\frac{-1}{\sqrt{1+x^2+y^2}}\right\},$$

它的方向余弦分别为

$$\cos\alpha=\frac{x}{\sqrt{1+x^2+y^2}},\cos\beta=\frac{y}{\sqrt{1+x^2+y^2}},\cos\gamma=\frac{-1}{\sqrt{1+x^2+y^2}},$$

$$\begin{aligned}\iint_{\Sigma}(z^2+x)\mathrm{d}y\mathrm{d}z&=\iint_{\Sigma}(z^2+x)\cos\alpha\frac{\mathrm{d}x\mathrm{d}y}{\cos\gamma}\\&=\iint_{\Sigma}(z^2+x)(-x)\mathrm{d}x\mathrm{d}y,\end{aligned}$$

$$\begin{aligned}\iint_{\Sigma}(z^2+x)\mathrm{d}y\mathrm{d}z-z\mathrm{d}x\mathrm{d}y&=\iint_{\Sigma}[(z^2+x)(-x)-z]\mathrm{d}x\mathrm{d}y\\&=-\iint_{D_{xy}}\left\{\left[\frac{1}{4}(x^2+y^2)^2+x\right](-x)-\frac{1}{2}(x^2+y^2)\right\}\mathrm{d}x\mathrm{d}y\\&=\iint_{D_{xy}}\frac{1}{4}(x^2+y^2)^2x\mathrm{d}x\mathrm{d}y+\iint_{D_{xy}}\left[x^2+\frac{1}{2}(x^2+y^2)\right]\mathrm{d}x\mathrm{d}y\\&=\int_0^{2\pi}\mathrm{d}\theta\int_0^2\frac{1}{4}r^4r\cos\theta r\,\mathrm{d}r+\int_0^{2\pi}\mathrm{d}\theta\int_0^2\left(r^2\cos^2\theta+\frac{1}{2}r^2\right)r\mathrm{d}r\\&=0+8\pi\\&=8\pi.\end{aligned}$$

10.5.3 两类曲面积分之间的联系

与曲线积分一样,当曲面的侧确定之后,可以建立两种类型曲面积分的联系.

设 Σ 为光滑有向曲面,若函数 $P(x,y,z),Q(x,y,z),R(x,y,z)$ 在 Σ 上连续,则

$$\begin{aligned}&\iint_{\Sigma}P(x,y,z)\mathrm{d}y\mathrm{d}z+Q(x,y,z)\mathrm{d}z\mathrm{d}x+R(x,y,z)\mathrm{d}x\mathrm{d}y\\=&\iint_{\Sigma}[P(x,y,z)\cos\alpha+Q(x,y,z)\cos\beta+R(x,y,z)\cos\gamma]\mathrm{d}S,\end{aligned}$$

其中 $\cos\alpha,\cos\beta,\cos\gamma$ 是 Σ 上点 (x,y,z) 处的法向量的方向余弦.

10.6 高斯公式

前面讨论的格林公式揭示了平面闭区域上的二重积分与其边界曲线上的曲线积分之间的可转化关系.通过类比,读者自然会问,空间闭区域上的三重积分与其边界曲面上的曲面积分之间是否有类似的关系?下面讨论的著名的高斯公式肯定地回答了这个问题,它是格林公式在空间的推广.

定理 10.6.1(高斯公式) 设空间闭区域 V 是由光滑或分片光滑的封闭曲线 Σ 所围成的单

连通区域，函数 $P(x,y,z)$、$Q(x,y,z)$、$R(x,y,z)$在 V 上有一阶连续偏导数，则

$$\oiint_{\Sigma} P\mathrm{d}y\mathrm{d}z + Q\mathrm{d}z\mathrm{d}x + R\mathrm{d}x\mathrm{d}y = \iiint_{V} \left(\frac{\partial P}{\partial x} + \frac{\partial Q}{\partial y} + \frac{\partial R}{\partial z}\right)\mathrm{d}V,$$

其中 Σ 取外侧，该公式就称为高斯公式．

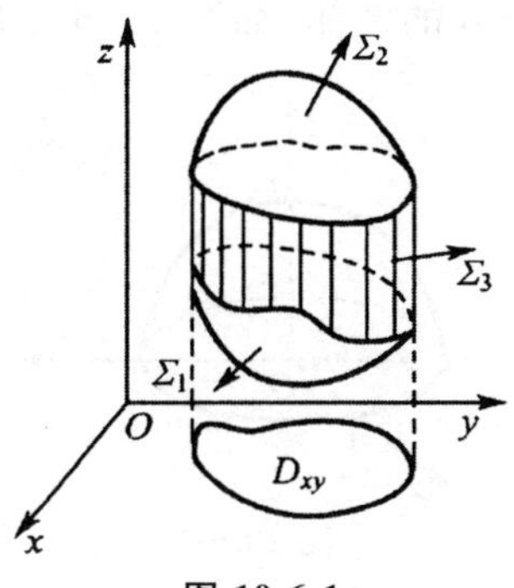

图 10-6-1

证明：设闭区域 V 在 xOy 面上的投影区域为 D_{xy}，并假设任何平行于 z 轴的直线穿过 V 的内部与 V 的边界曲面 Σ 的交点均为两个，如图 10-6-1 所示，则 V 可表示为

$$V = \{(x,y,z)\,|\,z_1(x,y) \leqslant z \leqslant z_2(x,y),(x,y) \in D_{xy}\},$$

其中 V 的底面 $\Sigma_1 : z = z_1(x,y)$ 取下侧，V 的顶面 $\Sigma_2 : z = z_2(x,y)$ 取上侧，V 的侧面为柱面 Σ_3 取外侧．于是由三重积分的计算方法有

$$\begin{aligned}\iiint_{V} \frac{\partial R}{\partial z}\mathrm{d}V &= \iint_{D_{xy}} \mathrm{d}x\mathrm{d}y\int_{z_1(x,y)}^{z_2(x,y)} \frac{\partial R}{\partial z}\mathrm{d}z \\ &= \iint_{D_{xy}} \{R[x,y,z_2(x,y)] - R[x,y,z_1(x,y)]\}\mathrm{d}x\mathrm{d}y.\end{aligned}$$

再根据对坐标的曲面积分的计算方法，可得

$$\begin{aligned}\oiint_{\Sigma} R(x,y,z)\mathrm{d}x\mathrm{d}y &= \oiint_{\Sigma_1} R(x,y,z)\mathrm{d}x\mathrm{d}y + \oiint_{\Sigma_2} R(x,y,z)\mathrm{d}x\mathrm{d}y + \oiint_{\Sigma_3} R(x,y,z)\mathrm{d}x\mathrm{d}y \\ &= \iint_{D_{xy}} R[x,y,z_2(x,y)]\mathrm{d}x\mathrm{d}y - \iint_{D_{xy}} R[x,y,z_1(x,y)]\mathrm{d}x\mathrm{d}y + 0.\end{aligned}$$

因此

$$\iiint_{V} \frac{\partial R}{\partial z}\mathrm{d}V = \oiint_{\Sigma} R(x,y,z)\mathrm{d}x\mathrm{d}y.$$

同理，如果穿过 V 内部且与 x 轴平行的直线以及平行于 y 轴的直线和 V 的边界曲面 Σ 的交点也都恰有两个，则可证得

$$\iiint_{V} \frac{\partial P}{\partial x}\mathrm{d}V = \oiint_{\Sigma} P(x,y,z)\mathrm{d}y\mathrm{d}z,$$

$$\iiint_{V} \frac{\partial Q}{\partial y}\mathrm{d}V = \oiint_{\Sigma} P(x,y,z)\mathrm{d}z\mathrm{d}x,$$

将上面三式相加从而得到高斯公式．

如果平行于坐标轴的直线穿过 V 的内部与其边界曲面 Σ 的交点多于两个，可引入若干辅助曲面将 V 分成若干满足上述条件的闭区域，而曲面积分在辅助曲面正反两侧相互抵消，故高斯公

式成立．

例 10.6.1 计算曲面积分

$$I=\oiint_{\Sigma}2x^3\mathrm{d}y\mathrm{d}z+2y^3\mathrm{d}z\mathrm{d}x+3(z^2-1)\mathrm{d}x\mathrm{d}y,$$

其中 Σ 是曲面 $z=1-x^2-y^2,z\geqslant 0$ 的上侧，如图 10-6-2 所示．

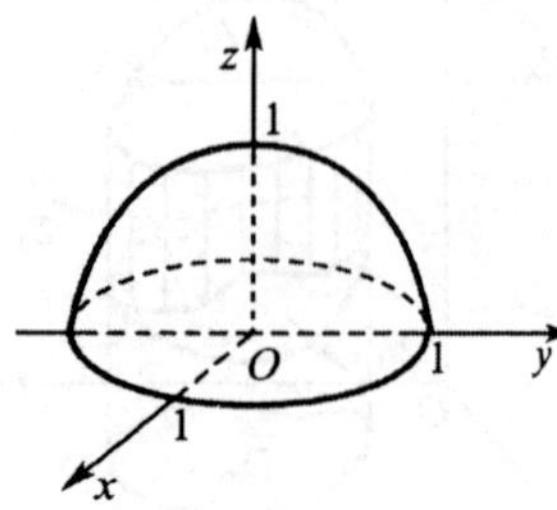

图 10-6-2

解：引进辅助曲面 $\Sigma_1:0,(x,y)\in D_{xy}$，取下侧，即

$$D_{xy}=\{(x,y)\,|\,x^2+y^2\leqslant 1\},$$

则有

$$I=\oiint_{\Sigma+\Sigma_1}2x^3\mathrm{d}y\mathrm{d}z+2y^3\mathrm{d}z\mathrm{d}x+3(z^2-1)\mathrm{d}x\mathrm{d}y$$
$$-\oiint_{\Sigma_1}2x^3\mathrm{d}y\mathrm{d}z+2y^3\mathrm{d}z\mathrm{d}x+3(z^2-1)\mathrm{d}x\mathrm{d}y,$$

于是，根据高斯公式，可得

$$\begin{aligned}\oiint_{\Sigma+\Sigma_1}2x^3\mathrm{d}y\mathrm{d}z+2y^3\mathrm{d}z\mathrm{d}x+3(z^2-1)\mathrm{d}x\mathrm{d}y&=\iiint_V 6(x^2+y^2+z)\mathrm{d}x\mathrm{d}y\mathrm{d}z\\&=6\int_0^{2\pi}\mathrm{d}\theta\int_0^1\mathrm{d}r\int_0^{1-r^2}(z+r^2)r\mathrm{d}z\\&=12\pi\int_0^1\left[\frac{1}{2}r(1-r^2)^2+r^3(1-r^2)\right]\mathrm{d}r\\&=2\pi.\end{aligned}$$

又由于

$$\oiint_{\Sigma_1}2x^3\mathrm{d}y\mathrm{d}z+2y^3\mathrm{d}z\mathrm{d}x+3(z^2-1)\mathrm{d}x\mathrm{d}y=-\iint_{x^2+y^2\leqslant 1}(-3)\mathrm{d}x\mathrm{d}y=3\pi,$$

因此

$$I=2\pi-3\pi=-\pi.$$

例 10.6.2 利用高斯公式计算曲面积分

$$\iint_{\Sigma}y(x-z)\mathrm{d}y\mathrm{d}z+x^2\mathrm{d}z\mathrm{d}x+(y^2+xz)\mathrm{d}x\mathrm{d}y,$$

其中 Σ 是长方体 $V:0\leqslant x\leqslant a,0\leqslant y\leqslant b,0\leqslant z\leqslant c$ 的外侧表面．

解：由于

$$P=y(x-z),Q=x^2,R=y^2+xz,$$
$$\frac{\partial P}{\partial x}+\frac{\partial Q}{\partial y}+\frac{\partial R}{\partial z}=x+y,$$

因此

$$\begin{aligned}
&\iint_{\Sigma} y(x-z)\mathrm{d}y\mathrm{d}z + x^2\mathrm{d}z\mathrm{d}x + (y^2+xz)\mathrm{d}x\mathrm{d}y \\
&= \iiint_{V}(x+y)\mathrm{d}x\mathrm{d}y\mathrm{d}z = \int_0^a \mathrm{d}x\int_0^b \mathrm{d}y\int_0^c (x+y)\mathrm{d}z \\
&= \frac{1}{2}abc(a+b).
\end{aligned}$$

10.7　斯托克斯公式

格林公式及高斯公式告诉我们，平面或空间的闭区域上的重积分与区域边界的积分有着紧密的联系，且在一定条件下可以互相转化，这里所说的边界的积分可以是曲线积分或曲面积分，视边界是曲线或曲面而定．细心的读者一定会注意到，当一个曲面块非封闭时，它也有边界曲线．那么，在这种曲面块上的曲面积分与其边界曲线上的积分是否也有与上述两公式类似的结论呢？下面来讨论著名的斯托克斯公式，它深刻地揭示了这种联系．

我们首先对双侧曲面 Σ 的侧与其边界曲线 Γ 的方向作如下规定：

设有人站在 Σ 上指定的一侧，若沿边界线 Γ 行走，指定的侧总在人的左方，则人前进的方向为边界线 Γ 的正向；反之即为边界线 Γ 的负向，这个规定方法称为右手法则(右手规则)．

定理 10.7.1　设 Γ 为分段光滑的空间有向闭曲线，Σ 是以 Γ 为边界的分片光滑的有向曲面，函数 $P(x,y,z)$、$Q(x,y,z)$、$R(x,y,z)$ 在包含曲面 Γ 在内的一个空间区域内具有一阶连续偏导数，那么则有

$$\begin{aligned}
&\oint_{\Gamma} P(x,y,z)\mathrm{d}x + Q(x,y,z)\mathrm{d}y + R(x,y,z)\mathrm{d}z \\
&= \iint_{\Sigma}\left(\frac{\partial R}{\partial y}-\frac{\partial Q}{\partial z}\right)\mathrm{d}y\mathrm{d}z + \left(\frac{\partial P}{\partial z}-\frac{\partial R}{\partial x}\right)\mathrm{d}z\mathrm{d}x + \left(\frac{\partial Q}{\partial x}-\frac{\partial P}{\partial y}\right)\mathrm{d}x\mathrm{d}y,
\end{aligned}$$

其中 Γ 的正向与曲面 Σ 的侧符合右手规则．上述公式称之为斯托克斯公式．

证明：首先假设 Σ 与平行于 z 轴的直线相交不多于一点，且设 Σ 为曲面

$$z = f(x,y)$$

的上侧，Σ 的正向边界曲线 Γ 在 xOy 面上的投影为平面有向曲线 C，C 所围成的闭区域为 D_{xy}，如图 10-7-1 所示．

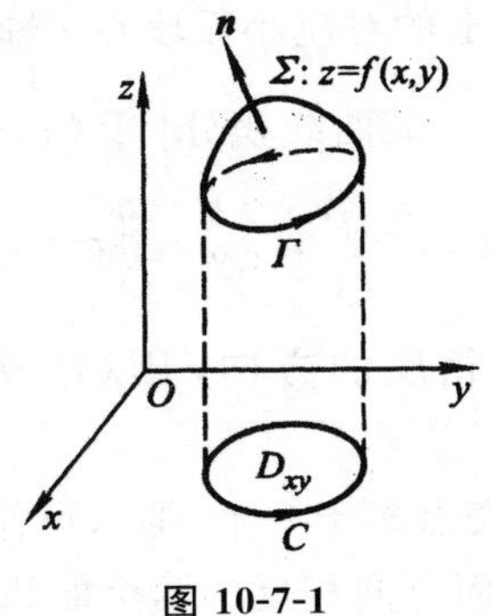

图 10-7-1

把曲面积分

$$\iint_{\Sigma} \frac{\partial P}{\partial z}\mathrm{d}z\mathrm{d}x - \frac{\partial P}{\partial y}\mathrm{d}x\mathrm{d}y$$

化为闭区域 D_{xy} 上的二重积分，然后利用格林公式使其与曲线积分相联系．

依据对面积的和对坐标的曲面积分间的关系，则有

$$\iint_{\Sigma} \frac{\partial P}{\partial z}\mathrm{d}z\mathrm{d}x - \frac{\partial P}{\partial y}\mathrm{d}x\mathrm{d}y = \iint_{\Sigma}\left(\frac{\partial P}{\partial z}\cos\beta - \frac{\partial P}{\partial y}\cos\gamma\right)\mathrm{d}S. \tag{10.7.1}$$

有向曲面 Σ 的法向量的方向余弦为

$$\cos\alpha = \frac{-f_x}{\sqrt{1+f_x^2+f_y^2}},\cos\beta = \frac{-f_y}{\sqrt{1+f_x^2+f_y^2}},\cos\gamma = \frac{1}{\sqrt{1+f_x^2+f_y^2}},$$

所以 $\cos\beta = -f_y\cos\gamma$，将其代入到(10.7.1)式中，可得

$$\iint_{\Sigma} \frac{\partial P}{\partial z}\mathrm{d}z\mathrm{d}x - \frac{\partial P}{\partial y}\mathrm{d}x\mathrm{d}y = -\iint_{\Sigma}\left(\frac{\partial P}{\partial y} + \frac{\partial P}{\partial z}f_y\right)\cos\gamma\mathrm{d}S,$$

即有

$$\iint_{\Sigma} \frac{\partial P}{\partial z}\mathrm{d}z\mathrm{d}x - \frac{\partial P}{\partial y}\mathrm{d}x\mathrm{d}y = -\iint_{\Sigma}\left(\frac{\partial P}{\partial y} + \frac{\partial P}{\partial z}f_y\right)\mathrm{d}x\mathrm{d}y. \tag{10.7.2}$$

上式右侧的曲面积分化为二重积分时，需要把 $P(x,y,z)$ 中的 z 用 $f(x,y)$ 来表示，根据复合函数的微分法，则有

$$\frac{\partial}{\partial y}P[x,y,f(x,y)] = \frac{\partial P}{\partial y} + \frac{\partial P}{\partial z}\cdot f_y.$$

因此，(10.7.2)式可写成

$$\iint_{\Sigma} \frac{\partial P}{\partial z}\mathrm{d}z\mathrm{d}x - \frac{\partial P}{\partial y}\mathrm{d}x\mathrm{d}y = -\iint_{D_{xy}} \frac{\partial}{\partial y}P[x,y,f(x,y)]\mathrm{d}x\mathrm{d}y.$$

依据格林公式，上式右端的二重积分可化为沿闭区域 D_{xy} 的边界 C 的曲线积分

$$-\iint_{D_{xy}} \frac{\partial}{\partial y}P[x,y,f(x,y)]\mathrm{d}x\mathrm{d}y = \oint_C P[x,y,f(x,y)]\mathrm{d}x,$$

从而有

$$\iint_{D_{xy}} \frac{\partial P}{\partial z}\mathrm{d}z\mathrm{d}x - \frac{\partial P}{\partial y}\mathrm{d}x\mathrm{d}y = \oint_C P[x,y,f(x,y)]\mathrm{d}x.$$

由于函数 $P[x,y,f(x,y)]$ 在曲线 C 上点 (x,y) 处的值与函数 $P(x,y,z)$ 在曲线 Γ 上对应点 (x,y,z) 处的值为一样的，且两曲线上的对应小弧段在 x 轴上的投影也一样．则根据曲线积分的定义，上式右端的曲线积分与曲线 Γ 上的曲线积分 $\int_{\Gamma} P(x,y,z)\mathrm{d}x$ 相等．所以，证得

$$\iint_{\Sigma} \frac{\partial P}{\partial z}\mathrm{d}z\mathrm{d}x - \frac{\partial P}{\partial y}\mathrm{d}x\mathrm{d}y = \oint_{\Gamma} P(x,y,z)\mathrm{d}x. \tag{10.7.3}$$

若 Σ 取下侧，Γ 则相应的改为相反的方向，则(10.7.3)式两端同时改变其符号，所以(10.7.3)式依然成立．

若曲面与平行于 z 轴的直线的交点多于一个，那么可作辅助线将曲面分成几部分，再利用公式(10.7.3)并相加．由于沿辅助线而方向相反的两个曲线积分相加是正好相互抵消，所以公式(10.7.3)依然成立．

类似地可证

$$\iint_{\Sigma} \frac{\partial Q}{\partial x}\mathrm{d}z\mathrm{d}x - \frac{\partial Q}{\partial z}\mathrm{d}x\mathrm{d}y = \oint_{\Gamma} Q(x,y,z)\mathrm{d}y,$$

$$\iint_{\Sigma} \frac{\partial R}{\partial y}\mathrm{d}y\mathrm{d}z - \frac{\partial R}{\partial x}\mathrm{d}z\mathrm{d}x = \oint_{\Gamma} R(x,y,z)\mathrm{d}z.$$

将上述两式与公式(10.7.3)相加即可得到

$$\oint_{\Gamma} P(x,y,z)\mathrm{d}x + Q(x,y,z)\mathrm{d}y + R(x,y,z)\mathrm{d}z$$

$$= \iint_{\Sigma} \left(\frac{\partial R}{\partial y} - \frac{\partial Q}{\partial z}\right)\mathrm{d}y\mathrm{d}z + \left(\frac{\partial P}{\partial z} - \frac{\partial R}{\partial x}\right)\mathrm{d}z\mathrm{d}x + \left(\frac{\partial Q}{\partial x} - \frac{\partial P}{\partial y}\right)\mathrm{d}x\mathrm{d}y.$$

对于一般的分片光滑曲面，可以引辅助曲线把它分成有限个子曲面，使得每个子曲面满足上述条件 —— 任何平行于坐标轴的直线与它相交不多于一点，则对这些曲面及其边界分别使用上述结论，相加即可得到整个曲面及其边界 Γ 上的斯托克斯定理.

为了便于记忆，利用行列式记号把斯托克斯公式可以写成

$$\oint_{\Gamma} P(x,y,z)\mathrm{d}x + Q(x,y,z)\mathrm{d}y + R(x,y,z)\mathrm{d}z$$

$$= \iint_{\Sigma} \begin{vmatrix} \mathrm{d}y\mathrm{d}z & \mathrm{d}z\mathrm{d}x & \mathrm{d}x\mathrm{d}y \\ \dfrac{\partial}{\partial x} & \dfrac{\partial}{\partial y} & \dfrac{\partial}{\partial z} \\ P & Q & R \end{vmatrix}.$$

因为

$$\mathrm{d}y\mathrm{d}z = \cos\alpha\mathrm{d}S, \mathrm{d}z\mathrm{d}x = \cos\beta\mathrm{d}S, \mathrm{d}x\mathrm{d}y = \cos\gamma\mathrm{d}S,$$

所以斯托克斯公式又可以写成

$$\oint_{\Gamma} P(x,y,z)\mathrm{d}x + Q(x,y,z)\mathrm{d}y + R(x,y,z)\mathrm{d}z$$

$$= \iint_{\Sigma} \begin{vmatrix} \mathrm{d}y\mathrm{d}z & \mathrm{d}z\mathrm{d}x & \mathrm{d}x\mathrm{d}y \\ \dfrac{\partial}{\partial x} & \dfrac{\partial}{\partial y} & \dfrac{\partial}{\partial z} \\ P & Q & R \end{vmatrix} \mathrm{d}S,$$

其中 $\boldsymbol{n} = \cos\alpha\boldsymbol{i} + \cos\beta\boldsymbol{j} + \cos\gamma\boldsymbol{k}$ 为有向曲面 Σ 的单位法向量.

平面曲线积分与路径无关的等价命题，不难推广到空间上来.

定理 10.7.2　若函数 $P(x,y,z)$、$Q(x,y,z)$、$R(x,y,z)$ 及其偏导数在单连通区域 Ω 内连续，则下面四个命题相互等价：

(1) 曲线积分 $\int_{\Gamma(A,B)} P\mathrm{d}x + Q\mathrm{d}y + R\mathrm{d}z$ 与 Ω 内的路径 Γ 无关，即只与位于 Ω 内的始点 A 与终点 B 有关.

(2) 对 Ω 内任意一点 (x,y,z) 有 $\dfrac{\partial P}{\partial y} = \dfrac{\partial Q}{\partial x}, \dfrac{\partial Q}{\partial z} = \dfrac{\partial R}{\partial y}, \dfrac{\partial R}{\partial x} = \dfrac{\partial P}{\partial z}$.

(3) 在 Ω 内存在一个函数 $u(x,y,z)$，使 $\mathrm{d}u = P\mathrm{d}x + Q\mathrm{d}y + R\mathrm{d}z$.

(4) 对 Ω 内任意光滑或逐段光滑闭曲线 C，有 $\oint_{C} P\mathrm{d}x + Q\mathrm{d}y + R\mathrm{d}z = 0$.

例 10.7.1 计算曲线积分$\oint_L z\mathrm{d}x + x\mathrm{d}y + y\mathrm{d}z$,其中 L 是球面 $x^2 + y^2 + z^2 = 2(x + y)$ 与平面 $x + y = 2$ 的交线,且 L 的正向从原点看去是逆时针方向,如图 10-7-2 所示 .

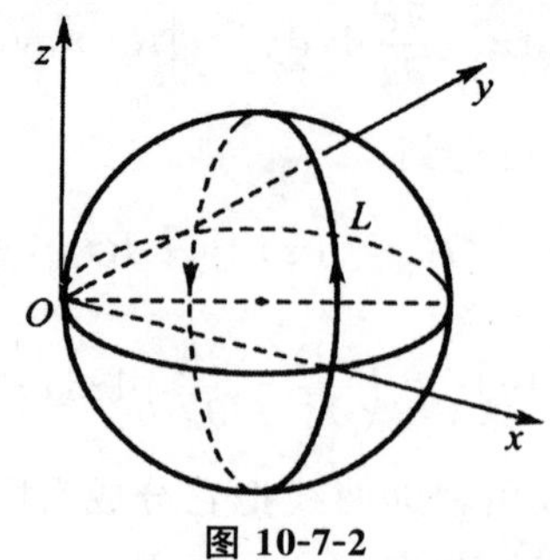

图 10-7-2

解:令平面 $x + y = 2$ 上由曲线 L 所围部分为斯托克斯公式中的曲面Σ,则Σ的法向量的方向余弦按右手法则为

$$\cos\alpha = -\frac{1}{\sqrt{2}}, \cos\beta = -\frac{1}{\sqrt{2}}, \cos\gamma = 0.$$

则可得

$$\oint_L z\mathrm{d}x + x\mathrm{d}y + y\mathrm{d}z = \iint_\Sigma \begin{vmatrix} \cos\alpha & \cos\beta & \cos\gamma \\ \dfrac{\partial}{\partial x} & \dfrac{\partial}{\partial y} & \dfrac{\partial}{\partial z} \\ y & z & x \end{vmatrix} \mathrm{d}S$$

$$= \iint_\Sigma \left(\frac{1}{\sqrt{2}} + \frac{1}{\sqrt{2}}\right) \mathrm{d}S$$

$$= \sqrt{2} \iint_\Sigma \mathrm{d}S = \sqrt{2} \cdot \left[\pi(\sqrt{2})^2\right] = 2\sqrt{2}\pi.$$

例 10.7.2 计算积分

$$I = \int_L (x^2 - yz) + (y^2 - zx)\mathrm{d}y + (z^2 - xy)\mathrm{d}z,$$

其中 L 是 $x = a\cos\theta, y = a\sin\theta, z = \frac{h}{2\pi}\theta, 0 \leqslant \theta \leqslant 2\pi$,曲线的正向与参数增加方向一致 .

解:$A(a,0,0)$,$B(a,0,h)$为L 的起点和终点,用L_1 表示由 B 到A 的有向线段,Σ表示由L 和 L_1 张成的某个有向曲面,则根据斯托克斯公式可得

$$\oint_{\partial\Sigma} (x^2 - yz)\mathrm{d}x + (y^2 - zx)\mathrm{d}y + (z^2 - xy)\mathrm{d}z$$

$$= \iint_\Sigma \begin{vmatrix} \boldsymbol{i} & \boldsymbol{j} & \boldsymbol{k} \\ \dfrac{\partial}{\partial x} & \dfrac{\partial}{\partial y} & \dfrac{\partial}{\partial z} \\ x^2 - yz & y^2 - zx & z^2 - xy \end{vmatrix} n\mathrm{d}S$$

$$= \iint_\Sigma 0\mathrm{d}S$$

$$= 0,$$

所以

$$\begin{aligned} I &= \int_L (x^2 - yz) + (y^2 - zx)\mathrm{d}y + (z^2 - xy)\mathrm{d}z \\ &= \oint_{\partial S} (x^2 - yz)\mathrm{d}x + (y^2 - zx)\mathrm{d}y + (z^2 - xy)\mathrm{d}z \\ &\quad - \int_{L_1} (x^2 - yz)\mathrm{d}x + (y^2 - zx)\mathrm{d}y + (z^2 - xy)\mathrm{d}z \\ &= -\int_{L_1} (x^2 - yz)\mathrm{d}x + (y^2 - zx)\mathrm{d}y + (z^2 - xy)\mathrm{d}z \\ &= -\int_{L_1} (x^2 - xy)\mathrm{d}z \\ &= \int_0^h z^2 \mathrm{d}z = \frac{h^3}{3}. \end{aligned}$$

10.8　数学实验

使用 Mathematica 计算曲线积分和曲面积分的关键是先正确地应用各自的计算法，将它化成为定积分或二重积分，再调用相应的命令来计算．

例 10.8.1　求$\int_L f(x,y,z)\mathrm{d}s$，其中 $f(x,y,z) = \sqrt{1+30x^2+10y}$，路径 L 为$\begin{cases} x = t \\ y = t^2 \\ z = 3t^2 \end{cases}$，$0 \leqslant t \leqslant 2$.

解：把曲线积分化为定积分．因为 $\mathrm{d}s = \sqrt{x_t^2 + y_t^2 + z_t^2}\,\mathrm{d}t$，输入

```
Clear[x,y,z]
luj = {t,t^2,3t^2}
D[luj,t]
```

则得到输出{1,2t,6t}．这是 x,y,z 对 t 的导数．为了得到弧微分 $\mathrm{d}s$，输入

```
ds = Sqrt[D[luj,t].D[luj,t]]
Integrate[(Sqrt[1 + 30x^2 + 10y]/.{x -> t,y -> t^2,z -> 3t^2}) * ds,{t,0,2}]
```

得到曲线积分的结果为$\frac{326}{3}$.

例 10.8.2　计算曲线积分$\int_L \frac{(x+y)\mathrm{d}x - (x-y)\mathrm{d}y}{x^2+y^2}$，其中 L：$\begin{cases} x = a\cos t \\ y = a\sin t \end{cases}$，$0 \leqslant t \leqslant 2\pi$.

解：Mathematica 语句为

```
P[x_,y_]: = (x + y)/(x^2 + y^2)
Q[x_,y_]: = (y - x)/(x^2 + y^2)
x[t]: = a * Cos[t]
y[t]: = a * Sin[t]
Integrate[D[x[t],t] * P[x[t],y[t]] + D[y[y],y] * Q[x[t],y[t]],{t,0,2Pi}]
```

运行结果为 -2π

例 10.8.3 计算$\iint\limits_{\Omega}\frac{\mathrm{d}S}{z}$,其中$\Omega$是球面$x^2+y^2+z^2=a^2$被平面$z=h,0<h<a$截出的顶部.

解:先将曲面积分化成二重积分,由于Ω的方程为

$$z=\sqrt{a^2-x^2-y^2},$$

投影区域为

$$D_{xy}=\{(x,y)\,|\,x^2+y^2\leqslant a^2-h^2\},$$

又因为

$$\sqrt{1+z_x^2+z_y^2}=\frac{a}{\sqrt{a^2-x^2-y^2}},$$

则,利用极坐标可得

$$\iint\limits_{\Omega}\frac{\mathrm{d}S}{z}=\iint\limits_{D_{xy}}\frac{a\,\mathrm{d}x\mathrm{d}y}{a^2-x^2-y^2}=a\int_0^{2\pi}\mathrm{d}\theta\int_0^{\sqrt{a^2-h^2}}\frac{r\mathrm{d}r}{a^2-r^2}.$$

再利用求积分命令

```
In[2]= Integrate[r/(a^2-r^2),{θ,0,2Pi},{r,0,√a^2-h^2}]
Out[2]= π(log[-a²]-log[-h²])
```

所以有

$$\iint\limits_{\Omega}\frac{\mathrm{d}S}{z}=2\pi\ln\frac{a}{h}.$$

例 10.8.4 计算曲面积分$\iint\limits_{\Sigma}x^3\mathrm{d}y\mathrm{d}z+y^3\mathrm{d}z\mathrm{d}x+z^3\mathrm{d}x\mathrm{d}y$,其中$\Sigma$为球面$x^2+y^2+z^2=a^2$的外侧.

解:可以利用两类曲面积分的关系,化作对曲面面积的曲面积分$\iint\limits_{\Sigma}\boldsymbol{A}\cdot\boldsymbol{n}\mathrm{d}s$. 这里$\boldsymbol{A}=\{x^3,y^3,z^3\}$,$\boldsymbol{n}=\{x,y,z\}/a$. 因为球坐标的体积元素为

$$\mathrm{d}v=r^2\sin\varphi\mathrm{d}r\mathrm{d}\varphi\mathrm{d}\theta,$$

注意到在球面Σ上$r=a$,取$\mathrm{d}r=1$后得到面积元素的表示式

$$\mathrm{d}s=a^2\sin\varphi\mathrm{d}\varphi\mathrm{d}\theta,0\leqslant\varphi\leqslant\pi,0\leqslant\theta\leqslant2\pi.$$

把对面积的曲面积分直接化作对φ,θ的二重积分. 输入

```
Clear[A,fa,ds]
A = {x^3,y^3,z^3}
fa = {x,y,z}/a
ds = a^2 * Sin[u]
Integrate[(A. fa/. {x -> a * Sin[u] * Cos[v],y -> a * Sin[u] * Sin[v],z -> a * Cos[u]}) * ds//
Simplify,{u,0,Pi},{v,0,2Pi}]
```

输出为$\frac{12a^2\pi}{5}$.

如果用高斯公式计算,则化为三重积分$\iiint\limits_{\Omega}3(x^2+y^2+z^2)\mathrm{d}v$,其中$\Omega$为$x^2+y^2+z^2\leqslant a^2$. 采

用球坐标计算,输入

```
<< Calculus 'VectorAnalysis'
```

执行后再输入

```
SetCoordinates[Cartesian[x,y,z]]
diva = Div[A]
Integrate[(diva/.{x->r*Sin[u]*Cos[v],y->r*Sin[u]*Sin[v],z->r*Cos[u]})*
r^2Sin[u],{v,0,2Pi},{u,0,Pi},{r,0,a}]
```

输出结果相同.

参考文献

[1]杨爱民．大学数学实验[M]．北京:科学出版社,2012.

[2]吴炯圻,陈跃辉,唐振松．高等数学及其思想方法与实验[M]．厦门:厦门大学出版社,2013.

[3]徐玉民,于新凯．高等数学[M]．北京:科学出版社,2011.

[4]刘玉田,孙惠玲．微积分[M]．北京:北京大学出版社,2006.

[5]胡耀胜,汤茂林．高等数学[M]．北京:机械工业大学出版社,2008.

[6]曾令武,吴满．微积分[M]．广州:华南理工大学出版社,2006.

[7]上海交通大学数学系微积分课程组编．大学数学·微积分[M]．北京:高等教育出版社,2008.

[8]马军．微积分[M]．上海:同济大学出版社,2010.

[9]张学奇．微积分[M]．上册．北京:中国人民大学出版社,2007.

[10]D. 龙金．Mathematica 使用指南[M]．北京:科学出版社,2003.

[11]同济大学数学系编．高等数学[M]．第六版．北京:高等教育出版社,2007.

[12]马建国．数学分析[M]．北京:科学出版社,2011.

[13]周运明,尚德生．数学分析[M]．上册．北京:科学出版社,2008.

[14]林源渠,方企勤．数学分析解题指南[M]．北京:北京大学出版社,2003.

[15]赵晶,李宏伟．工科数学分析[M]．武汉:中国地质大学出版社,2010.

[16]郭林,王学武,王利珍．数学分析[M]．北京:清华大学出版社,2011.

[17]汪晓银．数学建模与数学实验[M]．北京:科学出版社,2010.

[18]徐晶．大学数学实验[M]．哈尔滨:哈尔滨工业大学出版社,2009.

[19]卢兴江,金蒙伟．微积分[M]．上册．杭州:浙江大学出版社,2006.

[20]李尚志．数学实验[M]．北京:高等教育出版社,2010.

[21]李铮,周放．高等数学[M]．北京:科学出版社．2001.

[22]马新生,陈涛,陈钰菊．高等数实验[M]．北京:科学出版社,2008.

[23]刘凤秋．数学实验[M]．哈尔滨:哈尔滨工业大学出版社,2010.